"十二五"普通高等教育本科国家级规划教材

U0659821

有机化学（第七版）

上册

东北师范大学　华南师范大学
上海师范大学　苏州大学　广西师范大学　　合编

主　编　李景宁　汪朝阳

副主编　杨定乔　潘　玲

中国教育出版传媒集团

高等教育出版社·北京

内容提要

    本书为"十二五"普通高等教育本科国家级规划教材,是在第六版教学实践的基础上修订而成的,与第六版比较,全书基本框架未做大的变动,仅做一些调整,删减了部分内容,个别章节进行了精简、调整与合并,侧重于调整有机化合物命名。全书分上、下两册,仍按官能团体系分三部分叙述:第一部分为烃类;第二部分为烃的衍生物;第三部分为专论,主要叙述天然和生物有机化合物。

    本书可作为高等师范院校化学类专业教材,也可供其他各类院校相关专业选用和参考。

图书在版编目(CIP)数据

  有机化学. 上册 / 李景宁,汪朝阳主编;杨定乔,潘玲副主编. -- 7 版. --北京:高等教育出版社,2025.7. -- ISBN 978 - 7 - 04 - 064277 - 3

  Ⅰ. O62

  中国国家版本馆 CIP 数据核字第 2025Q4R627 号

YOUJI HUAXUE

策划编辑	曹 瑛	责任编辑	曹 瑛	封面设计	王 鹏	版式设计	童 丹
责任绘图	黄云燕	责任校对	张 然	责任印制	刘思涵		

出版发行	高等教育出版社		网　　址	http://www.hep.edu.cn
社　　址	北京市西城区德外大街 4 号			http://www.hep.com.cn
邮政编码	100120		网上订购	http://www.hepmall.com.cn
印　　刷	三河市骏杰印刷有限公司			http://www.hepmall.com
开　　本	787mm×1092mm　1/16			http://www.hepmall.cn
印　　张	26		版　　次	1979 年 6 月第 1 版
字　　数	590 千字			2025 年 7 月第 7 版
购书热线	010 - 58581118		印　　次	2025 年 7 月第 1 次印刷
咨询电话	400 - 810 - 0598		定　　价	57.00 元

第七版前言

本书自 1979 年第一版面世以来，一直秉承"与时俱进"的建设理念。随着信息化技术的飞速发展和应用，有机化学课程和教学也随之发展。为顺应时代脉搏，打造高质量教材，本版修订的重点如下：

1. 保留了第六版的基本框架，仍按官能团体系分为烃类、烃的衍生物和专论三部分论述，且各章结构基本不变，但对各类化合物的命名，采用了中国化学会 2017 年的最新有机化合物命名原则（与 IUPAC 命名法高度接轨）。具体地，按照以往的编写方式，在烷烃、烯烃、炔烃等章中，特别是烷烃章中，重点讲述新命名法的基本规则，后面的各章中结合具体化合物类型，讲述新命名法，尽量与国际接轨，并进一步完善化合物的中英文命名。这种既有基本集中讲述（烷烃章）、又有适当分散描述（其他各章）的编排方式，能使教学难度相对降低，同时循序渐进、不断加深，便于师生的教与学，与全球化的有机化学学习与交流接轨。

2. 为了方便教与学，进一步加强本书数字化资源的建设，特别是一些重要的有机化学知识点教学的微课视频资源，为数字化教学赋能奠定了良好的基础。因此，本书既适合教师在教学中使用，又便于读者利用数字化资源进行自学。

修订后的第七版教材仍保留第六版教材的特点：① 体现了教材的适用性，既适用于高等师范院校本科、专科化学类专业，又可作为非师范化学类或相关专业的教材。② 体现了教材的新颖性，介绍了有机化学学科新发展——新反应、新用途、新技术，尤其关注环境问题的绿色化学知识等。③ 体现了教材的逻辑性和条理性，适合教师教学和学生自学。④ 体现了知识的综合性和网络性，如在烷烃、烯烃、炔烃、二烯烃、脂环烃后有一个版面，将这几类化合物的性质及相互间的转化关系以反应图的形式展现，而在第十三章羧酸衍生物的习题中要求读者参考前面的模式对羧酸、羧酸衍生物的性质和相互转化关系做出反应图（更多教与学的实例请参阅教材不同章节的结尾内容与习题）。⑤ 体现了"互联网+"时代教学资源的数字性与网络化，线上线下教学资源完美结合。同时，适应数字化、信息化教学的时代要求，添加微课视频等内容（请参考华南师范大学国家一流本科课程"有机化学"网站）。

参加第七版教材编写的有主编李景宁、汪朝阳，副主编杨定乔、潘玲，以及教学一线教师王辉、龙玉华、蒋华卫、陶敬奇（华南师范大学），王芒、李燕（东北师范大学），薛思佳、刘锐（上海师范大学），曾润生、赵蓓（苏州大学），潘英明、覃江克（广西师范大学）。

本书的出版得到华南师范大学教材建设基金项目的支持，特此致谢！

由于编者水平有限，疏漏和不妥之处在所难免，希望读者提出宝贵意见，使其更加适用于教与学。

李景宁　汪朝阳

杨定乔　潘　玲

2024 年 9 月

第六版前言

本教材从1979年第一版面世以来,本着"与时俱进"的精神,持续沉淀编者们多年的教学经验,使其既涵盖有机化学基本概念、基本理论、基本方法和基本反应机理,又反映时代特色和学科发展的方向。值此"互联网+"的信息时代,第六版教材重点在以下方面进行了修订:

1. 保留了第五版的基本框架,仍按官能团体系分为烃类、烃的衍生物和专论三部分论述。烃类和烃的衍生物各章结构:各类化合物的结构、命名;各类化合物的性质、用途;典型反应及其反应机理;各类化合物的制备方法;重要的化合物介绍;习题等。对个别章节进行了删减和调整,特别是将第五版中的"知识拓展"部分,以及光盘版中的"ChemOffice软件使用""化学史"等资料,加以整合,并增加了涉及生活与科技前沿的"知识拓展"内容,如避孕药知识、青蒿素发展和Heck反应等,以二维码的形式进行展现,可实现手机扫描下的阅读,既减少了教材篇幅,又不影响读者的学习范围。

2. 为了方便教与学,一些重要轨道示意图、化合物结构式、化学反应式、光谱曲线和反应机理等,采取了便于阅读的蓝黑双色印刷。

3. 随着"互联网+"时代的发展,二维码作为一种全新的信息存储、传递和识别技术,在教材中的应用极大地扩充了知识内容、促进课程学习难点的突破、提高学生学习课程的兴趣,使本教材既适合教师在教学中使用,又便于读者利用网络进行自学。

4. 建设了配套教学资源网站,将电子课件、⑩反应机理和⑩光波谱图等重要资源放在网站上,方便读者自学。

修订后的第六版教材仍继续保留第五版的特点:① 体现了教材的适应性,既适用于高等师范院校本科化学教育专业,又可作为非师范化学类或相关专业和高等师范专科院校化学类专业的教材。② 体现了教材的新颖性,介绍了有机化学学科新发展——新反应、新用途、新技术,尤其关注环境问题的绿色化学知识等。③ 体现了教材的逻辑性和条理性,适合教师教学和学生的自学。④ 体现了知识的综合性和网络性,如在烷烃、烯烃、炔烃、二烯烃、脂环烃后有一个版面,将这几类化合物的性质及相互间的转化关系以反应图的形式展现。例如,第十一章醛和酮的习题中要求读者对卤代烃、醇、酚、醚、醛和酮的性质及其相互关系作出反应图;第十三章羧酸衍生物的习题中要求读者对羧酸、羧酸衍生物的性质和相互转化关系作出反应图;第十四章含氮化合物的习题中要求读者以反应图的形式总结芳香烃衍生物的合成方法等。

参加第六版教材编写的有主编李景宁,副主编杨定乔、潘玲、汪朝阳,以及教学一线的教师王辉、陶敬奇(华南师范大学),王芒、李燕(东北师范大学),薛思佳(上海师范大学),曾润生、赵蓓(苏州大学),潘英明、覃江克(广西师范大学)。

由于编者水平有限,疏漏和不妥之处在所难免,希望读者提出宝贵意见,使其更加适用于教学。

李景宁

杨定乔　潘玲　汪朝阳

2018年6月

第五版前言

本教材从 1979 年第一版的面世至 2011 年第五版的出版经历了 32 年,每一次的修订都体现了知识的更新,随着教学改革的深入,有机化学教学在课程体系、教学内容、教学手段和教学模式上都有了新的变化。为了适应这种形势的需要,新修订的第五版既涵盖了有机化学基本概念、基本理论、基本方法和基本反应机理,又反映了时代特色和学科发展方向。它沉淀了编者们多年的教学经验,成为更加适合于教师教学和学生学习的好教材。在此,我们衷心感谢所有参加过本教材撰写和修订的老师们,并向对本教材编著和修订做出卓越贡献的老前辈 曾昭琼 教授、马岳民 教授、王运武教授致以崇高的敬意!

《有机化学》第五版列入了普通高等教育“十一五”国家级规划教材[①],本次修订主要集中在以下几个方面:

1. 教材第五版保留了原四版的基本框架,仍按官能团体系分为烃类、烃的衍生物和专论三部分论述。

2. 烃类和烃的衍生物各章结构为:各类化合物的结构、命名;各类化合物的性质、用途;典型反应及其反应机理;各类化合物的制备方法;重要的化合物介绍;知识扩展介绍;习题等。

3. 对个别章节进行了删减和调整:如第十五章“含硫和含磷有机化合物”精简、整合为“含硫、含磷和含硅有机化合物”;第十六章“元素有机化合物”中的有机锂、有机硼化合物等分散到相关章节中,这章改为“有机过渡金属化合物”;删去第四版中的第二十二章合成高分子化合物,将这一章内容分散到其他相关的章节中论述。

4. 在每章中增加了“知识拓展”部分,向读者介绍有机化学学科新知识、新反应及其应用,目的在于扩大读者的知识面,激发其学习积极性,引导其关注学科的发展。

5. 介绍 ChemOffice 软件的各种功能和使用方法,使读者能够很快地掌握该化学软件的使用方法并应用于书写有机化合物的结构式、反应式、相对分子质量的计算、^{1}H NMR 和 ^{13}C NMR 谱的理论计算等。

6. 本教材下册附有学习光盘供使用本教材的学生使用,其内容包括:电子教案、主要有机物的结构及反应机理(动画素材)、结构模型及光谱图、简单有机物分子中原子的振动模式、化学家小传和 ChemOffice 软件使用教程等。该光盘既适合教师在教学上使用,又可作为读者的自学参考软件。

修订后的第五版教材具有以下特点:① 体现了教材的适应性,既适用于师范类本科院校化学教育专业,又可作为非师范类化学或相关专业和师范类专科院校化学专业的教材。② 体现了教材的新颖性,介绍了有机化学学科新发展——新反应、新用途、新技术,尤其关注环境问题的绿色化学知识等。③ 介绍了相关网站,弥补了教材出版的不可避免的滞后性。④ 体现了教材的逻辑性和条理性,适合教师教学和学生的自学。⑤ 体现知识的综合性和网络性,如在烷烃、烯烃、炔烃、二烯烃、脂环烃

---

① 本书 2014 年入选第二批“十二五”普通高等教育本科国家级规划教材。

后增加一个版面,将这几类化合物的性质及相互间的转化关系以反应图的形式展现,如第十一章醛和酮的习题中要求读者对卤代烃、醇、酚、醚、醛和酮的性质及相互关系作出反应图;第十三章羧酸衍生物的习题中要求读者对羧酸、羧酸衍生物的性质和相互转化关系作出反应图;第十四章含氮化合物习题中要求读者以反应图的形式总结芳香烃衍生物的合成方法等。

参加第五版教材编写的有李景宁(主编)、杨定乔(副主编)、张前(副主编)、汪朝阳、王辉(华南师范大学),刘群、赵宝中、王芒(东北师范大学),薛思佳(上海师范大学),曾润生(苏州大学),苏桂发、覃江克(广西师范大学)等教学一线老师。参与光盘软件制作的还有罗志勇、麦裕华、何根荣(华南师范大学)。

由于编者水平有限,疏漏和不妥之处在所难免,希望读者提出宝贵意见。我们更期盼读者喜欢本教材。

李景宁

杨定乔　张前

2011 年 4 月

第四版前言

在本教材第四版出版之际，谨向参加第一、第二和第三版的教授们致以衷心的感谢和崇高的敬礼。他们的辛勤工作为本教材打下了坚实的基础，在此，还特别感谢 马岳民 教授、王运武教授，以及非常关心本教材的吴永仁教授和顾可权教授。

2000 年 9 月参加本版教材修订的老师在广州华南师范大学召开了教材修订研讨会，到会的老师一致认为此次修订的目标是提高教材的质量，使之更加适合教学的需要。为此，从以下几方面进行了修订：

1. 基本保留了原教材的总体框架，仍按官能团体系分烃类、烃的衍生物和专论三部分叙述，全书分上、下两册。

2. 精炼教材内容，删去过时、陈旧的内容。如烷烃的制备反应、环张力学说等，理论部分更简明扼要，如删去影响反应历程的次要因素，使反应历程更加简明。调整部分内容的次序，如诱导效应后移至第三章烯烃。

3. 教材内容与有机化学的新发展、新成果接轨。如富勒烯、^{13}C 核磁共振谱、质谱，以及新药物、新材料、新能源和新生物化学内容等。由于教材篇幅的限制，这些材料采取简介方式，提供给读者查阅资料的线索，便于读者扩大知识面。为了便于学习者查阅外文资料，本书在重要和常见化合物汉字命名和重要术语后面附英文。

4. 教材内容尽量贴近生活和社会，更多地结合环境科学、医学保健、工业和经济发展等内容，反映当代科学发展走向各学科的相互渗透和交叉的趋势。本书增加有机化学与社会、生活紧密相关的应用常识，如维生素、必需脂肪酸等食品；杂环中增加改变人类行为的药物等；补充环保知识，贯穿有机化学的绿色化，如对氟里昂评价、农药毒性介绍、洗涤剂对环境的污染、石油炼制产品的绿色化等。

5. 精选习题、精炼文字、新制插图和修正错误。对第三版的部分插图重新绘制，对错误进行修正。精选问题和习题，使分量与学时相匹配，体现习题的作用——巩固、扩大和综合所学知识，使读者能通过适当的课外练习，在有限的时间内消化和掌握所学的知识。

本版书稿承蒙北京师范大学杜宝山教授审阅，提出了有益意见和建议，我们对书稿又做了修改，在此衷心感谢杜宝山教授。

参加第四版书稿编写的有曾昭琼(主编)、李景宁(副主编)、杨定乔、王辉(华南师大)、张前、王强、赵宝中(东北师大)、薛思佳(上海师大)、曾润生(苏州大学)、涂楚乔(广西师大)。

由于我们的水平所限，在编审过程中，难免有错漏之处，恳请读者批评指正。

曾昭琼
李景宁
2003 年 8 月

第三版前言

　　教材是教学的要素。最近,国家教育委员会组织制定了高等师范院校本科化学专业化学学科教学基本要求,从总体上规定了高师本科化学专业毕业生在化学基础理论、基本知识和基本技能方面所应达到的最基本的教学要求,其中有机化学学科的教学基本要求规定了本科生学习有机化学必须达到的规格,是高师教学的基本文件。本版就是根据此基本要求进行修订的。

　　回顾本教材的发展,第一版是按照当时使用的教学大纲而编写的,使用数年后,由于教学形势的发展,似嫌材料不足;第二版除了保持原有的体系,针对第一版存在的问题,作了局部的调整,以补充为主,希望尽可能反映当前有机化学的发展方向。问世之后,收到了许多读者来信,在肯定成绩的基础上,提出了批评和建议,认为篇幅稍大了些。在参与制订有机化学学科教学基本要求的全过程中,使我们对第二版教材有了较深入的认识。作为师范院校使用的教材,第三版修订原则应是在贯彻教学基本要求的同时,尽可能地采纳读者的意见,以满足各校教学的需要。在此,谨对支持本教材的教师和学生们表示感谢!

　　第三版修订原则及其安排介绍如下:

　　1. 教材的体系和章次不变,但对小标题和内容作了删补、调整和转移,并改正错误。删去旧的及非基础课的内容,全书以整段或整节计算共删去了50多处。上册以补充为主,打好基础,下册以删为主,精选内容,如含硫含磷有机化合物、元素有机和周环反应等章删减较多,削减了篇幅。把诱导效应和共轭效应提前,分别放在第一和第四章中。有些内容是新写的。

　　2. 洗练文字,去掉多余的话。增加习题分量,希望读者通过认真思考和解题,能体会到习题的作用。

　　3. 化合物的命名法有些做了改动,如构象用旧名,卤代烃按顺序规则,游离基改为自由基,活性中间体改为活泼中间体。外国科学家名字之前加上译名,等等。

　　参加本教材第三版编写的有:曾昭琼(主编)、张振权、苏永成、梁致诚、王运武、张绣礼、陈克潜、李文遐、杨世柱、李干孙和周飞雄。在修订过程中得到岑仁旺副教授协助。

　　本教材第三版书稿由中山大学曾陇梅教授、黄起鹏教授和广州师院马慰林教授审阅,提出了许多宝贵意见,在此表示衷心的感谢!

　　我们在第三版教材修订中尽管做了最大努力,书中难免还存在错误及不尽如人意的地方,恳切欢迎读者批评和指正。

曾昭琼

1991 年 4 月

第二版前言

从第一版发行到现在刚好过了五年,在这期间,先后在上海、长沙开过使用本教材的经验交流会,代表们既肯定了可取之处,又指出了存在的问题,并提出了建议。由于教学的需要,我们很重视和认真讨论了所提出的意见。加之,近年来有机化学又有了新的发展,所以从1982年起我们就着手修订。

为了使本教材具有一定的高度和较好的适应性,修订要点大致为:

1. 在保留官能团体系的原则下,取消了第十章《有机反应进程》,把其中大部分内容分散到有关的章节去。例如,在第二章讲过渡态,在第四章讲速度控制和平衡控制;把二十一章《醌源化合物》改名为《萜类和甾族化合物》;为了加强立体化学教学,把《对映异构》提到芳香烃之前。我们把上述章节如此处理,为的是一方面使理论和反应更好地结合起来,另一方面也希望借此改善第一版本难点比较集中的问题。

2. 增加或补充了各类化合物的反应、制备方法与有机合成的内容。

3. 对术语、化合物的命名法进行了调整。核实了一些物理常数。

4. 增加了各章习题的数量,并提高了难度。

5. 为了便于学生参阅国内外书刊,简介了共振论的要点,有几处应用共振论来解释事实。

与第一版本相比,很多内容是新写或重写的。修订后有些内容略微超出师范院校化学系用《有机化学教学大纲》(1980年)。为此,建议使用时应结合具体情况作适当处理,建议对某些章节指导学生自学,借以扩大知识面。

本教材由顾可权教授和吴永仁副教授主审,并热情支持。在修订过程中得到王积涛教授、使用本教材的师生及参加审稿会的老师们热情的支持,谨此一并致谢。

参加第二版修订工作的有:马岳民、张振权、曾昭琼、梁致诚、黄建兴、王运武、张绣礼、陈克潜、李文遐、李干孙、周飞雄等。最后,仍由马岳民、曾昭琼先后统一整理定稿。本教材虽经反复修订,但由于我们水平较低,缺点和错误在所难免,欢迎批评指正。

编　者

1984 年 10 月

第一版前言

　　有机化学是化学系的一门基础理论课。20 世纪 70 年代国内外编写的教材主要有两种编排方式：一种是按照官能团体系讲授各类化合物的结构、性质和合成方法；另一种是除了按照官能团体系外把反应历程另列一部分，作较深入的探讨。前者流行多年，可能国内教师较为熟悉。本书是按照这一种体系编排而编写的。供师范院校作试用教材，也可供其他院校参考、试用。

　　全书共分三部分：第一部分是烃类，第二部分是烃的衍生物，第三部分是专论，主要讲天然的和合成的高分子化合物。其中 16、17、21、22 等各章可根据各校具体情况少讲或不讲。

　　本书主要根据分子轨道理论、现代价键理论和电子效应来阐明各类化合物的结构和性质。各类反应历程紧密结合在各类化合物的反应中讲授；把立体化学部分尽早提前讲授，使学生一开始就树立化合物的空间观念，便于深入理解化合物的结构和反应历程。

　　书中对生命过程中产生的重要有机化合物也作了适当介绍。

　　本书是由吉林师范大学、华南师范学院、上海师范学院、江苏师范学院和广西师范学院等五所院校的有机化学教师共同编写的。参加具体编写工作的有：马岳民、张振权（以上吉林师大），曾昭琼、梁致诚、黄建兴、叶桂燉、杨世柱、杜汝励（以上华南师院），王运武、张绣礼（以上上海师院），陈克潜、李文遐（以上江苏师院），李干孙、周飞雄（以上广西师院）等。

　　本书初稿经师范院校《有机化学》审稿会审查。参加审稿的单位有：北京师大、南开大学、南京大学、兰州大学、上海师大、华中师院、陕西师大、昆明师院、江西师院、哈尔滨师院、南京师院、西南师院、河北师大、安徽师大等院校。会上代表们对书稿提出了详细的修改意见，其他一些兄弟院校的同志也提出了不少宝贵的意见和建议。在此，我们表示衷心的感谢。会后，原编写执笔的同志根据审稿会的意见做了认真、仔细的修改，最后并经马岳民、曾昭琼先后统一整理、补充、修改、定稿。但我们的水平较低，加以成稿时间仓促，书中缺点错误在所难免，希望提出批评指正。

编　者

1979 年 6 月

缩写与符号

Ac	acetyl group,乙酰基,$CH_3CO—$		Me	methyl,甲基
Ar	aryl radical,芳基,Ar—		MS	质谱(或 ms)
ATP	三磷酸腺苷		NBS	$N-$bromosuccinimide,$N-$溴代琥珀酰亚胺或$N-$溴代丁二酰亚胺
$n-$Bu	正丁基			
$t-$Bu	叔丁基或三级丁基		NMR	核磁共振谱(或 nmr)
$(+)-,(-)-$	右旋体,左旋体		Nu	亲核试剂
$(\pm)-$	外消旋体		$m-$	间位
DMF	dimethyl formamide,二甲基甲酰胺,$HCON(CH_3)_2$		$o-$	邻位
			$p-$	对位
DMSO	dimethyl sulfoxide,二甲基亚砜,$(CH_3)_2SO$		Ph	phenyl,苯基
			PTC	相转移催化剂
(E)	entgegen(德文),相反的意思		R	烷基
E	亲电试剂		tRNA	转移核酸
E1	单分子消除		S_N1	单分子亲核取代
E2	双分子消除		S_N2	双分子亲核取代
Et	乙基		THF	tetrahydrofuran,四氢呋喃
Pr	丙基		TMS	四甲基硅烷,$(CH_3)_4Si$
$i-$Pr	异丙基		UV	紫外光谱(或 uv)
IR	红外光谱(或 ir)		(Z)	zusammen(德文),相同的意思
J	偶合常数		$\triangle$	反应中的加热符号

目　　录

第一章 绪 论

第一节 有机化学的研究对象

一、有机化合物和有机化学的含义

有机化学(organic chemistry)研究的对象是有机化合物(organic compound)。有机化合物简称有机物。有机化合物都含有碳元素,所以有机化合物就是碳化合物。1848年,德国化学家格梅林(Gmelin L)将有机化学定义为研究碳化合物的化学。一些简单的含碳化合物,如一氧化碳、二氧化碳和碳酸盐等,因具有无机化合物的性质,常放在无机化学中讨论。此外,德国化学家肖莱马(Schorlemmer C)提出:有机化学就是研究碳氢化合物及其衍生物的化学。

二、有机化学的产生和发展

科学的产生和发展都是与当时的社会生产力水平和科学水平相联系的。人类应用有机化合物的历史很久远,但是有机化学作为一门学科却产生于19世纪初。早在18世纪中期,由于科学技术的进步和社会的需求,人们掌握了有机化合物的分离和提纯的技术,到了18世纪后期,开始由生物体取得较纯的有机化合物。例如,1769年,从葡萄汁中取得酒石酸;1773年,从尿中取得尿素;1780年,从酸牛奶中取得乳酸等。当时化学研究的对象是矿物质,因而把从有机体取得的化合物称为有机化合物,它的意思是"有生机之物",意味着它是来自生命体的物质。1806年,瑞典贝采利乌斯(Berzelius J)在教材中首先使用"有机化学"这个名词。这是他的创新,但他错误地认为有机化合物都是由生物体内取得的,只能在有机体内受生命力的作用才能产生出来,不能由人工方法合成,所以是有机的。由于他是当时化学界的权威,盲目信从他的人不少。可是1828年,德国化学家维勒(Wöhler F)在实验室里蒸发无机化合物氰酸铵水溶液时却得到了尿素,尿素是一种从动物体内排泄出来的有机化合物,这是人类第一次从无机化合物人工合成了有机化合物,这也成为一个由无机化合物人工合成有机化合物的有力佐证。

之后,人们又陆续合成了不少有机化合物,如1845年柯尔伯(Kolbe H)合成了醋酸;1854年贝特洛(Berthelot P E M)合成了油脂,等等。从此,人们确信人工合成有机化合物是完全可能的,这才使生命力论的地位不断削弱,最后贝采利乌斯也不得不改变了自己的观点。

对有机化合物进行元素分析研究之后,发现所有的有机化合物都含有碳元素,绝大多数还含有氢元素,许多尚含有氧、氮、硫、磷和卤素等元素。因此确认了碳元素是有机化合物的基本元素。1848 年,格梅林认为有机化学是研究含碳化合物的化学。显然,这个定义已脱离了生命力论,并且得到著名化学家凯库勒(Kekulé F A)等的赞誉,他们都认为这样的定义是恰当的,该定义也一直沿用至今。今天,人们所说的有机化合物是指千百万种含碳化合物,其中有的是从动物、植物机体中提取得到的,更多的是人工合成出来的。

从 19 世纪初期到中期,有机化学成为一门学科。为了研究有机化合物,需要进行分子结构的研究和合成工作。在人们对有机化合物的元素组成和性质有了一定认识的基础上,凯库勒和库帕(Couper A S)于 1857 年分别独立地指出有机化合物分子中的碳原子都是四价的,而且互相结合成碳链,这一概括成为有机化学结构理论的基础。1861 年,布特列洛夫(Butlerov A M)提出了化学结构的观点:分子中各原子以一定的化学力按照一定的次序结合,这称为分子结构;一种有机化合物具有一定的结构,其结构决定了它的性质;而该化合物结构又是从其性质推导出来的;分子中各原子之间存在着互相影响。1865 年,凯库勒提出了苯的构造式;1874 年,范托夫(van't Hoff J H)和勒贝尔(Le Bel J A)分别提出碳四面体学说,建立了分子的立体概念,说明了旋光异构现象。至此,经典的有机结构理论基本上建立起来了。

到了 20 世纪初,在一系列物理学新成就的推动下,价键理论建立了;20 世纪 30 年代,人们把量子力学原理和方法引入化学领域,并且建立了量子化学,使化学键理论获得了理论基础,阐明了化学键的微观本质,从而出现了诱导效应、共轭效应的理论及共振论。20世纪 60 年代,人们在合成维生素 B_{12} 过程中发现了分子轨道对称守恒原理。这都使人们对有机化学反应过程有了比较深入的认识。

费歇尔(Fischer E)确定了许多糖类的结构,从蛋白质水解产物分离出氨基酸,开创了研究天然产物的新时代。天然产物的研究已成为有机化学研究的一个方向。

有机合成是有机化学的核心之一,也是有机化合物重要的来源之一。进入 20 世纪后,科学家们已合成出各种各样的新物质,在国民经济中显示出巨大的作用。

有机化学诞生于 19 世纪,开始阶段发展曲折,进入 20 世纪后则进展得很快。在 20 世纪初,格利雅(Grignard V)首次将金属有机化合物应用于有机合成;20 世纪 20 年代,狄尔斯(Diels O)和阿尔德(Alder K)发现了[4+2]环加成反应;齐格勒(Ziegler K W)在 20 世纪 30 年代研究了有机锂,20 世纪 50 年代又研究了有机铝。其后,维蒂希(Wittig G)研究了有机磷,布朗(Brown H C)研究了有机硼,科里(Corey E J)研究了有机硫,勃圣(Posner)研究了有机铜等。同时,有机化学家发现了大量的有机化学反应,并以发现者的名字命名。例如,武尔兹(Wurtz K A)烷烃的合成反应、坎尼扎罗(Cannizzaro S)醛的歧化反应、克莱门森(Clemmensen E)还原法、克莱森(Claisen R L)酯缩合反应和霍夫曼(Hofmann A W)重排反应等。在 21 世纪初,美国科学家诺尔斯(Knowles W S)、日本科学家野依良治(Ryoji Noyori)和美国科学家夏普雷斯(Sharpless K B)由于在不对称氢化反应和不对称氧化反应中的杰出贡献而共同获得了 2001 年诺贝尔(Nobel)化学奖。这显示该研究领域取得了重大的进展,但是不对称催化研究还面临着诸多挑战,依然是目前化学学科乃至药物和材料领域的前沿和研究热点。之后,美国科学家赫克(Heck R F)、日本科学家根岸英一(Negishi E I)和铃木章(Suzuki A)因在有机合成领域中钯催化交叉偶联反应方面的卓越研究,共同获得了 2010 年诺贝尔化学奖。这一成果广泛应用于制药、化工、电子工业和有机材料等领域,使人类能有效地合成复杂有机化合物。有机化学的发展加快了石油化学、基础有机合成、塑料、合成纤维、合成橡胶、油漆、染料、医药、农药、化肥、合成洗涤剂、航天材料、医用高分子材料和感光材料等工业发展,同时也促进了生物学的发展。人类对生物体中的蛋白质、核酸、糖类、油脂、维生素和酶等有机化合物的结构与性能已能逐步认识;生命现象中遗传、新陈代谢、能量转换和神经活动等的阐明,也必定要从生物体中有机化合物的结构、性能和相互转化来研究确定,而这些领域的创新发展又促进了有机化学的前进。

有机化学是化学的一个分支,是研究有机化合物的组成、结构、性质、合成和反应机理等的学科。化学类专业均设置有机化学这门课程。为此,希望学生们学习好这门课程,掌握有机化学的基本理论、基本知识和基本技能,了解学科的发展前沿,为终身学习奠定基础。

三、有机化合物的特点

有机化合物的特点如下:

1. 分子组成复杂

组成有机化合物分子的元素虽然不多,主要是 C、H、O、N、S 等元素,但形成分子的数目非常多,估计逾 8000 万种且与时俱进;有机化合物的结构复杂又精巧,异构现象相当普遍。例如,人们熟知的酒精是乙醇的水溶液。乙醇的分子式为 C_2H_6O,但它与甲醚的分子式相同,而且前者为液体,后者为气体。它们性质的差异是它们的化学结构不同所致的。经过测定,乙醇和甲醚(分子式都为 C_2H_6O)分子中各原子的排列顺序和结合方式如下:

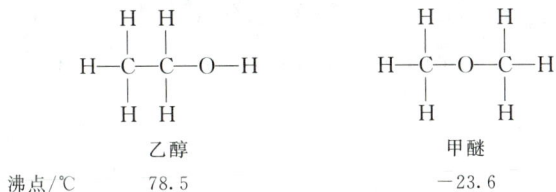

$$
\begin{array}{cc}
\underset{\text{乙醇}}{\overset{\displaystyle H\quad H}{H-\overset{|}{\underset{|}{C}}-\overset{|}{\underset{|}{C}}-O-H}} & \underset{\text{甲醚}}{\overset{\displaystyle H\qquad H}{H-\overset{|}{\underset{|}{C}}-O-\overset{|}{\underset{|}{C}}-H}}
\end{array}
$$

沸点/℃　　　78.5　　　　　　　　　　　 −23.6

两种或多种具有相同的分子式而其结构不同的化合物称为异构体(isomer),这种现象称为异构现象(isomerism)。异构现象是有机化学中相当普遍而且很重要的现象,具体见"对映异构"一章。因此,在有机化学中不能只用分子式表示某一化合物,必须使用构造式或结构式来表示。

2. 熔点较低

绝大多数有机化合物的熔点都较低,很少超过 400 ℃,它们的热稳定性远不如无机化合物。另外,绝大多数有机化合物都能燃烧,生成二氧化碳和水,并放出热量。

3. 不易溶于水

绝大多数有机化合物都不溶于水,但某些有机化合物如乙醇,由于分子内含有较强的极性基团,则可溶于水。有机化合物一般都能溶于有机溶剂中。

4. 反应速率较慢,产物较复杂

一般无机化合物之间的反应是离子反应,往往瞬间就能完成。有机化合物发生反应时，多为分子间反应，反应速率较慢，而且往往有可能在分子的几个部位发生反应，即常伴有副反应发生，产物较为复杂，所以就降低了主要产物的产率，很少能达到完全反应。当温度、压力、催化剂等反应条件改变时，生成的产物也会不同。

由于反应复杂，在书写有机反应方程式时常采用箭头，而不用等号。一般只写出主要的反应及其产物，有的还需要在箭头上表示出反应的必要条件，反应方程式一般并不严格要求配平，只是在计算理论产率时才要求配平。

有机化合物的上述特性都是与典型无机化合物相比较而言的，不是它的绝对标志。

第二节 共价键的一些基本概念

有机化合物是含碳元素的化合物，碳原子最显著的特点是以共价键与碳及其他原子相结合形成有机物。

一、共价键理论

对共价键的解释有价键理论和分子轨道理论。

1. 价键理论

价键理论的主要内容如下：

（1）共价键的形成　由于成键的两个原子都具有未成键且自旋相反的电子，它们能够通过配对来获得最外层电子数达到稳定的构型，成键的电子只定域于成键的两个原子之间。共价键的形成也可以看作成键原子的原子轨道重叠的结果，两个原子的原子轨道重叠越多，所形成的共价键就越牢固。例如，碳原子和氢原子结合成甲烷（CH_4）分子时，4 个氢原子各出一个电子分别与碳原子的 4 个未成键电子配对成共用电子对。由一对电子形成的共价键称为单键，可用一条短线表示。

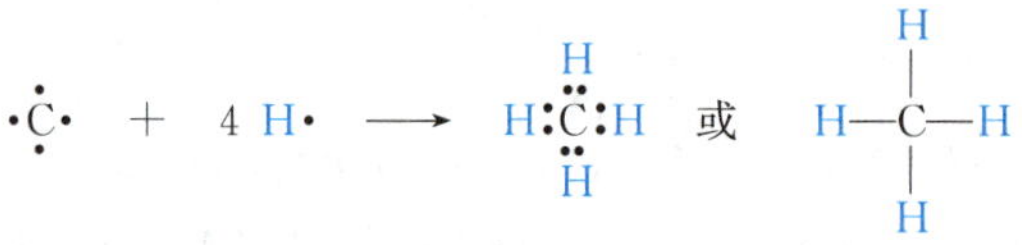

$$\cdot \overset{\cdot}{\underset{\cdot}{C}} \cdot \quad + \quad 4\ H\cdot \quad \longrightarrow \quad H\overset{H}{\underset{H}{:}\overset{\cdot\cdot}{C}\overset{\cdot\cdot}{:}}H \quad 或 \quad \overset{H}{\underset{H}{H-\overset{|}{\underset{|}{C}}-H}}$$

在甲烷分子中，碳原子和氢原子都取得稳定的构型，即最外层电子分别有 8 个和 2 个。若两个原子各用 2 个或 3 个未成键的电子，构成的共价键则为双键或三键。

$$\overset{}{\underset{双键}{C=C}} \qquad \overset{}{\underset{三键}{-C\equiv C-}}$$

（2）共价键的饱和性　一般情况下，原子的价键数目等于它的未成键的电子数，当原子的未成键的一个电子与某原子的一个电子配对之后，就不能再与第三个电子配对了，这就是共价键的饱和性。

（3）共价键的方向性　成键时，两个电子的原子轨道发生重叠，重叠部分的大小决定共价键的牢固程度。p电子的原子轨道在空间具有一定的取向,只有当它以某一方向互相接近时,才能使原子轨道得到最大的重叠,生成分子的能量得到最大程度的降低,形成稳定的分子。例如,1s原子轨道和$2p_x$原子轨道形成共价键时,只有在x轴方向上重叠,才能得到最大程度的重叠,结合成稳定的共价键。如果原子轨道在非x轴方向接近,相互间重叠较小,结合就不稳定,如图1-1所示。

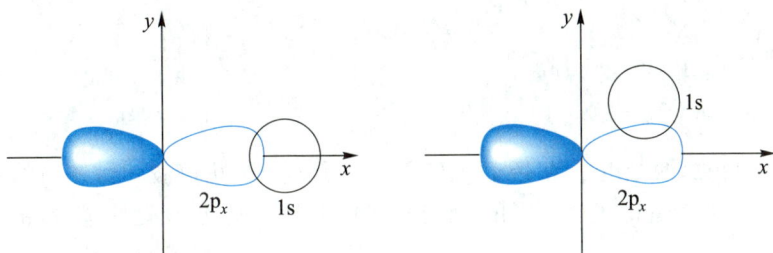

　　(a) x轴方向结合成键,重叠程度大　　　(b) 非x轴方向结合成键,重叠程度小,不能成键

图1-1　1s原子轨道和$2p_x$原子轨道的重叠情况

现代价键理论包括轨道杂化概念,将在后续章节中介绍。

2. 分子轨道理论

量子化学所说的分子轨道并不是指分子本身运动的轨道,而是指分子中每个电子的运动状态。

分子中每个电子的运动状态可用状态函数ψ来描述,ψ称为分子轨道。化学键是原子轨道重叠产生的,当任何数目的原子轨道重叠时就可以形成同样数目的分子轨道,每个分子轨道都有相应的能量E,分子的能量为各个电子占据着的分子轨道能量的总和。若定域键重叠的原子轨道数是两个,结果组成两个分子轨道,其中一个比原来的原子轨道的能量低,叫成键轨道;另一个比原来的原子轨道的能量高,叫反键轨道。

现以最简单的氢分子形成过程为例。如果氢分子由H_A原子的原子轨道φ_A和H_B原子的原子轨道φ_B线性组合成氢分子轨道ψ_1和ψ_2,可近似表示如下:

$$\psi_1 = c_1\varphi_A + c_2\varphi_B$$
$$\psi_2 = c_1\varphi_A - c_2\varphi_B$$

式中,c为参数,可用数学方法求出,简单理解为系数。它的物理意义为数值的大小表示原子轨道组成分子轨道时的贡献大小;"+"或"-"表示波函数的位相。在ψ_1轨道中,原子A和B的原子轨道φ_A和φ_B的符号相同,即波函数的位相相同,这两个波互相作用的结果使两个原子核之间有相当高的电子概率,显然抵消了原子核互相排斥的作用,原子轨道重叠达到最大程度,把两个原子结合起来,因此ψ_1被称为成键轨道(见图1-2)。

当φ_A和φ_B的符号相反,即波函数位相不同时,这两个波相互作用的结果使两个原子核之间的波函数值减小或抵消,在原子核之间的区域,电子概率为零。也就是说,在原子核之间没有电子来结合它们,两个原子轨道不重叠,故不能成键,ψ_2称为反键轨道(见图1-3)。

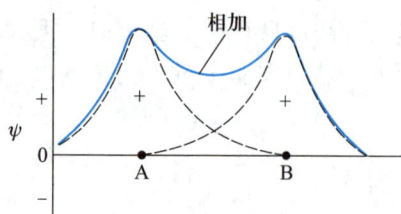

图1-2 位相相同的波函数互相
作用结果的示意图

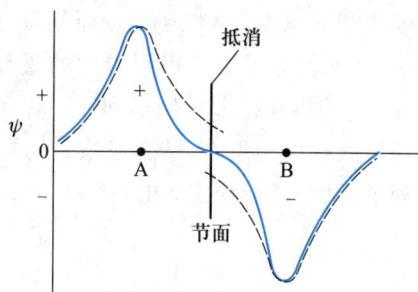

图1-3 位相不同的波函数互相
作用结果的示意图

从图1-4可见,两个电子从1s轨道转入氢分子的分子轨道 ψ_1 时,体系的能量大大降低,成键轨道 ψ_1 的能量低于氢原子的1s态电子的能量。相反,反键轨道 ψ_2 的能量则高于氢原子的1s态电子的能量。所以,氢原子形成氢分子时,一对自旋相反的电子进入能量低的成键轨道中,电子云主要集中于两个原子之间从而使氢分子处于稳定的状态。反键轨道恰好相反,电子云主要分布于两个原子核的外侧,有利于原子核的分享而不利于原子的结合。所以,当电子进入反键轨道时,反键轨道的能量高于原子轨道,则体系不稳定,氢分子自动解离为两个氢原子。

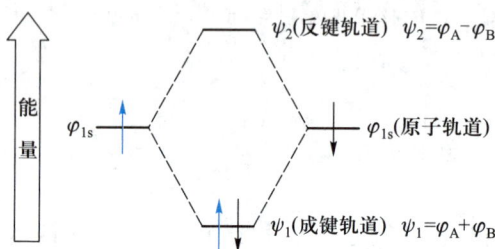

图1-4 氢分子轨道能级图

每一个分子轨道最多只能容纳两个自旋方向相反的电子,从最低能级的分子轨道开始,逐一地填充电子。

综上所述,由原子轨道组成分子轨道时,必须符合三个条件:

(1)对称匹配 组成分子轨道的原子轨道的符号(即位相)完全相同时,才能匹配组成分子轨道。否则,就不能组成分子轨道。

(2)原子轨道重叠的部分最大 原子轨道重叠的部分最大时,才能使所形成的键最稳定。

(3)能量相近 成键的原子轨道的能量要相近,能量差越小越好,这样才能够最有效地组成分子轨道,才能解释不同原子轨道所形成的共价键的相对稳定性。

条件(2)和(3)决定着原子轨道线性组合的数目及组合效率高低的问题,所以,在这三个条件中,条件(1)起着重要的作用。

下面介绍两种典型的分子轨道。

根据分子轨道对称性的不同可将分子轨道分为 σ 轨道和 π 轨道。例如,氢原子形成氢分子时所形成的分子轨道称为 σ 轨道。s轨道为球形对称的,若以 x 轴为键轴,则是呈圆柱形对称。s轨道形成的分子轨道还保留着对 x 轴呈圆柱形对称的特性,即分子轨道沿键轴旋转时,它的形状和符号都不变。这种分子轨道称为 σ 轨道,如s—s,见图1-5。由1s—1s形成的 σ 轨道用 σ_{1s} 表示;s—2 p_x 以 σ_{2p} 表示;反键 σ 轨道用 σ^* 表示,如 σ_{1s}^* 、σ_{2p}^* 。

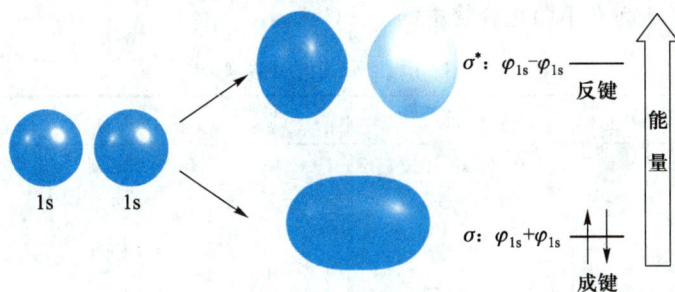

图 1-5　σ 轨道的示意图

当由两个互相平行的 p 轨道在侧面重叠形成分子轨道时，如 p_z-p_z 或 p_y-p_y，所形成的分子轨道还保留着对称面，即有节面，这种分子轨道叫作 π 轨道。π 轨道的特点是，电子云集中在键轴的上面和下面，通过键轴的参考平面可把电子云分成两半。这种把原子轨道或分子轨道分割为符号相反的两半部的参考平面，称为原子轨道或分子轨道的节面。在节面上，电子云密度等于零，见图 1-6。成键 π 轨道的符号为 π_z2p、π_y2p，反键 π 轨道用 π_{z2p}^*、π_{y2p}^* 表示。

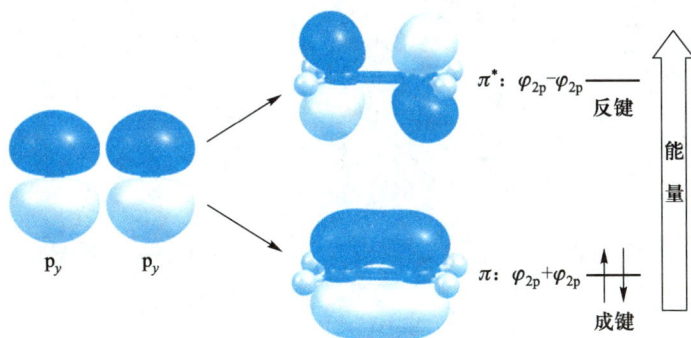

图 1-6　π 轨道的示意图

求解分子轨道 ψ 很困难，一般采用近似解法，其中最常用的方法是把分子轨道看成所属原子轨道的线性组合，这种近似的处理方法叫作原子轨道线性组合，用英文缩写 LCAO（linear combination of atomic orbital）表示，简称为 LCAO。波函数的近似解需要复杂的数学运算，将在结构化学课程中介绍。以上只介绍求解结果所得的直观图形，以期了解共价键形成的过程。

二、共价键的键参数

共价键的重要性质表现在键长、键角、键能和偶极矩等物理量。

1. 键长

形成共价键的两个原子之间存在着一定的吸引力和排斥力，使原子核之间保持着一定的距离，这个距离称为键长（bond length），单位可用 nm 或 pm 表示（1 nm＝1000 pm）。一定的共价键的键长是一定的。例如，C—H 键的键长为 0.109 nm。表 1-1 为常见共价键的键长。表 1-2 为在不同化合物中的 C—C 键键长。

表 1-1　常见共价键的键长

键	键长/pm	键长/nm	键	键长/pm	键长/nm
C—H	105.6~111.5	0.1056~0.1115	C=C	133.7	0.1337
C—C(烷烃)	154.1	0.1541	C=O	123.0	0.1230
C—Cl	176.7	0.1767	C≡C	120.4	0.1204
C—Br	193.7	0.1937	C=N	130.0	0.130
C—I	214.0	0.2140	C≡N	115.8	0.1158
N—H	103.8	0.1038	C—N	147.2	0.1472
O—H	96.5	0.0965			

表 1-2　在不同化合物中的 C—C 键键长

键类型	化合物*	键长/pm	键长/nm
sp^3-sp^3	$H_3C—CH_3$	153.0	0.1530
sp^3-sp^2	$H_3C—CH=CH_2$	151.0	0.1510
sp^2-sp^2	$H_2C=CH—CH=CH_2$	146.6	0.1466
sp^3-sp	$H_3C—C≡CH$	145.6	0.1456
sp^2-sp	$H_2C=CH—C≡CH$	143.2	0.1432
$sp-sp$	$HC≡C—C≡CH$	137.4	0.1374

＊ 表中所列的数值是箭头所指的共价键的键长。

2. 键角

两价以上的原子与其他原子成键时,两个共价键之间的夹角称为键角(bond angle)。例如,甲烷(CH_4)分子中 H—C—H 键角为 $109°28'$,而在其他烷烃分子中,由于碳原子连接的情况不尽相同,互相影响的结果使其分子中的 H—C—H 键角稍有变化。例如,丙烷分子中 C—CH_2—C 键角就不是 $109°28'$,而是 $112°$。键角的大小随着分子结构的不同而有所改变,键角反映了分子的空间结构。

3. 键能

当 A 和 B 两个原子(气态)结合生成 A—B 分子(气态)时,放出的能量称为键能(bond energy)。

$$A(g) + B(g) \longrightarrow A—B(g)$$

显然,要使 1 mol A—B 双原子分子(气态)共价键解离为原子(气态)时所需的能量也就是键能,或叫键的解离能。也即是说,共价键断裂时必须吸热,ΔH 为正值;形成共价

键时必须放热,ΔH 为负值。键的解离能和键能的单位通常用 kJ·mol^{-1}表示。例如:

$$H:H \longrightarrow H\cdot + H\cdot \qquad \Delta H = +436 \text{ kJ·mol}^{-1}$$

若用符号 $E_{d(A-B)}$ 表示 A—B 共价键的解离能,则 $E_{d(H-H)} = 436$ kJ·mol^{-1}。

对于双原子分子,键的解离能就是键能。例如,氯分子的解离能和键能的数值是相同的。

$$Cl:Cl \longrightarrow Cl\cdot + Cl\cdot \qquad \Delta H = +242 \text{ kJ·mol}^{-1}$$
$$Cl\cdot + Cl\cdot \longrightarrow Cl_2 \qquad \Delta H = -242 \text{ kJ·mol}^{-1}$$

对于多原子分子,键能和解离能在概念上是有区别的,多原子分子中共价键的键能是指同一类共价键的解离能的平均值。例如,甲烷有 4 个 C—H 键,它们的解离能是不同的:

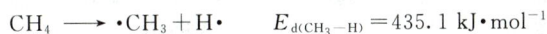

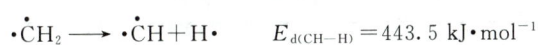

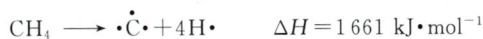

$$CH_4 \longrightarrow \cdot CH_3 + H\cdot \qquad E_{d(CH_3-H)} = 435.1 \text{ kJ·mol}^{-1}$$
$$\cdot CH_3 \longrightarrow \cdot \ddot{C}H_2 + H\cdot \qquad E_{d(CH_2-H)} = 443.5 \text{ kJ·mol}^{-1}$$
$$\cdot \ddot{C}H_2 \longrightarrow \cdot \ddot{C}H + H\cdot \qquad E_{d(CH-H)} = 443.5 \text{ kJ·mol}^{-1}$$
$$\cdot \ddot{C}H \longrightarrow \cdot \ddot{\ddot{C}}\cdot + H\cdot \qquad E_{d(C-H)} = 338.9 \text{ kJ·mol}^{-1}$$
$$CH_4 \longrightarrow \cdot \ddot{\ddot{C}}\cdot + 4H\cdot \qquad \Delta H = 1661 \text{ kJ·mol}^{-1}$$

所以,甲烷的 C—H 键的平均键能为 $1661/4$ kJ·mol$^{-1} \approx 415.3$ kJ·mol^{-1}。故在多原子的分子中共价键的键能和解离能是不相同的。常见共价键的键能见表 1-3。

表 1-3 常见共价键的键能

共价键	键能/(kJ·mol^{-1})	共价键	键能/(kJ·mol^{-1})
C—H(平均)	415.3	H—N	390.8
C—C	345.6	N—N	163.2
C=C	610.0	N=N	418.4
C≡C	835.1	N≡N	944.7
C—O	357.7	N—O	200.8
C=O(醛)	736.4	O—H	462.8
C=O(酮)	748.9	S—H	347.3
C—N	304.6	S—O	497.9
C=N	615.0	F—F	154.8
C≡N	889.5	H—F	564.8
C—F	485.3	Cl—Cl	242.5
C—Cl	338.9	H—Cl	431.0
C—Br	284.5	Br—Br	188.3
C—I	217.6	H—Br	368.2
C—B	372.4	I—I	150.6
C—S	272.0	H—I	298.7
H—H	436.0		

不同化合物的 C—H 键的第一次解离能是不相同的,具体见第三章中表 3-4 所列的数值。一般来说,键能越大,键越牢固。

4. 偶极矩

当电负性不同的两种元素的原子组成共价键时,成键电子的分享并不均等,成键电子被电负性较强的原子吸引而靠近它,使它带有微负电荷(或叫部分负电荷),用 δ^- 表示,电负性较弱的原子则具有微正电荷(或叫部分正电荷),用 δ^+ 表示,这样的共价键称为极性共价键。极性共价键有一定的偶极矩。偶极矩是一个矢量,一般用一个箭头加竖线($\longmapsto$)表示,箭头指向带微负电荷一端。例如:

$$\overset{\delta^+ \longmapsto \delta^-}{H \!\!-\!\!-\!\! Cl} \qquad\qquad \overset{\delta^+ \longmapsto \delta^-}{H_3C \!\!-\!\!-\!\! Cl}$$

H—Cl 键和 C—Cl 键的成键电子都偏向氯原子,都为极性共价键。

表 1-4 列举了有机化合物中常见元素的电负性值。

表 1-4　有机化合物中常见元素的电负性值

H 2.1						
Li 1.0		B 2.0	C 2.5	N 3.0	O 3.5	F 4.0
Na 0.9	Mg 1.3	Al 1.5	Si 1.8	P 2.1	S 2.5	Cl 3.0

一般来说,两种元素的电负性值相差 0.6～1.7 的可形成极性共价键。

共价键的极性常用偶极矩表示,偶极矩(dipole moment)是电荷(q)与正、负电荷中心的距离(d)的乘积,用 μ 表示:

$$\mu = q \cdot d$$

偶极矩单位为 C·m(库仑·米),以前也用德拜(D)表示。两者的转换关系是

$$1\ D = 10^{-18}\ esu \cdot cm = 3.333\ 6 \times 10^{-30}\ C \cdot m$$

分子的偶极矩是各个偶极矩的矢量和。四氯化碳是对称分子,各键偶极矩矢量和为零而使得分子没有极性,甲烷也是如此,而氯甲烷(H_3C—Cl)分子中的 C—Cl 键的偶极矩未被抵消,有偶极矩,因而为极性分子。所以,分子中键的偶极矩与分子的偶极矩是不相同的,要把两者严格地区分开。

极性分子间的作用,即一个分子微正电荷端与另一个分子微负电荷端间有相互吸引作用,为偶极-偶极作用。这是极性分子间作用力之一,叫作取向力,对化合物的物理性质有影响。分子间的作用力还有色散力和氢键。

三、共价键的断裂

共价键的断裂可能有两种方式。一种方式是成键的一对电子平均分给两个原子或原

子团:

$$A\colon B \longrightarrow A\cdot + B\cdot$$

这种断裂方式称为均裂。均裂生成的带单电子的原子或原子团称为自由基,或称为游离基。如 $CH_3\cdot$ 叫甲基自由基,通常用 $R\cdot$ 表示。在表示自由基时,必须写上"·",这意味着有一个孤立单电子。

共价键断裂的另一种方式是异裂,异裂有两种情况:

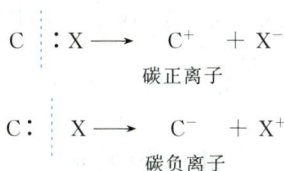

$$C\colon X \longrightarrow C^+ + X^-$$
碳正离子

$$C\colon X \longrightarrow C^- + X^+$$
碳负离子

异裂生成了正离子或负离子,这种经过异裂生成离子的反应称为离子型反应。有机化合物经由离子型反应生成的有机离子有碳正离子或碳负离子,通常用 R^+ 表示碳正离子,用 R^- 表示碳负离子,如 CH_3^+ 叫甲基碳正离子,CH_3^- 叫甲基碳负离子。

自由基、碳正离子和碳负离子都是有机反应进程中生成的活泼物种,往往在生成的一瞬间就参加化学反应,但已能测定或证明其存在。

自由基反应一般在光或热的作用下进行,离子型反应一般在酸、碱或极性物质(包括极性溶剂)协助下进行。

离子型反应根据反应试剂的类型不同,又可分为亲电反应和亲核反应。

在反应过程中接受电子或共用电子(这些电子原属于另一反应物分子)的试剂称为亲电试剂(electrophilic reagent)或称为亲电体(electrophile)。例如,金属离子和氢离子都是亲电试剂,由于它们缺少电子,容易进攻反应物上带部分负电荷的位置。由亲电试剂进攻而发生的反应称为亲电反应(electrophilic reaction)。

反之,有一类试剂如氢氧根负离子 OH^-、H^- 和碳负离子 C^- 能供给电子,进攻反应物中带部分正电荷的碳原子而发生反应,这种试剂称为亲核试剂(nucleophilic reagent)或称为亲核体(nucleophile)。由亲核试剂进攻而发生的反应叫作亲核反应(nucleophilic reaction)。

当然,亲电试剂与亲核试剂是相对的。

第三节 研究有机化合物的一般步骤

研究一个新的有机化合物一般要经过下列步骤。

1. 分离提纯

研究一个有机化合物样品首先要把它分离提纯,保证达到应有的纯度。分离提纯的方法很多,常用的有重结晶法、升华法、蒸馏法、柱色谱分离法及离子交换法等。

2. 纯度的检验

纯有机化合物有固定的物理常数,如熔点、沸点、相对密度和折射率等。测定有机化合物的物理常数就可以检验其纯度。纯的有机化合物的熔点距很小,不纯的则没有恒定的熔点。

3. 元素分析和分子式的确定

对于提纯后的有机化合物,就可以进行元素定性分析,确定它是由哪些元素组成的,接着做元素定量分析。现在这些分析已经可以在自动化仪器中进行。随后,求出各元素的质量比,通过计算就能得出它的实验式。实验式是表示化合物分子中各元素原子的相对数目的最简单式子,但不能确切表明分子真实的原子个数。因此,还必须进一步测定其相对分子质量,从而确定分子式。

例如,3.26 g 样品燃烧后,得到 4.74 g CO_2 和 1.92 g H_2O,实验测得其相对分子质量为 60。

$$m_{样品} \qquad m_{CO_2} \qquad m_{H_2O}$$
$$3.26 \text{ g} \qquad 4.74 \text{ g} \qquad 1.92 \text{ g}$$

$$碳质量 = CO_2 \text{质量} \times \frac{C\,相对原子质量}{CO_2\,相对分子质量} = 4.74 \text{ g} \times \frac{12}{44} = 1.29 \text{ g}$$

$$碳的质量分数 = \frac{碳质量}{样品质量} \times 100\% = \frac{1.29 \text{ g}}{3.26 \text{ g}} \times 100\% = 39.6\%$$

$$氢质量 = H_2O \text{质量} \times \frac{H\,相对原子质量 \times 2}{H_2O\,相对分子质量} = 1.92 \text{ g} \times \frac{1 \times 2}{18} = 0.213 \text{ g}$$

$$氢的质量分数 = \frac{氢质量}{样品质量} \times 100\% = \frac{0.213 \text{ g}}{3.26 \text{ g}} \times 100\% = 6.53\%$$

$$氧的质量分数 = 100\% - (39.6\% + 6.53\%) = 53.87\%$$

然后求出原子数目比:

$$C: \frac{39.6}{12} = 3.30 \quad 3.30/3.30 = 1$$

$$H: \frac{6.53}{1} = 6.53 \quad 6.53/3.30 = 1.98$$

$$O: \frac{53.87}{16} = 3.37 \quad 3.37/3.30 = 1.02$$

$$C:H:O = 1:1.98:1.02 \approx 1:2:1$$

这个样品的实验式为 CH_2O。通过实验测得其相对分子质量为 60,故这个样品的分子式应为

$$M_r[(CH_2O)_n] = 60$$
$$n(12 + 1 \times 2 + 16) = 60$$
$$n = 2$$

故这个化合物的分子式为 $C_2H_4O_2$。至于测定分子的相对分子质量的方法,现在可用质谱(mass spectrum)法测定。

4. 结构的确定

确定有机化合物结构的方法有化学法和物理法。20 世纪 50 年代前,只能用化学方法确定有机化合物的结构,后来应用了现代物理方法就能准确、迅速地确定有机化合物的结构。例如,采用核磁共振氢谱和核磁共振碳谱(^{1}H NMR 和 ^{13}C NMR)、红外光谱

(infrared spectroscopy)、紫外光谱(ultravoilet spectroscopy)、质谱(mass spectrum)和 X射线衍射(X-ray diffraction)等检测仪器测定有机化合物的结构。这些将在第八章叙述。

分子结构包括了分子的构造、构型和构象。构造(constitution)是分子中原子之间互相连接的顺序,以前叫作结构(structure),根据国际纯粹与应用化学联合会(International Union of Pure and Applied Chemistry,简写为 IUPAC)的建议改为"构造"。表示化合物的化学式称为构造式。例如,甲烷的构造式为

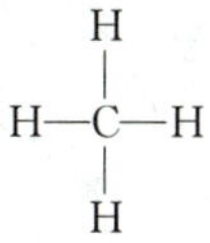

$$
\begin{array}{c}
H \\
| \\
H-C-H \\
| \\
H
\end{array}
$$

构象和构型的解释见第二章。

5. 构造式写法

像上面甲烷构造式中,用一条短线表示成键的共用电子对的式子叫价键式;标出所有共用和未成键电子的化学式称为路易斯(Lewis)点电子式。例如:

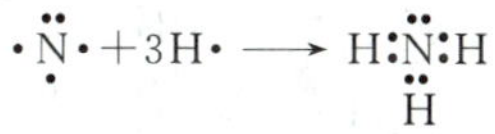

$$\cdot\ddot{N}\cdot + 3H\cdot \longrightarrow H\!:\!\ddot{N}\!:\!H$$
$$\qquad\qquad\qquad\quad H$$

若分子中两核间共用两对电子则形成双键,若共用三对电子则形成三键。

| 路易斯点电子式 | $H:\overset{H}{\overset{\cdot\cdot}{C}}::\overset{H}{\overset{\cdot\cdot}{C}}:H$ | $H:C:\!:\!:C:H$ |

价键式

$$
\begin{array}{ccc}
H & & H \\
 \diagdown & & \diagup \\
 & C=C & \\
 \diagup & & \diagdown \\
H & & H
\end{array}
\qquad\qquad
H-C\equiv C-H
$$

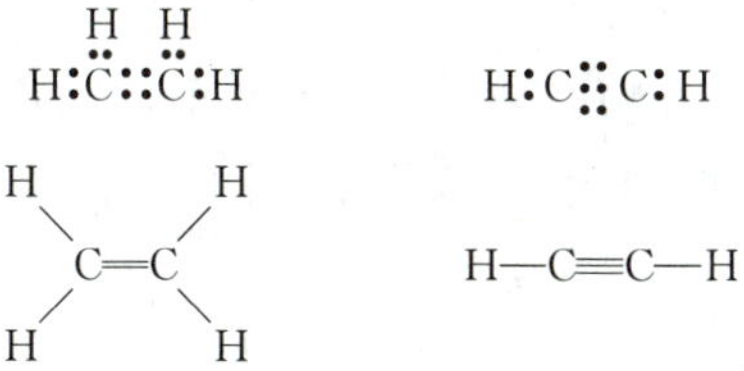

乙烯　　　　　　　　乙炔

第四节　有机化合物的分类和官能团

有机化合物数目众多,为了给学习和科学研究创造有利条件,对它们进行分类是非常必要的。严谨的科学分类法使复杂的事物系统化,能够突出事物的主要矛盾,加深对事物本身的理解和有助于预见新事物,从而促进有机化学的发展。

一、按碳架分类

有机化合物的分类方法主要有两种:一种按碳架分类,另一种按官能团(functional group)分类。它们的关系如下:

有机化合物 { 开链化合物(脂肪族化合物)　环状化合物 { 碳环化合物 { 脂环化合物　芳香族化合物　杂环化合物 { 脂杂环化合物　芳杂环化合物

传统的分类方法是根据碳干的不同把它们分成开链化合物、碳环化合物和杂环化合物三大类。

1. 开链化合物

在开链化合物分子中,碳原子互相结合形成链状,而不形成环状。例如:

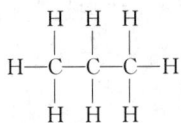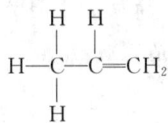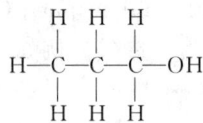

丙烷　　　　　　　　　　丙烯　　　　　　　　　　丙醇

2. 碳环化合物

碳环化合物含有由碳原子组成的碳环。它们又可分为两类:

(1) 脂环化合物　这类化合物中含有由碳原子组成的碳环,它们的化学性质与开链化合物相似。例如:

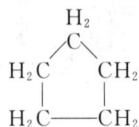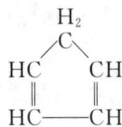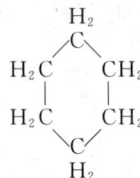

环戊烷　　　　　环戊-1,3-二烯　　　　环己烷

(2) 芳香族化合物　芳香族化合物的结构特征是大多含有由六个碳原子组成的苯环,它们的化学性质和脂环化合物有所不同。例如:

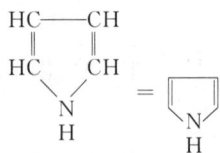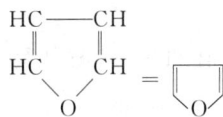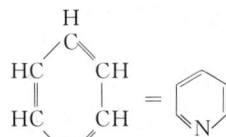

C_6H_6　　　　　　　$C_6H_5—CH_3$　　　　　　$C_{10}H_8$

苯　　　　　　　　　　甲苯　　　　　　　　　　萘

由于这类化合物最初是从具有芳香味的有机化合物和香树脂中发现的,所以把它们称为芳香族化合物。

3. 杂环化合物

杂环化合物也是环状化合物,由于这种环是由碳原子和其他元素的原子(如氧、硫、氮等)共同组成的,故称为杂环。含有杂原子的环状有机化合物称为杂环化合物。例如:

吡咯　　　　　　　　　　呋喃　　　　　　　　　　吡啶

以上的分类方法只是从有机化合物的母体(或碳干)结构的形式,即链状的还是环状的来分类的,并不能反映其性质特征,实际上也不能反映其结构的本质。例如,由于脂环化合物的性质与开链化合物的性质相似,二者也可归为一类,统称为脂肪族化合物。又如,杂环化合物的母体如呋喃和吡啶等,也都具有一定的芳香性。

　　碳氢化合物从性质上又可以分为饱和烃、不饱和烃和芳香烃三大类,其中饱和烃包括烷烃和环烷烃;不饱和烃包括烯烃和炔烃;芳香烃可划分为苯系芳烃和非苯芳烃。而其他有机化合物都可视为这三大类烃的衍生物。

二、官能团

　　实验证明,有机化合物的反应主要在官能团处发生。所谓官能团也叫特性基因,是指有机化合物分子中特别能发生化学反应的一些原子或原子团,它常常可以决定该化合物的主要性质。例如,氯乙烷分子的氯原子(Cl)、乙醇分子中的羟基(—OH)在有机化学中均称为官能团。一般来说,含相同官能团的有机化合物能发生相似的化学反应,因而常把它们看作同一类化合物。例如,含羟基的分子可归为醇类或酚类。常见重要官能团的名称和分子式见表1-5。但要注意的是,碳干的结构也会影响官能团的性质。

　　一般情况下,先按碳干分类,再按官能团分类。本书按官能团体系讲授各类有机化合物的结构、性质及其制备方法。

表 1-5　常见重要官能团的名称和分子式

化合物类别	官能团	官能团的名称	实例	
烯烃	C=C	双键	$H_2C=CH_2$	乙烯
炔烃	—C≡C—	三键	$HC≡CH$	乙炔
卤代烃	—X	卤素	C_6H_5Cl	氯苯
醇和酚	—OH	羟基	CH_3CH_2OH	乙醇
			C_6H_5OH	苯酚
醚	C—O—C	醚键	$C_2H_5—O—C_2H_5$	乙醚
醛和酮	C=O	羰基	CH_3CHO	乙醛
			CH_3COCH_3	丙酮
羧酸	—COOH	羧基	$H_3C—COOH$	乙酸
硝基化合物	—NO$_2$	硝基	$C_6H_5—NO_2$	硝基苯
胺	—NH$_2$	氨基	$C_6H_5—NH_2$	苯胺
偶氮化合物	—N=N—	偶氮基	$C_6H_5—N=N—C_6H_5$	偶氮苯
重氮化合物		重氮基	$C_6H_5—N=N—Cl$	氯化重氮苯
硫醇和硫酚	—SH	巯基	$C_2H_5—SH$	乙硫醇
			$C_6H_5—SH$	苯硫酚
磺酸	—SO$_3$H	磺酸基	$C_6H_5SO_3H$	苯磺酸

【知识拓展】有机化学常用资料文献与网络资源

【知识拓展】ChemOffice在有机化学绘图中的应用

习 题

1. 根据碳是四价的、氢是一价的、氧是二价的,把下列分子式写成任何一种可能的构造式:

(1) C_3H_8 (2) C_3H_8O (3) C_4H_{10}

2. 区别键的解离能和键能这两个概念。

3. 指出下列各化合物所含官能团的名称。

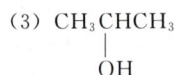

(1) $CH_3CH{=}CHCH_3$

(2) CH_3CH_2Cl

(3) CH_3CHCH_3
            OH

(4) $CH_3CH_2\overset{\displaystyle O}{C}{-}H$

(5) $CH_3\overset{}{\underset{O}{C}}CH_3$

(6) CH_3CH_2COOH

(7) ⟨benzene⟩$-NH_2$

(8) $H_3CC{\equiv}CCH_3$

4. 根据电负性数据,用 δ^+ 和 δ^- 标明下列键或分子中带部分正电荷和部分负电荷的原子。

$$C{=}O \qquad O{-}H \qquad CH_3CH_2{-}Br \qquad N{-}H$$

5. 有机化学的研究主要包括哪几个方面?

6. 下列各化合物哪个有偶极矩? 画出其方向。

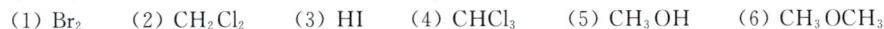

(1) Br_2 (2) CH_2Cl_2 (3) HI (4) $CHCl_3$ (5) CH_3OH (6) CH_3OCH_3

7. 一种有机化合物,在燃烧分析中发现含有 84% 的碳 $[A_r(C){=}12.0]$ 和 16% 的氢 $[A_r(H){=}1.00]$,这个化合物的分子式可能是哪个?

(1) CH_4O (2) $C_6H_{14}O_2$ (3) C_7H_{16} (4) C_6H_{10} (5) $C_{14}H_{22}$

8. 根据电负性指出下列共价键偶极矩的方向。

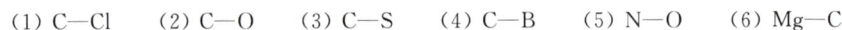

(1) $C{-}Cl$ (2) $C{-}O$ (3) $C{-}S$ (4) $C{-}B$ (5) $N{-}O$ (6) $Mg{-}C$

9. 写出下列化合物的路易斯点电子式。

(1) C_2H_2 (2) CH_4 (3) C_3H_4 (4) C_3H_6 (5) CH_5N

10. 按碳架分类法,下列化合物各属于哪一类化合物?

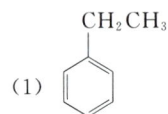

(1) ⟨benzene⟩CH_2CH_3

(2) $CH_3CH_2CH{=}CH_2$

(3) $CH_2{=}CHCH_2OH$

(4) ⟨benzene⟩$-OH$

(5) ⟨cyclohexane⟩$-OH$

(6) ⟨thiophene, S⟩

(7) ⟨cyclohexene⟩

(8) ⟨quinoline, N⟩

第二章　烷　　烃

只由碳和氢两种元素组成的有机化合物称为碳氢化合物,简称为烃(hydrocarbon)。

按照传统有机化合物的分类,可把烃分为开链烃和环状烃两大类。

开链烃又可分为饱和链烃和不饱和链烃,本章讨论饱和链烃即烷烃。不饱和链烃如烯烃、炔烃将分别在第三章和第四章中讨论。环状烃如脂环烃、芳烃将分别在第五章和第七章中讨论。

烷烃广泛地存在于自然界中,如石油和天然气的主要成分就是烷烃。烷烃不活泼,但能燃烧释放大量能量,所以它可用作燃料。烷烃也是化学工业的原料。

第一节　烷烃的构造

当烃分子中除了碳原子间以单键结合外,其余键全部与氢原子结合(被氢所饱和),这种烃称为饱和烃(saturated hydrocarbon)。烷烃(alkane)是饱和烃,烷有完满的含义,也就是饱和的意思。

一、烷烃的同系列

最简单的烷烃是甲烷,分子式为 CH_4;其次是乙烷,分子式为 C_2H_6。表 2-1 列出一些烷烃的名称和分子式。

表 2-1　一些烷烃的名称和分子式

烷烃	分子式	英文名	烷烃	分子式	英文名
甲烷	CH_4	methane	十一烷	$C_{11}H_{24}$	undecane
乙烷	C_2H_6	ethane	十二烷	$C_{12}H_{26}$	dodecane
丙烷	C_3H_8	propane	十三烷	$C_{13}H_{28}$	tridecane
丁烷	C_4H_{10}	butane	十四烷	$C_{14}H_{30}$	tetradecane
戊烷	C_5H_{12}	pentane	十五烷	$C_{15}H_{32}$	pentadecane
己烷	C_6H_{14}	hexane	二十烷	$C_{20}H_{42}$	icosane
庚烷	C_7H_{16}	heptane	三十烷	$C_{30}H_{62}$	triacontane
辛烷	C_8H_{18}	octane	一百烷	$C_{100}H_{202}$	hectane
壬烷	C_9H_{20}	nonane	……		
癸烷	$C_{10}H_{22}$	decane	烷烃通式	C_nH_{2n+2}	

从表 2-1 可知,烷烃的通式为 C_nH_{2n+2},n 表示碳原子的数目。从理论上说,n 可能很大,目前合成出来的烷烃有一百烷以上的。

像烷烃那样,凡是符合同一个通式,结构相似,化学性质也相似,物理性质随着碳原子数的增加而有规律地变化的化合物系列称为同系列(homologous series)。同系列中的化合物互称为同系物(homolog)。相邻的同系物在组成上相差 CH_2,不相邻的则相差两个或多个 CH_2,这个 CH_2 称为系列差。

有机化合物中除了烷烃同系列之外,还有其他同系列,同系列是有机化学的普遍现象。掌握了同系列这一辩证规律性,就会给学习和研究有机化学带来不少方便。因为只要研究几个典型的或有代表性的化合物的性质之后,就有可能推论出同系列中其他烷烃的基本性质。当然,在运用同系列概念时,除了要注意同系物的共性外,也要注意它们的个性。由于共性易见,个性比较特殊,这就要求人们注意根据分子结构上的差异来理解分子性质上的异同,这是学习有机化学的基本方法之一。

二、烷烃的同分异构现象

在烷烃同系列中,甲烷、乙烷和丙烷只有一种分子结构,无同分异构现象。从丁烷起就出现了分子式相同而结构不同的现象。C_4H_{10} 就有两种不同的结构,它们的构造式见式(1)和式(2)。

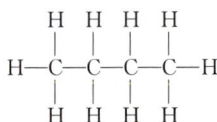

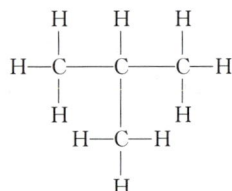

	(1)	(2)
	$CH_3—CH_2—CH_2—CH_3$	$CH_3—CH—CH_3$ 　　　　$|$ 　　　　CH_3
	正丁烷	异丁烷
沸点/℃	-0.5	-10.2

式(1)是四个碳原子互相结合成一条链状碳干,没有支链(或叫侧链),称为正丁烷。式(2)除了三个碳原子结合成一条链状碳干外,还有由一个碳原子构成的支链,称为异丁烷。显然,这两种丁烷是由于分子中碳原子的排列方式不同而产生的。把分子式相同,而构造不同的异构体称为构造异构体(constitutional isomer)。烷烃的构造异构实质上是由于碳架构造的不同而产生的,所以往往又称为碳干异构。

戊烷有三种同分异构体,它们的构造式表示如下:

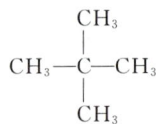

		CH_3 　$|$
$CH_3—CH_2—CH_2—CH_2—CH_3$	$CH_3—CH—CH_2—CH_3$ 　　　　$|$ 　　　　CH_3	$CH_3—C—CH_3$ 　　$|$ 　　CH_3
正戊烷(n-pentane)	异戊烷(isopentane)	新戊烷(neopentane)
沸点/℃　36.1	28	9.5

同分异构体所含的原子种类和数目都相同,但彼此连接的方式不同。分子结构上存在差别,在性质上也必然有所不同,反之亦然。在烷烃分子中,随着碳原子数目的增加,异构体的数目增加得很快,见表 2-2。表中同分异构体的数目是人们在 20 世纪 30 年代用数学方法推算出来的。C_{25} 的同分异构体数目可能超过 3 679 万,数目惊人。

表 2-2 烷烃的同分异构体数目

碳原子数	异构体数	碳原子数	异构体数(推算得的)
4	2	12	355
5	3	13	802
6	5	14	1 858
7	9	15	4 347
8	18	20	366 319
9	35	25	36 797 588
10	75	30	4 111 646 763
11	159		

对于低级烷烃的同分异构体的数目和构造式,可利用碳干的不同推导出来。现以己烷为例,其基本步骤如下:

① 写出这个烷烃的最长直链的构造式。

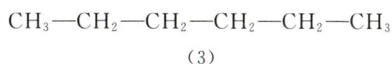

$$CH_3—CH_2—CH_2—CH_2—CH_2—CH_3$$
$$(3)$$

② 写出少一个碳原子的直链式作为主链。把那一个碳原子作为支链(即甲基),依次取代直链上除首尾碳原子外的各个碳原子的氢,就能写出可能的同分异构体的构造式。

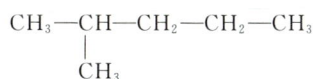

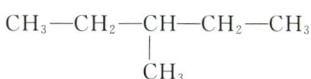

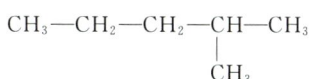

$$\begin{matrix} CH_3—CH—CH_2—CH_2—CH_3 \\ | \\ CH_3 \end{matrix} \quad \begin{matrix} CH_3—CH_2—CH—CH_2—CH_3 \\ | \\ CH_3 \end{matrix} \quad \begin{matrix} CH_3—CH_2—CH_2—CH—CH_3 \\ | \\ CH_3 \end{matrix}$$
$$(4) \quad\quad\quad\quad (5) \quad\quad\quad\quad (6)$$

显然,(4)和(6)相同,这一步得到的异构体是(4)和(5)。

③ 再写出少了两个碳原子的直链式,把这两个碳原子作为两个支链(即两个甲基),或当作一个支链(即乙基),分别取代氢原子。

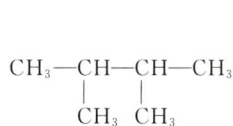

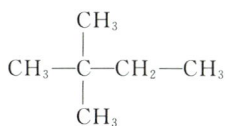

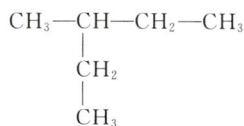

$$\begin{matrix} CH_3—CH—CH—CH_3 \\ | \quad\ | \\ CH_3\ CH_3 \end{matrix} \quad \begin{matrix} CH_3 \\ | \\ CH_3—C—CH_2—CH_3 \\ | \\ CH_3 \end{matrix} \quad \begin{matrix} CH_3—CH—CH_2—CH_3 \\ | \\ CH_2 \\ | \\ CH_3 \end{matrix}$$
$$(7) \quad\quad\quad\quad (8) \quad\quad\quad\quad (9)$$

其中,(9)和(5)相同,故这一步得到的异构体是(7)和(8)。

这样,己烷的同分异构体有 5 个,这就是(3)、(4)、(5)、(7)和(8)。

(3) $CH_3—CH_2—CH_2—CH_2—CH_2—CH_3$

(4) $CH_3—CH—CH_2—CH_2—CH_3$
$\qquad\qquad\quad |$
$\qquad\qquad\ CH_3$

(5) $CH_3—CH_2—CH—CH_2—CH_3$
$\qquad\qquad\qquad |$
$\qquad\qquad\quad CH_3$

(7) $CH_3—CH—CH—CH_3$
$\qquad\qquad\ |\quad\ |$
$\qquad\quad CH_3\ CH_3$

(8)
$\qquad\quad CH_3$
$\qquad\qquad |$
$CH_3—C—CH_2—CH_3$
$\qquad\qquad |$
$\qquad\quad CH_3$

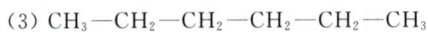

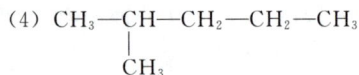

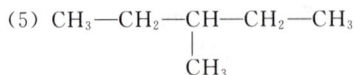

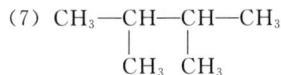

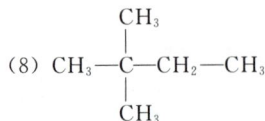

由此可见,烷烃的构造是指烷烃分子中各碳原子的排列次序,可用构造式表示。构造式不仅能代表化合物分子的组成,而且还能表明分子中各原子的结合次序。

书写构造式时,为了方便起见,还可使用简化的式子如简式、键线式等表示。例如,己烷构造异构体(3)和(8)可表示为

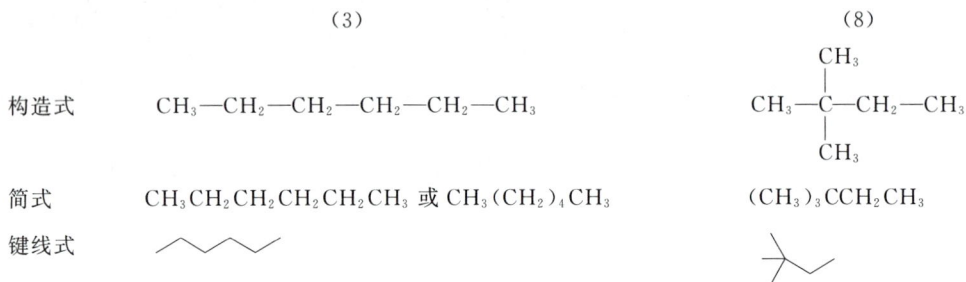

	(3)	(8)
构造式	$CH_3—CH_2—CH_2—CH_2—CH_2—CH_3$	$CH_3—\underset{\underset{CH_3}{\overset{CH_3}{|}}}{C}—CH_2—CH_3$
简式	$CH_3CH_2CH_2CH_2CH_2CH_3$ 或 $CH_3(CH_2)_4CH_3$	$(CH_3)_3CCH_2CH_3$
键线式	∧∧∧	⋏⋎

简式省去所有的键线,而键线式是最简单的表示法,它省去所有碳原子和氢原子,用锯齿形状的角和端点代表碳原子,键线表示碳原子的结合次序。

问题 2-1 写出庚烷(C_7H_{16})的同分异构体的简式和键线式。

三、伯、仲、叔和季碳原子

从分析戊烷同分异构体的构造式中各个碳原子连接的情况就会发现,有的碳原子只与一个碳原子直接相连,有的则分别与两个、三个或四个碳原子直接相连。因此,把直接与一个碳原子相连的称为伯碳或一级(primary)碳原子,可用 1°表示;直接与两个碳原子相连的称为仲碳或二级(secondary)碳原子,可用 2°表示;直接与三个碳原子相连的称为叔碳或三级(tertiary)碳原子,可用 3°表示;直接与四个碳原子相连的为季碳或四级(quaternary)碳原子,可用 4°表示。戊烷同分异构体的构造式中碳原子的类型分别标出如下:

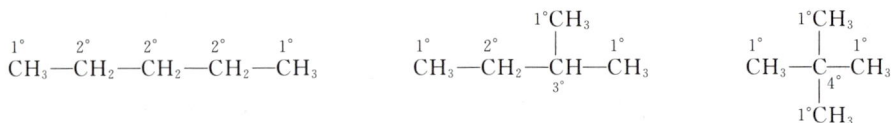

$\overset{1°}{C}H_3—\overset{2°}{C}H_2—\overset{2°}{C}H_2—\overset{2°}{C}H_2—\overset{1°}{C}H_3$

$\overset{1°}{C}H_3—\overset{2°}{C}H_2—\underset{3°}{\overset{\overset{1°}{C}H_3}{\overset{|}{C}H}}—\overset{1°}{C}H_3$

$\overset{1°}{C}H_3—\underset{4°}{\underset{\underset{1°}{C}H_3}{\overset{\overset{1°}{C}H_3}{\overset{|}{\underset{|}{C}}}}}—\overset{1°}{C}H_3$

在上述四种碳原子中,除了季碳原子外,其他的都连接氢原子。因此,把分别和伯、仲、叔碳原子结合的氢原子,称为伯、仲、叔氢原子。不同类型的氢原子的反应性能是有一定差别的。

问题 2-2　标出下列有机化合物中的伯、仲、叔和季碳原子。

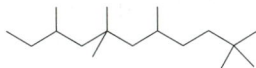

$(CH_3)_2CHCH_2C(CH_3)_3$

第二节　烷烃的命名法

有机化合物的数目很多,结构又比较复杂,必须有合理的方法来命名以识别之。有机化合物命名的基本要求是必须能够反映分子结构,使人们看到有机化合物的名称就能写出它的构造式,或者看到构造式就能写出它的名称。烷烃的命名法是有机化合物命名法的基础,所以要特别重视。

烷烃常用的命名法有普通命名法和系统命名法。本书除了介绍中文命名法外,在重要的和常见的有机化合物汉字名称后附英文命名,使读者了解一些专业词汇,便于查阅外文资料和手册。

一、普通命名法

通常把烷烃泛称为“某烷”,“某”是指烷烃中碳原子的数目。含 1～10 个碳原子的直链烷烃用甲、乙、丙、丁、戊、己、庚、辛、壬、癸表示。自 11 起用中文数字表示,见表 2-1。烷烃的英文名词尾为 ane。

为了区别异构体,用“正”(normal)、“异”(iso)和“新”(neo)的词头来表示:

直链烷烃称为“正某烷”,英文词头“normal”可简写为“n”,通常“n”也可不写。

支链烷烃分子中,把在碳链的一末端带有两个甲基的特定结构称为“异某烷”,英文词头“iso”可简写为“i”。

在含五个或六个碳原子烷烃的异构体中,含有季碳原子的称为“新某烷”,英文词头“neo”。例如:

$$CH_3-CH_2-CH_2-CH_2-CH_3$$

正戊烷

(n-pentane)

$$CH_3-CH_2-\underset{\displaystyle CH_3}{\overset{\displaystyle CH_3}{CH}}-CH_3$$

异戊烷

(isopentane)

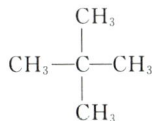

$$CH_3-\underset{\displaystyle CH_3}{\overset{\displaystyle CH_3}{\underset{|}{\overset{|}{C}}}}-CH_3$$

新戊烷

(neopentane)

【知识拓展】
异辛烷、辛烷值与汽油的标号

至于衡量汽油品质的基准物质异辛烷则属例外,这是由于它的名称沿用日久,已成习惯。

$$CH_3—CH—CH_2—CH_2—CH_2—CH_2—CH_3$$
（下方）CH_3

异辛烷

$$CH_3—CH—CH_2—C—CH_3$$
（上方）CH_3（左下）CH_3（右下）CH_3

异辛烷（衡量汽油品质的基准物）

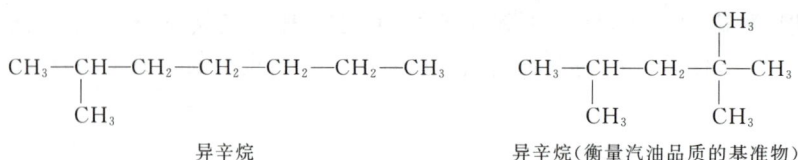

普通命名法都是从历史上逐渐形成的，它简单方便，但只能适用于构造比较简单的烷烃。对于比较复杂的烷烃必须使用系统命名法。为了学习系统命名法，对烷基要有初步的认识。

二、烷基

烷烃分子从形式上消除一个氢原子而剩下的原子团称为烷基，这里"基"有一价的含义。烷基的通式为 C_nH_{2n+1}，也可用 R 来表示。

把烷烃命名中的"烷"字换以"基"字就是烷基的命名。例如，甲烷去掉一个氢原子得到甲基（—CH_3），正丙烷去掉末端一个氢原子得到正丙基（—$CH_2CH_2CH_3$）。相应的烷烃（alkane）英文只需将词尾"ane"改为"yl"，即烷基（alkyl）。表 2-3 列出一价烷基的名称。

表 2-3　一价烷基的名称

烷基	中文名	英文名	通常简写符号
$CH_3—$	甲基	methyl	Me
$CH_3CH_2—$	乙基	ethyl	Et
$CH_3CH_2CH_2—$	正丙基	$n-$propyl	$n-$Pr
$(CH_3)_2CH—$	异丙基	isopropyl	$i-$Pr
$CH_3CH_2CH_2CH_2—$	正丁基	$n-$butyl	$n-$Bu
H_3C＼$CHCH_2—$／H_3C	异丁基	isobutyl	$i-$Bu
$CH_3CH_2CH—$（下CH_3）	仲丁基	$sec-$butyl	$s-$Bu
H_3C、CH_3＼$C—$／H_3C	叔丁基	$tert-$butyl	$t-$Bu
H_3C＼$CHCH_2CH_2—$／H_3C	异戊基	isopentyl	
$(CH_3)_3CCH_2—$	新戊基	neopentyl	
CH_3CH_2C（上CH_3，下CH_3）$—$	叔戊基	$tert-$amyl	
H_3C＼$CH(CH_2)_3—$／H_3C	异己基	isohexyl	

烷烃消除两个氢后形成的二价取代基,可以统称为亚基,英文以"ylene"为后缀。为了更确切地区分,当取代基以两个单键分别连接分子骨架的两个原子时,该取代基则称为"叉基"英文以"diyl"为后缀;当取代基以两个单键连接分子骨架的同一个原子时(即双键),该取代基称为"亚基",英文以"ylidene"为后缀。本章中只讨论叉基的情况,亚基的情况在烯烃的章节中将进一步详细介绍。一些简单的叉基举例如下:

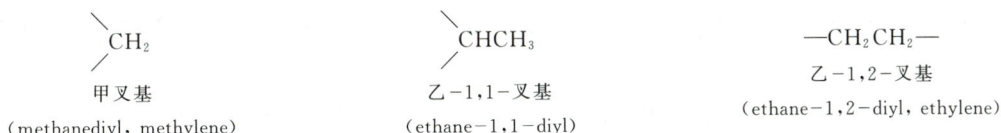

$$\overset{\diagdown}{\underset{\diagup}{}}CH_2 \qquad\qquad \overset{\diagdown}{\underset{\diagup}{}}CHCH_3 \qquad\qquad —CH_2CH_2—$$

甲叉基　　　　　　　　乙−1,1−叉基　　　　　　乙−1,2−叉基

(methanediyl, methylene)　　(ethane−1,1−diyl)　　(ethane−1,2−diyl, ethylene)

烷烃消除三个氢后形成的三价取代基,可以统称为次基。更细致地,按照三单键、一单键和一双键、三键三种与分子其余部分相连的情况,分别称为"爪基""基亚基""次基",对应的英文后缀为"triyl""ylylidene""ylidyne"。本章中只讨论爪基的情况,其他的情况在后续的章节中将有涉及。一些简单的爪基举例如下:

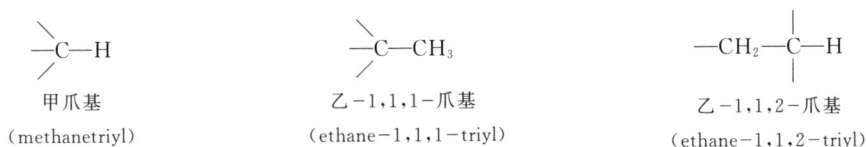

$$—\overset{\diagdown}{\underset{\diagup}{C}}—H \qquad\qquad —\overset{\diagdown}{\underset{\diagup}{C}}—CH_3 \qquad\qquad —CH_2—\overset{|}{C}—H$$

甲爪基　　　　　　　　乙−1,1,1−爪基　　　　　乙−1,1,2−爪基

(methanetriyl)　　　　(ethane−1,1,1−triyl)　　(ethane−1,1,2−triyl)

三、系统命名法

普通命名法具有较大的局限性,只能命名结构简单的有机化合物。1892 年,在日内瓦召开了国际化学会议,制定了系统的有机化合物的命名法,叫作日内瓦命名法。其基本精神是体现化合物的系列和结构的特点。后来由国际纯粹与应用化学联合会(International Union of Pure and Applied Chemistry,简称 IUPAC)作了几次修订,简称为 IUPAC 命名法。中国化学会参考这个命名法的原则,并且结合汉字的特点制定了我国的系统命名法(1960)。1980 年,对该系统命名法进行增补和修订,公布为《有机化学命名原则》。为了适应当今有机化学学科发展的需要,中国化学会参考 IUPAC 的一些最新的命名发展,结合中文构词习惯,公布了《有机化合物命名原则 2017》。本书的系统命名主要参考《有机化合物命名原则 2017》进行命名。

1. 直链烷烃的命名

直链烷烃的命名和普通命名法基本相同,去掉"正"字,称"某烷"。例如:

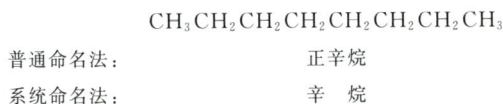

$$CH_3CH_2CH_2CH_2CH_2CH_2CH_2CH_3$$

普通命名法:　　　　　　正辛烷

系统命名法:　　　　　　辛　烷

2. 支链烷烃的命名

支链烷烃是直链烷烃的烷基取代衍生物。其命名的具体步骤如下:

(1)选取主链(母体)　选择含碳原子数最多的碳链作为主链,并写出这个主链烷烃的名称。支链则作为取代基,英文名以"ane"为词尾。例如:

$$CH_3-CH-CH_2-CH_2-CH_3$$
$$|$$
$$CH_2$$
$$|$$
$$CH_3$$

支链(取代基)　　　　　主链(母体)

母体名称:己烷(hexane)

在上式中,如果选择直线的碳链作为主链,则此碳链上的碳原子数有 5 个;如选择虚线内的碳链作为主链,则有 6 个碳原子,所以应选定含 6 个碳原子的碳链作为主链,即以虚线内的碳链作为主链。

如果有多条碳原子数目相同的碳链时,则选择取代基多的碳链为主链。

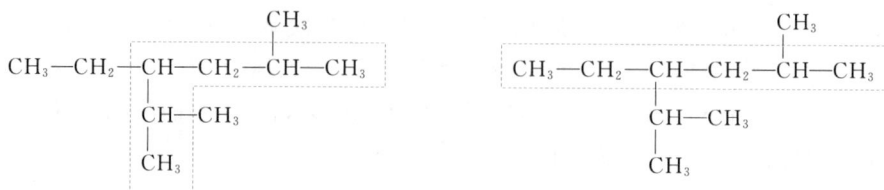

$$CH_3-CH_2-CH-CH_2-CH-CH_3$$
$$| \qquad\qquad CH_3$$
$$CH-CH_3$$
$$|$$
$$CH_3$$

$$CH_3-CH_2-CH-CH_2-CH-CH_3$$
$$\qquad\qquad\qquad CH_3$$
$$CH-CH_3$$
$$|$$
$$CH_3$$

上式中应选左式虚线内的碳链作为主链。

(2) 主链碳原子的位次编号　在选定主链以后,就要进行主链的位次编号,也就是确定取代基的位次,主链从一端向另一端编号。位次号数用 1、2、3、4、… 表示,读成 1 位、2 位、3 位、4 位等。

① 简单烷烃从距离取代基最近的一端开始编号。例如,下式中从右到左取代基(甲基)的位次为 4,而从左到右则为 3,故这个烷烃主链的编号应从左到右,才可使甲基的位次最小。

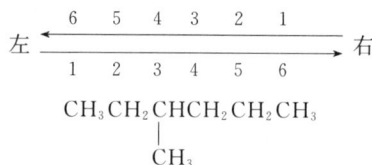

左 ← 6　5　4　3　2　1
　　 1　2　3　4　5　6 → 右
$$CH_3CH_2CHCH_2CH_2CH_3$$
$$|$$
$$CH_3$$

② 当主链以不同方向编号,得到两种或两种以上不同编号的系列时,则依次列出取代基在几种编号系列中的位次,顺次逐项比较,最先出现差别的那项中,以位次最小者定为"最低系列",取此系列的编号为主链编号。例如:

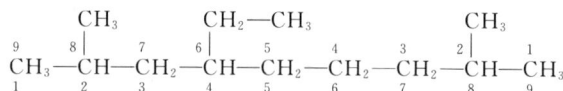

$$\overset{9}{CH_3}-\overset{8}{CH}-\overset{7}{CH_2}-\overset{6}{CH}-\overset{5}{CH_2}-\overset{4}{CH_2}-\overset{3}{CH_2}-\overset{2}{CH}-\overset{1}{CH_3}$$

按式子上方的编号系列,取代基位次为 2、6、8;按式子下方的编号系列,取代基位次为 2、4、8。两种编号顺次逐项比较,最先出现差别的是第二项,位次最小者为"4",应选择按式子下方的编号系列为取代基的位次,即 2、4、8。

③ 当出现多条取代基数目相同的碳链,选择使取代基具有"最低系列"的编号,并以具有"最低系列"编号的碳链为主链。

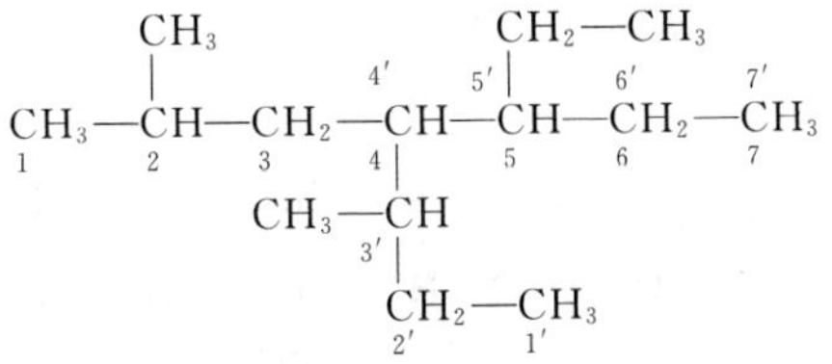

$$CH_3-CH-CH_2-CH-CH-CH_2-CH_3$$

按直链编号系列,取代基位次为 2、4、5,按折链编号系列,取代基位次为 3、4、5,直链编号系列为"最低系列",故为主链。

(3) 名称的书写规则

① 按取代基位次、取代基名称、母体名称顺次书写,取代基位次和取代基名称之间要用半字线"–"连接起来,取代基名称和母体名称间则不用半字线连接。例如:

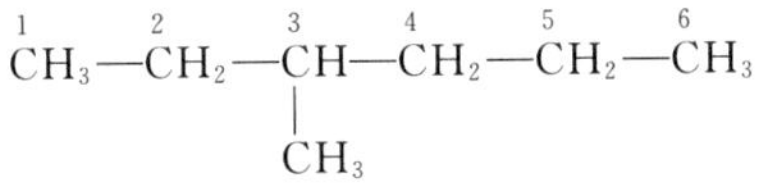

$$\overset{1}{C}H_3-\overset{2}{C}H_2-\overset{3}{C}H-\overset{4}{C}H_2-\overset{5}{C}H_2-\overset{6}{C}H_3$$
$$|$$
$$CH_3$$

3	–	甲基	己烷
取代基位次	半字线	取代基名称	母体名称

如果含有几个相同的取代基时,取代基名称前用二、三、四……表示其数目,其位次则必须逐个注明,位次的阿拉伯数字之间以","隔开。命名时,逗号和短线应特别注意,往往容易忽视。

例一

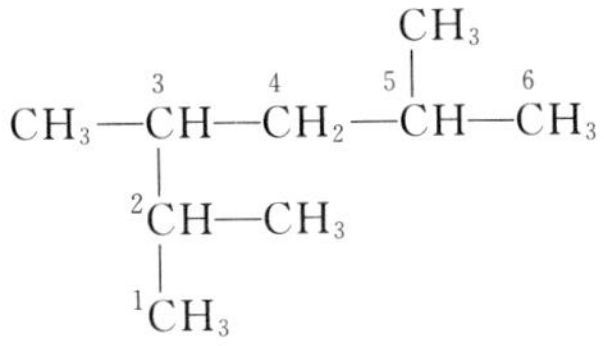

2,3,5–三甲基己烷

② 如果含有几个不同的基团时,书写时取代基按照英文首字母次序排列。例如,乙基(ethyl)首字母为 e,甲基(methyl)首字母为 m,所以甲基乙基同时出现时,书写次序为乙基在前,甲基在后。依此原则可推出,优先顺序为 bromo > bromomethyl > chloro > ethyl > isopropyl > methyl > propyl,其他情况可类似处理。注意:异(iso)、新(neo)等前缀参与排序。但表示取代基数目的前缀,如 mono,di,tri,tetra 等,不计入首字母。例如二甲基(dimethyl),首字母应该认为是 m。仲(sec–)、叔(tert–)也不参与排序。

例二

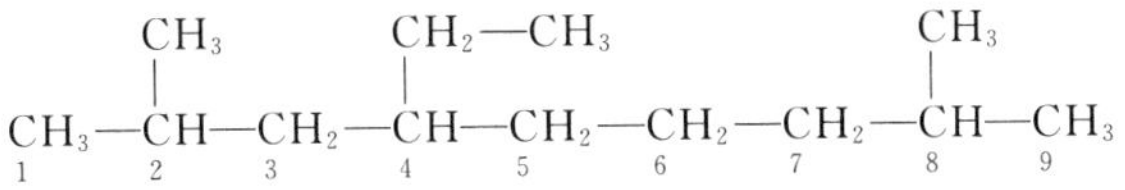

4–乙基–2,8–二甲基壬烷
4–ethyl–2,8–dimethylnonane

例三

$$CH_3-CH_2-CH-CH-CH-CH_2-CH_2-CH_2-CH_3$$

（结构式中 CH_2—CH_3 位于上方，CH_3 和 CH_2—CH_2—CH_3 位于下方）

4-乙基-3-甲基-5-丙基壬烷
4-ethyl-3-methyl-5-propylnonane

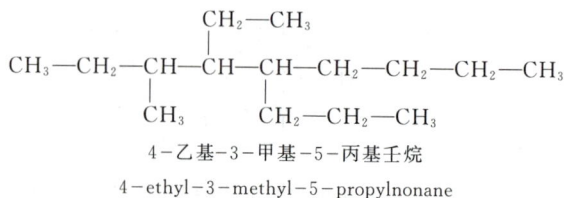

③ 支链中还有取代基时,为与主链区别,需要把支链部分的命名用括号括起来。支链部分的命名可以以连接主链的碳原子为 1 号碳,然后命名;或者将支链正常命名后,将其改成取代基的形式,并指明连接的碳原子所在的位置。例四展示了支链中含取代基的烷烃的两种命名方法。

例四

6-(1-甲基丁基)十三烷
6-(1-methylbutyl)tridecane

6-(戊-2-基)十三烷
6-(pentan-2-yl)tridecane

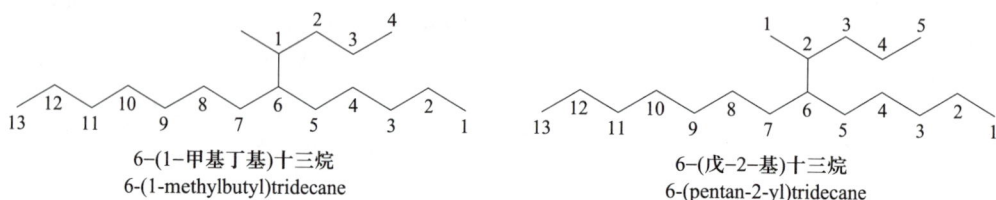

问题 2-3 用系统命名法写出问题 2-1 中庚烷各种同分异构体的名称。

此外,不少有机化合物还有习惯上使用的俗名,俗名通常是根据它的来源或性质来定名的。例如甲烷的俗名叫沼气或坑气。在工业界,使用俗名的比较多。

第三节 烷烃的构型

一、碳原子的四面体概念及分子模型

构型(configuration)是具有一定构造的分子中原子在空间的排列状况。

范托夫和勒贝尔同时提出碳价正四面体概念。他们根据大量实证材料,认为与碳原子相连的 4 个原子或原子团不在同一个平面上,而是在空间分布成四面体。碳原子位于四面体的中心,4 个原子或原子团在四面体的顶点上。由碳原子向 4 个顶点所作连线就是碳原子4 个化学键的分布。甲烷分子的构型是正四面体,如图 2-1 所示。现代物理实验方法测定甲烷分子的键参数,4 个碳氢键的键长都是 0.109 nm,键角为 109°28′。

为了帮助了解分子的立体形象,可以使用分子模型,常使用的有凯库勒模型(或称球棒模型)和斯陶特(Stuart)模型(或称比例模型)。

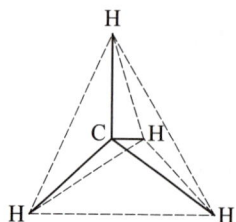

凯库勒在发现碳原子四价的基础上,设计了一些有机化

图 2-1 甲烷的正四面体构型

合物的分子模型。他用不同颜色的小球代表各种原子,用短棒表示化学键,一般用黑球代表碳原子,用白球代表氢原子。球棒模型制作容易,使用也方便,只是不能准确地表示出原子的大小和键长。甲烷的分子模型见图2-2。

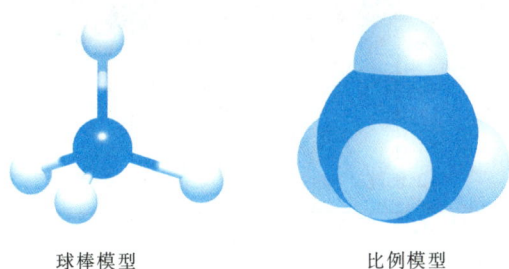

球棒模型   比例模型

图 2-2 甲烷的分子模型

（机）
甲烷中的
成键轨道

斯陶特根据分子中各原子的大小和键长、键角按照一定的比例放大(一般为 $2 \times 10^8 : 1$)制成分子模型。从图2-2甲烷的比例模型可以看出,这种模型是比较符合分子形状的。

有机化合物都可以用分子模型来表示分子中各原子的空间排列状况。在学习有机化学时,应该十分注意建立有机化合物的立体概念。

二、碳原子的 sp^3 杂化

碳原子在基态的电子排布是 $1s^2 2s^2 2p_x^1 2p_y^1 2p_z^0$,其中 2p 轨道的两个电子是未成键的价电子。按照未成键电子的数目,碳原子应当是二价。然而,甲烷等有机化合物分子中的碳原子一般都是四价而不是二价的。

原子轨道杂化理论设想碳原子在形成烷烃时,碳原子的 2s 轨道中的一个电子跃迁到 2p 轨道,使碳原子具有 4 个未成键的价电子。这样,碳原子就形成了 4 价。可是这 4 个原子轨道中1个是s轨道,3 个是 p 轨道,它们不仅在空间伸展方向不同,而且能量也有差别。为了解决这个新的矛盾,杂化理论又设想,在甲烷分子中,碳原子的 4 个成键轨道并不是纯粹的 $2s$、$2p_x$、$2p_y$、$2p_z$ 原子轨道,而是重新组成能量相等的 4 个新轨道。像这样重新组合成新轨道的过程称为杂化(hybridization)。

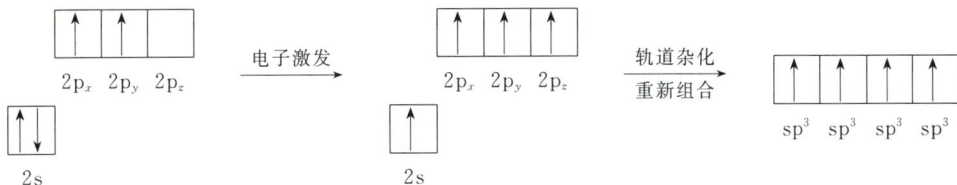

由 1 个 s 轨道和 3 个 p 轨道杂化形成的 4 个能量相等的新轨道称为 sp^3 轨道,这种杂化方式称为 sp^3 杂化。sp^3 轨道的形状不同于 s 轨道及 p 轨道,它相当于由 $\frac{1}{4}$ s 成分和 $\frac{3}{4}$ p 成分组成,它们的空间取向是指向正四面体的顶点,sp^3 轨道的对称轴之间互成 $109°28'$;每个 sp^3 轨道在对称轴的一个方向上,这样可使成键电子对排斥力最小,可更有效地与其他原子轨道重叠成键。sp^3 轨道的示意图见图 2-3。

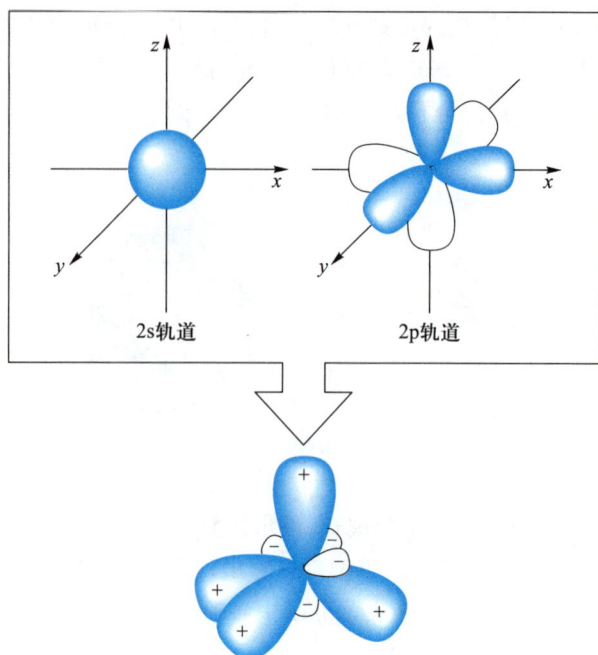

图 2-3 sp^3 轨道示意图

三、烷烃分子的形成

甲烷分子中碳原子为 sp^3 杂化，4 个 C—H 键都为 sp^3-s，见图 2-4。当氢原子 1s 轨道分别沿碳原子的 sp^3 轨道对称轴的方向互相接近，轨道达到最大重叠，便形成了 4 个等同的碳氢键，即为甲烷分子，示意图见图 2-5。这样，从 sp^3 杂化所预料的键角除了和甲烷的实测值一致以外，也与正四面体构型一致，4 个 C—H 键完全等同。

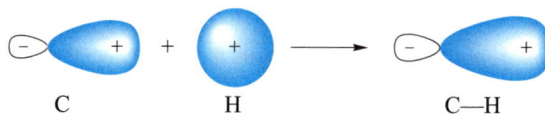

图 2-4 甲烷分子的 C—H 键

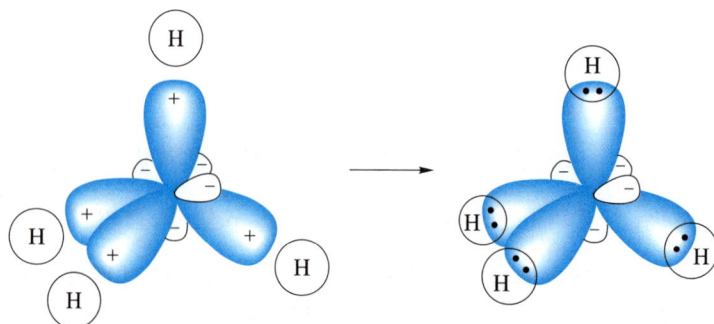

图 2-5 甲烷分子 C—H 键形成的示意图

乙烷分子中的碳原子也是 sp^3 杂化的。两个碳原子各以 1 个 sp^3 轨道重叠形成 C—C 键,又各以 3 个 sp^3 轨道分别与氢原子 1s 轨道重叠形成 C—H 键。乙烷分子中所有碳氢键都是等同的,如图 2-6 所示。

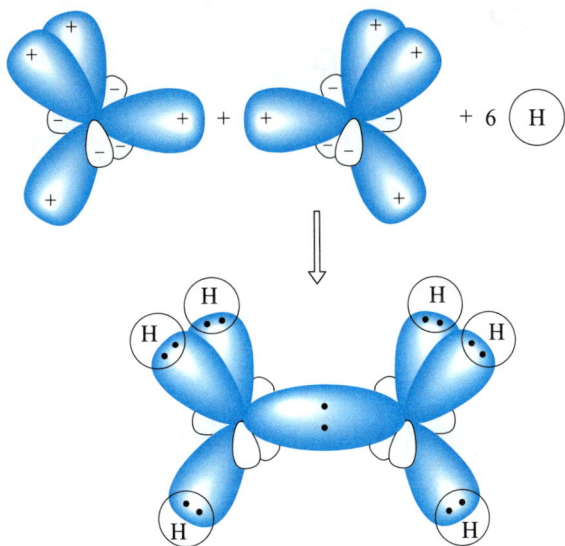

图 2-6 乙烷分子 C—H 键和 C—C 键形成的示意图

在烷烃分子中,碳原子都是采取 sp^3 杂化的。杂化轨道理论虽是根据有机化学中已知的事实设想出来的,但在价键法运算中也得到了非常重要的结果:① 杂化轨道较 s 轨道和 p 轨道有更强的方向性,从而有利于成键的轨道;② 4 个 sp^3 轨道是完全等值的;③ 正四面体的排列方式使 4 个键之间尽可能远离(成键电子对互斥理论),从而形成最稳定的分子。

烷烃分子中只有 C—C 键和 C—H 键。C—C 键为 $sp^3 - sp^3$,C—H 键为 $sp^3 - s$。这种键称为 σ 键,其特征是电子云沿键轴近似于圆柱形对称分布,成键的两个原子可以围绕着键轴自由旋转,如图 2-7 所示。

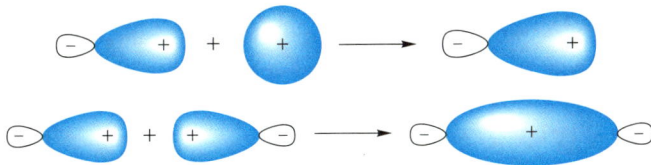

图 2-7 $C_{sp^3} - H_{1s}$ 键和 $C_{sp^3} - C_{sp^3}$ 键的形成

由于 sp^3 轨道的几何构型为正四面体,轨道对称轴夹角为 $109°28'$,这就决定了烷烃分子中碳原子的排列不是直线形的。实验证明,气态或液态的两个碳原子以上的烷烃,由于 σ 键自由旋转而形成多种曲折形式。例如,图 2-8 所示的就是正戊烷在液态、气态时碳链的几种运动形式。

必须强调指出,在结晶状态时,烷烃的碳链排列整齐,且呈锯齿状。

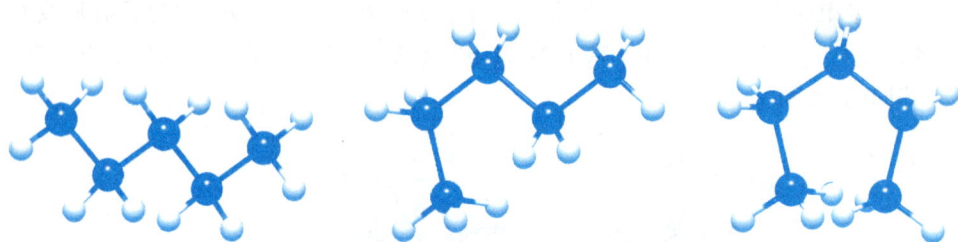

图 2-8 正戊烷在液态、气态时碳链的几种运动形式

问题 2-4 为什么在结晶状态时,烷烃的碳链排列一般呈锯齿状?

四、分子立体结构的表示方式

有机化合物具有三维立体形状,常用以下几种方式表示:

(1)楔形透视式 在楔形透视式中实线"—"表示在纸平面上的键,楔形虚线"⟋"表示伸向纸平面后方的键,楔形实线"⟋"表示伸向纸平面前方的键。例如,把分子的球棒模型横放在纸面上,就可根据原子在空间的排列位置,写出其楔形透视式如式(10)和式(11)。

(2)锯架透视式 用于表示含两个或两个以上碳原子的有机化合物的立体结构。在锯架透视式中,所有键均用实线表示。例如,把乙烷分子的球棒模型斜放在纸面上,就可根据原子在空间的排列位置写出其锯架透视式如式(12)。

甲烷的球棒模型

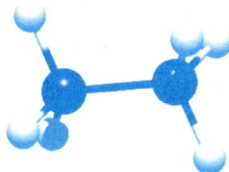

乙烷的球棒模型

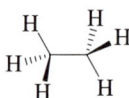

(10)甲烷的楔形透视式   (11)乙烷的楔形透视式   (12)乙烷的锯架透视式

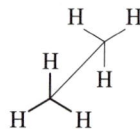

透视式比较直观,通过透视式可以很容易地想象到分子的立体模型;反之,通过分子立体模型也可写出透视式。

(3)纽曼(Newman)投影式 把乙烷分子的球棒模型放在纸面上,沿 C—C 键的轴线投影,以 ⟨ 表示前面的碳原子及其键,以 ⟨ 表示后面的碳原子及其键。下面两式为乙烷的纽曼投影式。

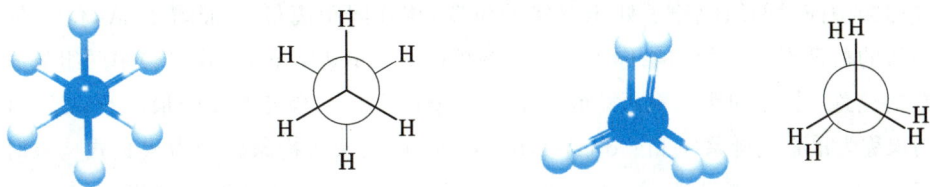

还有一种表示方法为费歇尔投影式,详见第六章。

问题 2-5 根据下列分子的球棒模型,写出其楔形透视式、锯架透视式和纽曼投影式。

(A)　　　　　　　　(B)

第四节　烷烃的构象

一、乙烷的构象

20 世纪 30 年代时,人们认为乙烷分子的两个甲基既不是固定不动的,也不是完全自由旋转的,两者间存在着一定的能垒(约为 12.5 kJ·mol^{-1}),从而对 C—C 单键的旋转产生了一定阻力。但因能垒不高,在常温下分子热运动产生的能量能使两个甲基相互旋转,使两个碳原子上的氢原子间距离发生了改变。这种具有一定构造的分子通过单键的旋转,形成各原子或原子团的种种空间排布称为构象(conformation)。一个有机化合物可以有无穷多的构象。

在乙烷的许多构象中,式(13)和式(14)是两种极限的构象。通常用锯架透视式或纽曼投影式表示。

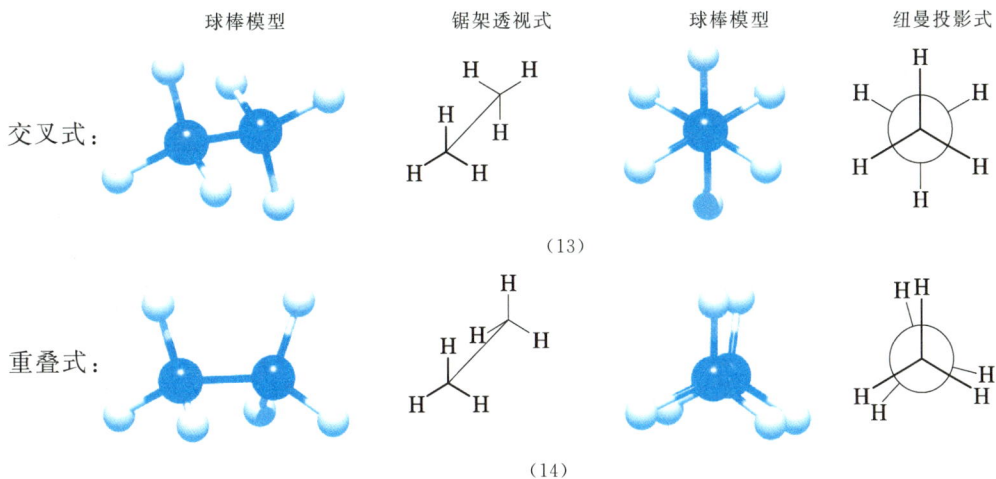

球棒模型	锯架透视式	球棒模型	纽曼投影式

交叉式:

(13)

重叠式:

(14)

式(13)中前后两组氢原子处于交错的位置,相互间距离最远,能量最低,位于图 2-9 势能曲线的最低点。这种构象称为交叉式构象(staggered form)。式(14)中两组氢原子处于重叠的位置,相互间距离最近,能量最高,位于图 2-9 势能曲线的最高点,最不稳定。这种构象称为重叠式构象(eclipsed conformation)。由交叉式构象转变为重叠式构象时必须吸收12.5 kJ·mol^{-1}的能量;反之,由重叠式构象转变为交叉式构象时会放出 12.5 kJ·mol^{-1}的能量。这种旋转和能量的变化关系如图 2-9 所示。

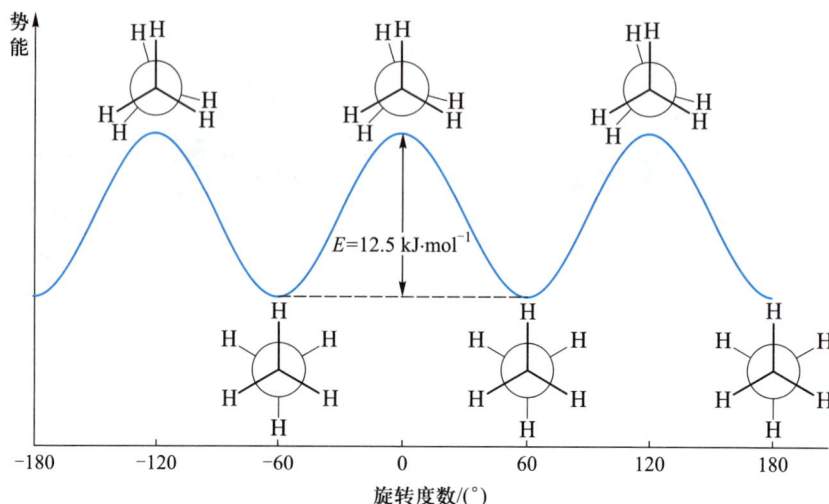

图 2-9　乙烷分子的势能曲线图

在室温时,乙烷分子中的 C—C 键能迅速地旋转,不能分离出乙烷的构象。然而,在某一瞬间,乙烷分子中的交叉式构象比重叠式构象多;在低温时,交叉式构象增加。例如,乙烷在 −170 ℃时,基本上是交叉式构象。从理论上讲,乙烷分子的构象是无数的,其他构象则介于上述两种极限构象之间,它们的能量当然也在这两种极限构象之间。

二、正丁烷的构象

为了讨论丁烷的构象,把 C1 和 C4 作为甲基,即把丁烷看成 1,2-二甲基乙烷。在围绕C2—C3单键旋转时,情况就比乙烷复杂了。

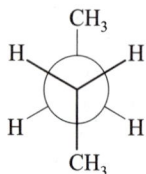

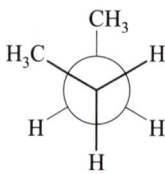

(15) 对位交叉式　　　(16) 邻位交叉式　　　(17) 部分重叠式　　　(18) 全重叠式

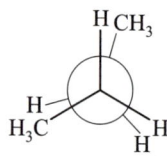

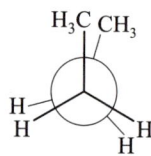

在式(15)中两个甲基处在对位,两对氢原子也处于交叉的位置,这种构象称为对位交

叉式；从这个构象出发，旋转 60°得式(17)，为部分重叠式，其能量较对位交叉式的高约 14.6 kJ·mol^{-1}；再旋转 60°得到邻位交叉式，两个甲基处于邻位，两对氢原子却处于交叉位置如式(16)，已证明其能量较式(15)的高 3.3～3.7 kJ·mol^{-1}，但低于式(17)的能量；再一次旋转 60°得式(18)，两个甲基和两对氢原子都重叠，能量最高，比式(15)的高 18.4～25.5 kJ·mol^{-1}，稳定性最小，这种构象称为全重叠式。图 2–10 说明了正丁烷分子中 C2—C3 单键旋转一周的势能变化曲线。

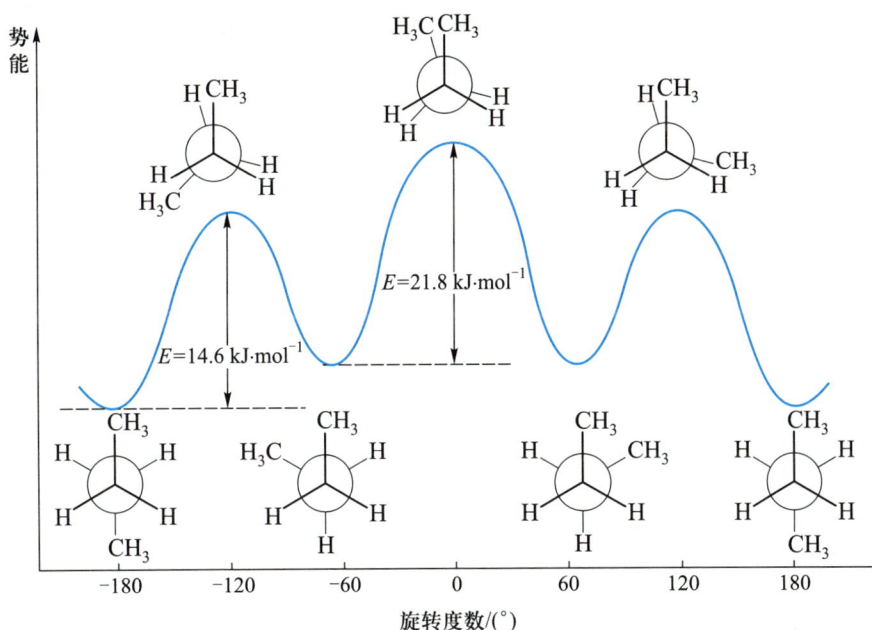

图 2–10 正丁烷分子势能变化曲线图

问题 2–6 （1）解释正丁烷构象的势能变化曲线。

（2）写出丙烷、戊烷的主要构象式（以楔形透视式、锯架透视式和纽曼投影式表示）。

第五节 烷烃的物理性质

在绪论中已初步讨论了有机化合物的偶极矩，它是物理性质之一。此外，有机化合物的物理性质，通常还包括有机化合物的状态、相对密度、沸点、熔点和溶解度等。这些物理常数通过物理方法测定，可查阅化学和物理手册。一种化合物的物理常数对于阐明其结构是有一定价值的。

从表 2–4 列出的正烷烃的物理常数中，可以清楚地看出正烷烃的物理性质随着相对分子质量的增加而呈现一定的递变规律。

表 2-4 正烷烃的物理常数

状态	名称	分子式	熔点/℃	沸点/℃	相对密度(d_4^{20})
气体	甲烷	CH_4	-182.5	-164	0.466^{-164}
	乙烷	C_2H_6	-183.3	-88.6	0.572^{-108}
	丙烷	C_3H_8	-189.7	-42.1	0.5005
	丁烷	C_4H_{10}	-138.4	-0.5	0.6012
液体	戊烷	C_5H_{12}	-129.7	36.1	0.6262
	己烷	C_6H_{14}	-95.0	68.9	0.6603
	庚烷	C_7H_{16}	-90.6	98.4	0.6838
	辛烷	C_8H_{18}	-56.8	125.7	0.7025
	壬烷	C_9H_{20}	-51	150.8	0.7176
	癸烷	$C_{10}H_{22}$	-29.7	174	0.7296
	十一烷	$C_{11}H_{24}$	-25.6	195.9	0.7402
	十二烷	$C_{12}H_{26}$	-9.6	216.3	0.7487
	十三烷	$C_{13}H_{28}$	-5.5	235.4	0.7564
	十四烷	$C_{14}H_{30}$	5.9	253.7	0.7628
	十五烷	$C_{15}H_{32}$	10	270.6	0.7685
	十六烷	$C_{16}H_{34}$	18.2	287	0.7733
固体	十七烷	$C_{17}H_{36}$	22	301.8	0.7780
	十八烷	$C_{18}H_{38}$	28.2	316.1	0.7768
	十九烷	$C_{19}H_{40}$	32.1	329.7	0.7774
	二十烷	$C_{20}H_{42}$	36.8	343	0.7886
	二十二烷	$C_{22}H_{46}$	44.4	368.6	0.7944
	三十二烷	$C_{32}H_{66}$	69.7	467	0.8124

1. 物质状态

可以从化合物的沸点和熔点判断物质的状态。在室温和 0.1 MPa 下,含 1~4 个碳原子的是气体,含 5~16 个碳原子的为液体,含 17 个碳原子及以上的为固体。

2. 沸点

如果将正烷烃的沸点与其碳原子数作图,如图 2-11 所示,正烷烃的沸点是随着相对分子质量的增加而升高的,但不是一个简单的直线关系,每增加一个 CH_2 所引起的沸点升高是逐渐减小的。液体沸点的高低取决于分子间引力的大小,分子间引力越大,使之沸腾就必须提供更多的能量,所以沸点就越高。而分子间引力的大小取决于分子结构。分子间的引力称为范德华引力,范德华引力包括了静电引力、诱导力(德拜力)和色散力。正烷烃的偶极矩都等于零,是非极性分子,引力是由于色散力所产生的。由于原子核和核外电子在不断运动过程中,产生一瞬间的相对位移,使分子的正、负电荷中心暂时不能重合,从而产生了瞬间偶极。当两个非极性分子充分靠近时,由于瞬间偶极的取向,产生了分子间的一种很弱的吸引力,这种吸引力称为色散力。

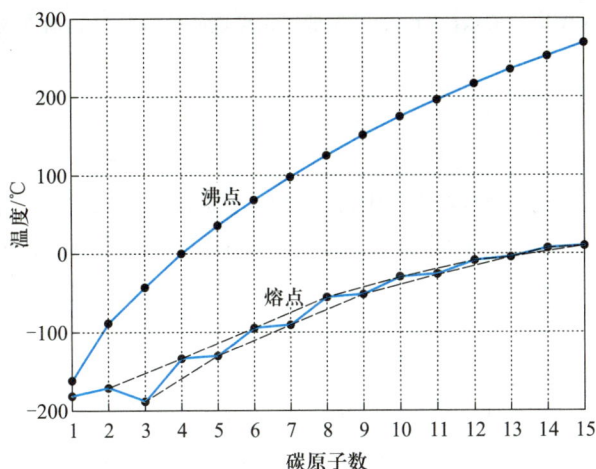

图 2-11 正烷烃的沸点和熔点曲线图

正烷烃分子的相对分子质量越大即碳原子数越多,电子数也就越多,色散力当然也就越大。因此,正烷烃的沸点随着碳原子数的增多而升高。色散力只有近距离内才能有效地产生作用,随着距离的增大而减弱。含支链的烷烃分子由于支链的阻碍,使分子间靠近的程度不如正烷烃,所以,正烷烃的沸点高于它的异构体,见表 2-5。

表 2-5 烷烃异构体的沸点

名称	构造式	沸点/℃
正丁烷	$CH_3(CH_2)_2CH_3$	-0.5
异丁烷	$(CH_3)_2CHCH_3$	-10.2
正戊烷	$CH_3(CH_2)_3CH_3$	36.1
异戊烷	$(CH_3)_2CHCH_2CH_3$	27.9
新戊烷	$C(CH_3)_4$	9.5

3. 熔点

正烷烃同系列前几个分子的熔点(melting point)并不规则变化,而 C_4 以上烷烃的熔点随着碳原子数的增加而升高。不过,其中偶数的升高多一些,以致含奇数的和含偶数的碳原子的烷烃各构成一条熔点曲线,偶数在上,奇数在下。因为在晶体中,分子之间的作用力不仅取决于分子的大小,而且取决于晶体中碳链的空间排布情况。熔融就是在晶格中的质点从高度有秩序的排列变成较混乱的排列。共价化合物晶体晶格中的质点是分子,偶数碳链的烷烃具有较高的对称性,凡对称性高的物体必然紧密排列,分子也是如此,紧密的排列必然导致分子间的作用力加强。在偶数烷烃分子中,碳链之间的排列比奇数的紧密,分子间的色散力作用也就大些。因此,偶数碳原子烷烃的熔点比奇数的升高得就多一些。

问题 2-7 解释:异戊烷的熔点(-159.9 ℃)低于正戊烷(-129.7 ℃),而新戊烷的熔点(-16.6 ℃)却最高。

---

4. 相对密度

正烷烃的相对密度也随着碳原子数目的增加逐渐有所增大,二十烷以下的接近 0.78。这也与分子间引力有关。分子间引力增大,分子间的距离相应减小,所以相对密度就增大。

5. 溶解度

烷烃不溶于水,能溶于某些有机溶剂,尤其是烃类中。例如,石蜡和汽油两者结构非常相似,分子间的引力也相似,就能很好地溶解。这是"相似相溶"经验规律的实例之一。烷烃本身也是一种溶剂,如石油醚。石油醚不是"醚",它是含碳数较低的几种烷烃的混合物,是实验室常用的溶剂,通常以沸程分为石油醚 30-60(bp 30~60 ℃)、石油醚 60-90 和石油醚 90-120 等。

第六节 烷烃的化学性质

烷烃分子中,无论是 C—C 键还是 C—H 键都是结合得比较牢固的共价键(键能较大),分子都无极性,极化度也小,所以烷烃在一般条件下不易受试剂进攻,化学性质比较稳定。特别是正烷烃,与大多数试剂如强酸、强碱、强氧化剂、强还原剂及金属钠等都不起反应,或者反应速率极其缓慢。由于烷烃有这样的特征,在生产上常常用烷烃作为反应中的溶剂。但烷烃分子中的 C—C 键和 C—H 键极化程度小,不易发生异裂反应即离子反应而容易发生均裂反应即自由基反应。烷烃来源丰富,它的反应早已成为基本有机化学工业长期重点研究的课题,近年来已获得不少成果。下面叙述烷烃的主要反应。

一、氧化反应

烷烃在空气中燃烧,生成二氧化碳和水,并放出大量的热能。例如:

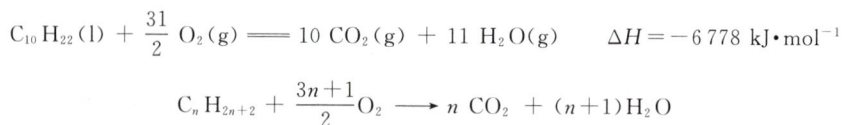

$$C_{10}H_{22}(l) + \frac{31}{2}O_2(g) = 10\ CO_2(g) + 11\ H_2O(g) \qquad \Delta H = -6\ 778\ kJ \cdot mol^{-1}$$

$$C_nH_{2n+2} + \frac{3n+1}{2}O_2 \longrightarrow n\ CO_2 + (n+1)H_2O$$

这就是汽油和柴油作为燃料的基本变化和根据。但这种燃烧通常是不完全的,特别是 O_2 不很充足的情况下,会生成大量 CO,汽车的尾气中就含有约 5% 的 CO。

烷烃在室温下,一般不与氧化剂反应,与空气中的氧气也不起反应,但在高温和加压下或在催化剂作用下可以使它发生部分氧化,生成各种含氧衍生物如醇、醛、酸等。由于这些产品用途广，而且烷烃来源丰富，故利用烷烃进行选择性氧化生成各种含氧衍生物已成为多年来重点攻关的课题，目前重要的成功实例如丁烷在 $170\sim200$ ℃和 7 MPa 压力下，用空气进行氧化生产乙酸。

高级烷烃（如石蜡，含 $C_{20}\sim C_{30}$ 的烷烃）氧化成高级脂肪酸，也已工业化生产。由此得到脂肪酸的混合物，可用来代替动物油脂和植物油脂制造肥皂，因而节省大量的食用油脂。

烷烃的氧化过程是自由基反应。

二、热裂解反应

将烷烃的蒸气在无氧条件下加热到 450 ℃以上时，分子中的 C—C 键和 C—H 键会发生断裂，形成较小的分子。这种在高温及无氧条件下发生键断裂的反应称为热裂解反应。例如，丙烷在一定条件下热裂解，是两个 C—H 键断裂生成丙烯和氢气，或者是 C—C 键和 C—H 键同时断裂生成乙烯和甲烷。例如：

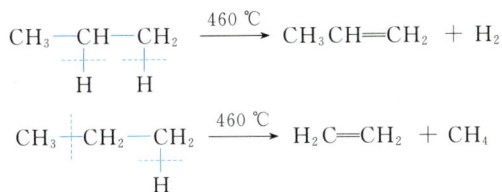

$$CH_3\!-\!\underset{\underset{H}{|}}{CH}\!-\!\underset{\underset{H}{|}}{CH_2} \xrightarrow{460\,℃} CH_3CH\!=\!CH_2 \; + \; H_2$$

$$CH_3\!-\!CH_2\!-\!\underset{\underset{H}{|}}{CH_2} \xrightarrow{460\,℃} H_2C\!=\!CH_2 \; + \; CH_4$$

所以丙烷热裂解产物是丙烯、乙烯、甲烷和氢气的混合物。

烷烃在 $800\sim1\,100$ ℃的热裂解产物主要是乙烯，其次为丙烯、丁烯、丁二烯和氢气。乙烯是重要的化工原料，如将石油热裂解生产乙烯、丙烯时，热裂解的温度必须在 $800\sim1\,100$ ℃，接触时间要在 0.6 s 以下，若要生产乙炔，则应提供更高的温度。

热裂解反应相当复杂。在热裂解的同时，还有部分小分子烃又转变为较大的分子。

另一种是应用催化剂的热裂解，称为催化裂化。催化裂化的目的是生产高辛烷值汽油（见第三章石油部分）。所以，裂化反应在炼油工业上是个很重要的反应。

三、卤化反应

烷烃的氢原子可被卤素取代生成卤代烃，并放出卤化氢。这种取代反应称为卤化反应。若被氯或溴取代可分别称为氯化或溴化反应。

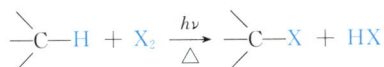

$$\underset{\diagdown}{\diagup}\!C\!-\!H \; + \; X_2 \xrightarrow[\triangle]{h\nu} \underset{\diagdown}{\diagup}\!C\!-\!X \; + \; HX$$

烷烃在常温和黑暗中不发生或极少发生卤化反应，但在紫外光漫射或高温下，易发生反应，有时甚至剧烈到爆炸的程度。例如，甲烷和氯气在光或热影响下生成氯甲烷和氯化氢，在日光下能发生剧烈反应，甚至引起爆炸性反应生成氯化氢和碳。

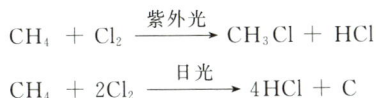

$$CH_4 \; + \; Cl_2 \xrightarrow{紫外光} CH_3Cl \; + \; HCl$$

$$CH_4 \; + \; 2Cl_2 \xrightarrow{日光} 4HCl \; + \; C$$

甲烷的氯化反应较难停留在一氯代甲烷阶段。因为生成的氯甲烷还会继续被氯化，生成二氯甲烷、三氯甲烷和四氯化碳,往往生成 4 种产物的混合物,工业上把这种混合物作为溶剂使用。

$$CH_3Cl + Cl_2 \longrightarrow CH_2Cl_2 + HCl$$
$$CH_2Cl_2 + Cl_2 \longrightarrow CHCl_3 + HCl$$
$$CHCl_3 + Cl_2 \longrightarrow CCl_4 + HCl$$

但是,通过控制一定的反应条件和原料的用量比,可使其中一种氯代烷成为主要的产品。例如,用极过量的甲烷,则反应几乎完全限制在一氯化反应阶段(400~450 ℃,摩尔比为甲烷:氯＝10:1)。由于甲烷的沸点为−164 ℃,一氯甲烷的沸点为−242 ℃,两者相差很大而容易分离。又如,在 400 ℃左右,摩尔比为甲烷:氯＝0.263:1 时,则主要生成四氯化碳。

烷烃是生产卤代烷的重要原料。氯、溴与烷烃反应生成一卤和多卤代烷类,氟与烷烃反应剧烈,难以控制,而碘通常不反应。所以,卤素与烷烃反应的相对活性顺序为 $F_2 >$ $Cl_2 > Br_2 > I_2$。

碳链较长的烷烃氯化时,反应可以在分子中不同的碳原子上进行,取代不同的氢原子,得到各种氯代烃,情况较为复杂。乙烷只能生成一种一氯代乙烷,而丙烷、丁烷和异丁烷都能生成两种一氯代产物。例如:

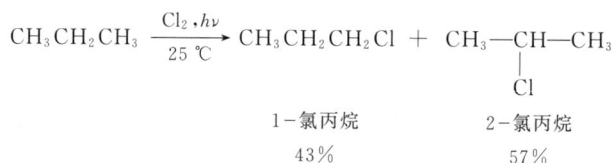

$$CH_3CH_2CH_3 \xrightarrow[25\ ℃]{Cl_2,\ h\nu} CH_3CH_2CH_2Cl + CH_3-\underset{\underset{Cl}{|}}{CH}-CH_3$$

1−氯丙烷　　　　2−氯丙烷
43%　　　　57%

在丙烷分子中伯氢有 6 个,仲氢有 2 个。人们希望丙烷氯化的两种产物产率之比应为 6:2＝3:1,在高温(>450 ℃)氯化时,确实是这样。但在室温时,这两种产物产率之比却为 43:57。显然,每个仲氢和每个伯氢的氯化产率之比为 4:1,也就是仲氢和伯氢的相对活性为4:1。

$$\frac{仲氢}{伯氢}=\frac{57/2}{43/6}\approx\frac{4}{1}$$

再看异丁烷氯化时的情况:

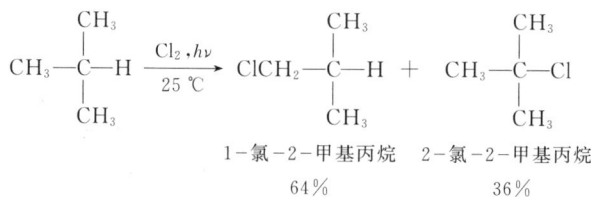

$$CH_3-\underset{\underset{CH_3}{|}}{\overset{\overset{CH_3}{|}}{C}}-H \xrightarrow[25\ ℃]{Cl_2,\ h\nu} ClCH_2-\underset{\underset{CH_3}{|}}{\overset{\overset{CH_3}{|}}{C}}-H + CH_3-\underset{\underset{CH_3}{|}}{\overset{\overset{CH_3}{|}}{C}}-Cl$$

1−氯−2−甲基丙烷　　2−氯−2−甲基丙烷
64%　　　　36%

$$\frac{叔氢}{伯氢}=\frac{36/1}{64/9}=\frac{5.1}{1}$$

实验结果表明,叔、仲、伯氢在室温时氯化的相对活性为 5:4:1。当升高温度时,比例逐渐接近 1:1:1。据此,可以预测某一烷烃在室温氯化产物中异构体的产率。例如:

$$CH_3CH_2CH_2CH_3 \xrightarrow[25\ ℃]{Cl_2,h\nu} CH_3CH_2CH_2CH_2—Cl + CH_3CHCH_2CH_3$$
$$\underset{|}{\overset{}{Cl}}$$

1-氯丁烷　　　　　　2-氯丁烷

$$\frac{1-氯丁烷含量}{2-氯丁烷含量}=\frac{伯氢的总数}{仲氢的总数}\times\frac{伯氢的相对活性}{仲氢的相对活性}$$

$$=\frac{6}{4}\times\frac{1}{4}=\frac{3}{8}$$

所以
$$1-氯丁烷的产率=3\div(3+8)\times100\%\approx27\%$$
$$2-氯丁烷的产率=8\div(3+8)\times100\%\approx73\%$$

在溴化反应中,相对活性顺序也遵循着叔氢＞仲氢＞伯氢,但差别很大,为 $1\,600:82:1$。例如,叔丁烷溴化时,只得到痕量的 $(CH_3)_2CHCH_2Br$,这充分地说明了叔氢的活性远远大于伯氢。

$$CH_3—\underset{\underset{CH_3}{|}}{\overset{\overset{CH_3}{|}}{C}}—H \xrightarrow[127\ ℃]{Br_2,h\nu} (CH_3)_2CHCH_2Br + (CH_3)_3C—Br$$

痕量　　　　　　　　＞99%

第七节　烷烃的一卤化反应机理

反应机理(reaction mechanism)是指化学反应所经历的途径或过程,是对反应中化学键变化的逐步描述。由于有机化合物的反应比较复杂,由反应物到产物常常不是一步反应,也不是只有一种途径,所以了解反应机理,可以使人们认清反应的本质和过程,从而达到控制和利用反应的目的,故研究反应机理成为有机化学的重要任务之一。反应机理是根据大量实验事实做出的理论推导,实验事实越丰富,可靠的程度也就越大。到目前为止,有些已被公认肯定下来,有些尚欠成熟,有些还有分歧,可靠的程度也就不尽相同。下面讨论烷烃的卤化反应机理。

一、甲烷的一氯化反应机理

甲烷和氯气的混合物在室温及暗处不反应,在紫外光照射下或在高温下方可反应,若停止光照,反应也就不再继续了;如果将甲烷光照后加入氯气,不发生反应,而将氯气在光照下通入甲烷则反应;反应产物复杂,有一氯化、二氯化和多氯化等产物;当反应体系中有少量的氧气,可使反应受到抑制。

根据以上实验事实,提出如下机理:

链引发(chain initiation):

$$Cl:Cl \xrightarrow{h\nu} 2Cl· \qquad\qquad (2-1)$$
$$\Delta H = +242.5\ kJ·mol^{-1}$$

首先是氯分子吸收光或热后发生均裂（homolytic fission），产生了两个活性物种——带孤立（不成对）电子的氯原子，也叫氯自由基（free radical），反应就开始了。

问题 2-8　甲烷和氯气的混合物在光照时，为什么首先是氯分子发生均裂，而不是甲烷分子的碳氢键发生均裂？

链传递（chain propagation）：

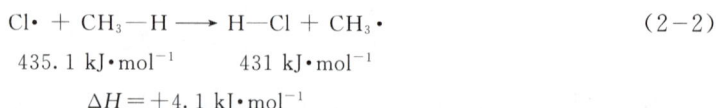

$$Cl\cdot \; + \; CH_3{-}H \longrightarrow H{-}Cl \; + \; CH_3\cdot \tag{2-2}$$
$$435.1 \text{ kJ·mol}^{-1} \qquad\qquad 431 \text{ kJ·mol}^{-1}$$
$$\Delta H = +4.1 \text{ kJ·mol}^{-1}$$

氯原子很活泼，因为它的最外层电子只有 7 个，为了趋于构成最外层 8 个电子的稳定结构，它便从甲烷分子中夺取一个氢原子，结果生成了氯化氢和产生一种新的物种，孤电子在甲基碳原子上的物种称为甲基自由基。

甲基自由基与氯原子一样，非常活泼，它的碳原子为了趋于稳定结构，从氯分子中夺取一个氯原子，结果生成氯甲烷和另一个新的氯原子自由基。

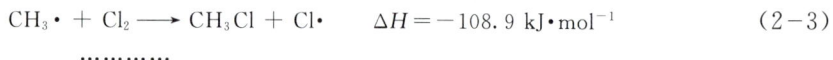

$$CH_3\cdot \; + \; Cl_2 \longrightarrow CH_3Cl \; + \; Cl\cdot \qquad \Delta H = -108.9 \text{ kJ·mol}^{-1} \tag{2-3}$$
$$\cdots\cdots\cdots\cdots$$

【知识拓展】
甲基自由基
的结构

这里应注意：反应（2-2）中消耗掉 1 个氯原子，反应（2-3）中又重新生成了新的氯原子自由基。这个新生成的氯原子自由基可以再次进入链传递步骤（2-2）中与另一甲烷分子反应，进而进入步骤（2-3），周而复始，反复不断地反应。这种现象称为连锁反应。

与此同时，氯原子也可以从一氯甲烷中夺取另一氢原子而生成氯甲基自由基，氯甲基自由基与氯分子作用又可生成一个新氯原子自由基。这样反复不断地反应，理论上可把所有甲烷分子中的氢原子全部夺去。

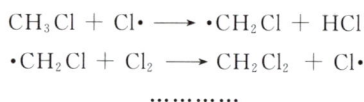

$$CH_3Cl \; + \; Cl\cdot \longrightarrow \cdot CH_2Cl \; + \; HCl$$
$$\cdot CH_2Cl \; + \; Cl_2 \longrightarrow CH_2Cl_2 \; + \; Cl\cdot$$
$$\cdots\cdots\cdots\cdots$$

事实上，连锁反应不可能永久传递下去，直到自由基互相结合或与惰性物质结合而失去活性时，这个连锁反应就终止了。

链终止（chain termination）：自由基与自由基相互反应，连锁反应就会终止。

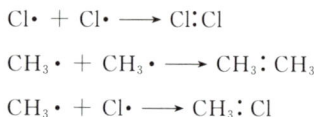

$$Cl\cdot \; + \; Cl\cdot \longrightarrow Cl\!:\!Cl$$
$$CH_3\cdot \; + \; CH_3\cdot \longrightarrow CH_3\!:\!CH_3$$
$$CH_3\cdot \; + \; Cl\cdot \longrightarrow CH_3\!:\!Cl$$

自由基反应通常以链引发、链传递和链终止三个阶段来表示。

在链引发阶段，吸收能量并产生活泼物种即自由基。一般地讲，这种反应是由光照、辐射、加热或过氧化物所引起的。在链传递阶段，有一步的或者更多步的，每一步都消耗一个自由基,而且又为下一步反应产生一个新的自由基。在链终止阶段,自由基被消耗和不再产生,反应终止。

由此可见,自由基反应的一个显著特点是通过自由基而进行的,一切有利于自由基的产生和传递的因素都有利于反应,反之则不利于反应。例如,在反应体系中,如果有氧气或其他杂质存在,它们能与自由基结合成更为稳定的自由基(如 $CH_3COO\cdot$),使反应减慢或停止,这种物质称为抑制剂,如氧气、对苯二酚等。抑制剂常用来抑制不希望发生的自由基反应,或以此来判断反应是否为自由基反应。

二、卤素对甲烷的相对反应活性

在整个有机化学学习过程中,应经常注意多种反应物的相对反应活性:各种试剂对同一有机化合物的反应活性,不同有机化合物对同一试剂的反应活性,以及同一有机分子中在不同位置的原子或原子团对同一试剂的相对反应活性等。下面讨论各种卤素对甲烷的不同反应活性。

当甲烷的卤化反应引发后,链传递反应成为决定卤代烃反应速率的关键步骤,可从反应过程的能量变化去理解这个问题。首先,根据反应中键的断裂和生成的能量变化计算反应热 ΔH,并粗略地预计反应的难易。

键	$CH_3—H$	$CH_3—F$	$CH_3—Cl$	$CH_3—Br$	$CH_3—I$
键能/(kJ·mol^{-1})	435.1	447.7	351.4	292.9	234.3

例

$$CH_3—H + Cl\cdot \longrightarrow H—Cl + CH_3\cdot \qquad \Delta H = (435.1-431)\text{kJ·mol}^{-1} = 4.1\ \text{kJ·mol}^{-1}$$

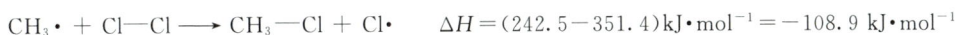
$$CH_3\cdot + Cl—Cl \longrightarrow CH_3—Cl + Cl\cdot \qquad \Delta H = (242.5-351.4)\text{kJ·mol}^{-1} = -108.9\ \text{kJ·mol}^{-1}$$

$$CH_3—H + Cl—Cl \longrightarrow CH_3—Cl + H—Cl$$
$$\Delta H = [(435.1+242.5)-(351.4+431)]\text{kJ·mol}^{-1} = -104.8\ \text{kJ·mol}^{-1}$$

同样,类似的计算可以得到四种卤素对甲烷的反应热 ΔH_R,见表 2-6。

表 2-6　甲烷卤化的反应热

反应	ΔH_R/(kJ·mol^{-1})			
	F	Cl	Br	I
$X\cdot + CH_4 \longrightarrow HX + CH_3\cdot$	−129.7	+4.1	+66.9	+136.4
$CH_3\cdot + X_2 \longrightarrow CH_3X + X\cdot$	−292.9	−108.9	−104.6	−83.7
$CH_4 + X_2 \longrightarrow CH_3X + HX$	−422.6	−104.8	−37.3	+52.7

从表 2-6 的反应热数据中看到,甲烷的氟化反应放出大量的热($-422.6\ \text{kJ·mol}^{-1}$),使反应难以控制,氯化反应放出的热量($-104.8\ \text{kJ·mol}^{-1}$)也比溴化反应热($-37.3\ \text{kJ·mol}^{-1}$)大得多,而碘化反应则是吸热反应,故反应活性顺序:氟>氯>溴>碘。

但是,以反应热 ΔH_R 来衡量反应进行的难易、快慢,甚至预计反应能否进行等,虽在绝大多数情况下是有用的,但也有许多例外。这就是说,ΔH 与反应速率之间的关系并不是必然的、规律性的。这是为什么?

再来考察一下甲烷氯化的第二步反应。

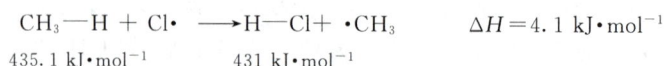

$$CH_3{-}H + Cl\cdot \longrightarrow H{-}Cl + \cdot CH_3 \qquad \Delta H = 4.1 \text{ kJ}\cdot\text{mol}^{-1}$$
$$\text{435.1 kJ}\cdot\text{mol}^{-1} \qquad\qquad \text{431 kJ}\cdot\text{mol}^{-1}$$

该反应在气相中进行,无其他因素的干扰。但要反应,氯原子必须与甲烷进行有效碰撞。欲使碰撞有效,要有最低限度的能量。形成 H—Cl 键要放出 431 kJ·mol^{-1}能量,断裂 CH$_3$—H 键需要 435.1 kJ·mol^{-1}能量。原来设想使这一反应进行只需 4.1 kJ·mol^{-1}能量就可以了。实际上并不是这样,键的断裂与键的形成显然并不是同时进行的。一个过程放出的能量并不一定完全为另一过程所利用。实验表明,若要使这一反应发生,必须另外供给 16.7 kJ·mol^{-1}能量。为了使反应发生而必须提供的最低限度的能量称为活化能($E_{活}$):

$$X\cdot + H{-}CH_3 \longrightarrow H{-}X + CH_3\cdot$$

卤素	Cl	Br	I
$E_{活}/(\text{kJ}\cdot\text{mol}^{-1})$	16.7	77.8	136.4

反应所需活化能越小,反应活性越大,故反应活性顺序:氯>溴>碘。

三、不同类型的氢原子的卤化活性与烷基自由基的稳定性

前面已提到,烷烃的氯化反应在室温时,叔、仲、伯氢的活性次序是 3°>2°>1°,怎样理解这一活性次序呢?由于卤化反应中烷烃 C—H 键发生均裂,氢原子与卤素自由基结合生成卤化氢,烷烃则形成烷基自由基,故烷基自由基形成的难易程度反映了烷烃中各类氢原子被卤化的反应活性。

同一类型的键(如 C—H 键)发生均裂时,键的解离能越小,则 C—H 键断裂所需的能量越低,则自由基越容易生成,生成的自由基热力学能也较低,较稳定。

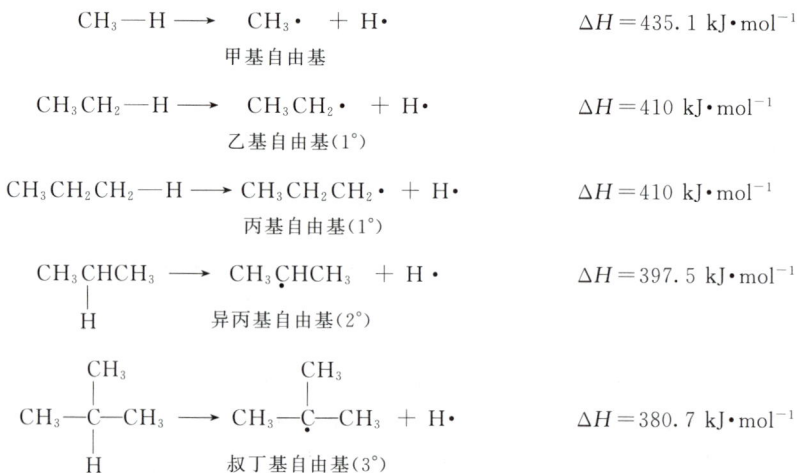

$$CH_3{-}H \longrightarrow CH_3\cdot + H\cdot \qquad\qquad \Delta H = 435.1 \text{ kJ}\cdot\text{mol}^{-1}$$
甲基自由基

$$CH_3CH_2{-}H \longrightarrow CH_3CH_2\cdot + H\cdot \qquad\qquad \Delta H = 410 \text{ kJ}\cdot\text{mol}^{-1}$$
乙基自由基(1°)

$$CH_3CH_2CH_2{-}H \longrightarrow CH_3CH_2CH_2\cdot + H\cdot \qquad\qquad \Delta H = 410 \text{ kJ}\cdot\text{mol}^{-1}$$
丙基自由基(1°)

$$CH_3\overset{|}{\underset{H}{C}}HCH_3 \longrightarrow CH_3\dot{C}HCH_3 + H\cdot \qquad\qquad \Delta H = 397.5 \text{ kJ}\cdot\text{mol}^{-1}$$
异丙基自由基(2°)

$$CH_3\overset{CH_3}{\underset{H}{\overset{|}{\underset{|}{C}}}}{-}CH_3 \longrightarrow CH_3{-}\overset{CH_3}{\underset{}{\overset{|}{\dot{C}}}}{-}CH_3 + H\cdot \qquad\qquad \Delta H = 380.7 \text{ kJ}\cdot\text{mol}^{-1}$$
叔丁基自由基(3°)

从这些反应的 ΔH 数值中,可以看到形成各种类型的自由基所需要的能量是按下列次序减少的,即

$$CH_3 \cdot > 1° \, RCH_2 \cdot > 2° \, R_2CH \cdot > 3° \, R_3C \cdot$$

因此,烷基自由基的稳定性次序:$3°R > 2°R > 1°R > CH_3 \cdot$,即

$$三级 \, R_3C \cdot > 二级 \, R_2CH \cdot > 一级 \, RCH_2 \cdot > CH_3 \cdot$$

也就是越稳定的自由基越容易产生。烷烃的卤化反应是自由基取代反应,决定反应速率的关键步骤是产生烷基自由基这一步。这样,就回答了为什么烷烃分子中各种不同类型的氢原子的反应活泼性会有以上的差异。

第八节　过渡态理论

过渡态理论是 1935 年由艾林(Eyring H)和波拉尼(Polanyi M)等人提出的,它以统计热力学和量子力学对反应过程中能量变化的研究为依据,提出反应物分子在相互接近的过程中先被活化形成高能量的活化配合物即过渡态,过渡态再分解为产物:

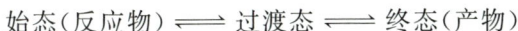

$$始态(反应物) \Longleftrightarrow 过渡态 \Longleftrightarrow 终态(产物)$$

反应进程是指从反应物到产物所经过的能量要求最低的途径。以反应进程作横坐标,以势能作纵坐标,如图 2-12 所示,在反应坐标上势能起伏的曲线叫作反应势能曲线。例如,在下列的基元反应中:

$$A + B{-}C \Longleftrightarrow [A{\cdots}B{\cdots}C] \longrightarrow A{-}B + C$$

当反应物 A 沿着 B—C 键的沿线方向从背面向 B 进攻,当接近到一定程度时,由于两个分子间的电子云、原子核之间都有斥力,体系的势能增加。当两个分子形成活化配合物 [A---B---C](过渡态)时,体系的势能高,很不稳定。它或者变回原来的反应物,或者进一步与 B—C 接近,在 A—B 之间形成了一个新键,使 B—C 完全破裂。这个过程伴随着反应体系的能量的降低,得到产物 A—B 和 C。

从图 2-12 可见,过渡态处在反应势能曲线上的最高点(b),也就是发生反应所需要克服的能垒,是过渡态(b)和反应物(a)分子基态之间的热力学能差,称为反应的活化能 ($E_{活}$)。当 A 以其他取向与 B—C 反应时,所需爬越的能垒都高于活化能。对于其他类型的反应也同样有个最适宜的取向问题,也是以形成过渡态所需要的能量为最低。所以说,过渡态理论认为活化能是发生化学反应所需要的最低限度的能量。在图 2-12 中,反应产物的能谷比反应物低,说明反应物(A+B—C)转变为产物(A—B+C)时是放热反应,$\Delta H < 0$。如果产物的势能比反应物势能高,则是吸热反应,$\Delta H > 0$。

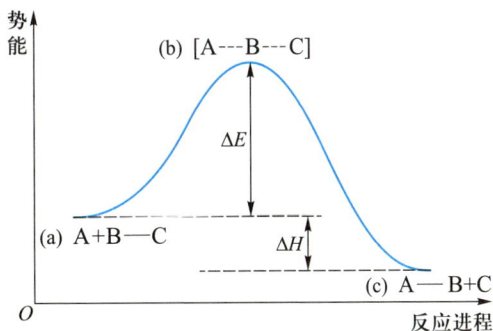

图 2-12　反应进程中体系能量的变化

这里要注意活化能 $E_活$ 和反应热（ΔH）之间是没有直接联系的。反应热（ΔH）是产物与反应物的焓差，在一般情况下，近似等于热力学能差，它可以根据旧键的断裂和新键的生成通过键能近似地计算出来。而活化能则是过渡态与反应物的热力学能差，除了少数反应的活化能可以从理论上估算外，一般只能通过温度和反应速率的关系由实验测得。决定反应速率的是活化能 $E_活$，而不是反应热 ΔH。即使反应是放热的，但反应仍需一定的活化能。例如，某些催化反应，催化剂的作用只是降低活化能，加速反应速率，并不改变热效应 ΔH 的数值。

对于多步骤反应，会存在多个过渡态，过渡态之间的能谷是反应的活泼中间体。活化能大的步骤反应速率慢，因此是决定反应速率的步骤，称为决速步骤。例如，甲烷氯化反应中的两步反应。反应进程能量变化见图 2−13。

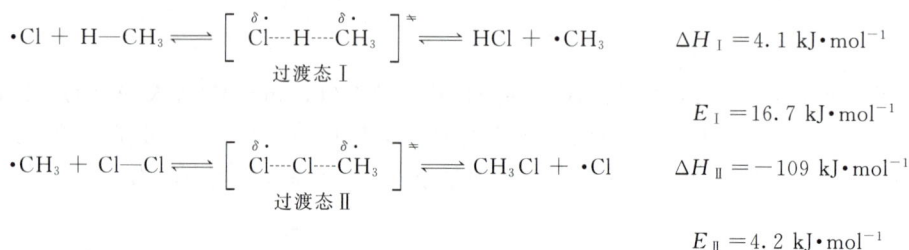

$$\cdot Cl + H{-}CH_3 \rightleftharpoons \left[\begin{matrix}{\overset{\delta\,\cdot}{Cl}}{\cdots}H{\cdots}{\overset{\delta\,\cdot}{CH_3}}\end{matrix}\right]^{\neq} \rightleftharpoons HCl + \cdot CH_3 \qquad \Delta H_{\mathrm{I}} = 4.1\ \mathrm{kJ\cdot mol^{-1}}$$

过渡态 I

$$E_{\mathrm{I}} = 16.7\ \mathrm{kJ\cdot mol^{-1}}$$

$$\cdot CH_3 + Cl{-}Cl \rightleftharpoons \left[\begin{matrix}{\overset{\delta\,\cdot}{Cl}}{\cdots}Cl{\cdots}{\overset{\delta\,\cdot}{CH_3}}\end{matrix}\right]^{\neq} \rightleftharpoons CH_3Cl + \cdot Cl \qquad \Delta H_{\mathrm{II}} = -109\ \mathrm{kJ\cdot mol^{-1}}$$

过渡态 II

$$E_{\mathrm{II}} = 4.2\ \mathrm{kJ\cdot mol^{-1}}$$

反应经过的两个过渡态：过渡态 I $[Cl{\cdots}H{\cdots}CH_3]^{\neq}$、过渡态 II $[Cl{\cdots}Cl{\cdots}CH_3]^{\neq}$ 都处在能量曲线的顶峰。由于形成过渡态 I 所需的活化能（E_{I}）比形成过渡态 II 的活化能（E_{II}）为高，所以 CH_4 与 $Cl\cdot$ 生成 $CH_3\cdot$ 的反应是决定反应速率的一步。反应生成的 $CH_3\cdot$ 中间体处在曲线谷处，从第二步反应的活化能仅为 $4.2\ \mathrm{kJ\cdot mol^{-1}}$ 看，反映了甲基自由基的高度活泼性。在后续章节中还会学习其他的活泼中间体如碳正离子、碳负离子和卡宾等。

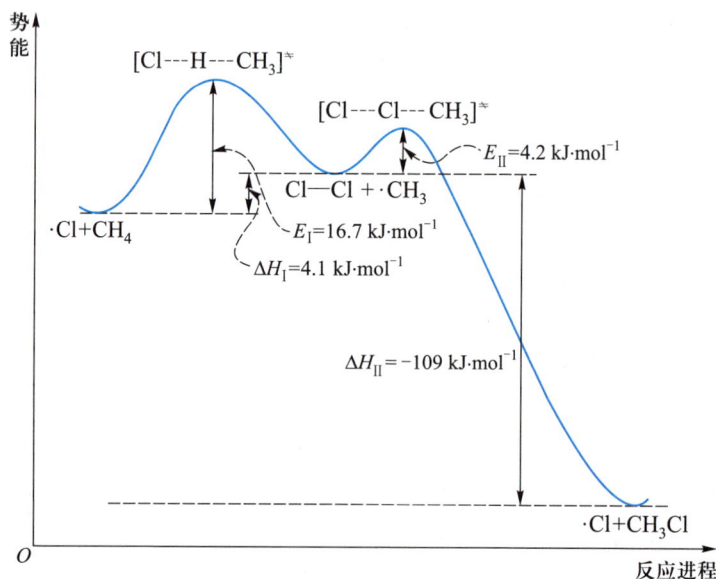

图 2−13　CH_4 和·Cl 生成 CH_3Cl 反应的能量曲线图

问题 2-9　设氯、溴分别与甲烷发生反应时 E_{Cl} 为 16.7 kJ·mol^{-1}、E_{Br} 为 70.3 kJ·mol^{-1}、ΔH_{Cl} 为 −104.8 kJ·mol^{-1}、ΔH_{Br} 为 −37.3 kJ·mol^{-1}，何者易发生卤化反应呢？

特别要注意的是，在复杂反应中生成的中间产物如 $CH_3 \cdot$ 等都是活泼的中间体，寿命极其短暂，只有少数比较稳定的可以分离出来，对大多数中间体来说还未能分离出来，但可以用直接或间接的方法证明它们的存在；而过渡态是一个从反应物到产物的中间状态，目前一般还未能测得其存在，更不能分离出来，从能量曲线看，过渡态处于势能最高点，是反应必须克服的能垒。而中间体即使是极不稳定的，其势能还是比过渡态低，表现在能量曲线上处在峰谷的位置。

第九节　甲烷和天然气

天然气的主要成分是甲烷，还含有一定量的其他烷烃如乙烷、丙烷和丁烷，以及少量的氮气、氧气、二氧化碳和硫化物。

天然气的主要用途一是作为燃料，二是作为化工原料。

1. 燃料

天然气的主要成分甲烷及其他烷烃易燃烧，生成二氧化碳和水，并放出大量的热。

$$CH_4 + 2O_2 \longrightarrow CO_2 + 2H_2O \qquad \Delta H = -878.6 \text{ kJ·mol}^{-1}$$

天然气燃烧排放的 CO_2 水平仅是煤的 $40\% \sim 50\%$，NO_x 排放水平是煤的 $20\% \sim 30\%$，是一种优质洁净的燃料，可用于燃气发电，效率高、成本低、辐射低，"三废"排放水平大大低于燃煤和燃油电厂。天然气还广泛用于民用及商业燃气灶具、热水器、采暖及制冷。天然气还可作为汽车燃料，它的一氧化碳、氮氧化物与碳氢化物排放水平都大大低于汽油、柴油发动机汽车，是一种环保型汽车燃料。

当空气中含甲烷 $5\% \sim 16\%$（体积分数）时，点燃或遇火就会发生爆炸。煤矿的煤层中也有甲烷，这是因为在形成煤的同时也产生了甲烷。采煤时，甲烷便从煤层渗入矿井的空气中，当空气与甲烷的混合物达到爆炸范围时，遇到火花，就会发生爆炸。这就是通常所说的"瓦斯爆炸"。

2. 化工原料

天然气是近代化学工业的重要原料，以甲烷为主要原料的天然气化工已成为化学工业的重要组成部分。主要产品有甲醇、甲醛、乙炔、炭黑和合成氨等。例如：

（1）氧化生成炭黑、甲醇等　当甲烷不完全燃烧时，生成炭黑。这是生产炭黑的一种方法。炭黑是黑色颜料，大量用作橡胶的填料，具有补强作用。

$$CH_4 + O_2 \longrightarrow C + 2H_2O$$

甲烷在适当的条件下能发生部分氧化，得到氧化产物如甲醇、甲醛或甲酸。

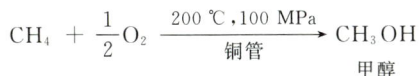

$$CH_4 + \frac{1}{2}O_2 \xrightarrow[\text{铜管}]{200\ ℃,100\ \text{MPa}} CH_3OH$$
$$\text{甲醇}$$

$$CH_4 + O_2 \xrightarrow{V_2O_5,400\sim500\ ℃} \underset{\text{甲醛}}{HCHO} + H_2O$$

（2）裂解生成乙炔　　把甲烷（实际上是用天然气或焦煤气）通入电弧炉中，经过 3 000 ℃ 左右的电弧区，使甲烷加热到 1 500 ℃，发生裂解反应生成乙炔和氢气等。然后很快导入骤冷器，被直接喷入的冷水骤冷至 100 ℃ 以下，阻止其进一步分解，就可得产品乙炔等。

$$5CH_4 + 3O_2 \longrightarrow C_2H_2 + 3CO + 6H_2 + 3H_2O$$

（3）生成合成气　　将甲烷与水蒸气混合在 725 ℃ 通过镍催化剂，可以转变为一氧化碳和氢：

$$CH_4 + H_2O \xrightarrow{Ni,725\ ℃} CO + 3H_2$$

这种气体称为合成气，用于合成氨、尿素和甲醇等。最近采用含铜催化剂，大大地降低了反应压力，可从 20～30 MPa 降低至 5 MPa 左右。

我国天然气资源丰富，有大力发展天然气工业的资源基础，到 2030 年，我国天然气可探明采储量累计达 6 万亿立方米以上。天然气年产量达 2 493 亿立方米。我国已成为世界天然气大国，所以天然气的开发和综合利用已成为当前重要课题之一，对改善能源结构、提高人民生活质量，具有重要的意义。天然气田往往处在交通极不发达的荒漠和边远地区，天然气的运输主要是长距离的管道输送和液化天然气的运输。天然气液化是一个低温过程，当天然气被冷却至 −160 ℃ 以下时就成为液化天然气（LNG），这将使其体积降低到原来的 $\dfrac{1}{600}$，便于储存和运输。还可通过化学过程将天然气转化为合成气，进而催化合成长链烷烃，用作车用液体燃料，从而使天然气转换成便于运输的清洁燃料，使边远地区的天然气资源得到利用。

【知识拓展】
可燃冰——
天然气水合物

【视频】
寻找可燃冰

【视频】
我国全球首
次试开采可
燃冰成功

习　题

1. 用系统命名法命名下列化合物。

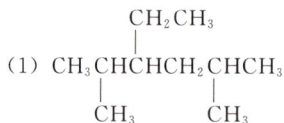

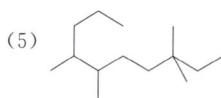

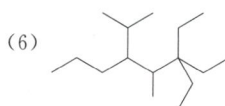

$$\underset{\overset{|}{CH_3}}{(1)\ CH_3}\underset{}{CHCH}\underset{\overset{|}{CH_3}}{CH_2}\underset{}{CHCH_3} \qquad \overset{CH_2CH_3}{}$$

（1）
$$\begin{array}{c}\quad\quad\ CH_2CH_3\\ \ \ \ \ \ \ \ \ \ \ \ \ \ \ |\\ CH_3CHCHCH_2CHCH_3\\ \ \ \ \ \ |\quad\quad\quad\ |\\ \ \ \ \ \ CH_3\quad\quad CH_3\end{array}$$

（2）
$$\begin{array}{c}(C_2H_5)_2CHCH(C_2H_5)CH_2CHCH_2CH_3\\ |\\ CH(CH_3)_2\end{array}$$

（3）$CH_3CH(CH_2CH_3)CH_2C(CH_3)_2CH(CH_2CH_3)CH_3$　（4）

（5）

（6）

2. 写出下列化合物的构造式和键线式，并用系统命名法命名之。

（1）仅含有伯氢，没有仲氢和叔氢的 C_5H_{12}

（2）仅含有一个叔氢的 C_5H_{12}

（3）仅含有伯氢和仲氢的 C_5H_{12}

3. 写出下列化合物的构造简式。

（1）2,2,3,3-四甲基戊烷

（2）由一个丁基和一个异丙基组成的烷烃

（3）含一个侧链甲基和相对分子质量为 86 的烷烃

（4）相对分子质量为 100,同时含有伯、叔、季碳原子的烷烃

（5）3-ethyl-2-methylpentane

（6）2,2,5-trimethyl-4-propylnonane

（7）2,2,4,4-tetramethylhexane

（8）4-(*tert*-butyl)-5-methylnonane

4. 试指出下列各组化合物是否相同? 为什么?

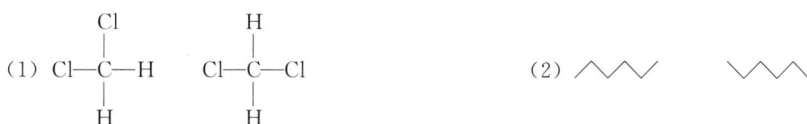

5. 用轨道杂化理论阐述丙烷分子中 C—C 键和 C—H 键的形成。

6. （1）把下列三个锯架透视式,写成楔形透视式和纽曼投影式,它们是不是不同的构象?

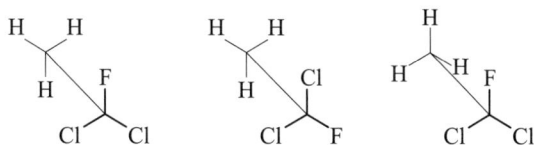

（2）把下列两个楔形透视式,写成锯架透视式和纽曼投影式,它们是不是不同的构象?

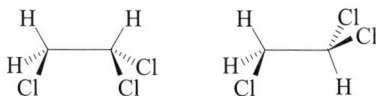

（3）把下列两个纽曼投影式,写成锯架透视式和楔形透视式,它们是不是不同的构象?

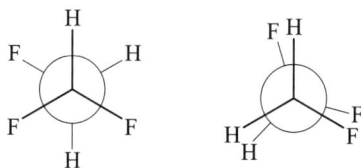

7. 写出 2,3-二甲基丁烷的主要构象式(用纽曼投影式、锯架透视式和楔形透视式表示)。

8. 将下列烷烃按其沸点由高至低排列成序。

（1）2-甲基戊烷　　（2）正己烷　　（3）正庚烷　　（4）十二烷

9. 写出在室温时将下列化合物进行一氯化反应,预计得到的全部产物的构造式。

（1）正己烷　　　　（2）异己烷　　（3）2,2-二甲基丁烷

10. 根据以下溴化反应事实,推测相对分子质量为 72 的烷烃异构体的构造简式。

（1）只生成一种溴化产物　　　　　　　（2）生成三种溴化产物

（3）生成四种溴化产物

11. 试写出乙烷氯化（日光下）反应生成氯乙烷的反应机理。

12. 试写出下列各反应生成的一卤代烷，预测所得异构体的比例。

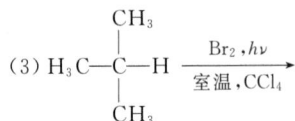

（1）$CH_3CH_2CH_3 + Cl_2 \xrightarrow[\text{室温}]{h\nu}$　　　　（2）$(CH_3)_3CCH(CH_3)_2 \xrightarrow[\text{室温,CCl}_4]{Br_2,h\nu}$

（3）$\overset{\displaystyle CH_3}{\underset{\displaystyle CH_3}{H_3C-\overset{|}{\underset{|}{C}}-H}} \xrightarrow[\text{室温,CCl}_4]{Br_2,h\nu}$

13. 试绘出下列反应能量变化曲线图：

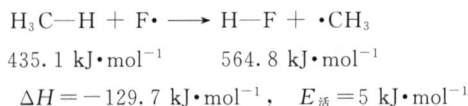

$$H_3C-H + F\cdot \longrightarrow H-F + \cdot CH_3$$

$$435.1 \text{ kJ·mol}^{-1} \qquad 564.8 \text{ kJ·mol}^{-1}$$

$$\Delta H = -129.7 \text{ kJ·mol}^{-1}, \quad E_{\text{活}} = 5 \text{ kJ·mol}^{-1}$$

14. 下列多步骤反应：

（1）$A \longrightarrow B \qquad \Delta H_1$　　　　　　　　（2）$B + C \longrightarrow D + E \qquad \Delta H_2$

（3）$E + A \longrightarrow 2F \qquad \Delta H_3$　　　　　　　$\Delta H_{\text{总}} < 0$

试回答：

① 哪些物种可以认为是反应物、产物、中间体？

② 写出总的反应式。

③ 绘出一张反应能量曲线草图。

15. 下列自由基按稳定性由大至小排列成序。

（1）$\overset{\displaystyle \cdot}{C}H_2CHCH_2CH_3$　　　　　（2）$CH_3\overset{\displaystyle \cdot}{C}HCHCH_2CH_3$　　　　（3）$CH_3CH_2\overset{\displaystyle \cdot}{C}CH_2CH_3$
　　　　　$\underset{\displaystyle CH_3}{|}$　　　　　　　　　　　　　$\underset{\displaystyle CH_3}{|}$　　　　　　　　　　　$\underset{\displaystyle CH_3}{|}$

16. 写出 2,2,4-三甲基戊烷可以生成的自由基的结构简式和键线式，并按稳定性由大至小的顺序排列。

第三章 单 烯 烃

单烯烃是指分子中含有一个碳碳双键 (⧵C=C⧸) 的不饱和开链烃,简称烯烃。烯表示分子中含氢较少的意思。单烯烃比相对应的烷烃少了两个氢原子,因此,单烯烃的通式是 C_nH_{2n},碳碳双键称为烯键,是烯烃的官能团。自然界中很多物质都含有碳碳双键,如花生油、芝麻油、豆油、菜籽油等植物油的分子中含多个双键;烯烃还是重要的有机化工原料,用于合成塑料、合成纤维等。

第一节 烯烃的结构

乙烯(ethylene)是最简单的烯烃,室温下是气体,分子式为 C_2H_4,构造式为 $H_2C=CH_2$。

乙烯分子含有一个双键。可通过乙烯来了解烯烃双键的结构。许多事实说明碳碳双键并不是由两个单键所构成,而是由一个 σ 键和一个 π 键构成。现代物理学方法证明,乙烯分子的所有原子处在同一平面上,每个碳原子与 2 个氢原子相连,键长和键角为

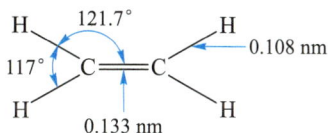

丙烯分子中的 3 个碳原子和双键上的氢原子也在同一平面上,键长和键角为

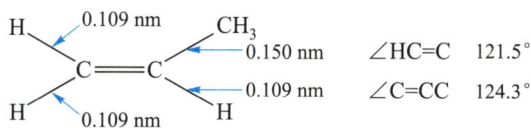

杂化轨道理论根据这些事实,设想乙烯碳原子成键时,碳原子轨道以另外一种方式进行杂化,即由 1 个 s 轨道和 2 个 p 轨道进行杂化,组成 3 个等同的 sp^2 轨道,且 3 个 sp^2 轨道对称轴在同一平面上,彼此成 120°角。这种杂化方式称为 sp^2 杂化。

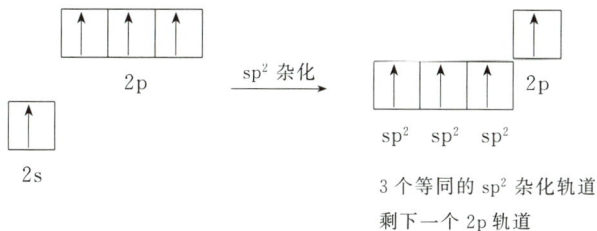

sp² 杂化轨道的形状和 sp³ 杂化轨道的形状相似,也是不对称的葫芦形,一头大一头小,只是小的一头比 sp³ 杂化轨道的一头略小,大的一头比 sp³ 杂化轨道的一头略大(见图 3-1)。3 个 sp² 杂化轨道的对称轴分布在同一平面上,并以碳原子为中心,分别指向三角形的 3 个顶点,对称轴间的夹角约为 120°(见图 3-2),每个碳原子余下 1 个未参加杂化的 2p 轨道,仍保持原来的形状,其对称轴垂直于 3 个 sp² 轨道的对称轴所在的平面(见图 3-3)。

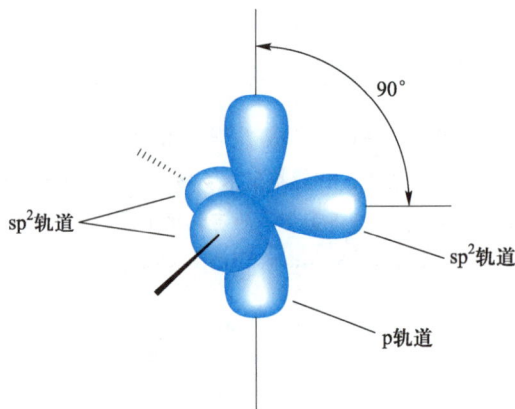

图 3-1　1 个 sp²　　　　　图 3-2　3 个 sp²　　　　图 3-3　3 个 sp² 轨道和 1 个 p 轨道的关系
杂化轨道示意图　　　　　　　　轨道

在乙烯分子中,两个碳原子除各以 1 个 sp² 轨道重叠形成 1 个 C—C σ 键外,又各以 2 个 sp² 轨道和 4 个氢原子的 1s 轨道重叠,形成 4 个 C—H σ 键,这样形成的 5 个 σ 键都在同一平面上,见图3-4。每个碳原子还剩下 1 个 p_y 轨道,它们的对称轴垂直于这 5 个 σ 键所在的平面,且互相平行,电子的自旋方向相反,沿着 x 轴平行地侧面重叠,便组成新的轨道,称为 π 轨道(见图 3-5)。

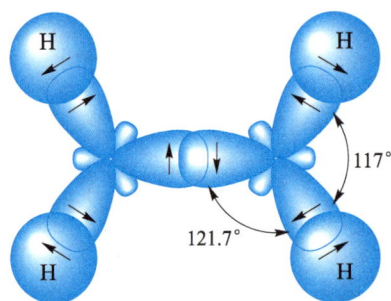

图 3-4　乙烯分子中的 σ 键　　　　　　　　图 3-5　乙烯分子中的 σ 键和 π 键

碳碳 π 键的形成也可以用分子轨道理论来解释。当两个碳原子各以 1 个 p 轨道线性组合成 2 个分子轨道时,一个是 π 成键轨道,另一个是 π* 反键轨道。在基态时,2 个 p 轨道上的 2 个电子处在 π 成键轨道上,形成了 π 键,反键轨道比成键轨道多了一个节面,能量较高,所以,在基态时反键轨道是空着的,如图 3-6 所示。

机
乙烯中的
成键轨道

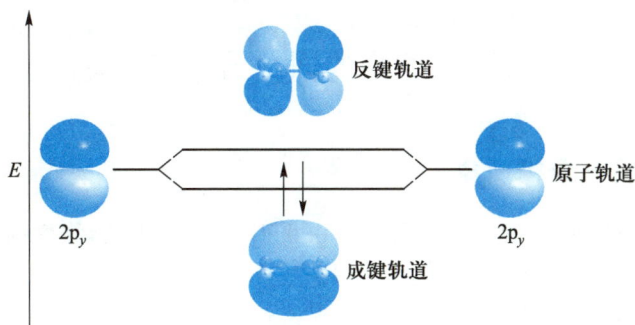

图 3-6 π 键的分子轨道能级图

其他烯烃的双键,也都是由一个 σ 键和一个 π 键组成的。π 键的直剖面垂直于 σ 键所在的平面。由此可见:

(1) π 键旋转受阻 π 键没有轴对称。所以,以双键相连的 2 个原子之间,不能自由旋转,因为旋转时,2 个 p_y 轨道不能重叠,π 键便被破坏,如图 3-7 所示。

(2) π 键的稳定性 由于 π 键是 2 个 p 轨道侧面重叠而成的,重叠的程度比一般 σ 键小得多。所

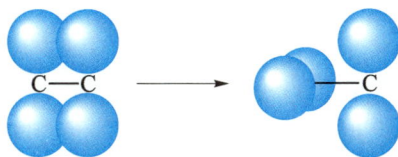

图 3-7 碳碳单键旋转破坏 π 键

以,π 键不如碳碳 σ 键稳定,比较容易断裂,C=C 键的键能(610 kJ·mol^{-1})不是 C—C 键的键能(345.6 kJ·mol^{-1})的两倍。π 键的键能为 610 kJ·mol^{-1} − 345.6 kJ·mol^{-1} = 264.4 kJ·mol^{-1}。

由于 π 键的电子云不像 σ 键的电子云那样集中在两个原子核连线上,而是分散在上下方,故原子核对 π 电子的束缚力较小。因此,π 键具有较大的流动性,容易受外界电场(如外来的试剂进攻时)的影响,电子云比较容易变形极化,发生加成反应。

(3) 双键的键长 两个碳原子之间增加了一个 π 键,也就是增加原子核对电子的吸引力,使碳原子间靠得更近,C=C 双键的键长为 0.134 nm,比 C—C 单键短。

为了书写构造式的方便,双键往往用两条短线来表示。但是,必须理解这两条短线的含义不同,一条是代表 σ 键,另一条是代表 π 键。同样对乙烯的凯库勒球棒模型也要有这样的理解,如图 3-8 所示。

无论用哪一种模型,都可以表示出乙烯分子中双键的自由旋转受到了限制。

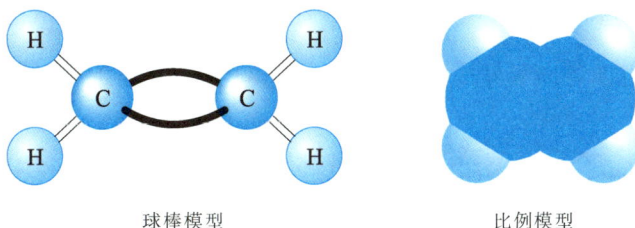

球棒模型   比例模型

图 3-8 乙烯的分子模型

第二节 烯烃的同分异构和命名

一、烯烃的同分异构现象

烯烃的通式为 C_nH_{2n}。这个通式代表着一系列的烯烃,即乙烯、丙烯、丁烯……称为烯烃同系列。烯烃同系列的第一个成员是乙烯。

由于烯烃含有双键,使烯烃的同分异构现象较烷烃复杂得多,除了有碳干异构以外,还有由于双键位置不同引起的位置异构,以及由于双键两侧的基团在空间的位置不同引起的顺反异构,因此,烯烃异构体的数目比相应的烷烃多。

乙烯和丙烯都没有同分异构体。从丁烯起有同分异构现象。例如,丁烯有四种同分异构体,而丁烷只有两种同分异构体。丁烯的碳干异构及双键位置异构如下:

$$CH_3—CH_2—CH=CH_2 \qquad CH_3—CH=CH—CH_3 \qquad \begin{matrix} CH_3—C=CH_2 \\ | \\ CH_3 \end{matrix}$$

丁-1-烯　　　　　　　　　丁-2-烯　　　　　　　异丁烯(2-甲基丙-1-烯)
　　(1)　　　　　　　　　　　(2)　　　　　　　　　　　(3)

(1)、(2)和(3)是碳干异构体,(1)与(2)又是双键位置异构体。而丁-2-烯又有两种顺反异构体:

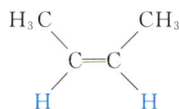　　　　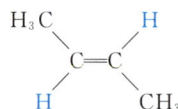

顺丁-2-烯　　　　　　　　　　　反丁-2-烯
　(4)　　　　　　　　　　　　　(5)

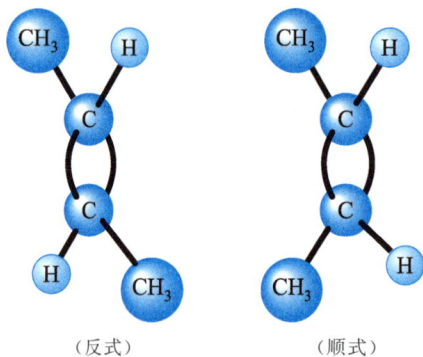

图3-9　丁-2-烯的分子模型
（反式）　　（顺式）

在顺丁-2-烯分子中结合在双键两个碳原子上的两个氢原子在同一侧,两个甲基也同在另一侧,这种结构称为顺式。在反丁-2-烯分子中,两个氢原子处在相反的一侧,两个甲基也处在相反的一侧,故叫反式。这种同分异构现象的产生是由于组成双键的两个碳原子不能相对自由旋转,使得这两个碳原子上所连接的原子或基团在空间的位置不同,以致形成的几何构型不同,这一现象称为顺反异构现象。顺丁-2-烯和反丁-2-烯的分子模型如图3-9所示。

这样,丁烯共有四种同分异构体,即丁-1-烯、顺丁-2-烯、反丁-2-烯和异丁烯。以键线式表示如下:

丁-1-烯　　　　　顺丁-2-烯　　　　　反丁-2-烯　　　　　异丁烯

这里必须指出,并不是所有含双键的烯烃都有顺反异构现象。产生顺反异构的条件是构成双键的任何一个碳原子上所连接的必须是两个不相同的原子或基团。也就是说，当双键的任何一个碳原子所连接的两个原子或基团相同时就没有顺反异构现象了。例如，丁–1–烯和异丁烯就没有顺反异构体。

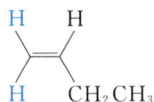

$$\begin{array}{ccc} \text{H} & & \text{H} \\ & \diagup\diagdown & \\ \text{H} & & \text{CH}_2\text{CH}_3 \end{array} \qquad \begin{array}{ccc} \text{H}_3\text{C} & & \text{H} \\ & \diagup\diagdown & \\ \text{H}_3\text{C} & & \text{H} \end{array}$$

丁–1–烯　　　　　　　　　　　异丁烯

问题 3–1　写出分子式为 C_5H_{10}（戊烯）的链状单烯烃的同分异构体的构造式和键线式。

二、烯基

当烯烃从形式上去掉一个氢原子后剩下的一价基团叫作烯基，见表 3–1。

表 3–1　烯基的名称

烯基	中文名	英文名
$H_2C\!=\!CH\!-$	乙烯基	ethenyl（vinyl）
$H_3C\!-\!CH\!=\!CH\!-$	丙–1–烯基（丙烯基*）	prop–1–en–1–yl
$H_2C\!=\!CH\!-\!CH_2\!-$	丙–2–烯基（烯丙基*）	prop–2–en–1–yl（allyl）
$\begin{array}{c} H_2C\!=\!C\!- \\ \mid \\ CH_3 \end{array}$	1–甲基乙烯基（异丙烯基*）	1–methyletheny（isopropenyl）
$H_2C\!=$	甲亚基	methylidene
$H_3C\!-\!CH\!=$	乙亚基	ethylidene

*　烯丙基和异丙烯基是 IUPAC 允许沿用的俗名。

三、烯烃的系统命名

1. 选择主链

选择分子内最长碳链作为主链，支链为取代基。如主链含有双键，根据主链碳原子数命名为"某"烯，词尾为"ene"。例如：

$$\begin{array}{c} \overset{1}{H_3C}-\overset{\overset{2}{H_2}}{C}-\overset{3}{C}=CH_2 \\ \mid \\ \underset{4}{H_2C}-\overset{H_2}{\underset{5}{C}}-\underset{6}{CH_3} \end{array} \qquad \left[\text{不是}\quad \begin{array}{c} \overset{H_2}{C}-\overset{2}{C}=\overset{1}{CH_2} \\ H_3C- \quad \mid \\ \underset{3}{H_2C}-\overset{H_2}{\underset{4}{C}}-\underset{5}{CH_3} \end{array}\right]$$

3–甲亚基己烷（3–methylidenehexane）

2. 给主链碳原子编号

将主链上的碳原子按最低位次编号。如主链含有双键，应从离双键较近一端开始编号，使双键位次号最小，再对取代基依次编号。双键位次号用阿拉伯数字表示，写在烯字前面且用短线相连。

$$\overset{1}{H_3C}-\overset{2}{C}H=\overset{3}{C}-\overset{4}{C}H_2-\overset{5}{C}H-\overset{6}{C}H_3 \qquad \left[\text{不是 } \overset{6}{H_3C}-\overset{5}{C}H=\overset{4}{C}-\overset{3}{C}H_2-\overset{2}{C}H-\overset{1}{C}H_3 \right]$$
$$\qquad\qquad\quad \underset{CH_3}{|}\qquad\quad \underset{CH_3}{|} \qquad\qquad\qquad\qquad\quad \underset{CH_3}{|}\qquad\quad \underset{CH_3}{|}$$

3,5-二甲基己-2-烯(3,5-dimethylhex-2-ene)

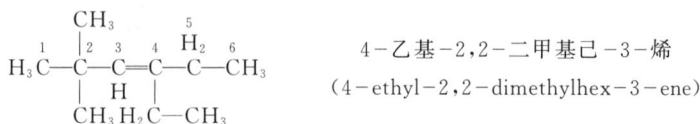

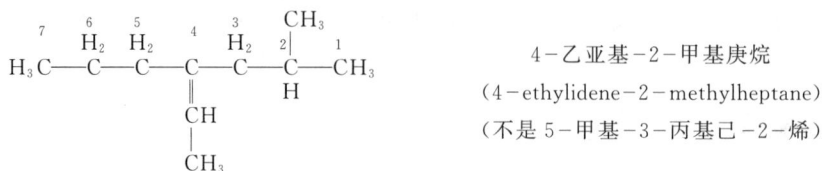

$$\overset{\quad CH_3}{\underset{\quad |}{\overset{1}{H_3C}-\overset{2}{C}=\overset{3}{C}-\overset{4}{C}=\overset{5}{C}H_2-\overset{6}{C}-CH_3}}$$

4-乙基-2,2-二甲基己-3-烯

(4-ethyl-2,2-dimethylhex-3-ene)

$$\overset{7}{H_3C}-\overset{6}{C}H_2-\overset{5}{C}H_2-\overset{4}{C}-\overset{3}{C}H_2-\overset{2}{\underset{|}{C}}-\overset{1}{C}H_3$$

4-乙亚基-2-甲基庚烷

(4-ethylidene-2-methylheptane)

(不是5-甲基-3-丙基己-2-烯)

3. 顺反异构体的命名

前面所说的顺反异构体的命名,即当结合在双键两个碳原子上的两个相同基团在同侧时,为顺式如式(4),而在异侧时为反式如式(5)。命名时在名称的前面附以顺或反字,用一短线连接。对于不同的三取代和不同的四取代乙烯则不适用。例如:

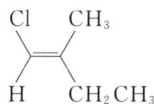

$$\underset{H}{\overset{Cl}{\diagup}}C=C\underset{CH_2CH_3}{\overset{CH_3}{\diagdown}}$$

双键两碳原子所连接的四个原子不相同时,按照上述原则就会发生辨别上的困难。如果采用 Z、E 命名法就可以解决这个问题。

根据 IUPAC 命名法,字母 Z 是德文 zusammen 的字头,指同一侧的意思,E 是德文 entgegen 的字头,指相反的意思。当双键碳原子所连接的"优先基团"处在双键平面同一侧的为 Z 构型,命名时在名称的前面附以(Z)。反之,若不在同一侧的则为 E 构型,命名时在名称的前面附以(E),均用一短线连接。

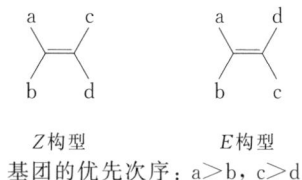

$$\underset{b}{\overset{a}{\diagup}}C=C\underset{d}{\overset{c}{\diagdown}} \qquad\qquad \underset{b}{\overset{a}{\diagup}}C=C\underset{c}{\overset{d}{\diagdown}}$$

Z构型 　　　　　E构型

基团的优先次序:a＞b, c＞d

基团的优先次序由"次序规则"来决定。次序规则(sequence rule)是为了表达某些有机化合物的立体化学关系,需决定有关原子或基团的排列次序。它的主要内容如下:

a. 单原子取代基按其原子序数大小排列,大者为"较优"基团。若为同位素,则质量大的为"较优"基团。例如:

$$I＞Br＞Cl＞S＞P＞F＞O＞N＞C＞D＞H$$

(其中"＞"表示"优于")

b. 对于多原子取代基,则先比较第一个原子;如果第一个原子相同时,则把与第一个原子相连的其他原子顺次按原子序数进行比较,以此类推,排出优先次序。例如:

$$CH_3CH_2CH_2CH_2—$$

丁基

$$\begin{matrix} H_3C \\ CH— \\ H_3C \end{matrix}$$

异丙基

两个基团的第一个原子都是碳原子,则把与第一个原子相连的其他原子顺次比较。丁基中与碳原子相连的是 C、H、H,而异丙基是 C、C、H,故异丙基的次序优于丁基。

c. 含有双键或三键基团,可以认为连有两个或三个相同原子。例如,在 $—CH{=}CH_2$ 中为 $—C(C、C、H)$,在 $—C{\equiv}CH$ 中为 $—C(C、C、C)$,在 $\overset{O}{\underset{\|}{—C}}—H$ 中为 $—C(O、O、H)$。

问题 3-2 将下列基团按次序规则排列("较优"基团写在后)。

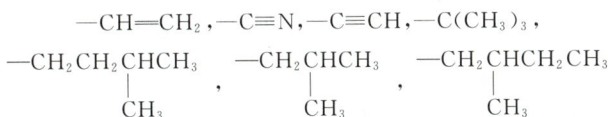

$$—CH{=}CH_2, —C{\equiv}N, —C{\equiv}CH, —C(CH_3)_3,$$

$$—CH_2CH_2CHCH_3 \underset{CH_3}{} , —CH_2CHCH_3 \underset{CH_3}{} , —CH_2CHCH_2CH_3 \underset{CH_3}{}$$

例如,丁-2-烯的顺反异构体:

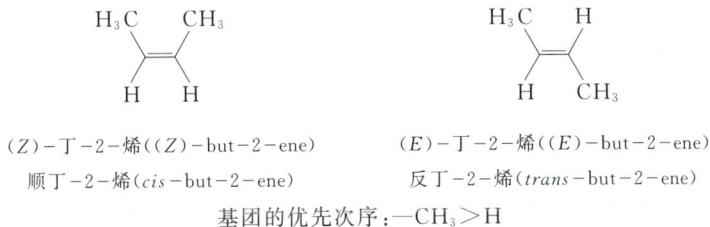

$$\begin{matrix} H_3C & CH_3 \\ & \\ H & H \end{matrix}$$

(Z)-丁-2-烯((Z)-but-2-ene)
顺丁-2-烯(cis-but-2-ene)

$$\begin{matrix} H_3C & H \\ & \\ H & CH_3 \end{matrix}$$

(E)-丁-2-烯((E)-but-2-ene)
反丁-2-烯(trans-but-2-ene)

基团的优先次序:$—CH_3{>}H$

再举一个例子:

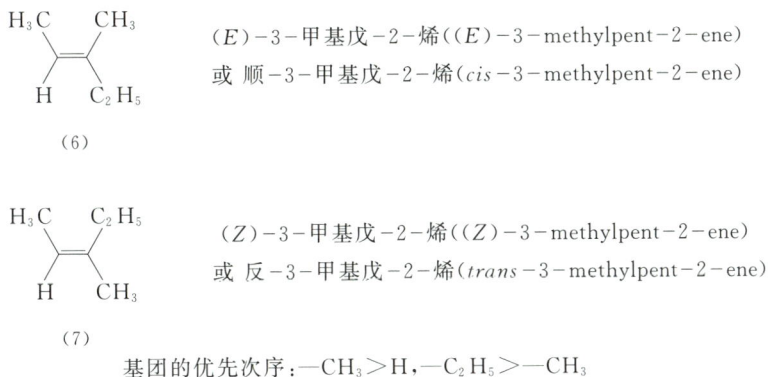

$$\begin{matrix} H_3C & CH_3 \\ & \\ H & C_2H_5 \end{matrix}$$

(E)-3-甲基戊-2-烯((E)-3-methylpent-2-ene)
或 顺-3-甲基戊-2-烯(cis-3-methylpent-2-ene)

(6)

$$\begin{matrix} H_3C & C_2H_5 \\ & \\ H & CH_3 \end{matrix}$$

(Z)-3-甲基戊-2-烯((Z)-3-methylpent-2-ene)
或 反-3-甲基戊-2-烯(trans-3-methylpent-2-ene)

(7)

基团的优先次序:$—CH_3{>}H,—C_2H_5{>}—CH_3$

在式(6)中,优先基团($—CH_3$ 和 $—CH_2CH_3$)在双键异侧,故为 E 构型,又因为相同基团(—CH₃)在双键同侧,也可称为顺式构型。同理,式(7)既是 Z 构型,又可称为反式构型。由此可见,顺和反、Z 和 E 是两种不同的表示烯烃几何构型的方法,在大多数情况下,不存在对应关系。

问题 3-3 1. 命名下列各烯烃,构造式以键线式表示之,键线式以构造式表示之。

(1) $(CH_3)_3CCCH_2CH_3$
        $\underset{CH_2}{\|}$

(2)
$$\underset{H_3C}{\overset{H_5C_2}{>}}C=C\underset{H}{\overset{CH_3}{<}}$$

(3) [键线式结构]

(4) [键线式结构]

2. 试判断下列化合物有无顺反异构体,如果有则写出其构型和名称。
(1) 异丁烯　(2) 4-甲基庚-3-烯　(3) 己-2-烯

第三节　烯烃的物理性质

烯烃的物理性质与烷烃相似,也是随着碳原子数的增加而递变。在常温下,含 2~4 个碳原子的烯烃为气体,含 5~18 个碳原子的为液体,含 19 个碳原子以上的为固体。它们的沸点、熔点和相对密度都随相对分子质量的增加而上升,但相对密度都小于 1,都是无色物质,不溶于水,易溶于有机溶剂。乙烯稍带甜味,液态烯烃有汽油的气味。一些烯烃的物理常数见表 3-2。

表 3-2　烯烃的物理常数

状态	碳原子数	构造式	熔点/℃	沸点/℃	相对密度(d^{20})(液态)	折射率(n_D^t)
气态	2	$H_2C=CH_2$	−169.2	−103.7	0.579[9.9]*	1.363
	3	$CH_3CH=CH_2$	−185.3	−47.4	0.5193	1.3567[−70]
	4	$CH_3CH_2CH=CH_2$	−185.4	−6.3	0.5951	1.3962
		$CH_3{-}\underset{CH_3}{\overset{\|}{C}}=CH_2$	−140.4	−6.9	0.5902	1.3926[−25]
		$(Z){-}CH_3{-}CH=CH{-}CH_3$(顺式)	−138.9	3.7	0.6213	1.3931[−25]
		$(E){-}CH_3{-}CH=CH{-}CH_3$(反式)	−105.6	0.88	0.6042	1.3848[−25]
液态	5	$CH_3CH_2CH_2CH=CH_2$	−138.0	30.0	0.6405	1.3715[20]
	6	$CH_3(CH_2)_3CH=CH_2$	−139.8	63.4	0.6731	1.3837
	7	$CH_3(CH_2)_4CH=CH_2$	−119.0	93.6	0.6970	1.3998[20]
	8	$CH_3(CH_2)_5CH=CH_2$	−101.7	121.3	0.7149	1.4087[20]
	9	$CH_3(CH_2)_6CH=CH_2$	—	146.0	0.7300	—
	10	$CH_3(CH_2)_7CH=CH_2$	—	172.6	0.7400	1.4215

* 表示在该温度下所测数据。

从表 3-2 数据可见,相对分子质量相同的顺式与反式烯烃的熔点和沸点差别较大,如顺丁-2-烯的熔点比反丁-2-烯的低,但其沸点却比反丁-2-烯高。为什么?分子的极性影响了分子间作用力的大小,也就决定了沸点的高低。

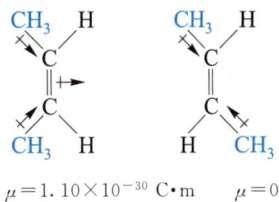

$$\mu = 1.10 \times 10^{-30} \text{ C·m} \qquad \mu = 0$$

顺丁-2-烯分子中与双键碳原子相连的甲基是给电子的(电负性:$C_{sp^2} > C_{sp^3}$),该键具有极性,两个键的偶极矩加和,使分子的偶极矩>0,而反丁-2-烯的两个键的极性方向相反,其加和后分子偶极矩为 0,所以顺式烯烃的沸点比反式烯烃的高。物质的熔点与其在晶格中的堆积方式相关,顺式烯烃分子弯曲成 U 形,对称性较差,晶格中分子间距离较大,故熔点低于相应的反式烯烃的熔点。

第四节 烯烃的化学性质

烯烃的化学性质与烷烃不同,它很活泼,可以和很多试剂作用,发生反应。主要原因是分子中有稳定性比 σ 键差的 π 键,它有较高的电子云密度,而且 π 电子云易极化,易发生加成、氧化和聚合等反应。双键是反映烯烃化学性质的官能团。

加成反应是烯烃的典型反应。在反应中 π 键断开,双键所连的两个碳原子和其他原子或原子团结合,形成两个 σ 键,这种反应称为加成反应。烯烃的氧化、聚合也可以看作加成反应或特殊的加成反应。

一、亲电加成反应

由于烯烃双键的形状及其电子云分布特点,烯烃容易给出电子,也就是容易被缺电子的物种进攻。这些缺电子的物种如正离子、易被极化的双原子分子如卤素 $X^{\delta+}—X^{\delta-}$ 和路易斯酸等都是亲电试剂,亲电试剂与能给电子的烯烃双键反应,称为亲电加成反应(electrophilic addition reaction)。常用的亲电试剂有卤素、无机酸(HX、H_2SO_4、HOX)和有机酸等。

通式为:

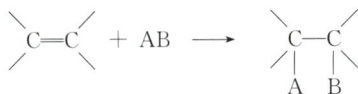

1. 与酸的加成

强酸即 H^+ 就是最简单的亲电试剂,能与烯烃发生加成反应。弱的有机酸(如乙酸)、醇、水等只有在强酸催化下才能发生加成反应。

(1)与卤化氢加成 卤化氢气体或发烟氢卤酸溶液与烯烃加成时,可得一卤代烷。

$$H_2C{=}CH_2 + HX \longrightarrow CH_3CH_2X$$

反应常在 CS_2、石油醚或醋酸等溶剂中进行。浓氢碘酸、浓氢溴酸也能与烯烃起反应,而浓盐酸需加催化剂($AlCl_3$)才可反应。卤化氢活泼性的次序为:$HI > HBr > HCl$。

乙烯是对称分子,不论卤离子或氢离子加到哪个碳原子上,都得到相同的一卤代乙烷。但是丙烯和卤化氢反应时,情形就不同了,丙烯是不对称分子,它和卤化氢反应时,可以生成两种可能的加成产物：

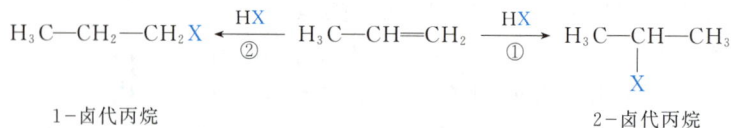

$$H_3C-CH_2-CH_2X \xleftarrow[②]{HX} H_3C-CH=CH_2 \xrightarrow[①]{HX} H_3C-CH-CH_3$$
$$\qquad\qquad\qquad\qquad\qquad\qquad\qquad\qquad\qquad\qquad\qquad\qquad | $$
$$\qquad\qquad\qquad\qquad\qquad\qquad\qquad\qquad\qquad\qquad\qquad\qquad X$$

1-卤代丙烷　　　　　　　　　　　　　　　2-卤代丙烷

　　反应究竟是选择方向①还是方向②呢？实验证明方向①是主要的反应产物，其他不对称烯烃与酸加成时，也有相似的结果。实验事实表明：凡是不对称结构的烯烃和酸（HX）加成时，酸中的氢（带正电荷部分的基团）主要加到含氢原子较多的双键碳原子上，这称为马尔科夫尼科夫（Markovnikov）规则，简称为马氏规则。例如：

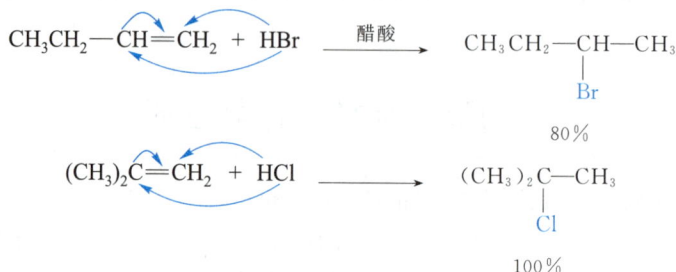

$$CH_3CH_2-CH=CH_2 + HBr \xrightarrow{\text{醋酸}} CH_3CH_2-CH-CH_3$$
$$\qquad\qquad\qquad\qquad\qquad\qquad\qquad\qquad\qquad | $$
$$\qquad\qquad\qquad\qquad\qquad\qquad\qquad\qquad\qquad Br$$

80%

$$(CH_3)_2C=CH_2 + HCl \longrightarrow (CH_3)_2C-CH_3$$
$$\qquad\qquad\qquad\qquad\qquad\qquad\qquad\qquad | $$
$$\qquad\qquad\qquad\qquad\qquad\qquad\qquad\qquad Cl$$

100%

　　凡反应中键的形成或断裂有两种以上取向而只有一种产物生成者称为区位专一性（regiospecificity），有一主要产物生成者称为区位选择性（regioselectivity）。马氏规则是历史上发现的第一个区位选择性规则。应用这个规则可以预测许多加成反应的主要产物。

问题 3-4　下列化合物与溴化氢起加成反应时，主要产物是什么？
异丁烯，3-甲基丁-1-烯，2,4-二甲基戊-2-烯

　　（2）与硫酸加成　将乙烯通入冷浓硫酸中生成酸式硫酸酯（硫酸氢乙酯）：

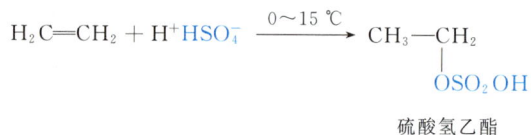

$$H_2C=CH_2 + H^+HSO_4^- \xrightarrow{0\sim15\ ℃} CH_3-CH_2$$
$$\qquad\qquad\qquad\qquad\qquad\qquad\qquad\qquad\qquad | $$
$$\qquad\qquad\qquad\qquad\qquad\qquad\qquad\qquad\qquad OSO_2OH$$

硫酸氢乙酯

硫酸氢乙酯很易水解生成乙醇，加热则分解生成乙烯：

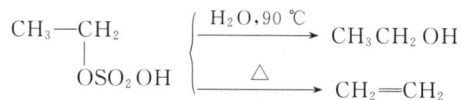

$$CH_3-CH_2 \begin{cases} \xrightarrow{H_2O,90\ ℃} CH_3CH_2OH \\ \xrightarrow{\triangle} CH_2=CH_2 \end{cases}$$
$$\quad | $$
$$OSO_2OH$$

不对称烯烃与硫酸加成时，反应取向符合马氏规则。例如：

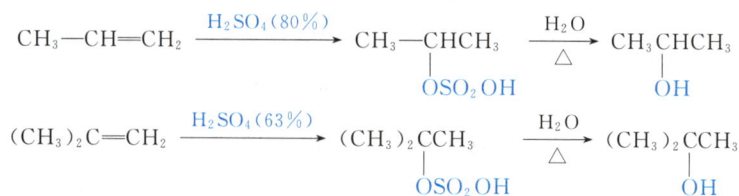

$$CH_3-CH=CH_2 \xrightarrow{H_2SO_4(80\%)} CH_3-CHCH_3 \xrightarrow[\triangle]{H_2O} CH_3CHCH_3$$
$$\qquad\qquad\qquad\qquad\qquad\qquad\qquad\qquad | \qquad\qquad\qquad\qquad\qquad | $$
$$\qquad\qquad\qquad\qquad\qquad\qquad\qquad OSO_2OH \qquad\qquad\qquad OH$$

$$(CH_3)_2C=CH_2 \xrightarrow{H_2SO_4(63\%)} (CH_3)_2CCH_3 \xrightarrow[\triangle]{H_2O} (CH_3)_2CCH_3$$
$$\qquad\qquad\qquad\qquad\qquad\qquad\qquad\qquad | \qquad\qquad\qquad\qquad\qquad | $$
$$\qquad\qquad\qquad\qquad\qquad\qquad\qquad OSO_2OH \qquad\qquad\qquad OH$$

工业上利用这个反应从石油裂化气制备乙醇及其同系物。这个方法技术路线虽较成熟,但消耗大量硫酸,污染环境,而且对设备的腐蚀也极严重。

如果把水蒸气直接通入烯烃中也能水合成醇,但需用酸(如磷酸)作催化剂,在高温高压下进行。

2. 与卤素的加成

烯烃能与卤素起加成反应,生成相邻两个碳原子上各带一个卤原子的邻二卤代物。

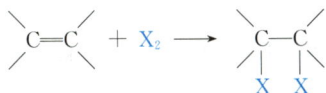

$$\diagdown C = C \diagup + X_2 \longrightarrow \underset{X\ \ X}{\diagdown C - C \diagup}$$

反应在常温时就可以迅速、定量地进行,是制备邻二卤代物的方法。

氟与烯烃的反应太剧烈,往往使碳链断裂,得到的是分解产物。

氯与烯烃加成,生成的 1,2-二氯乙烷是很好的溶剂,也是重要的工业原料。

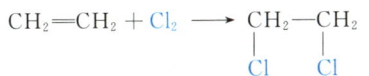

$$CH_2 = CH_2 + Cl_2 \longrightarrow \underset{Cl\ \ \ \ Cl}{CH_2 - CH_2}$$

$$1,2-二氯乙烷$$

溴的四氯化碳溶液与烯烃反应时,溴的颜色消失。在实验室里,常利用这个反应来检验烯烃。

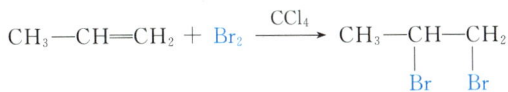

$$CH_3 - CH = CH_2 + Br_2 \xrightarrow{\ CCl_4\ } \underset{Br\ \ \ \ Br}{CH_3 - CH - CH_2}$$

$$1,2-二溴丙烷$$

烯烃和碘难起反应,因这个反应是一个平衡反应,平衡位置偏于生成烯烃,邻二碘烷烃容易分解为烯烃。一般采用氯化碘(ICl)或溴化碘(IBr)试剂,它可定量与碳碳双键反应。工业上利用这个反应来测定石油或脂肪中不饱和化合物的含量。不饱和程度通常用碘值来表示。碘值的定义:100 g 脂肪所吸收碘的质量(单位 g)。

由此可见,氟与烯烃反应太剧烈,而碘与烯烃难反应,所以一般所谓烯烃的加卤,实际上是指加氯或加溴。卤素的活泼性次序为氟>氯>溴>碘。

烯烃与卤素和水也可发生加成反应。卤素与水作用生成次卤酸。但因氧原子的电负性较强,使分子极化成 $HO \overset{\delta-}{\underset{}{—}} \overset{\delta+}{X}$,这里缺电子物质是 $X^{\delta+}$ 而不是 H^+,与烯烃反应后生成卤代醇。

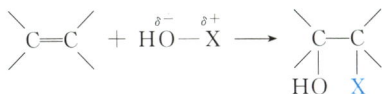

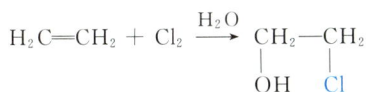

$$\diagdown C = C \diagup + HO \overset{\delta-}{—} \overset{\delta+}{X} \longrightarrow \underset{HO\ \ X}{\diagdown C - C \diagup}$$

$$H_2C = CH_2 + Cl_2 \xrightarrow{\ H_2O\ } \underset{OH\ \ \ Cl}{CH_2 - CH_2}$$

$$2-氯乙醇$$

不对称烯烃与卤素及水作用时,卤原子主要加到含氢较多的双键碳原子上。例如:

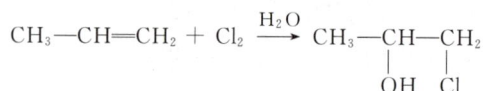

$$CH_3—CH=CH_2 + Cl_2 \xrightarrow{H_2O} CH_3—\underset{\underset{OH}{|}}{CH}—\underset{\underset{Cl}{|}}{CH_2}$$

卤代醇是化工原料,可制造多种重要产品。我国虽有利用此法生产环氧化物、甘油等,但产率低,对设备腐蚀较严重。

3. 与乙硼烷的加成

硼烷中的 B—H 键对烯烃双键进行加成的反应,称为硼氢化反应。

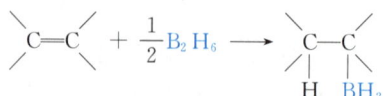

$$\underset{}{C=C} + \frac{1}{2}B_2H_6 \longrightarrow \underset{\underset{H\quad BH_2}{}}{C—C}$$

两个甲硼烷分子互相结合生成乙硼烷。

$$2\,BH_3 \rightleftharpoons B_2H_6$$
$$\text{甲硼烷} \qquad \text{乙硼烷}$$

由于乙硼烷是一种在空气中能自燃的气体,一般不预先制好,而是把氟化硼的乙醚溶液加到硼氢化钠与烯烃的混合物中,使 B_2H_6 一生成即与烯烃反应。

$$3\,NaBH_4 + 4\,BF_3 \longrightarrow 2\,B_2H_6 + 3\,NaBF_4$$

乙硼烷由两个甲硼烷分子互相结合而成。硼最外层有 3 个电子,与 3 个氢原子结合,2 个硼原子间以"氢桥"连接后形成三中心二电子的缺电子体系。这是由于硼有空轨道,可接受电子。乙硼烷与不对称烯烃反应时,硼原子作为正性基团(缺电子),加到含氢较多的双键碳原子上,而 H 作为负性基团(H^-),加到含氢较少的碳原子上。

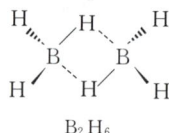

$$\underset{\text{三中心二电子的缺电子体系}}{\underset{B_2H_6}{}}$$

硼氢化反应是分步进行的。例如:

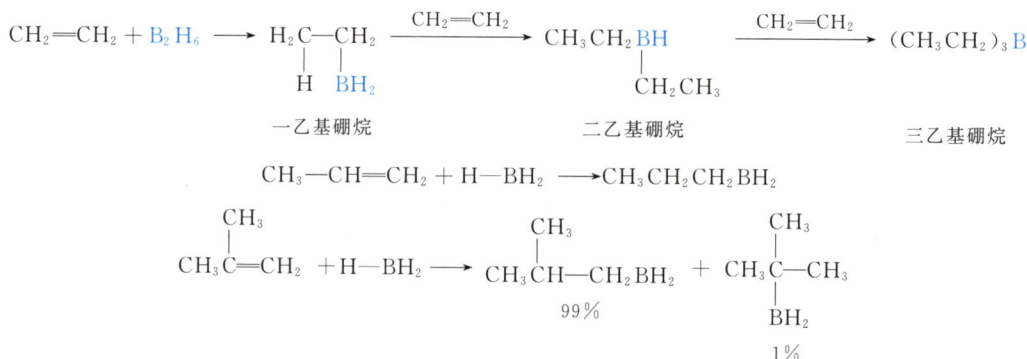

$$CH_2=CH_2 + B_2H_6 \longrightarrow \underset{\underset{H\quad BH_2}{}}{H_2C—CH_2} \xrightarrow{CH_2=CH_2} \underset{\underset{CH_2CH_3}{}}{CH_3CH_2BH} \xrightarrow{CH_2=CH_2} (CH_3CH_2)_3B$$

$$\text{一乙基硼烷} \qquad\qquad \text{二乙基硼烷} \qquad\qquad \text{三乙基硼烷}$$

$$CH_3—CH=CH_2 + H—BH_2 \longrightarrow CH_3CH_2CH_2BH_2$$

$$\underset{CH_3}{\overset{CH_3}{|}}C=CH_2 + H—BH_2 \longrightarrow \underset{99\%}{CH_3CH—CH_2BH_2} + \underset{\underset{1\%}{\underset{BH_2}{|}}}{\overset{\overset{CH_3}{|}}{CH_3}C—CH_3}$$

三烷基硼是一类很有用的化合物,由它可以制得多种不同类型的有机化合物。在以后有关的章节再作讨论。

二、自由基加成反应

当有过氧化物（如 H_2O_2、$R—O—O—R$ 等）存在，氢溴酸与丙烯或其他不对称烯烃发生加成反应时，反应的取向是反马氏规则的。例如：

$$CH_3—CH{=}CH_2 + HBr \xrightarrow[\text{ROOR}]{\text{无 ROOR}}$$

$$\begin{array}{l} \overset{\displaystyle Br}{\underset{\displaystyle |}{CH_3—CH—CH_3}} \quad \text{马氏规则加成产物} \\ CH_3—CH_2—CH_2Br \quad \text{反马氏规则加成产物} \end{array}$$

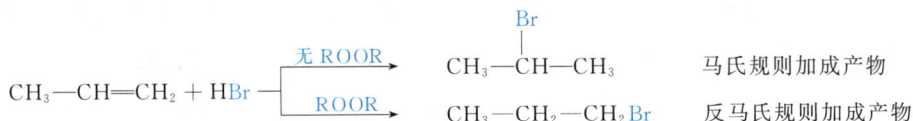

此反应不是亲电加成反应而是自由基加成反应。它经历了链引发、链传递、链终止阶段。为什么有过氧化物存在，发生反马氏规则加成？因为其反应机理不同。

首先过氧化物如过氧化二苯甲酰，受热时分解为苯甲酰氧自由基，再分解成苯自由基，再与 HBr 作用，生成溴自由基，这是链引发阶段。

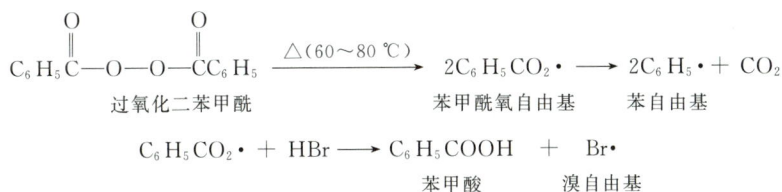

$$\underset{\text{过氧化二苯甲酰}}{C_6H_5\overset{O}{\overset{\|}{C}}—O—O—\overset{O}{\overset{\|}{C}}C_6H_5} \xrightarrow{\triangle(60\sim80\,℃)} \underset{\text{苯甲酰氧自由基}}{2C_6H_5CO_2·} \longrightarrow \underset{\text{苯自由基}}{2C_6H_5·} + CO_2$$

$$C_6H_5CO_2· + HBr \longrightarrow \underset{\text{苯甲酸}}{C_6H_5COOH} + \underset{\text{溴自由基}}{Br·}$$

溴自由基与不对称烯烃加成后生成一个新的自由基，这个新自由基与另一分子 HBr 反应而生成一溴代烷和一个新的溴自由基，这是链传递阶段。

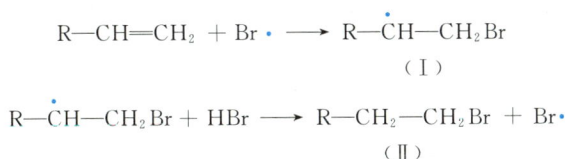

$$R—CH{=}CH_2 + Br· \longrightarrow R—\overset{·}{C}H—CH_2Br$$
$$\text{（Ⅰ）}$$

$$R—\overset{·}{C}H—CH_2Br + HBr \longrightarrow R—CH_2—CH_2Br + Br·$$
$$\text{（Ⅱ）}$$

在这个链传递阶段中，溴自由基加成也有两个取向，以生成稳定自由基为主要取向，所以生成的产物（Ⅱ）与亲电加成产物不同，即所谓反马氏规则。

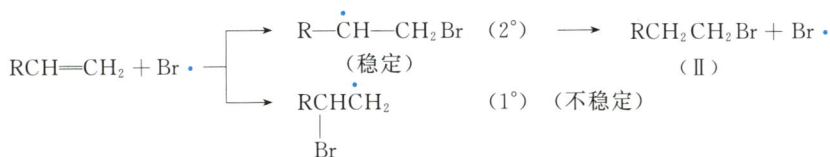

$$RCH{=}CH_2 + Br· \begin{cases} R—\overset{·}{C}H—CH_2Br \ (2°) \longrightarrow RCH_2CH_2Br + Br· \\ \quad\quad \text{（稳定）} \quad\quad\quad\quad\quad \text{（Ⅱ）} \\ R\overset{}{C}HCH_2 \quad\quad\quad (1°) \ \text{（不稳定）} \\ \ \ |\\ \ \ Br \end{cases}$$

烯烃只有与溴化氢在有过氧化物存在下或光照下才生成反马氏规则加成产物。过氧化物的存在，对与 HCl 和 HI 的加成反应方式没有影响。

为什么其他卤化氢与不对称烯烃的加成在过氧化物存在下仍服从马氏规则呢？这是因为 H—Cl 键的解离能（431 kJ·mol⁻¹）比 H—Br 键的（364 kJ·mol⁻¹）大，产生自由基 Cl· 比较困难；而 H—I 键虽然解离能（297 kJ·mol⁻¹）小，较易产生 I·，但是 I· 的活泼性差，难与烯烃迅速加成,却容易自相结合成碘分子(I_2)。所以不对称烯烃与 HCl 和 HI 加成时都没有过氧化物效应,得到的加成产物仍服从马氏规则。

三、催化氢化(或称催化加氢)反应和氢化热

1. 催化加氢

氢化反应是还原反应的一种重要形式。氢分子在常温常压时还原能力很弱,烯烃和氢气混合在 200 ℃ 时仍不起反应。这说明烯烃氢化反应需要的活化能很高。但在催化剂存在时,则可在不太高的温度和较低的压力下反应,显然催化剂的作用是降低氢化反应的活化能,使反应容易进行。在催化剂存在下,有机化合物与氢分子发生的反应称为催化氢化(catalytic hydrogenation)。

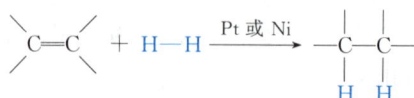

$$\overset{}{\underset{}{>}}C=C\overset{}{\underset{}{<}} \ + \ H-H \ \xrightarrow{\text{Pt 或 Ni}} \ \underset{\underset{H}{|}}{\overset{|}{-}}C-\underset{\underset{H}{|}}{\overset{|}{C}}-$$

催化加氢常用的催化剂有铂黑、钯粉和瑞尼(Raney)Ni 等。铂黑是氧化铂在反应器中经氢气还原成为很细的铂粉,可在 $0.1\sim0.4$ MPa,$0\sim100$ ℃ 下使用;瑞尼 Ni 是用氢氧化钠溶液处理铝镍合金,溶去铝后,得到灰黑色的小颗粒多孔性的镍粉,也可在上述条件下作为催化剂进行催化。这些金属细粉都不溶于有机溶剂,称为异相催化剂。工业上常用的催化剂除了镍以外,还有铁、铬、铜等。另外一类催化剂称均相催化剂如 $(Ph_3P)_3RhCl$ 配合物,可溶于有机溶剂,使催化加氢反应在常温常压下进行。

目前对催化氢化的机理还不十分清楚,但一般认为烯烃加氢反应是在催化剂表面进行的。当烯烃和氢被吸附在分散得很细的金属的巨大比表面时,使氢分子的 H—H 共价键削弱,氢几乎以原子状态吸附在催化剂表面,同时,烯烃中的 π 键也被削弱,从而大大降低了氢化反应所需要的活化能。氢原子与烯烃双键的碳原子结合生成了烷烃,氢在烯烃被吸附的一侧加成,即顺式加成。由于催化剂表面对烷烃的吸附能力小于烯烃,所以加成产物烷烃一旦生成,就立即从催化剂表面解吸出来。

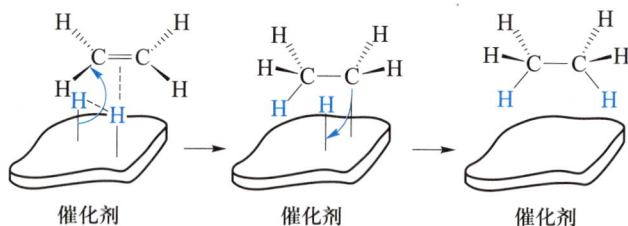

催化剂　　　　　　　　催化剂　　　　　　　　催化剂

自从萨巴蒂尔(Sabatier P)在 1897 年发现烯烃可以在镍的存在下氢化为烷烃以来,催化氢化已得到了很大的发展,无论在科学研究上还是在工业上都很重要。例如,汽油中如含有烯烃,放置日久后就会氧化变黑,变成高沸点杂质。如要生产稳定的汽油,可催化氢化,把汽油中所含的烯烃氢化为烷烃。又如,在油脂工业中常常把油脂烃基上的双键氢化,使含有不饱和键的液态油变为固态的脂肪,改进油脂的性质,提高利用价值。烯烃的

氢化是定量进行的,可以根据吸收氢气的体积计算出烯烃中双键的数目。

2. 氢化热及烯烃的稳定性

氢化反应是放热反应,1 mol 不饱和化合物氢化时放出的热量称为氢化热。每个双键的氢化热大约为 $125.5 \ kJ \cdot mol^{-1}$,表 3-3 列举了一些烯烃的氢化热数据。

表 3-3 一些烯烃的氢化热

烯烃	氢化热/$(kJ \cdot mol^{-1})$	烯烃	氢化热/$(kJ \cdot mol^{-1})$
$H_2C \!=\! CH_2$	137.2	$\underset{\underset{CH_3}{|}}{CH_3CHCH \!=\! CH_2}$	126.8
$CH_3CH \!=\! CH_2$	125.1	$\underset{\underset{CH_3}{|}}{CH_3CH_2C \!=\! CH_2}$	119.2
$CH_3CH_2CH \!=\! CH_2$	126.8	$\underset{\underset{CH_3}{|}}{CH_3C \!=\! CHCH_3}$	112.5
$\underset{H}{\overset{H_3C}{>}}C\!=\!C\underset{H}{\overset{CH_3}{<}}$	119.7	$\underset{H_3C}{\overset{CH_3C \!=\! CCH_3}{\underset{CH_3}{}}}$	111.3
$\underset{H}{\overset{H_3C}{>}}C\!=\!C\underset{CH_3}{\overset{H}{<}}$	115.5		

从氢化热的大小可以得知烯烃的相对稳定性。如图 3-10 所示,三种丁烯异构体的氢化产物都是丁烷,从表 3-3 中的数据可以看出,顺丁-2-烯氢化时比丁-1-烯少放出 $7.1 \ kJ \cdot mol^{-1}$,反丁-2-烯比顺丁-2-烯少放出 $4.2 \ kJ \cdot mol^{-1}$,放出的氢化热越少,意味着热力学能越低,分子越稳定。因此三种丁烯异构体的相对稳定性顺序:反丁-2-烯＞顺丁-2-烯＞丁-1-烯。从结构上看,连接在双键碳原子上的烷基数目越多的烯烃,其氢化热越小,稳定性越高。

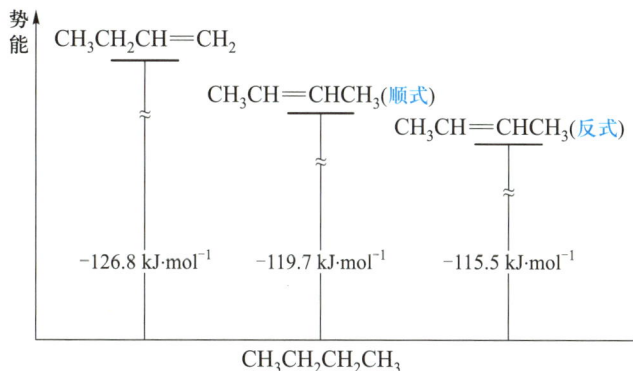

图 3-10 三种丁烯异构体的相对稳定性

问题 3-5 为什么反式烯烃比顺式烯烃稳定？

四、氧化反应

1. $KMnO_4$ 或 OsO_4 氧化反应

烯烃在酸性高锰酸钾溶液中氧化，得到 C=C 键断裂的氧化产物。氧化后末端的 CH_2= 形成 CO_2，RCH= 形成羧酸（RCOOH），R_2C= 则形成酮（R_2C=O）。例如：

$$RCH=CH_2 \xrightarrow[H_2SO_4]{KMnO_4} \underset{\text{羧酸}}{RCOOH} + CO_2$$

$$\underset{R}{\overset{R'}{C}}=CHR'' \xrightarrow[H_2SO_4]{KMnO_4} \underset{R}{\overset{R'}{C}}=O + R''COOH$$
$$\qquad\qquad\qquad\qquad\qquad\quad \underset{\text{酮}}{} \quad \underset{\text{羧酸}}{}$$

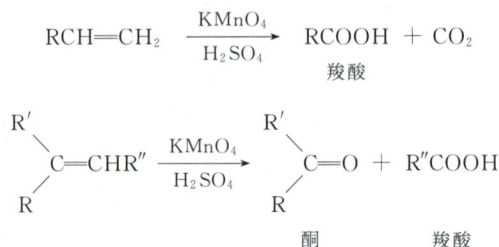

可通过反应产物的结构可推导原烯烃的结构，即把产物酸、酮的氧去掉，剩余部分以双键的形式相接，则得原烯烃的结构。例如：

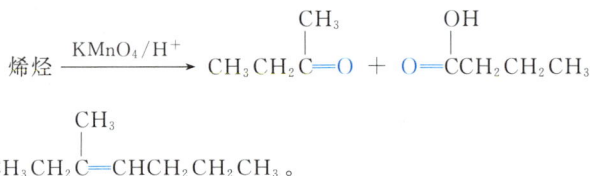

$$\text{烯烃} \xrightarrow{KMnO_4/H^+} CH_3CH_2\overset{CH_3}{\underset{|}{C}}=O + O=\overset{OH}{\underset{|}{C}}CH_2CH_2CH_3$$

原烯烃的结构为 $CH_3CH_2\overset{CH_3}{\underset{|}{C}}=CHCH_2CH_2CH_3$。

在碱性条件或中性条件（稀的 $KMnO_4$ 水溶液）下，烯烃被氧化生成顺-1,2-二醇是古老的为人熟知的方法。烯烃的氧化发生在 π 键上，可以看作特殊的加成反应：

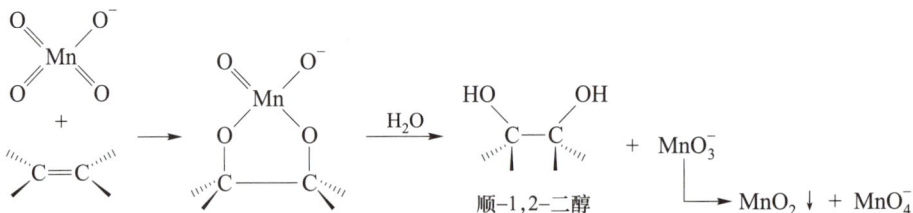

$$3\,RCH=CH_2 + 2\,KMnO_4 + 4\,H_2O \xrightarrow{\text{碱性或中性介质}} 3\,\underset{HO\ \ OH}{RCH-CH_2} + 2\,\underset{\text{棕色}}{MnO_2}\downarrow + 2\,KOH$$

反应中，高锰酸钾溶液的紫色消退，并且生成棕褐色的二氧化锰沉淀，故这个反应可以用于鉴定不饱和烃。

该反应可制备顺-1,2-二醇，但由于生成的二元醇可以进一步被氧化，反应条件不易控制，产率低。如用 OsO_4 代替高锰酸钾，产率提高，生成顺式产物。但 OsO_4 价格昂贵且毒性大，改进的方法是用催化量的锇试剂，再用其他氧化剂将被还原的锇氧化。

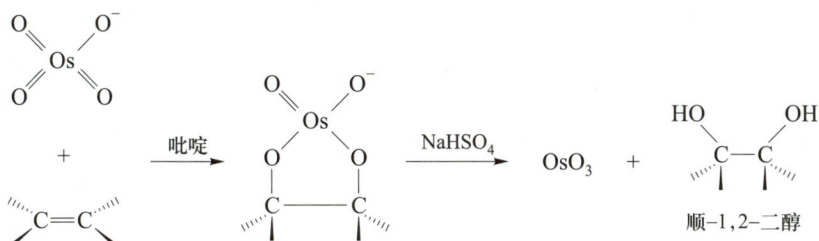

2. 过氧酸氧化反应

在室温和惰性溶剂下,烯烃与过氧酸如间氯过氧苯甲酸反应,生成环氧化物,再经水解可得到反式邻二醇。

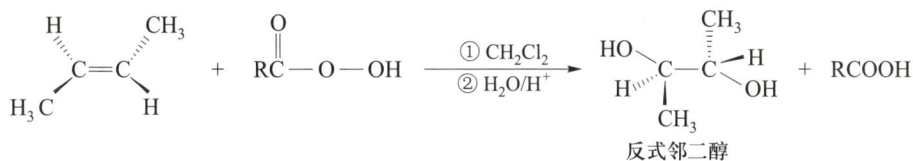

过氧酸首先与 π 键反应生成环氧化合物,然后在酸性或碱性介质下水解,水或羟基从三元环氧的另一面进攻碳原子,生成反式邻二醇。

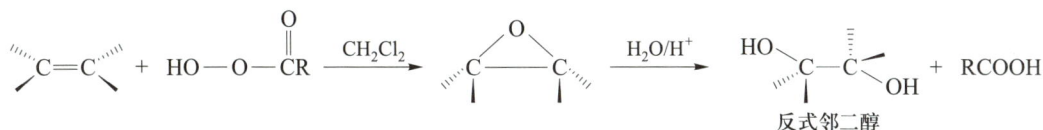

3. 臭氧化反应

将含有臭氧(6%～8%)的氧化气通入液态烯烃或烯烃的溶液(如四氯化碳作溶剂)时,臭氧迅速而定量地与烯烃作用,生成黏糊状的臭氧化物,这个反应称为臭氧化反应。臭氧化物具有爆炸性,因此,反应过程中不必把它从溶液中分离出来,可以直接在溶液中水解,生成醛或酮和过氧化氢,过氧化氢是氧化剂,为了防止醛、酮被进一步氧化,通常加入还原剂(如 Zn/H$_2$O),得到的水解产物是醛或酮。也可用 Pd/C、H$_2$ 处理,使 H$_2$O$_2$ 还原为 H$_2$O,同时也得到醛或酮。如果用氢化铝锂(LiAlH$_4$)或硼氢化钠(NaBH$_4$)还原可得到醇。

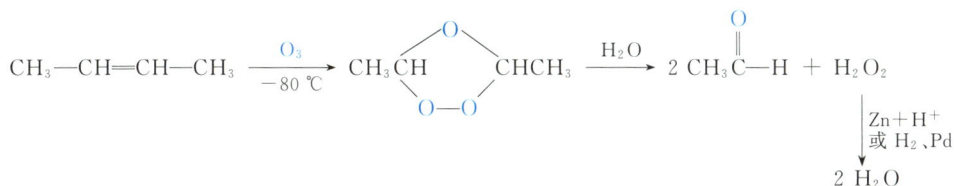

例一

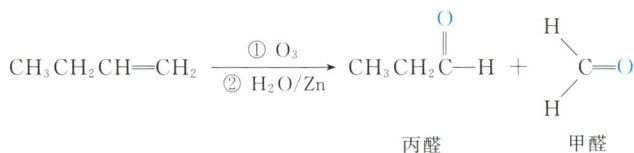

例二

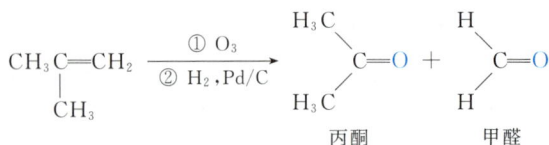

例三

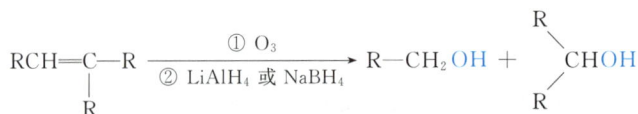

由于双键的臭氧化可以定量地进行,选择性又强,故臭氧化反应常被用于研究烯烃的结构。根据臭氧化物的还原水解产物,回推烯烃的双键结构。

臭氧化还原水解产物		双键结构
甲醛		$CH_2=$
醛		$RCH=$
酮		$R_2C=$

如在上述例一中,得到还原水解产物之一为甲醛,说明烯烃分子中有 $CH_2=$,另一种为丙醛,说明烯烃分子中有 $CH_3CH_2CH=$,将两部分的双键连接就是该烯烃,故例一的烯烃为丁-1-烯,以此类推。

臭氧与烯烃的反应是怎样进行的,目前尚无定论,大多数人认为:臭氧分子两端的氧原子分别与双键碳原子作用生成一级臭氧化物,然后转变为二级臭氧化物,再分解成醛。例如:

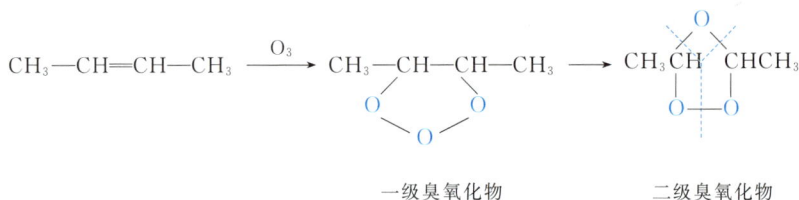

一级臭氧化物　　　　　　二级臭氧化物

问题 3-6　有一化合物 A,分子式为 C_7H_{14},经臭氧化还原水解后得到一分子醛 B 和一分子酮 C,推测化合物 A 的结构。

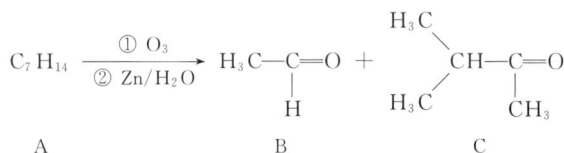

4. 催化氧化反应

乙烯在银催化剂的存在下,被空气中的氧气直接氧化为环氧乙烷,这是工业上生产环氧乙烷的方法。环氧乙烷用于制备乙二醇、合成洗涤剂、乳化剂、涤纶纤维及塑料等。

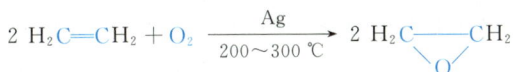

$$2\ H_2C\!=\!CH_2 + O_2 \xrightarrow[200\sim300\ ℃]{Ag} 2\ H_2C\underset{O}{\overset{}{\diagdown}}CH_2$$

Ag 催化剂较难催化更高级烯烃的环氧化,用有机过氧化物为氧源又存在易爆的缺点。近年来,化学家们研究开发了许多环境相容性好的氧源如分子氧、过氧化氢等,并开发更高活性的催化剂和各种环氧化方法。

随着石油化工的发展,又发现乙烯和丙烯在水溶液中,被氯化钯-氯化铜催化氧化生成乙醛和丙酮,称为瓦克尔(Wacker)反应。乙醛和丙酮都是重要的化工原料:

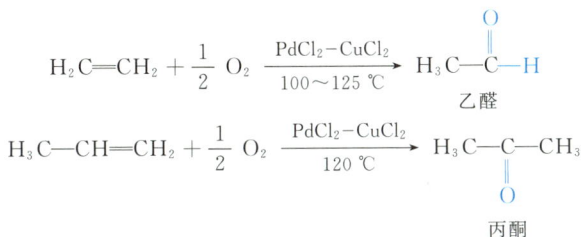

$$H_2C\!=\!CH_2 + \frac{1}{2}\ O_2 \xrightarrow[100\sim125\ ℃]{PdCl_2-CuCl_2} H_3C\overset{\overset{\displaystyle O}{\|}}{-}C\!-\!H$$

乙醛

$$H_3C\!-\!CH\!=\!CH_2 + \frac{1}{2}\ O_2 \xrightarrow[120\ ℃]{PdCl_2-CuCl_2} H_3C\!-\!\underset{\underset{\displaystyle O}{\|}}{C}\!-\!CH_3$$

丙酮

以氧化钼与氧化铋或磷钼酸铋为催化剂,使丙烯与氨和氧(空气)发生作用,这样就可以一步合成丙烯腈。丙烯腈可用于制备聚丙烯腈、丁腈橡胶和其他合成树脂等。

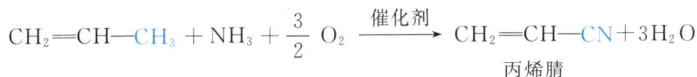

$$CH_2\!=\!CH\!-\!CH_3 + NH_3 + \frac{3}{2}\ O_2 \xrightarrow{催化剂} CH_2\!=\!CH\!-\!CN + 3H_2O$$

丙烯腈

五、聚合反应

烯烃 π 键在一定的条件下断裂,分子间一个接一个地互相加合,成为相对分子质量巨大的高分子化合物。例如,在齐格勒-纳塔(Ziegler-Natta)催化剂即四氯化钛-烷基铝[TiCl$_4$-Al(C$_2$H$_5$)$_3$]配位催化下,可使乙烯在低压下于溶剂(用烃作溶剂)中聚合成聚乙烯:

$$n\ CH_2\!=\!CH_2 \xrightarrow[0.1\sim1\ MPa,60\sim75\ ℃]{TiCl_4-Al(C_2H_5)_3} \overset{}{+}CH_2\!-\!CH_2\overset{}{\underset{\overline{n}}{\,}}$$

乙烯   聚乙烯
(单体)   (高分子)

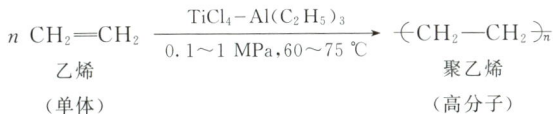

聚乙烯是一种电绝缘性很好、用途广泛的塑料。

这种由许多单个分子互相加成生成高分子化合物的反应称为加聚反应。合成高分子化合物的原料叫单体,如乙烯是聚乙烯的单体。

六、α-氢的自由基卤化反应

前面所学习的烯烃的化学性质,主要是官能团碳碳双键上的反应,但烯烃的烷基也同样具有烷烃的性质,尤其是与双键相连的烷基,主要发生自由基卤化反应。

【知识拓展】
齐格勒-纳塔催化剂

$$CH_3CHCH\!=\!CH_2 \ + \ Cl_2 \xrightarrow{\ 500\sim600\ ℃\ } CH_3CHCH\!=\!CH_2 + HCl$$
$$\underset{H}{|} \qquad\qquad\qquad\qquad\quad \underset{Cl}{|}$$

为什么烯烃在低温下与 Cl_2/CCl_4 发生亲电加成反应,而在高温下却发生卤化反应? 原因是当低于 250 ℃时,外界提供的能量不足以发生 C—H 键的均裂,不能发生自由基反应,所以反应的主要方向是 π 键的异裂,发生亲电加成反应;但随着反应温度的升高,外界提供的能量足以使C—H键均裂,容易发生自由基反应,取代反应逐渐增加,当加热到 500～600 ℃时,生成 α-卤化产物。由此可见,反应条件的变化往往引起反应机理的变化。

在丁-1-烯分子中有三种氢,第一种是与不饱和双键碳原子直接相连的氢称为乙烯氢 (vinylic hydrogen),即 C1 和 C2 上的氢;第二种是官能团(不饱和双键)邻位碳原子上的氢称为烯丙氢(allylic hydrogen),也称 α-H,即 C3 上的氢;第三种是伯氢,即 C4 上的氢。

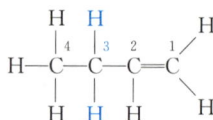

$$
\begin{array}{c}
\ \ \mathrm{H}\ \ \mathrm{H} \qquad\qquad \mathrm{H} \\
\ \ |_4 \ |_3 \ \ _2 \ \ _1 \diagup \\
\mathrm{H\!-\!C\!-\!C\!-\!C\!=\!C} \\
\ \ | \ \ | \ \ | \ \ \diagdown \\
\ \ \mathrm{H}\ \ \mathrm{H}\ \ \mathrm{H} \qquad \mathrm{H}
\end{array}
$$

为什么烯烃的高温卤化反应主要发生在 α-H 上? 从表 3-4 的数据看出,C—H 键的解离能大小的顺序为 E_d(烯丙 H)$<E_d$(叔 C—H)$<E_d$(仲 C—H)$<E_d$(伯 C—H)$<E_d$(乙烯 H)。

乙烯氢的解离能之所以大,是与这个 H 结合的碳原子采取 sp^2 杂化的结果。一般来说,s 轨道和 p 轨道杂化时,s 轨道成分比例大,键长就短,键的解离能就大。

表 3-4　C—H 键的解离能　　　　单位:$kJ·mol^{-1}$

烯丙氢	解离能	烷氢	解离能	乙烯氢	解离能
$CH_2\!=\!CHCH_2\!-\!H$	318	$(CH_3)_3C\!-\!H$	380	$CH_2\!=\!CH\!-\!H$	435
		$(CH_3)_2CH\!-\!H$	397		
$C_6H_5CH_2\!-\!H$	322	$(C_2H_5)_3C\!-\!H$	397	$C_6H_5\!-\!H$	427
		$(C_2H_5)_2CH\!-\!H$	410		

烯丙氢的解离能比乙烯氢和烷基氢的解离能小,其原因一是碳原子采取 sp^3 杂化,二是受C＝C键的影响,C—H 键的 σ 电子云或多或少有些离域,从而减弱了 C—H 键强度,使之容易断裂,发生自由基卤化反应。因此自由基夺取烯丙氢很容易,但难以夺取乙烯氢,实际上几乎不起反应。

问题 3-7　试写出丁-1-烯高温氯化反应机理。

第五节　诱　导　效　应

当两个原子形成共价键时,由于原子的电负性不同,使成键的电子云偏向于电负性较大的一方,形成极性共价键。这种极性共价键产生的电场可引起邻近价键电荷的偏移。例如:

$$\overset{\delta\delta\delta^+}{CH_3}—\overset{\delta\delta^+}{CH_2}—\overset{\delta^+}{CH_2}—\overset{\delta^-}{Cl}$$

由极性键(C—Cl)形成的电场,使第二个碳原子也带有部分正电荷($\delta\delta^+$),第三个碳原子带有更少的正电荷($\delta\delta\delta^+$)。所谓诱导效应是指在有机化合物中,由于电负性不同的取代基团的影响,使整个分子中成键电子云按取代基团的电负性所决定的方向而偏移。这种影响的特征是沿着碳链传递,并随碳链的增长而迅速减弱或消失,即经过 3 个碳原子以后,影响就极弱了,超过 5 个碳原子便消失了。由于原子的电负性不同而引起的极性效应,通过静电诱导而影响分子的其他部分,这种作用称为诱导效应(induction effect)。

一般用 I 来表示诱导效应,饱和的 C—H 键的诱导效应规定为 0,$-I$ 效应即吸电子效应,表示当一个原子或原子团与碳原子成键后成键电子云偏离碳原子,反之,$+I$ 效应即给电子效应。

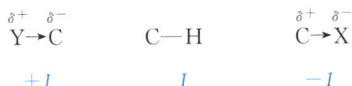

$$\overset{\delta^+}{Y}\to\overset{\delta^-}{C} \qquad C—H \qquad \overset{\delta^+}{C}\to\overset{\delta^-}{X}$$
$$+I \qquad\qquad I \qquad\qquad -I$$

具有 $-I$ 效应的原子或原子团的相对强度与其电负性有关,电负性大的基团 $-I$ 效应的强度也相应大,如卤素(—X)、硝基(—NO$_2$)、烷氧基(—OR)和羧基(—COOH)等。

对不同杂化状态的碳原子来说,s 成分多,原子核对成键电子云的束缚力就大,吸电子能力强,$-I$ 效应的强度大。

$$—C\equiv CR > —CR=CR_2 > —CR_2—CR_3$$

具有 $+I$ 效应的原子团主要是烷基,其相对强度如下:

$$(CH_3)_3C— > (CH_3)_2CH— > CH_3CH_2— > CH_3—$$

烷基只有与不饱和碳原子相连时才呈 $+I$ 效应,并且烷基间的 $+I$ 效应差别比较小。烷基的诱导效应方向取决于烷基与哪种原子或原子团相连,即当与电负性比烷基强的原子或原子团相连时,则为给电子的诱导效应。

例如,丙烯分子中的甲基与 π 键相连,由于电负性 $C_{sp^3} < C_{sp^2}$,所以甲基具有 $+I$ 效应,使 π 电子云发生偏移:

$$CH_3\to\overset{\delta^+}{CH}=\overset{\delta^-}{CH_2}$$

诱导效应是一种静电作用,没有外界电场的影响也存在,它与键的极性密切相关,是一种永久性的效应,称为静电诱导效应。但在化学反应中,分子的反应中心如果受到极性试剂(外界电场)的进攻,则成键电子云分布将受试剂电场的影响而发生变化。这种改变与外界电场强度及键的极化能力有关。分子在试剂电场影响下所发生的诱导极化,是一种暂时现象,只有在进行化学反应的瞬间才表现出来,这种诱导效应称为动态诱导效应。

诱导效应制约着有机化合物的物理特征和化学反应行为,这将在后面的章节中学习。

问题 3-8 下列原子或基团按照 $-I$ 效应的相对强度由大至小排序,并试总结规律。

(1) 卤族元素

(2) —OR、—NR$_2$、—F

(3) —SH、—OH、—CH$_3$、—CH＝CH$_2$

第六节 烯烃的亲电加成反应机理和马尔科夫尼科夫规则

一、烯烃的亲电加成反应机理

1. 烯烃与溴加成——形成溴镓离子中间体机理

实验现象 1 把干燥的乙烯通入溴的无水四氯化碳溶液中(置于玻璃容器中)不易起反应,若置于涂有石蜡的玻璃容器中则更难反应,但只要加入极少量的水,就发生反应使溴的颜色褪去。

实验现象 2 若将乙烯通入溴水及氯化钠溶液中时,所得产物是1,2-二溴乙烷和1-溴-2-氯乙烷和2-溴-乙-1-醇的混合物,但却没有1,2-二氯乙烷。

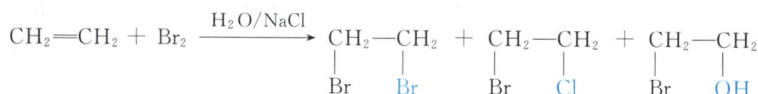

$$CH_2{=}CH_2 + Br_2 \xrightarrow{H_2O/NaCl} \underset{\substack{| \quad |\\ Br \quad Br}}{CH_2{-}CH_2} + \underset{\substack{| \quad |\\ Br \quad Cl}}{CH_2{-}CH_2} + \underset{\substack{| \quad |\\ Br \quad OH}}{CH_2{-}CH_2}$$

实验现象 3 将乙烯通入氯化钠溶液中,不发生反应。

实验现象1说明溴与乙烯的加成反应是受极性物质如水、玻璃(弱碱性)的影响的。实际上就是乙烯双键受极性物质的诱导,使 π 电子云发生极化,双键一个碳原子带微正电荷(δ^+)。同样,Br$_2$ 在接近双键时,在 π 电子的影响下也发生极化,从而使反应容易进行:

$$\overset{\delta^+}{CH_2}{=}\overset{\delta^-}{CH_2} \qquad\qquad \overset{\delta^+}{Br}{-}\overset{\delta^-}{Br}$$

实验现象2说明乙烯与溴加成时,两个溴原子不是同时加到双键上去的,否则产物应仅为1,2-二溴乙烷一种,而不可能有1-溴-2-氯乙烷。这说明反应是分两步进行的。

实验现象3说明了 Cl$^-$ 不可能参加第一步反应,也就是说首先进攻烯烃双键的不是负离子。

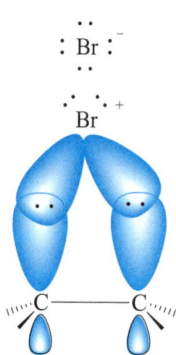

通过已知的实验现象,可以推测烯烃与溴反应的机理。

第一步:溴与烯烃加成形成溴镓离子中间体。

在极性物质诱导下,烯烃和溴分子发生极化,从理论上来说,由于带微正电荷的溴原子较带微负电荷的溴原子更不稳定,所以,带微正电荷的溴原子(Br$^{\delta^+}$)首先向带微负电荷的碳原子(C$^{\delta^-}$)进攻,形成溴镓离子中间体即环状溴正离子(cyclic bromonium),如图 3-11 所示,这一步是决定反应速率的一步:

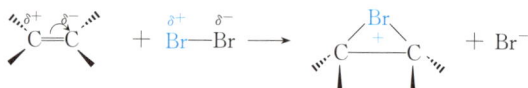

图 3-11 环状溴镓正离子

$$\overset{\delta^+}{\diagdown}C{=}C\overset{}{\diagup}\ +\ \overset{\delta^+}{Br}{-}\overset{\delta^-}{Br}\ \longrightarrow\ \diagdown C\overset{\overset{Br}{\diagup\diagdown}}{\underset{+}{\,}}C\diagup\ +\ Br^-$$

在这个环状溴正离子中,每个原子的周围都具有 8 个电子,是反应过程中生成的不稳定的活泼中间体,而不是稳定的中间产物,如图 3-11 所示。

第二步:溴负离子从反面进攻溴鎓离子生成 1,2-二溴乙烷(反面进攻的证明见第六章)。

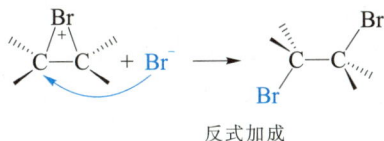

反式加成

在含氯化钠的溴水中,还有 Cl^- 和 OH^- 与溴鎓离子反应的产物——1-溴-2-氯乙烷和 2-溴乙-1-醇。

由于是带微正电荷的溴原子($Br^{\delta+}$)首先向烯烃富电子的 π 键进攻的,故称亲电加成反应,又因为两个溴原子分别从 π 键的两侧加成,所以称反式加成。

2. 烯烃与酸加成——形成碳正离子中间体机理

烯烃与各种酸的加成也分为两步,决定反应速率的第一步是 H^+ 加到烯烃双键上,第二步再加上负性基团。

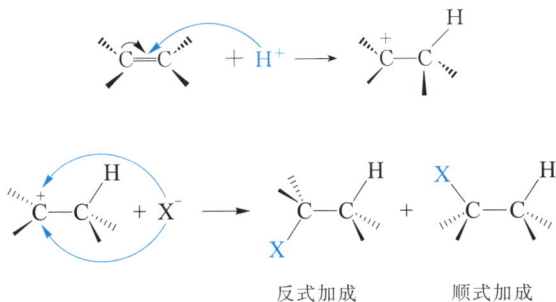

反式加成　　　顺式加成

与溴化反应不同的是第一步没有生成环状正离子,因而第二步 X^- 既可以从反面进攻,又可以从正面进攻,若 H^+ 和 X^- 从 π 键的同侧加成,则称为顺式加成。

问题 3-9　为什么 H^+ 与烯烃双键加成不能生成环状正离子?

从以上分析,烯烃的亲电加成反应有两种机理,作为第一步,一种是生成碳正离子,另一种是生成溴鎓离子;第二步都加上负性基团,但进攻的方向不一样,后者从反面进攻,前者正、反两面都可以。

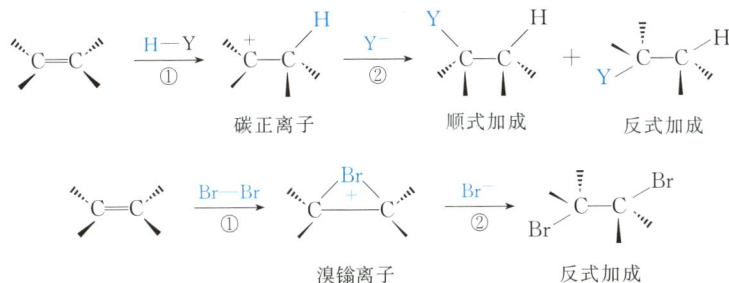

碳正离子　　　顺式加成　　　反式加成

溴鎓离子　　　反式加成

二、马尔科夫尼科夫规则的解释和碳正离子的稳定性

马尔科夫尼科夫规则是实验总结出来的经验规则,它的理论解释可以从结构和反应机理两方面来理解。

1. 从诱导效应来解释

以丙烯加酸为例叙述如下:由于甲基的给电子诱导效应($+I$)使双键含氢原子较少的碳原子带微正电荷(δ^+),双键含氢原子较多的碳原子则带微负电荷(δ^-)。加成时,酸的 H^+ 首先加到带微负电荷的双键碳原子上,然后,酸的 X^-(或 HSO_4^-)才加到含氢原子较少的碳原子上,而此时实际上是加到碳正离子上。

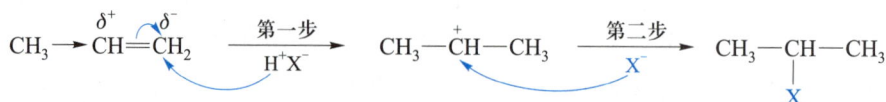

$$CH_3 \rightarrow \overset{\delta^+}{CH} = \overset{\delta^-}{CH_2} \xrightarrow[H^+X^-]{\text{第一步}} CH_3 - \overset{+}{CH} - CH_3 \xrightarrow[X^-]{\text{第二步}} CH_3 - \underset{\underset{X}{|}}{CH} - CH_3$$

2. 从反应过程生成的活泼中间体碳正离子的稳定性来解释

以丙烯与氯化氢加成为例,生成碳正离子是反应的决速步骤,假定与氯化氢的加成反应中氢离子有两种加成的可能,若氢离子加到 C1 上,生成异丙基碳正离子,若氢离子加到 C2 上,则生成丙基碳正离子,加成的方向取决于这两个碳正离子的相对稳定程度,稳定的碳正离子在反应中较易形成。

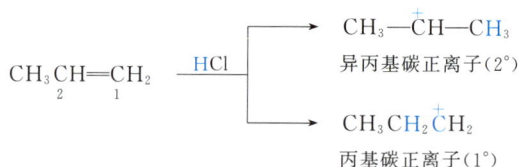

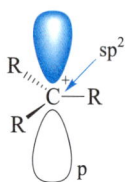

$$CH_3\underset{2}{CH}=\underset{1}{CH_2} \xrightarrow{HCl} \begin{cases} CH_3 - \overset{+}{CH} - CH_3 \\ \text{异丙基碳正离子}(2°) \\ \\ CH_3CH_2\overset{+}{CH_2} \\ \text{丙基碳正离子}(1°) \end{cases}$$

图 3-12 碳正离子

碳正离子(carboniumion)是一种活泼的中间体,是含有一个外层只有 6 个电子的碳原子作为其中心碳原子的正离子,中心碳原子以 sp^2 杂化轨道与 3 个原子或基团结合,形成的三个 σ 键与中心碳原子共平面,剩余的未填充电子的 p 轨道垂直于这个平面(见图 3-12)。烷基碳正离子按照正电荷的碳原子的位置,分为一级(伯)、二级(仲)、三级(叔)碳正离子三类。

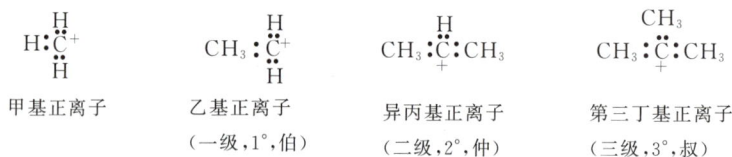

$$\underset{\substack{\text{甲基正离子}}}{H:\overset{\overset{\displaystyle H}{|}}{\underset{\underset{\displaystyle H}{|}}{C}}{}^+} \qquad \underset{\substack{\text{乙基正离子} \\ (\text{一级},1°,\text{伯})}}{CH_3:\overset{\overset{\displaystyle H}{|}}{\underset{\underset{\displaystyle H}{|}}{\overset{..}{C}}}{}^+} \qquad \underset{\substack{\text{异丙基正离子} \\ (\text{二级},2°,\text{仲})}}{CH_3:\overset{\overset{\displaystyle H}{|}}{\overset{..}{C}}:CH_3} \qquad \underset{\substack{\text{第三丁基正离子} \\ (\text{三级},3°,\text{叔})}}{CH_3:\overset{\overset{\displaystyle CH_3}{|}}{\overset{..}{C}}:CH_3}$$

根据物理学上的规律,一个带电体系的稳定性取决于所带电荷的分布情况,电荷越分散,体系越稳定。同理,碳正离子的稳定性也取决于电荷的分布情况。碳正离子有空轨道,由于空轨道具有接受电子的能力,所以,当与中心碳原子相连的烷基的碳氢键 σ 轨道与中心碳原子的空 p 轨道处于同一个平面时,两轨道有部分重叠,碳氢键的 σ 电子有离域到

C^+ 的空 p 轨道中的趋势,中心碳原子的正电荷得到分散,体系趋于稳定,这种离域作用称为 $\sigma-p$ 共轭效应(详见第四章)。以弯箭头表示 C—H 键参与的 $\sigma-p$ 共轭效应。

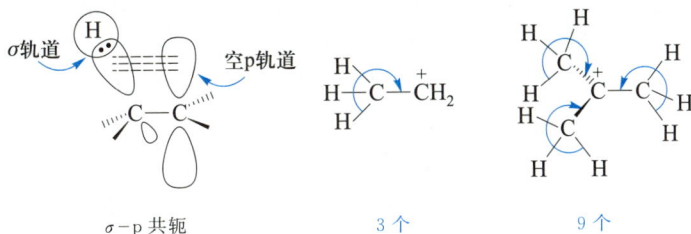

$\sigma-p$ 共轭　　　　　3个　　　　　9个

参与 $\sigma-p$ 共轭的 C—H 键的数目越多,正电荷越容易分散,碳正离子也就越稳定,越易生成。在叔丁基碳正离子中,参与 $\sigma-p$ 共轭效应的 C—H 键有 9 个,在异丙基碳正离子中有 6 个,在乙基碳正离子中有 3 个,在甲基碳正离子中为 0。不难看出带正电荷的碳原子上所连烷基越多,正电荷就越分散,因而也越稳定。因此碳正离子的相对稳定性顺序为

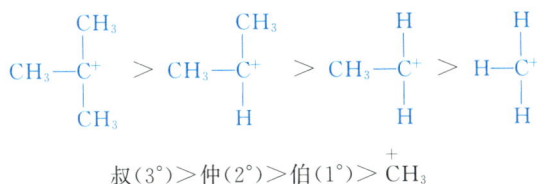

叔(3°)＞仲(2°)＞伯(1°)＞$\overset{+}{CH_3}$

由此可见,丙烯与氯化氢加成,以生成较为稳定的异丙基碳正离子(2°)为主,进而生成2-氯丙烷,即符合马氏规则。

$$CH_3CH\!=\!CH_2 \xrightarrow{\ HCl\ } CH_3\overset{+}{C}HCH_3 \xrightarrow{\ Cl^-\ } CH_3\underset{\underset{Cl}{|}}{C}HCH_3$$

2-氯丙烷

从碳正离子的稳定性来讨论反应的难易程度还只是从中间体的能量高低来考虑的,而更确切地说,应该从形成不同碳正离子的过渡态所需要的活化能来解释反应的相对速率,因为反应速率是由活化能大小来决定的。那么就应该进一步比较上述形成各种碳正离子的过渡态的稳定性。

3. 从过渡态来解释

在第二章中已谈到,至今过渡态还是作为解释反应机理和反应速率的一种人为的假设。推测过渡态的结构包括电荷的分布、价键排布等,一般来说应介于反应物和产物之间。在考虑丙烯与溴化氢的加成反应的过渡态结构时,从下面的反应式中可以看出在反应物中,正电荷全部集中在 H^+ 上;在中间体中,正电荷在碳原子上;而在过渡态中,C—H 键部分地形成而 π 键则部分地断裂,结果是正电荷分散于氢和碳之间(用 δ^+ 表示)。丙烯和氢离子加成可以形成两种不同的过渡态:

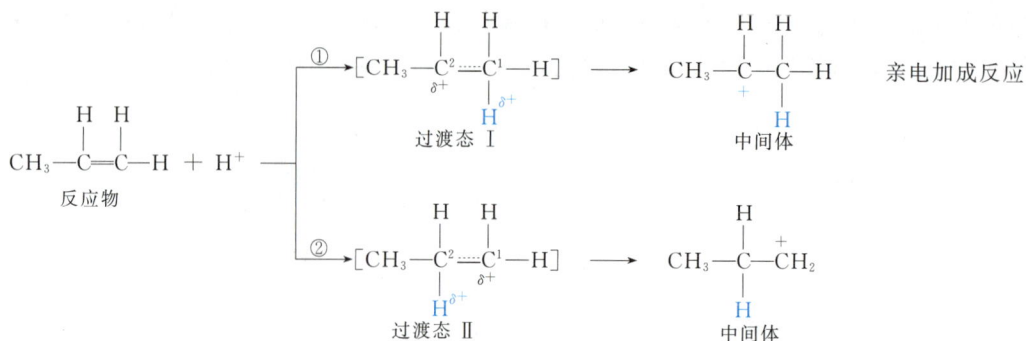

在过渡态 I 中,甲基在这里表现为给电子性,分散了碳原子上的部分正电荷(δ^+),从而稳定了过渡态。而过渡态 II 中,碳原子上的部分正电荷得不到分散,因此不如过渡态 I 稳定。因为过渡态 I 比较稳定,反应所需活化能相对较低,形成速率快,所以丙烯与卤化氢加成产物是 2-卤丙烷为主。图 3-13 列出了丙烯和氢离子形成两种过渡态的势能曲线图。

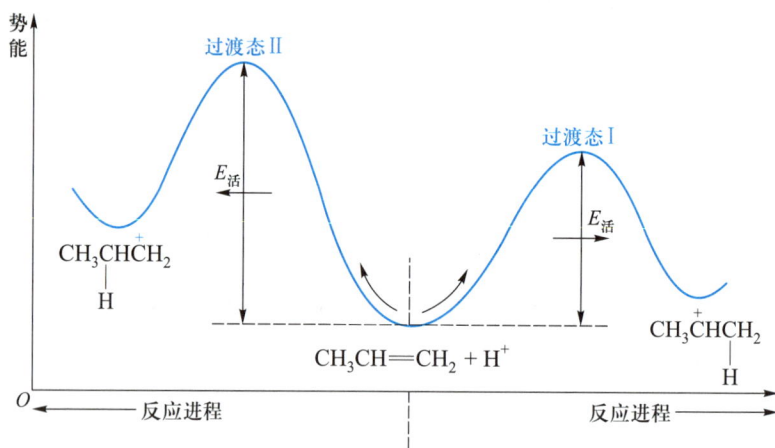

图 3-13　丙烯加氢离子的势能曲线图

第七节　乙烯和丙烯

乙烯和丙烯是工业生产上最重要的烯烃,是单烯烃中最典型的代表物。对乙烯、丙烯的性质、用途和制法的学习,也是对烯烃化学反应和合成方法的进一步深入探讨,不宜局限于这两种化合物本身。例如乙烯 H 和丙烯 H,当然不是只有乙烯和丙烯才具有的"H"。以后各章也均如此,不再赘述。

一、乙烯

乙烯是一种稍带甜味的无色气体,沸点-103.7 ℃,临界温度 9.9 ℃,临界压力 50.5 MPa。乙烯在空气中容易燃烧,呈明亮的火焰。与空气能形成爆炸性混合物,其爆炸范围是 3%～29%(体积分数)。由于双键活泼,可以和许多物质起反应,生成各种化合物,可以合成各种各样的有机产品。

目前,乙烯用量最大的是制备聚乙烯,其次是制备环氧乙烷、苯乙烯、乙醛、乙醇和氯乙烯。

乙烯是不饱和烃中最重要的品种,自从第二次世界大战后,乙烯的产量一直直线上升。目前乙烯系统产品,占国际上全部石油化工产品产值的 70% 以上,因此,往往以乙烯生产水平来衡量石油化学工业的发展水平。我国乙烯工业近年来取得了较大的发展,在上海、天津、南海、湖北武汉、浙江镇海、广东茂名、新疆独山子和辽宁抚顺等地相继建成百万吨级乙烯工程,我国石油化工已达到一个新水平。

【知识拓展】
人工合成
化学调节
剂——乙
烯利

二、丙烯

丙烯为无色气体,比空气重,沸点为 −47.7 ℃。丙烯和乙烯一样,由于分子中有活泼的双键,化学性质活泼,可以和许多化合物发生化学反应,生成许多有用的有机产品,但与乙烯不同的是,丙烯目前只有伴随着石油炼制及乙烯化工的发展,才可以获得较多的产量,单以制造丙烯为目的的流程现在还没有发展起来。

丙烯可以用来合成聚丙烯、异丙醇、异丙苯、氯丙烯和丙烯腈等。

第八节　烯烃的制备

工业上主要通过石油的热裂制取低级烯烃如乙烯,其次是丙烯、丁烯和异丁烯。而指定结构的烯烃则需要个别制备。烯烃具有 C=C 键,烯烃的制法即 C=C 键的合成方法。

合成 C=C 键的方法可分成两大类。一类是从原有碳骼上形成一个 C=C 键,另一类是在合成 C=C 键的同时建立新的碳骼。前者主要是消除反应,后者为偶联反应等。

一、经由消除反应的合成方法

1. 脱 HX 和脱水

分子中的卤素、羟基等官能团与 β 位碳原子上的 H 一道消除 HX 而形成碳碳双键。这类反应称为 β-消除反应。这是最早的合成 C=C 键的方法。

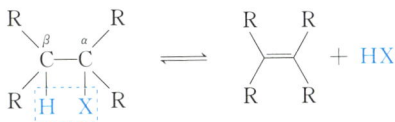

$$\underset{\substack{|\\R}}{\overset{\substack{R\\|}}{\underset{\beta}{C}}}\!-\!\underset{\substack{|\\R}}{\overset{\substack{R\\|}}{\underset{\alpha}{C}}} \rightleftharpoons \overset{\substack{R\qquad R}}{\underset{\substack{R\qquad R}}{C\!=\!C}} + HX$$

β-消除反应是烯烃加成反应的逆反应。例如,烯烃可与 HX 加成而生成卤代烷等,卤代烷又可脱去卤化氢而成烯烃,但这一方法有着较大的局限性,可以生成不同的烯烃。例如:

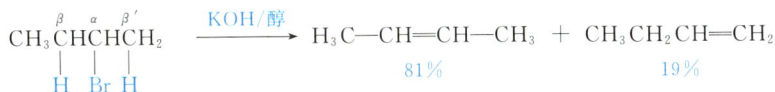

$$\underset{\substack{|\quad|\quad|\\H\;\;Br\;H}}{\overset{\beta\quad\alpha\quad\beta'}{CH_3CHCHCH_2}} \xrightarrow{\text{KOH/醇}} \underset{81\%}{H_3C\!-\!CH\!=\!CH\!-\!CH_3} + \underset{19\%}{CH_3CH_2CH\!=\!CH_2}$$

$$\underset{\underset{H}{|}}{\overset{\overset{CH_3}{|}}{CH_3CH}}\overset{\alpha}{-}\underset{\underset{HOH}{|}}{\overset{\beta'}{C}-CH_2} \xrightarrow[85\ ℃]{20\%H_2SO_4} H_3C-CH=\overset{\overset{CH_3}{|}}{C}-CH_3 + CH_3CH_2-\overset{\overset{CH_3}{|}}{C}=CH_2$$

$$\qquad\qquad\qquad\qquad\qquad\qquad\qquad\qquad\qquad 90\% \qquad\qquad\qquad\qquad 10\%$$

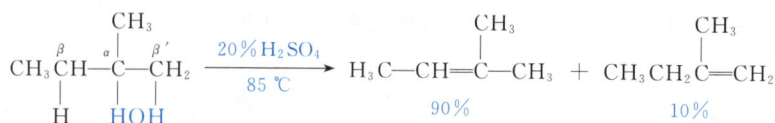

　　脱卤化氢、脱水等 β-消除反应在历史上成功地用于制造烯烃的实例是不少的。在控制产物的构型方面,已掌握了不少具体办法和某些个别的规律,以后再进一步讨论。

　　2. 脱卤素

　　用金属锌或镁把邻二卤化物消除两个卤原子而形成碳碳双键的反应称为还原消除反应。

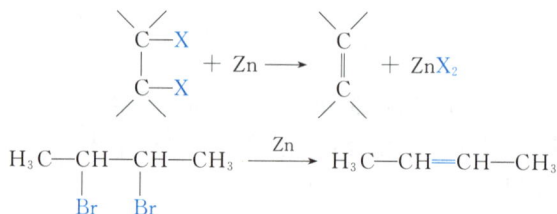

$$\underset{\underset{\diagdown}{\overset{|}{C}-X}}{\overset{\diagup}{\overset{|}{C}-X}} + Zn \longrightarrow \overset{\diagup}{\underset{\diagdown}{\overset{\diagdown}{\underset{\diagup}{\overset{C}{\underset{C}{\|}}}}}} + ZnX_2$$

$$H_3C-\underset{\underset{Br}{|}}{CH}-\underset{\underset{Br}{|}}{CH}-CH_3 \xrightarrow{Zn} H_3C-CH=CH-CH_3$$

　　由于邻二卤代物都是由烯烃加卤素制得的,该反应的合成意义不大,不过这个反应可用来保护双键,当要使烯烃除了双键外的某一部位发生反应时,可先将双键加卤素,随后用锌处理使双键再生。

二、炔烃的还原

　　此内容将在炔烃性质中讨论。

　　在这些制法中最常用的为醇的脱水和卤代烷的脱卤化氢。

第九节　石　　油

　　石油在国民经济中占有非常重要的地位。人们往往以血液对人体的重要性来比喻石油与工业的关系,而把石油称为工业血液。石油还是重要的化工原料。1949 年以前,我国的石油工业非常薄弱,1949 年之后,全面进行了地质普查勘探,开发建设了许多油田。最新统计表明,2023 年全球原油储量为 2406.9 亿吨,我国原油探明储量为 38 亿吨,占全球总量的 1.58%。根据国家统计局数据,2025 年我国原油产量为 2 亿吨水平。虽然我国原油产量居世界前列,但是同时也是世界第一大原油进口国,国内产量仍不足以满足国民经济的持续迅速发展。

一、石油的组成

　　原油是黏稠的油状液体,有臭味,通常为棕褐色或暗绿色。石油的组成很复杂且极不一致,随着产地不同而异,就是在同一油区,由于油井位置的不同,所采油层的不同,其性质和组成也会有所差异。

　　构成石油的主要元素是碳和氢,碳占 83%~87%,氢占 11%~14%,此外,还含有氧、氮和硫等元素,它们通常在1%以下,另外还含有微量的金属元素。

　　石油的基本成分是烃类,此外,还含有非烃类和高分子化合物。烃类中含烷烃、环烷烃和芳香烃等,这些是石油加工利用的主要对象。非烃类部分主要都是烃的含氧、含氮或含硫的衍生物,其中含硫化合物对石油的加工过程和产品的质量都会造成不良的影响。

　　关于石油的分类,一般是以化学组成作为分类的基础。根据250 ℃前的馏分和渣油的组成,可把石油分为下列三类:含烷烃为主的石油,蒸馏后渣油中的主要成分为石蜡,称为石蜡基或烷烃基的石油;含环烷烃特别多的石油,蒸馏后渣油中的主要成分为土沥青,称为沥青基石油;在渣油中兼有石蜡和沥青的称为混合基石油。

　　也可把石油分为下列六类:烷烃石油、环烷烃石油、烷烃–环烷烃石油、芳香烃石油、烷烃–环烷烃–芳香烃石油及烷烃–芳香烃石油。我国大庆油和任丘油等以含烷烃为主,新疆油、辽宁油和胜利油属于烷烃–环烷烃的混合基石油,台湾地区石油中则含芳香烃较多。

二、石油的常压、减压蒸馏

　　从油田开采出来的石油,俗称为原油。一般不能直接使用,按照生产上的需要,把原油进行分馏得到各种产品。炼制石油的主要工艺流程如图3-14所示。

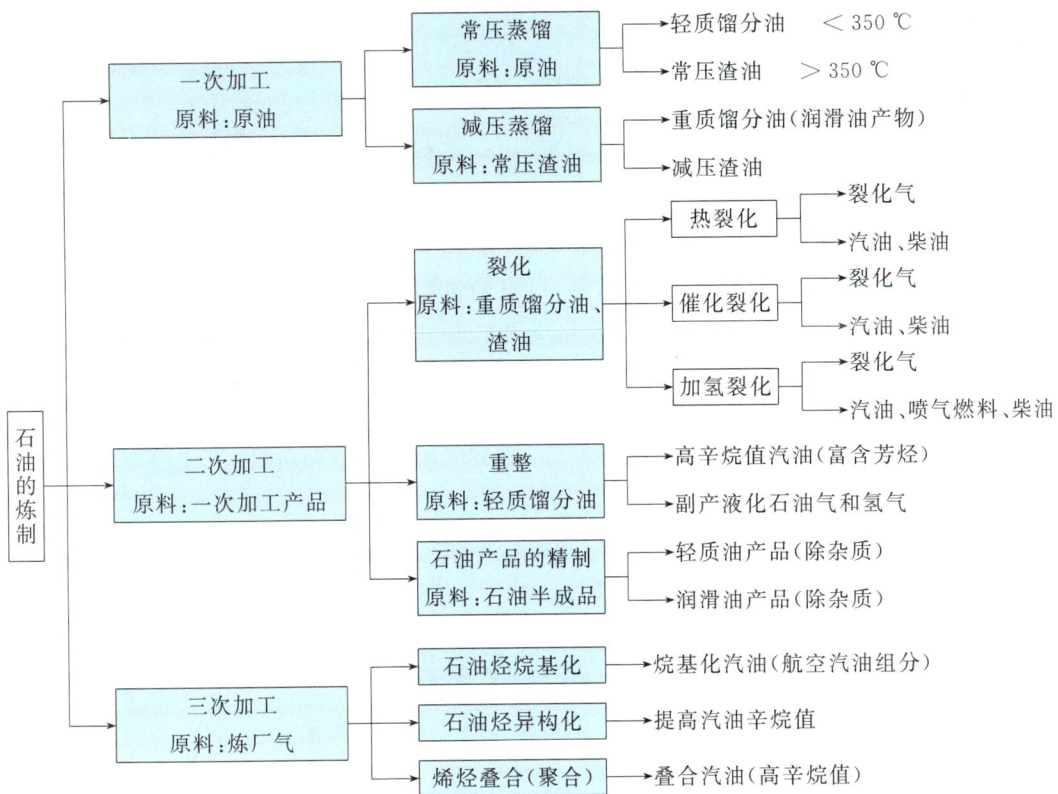

图 3-14　炼制石油的主要工艺流程

1. 石油的一次加工

将原油用蒸馏的方法分离成不同馏分的过程,常称为原油常压、减压蒸馏。首先通过预处理脱除原油中的水和盐,然后在常压下蒸馏出汽油、煤油(或喷气燃料)、柴油等轻质馏分油(相对分子质量较小的烷烃,沸点< 350 ℃),蒸馏塔底残余为常压渣油(即重油),常压渣油在常压下如超过300 ℃,会导致高沸点烃的分解,影响润滑油的质量,而且还会出现结焦,损坏设备,故要再通过减压蒸馏,得到重质馏分油(相对分子质量较大的烷烃,沸点370～540 ℃)作为润滑油料、裂化原料,塔底残余为减压渣油。原油各馏分的组成和用途见表3-5。

表 3-5　原油各馏分的组成和用途

产品	烃分子中碳原子数目	沸点范围/℃	用途
石油气(炼厂气)	$C_1 \sim C_4$	<40	化工原料、燃料
石油醚(轻汽油)	$C_4 \sim C_6$	40～70	溶剂、化工原料
汽油	$C_5 \sim C_8$	40～150	溶剂、内燃机燃料
溶剂汽油	$C_7 \sim C_9$	120～150	溶剂
航空煤油	$C_8 \sim C_{15}$	150～250	喷气式飞机燃料
煤油	$C_{11} \sim C_{17}$	160～300	燃料、工业洗涤剂
柴油	$C_{12} \sim C_{19}$	180～350	柴油机燃料
润滑油		>350	
凡士林			防锈剂、医院软膏基质
石蜡			蜡纸、高级脂肪酸
燃料油			燃料
沥青			铺路、防腐剂

2. 石油的二次加工

石油经过蒸馏以后,只能得到20%～40%的轻质馏分油,为了从石油中获取更多的轻质油,提高油品质量、增加产品的品种,对石油进行二次加工,即将重质馏分油和渣油在高温或催化剂的作用下裂化生产裂化气和轻质油,从而达到生产优质汽油的目的。热裂化在500 ℃以上高温下进行,但产品质量不是太好。而催化裂化是采用氧化铝、氧化硅作为催化剂,反应温度较低(400～500 ℃),催化剂促进了裂化、异构化和芳香化反应,生成带有支链的烷烃、烯烃和芳香烃等,提高汽油的产量和质量(汽油产率可达60%左右)。例如:

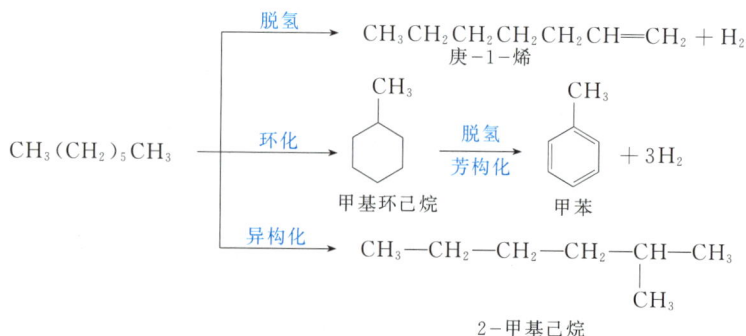

脱氢　$CH_3CH_2CH_2CH_2CH_2CH=CH_2 + H_2$
庚-1-烯

$CH_3(CH_2)_5CH_3$

环化　甲基环己烷　脱氢 芳构化　甲苯 + $3H_2$

异构化　$CH_3-CH_2-CH_2-CH_2-CH-CH_3$
　　　　　　　　　　　　　$|$
　　　　　　　　　　　　CH_3
2-甲基己烷

近年来研制开发了各种分子筛催化剂,它们具有高活性和选择性,有力地推动了催化裂化技术的发展。加氢裂化是在加热、高压和催化剂存在下,重质油发生裂化,使轻质油产率更高,质量更好。

石油二次加工还包括重整和石油产品的精制。重整很重要,在芳香烃部分再叙述。

3. 石油的三次加工

以石油炼制副产的气体烃(即炼厂气)为原料,通过石油烃烷基化、异构化和烯烃叠合等过程制取油品组分(如高辛烷值的汽油组分等)和石油化工原料。

三、石油化工

石油化工以石油或天然气为原料生产基本有机化工原料和无机化工原料。

以石油为原料,经过加工后得到三烯、三苯、一炔、一萘(即乙烯、丙烯、丁-1,3-二烯、苯、甲苯、二甲苯、乙炔和萘)八种最基本有机化工原料(即石油化工一级产品),这些最基本的有机化工原料经过一系列加工,可制得酒精、丙酮和苯酚等化工原料(即石油化工二级产品),再把这些化工原料合成各种产品如三大合成材料即塑料、合成橡胶和合成纤维等(即石油化工三级产品)。因此,石油化工已成为现代有机合成工业的基础。

1. 石油的裂解

石油的炼制,目的是获得多种石油产品,主要是解决能源问题,特别是提高汽油的质量。在提高汽油质量的同时,获得了基本有机合成的原料。例如,从炼厂气或裂化气中获得了"三烯",从裂解焦油和重整油中获得了"三苯"等。而石油的裂解,主要目的不是提高汽油的产量和质量,而是获得化工原料。炼厂气或裂化气中除"三烯"外尚有不少烷烃($C_1 \sim C_5$);石油炼制过程中还有一些不合用的如低辛烷值的汽油或石脑油,以及在某一阶段某一种过剩的产品,无论哪一种石油产品,气体的或液体的,都可以用作裂解原料,在 700~900 ℃甚至 1 000 ℃以上的高温下经过裂解,长链烷烃碳碳键和部分碳氢键断裂,生成各种不饱和烃的混合物,根据控制的条件不同,裂解产物主要是烯烃,其次是芳烃和炔烃。

20 世纪 50 年代开始,烃类裂解已成为制取乙烯最主要的方法,目前世界上大型乙烯生产装置都是建立在烃类裂解技术的基础上的。有关乙烯生产技术开发研究的主要目标是如何扩大裂解原料(如采用价格较廉的重质烃原料),以及获得最大的乙烯产率和付出最小的成本。自从烃类裂解制乙烯的大型工业装置诞生后,石油化工即从依附于石油炼制工业的从属地位,上升为独立的新兴工业,并迅速在化学工业中占主导地位。

2. 裂解气的分离

因为裂解产品很复杂,如果不进行分离,很难直接加以利用,特别是生产高分子化合物要求纯度很高,不分离是不行的。

裂解产品的分离方法主要是裂解气深冷分离。其原理是在加压(3~4 MPa)和-100 ℃低温下(用液态乙烯作冷冻剂),使裂解气中的烃大部分液化,然后利用各种烃的沸点不同,把它们逐一分开。裂解气中 C_5 馏分的沸点最高,在 3~4 MPa 下首先液化分离出来;氢和甲烷的沸点最低,在-100 ℃下也不液化,而 C_2、C_3 及 C_4 在此温度下则液化,这样,氢和甲烷便和 C_2、C_3 及 C_4 组成的沸点差较大,通过精馏就可将它们逐一分开,可得纯度为

99.5%以上的乙烯。

表 3-6 列出了石油裂解气中各组分的沸点。

表 3-6　石油裂解气中各组分的沸点

化合物	沸点/℃	化合物	沸点/℃
氢	−252.8	乙炔	−84
甲烷	−164	丙烷	−42.1
乙烯	−103.7	丙烯	−47.7
乙烷	−88.6	丁-1-烯	−6.3
丁-1,3-二烯	−4.4	戊-1-烯	30
戊烷	36.1	异戊二烯	34

四、环境友好的石油产品

环境和能源是关系到我国可持续发展的重要战略问题。众所周知,造成大气污染的一个重要因素是交通燃料——汽油和柴油的质量。为了保护生态环境和人体健康,需要不断开发、生产和使用高质量的汽油、柴油及润滑油等"环境友好产品"。

我国已规定 2000 年 1 月 1 日起全面停止生产、销售和使用车用含铅汽油,新配方汽油要求限制汽油的蒸气压、芳烃和烯烃的含量,还要求在汽油中加入含氧化合物,如甲基叔丁基醚等,以减少汽车尾气中的一氧化碳、氮氧化合物及烃类等引发的臭氧和光化学烟雾对空气的污染。国家颁布了《车用汽油》标准,对汽油中的有害成分进行了更为严格的限制(见表 3-7)。柴油是另一种重要的石油炼制产品,对环境友好的柴油,要求低硫、低芳香烃含量。对环境友好的石油产品的质量要求推动了石油炼制技术的绿色化,目前我国正积极开发汽油选择性加氢脱硫异构化、柴油深度脱硫脱芳等清洁燃料生产技术,成功开发了用于生产清洁燃料的催化剂、助剂和渣油清净剂等。

表 3-7　车用汽油有害物质含量控制限值

项目	控制指标
苯含量(体积分数)/%	≤1.0
烯烃含量(体积分数)/%	≤28
芳烃含量(体积分数)/%	≤40
锰含量/(g·L⁻¹)	≤0.008
铁含量/(g·L⁻¹)	≤0.01
铅含量/(g·L⁻¹)	≤0.005
硫含量/(mg·kg⁻¹)	≤50

习　　题

1. 写出戊烯的所有开链烯异构体的构造式,用系统命名法命名之,如有顺反异构体则写出构型式,并标以 Z、E。

2. 命名下列化合物,如有顺反异构体则写出其构型式,并标以 Z、E。

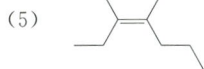

(1) $(CH_3)_2C=CHCH(CH_3)CH_2CH_2CH_3$

(2) $(CH_3)_3CCH_2CH(C_2H_5)CH=CH_2$

(3) $CH_3CH=C(CH_3)C_2H_5$

(4)

(5)

(6)

3. 写出下列化合物的构造式(键线式)。

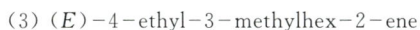

(1) 2,3-dimethylpent-1-ene

(2) cis-3,5-dimethyl-hept-2-ene

(3) (E)-4-ethyl-3-methylhex-2-ene

(4) 3,3,4-trichloropent-1-ene

4. 写出下列化合物的构造式。

(1) (E)-3,4-二甲基戊-2-烯

(2) 2,3-二甲基己-1-烯

(3) 反-4,4-二甲基戊-2-烯

(4) (Z)-4-异丙基-3-甲基庚-3-烯

(5) 5-乙基-2,2,4,6-四甲基庚-3-烯

5. 对下列错误的命名给予更正：

(1) 2-甲基丁-3-烯

(2) 2,2-甲基庚-4-烯

(3) 1-溴-1-氯-2-甲基丁-1-烯

(4) 3-乙烯基戊烷

6. 完成下列反应式,用楔形透视式表示带"＊"反应的产物结构。

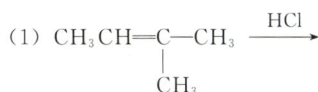

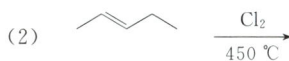

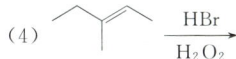

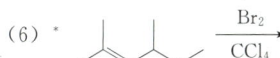

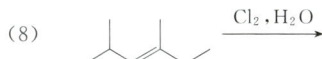

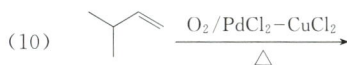

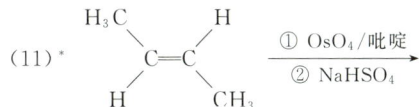

(1) $CH_3CH=C-CH_3$ 下接 CH_3 $\xrightarrow{HCl}$

(2) $\xrightarrow[450\ ℃]{Cl_2}$

(3) $CH_2=CHCH(CH_3)_2 \xrightarrow[②\ H_2O]{①\ H_2SO_4}$

(4) $\xrightarrow[H_2O_2]{HBr}$

(5) $(CH_3)_2C=CH_2 \xrightarrow{B_2H_6}$

(6) ＊ $\xrightarrow[CCl_4]{Br_2}$

(7) $n\ CH_3CH=CH_2 \xrightarrow{催化剂}$

(8) $\xrightarrow{Cl_2,H_2O}$

(9) ＊ $CH_3C=CHCH_3$ $\xrightarrow[②\ H_2O/H^+]{①\ RCOOOH/CH_2Cl_2}$

(10) $\xrightarrow[\triangle]{O_2/PdCl_2-CuCl_2}$

(11) ＊ $H_3C\ C=C\ H$ / H CH_3 $\xrightarrow[②\ NaHSO_4]{①\ OsO_4/吡啶}$

(12) $\xrightarrow{O_2}{Ag}$

7. 写出下列各烯烃的臭氧化还原水解产物。

(1) $H_2C=CHCH_2CH_3$

(2) $CH_3CH=CHCH_3$

(3) $(CH_3)_2C=CHCH_2CH_3$

8. 裂化汽油中含有烯烃,用什么方法能除去烯烃?

9. 试写出下列反应中的(a)及(b)的构造式。

(1) + Zn $\longrightarrow$ (b) + ZnCl$_2$

(2) + KMnO$_4$ $\xrightarrow{\triangle}$ CH$_3$CH$_2$COOH + CO$_2$ + H$_2$O

10. 试举出区别烷烃和烯烃的两种化学方法。

11. 化合物甲,其分子式为 C$_5$H$_{10}$,能吸收一分子氢,与 KMnO$_4$/H$_2$SO$_4$ 作用生成一分子 C$_4$ 酸。但经臭氧化还原水解后得到两个不同的醛,试推测甲可能的构造式。这个烯烃有没有顺反异构呢?

12. 某烯烃的分子式为 C$_5$H$_{10}$,它有四种异构体,经臭氧氧化还原水解后 A 和 B 分别得到少一个碳原子的醛和酮,C 和 D 反应后都得到乙醛,C 还得到丙醛,而 D 则得到丙酮。试推导该烯烃的可能构造式。

13. 在下列势能-反应进程图中,解释(1),(2),(3),E_1,E_2,ΔH_1,ΔH_2,ΔH 的意义。

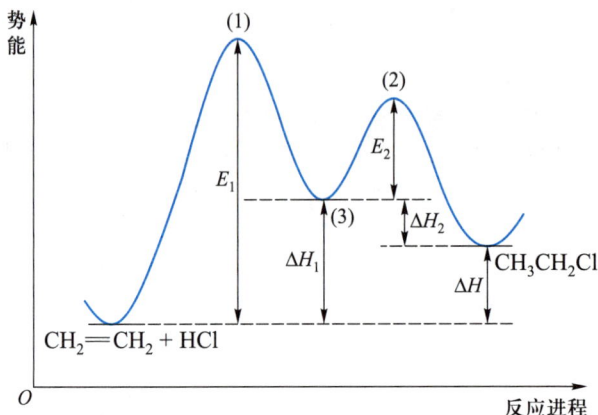

14. 绘出乙烯与溴加成反应的势能-反应进程图。

15. 试用生成碳正离子的难易解释下列反应。

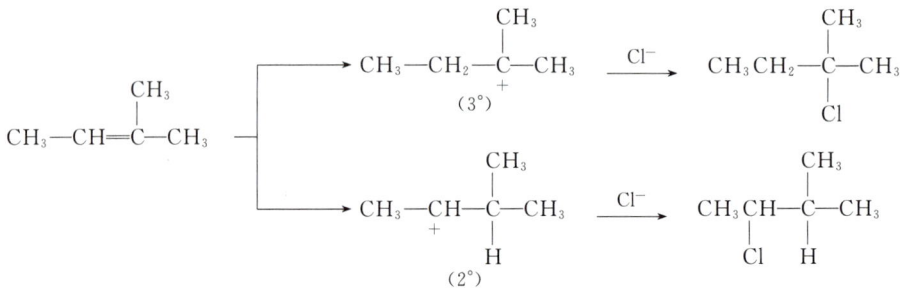

16. 把下列碳正离子稳定性的大小排列成序。

(1)　　　　　(2)　　　　　(3)　　　　　(4)

17. 下列溴代烷脱 HBr 后得到多少产物,哪些是主要的?

(1) BrCH$_2$CH$_2$CH$_2$CH$_3$　　　　　　　(2) CH$_3$CHBrCH$_2$CH$_3$

(3) CH$_3$CH$_2$CHBrCH$_2$CH$_3$

18. 分析下列数据,说明了什么问题,怎样解释?

烯烃及其衍生物	烯烃加溴的速率比
(CH$_3$)$_2$C=C(CH$_3$)$_2$	14
(CH$_3$)$_2$C=CH—CH$_3$	10.4

$(CH_3)_2C{=}CH_2$	5.53
$CH_3CH{=}CH_2$	2.03
$CH_2{=}CH_2$	1.00
$CH_2{=}CH{-}Br$	0.04

19. 碳正离子是否属于路易斯酸? 为什么?

20. 试列表比较 σ 键和 π 键(提示:从存在、重叠、旋转、电子云分布方面去考虑)。

21. 用指定的原料制备下列化合物,试剂可以任选(要求:常用试剂)。

(1) 由 2-溴丙烷制 1-溴丙烷　　　　(2) 由 1-溴丙烷制 2-溴丙烷

(3) 从丙醇制 1,2-二溴丙烷　　　　(4) 由丁-1-烯制备顺丁-2,3-二醇

(5) 由丙烯制备 1,2,3-三氯丙烷　　(6) 由 2-溴丁烷制备反丁-2,3-二醇

22. 将下列基团按次序规则由大到小排列。

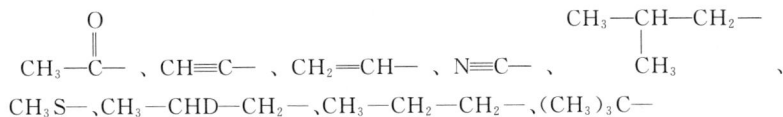

$$CH_3{-}\overset{\overset{\displaystyle O}{\|}}{C}{-}\quad、\quad CH{\equiv}C{-}\quad、\quad CH_2{=}CH{-}\quad、\quad N{\equiv}C{-}\quad、\quad CH_3{-}\underset{\underset{\displaystyle CH_3}{|}}{CH}{-}CH_2{-}\quad、$$

$$CH_3S{-}\quad、\quad CH_3{-}CHD{-}CH_2{-}\quad、\quad CH_3{-}CH_2{-}CH_2{-}\quad、\quad (CH_3)_3C{-}$$

第四章　炔烃和二烯烃

炔烃(alkyne)是含有碳碳三键的不饱和烃,炔有缺少的含义;二烯烃(diene)是含有两个碳碳双键的不饱和烃,它们的通式都是C_nH_{2n-2}。含相同数目碳原子的炔烃和二烯烃是同分异构体,但它们是两类不同的链烃。炔烃和二烯烃都是重要的有机合成原料,在功能材料合成中很重要。

第一节　炔　　烃

一、炔烃的结构

乙炔是最简单的炔烃,分子式是C_2H_2,构造式是$H—C\equiv C—H$,分子中含有一个碳碳三键。现代物理学方法证明了乙炔分子中所有的原子都在一条直线上。$C\equiv C$ 键的键长为 0.120 nm,比 $C=C$ 键的键长短,就是说乙炔分子中两个碳原子核较乙烯的靠拢,原子核对于电子的吸引力增强。$C\equiv C$ 键的键能为 835 kJ·mol^{-1}。杂化轨道理论根据已知的实验事实,设想碳碳三键的结构如下:

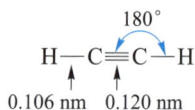

$$180°$$
$$H—C\equiv C—H$$
$$0.106 \text{ nm} \quad 0.120 \text{ nm}$$

激发态的碳原子由一个 2s 轨道和一个 2p 轨道重新组合,组成两个能量均等的 sp 杂化轨道,见图 4-1。

两个 sp 杂化轨道向碳原子核的左右两边伸展,它们的对称轴在一条直线上,互成

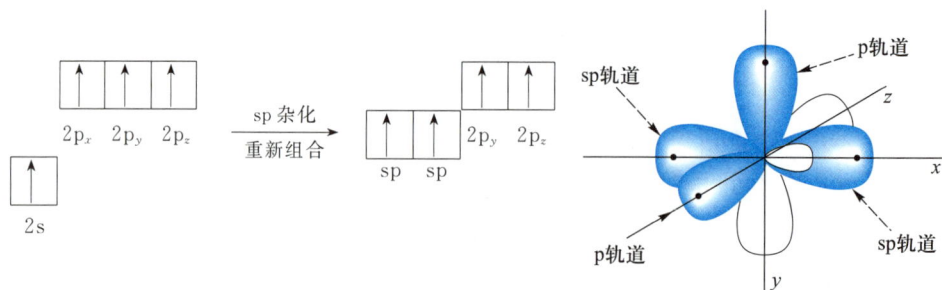

图 4-1　碳原子的 sp 杂化轨道示意图

180°。在乙炔分子中,2 个碳原子各以 1 个 sp 轨道互相重叠,形成一个 C—C σ 键,每个碳原子又各以 1 个 sp 轨道分别与 1 个氢原子的 1s 轨道重叠形成 C—H σ 键,这便构成乙炔分子中的 H—C—C—H 三个 σ 键(见图 4-2)。

此外,每个碳原子还有 2 个互相垂直的未杂化的 p 轨道(p_y、p_z),它们与另一个碳原子的 2 个 p 轨道两两互相侧面重叠形成两个互相垂直的 π 键,见图 4-3,故碳碳三键是由一个 σ 键和两个互相垂直的 π 键组成的。两个 π 键的电子云分布好像是围绕两个碳原子核呈圆柱形的 π 电子云。

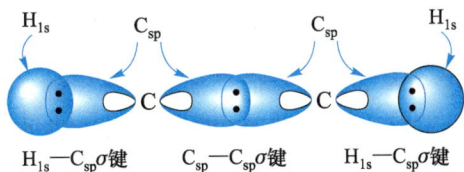

图 4-2　乙炔分子的 σ 键

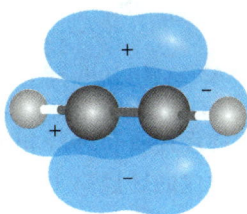

图 4-3　乙炔的 π 键

乙炔分子可用图 4-4 中的两种模型表示,在球棒模型中以三根弹簧代表三键。其他炔烃分子中的三键也都是由一个 σ 键和两个 π 键组成的。

(a) 球棒模型　　　　　　　　(b) 比例模型

图 4-4　乙炔的分子模型

二、炔烃的命名

简单的炔烃可使用衍生物命名法,即以乙炔为母体,称"某基乙炔"。

炔烃的系统命名法和烯烃相似,只是将"烯"字改为"炔"字,英文名称只需将相应烷烃(alkane)的词尾"ane"改为"yne"。例如:

$$H_3CC{\equiv}CCH_3 \qquad (H_3C)_2CHC{\equiv}CH \qquad (H_3C)_3CC{\equiv}CCH(CH_3)_2$$

丁-2-炔　　　　　　3-甲基丁-1-炔　　　　　2,2,5-三甲基己-3-炔

二甲基乙炔　　　　　异丙基乙炔　　　　　　异丙基叔丁基乙炔

(but-2-yne)　　　(3-methylbut-1-yne)　　(2,2,5-trimethylhex-3-yne)

同时含有三键和双键的分子称为烯炔。它的命名规则为首先选取含有双键和三键的最长碳链为主链,位次的编号按"最低系列"原则,使双键或三键的位次最小。当双键和三键处在相同的位次时,则给双键最低的位次,书写时按照"先烯后炔"的顺序,词尾为"几烯几炔"。例如:

$$\overset{1}{H}C\equiv\overset{2}{C}\overset{3}{C}H=\overset{4}{C}H\overset{5}{C}H_3$$

$$\overset{7}{H_3}\overset{6}{C}C\equiv\overset{5}{C}\overset{4}{C}H\overset{3}{C}H\overset{2}{C}H_2\overset{1}{C}H=CH_2$$
$$\underset{CH_3}{|}$$

$$\overset{5}{H}C\equiv\overset{4}{C}\overset{3}{C}H_2\overset{2}{C}H=\overset{1}{C}H_2$$

$$\overset{1}{H_2}C=\overset{2}{C}H\overset{3}{C}H=\overset{4}{C}H\overset{5}{C}\equiv\overset{6}{C}H$$

戊-3-烯-1-炔　　　4-甲基庚-1-烯-5-炔　　　戊-1-烯-4-炔　　　己-1,3-二烯-5-炔

（pent-3-ene-1-yne）（4-methyl-hept-1-ene-5-yne）pent-1-ene-4-yne（hexa-1,3-diene-5-yne）

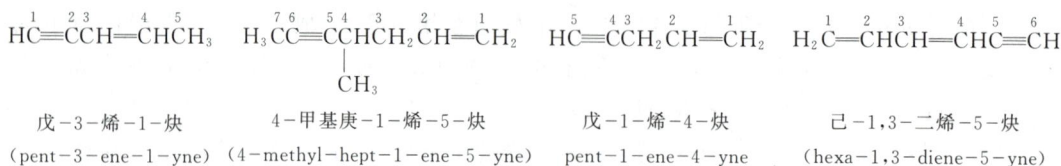

问题 4-1 炔烃有没有顺反异构体,为什么?

问题 4-2 写出炔烃 C_6H_{10} 的同分异构体,命名之。

三、炔烃的物理性质

炔烃的物理性质与烯烃相似,也是随着相对分子质量的增加而有规律性地变化。炔烃的沸点比对应的烯烃高 10～20 ℃(见图 4-5),相对密度比对应的烯烃稍大,在水里的溶解度也比烷烃和烯烃大些。一些炔烃的物理常数见表 4-1。

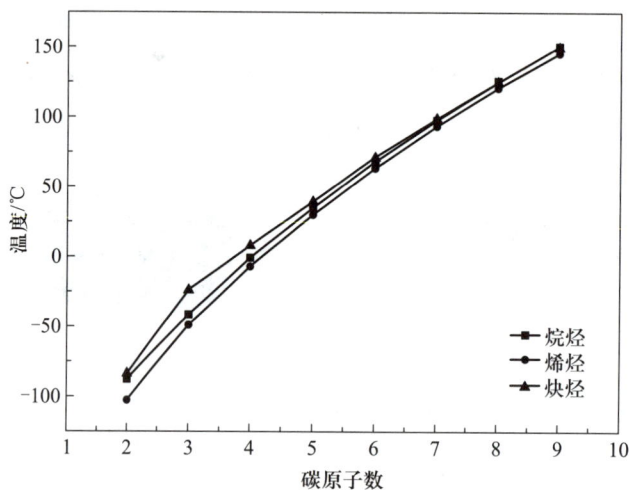

图 4-5　直链烃类的沸点

表 4-1　一些炔烃的物理常数

名称	熔点 / ℃	沸点 / ℃	相对密度(d_4^{20})	折射率(n_D^{20})
乙炔	$-80.8^{0.119\,MPa}$	$-48^{0.101\,MPa}$	0.618 1	
丙炔	-101.5	-23.2	0.706 2	1.374 6(-23.3 ℃)
丁-1-炔	-125.7	8.1	0.678 4	
丁-2-炔	-32.3	27.0	0.690 1	1.393 9
戊-1-炔	-90.0	40.2	0.690 1	1.386 0
戊-2-炔	-101.0	56.1	0.710 7	1.404 5(17.2 ℃)
3-甲基丁-1-炔	-89.7	29.4	0.666 0	1.378 5(19 ℃)
己-1-炔	-131.9	71.3	0.715 5	1.399 0
己-2-炔	-89.6	84.0	0.731 5	
己-3-炔	-103.0	81.5	0.723 1	

四、炔烃的化学性质

炔烃的化学性质和烯烃相似，也有加成、氧化和聚合等反应。这些反应都发生在三键上，所以三键是炔烃的官能团。但由于三键和双键有所不同，炔烃有许多反应与烯烃是有差别的，具有自己独特的性质。学习时应注意比较烯烃和炔烃在化学性质上的异同点。

1. 亲电加成

炔烃与烯烃一样，与卤素和氢卤酸发生亲电加成反应，其亲电加成是反式加成。

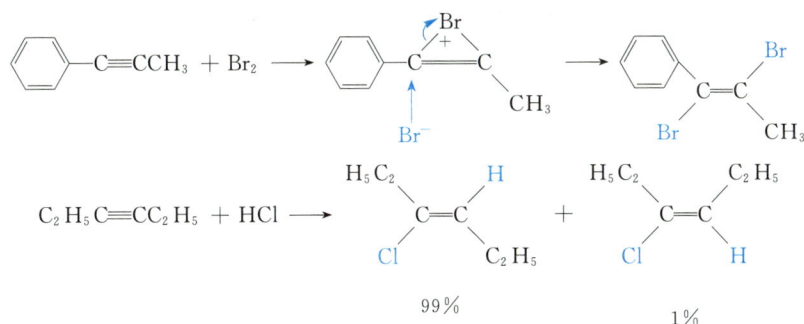

$$C_6H_5-C{\equiv}CCH_3 + Br_2 \longrightarrow$$

99%　　　　1%

当 $R-C{\equiv}CH$ 与卤化氢加成时先得到一卤代烯，而后得到二卤代烷，而且也有区位选择性，产物符合马尔科夫尼科夫规则：

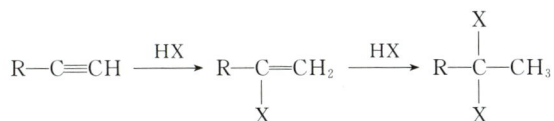

$$R-C{\equiv}CH \xrightarrow{HX} R-C{=}CH_2 \xrightarrow{HX} R-C-CH_3$$

炔烃虽较烯烃多一个 π 键，但与亲电试剂的加成却较烯烃难进行。例如，乙炔和氯化氢的加成在通常情况下难进行，若用氯化汞盐酸溶液浸渍活性炭制成的催化剂时，则能顺利进行：

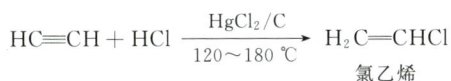

$$HC{\equiv}CH + HCl \xrightarrow[120\sim180\ ℃]{HgCl_2/C} H_2C{=}CHCl$$
氯乙烯

氯乙烯（vinyl chloride）是合成重要塑料聚氯乙烯（PVC）的单体：

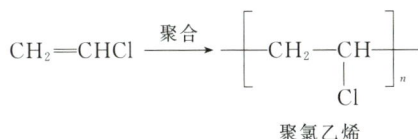

$$CH_2{=}CHCl \xrightarrow{聚合} \left[\!\!\begin{array}{c} CH_2-CH \\ | \\ Cl \end{array}\!\!\right]_n$$
聚氯乙烯

烯炔加卤素时，首先加在双键上。例如：

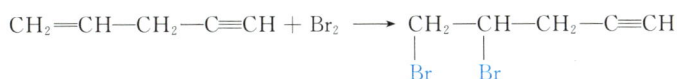

$$CH_2{=}CH-CH_2-C{\equiv}CH + Br_2 \longrightarrow \underset{Br\ \ \ Br}{CH_2-CH-CH_2-C{\equiv}CH}$$

为什么炔烃的亲电加成要比烯烃的难一些？通常认为这是由于三键的 π 电子比双键

难以极化,因而不容易给出电子与亲电试剂结合。在 s 与 p 的杂化轨道中, s 轨道成分越大,键长就越短,越难极化,键的解离能就越大。炔烃三键的碳原子是 sp 杂化的,乙炔中三键的键长为0.120 nm;而烯烃双键的碳原子是 sp^2 杂化的,乙烯中双键的键长为 0.133 nm。这表明形成 π 键的两个 p_z 原子轨道和两个 p_y 原子轨道重叠的程度比乙烯要大。可见乙炔的 π 键强于乙烯。实验测得的解离能乙炔为 11.4 eV,乙烯为 10.5 eV,故乙炔的亲电加成较乙烯难进行。

另外,从反应产生的碳正离子的稳定性来看,在炔烃加成形成的烯基碳正离子中, C^+ 与 C_{sp^2} 相连, C_{sp^2} 的电负性大,不利于正电荷的分散,故稳定性不如烷基碳正离子。

$$R—C{\equiv}CH + E^+ \longrightarrow R—\overset{+}{C}{=}CH$$
$$\underset{}{|}$$
$$E$$

烯基碳正离子

$$R—CH{=}CH_2 + E^+ \longrightarrow R—HC—\overset{+}{C}H_2$$
$$|$$
$$E$$

烷基碳正离子

2. 水化

炔烃在酸性溶液中水化,即水分子加成到 C≡C 键上,先生成一个很不稳定的乙烯醇。羟基直接与碳碳双键相连的醇称为烯醇。过程如下:

$$RC{\equiv}CH + H—\overset{+}{O}—H \longrightarrow R\overset{+}{C}{=}CH_2 + H_2O$$
$$|$$
$$H$$

$$R\overset{+}{C}{=}CH_2 + H_2O \longrightarrow RC{=}CH_2$$
$$\underset{+}{O}H_2$$

$$\underset{\overset{+}{O}H_2}{\overset{RC{=}CH_2}{|}} + H_2O \longrightarrow \underset{OH}{\overset{R—C{=}CH_2}{|}} + H_3O^+$$

烯醇

$$\overset{异构化}{\longrightarrow} R—\underset{O}{\overset{C}{\|}}—CH_3 \quad 酮式$$

具有这种烯醇结构的化合物,会很快转变为稳定的羰基化合物(含 $\diagdown$C=O 的化合物),即酮式结构:

$$—\overset{|}{C}{=}\overset{|}{C}—OH \;\rightleftharpoons\; —\overset{|}{C}—\overset{|}{C}{=}O$$
$$\underset{H}{|}$$

烯醇结构　　　　酮式结构

通常,把这种异构现象称为酮醇互变异构,或简称为互变异构(tautomerization)。由于两者互变很快,酮式结构较稳定,在平衡状态下,烯醇式异构体的含量极微,即绝大多数为酮式化合物。

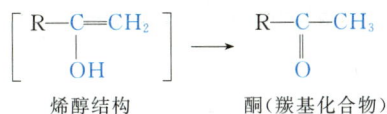

问题 4-3　利用共价键的键能进行计算,证明乙醛比乙烯醇稳定。

炔烃在含硫酸汞的稀硫酸水溶液中易与水反应,汞盐作催化剂。例如,将乙炔和水蒸气混合,通入含有硫酸汞的稀硫酸水溶液中,在约 100 ℃下水化为乙醛:

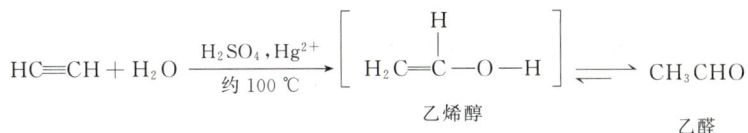

这一反应是**库切洛夫**(Кучеров М Г)在 1881 年发现的,故称为库切洛夫反应。

其他炔烃水化时,则变成酮。例如,丙炔得丙酮,苯乙炔得苯乙酮。

【科学家小传】
库切洛夫

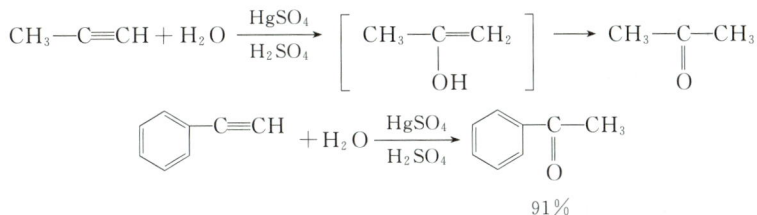

91%

由于汞和汞盐类的毒性大,并严重污染水域,现在已逐渐用锌、铜和镉的磷酸盐取代汞盐催化炔烃水化反应。但随着烯炔氧化法、醇氧化法制备醛和酮等工艺的出现和发展,炔烃水化已没有太大的生产意义。

3. 氧化

炔烃被氧化剂氧化时,三键断裂生成羧酸,≡CH端生成二氧化碳等产物。

反应后高锰酸钾溶液的颜色褪去,析出棕褐色的 MnO_2 沉淀。因此,这个反应可用作定性鉴定。

三键比双键难以加成,也难以氧化。炔烃的氧化速率比烯烃慢,如在同时存在双键和三键的化合物中,氧化首先发生在双键上。

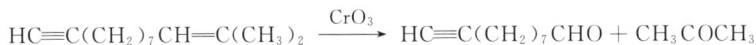

如用臭氧氧化,可发生C≡C键的断裂,生成两个羧酸。例如:

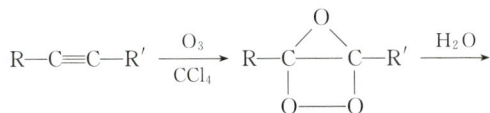

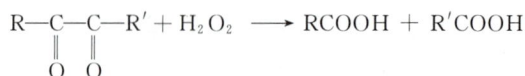

炔烃和烯烃的氧化一样,可由所得产物的结构推知原炔烃的结构。

4. 炔化物的生成

三键碳原子上的氢原子具有微弱酸性($pK_a = 25$),可以被金属取代,生成炔化物。如将乙炔通入硝酸银的氨溶液或氯化亚铜的氨溶液中,析出白色的乙炔银沉淀或棕红色的乙炔亚铜沉淀:

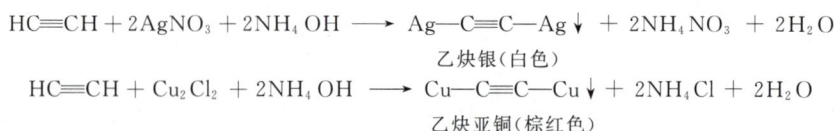

$$HC\equiv CH + 2AgNO_3 + 2NH_4OH \longrightarrow Ag-C\equiv C-Ag\downarrow + 2NH_4NO_3 + 2H_2O$$
$$\text{乙炔银(白色)}$$
$$HC\equiv CH + Cu_2Cl_2 + 2NH_4OH \longrightarrow Cu-C\equiv C-Cu\downarrow + 2NH_4Cl + 2H_2O$$
$$\text{乙炔亚铜(棕红色)}$$

上述两个反应现象明显。而R—C≡C—R型的炔烃不能进行这两个反应,故可用于鉴定乙炔和R—C≡CH型的炔烃。

干燥的银或亚铜的炔化物受热或震动时易发生爆炸,生成金属和碳:

$$Ag-C\equiv C-Ag \longrightarrow 2Ag + 2C \qquad \Delta H = -364 \text{ kJ} \cdot \text{mol}^{-1}$$

所以试验完毕,应立即加浓盐酸把炔化物分解,以免发生危险。

$$Ag-C\equiv C-Ag + 2HCl \longrightarrow HC\equiv CH + 2AgCl\downarrow$$
$$Cu-C\equiv C-Cu + 2HCl \longrightarrow HC\equiv CH + Cu_2Cl_2\downarrow$$

乙炔和R—C≡CH型的炔烃在液态氨中与氨基钠发生中和作用生成炔化钠:

$$HC\equiv CH + NaNH_2 \xrightarrow{\text{液氨}} HC\equiv C^-Na^+ + NH_3$$

$$R-C\equiv CH + NaNH_2 \xrightarrow{\text{液氨}} R-C\equiv C^-Na^+ + NH_3$$

为什么乙炔的氢原子比乙烯和乙烷的氢原子都活泼呢?这是因为乙炔的C—H键是sp-s,而乙烯和乙烷分别是sp^2-s 和 sp^3-s。由于 sp 杂化碳原子的电负性大于 sp^2 和 sp^3 杂化碳原子,炔氢容易异裂,解离出氢原子,显酸性,易被金属取代。表 4-2 列出了杂化态不同的碳原子的电负性。

表 4-2　杂化态不同的碳原子的电负性

C_{sp^3}	C_{sp^2}	C_{sp}
2.48	2.75	3.29

问题 4-4　区别下列各组化合物。

(1) $HC\equiv CCH_2CH_3$,$H_3CC\equiv CCH_3$

(2) $HC\equiv CCH_2CH_3$,$H_2C=CH—CH=CH_2$

(3) $HC\equiv CCH_2CH_3$,$H_2C=CHCH_2CH_3$

炔化钠可以用于合成炔烃同系物。例如：

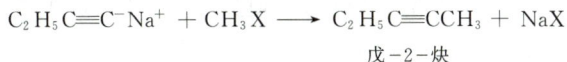

$$C_2H_5C{\equiv}C^-Na^+ + CH_3X \longrightarrow C_2H_5C{\equiv}CCH_3 + NaX$$
戊-2-炔

这个反应是由于丁炔基负离子进攻与卤素连接的碳原子而发生的。

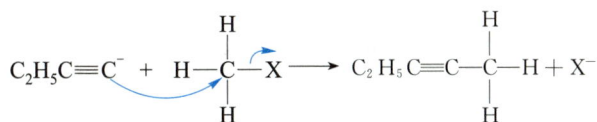

四价碳原子以三价与其他原子或基团结合，还有一对未共用电子对的活泼物种称为碳负离子。其中心碳原子最外层有 8 个电子，它比相应的碳正离子多 2 个电子，比自由基多 1 个电子，因此带负电荷。

这里把乙炔基负离子、乙烯基负离子和乙基负离子的结构描述如下：

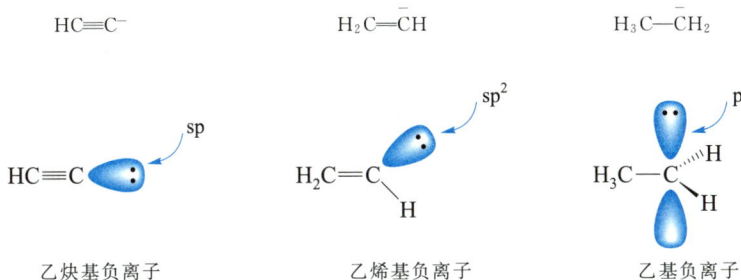

$$HC{\equiv}C^- \qquad\qquad H_2C{=}\overset{-}{C}H \qquad\qquad H_3C{-}\overset{-}{C}H_2$$

乙炔基负离子　　　　　乙烯基负离子　　　　　乙基负离子

生成的碳负离子中间体的反应在有机反应中也很常见，以后还要继续讨论。

5. 还原

（1）催化氢化　炔烃与两分子 H_2 加成，完全还原成烷烃。反应都在三键的 π 键上发生：断开一个 π 键，加入一分子 H_2，成为烯烃；然后再断开第二个 π 键，加入另一分子 H_2 成为烷烃。即使只用 1 mol 氢，也难免有烷烃生成：

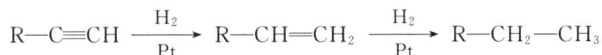

$$R{-}C{\equiv}CH \xrightarrow[\text{Pt}]{H_2} R{-}CH{=}CH_2 \xrightarrow[\text{Pt}]{H_2} R{-}CH_2{-}CH_3$$

若选用适当的试剂，如活泼性较弱的催化剂和适当控制反应条件，可以使反应停留在烯烃阶段。这种使炔烃氢化停留在烯烃阶段的反应称为部分氢化。如在 $Pd{-}CaCO_3$ 催化剂中加入抑制剂醋酸铅或喹啉，可以使催化剂部分毒化，从而降低其催化能力。这种催化剂就是林德拉（Lindlar）催化剂（简称为 Lindlar Pd）。使用林德拉催化剂，不仅使炔烃实现部分氢化，还可以控制产物的构型，获得<u>顺式烯烃</u>，因而是炔烃氢化成顺式烯烃的一条好途径：

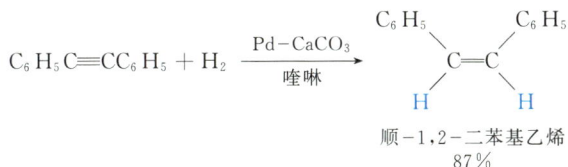

$$C_6H_5C{\equiv}CC_6H_5 + H_2 \xrightarrow[\text{喹啉}]{Pd{-}CaCO_3}$$

顺-1,2-二苯基乙烯
87%

石油裂解制烯烃(乙烯、丙烯、丁二烯)的过程中,副产少量的炔烃,这些炔烃在烯烃的后加工特别是烯烃聚合过程中是有害物质,必须除去,使其含量小于 $10^{-6} \sim 10^{-5}$。通过选择性加氢,能使这些炔烃转化为相应的烯烃。

问题 4-5 写出下列反应的主要产物(键线式):

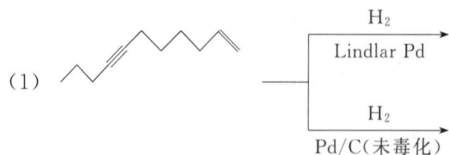

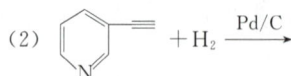

(1)

$$\begin{array}{c} H_2 \\ \overline{\text{Lindlar Pd}} \\ \\ H_2 \\ \overline{\text{Pd/C(未毒化)}} \end{array}$$

(2)

$$\text{(吡啶-3-乙炔)} + H_2 \xrightarrow{\text{Pd/C}}$$

---

(2) **用钠或锂还原** 在液氨中用钠或锂还原炔烃,主要得到**反式烯烃**:

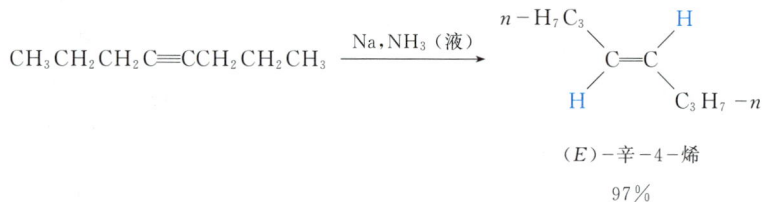

$$\text{CH}_3\text{CH}_2\text{CH}_2\text{C}\!\equiv\!\text{CCH}_2\text{CH}_2\text{CH}_3 \xrightarrow{\text{Na,NH}_3(\text{液})}$$

$$\begin{array}{c} n\text{-H}_7\text{C}_3 \quad\quad H \\ \diagdown\quad\diagup \\ \text{C}=\text{C} \\ \diagup\quad\diagdown \\ H \quad\quad \text{C}_3\text{H}_7\text{-}n \end{array}$$

(E)-辛-4-烯

97%

综上所述,在不同的反应条件下,可以控制炔烃部分还原,生成具有一定立体构型的烯烃。

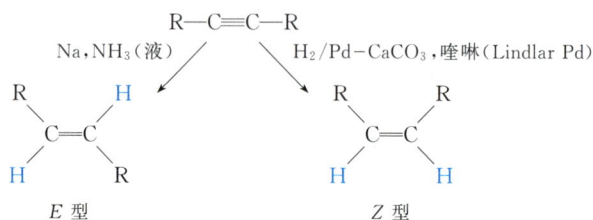

$$R\text{—}C\!\equiv\!C\text{—}R$$

$$\xleftarrow{\text{Na,NH}_3(\text{液})} \qquad \xrightarrow{\text{H}_2/\text{Pd-CaCO}_3,\text{喹啉(Lindlar Pd)}}$$

$$\begin{array}{cc} \begin{array}{c} R \quad\quad H \\ \diagdown\quad\diagup \\ \text{C}=\text{C} \\ \diagup\quad\diagdown \\ H \quad\quad R \end{array} & \begin{array}{c} R \quad\quad R \\ \diagdown\quad\diagup \\ \text{C}=\text{C} \\ \diagup\quad\diagdown \\ H \quad\quad H \end{array} \\ E \text{ 型} & Z \text{ 型} \end{array}$$

五、乙炔

乙炔是基本的有机合成原料。

1. 制法

工业上生产乙炔的主要方法有两种。

(1) **电石法** 生产电石的原料是氧化钙和焦炭。氧化钙和焦炭放在电炉内受到电极尖端电弧热,被加热至约 2 500 ℃,生成碳化钙(俗称电石):

$$3\text{C} + \text{CaO} \xrightarrow{\text{约 2 500 ℃}} \underset{\text{碳化钙}}{\text{CaC}_2} + \text{CO}$$

碳化钙和水作用,生成乙炔:

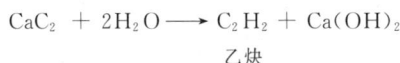

$$CaC_2 + 2H_2O \longrightarrow C_2H_2 + Ca(OH)_2$$
$$\text{乙炔}$$

纯乙炔是无色、无臭的气体。由于电石中含有硫化钙和磷化钙等杂质,当电石和水作用时杂质便变成 H_2S、PH_3 等,使乙炔带有难闻的臭味。工业上用乙炔作合成原料时,必须先把杂质除去。

电石法可以直接得到 99% 的乙炔,但是耗电量很大,精制乙炔耗费也大,成本较高。

(2) 由烃类裂解　利用天然气为原料裂解制造乙炔,在第二章中已叙述,不再重复。近年来,轻油和重油裂解时通过适当的条件可以同时得到乙炔和乙烯。

2. 性质

乙炔可溶于水,在 $0.1\ MPa$ 下乙炔溶于等体积的水中。乙炔在丙酮中的溶解度更大,常压下 1 体积丙酮能溶解 20 体积乙炔,在 $1.2\ MPa$ 下则能溶解 300 体积乙炔。乙炔易爆炸,高压的乙炔、液态和固态的乙炔受到敲打或碰击时容易爆炸。乙炔的丙酮溶液较稳定,故把乙炔溶于丙酮中可避免爆炸的危险。为了运输和使用的安全,通常把乙炔在 $1.2\ MPa$ 下压入盛满丙酮浸润饱和的多孔性物质(如硅藻土、软木屑或石棉)的钢筒中。

乙炔和空气混合物[含乙炔 $3\%\sim70\%$(体积分数)]遇火即爆炸。乙炔燃烧时火焰的温度很高,氧炔焰的温度可达 $3\,000\ ℃$,广泛用来焊接和切割金属。

乙炔能起聚合反应,在不同的催化剂作用下,发生二聚、三聚、四聚等低聚作用。例如,将乙炔通入氧化亚铜-氯化铵的强酸溶液中,则发生二聚生成乙烯基乙炔:

$$HC\equiv CH + HC\equiv CH \xrightarrow{\text{催化剂}} H_2C=CH-C\equiv CH$$

如三分子乙炔聚合,则生成二乙烯基乙炔:

$$3\ HC\equiv CH \longrightarrow H_2C=CH-C\equiv C-CH=CH_2$$

乙烯基乙炔是合成氯丁橡胶的原料:

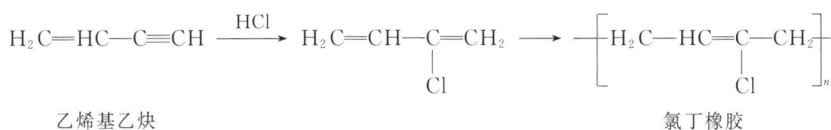

$$H_2C=HC-C\equiv CH \xrightarrow{HCl} H_2C=CH-\underset{\underset{Cl}{|}}{C}=CH_2 \longrightarrow \left[H_2C-HC=\underset{\underset{Cl}{|}}{C}-CH_2 \right]_n$$

乙烯基乙炔　　　　　　　　　　　　　　　氯丁橡胶

乙炔在高温下($400\sim500\ ℃$)可发生环状三聚合作用,生成苯:

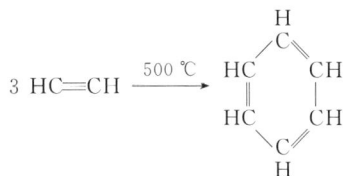

$$3\ HC\equiv CH \xrightarrow{500\ ℃} \underset{\text{苯}}{\bigodot}$$

这是人们很早就知道的反应,但苯的产量不高,副产物又多。如果利用钯等过渡金属的化合物作催化剂,乙炔和其他炔烃可以顺利地三聚生成苯及其衍生物。

在下列条件下,乙炔聚合主要生成环辛四烯(环辛四烯将在第七章中讨论)。

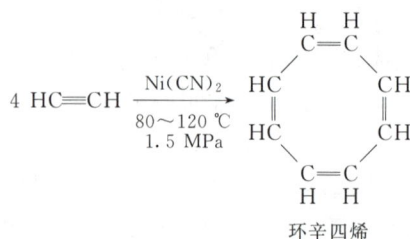

$$4\ HC\equiv CH \xrightarrow[\substack{80\sim120\ ℃ \\ 1.5\ MPa}]{Ni(CN)_2}$$

环辛四烯

在一定条件下,乙炔也能与烯烃一样,聚合成高聚物——聚乙炔:

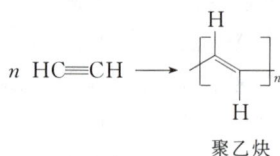

$$n\ HC\equiv CH \longrightarrow$$

聚乙炔

【知识拓展】
导电高分子

【知识拓展】
含有炔基的
功能活性
分子

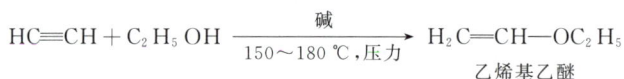

乙炔或其一元取代物与具有羟基(—OH)、巯基(—SH)、氨基(—NH$_2$)、亚氨基(═NH)、酰氨基(—CONH$_2$)和羧基(—COOH)等基团的有机化合物发生加成反应,生成含有双键的乙烯基产物。例如,乙醇在碱催化下与乙炔反应生成乙烯基乙醚,它是黏合剂聚乙烯基乙醚的单体。

$$HC\equiv CH + C_2H_5OH \xrightarrow[150\sim180\ ℃,压力]{碱} H_2C=CH-OC_2H_5$$

乙烯基乙醚

问题 4-6 完成下列反应式:

(1) $HC\equiv CH + CH_3COOH \xrightarrow[加热]{催化剂}$

(2) $HC\equiv CH + HCN \xrightarrow[加热]{CuCl_2}$

六、炔烃的制备

炔烃的制法与烯烃一样主要包括消除反应或把三键的烃基连接起来这两种方法。

1. 由二元卤代烷脱卤化氢

二元卤代烷有两种:

$$-CHX-CHX- \qquad\qquad -CH_2-CX_2-$$

邻二卤代烷 　　　　　　　　　偕二卤代烷

邻二卤代烷的脱卤:

$$\underset{\underset{X}{|} \underset{X}{|}}{H-C-C-H} \xrightarrow{\text{KOH(醇)}} \underset{\underset{X}{|}}{H-C=C-H} \xrightarrow{\text{NaNH}_2} H-C\equiv C-H$$

乙烯基卤

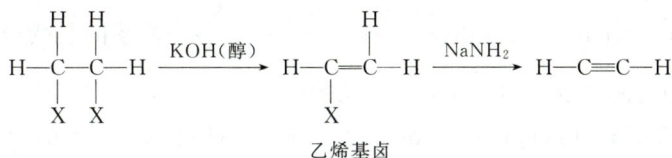

二元卤代烷脱去第一个卤化氢分子是比较容易的,是一个制备不饱和卤代烃的有效的方法。这样得到的卤代烷,其卤原子直接与双键结合,叫乙烯基卤,是很不活泼的(理论解释见第九章),故在温和条件下,脱卤化氢会停留在乙烯基卤阶段。所以,常需使用热的氢氧化钾(或氢氧化钠)醇溶液,或用 NaNH_2 才能形成炔烃。

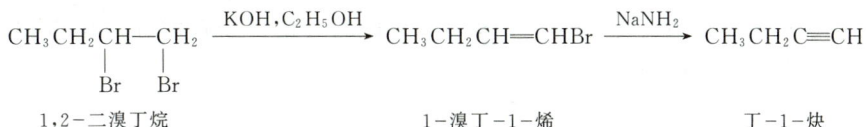

$$\underset{\underset{\text{Br}}{|}\ \underset{\text{Br}}{|}}{\text{CH}_3\text{CH}_2\text{CH}-\text{CH}_2} \xrightarrow{\text{KOH,C}_2\text{H}_5\text{OH}} \text{CH}_3\text{CH}_2\text{CH}=\text{CHBr} \xrightarrow{\text{NaNH}_2} \text{CH}_3\text{CH}_2\text{C}\equiv\text{CH}$$

1,2-二溴丁烷   1-溴丁-1-烯   丁-1-炔

偕二卤代烷可以直接从酮制取,实际上酮在有吡啶的干燥苯液中与 PCl_5 加热,即可制得炔烃:

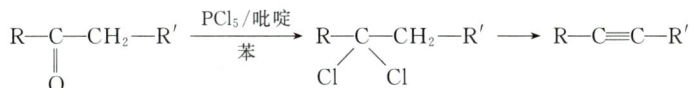

$$\underset{\underset{\text{O}}{\|}}{R-C-CH_2-R'} \xrightarrow[\text{苯}]{\text{PCl}_5/\text{吡啶}} \underset{\underset{\text{Cl}}{|}\ \underset{\text{Cl}}{|}}{R-C-CH_2-R'} \longrightarrow R-C\equiv C-R'$$

2. 由炔化物制备

末端炔氢原子可被金属取代形成炔负离子,进而与卤代烃反应,可得二取代乙炔:

$$R-C\equiv C-Li \xrightarrow{R'X} R-C\equiv C-R'$$

如用炔化钠,可得到相同的结果:

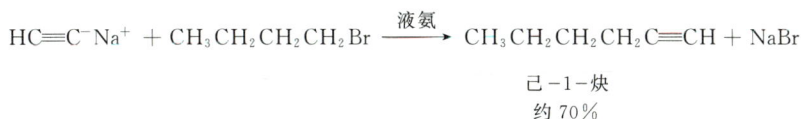

$$HC\equiv C^-Na^+ + CH_3CH_2CH_2CH_2Br \xrightarrow{\text{液氨}} CH_3CH_2CH_2CH_2C\equiv CH + NaBr$$

己-1-炔
约70%

问题 4-7 由指定原料合成:

(1) 丙烯合成丁-2-炔   (2) 丁-1-炔合成(Z)-戊-2-烯

第二节　二　烯　烃

一、二烯烃的分类和命名

二烯烃的性质和分子中两个双键的相对位置有密切关系。根据两个双键的相对位置可把二烯烃分为三类:

（1）累积二烯烃（cumulative diene）　即含有 $\diagdown C = C = C \diagup$ 体系的二烯烃。例如，丙二烯（$CH_2 = C = CH_2$）的两个双键累积在同一个碳原子上。

（2）共轭二烯烃（conjugated diene）　两个双键被一个单键隔开，即含有 $\diagdown C = C - C = C \diagup$ 体系的二烯烃。例如丁-1,3-二烯（$CH_2 = CH - CH = CH_2$），这样的体系叫共轭体系，像丁-1,3-二烯的两个双键叫作共轭双键。

（3）孤立二烯烃（isolated diene）　两个双键被两个或两个以上单键隔开的，即含有 $\diagdown C = CH(CH_2)_n CH = C \diagup$（$n \geqslant 1$）的二烯烃，如戊-1,4-二烯（$CH_2 = CH - CH_2 - CH = CH_2$）。

孤立二烯烃的性质和单烯烃相似，累积二烯烃的数量很少且实际应用也相对较少。共轭二烯烃在理论和实际应用上都很重要。

多烯烃的系统命名和烯烃相似。命名时，将双键的数目用汉字表示，位次用阿拉伯数字表示。英文名称以词尾"diene（二烯）、triene（三烯）、…"代替词尾"ene"。例如：

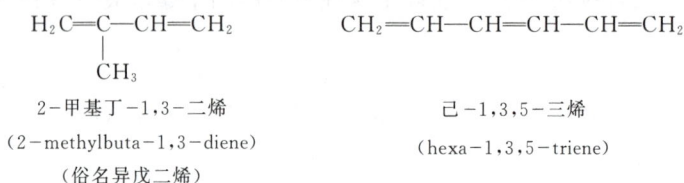

$$H_2C = C - CH = CH_2 \qquad CH_2 = CH - CH = CH - CH = CH_2$$
$$\quad\ \ |$$
$$\quad\ \ CH_3$$

2-甲基丁-1,3-二烯　　　　　　　　　己-1,3,5-三烯

（2-methylbuta-1,3-diene）　　　　　（hexa-1,3,5-triene）

（俗名异戊二烯）

多烯烃的顺反异构体，则用顺、反或 Z、E 表示。例如：

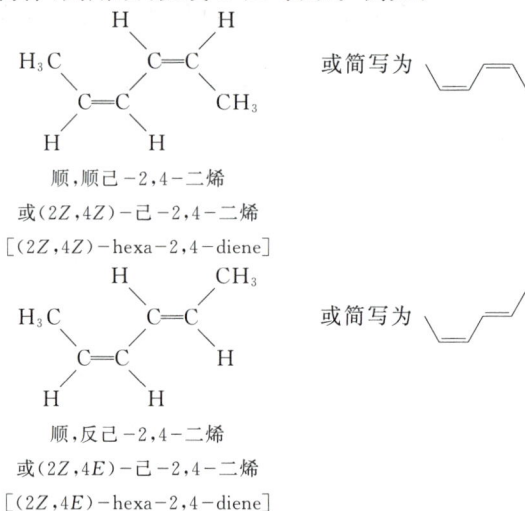

顺,顺己-2,4-二烯

或（$2Z,4Z$）-己-2,4-二烯

[（$2Z,4Z$）-hexa-2,4-diene]

顺,反己-2,4-二烯

或（$2Z,4E$）-己-2,4-二烯

[（$2Z,4E$）-hexa-2,4-diene]

问题 4-8　写出下列化合物的名称（两种）和键线式：

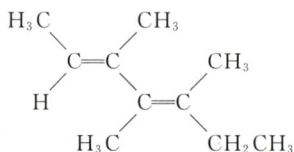

丁-1,3-二烯分子中两个双键可以在碳原子 2、3 之间的同一侧或在相反的一侧,这两种构象式分别称为 s-顺式或 s-反式(s 表示连接两个双键之间的单键)。例如:

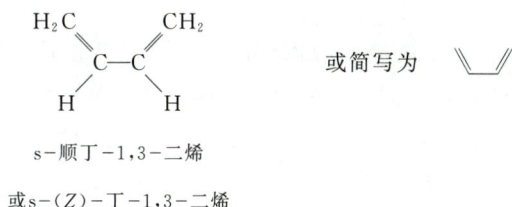

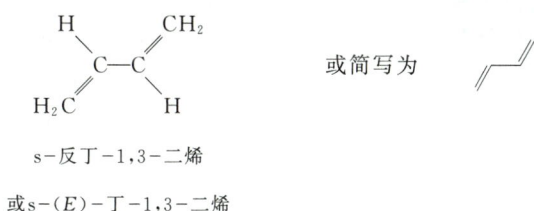

s-顺丁-1,3-二烯

或 s-(Z)-丁-1,3-二烯

s-反丁-1,3-二烯

或 s-(E)-丁-1,3-二烯

丁-1,3-二烯的两种构象以反式为主。

二、二烯烃的结构与稳定性

1. 丙二烯(propadiene)的结构

累积二烯烃分子中三个不饱和碳原子在一条直线上,两边的碳原子为 sp^2 杂化,中间的碳原子为 sp 杂化,剩下的两个相互垂直的 p 轨道分别与两个相邻碳原子的 p 轨道互相重叠,形成相互垂直的两个 π 键(见图 4-6)。

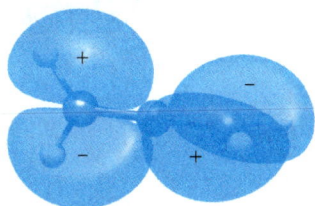

(a) 丙二烯π键电子云示意图　　　　**(b) 丙二烯σ键平面**

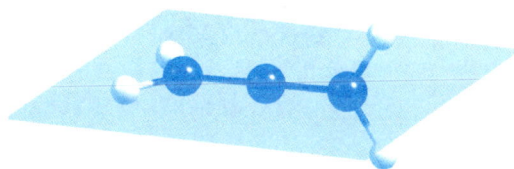

图 4-6　丙二烯结构示意图

丙二烯较不稳定,性质较活泼,双键可以逐一打开发生加成反应,也可发生水化和异构化反应。例如:

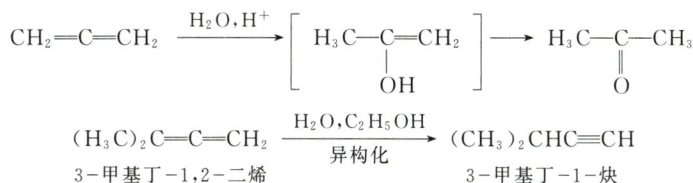

2. 丁-1,3-二烯(buta-1,3-diene)的结构

共轭二烯烃在结构和性质上都表现出一系列的特性,下面以丁-1,3-二烯为例讨论共轭二烯烃的结构特征。

丁-1,3-二烯分子中,每个碳原子都以 sp^2 杂化轨道互相重叠或与氢原子的 1s 轨道重叠,形成三个 C—C σ 键和六个 C—H σ 键。这些 σ 键都处在同一个平面上,即 4 个碳原子和 6 个氢原子都在同一个平面上,它们之间的夹角都接近 $120°$。此外,每个碳原子还剩下一个未参加杂化的与这个平面垂直的 p 轨道。在 σ 键形成的同时,4 个 p 轨道的对称轴互相平行,侧面互相重叠,形成了包含 4 个碳原子、4 个电子的共轭体系(见图4-7)。

分子轨道理论认为:丁-1,3-二烯的 4 个 p 轨道可以组成 4 个 π 电子的分子轨道,其中两个成键轨道(ψ_1、ψ_2),两个反键轨道(ψ_3、ψ_4),见图 4-8 和图 4-9。

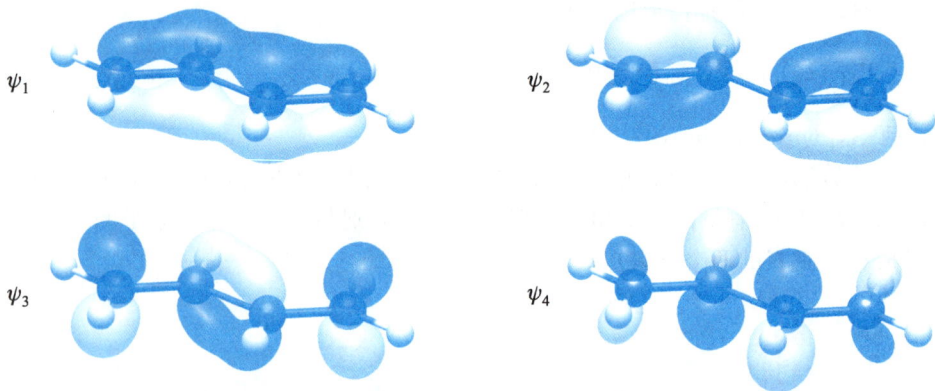

图 4-7　丁-1,3-二烯分子的 π 键和 σ 键

图 4-8　丁-1,3-二烯分子轨道

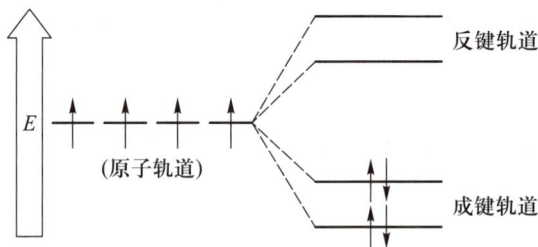

图 4-9　丁-1,3-二烯 π 电子分子轨道的能级

能量最低的分子轨道不具有节面,节面的数目越多,其轨道的能量越高。从图 4-8 中看出,ψ_1 没有节面,所有碳原子之间都起成键作用,能量最低,为成键轨道。ψ_2 有一个节

面,故其轨道的能量高于 ψ_1,为弱成键轨道。ψ_3 有两个节面,故其轨道的能量高于 ψ_2,为反键轨道。ψ_4 有三个节面,相邻的 p 轨道的位相不一致,碳原子之间都不起成键作用,能量最高,为强反键轨道。在基态时,丁-1,3-二烯分子中的 4 个 p 电子都在 ψ_1 和 ψ_2 中,而 ψ_3 和 ψ_4 则全空着。这种处理方法说明在 ψ_1 轨道中 π 键电子云的分布加强了所有的碳碳键,4 个 π 电子的分布不是局限在 1、2 碳原子和 3、4 碳原子之间,而是分布在包括 4 个碳原子的两个分子轨道中。这种分子轨道叫作离域轨道,这样形成的键叫离域键。从 ψ_2 分子轨道中看出,C1—C2 与 C3—C4 之间的键加强了,但 C2—C3 之间的键减弱,结果是虽然所有的键都具有 π 键的性质,但 C2—C3 键所具有的 π 键性质小些。

在共轭二烯烃中碳原子之间的键长发生了变化,如丁-1,3-二烯中 C2—C3 的键长是 0.148 3 nm,比乙烷中 C—C 键长 0.153 4 nm 短了一些;C1—C2、C3—C4 的键长是 0.133 7 nm,却与 C=C 的键长稍微不同。因此,C2—C3 之间的单键键长,显示出它具有某些"双键"的性质。

再从氢化热方面也可以看出丁-1,3-二烯的稳定性。在第三章中已提到单烯烃的氢化热都相当接近,每个双键约等于 125.5 kJ·mol^{-1}。丁-1,3-二烯的氢化热预计应为 251 kJ·mol^{-1},而实测值为 238 kJ·mol^{-1},两者相差了 13 kJ·mol^{-1},这就意味着丁-1,3-二烯具有较低的能量。

$$CH_2=CH-CH=CH_2$$

预计:125.5 kJ·mol^{-1} + 125.5 kJ·mol^{-1} = 251 kJ·mol^{-1}

实测:238 kJ·mol^{-1}

因为在丁-1,3-二烯分子中,4 个 π 电子分布在 4 个碳原子的分子轨道中,不是分布在两个定域的 π 轨道中,因此,丁-1,3-二烯分子的氢化热比预计的低,即说明共轭二烯烃的能量比相应的孤立二烯烃低。

三、丁二烯和异戊二烯

1. 丁-1,3-二烯

丁-1,3-二烯往往简称为丁二烯。丁二烯是无色微带有香味的气体,沸点 $-44\ ℃$,微溶于水,易溶于有机溶剂中。它比单烯烃容易发生聚合反应。所以,它是合成橡胶的重要原料。

石油裂化气的 C_4 馏分中含有丁二烯,可以进行分离。此外,还可用 C_4 馏分中的丁烷及丁烯催化脱氢而得。从丁烷脱氢有两种形式,即一步脱氢法和二步脱氢法。

(1)正丁烷一步脱氢法 催化剂用氧化铬等,载体为氧化铝:

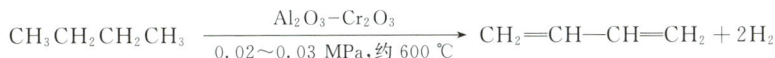

$$CH_3CH_2CH_2CH_3 \xrightarrow[\text{0.02~0.03 MPa,约 600 ℃}]{Al_2O_3-Cr_2O_3} CH_2=CH-CH=CH_2 + 2H_2$$

这个方法转化率仅为 30%~40%,目前生产上较少采用。

(2)正丁烷二步脱氢法 这个方法转化率较高,生产上广泛使用,但为吸热反应。

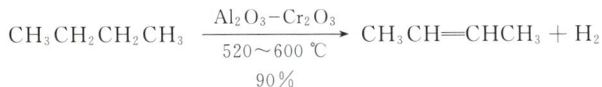

$$CH_3CH_2CH_2CH_3 \xrightarrow[520~600\ ℃]{Al_2O_3-Cr_2O_3} CH_3CH=CHCH_3 + H_2$$
$$90\%$$

$$CH_3CH=CHCH_3 \xrightarrow[\substack{600\sim650\ ℃ \\ 85\%}]{MgO-Fe_2O_3} CH_2=CH-CH=CH_2 + H_2$$

（水蒸气稀释）

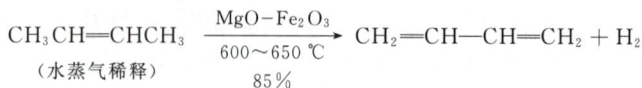

（3）丁烯氧化脱氢法　现代工业上以丁烯为原料,用氧化脱氢方式制取:

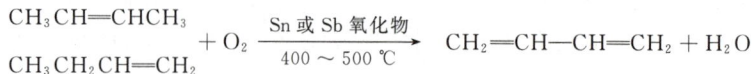

$$\begin{array}{l}CH_3CH=CHCH_3 \\ CH_3CH_2CH=CH_2\end{array} + O_2 \xrightarrow[400\sim500\ ℃]{Sn\ 或\ Sb\ 氧化物} CH_2=CH-CH=CH_2 + H_2O$$

本法优于前两者,因为有氧气存在生成水,故是放热反应和不可逆反应,可在较低的温度下获得较高产率(55%～57%)。

丁二烯聚合后得到聚丁二烯,聚丁二烯是最早由人工合成的橡胶。

$$n\ CH_2=CH-CH=CH_2 \xrightarrow{催化剂} \left[H_2C-CH=CH-CH_2 \right]_n$$

把聚丁二烯掺入天然橡胶中能提高轮胎的负重量。丁二烯与苯乙烯共聚而制成的丁苯橡胶广泛用于制造轮胎、鞋底等,丁二烯与丙烯腈共聚而制成的丁腈橡胶用于油封等。

2. 异戊二烯

异戊二烯 $\left(\begin{array}{c}CH_2=C-CH=CH_2 \\ | \\ CH_3\end{array} \right)$ 的系统名为2-甲基丁-1,3-二烯,但通常已习惯称其

俗名异戊二烯,这是 IUPAC 唯一保留的多烯烃俗名。异戊二烯是无色稍有刺激性液体,沸点 34 ℃,难溶于水,易溶于有机溶剂。异戊二烯是天然橡胶解聚后取得的单位,因而多年来人们寻找它的合成方法,企图满足对天然橡胶的需求。

【知识拓展】
天然橡胶

四、共轭二烯烃的反应

1. 1,4-加成

共轭二烯烃如丁-1,3-二烯可以和卤素、卤化氢等发生亲电加成反应,也可以催化加氢。

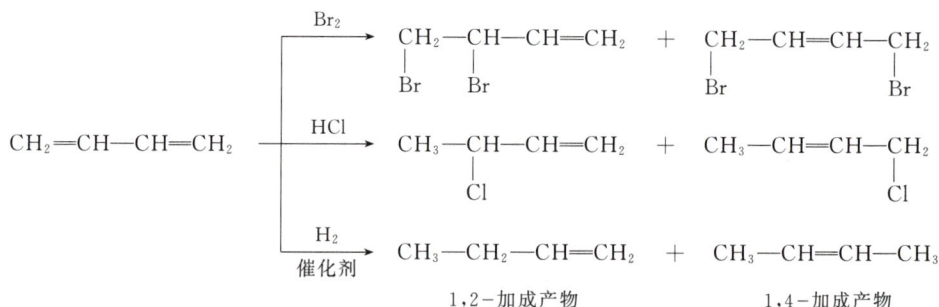

丁二烯溴化的
1,2-加成和
1,4-加成

共轭二烯烃加成时有两种可能。试剂不仅可以加到一个双键上,而且也可以加到共轭体系两端的碳原子上。前者称为1,2-加成,产物在原来的位置上保留一个双键;后者称为1,4-加成,原来的两个双键消失了,而在 2、3 两个碳原子间生成一个新的双键。

丁-1,3-二烯为什么会发生 1,4-加成反应呢?原因是丁二烯在极性溶剂的进攻下,

电子云密度分布不均匀,分子中接近进攻试剂的双键如 C1 微带负电荷,C2 微带正电荷,由此影响 C3 和 C4 分别微带负电荷和正电荷,即分子中各原子间的电子云密度出现极性交替分布的状况,氢离子加成到 C1 上形成碳正离子:

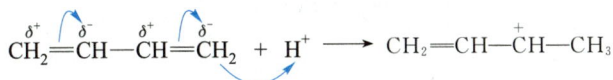

$$\overset{\delta^+}{CH_2}=\overset{\delta^-}{CH}-\overset{\delta^+}{CH}=\overset{\delta^-}{CH_2} + H^+ \longrightarrow CH_2=CH-\overset{+}{CH}-CH_3$$

在碳正离子中,带正电荷的碳原子和双键碳原子相连,即这个碳原子的空的 p 轨道和 π 键的 p 轨道互相重叠,生成包括 3 个碳原子在内的分子轨道。因为这 3 个碳原子只有 2 个 π 电子,所以导致 π 电子离域,整个体系带部分正电荷。由于 2 个 π 电子在包括 3 个碳原子的离域轨道中,体系的能量降低。

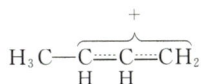

$$H_3C\overset{+}{\overbrace{-\underset{H}{C}=\underset{H}{C}-CH_2}}$$

由于共轭体系内极性交替地存在,π 电子云不是平均分布在这 3 个碳原子上,而是正电荷主要集中在 C2 和 C4 上,所以在反应的第二步,氯离子可以加在这个共轭体系的两端,分别生成 1,2-加成产物及 1,4-加成产物。

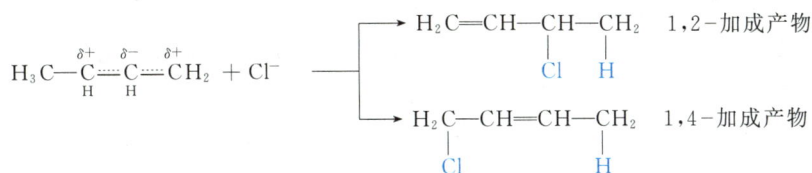

$$H_3C-\overset{\delta^+}{\underset{H}{C}}=\overset{\delta^-}{\underset{H}{C}}=\overset{\delta^+}{CH_2} + Cl^- \longrightarrow$$

$$H_2C=CH-\underset{Cl}{CH}-\underset{H}{CH_2} \quad 1,2\text{-加成产物}$$

$$H_2C-CH=CH-CH_2 \quad 1,4\text{-加成产物}$$
（下一组 Cl 在第一个碳，H 在第四个碳）

1,2-加成和 1,4-加成是同时发生的。两者的比例取决于反应条件。丁-1,3-二烯与溴的加成反应,若在极性溶剂中进行,1,4-加成产物占 70%(4 ℃)。但在非极性溶剂(如正己烷)中进行,1,4-加成产物则占 46%(−15 ℃)。加溴化氢的情况如下:

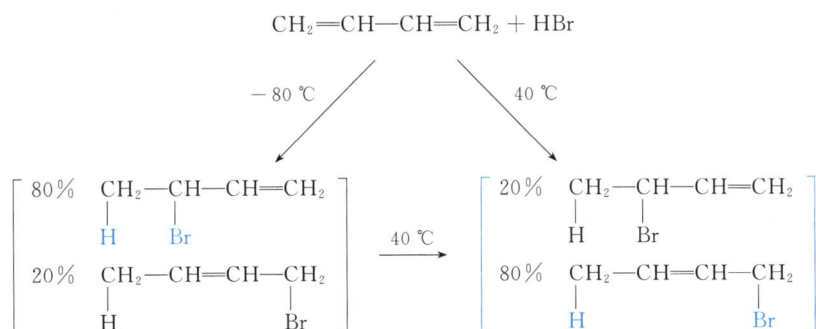

$$CH_2=CH-CH=CH_2 + HBr$$

−80 ℃ 　　　　　40 ℃

$$\begin{bmatrix} 80\% & CH_2-CH-CH=CH_2 \\ & \quad H \quad\quad Br \\ 20\% & CH_2-CH=CH-CH_2 \\ & \quad H \quad\quad\quad\quad Br \end{bmatrix} \xrightarrow{40℃} \begin{bmatrix} 20\% & CH_2-CH-CH=CH_2 \\ & \quad H \quad\quad Br \\ 80\% & CH_2-CH=CH-CH_2 \\ & \quad H \quad\quad\quad\quad\quad Br \end{bmatrix}$$

2. 狄尔斯-阿尔德反应

丁二烯与乙烯在 200 ℃ 及高压下生成环己烯,但产率不高,仅为 18%,而丁二烯与顺丁烯二酸酐在苯中于 100 ℃ 时的产率为 90%。实践证明,当双键碳原子上连有吸电子基团,如—CHO(醛基)、—COOR(酯基)、—COR(酮基)、—CN(氰基)和—NO₂(硝基)等时,反应能顺利地进行,且产率也很高。

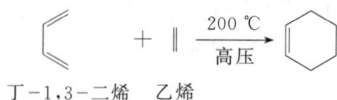

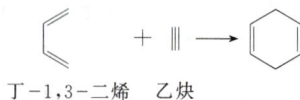

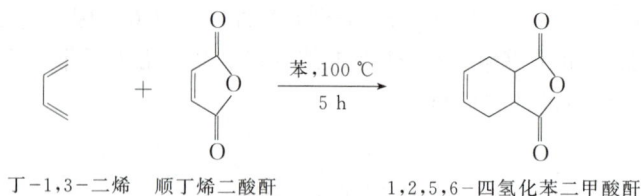

丁-1,3-二烯　乙烯

丁-1,3-二烯　乙炔

丁-1,3-二烯　顺丁烯二酸酐　　　　1,2,5,6-四氢化苯二甲酸酐

　　一般称共轭二烯烃为双烯体,与双烯体进行合成反应的不饱和化合物称为亲双烯体。在光或热的作用下,由共轭二烯烃和一个亲双烯体发生 1,4-加成反应,生成环状化合物,这一类型反应称为双烯合成。双烯合成反应是狄尔斯(Diels O)和阿尔德(Alder K)于 1928 年发现的,所以称为狄尔斯-阿尔德反应(Diels-Alder reaction)。这个反应是共轭二烯烃特有的反应,它是将链状化合物变为六元环状化合物的一个重要方法。

　　双烯合成是可逆反应。在高温时,加成产物又会分解为原来的共轭二烯烃。所以,能利用与共轭二烯烃的双烯合成反应来检验或提纯共轭二烯烃。由于双烯合成产量高,应用范围广,是有机合成的重要方法之一,在理论和生产上都占有重要的地位。

【科学家小传】
狄尔斯

【科学家小传】
阿尔德

　　问题 4-9　完成下列反应(以键线式表示产物)。

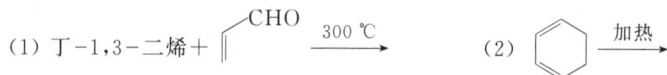

(1) 丁-1,3-二烯 + $\xrightarrow{300\ ℃}$ 　　(2) $\xrightarrow{加热}$

第三节　共轭效应

一、共轭效应的产生和类型

　　共轭效应(conjugative effect)是由于电子离域而产生的分子中原子间相互影响的电子效应。共轭效应的产生有赖于共轭体系中各个 σ 键都在同一个平面上,这样才能使参加共轭的 p 轨道互相平行而发生重叠,形成分子轨道。如果这种共平面性受到破坏,p 轨道的互相平行就发生偏离,减少了它们之间的重叠,共轭效应就随之减弱,或者完全消失。

　　(1) π-π 共轭效应　　单双键交替分布,形成 π 键的 p 轨道在同一平面上相互重叠而形成共轭体系,称为 π-π 共轭(π-π conjugation)。

$$CH_2{=}CH{-}CH{=}CH{-}CH{=}CH_2$$
$\pi-\pi$ 共轭

（2）p-π 共轭效应　单键的一侧有一 π 键，另一侧有未共用电子对的原子，或有一平行的 p 轨道，称为 p-π 共轭（p-π conjugation）。

$CH_2{=}CH{-}\ddot{\overset{..}{C}l}$ 　　$CH_2{=}CH{-}\dot{C}H_2$ 　　$CH_2{=}CH{-}\overset{+}{C}H_2$ 　　$CH_2{=}CH{-}\overset{-}{C}H_2$

p-π 共轭

（3）超共轭效应　π 键与 C—H σ 键共轭则成为 σ-π 共轭，若 C—H σ 键与 p 轨道共轭则成为 σ-p 共轭。σ 轨道与 π 轨道是不完全平行的，因此产生的 σ-π 共轭效应和 σ-p 共轭效应比 π-π 共轭和 p-π 共轭弱得多，故称为超共轭效应（hyperconjugation effect）。

 　　　　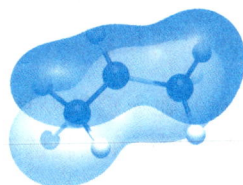

$CH_2{=}CH{-}CH_3$ 　　　　　$CH_3{-}\overset{+}{C}H{-}CH_3$
σ-π超共轭 　　　　　　　σ-p超共轭

二、共轭效应的特征

1. 键长趋于平均化

共轭链的第一个特征就是键长的改变。由于电子云密度分布的改变，在链状共轭体系中，共轭链越长，则双键及单键的键长越接近。在环状共轭体系中，如苯环的 6 个 C—C 键的键长完全相等。

2. 共轭二烯烃体系的能量低

在讨论丁-1,3-二烯的结构中很清楚地看出，共轭体系具有较低的能量。戊-1,3-二烯可以看成乙烯的一取代物，也可看成乙烯的二取代物，二取代物的氢化热为 117.1 kJ·mol^{-1}。

$$CH_3CH=CH—CH=CH_2$$

预计：$117.1 \text{ kJ·mol}^{-1} + 125.5 \text{ kJ·mol}^{-1} = 242.6 \text{ kJ·mol}^{-1}$

实测：$225.9 \text{ kJ·mol}^{-1}$

2,3-二甲基丁-1,3-二烯的两个双键也可以看成乙烯的二取代物。

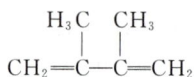

$$
\begin{array}{cc}
\text{H}_3\text{C} & \text{CH}_3 \\
| & | \\
\text{CH}_2=\text{C}—\text{C}=\text{CH}_2
\end{array}
$$

预计：$117.1 \text{ kJ·mol}^{-1} + 117.1 \text{ kJ·mol}^{-1} = 234.2 \text{ kJ·mol}^{-1}$

实测：$225.9 \text{ kJ·mol}^{-1}$

丁-1,3-二烯的氢化热低于丁-1-烯的 2 倍,至于戊-1,3-二烯和 2,3-二甲基丁-1,3-二烯的氢化热也较低于预计值,这是因为它们分子中 4 个 π 电子处于离域的 π 轨道中,共轭的结果使共轭体系具有较低的热力学能,分子稳定。

3. 折射率较高

由于共轭体系中 π 电子的离域运动减弱了原子核对电子的束缚力,π 电子云易被极化,它的折射率也就比相应孤立二烯烃的高。例如：

$$CH_2=CH—CH_2—CH=CH_2 \qquad n_D^{20} = 1.3888$$
$$CH_3—CH=CH—CH=CH_2 \qquad n_D^{20} = 1.4284$$
$$CH_3CH_2CH_2CH=C=CH_2 \qquad n_D^{20} = 1.4282$$
$$CH_3CH_2CH=CH—CH=CH_2 \qquad n_D^{20} = 1.4380$$
$$CH_3CH=CH—CH=CHCH_3 \qquad n_D^{20} = 1.4500$$
$$CH_3CH=CH—CH_2—CH=CH_2 \qquad n_D^{20} = 1.4150$$

三、共轭效应的传递

共轭效应通过共轭 π 键来传递。当共轭体系一端受电场的影响时,共轭效应就能沿着共轭链传递得很远,同时在共轭链上的原子将依次出现电子云分布的交替,这就是极性交替现象。

$$CH_3 \rightarrow \overset{\delta^+}{CH}=\overset{\delta^-}{CH}—\overset{\delta^+}{CH}=\overset{\delta^-}{CH}—\overset{\delta^+}{CH}=\overset{\delta^-}{CH_2}$$

四、静态 p-π 共轭效应和静态 π-π 共轭效应的相对强度

1. p-π 共轭

p 电子朝着双键方向转移,呈给电子效应($+C$)。

$$\ddot{\text{X}}—\text{C}=\text{C}—$$

p-π 共轭的强度次序对同族元素来说,随着原子序数的增加,各元素的原子半径增大,因而外层 p 轨道也变大,与碳原子的 π 轨道重叠变得困难,也就是形成 p-π 共轭的能

力变弱。因而，+C 效应的强弱次序是

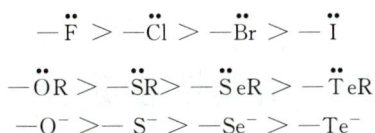

$$-\ddot{F} > -\ddot{Cl} > -\ddot{Br} > -\ddot{I}$$

$$-\ddot{O}R > -\ddot{S}R > -\ddot{S}eR > -\ddot{T}eR$$

$$-O^- > S^- > -Se^- > -Te^-$$

对同周期元素来说，各元素原子核外层 p 轨道的大小相接近，但随着元素的电负性变大，也就是元素原子核对其未共用电子对的吸引力增强，使电子对不易参加共轭，因而，+C效应的强弱次序是

$$-\ddot{N}R > -\ddot{O}R > -\ddot{F}$$

2. π−π 共轭

π 电子云转移的方向偏向电负性强的元素，呈现出吸电子效应（−C）。

$$-C\!=\!C-C\!=\!O$$

π−π 共轭的强度次序对同周期元素来说，电负性越强，−C 效应越强：

$$=\!O > =\!NR > =\!CR_2$$

对同族元素来说，随着原子序数增加，π 键的重叠程度变小，因而，−C 效应的强弱次序是

$$=\!O > =\!S$$

3. σ−π 和 σ−p 超共轭

由于 C—C σ 键可以绕键轴旋转，因而 α−C 上每个 C—H σ 键都可旋转至与 π 电子云重叠。参与共轭的 C—H 键越多，产生的超共轭效应越强。σ−π 共轭效应和 σ−p 共轭效应比 π−π 共轭效应和 p−π 共轭效应弱得多。通过氢化热数据，可以说明超共轭效应是存在的。例如：

$$CH_3CH_2CH\!=\!CH_2 + H_2 \longrightarrow CH_3CH_2CH_2CH_3 \qquad \Delta H = 126.8 \text{ kJ·mol}^{-1}$$

$$cis\text{-}CH_3CH\!=\!CHCH_3 + H_2 \longrightarrow CH_3CH_2CH_2CH_3 \qquad \Delta H = 119.7 \text{ kJ·mol}^{-1}$$

对比两者的氢化热，可以看出丁−2−烯的氢化热比较小，能量较低，也较稳定，主要原因是有较多的 C—H 键（6 个）与双键形成 σ−π 共轭，离域能较大，体系较稳定，故氢化热数值较小。

超共轭效应一般是给电子的，其强弱次序是

$$-CH_3 > -CH_2R > -CHR_2 > -CR_3$$

共轭效应也有静态与动态的区别。静态共轭效应是共轭体系的内在性质，在反应前就已表现出来；动态共轭效应是共轭体系在外电场的影响下所表现的性质，一般是反应瞬间出现的，它取决于键的极化度。共轭效应与诱导效应相类似，静态共轭和诱导效应对反应起促进作用，也能起阻碍作用；而动态效应总是对反应起促进作用，并不起阻碍作用。

应当指出,共轭效应常与诱导效应同时存在。例如,在丙烯分子中就存在着甲基的诱导效应和 $\sigma-\pi$ 共轭效应。

第四节 速率控制与平衡控制

第二节所谈的共轭二烯烃的 1,2-加成和 1,4-加成是两个互相竞争的反应。较低温度时,以 1,2-加成产物为主;较高温度时,以 1,4-加成产物为主。

例如,丁-1,3-二烯与溴化氢的反应,在低温($-80\ ℃$)时,由于 1,2-加成所需的活化能比 1,4-加成的活化能低,反应容易进行;而且,温度较低时可逆平衡尚未建立,生成的1,2-加成产物不容易逆转为碳正离子。因此,此时 1,2-加成速率比 1,4-加成速率快,1,2-加成产物的含量多,反应为速率控制或动力学控制,可用反应进程中的势能曲线图表示(见图 4-10)。

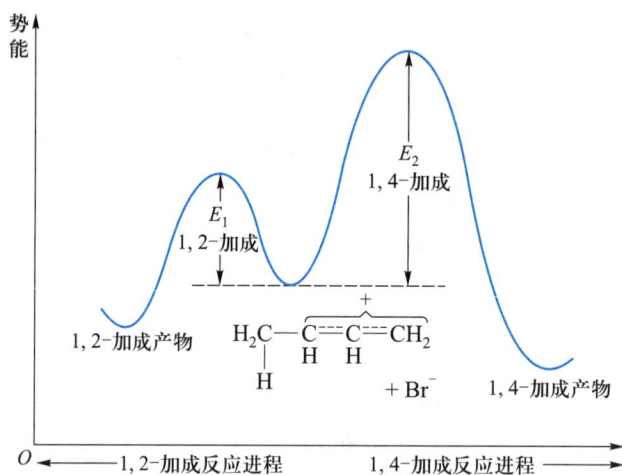

图 4-10　1,2-加成和 1,4-加成反应进程中的势能变化

当在较高温度($40\ ℃$)时,生成的 1,2-加成产物容易迅速转为碳正离子而建立平衡状态。同时,温度升高使碳正离子获得更多的能量,可以满足 1,4-加成时较高活化能的需要,因而又加速了 1,4-加成反应的进行。此时,尽管加成反应速率加快,而溴化物解离为碳正离子和溴离子的速率也加快。正反应和逆反应达到平衡时,因为 1,4-加成产物比较稳定,一旦生成后就不容易逆转,故在平衡混合物中较稳定的 1,4-加成产物就占优势了,反应为平衡控制或热力学控制。

在有机反应中,一种反应物可以向多种产物方向转变时,在反应未达到平衡前,利用反应快速的特点来控制产物组成比例的,即为速率控制或动力学控制。速率控制往往是通过缩短反应时间或降低反应温度来达到目的。利用平衡到达来控制产物组成比例的反应,即平衡控制或热力学控制。平衡控制一般是通过延长反应时间或提高反应温度使反应达到平衡点的。由此可见,丁-1,3-二烯的 1,2-加成是速率控制的反应,而 1,4-加成是平衡控制的反应。

习　题

1. 写出 C_6H_{10} 的所有炔烃异构体的构造式,并用系统命名法命名之。

2. 命名下列化合物。

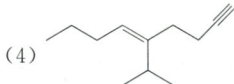

(1) $(CH_3)_3CC\!\equiv\!CCH_2C(CH_3)_3$

(2) $CH_3CH\!=\!CHCH(CH_3)C\!\equiv\!CCH_3$

(3) $HC\!\equiv\!CC\!\equiv\!CCH\!=\!CH_2$

(4)

(5)

3. 写出下列化合物的构造式和键线式,并用系统命名法命名。

(1) 烯丙基乙炔

(2) 丙烯基乙炔

(3) 二叔丁基乙炔

(4) 异丙基仲丁基乙炔

4. 写出下列化合物的构造式,并用系统命名法命名之。

(1) 5-ethyl-2-methylhept-3-yne

(2) (Z)-3,4-dimethylhex-4-en-1-yne

(3) $(2E,4E)$-hexa-2,4-diene

(4) 2,2,5-trimethylhex-3-yne

5. 下列化合物是否存在顺反异构体,如存在则写出其构造式。

(1) $CH_3CH\!=\!CHC_2H_5$

(2) $CH_3CH\!=\!C\!=\!CHCH_3$

(3) $CH_3C\!\equiv\!CCH_3$

(4) $CH\!=\!C\!-\!CH\!=\!CHCH_3$

6. 利用共价键的键能,计算下列反应在 25 ℃ 气态下的反应热。

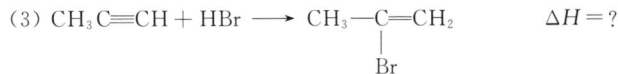

(1) $CH\!\equiv\!CH + Br_2 \longrightarrow CHBr\!=\!CHBr$　　　　$\Delta H = ?$

(2) $2CH\!\equiv\!CH \longrightarrow CH_2\!=\!CH\!-\!C\!\equiv\!CH$　　　　$\Delta H = ?$

(3) $CH_3C\!\equiv\!CH + HBr \longrightarrow CH_3\!-\!\underset{\overset{|}{Br}}{C}\!=\!CH_2$　　　　$\Delta H = ?$

7. 戊-1,3-二烯氢化热的实测值为 226 kJ·mol^{-1},与戊-1,4-二烯相比,它的离域能为多少?

8. 写出下列反应的产物。

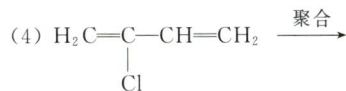

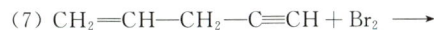

(1) $CH_3CH_2CH_2C\!\equiv\!CH + HBr(过量) \longrightarrow$

(2) $CH_3CH_2C\!\equiv\!CCH_2CH_3 + H_2O \xrightarrow{HgSO_4 + H_2SO_4}$

(3) $CH_3C\!\equiv\!CH + Ag(NH_3)_2^+ \longrightarrow$

(4) $H_2C\!=\!\underset{\overset{|}{Cl}}{C}\!-\!CH\!=\!CH_2 \xrightarrow{聚合}$

(5) $CH_3C\!\equiv\!CCH_3 + HBr \longrightarrow$

(6) $CH_3CH\!=\!CH(CH_2)_2CH_3 \xrightarrow{Br_2} ? \xrightarrow{NaNH_2} ? \xrightarrow{?} 顺己-2-烯$

(7) $CH_2\!=\!CH\!-\!CH_2\!-\!C\!\equiv\!CH + Br_2 \longrightarrow$

9. 用化学方法区别下列各化合物。

(1) 2-甲基丁烷、3-甲基丁-1-炔、3-甲基丁-1-烯

(2) 戊-1-炔、戊-2-炔

10. 1.0 g 戊烷和戊烯的混合物,使 5 mL Br$_2$-CCl$_4$ 溶液(每 1000 mL 含 Br$_2$ 160 g)褪色。求此混合物中戊烯的质量分数。

11. 有一炔烃,分子式为 C$_6$H$_{10}$,当它加氢后可生成 2-甲基戊烷,它与硝酸银氨溶液作用生成白色沉淀。求这一炔烃构造式。

12. 某二烯烃和一分子溴加成的结果生成 2,5-二溴己-3-烯,该二烯烃经臭氧化还原水解而生成两分子 CH$_3$CHO 和一分子 H—C—C—H 。
$$\underset{O\quad O}{|\quad|}$$

(1) 写出某二烯烃的构造式;

(2) 若上述的二溴加成物,再加一分子溴,得到的产物是什么?

13. 某化合物相对分子质量是 82,每摩尔该化合物可吸收 2 mol H$_2$,当它和 Ag(NH$_3$)$_2^+$ 溶液作用时,没有沉淀生成;当它吸收 1 mol H$_2$ 时,产物为 2,3-二甲基丁-1-烯。写出该化合物的构造式。

14. 从乙炔出发,合成下列化合物,其他试剂可以任选。

(1) 氯乙烯　　　　　　　　　　　　(2) 1,1-二溴乙烷

(3) 1,2-二氯乙烷　　　　　　　　　(4) 戊-1-炔

(5) 己-2-炔　　　　　　　　　　　　(6) 顺丁-2-烯

(7) 反丁-2-烯　　　　　　　　　　　(8) 乙醛

15. 指出下列化合物可由哪些原料通过双烯合成制得。

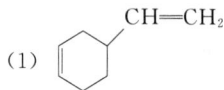

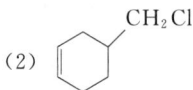

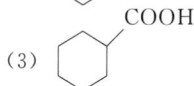

(1) ![环己烯-CH=CH$_2$]　　　　　　(2) ![环己烯-CH$_2$Cl]

(3) ![环己烷-COOH]　　　　　　　　(4) ![环己烷-CH$_2$CH$_3$]

16. 以丙炔为原料合成下列化合物。

(1) CH$_3$CHCH$_3$　　　　　　　　　(2) CH$_3$CH$_2$CH$_2$OH
$\quad\quad\ \ |$
$\quad\quad\ \ $Br

(3) CH$_3$COCH$_3$　　　　　　　　　(4) 正己烷

(5) 2,2-二溴丙烷

17. 何谓平衡控制? 何谓速率控制? 解释在下列事实:

(1) 丁-1,3-二烯和 HBr 加成时,1,2-加成比 1,4-加成快。

(2) 丁-1,3-二烯和 HBr 加成时,1,4-加成产物比 1,2-加成产物稳定。

18. 用什么方法区别乙烷、乙烯、乙炔? 用方程式表示。

19. 写出下列反应中"?"的化合物的构造式。

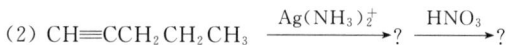

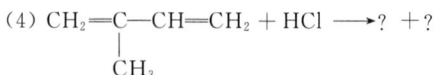

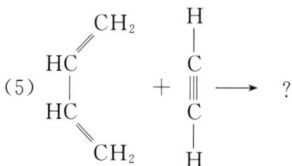

(1) CH$_3$C≡CH $\xrightarrow[\text{H}_2\text{SO}_4,\text{H}_2\text{O}]{\text{HgSO}_4}$?

(2) CH≡CCH$_2$CH$_2$CH$_3$ $\xrightarrow{\text{Ag(NH}_3)_2^+}$? $\xrightarrow{\text{HNO}_3}$?

(3) CH$_3$C≡CNa + H$_2$O $\longrightarrow$?

(4) CH$_2$=C—CH=CH$_2$ + HCl $\longrightarrow$? + ?
$\quad\quad\quad$ $|$
$\quad\quad\quad$ CH$_3$

(5) $\begin{array}{c}\text{HC}\overset{\text{CH}_2}{\underset{\|}{|}} \\ \text{HC}\underset{\text{CH}_2}{|}\end{array}$ + $\begin{array}{c}\text{H}\\ \overset{|}{\underset{\|}{\text{C}}}\\ \overset{|}{\underset{|}{\text{C}}}\\ \text{H}\end{array}$ $\longrightarrow$?

(6) $CH_3CH_2CH_2—C\!\equiv\!CH \xrightarrow[OH^-,H_2O]{KMnO_4}$? +?

(7) $CH_3CH_2CH_2—C\!\equiv\!CH \xrightarrow[H_2O]{O_3}$? +?

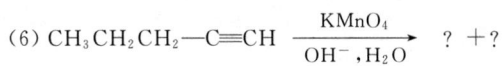

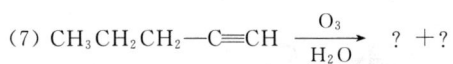

20. 将下列碳正离子按稳定性由大到小排列成序。

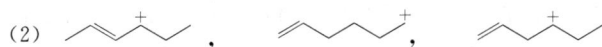

(1)

(2)

(3)

21. 判断下列化合物与 HX 加成时的相对活性：
(1) 乙烯　(2) 丁-2-烯　(3) 乙炔　(4) 丁-1,3-二烯　(5) 戊-1,3-二烯

第五章 脂环烃

脂环烃（alicyclic hydrocarbons）是碳干呈环状而其化学性质与开链烃（即脂肪烃）相似的烃类。简单的脂环烃在自然界存在不多，石油中含有少量环己烷及其衍生物，含量随石油的产地而异。环烷烃是一些天然复杂脂环化合物的母体，自然界存在的有机化合物多数都含有环状结构。

第一节 脂环烃的分类和命名

一、脂环烃的分类

1. 按分子中有无不饱和键分类

（1）饱和脂环烃——环烷烃，如环己烷。

（2）不饱和脂环烃——环烯烃，如环己烯。

2. 按分子中碳环数目分类

（1）单环脂环烃 环烷烃一般分为小环（$C_3 \sim C_4$）、普通环（$C_5 \sim C_7$）、中环（$C_8 \sim C_{11}$）和大环（C_{12}以上）。

（2）二环和多环烃 见本节命名部分。

二、脂环烃的命名

1. 单环脂环烃的命名

单环脂环烃的命名法与相应的开链烃相似，即以相应的开链烃名称前冠以"环（cyclo）"字。例如：

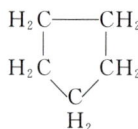

环丙烷	环丁烷	环戊烷	环己烷
（cyclopropane）	（cyclobutane）	（cyclopentane）	（cyclohexane）

为了书写方便，上述构造式可用下列键线式表示：

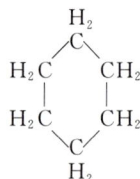

当环上取代基不止一个时,则将环烷烃的母体编号,以含碳最少的取代基作为1位。例如:

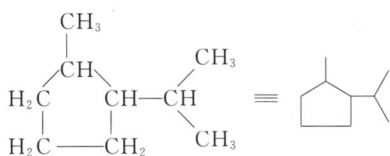

1-异丙基-2-甲基环戊烷

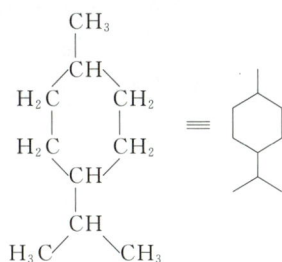

1-异丙基-4-甲基环己烷

环烯烃的命名,环上碳原子的编号,应给双键以最小位次。例如:

3-甲基环己-1-烯

（简称:3-甲基环己烯,不叫2-甲基环己烯）

5-甲基环戊-1,3-二烯

（不叫1-甲基环戊-2,4-二烯）

2. 多环脂环烃的命名

（1）桥环烃　两个碳环共用两个或两个以上碳原子的环烃叫桥环烃(bridged cyclo-hydrocarbons)。桥环烃的命名比单环烷烃要复杂些,现以下面的二环化合物为例,说明其命名要点。

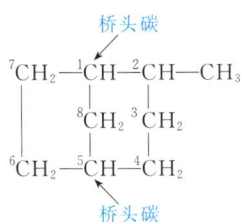

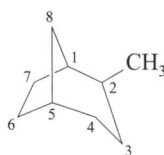

2-甲基二环[3.2.1]辛烷

2-methylbicyclo[3.2.1]octane

① 给组成桥环化合物的碳原子编号,先找出桥头碳原子,即两个环互相连接的碳原子。编号原则:自桥的一端(如上例中的 C1)开始,循着最长的桥环(C2～C4)依次编号到桥的另一端(C5),然后循着次长的桥环(C6～C7)编回到起始桥端,最短的桥环(C8)最后编号。

② 注明环数。视环的数目,可用"某环"作词头,上例为"二环"。在环字后面的方括号中用阿拉伯数字注上各桥所含碳原子数,由多到少列出,并用下角圆点隔开,二环桥环烃是两个桥头碳原子之间用三道桥连接起来的,故方括号有三个数字。无碳原子的桥称为键桥,用零(0)表示。上例化合物名称中方括号中数字为[3.2.1]。

③ 在方括号的后面标明成环碳原子数为某烷。当环上有取代基时,将取代基写在"二环"词头之前。所以,上面的例子的名称为 2-甲基二环[3.2.1]辛烷。

（2）螺环烃和稠环烃的命名　两个碳环共用一个碳原子的环烃,称为螺环烃(spirohydrocarbon)。根据螺环烃成环碳原子的总数称为螺某烷；在螺字后面的方括号中，用阿拉伯数字标出两个碳环除了共用碳原子以外的碳原子数目，将小的数字排在前面；编号是从较小环中与螺原子(共用碳原子)相邻的一个碳原子开始，经过共用碳原子而到较大的环；数字之间用下角圆点隔开，数字指碳原子数。例如：

螺[2.4]庚烷

spiro[2.4]heptane

两个碳环共用两个碳原子的环烃叫稠环烃(fused polycyclic hydrocarbon)。稠环烃可以当作相应芳香烃的氢化物来命名，或按照桥环烃的方法命名。例如，十氢化萘也可命名为二环[4.4.0]癸烷。

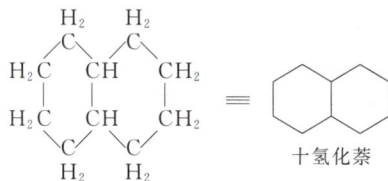

十氢化萘

近年来，桥环化合物及具有笼形结构的脂环化合物引起了有机化学家很大的兴趣，对它们进行了很多研究，合成了很多新型结构的多环化合物。为了简便，这些合成的化合物规定了简称。例如：

立方烷　　　　立方烷羧酸　　　　篮烷　　　　棱晶烷　　　　金刚烷

【知识拓展】
硝基立方烷——新型炸药

问题 5-1　试写出含有 5 个碳原子的环烷烃的构造异构体，并命名之。

问题 5-2　命名下列化合物：

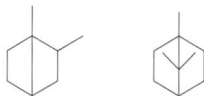

第二节　环烷烃的性质

环烷烃的沸点和熔点都比相应烷烃的高，相对密度也较大，但都比水轻(见表 5-1)。从表 5-1 中还可见，常温常压下环丙烷和环丁烷为气体，其他环烷烃多为液体。

表 5-1 环烷烃的物理常数

化合物	沸点/℃	熔点/℃	相对密度(d_4^{20})	折射率(n_D^{20})
环丙烷	-32.7	-127.6	$0.720^{(-79/4)}$	$1.3799^{(-42.5)}$
环丁烷	12.0	-50.0	$0.720^{(5/4)}$	1.4260
环戊烷	49.2	-93.9	0.7457	1.4065
环己烷	80.7	6.5	0.7785	1.4266
环庚烷	118.5	-12.0	0.8098	1.4436
环辛烷	149.0	14.3	0.8349	1.4586
甲基环戊烷	71.8	-142.4	0.7486	1.4097
甲基环己烷	100.9	-126.6	0.7694	1.4231

环烷烃的化学性质与烷烃相似,主要表现在能发生自由基的取代反应和氧化反应。

1. 取代反应

例如:

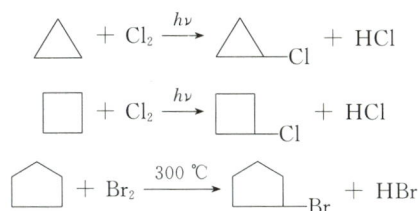

2. 氧化反应

常温下,环烷烃与一般氧化剂(如 $KMnO_4$ 酸性水溶液)不易发生反应。例如:

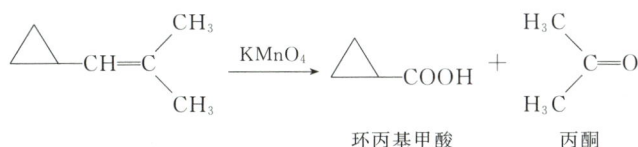

此例中,双键被氧化了,而环不受影响。但在加热、强氧化剂作用下,或在催化剂存在下用空气氧化,环烷烃可生成各种氧化产物。例如:

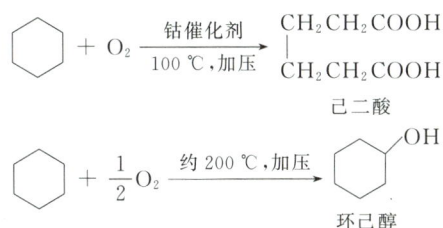

3. 加成反应

除取代反应和氧化反应外,小环的环烷烃由于张力的原因,具有特殊性。虽然它们的分子中都没有不饱和键,但却能与氢气、卤素、卤化氢等试剂发生加成反应。反应时由于环的张力而导致环破裂,易发生开环反应。

(1)加氢 在催化加氢时,环丙烷、环丁烷易开环加上一分子氢生成烷烃。

$$\triangle + H_2 \xrightarrow{\text{Ni},80\ ℃} CH_3CH_2CH_3$$

$$\square + H_2 \xrightarrow{\text{Ni},100\ ℃} CH_3CH_2CH_2CH_3$$

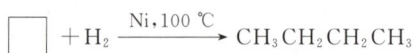

环戊烷必须在较激烈的条件下才能加氢。

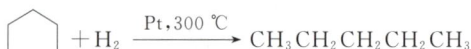

$$\pentagon + H_2 \xrightarrow{\text{Pt},300\ ℃} CH_3CH_2CH_2CH_2CH_3$$

环己烷以上的环烷烃一般不发生加氢反应。

（2）加溴　例如：

$$\triangle + Br_2 \xrightarrow{\text{室温}} BrCH_2CH_2CH_2Br$$

1,3-二溴丙烷

$$\square + Br_2 \xrightarrow{\text{加热}} BrCH_2CH_2CH_2CH_2Br$$

1,4-二溴丁烷

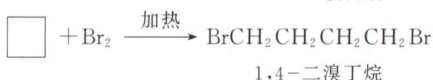

（3）加卤化氢　例如：

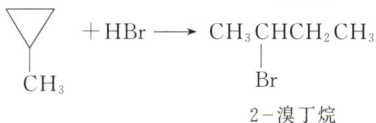

$$\triangle + HBr \longrightarrow CH_3CH_2CH_2Br$$

1-溴丙烷

$$\underset{CH_3}{\triangledown} + HBr \longrightarrow CH_3\underset{\underset{Br}{|}}{C}HCH_2CH_3$$

2-溴丁烷

环丙烷的烷基衍生物与氢卤酸加成时，符合马氏规则，氢原子加在含氢较多的碳原子上，即加成的位置发生在链接最少和烷基最多的碳原子间。

环己烷与溴化氢不起反应。

由此可见，小环烷烃比较容易发生开环反应。但随着环的增大，其反应性能就逐渐减弱。环己烷即使在相当强烈的条件下也不开环。

第三节　环烷烃的结构与稳定性

环的稳定性与环的大小有关，三元环最不稳定，四元环比三元环稍稳定一点，五元环较稳定，六元环及以上的环，即使十几个碳原子乃至三十多个碳原子的碳环都较稳定。如何理解这一事实呢？1885 年，拜尔(von Baeyer A)提出了张力学说，其中公认的合理部分的要点如下：

当碳与其他四个原子连接时，任何两个键之间的夹角都为四面体角，但环丙烷的环是三角形，夹角应是 60°；环丁烷是正方形，夹角应为 90°。任何原子都要使键角与成键轨道的角相一致，所以烷烃的正常键角一般都是四面体角(109°28′)。像在环丙烷和环丁烷中，每个碳上的两个键，不能有效地形成四面体键角，必须压缩到 60°或 90°以适应环的几何形状。这些与正常的四面体键角的偏差，引起了分子内的张力，使其具有力图恢复到正常键角的趋势。这种力称为角张力；这种环叫作张力环。张力环和键角与四面体的分子相比是不稳定的，为了减少这种张力，有生成更加稳定的开链化合物的倾向。由于环丙烷键角的偏差大于环丁烷,所以环丙烷更不稳定,比环丁烷更易发生开环反应。正五边形的夹角(108°)非常接近四面体的夹角,因此环戊烷基本上没有角张力。同样,环己烷也基本上没有角张力。

从现代共价键概念看,烷烃分子中的碳原子都采取 sp^3 杂化方式,C—C—C 键键角都应是 109°28′左右。这样,可使成键的两个碳原子的 sp^3 杂化轨道的对称轴处于同一条直线上,达到最大程度的重叠,生成的键就很牢固。经过现代物理实验方法证实,环丙烷分子的 3 个碳原子都在同一平面上,如图 5-1 所示。经计算,环丙烷 C—C—C 键键角为 104°,H—C—H 键键角为 114°。

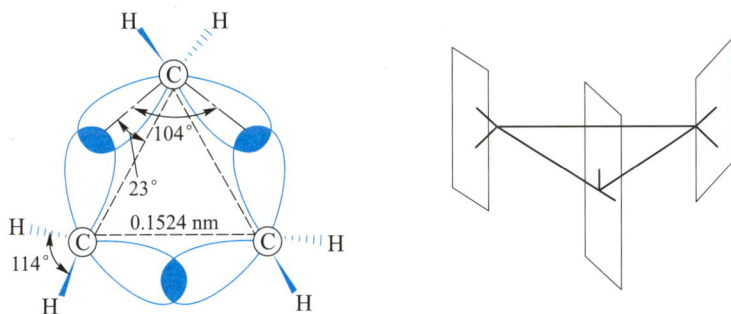

图 5-1　环丙烷环的键

一般认为,碳原子是采取 sp^3 杂化的,但为了使三个碳原子处在同一平面上,键角就不能保持在 109°28′左右。这样,两个成键碳原子的 sp^3 轨道在成键时,它们的对称轴不可能在同一条线上,而是以弯曲方向重叠,结果重叠较少,键的稳定性就差,如图 5-1 所示。也就是说,由 sp^3 杂化轨道构成 C—C—C 的键角为 109°28′,但在环丙烷分子中需将键角压缩至 104°。此时,分子内部产生了一种力图恢复正常键角的内在力量,称为角张力。角张力使环丙烷分子易于开环。

环丁烷分子也存在着角张力,但比起环丙烷的要小些,所以它的稳定性比环丙烷的要大。随着成环碳原子数目的增加,角张力逐渐减弱。环戊烷中 C—C—C 键键角已接近 109°28′,角张力很小,实验证明它们成环的碳原子不在同一平面上。环己烷 6 个成环碳原子也不在同一平面上,碳原子之间键角接近 109°28′。

再从燃烧热的数据看,也表明小环的不稳定性。燃烧热是指 1 mol 化合物完全燃烧生成二氧化碳和水时所放出的热量。表 5-2 列出已经测得的环烷烃每个 CH_2 的燃烧热。

表 5-2　环烷烃每个 CH_2 的燃烧热　　　　　　　　单位:$kJ \cdot mol^{-1}$

碳原子数(n)	燃烧热 H_c/n	碳原子数(n)	燃烧热 H_c/n
3	697	11	663
4	686	12	660
5	664	13	660
6	659	14	659
7	662	15	660
8	664	16	660
9	665	17	657
10	664		

　　由热化学实验测得:含碳原子数不同的环烷烃中,每个 CH_2 的燃烧热是不同的。它的大小反映出分子热力学能的高低。根据燃烧热数据可以看出,从环丙烷到环己烷,每个 CH_2 的燃烧热量逐渐降低,说明环越小热力学能越大,故不稳定。热力学能高低与成键情况有关。六元以上的中级环和大环,每个 CH_2 的燃烧热差不多等于 661 kJ•mol^{-1},说明大环是稳定的。

　　近年来制备了许多大环化合物,它们都是稳定的。经 X 射线分析,分子呈皱折状,碳原子不在同一平面内,碳原子之间的键角接近正常键角,由两条平行碳链组成,是无张力环。例如,环二十二烷的结构如下:

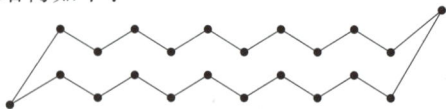

第四节　环己烷的构象

一、环己烷的构象

　　在环己烷分子中,碳原子是 sp^3 杂化的。6 个碳原子不在同一平面内,碳碳键之间的夹角可以保持 109°28′,因此,环很稳定。环己烷有两种极限构象,一种像椅子,故称为椅型(chair form),见图 5-2(a);另一种像船,称为船型(boat form),见图 5-2(c)。

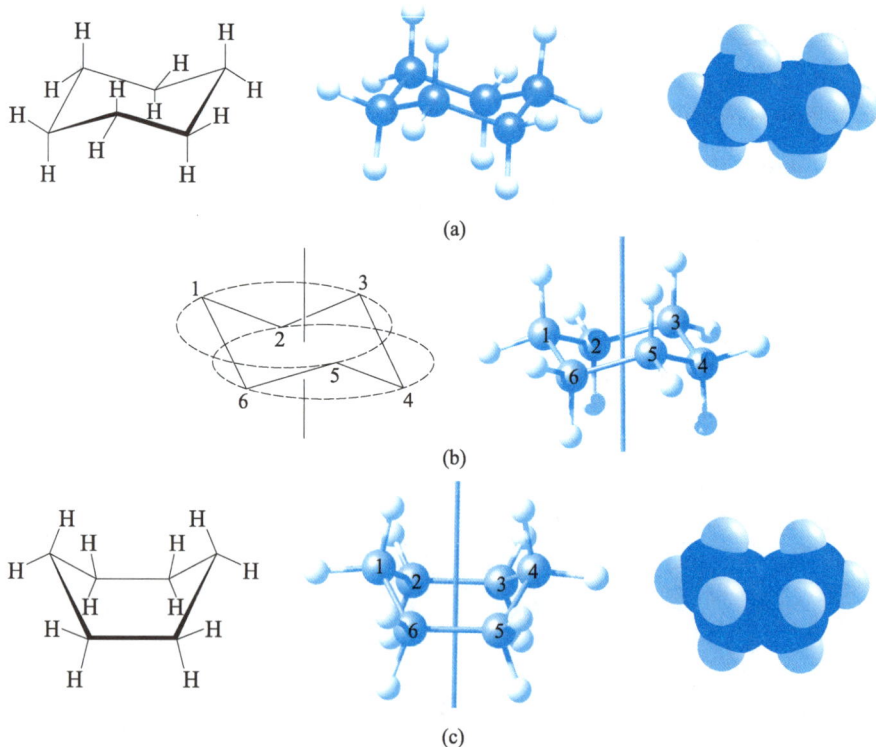

(a)

(b)

(c)

图 5-2　环己烷的两种构象及其分子模型

在椅型构象中,6个碳原子排列在两个平面内。若碳原子1、3、5排列在上面的平面,见图5-2(b),碳原子2、4、6则排列在下面的平面。两个平面间的距离为0.05 nm。图中的对称轴是穿过分子画一直线,分子以它为轴旋转一定角度后,可以获得与原来分子相同的形象,此直线即为该分子的对称轴。

环己烷的C—C单键虽不能像烷烃的C—C单键那样可以在360°范围内自由旋转,但可在环不受破裂的范围内旋转。在旋转中,船型、椅型构象可以互相转变。物理方法测出船型环己烷比椅型能量高29.7 kJ·mol^{-1},故在常温下环己烷几乎完全以较稳定的椅型构象存在(在常温下,每1 000个分子中大概船型构象只占1个,其余以椅型构象存在)。

环己烷的船型和椅型,就是环己烷分子的两种不同构象。在椅型构象中所有的C—C—C键角基本上维持109°28′,而相邻碳原子的键都处于邻位交叉式的位置,见图5-3(请回顾前面正丁烷的构象),没有碳氢键或碳碳键的重叠。因此,环己烷椅型构象既没有角张力,也没有扭转张力,是个无张力环,具有与烷烃相似的稳定性。

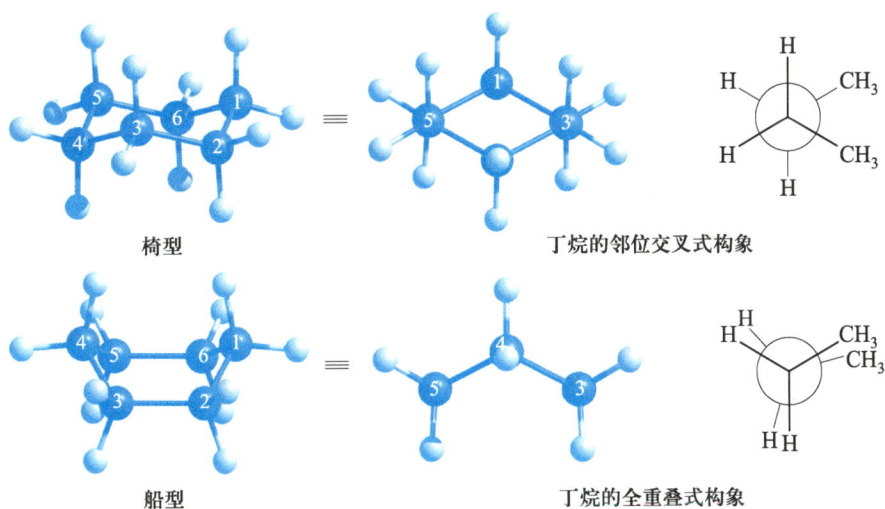

椅型   丁烷的邻位交叉式构象

船型   丁烷的全重叠式构象

图5-3 环己烷的椅型和船型构象

在船型构象中,只有4个相邻碳原子的键(见图5-3纽曼投影式中1,2;3,4;4,5和6,1)处于邻位交叉式的位置,其他2个相邻碳原子的键(2,3和5,6)处于全重叠式的位置。由于重叠的氢原子间有斥力(位阻)作用,且船头船尾距离较近,斥力较大,非键合张力也较大(见图5-4),故船型构象能量高,不稳定。

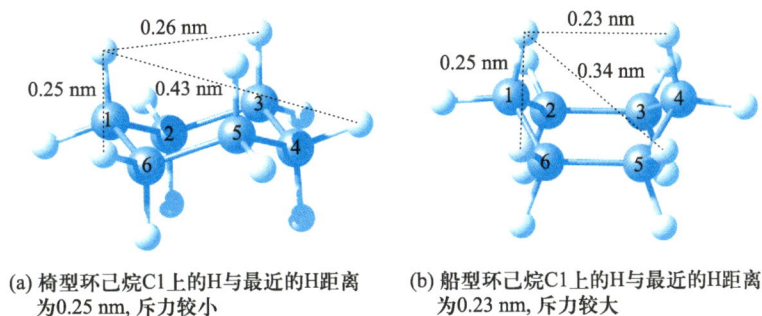

(a) 椅型环己烷C1上的H与最近的H距离为0.25 nm,斥力较小

(b) 船型环己烷C1上的H与最近的H距离为0.23 nm,斥力较大

图5-4 椅型和船型环己烷构象中氢原子间的斥力比较

图 5-5 中列出了环己烷各构象之间的势能关系,其中过渡态半椅型构象的能量最高,比椅型构象高 46 kJ·mol^{-1}。

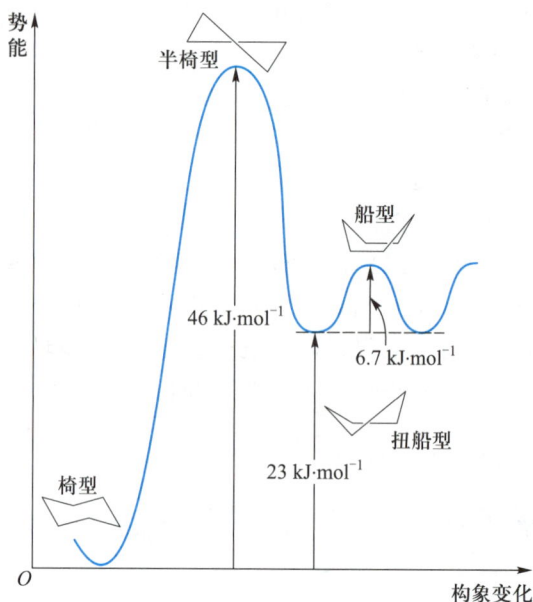

图 5-5 环己烷各构象的势能关系

在椅型构象中,C—H 键分为两类。第一类,6 个 C—H 键与分子的对称轴平行,叫直立键或 a 键(axial bond)。其中,3 个键方向朝上,其余 3 个键方向朝下,相邻两个键则一上一下,见图5-6。第二类,6 个 C—H 键与直立键形成接近 109°28′夹角,叫平伏键或 e 键(equatorial bond)。

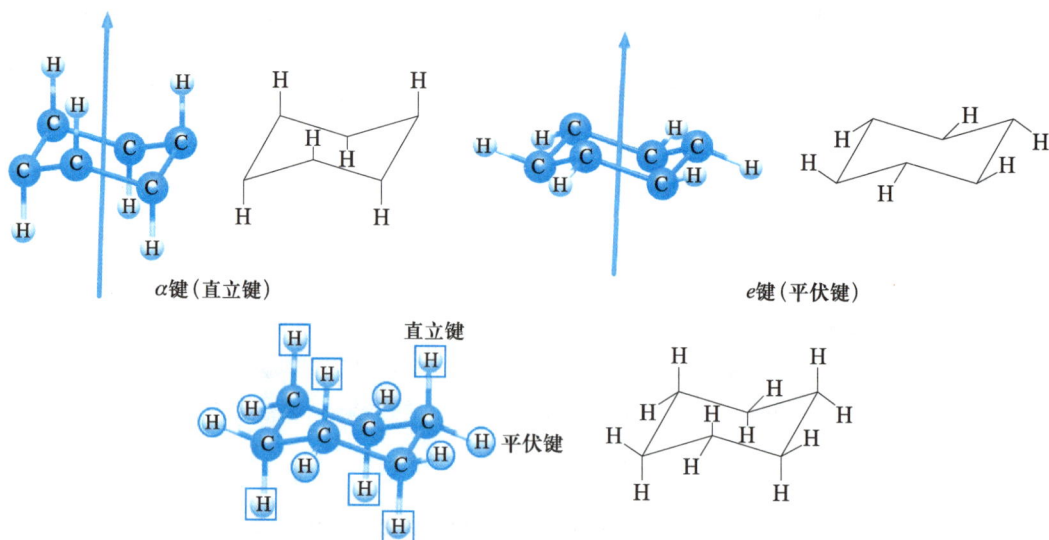

图 5-6 环己烷的直立键和平伏键

环己烷的船型和椅型两种构象可以通过各个 C—C 键的转动而互相转变,且一个椅型构象也可以通过 C—C 键的转动而变为另一个椅型构象。这种构象的互变叫转环作用。它是由分子热运动所产生的,不经过碳碳键的破裂。在室温时,环己烷分子就能迅速转环,每秒 $10^4 \sim 10^5$ 次。在互相转变中,每一个 a 键都变成了 e 键,同时每一个 e 键也变成了 a 键,反之亦然,见图 5-7。观察模型可清楚地看到这些变化。

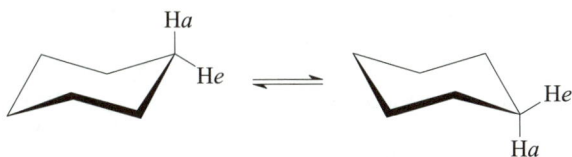

图 5-7　两个椅型构象相互转变

二、取代环己烷的构象

1. 一元取代环

以甲基环己烷为例,有两种构象,即甲基在 a 键上的构象和甲基在 e 键上的构象。

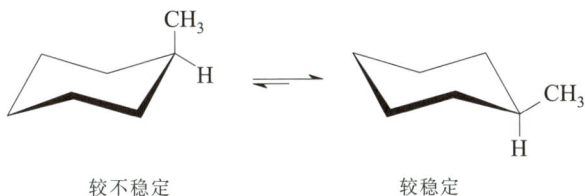

较不稳定　　　　　较稳定

环己烷一元取代衍生物中,取代基处于 e 键上比较稳定,能量较低。这是由于 a 键取代基与环同一边相邻的两个 a 氢原子距离较近,它们之间存在着斥力。例如,甲基环己烷中,甲基以 e 键连接时,其能量较以 a 键相连者低 75.3 kJ·mol^{-1}。因此,在室温时,甲基以 e 键连接的分子约占 95%,而以 a 键连接的分子仅占 5%。两者容易互相转变。

关于原子间的相互斥力问题,从图 5-8 中原子在空间的距离数据就能清楚地看出,在椅型 a 甲基环己烷中,在环同一边的两个 a 氢原子距离为 0.26 nm,而 a 氢原子与同一边的 a 甲基氢原子距离只有 0.23 nm,这里就存在着较大的原子间斥力;但在椅型 e 甲基环己烷中,a 氢原子与同一边 e 甲基的氢原子距离为 0.26 nm,非键原子间斥力显然减小了,所以甲基在 e 键上的取代环己烷构象稳定。倘若取代基更大时,这种空间效应就更为突

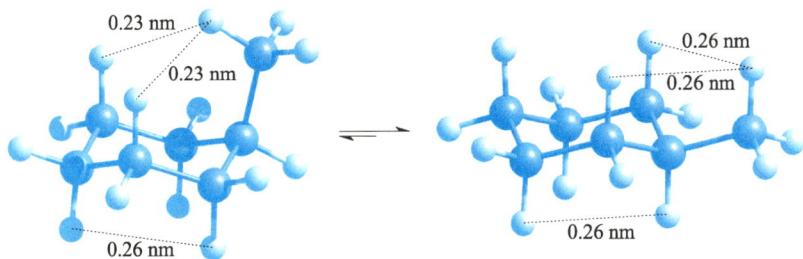

图 5-8　甲基环己烷原子间的距离

出。例如,在室温时,叔丁基环己烷中叔丁基以 e 键与环相连的构象接近 100%。

2. 二元取代环己烷

二元取代环己烷的情况比较复杂,既有位置异构体,又有顺反异构体。例如,二甲基环己烷的位置异构体有 $1,1-$、$1,2-$、$1,3-$ 和 $1,4-$,在后三者中又有顺反异构,每种异构体还要考虑它的构象。

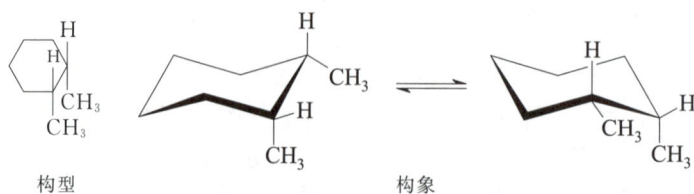

构型　　　　　　　　　　　　构象

顺 $-1,2-$ 二甲基环己烷(e、a)构象

对于顺 $-1,2-$ 二甲基环己烷分子的两种构象中,两种甲基均分别在 e、a 键上,这两种构象是相同的。但是,对于反 $-1,2-$ 二甲基环己烷,则不是这样。

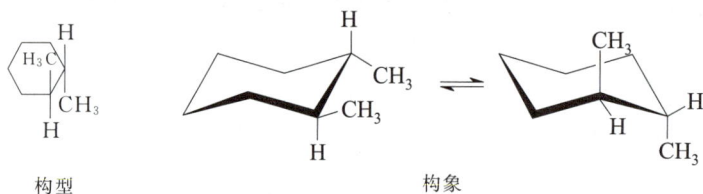

构型　　　　　　　　　　　　构象

反 $-1,2-$ 二甲基环己烷(e、e)构象　　反 $-1,2-$ 二甲基环己烷(a、a)构象
较稳定　　　　　　　　　　　　　　　较不稳定

从许多实验事实中可总结出如下规律:

(1) 环己烷多元取代物较稳定的构象是 e 取代基最多的构象。

(2) 环上有不同取代基时,大的取代基在 e 键的构象较稳定。

问题 5-3　请仔细复习环己烷的椅型与船型构象之间转变的能量变化,并注意环己烷椅型构象的转变情况。

第五节　多　环　烃

一、十氢化萘

十氢化萘有两种顺反异构体,两个环己烷分别以顺式和反式稠合。由于环己烷以椅型构象占优势,目前认为顺式和反式异构体都由两个椅型环稠合而成,经电子衍射研究证明属实。

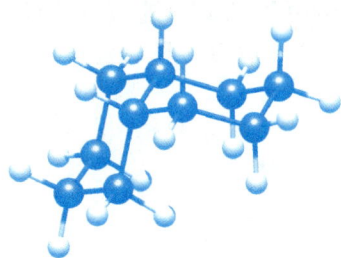

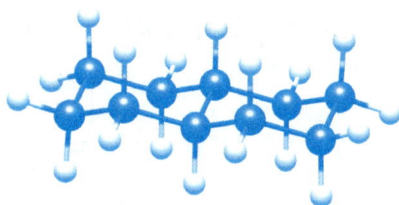

顺式   反式

在顺十氢化萘中,两个桥头氢原子处于环的同一侧;而在反十氢化萘中,两个桥头氢原子则处于环的两侧,通常用下式表示。

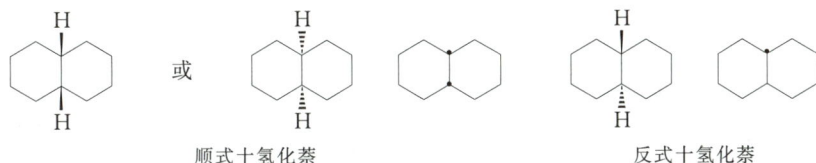

顺式十氢化萘   反式十氢化萘

桥头上的氢也可省去,只用一个圆点表示向上方伸出的氢。

反式中两个取代基都是 e 型,而顺式中则一个是 e 型,另一个是 a 型,反式比较稳定。从燃烧热数据也说明这一点,反式燃烧热比顺式低 $8.8 \ kJ \cdot mol^{-1}$,顺式异构体在三氯化铝催化下,室温搅拌 22 h,可异构化为反式。

在十氢化萘取代物中,取代基一般处于 e 键的较为稳定。类似地,在多环化合物中,以椅型最多的构象较稳定。

二、金刚烷

金刚烷(三环[3.3.1.1$^{[3,7]}$]癸烷)最早是在石油中发现的,现从四氢化双环戊二烯在三卤化铝催化剂存在下重排得到:

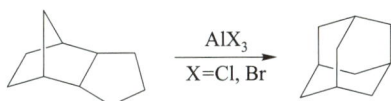

金刚烷是无色晶体,熔点 268 ℃,分子内含有由环己烷组成体型结构的三环体系,环己烷以椅型构象存在。它的碳架正好是金刚石晶体的一部分。C—C 键的键长与金刚石相近,为 0.154 nm。

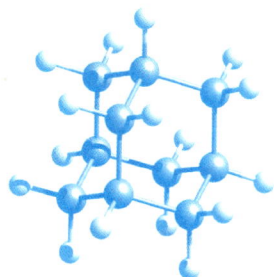

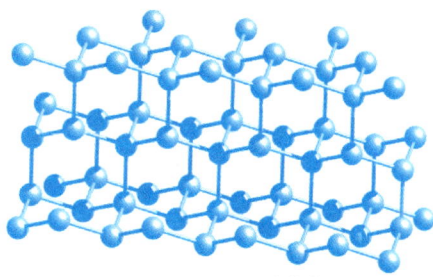

金刚烷($C_{10}H_{16}$)   金刚石的部分结构

【知识拓展】
金刚烷化学

由于结构高度对称,分子接近球形,有助于在晶格中紧密堆集,金刚烷熔点高。金刚烷具有特殊的结构,也具有特殊的性能,如某些金刚烷衍生物具有抗病毒活性,是常见的药物。

第六节　脂环烃的制备

脂环烃的合成方法类似烷烃的制法,也可以分成两大类。一类是把链状化合物的两端连接成环,另一类是由环状化合物改变其官能团。后者主要从芳香族化合物氢化制得,如苯氢化得到环己烷、萘氢化得到十氢化萘(反应式见"第七章芳烃")。在这里,主要讨论前一类方法,即环的合成方法。

一、狄尔斯-阿尔德反应

在第四章中,曾经介绍过亲双烯体与共轭二烯发生狄尔斯-阿尔德反应,原子利用率达到100%,是合成六元环类脂环烃及其衍生物的重要方法。例如,环戊二烯在自身的二聚反应中,既是双烯体,也是亲双烯体:

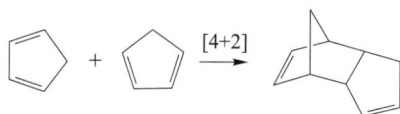

该反应的产物——双环戊二烯加氢还原后,即为合成金刚烷的原料。由于该反应在室温下即可进行,环戊二烯本身很不稳定。但环戊二烯(有特殊臭味的无色液体,沸点41.5 ℃)作为常见的双烯体,可以通过双环戊二烯(无色有樟脑气味的结晶,熔点33.5 ℃,沸点170 ℃)受热解聚(大于100 ℃)获得。

双烯合成之所以重要,还由于其立体专一性。所谓立体专一性,是指那些立体异构不同的起始原料,反应后得到立体异构不同的产物。例如,顺丁-1,3-二烯与顺丁烯二酸二甲酯的反应,得到顺式产物:

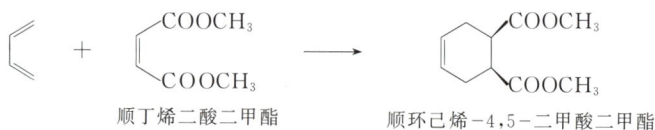

顺丁烯二酸二甲酯　　　　　顺环己烯-4,5-二酸二甲酯

类似的,由于其立体专一性,反丁烯二酸二甲酯的反应得到反式产物,双烯体和亲双烯体的构型都在产物中仍然得到保持:

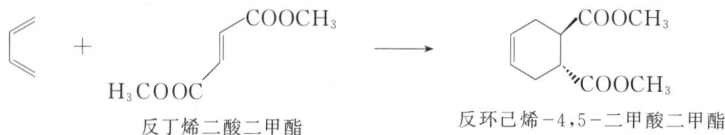

反丁烯二酸二甲酯　　　　　反环己烯-4,5-二甲酸二甲酯

不仅如此,由于其立体专一性,当加成后得到的产物为桥环化合物时,大多数是内型(endo)产物,而外型(exo)产物一般很少:

内型（endo）　　　外型（exo）

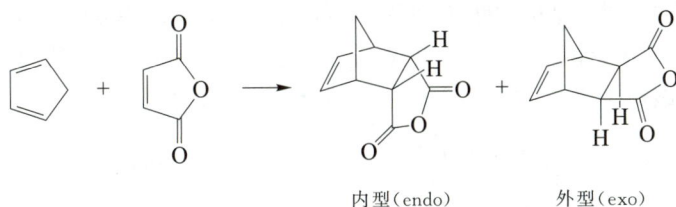

问题 5-4　写出环戊二烯自身二聚反应主要产物的构型。

问题 5-5　完成下列反应（只写出主要产物）。

二、分子内偶联方法

1,3-二溴丙烷与钠反应,可以生成环丙烷。这种方法叫作武尔兹(Wurtz)型环合法。如果用锌代替钠,该 β-消除反应(见第十章第二节)的效果更好。

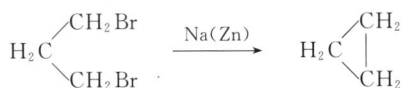

武尔兹型环合法也可以合成四元环:

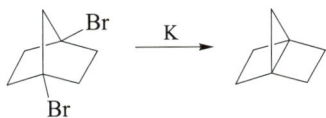

不仅如此,利用卤素位于末端的二卤代烃与金属镁的反应,也可以制备五元环:

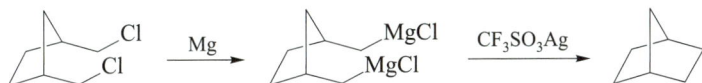

另外,利用卡宾合成法可合成三元环(见第十章中"β-消除反应"),利用骨架重排法可合成六元环(如前述金刚烷的合成)。总之,在学习过程中,只要不断地归纳和总结,将会发现还有很多合成脂环烃的方法。

三、卡宾法

利用卡宾中间体与烯烃的环加成反应,可以合成环丙烷类化合物,这是合成三元环的一种常见方法。

1. 卡宾的产生

例如,氯仿用强碱处理时,发生 1,1-消除反应,失去 HCl 形成二氯卡宾。

$$HCCl_3 + (CH_3)_3COK \longrightarrow\ :CCl_2 + (CH_3)_3C-OH + KCl$$

在氯仿分子中,同一个碳原子上消除 H 和 Cl,故叫 α-消除反应,又叫 1,1-消除反应。α-消除反应也是分两步完成的:首先,碳原子上的一个氢原子以质子形式解离被碱夺取;然后,在同一碳原子上再失去一个负性基团分解成卡宾。

$$CHCl_3 \xrightarrow{(CH_3)_3C-O^-} Cl_3C:^- + (CH_3)_3COH$$

$$Cl_3C:^- \longrightarrow Cl_2C: + Cl^-$$

这类反应常用来形成二卤卡宾。

卡宾的获取还可以通过重氮甲烷的热解或光分解而形成:

$$\underset{\text{重氮甲烷}}{CH_2N_2} \xrightarrow[\text{或加热}]{\text{紫外光}} :CH_2 + N_2$$

2. 卡宾的环加成反应

卡宾的碳原子最外层仅有 6 个价电子,是个缺电子的碳原子,为高活性的亲电试剂。因此,卡宾易与烯烃发生亲电加成反应,得到环丙烷及其衍生物。例如:

$$CH_2N_2 \xrightarrow{\text{光或热}} :CH_2 + N_2$$

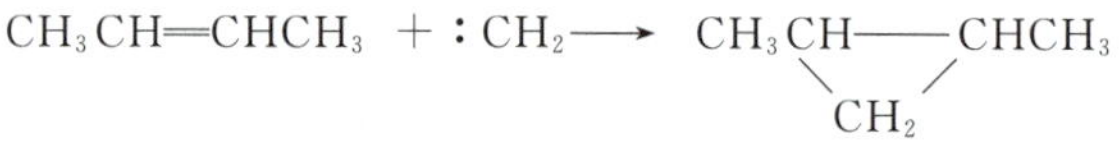

$$CH_3CH{=}CHCH_3 + :CH_2 \longrightarrow CH_3CH\underset{CH_2}{\overset{}{-\!\!\!\diagdown\!\!\!-}}CHCH_3$$

7,7-二氯二环[4.1.0]庚烷

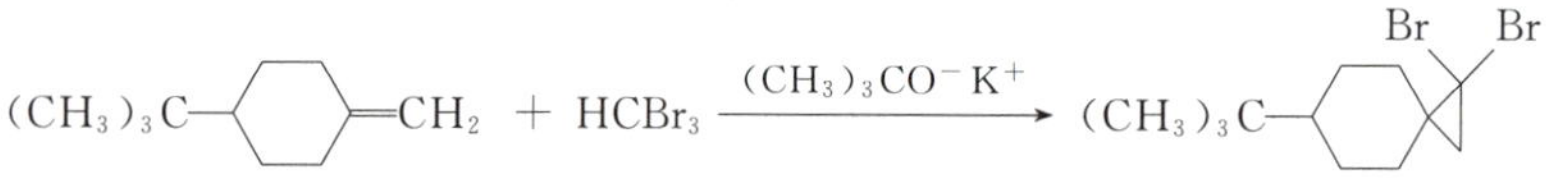

问题 5-6 完成下列各反应式。

(1) $(CH_3)_2C{=}CHCH_3 + CFBr_3 \xrightarrow{n\text{-BuLi}}$

(2) 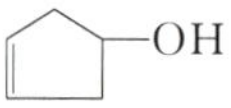 $\text{—OH} + HCBr_3 \xrightarrow{(CH_3)_3CO^-K^+}$

四、有机合成的基本概念简介

有机化学的一项重要工作就是以简便的方法合成指定结构的化合物,为生产和科研服务,即有机合成。通过前面的学习,需要对有机合成的一些基本概念有所了解,为后面更深入、细致的学习奠定基础。

1. 目标分子、中间体与合成路线

需要合成的化合物,就是目标分子(target molecule,简称 TM)。例如,需要合成金刚烷,金刚烷就是目标分子。

如果以乙炔为原料,合成目标分子反己-3-烯,需要依次制备炔钠、己-3-炔,反应式如下:

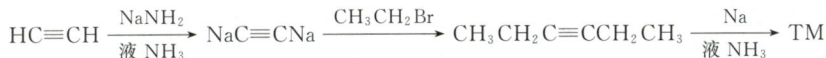

$$HC \equiv CH \xrightarrow[\text{液 } NH_3]{NaNH_2} NaC \equiv CNa \xrightarrow{CH_3CH_2Br} CH_3CH_2C \equiv CCH_2CH_3 \xrightarrow[\text{液 } NH_3]{Na} TM$$

其中,炔钠、己-3-炔可以称为中间产物,而经过中间产物的系列合成反应式就构成了合成路线。

在有机合成的思路中,要注意逆向思维,从 TM 出发,寻找可能的各种中间体,最后落实廉价易得的原料。这就是常说的反向合成思路。1990 年,美国化学家科里(Corey E J)关于反向合成的理论与实践研究,荣获了诺贝尔化学奖。

【科学家小传】
科里

问题 5-7　写出由环戊二烯合成金刚烷的合成路线。

问题 5-8　写出以乙炔为唯一有机原料(碳源)合成反己-3-烯的合成路线。

---

2. 碳骼的形成、官能团的引入与立体化学的要求

在上述合成反己-3-烯的实例中,TM 是由 6 个碳原子组成的碳骼(碳骨架)。因此,炔钠与溴乙烷反应生成了含有 6 个碳原子的炔烃,就是碳骼的形成过程(本实例中是通过碳链的延长形成的)。对于金刚烷的合成,碳骼的形成是通过重排形成的。

但是,反己-3-烯中的官能团是烯烃,故还需要把中间体己-3-炔中的三键还原为双键。这个过程,就是官能团的引入。本实例中,官能团的引入是通过三键的反式还原实现的,其同时也达到了 TM 的立体化学要求。

在有机合成中,碳骼的形成、官能团的引入与立体化学的要求是三个基本的考虑要素,其中的技巧需要在有机化学的学习中不断积累和总结。

问题 5-9　写出由丁二烯合成乙基环己烷的合成路线,并指出其中碳骼的形成过程。

问题 5-10　写出以含有小于或等于 2 个碳原子的有机化合物(≤C_2 原料)合成顺己-3-烯的合成路线,并指出其中碳骼的形成与立体化学的要求是如何实现的。

习　题

1. 写出分子式 C_5H_{10} 的环烷烃异构体的构造式(提示:包括五元环、四元环和三元环)。

2. 写出顺-1-甲基-4-异丙基环己烷的稳定构象式。

3. 写出下列各对二甲基环己烷的可能的椅型构象,并比较各异构体的稳定性,说明原因。

(1) 顺-1,2-、反-1,2-　　　　(2) 顺-1,3-、反-1,3-　　　　(3) 顺 1,4 、反-1,4-

4. 写出下列化合物的构造式(用键线式表示)。

(1) 1,3,5,7-四甲基环辛-1,3,5,7-四烯　　　　(2) 二环[3.1.1]庚烷　　　　(3) 螺[5.5]十一烷

(4) methylcyclopropane　　　　　　(5) cis-1,2-dimethylcyclohexane

5. 命名下列化合物。

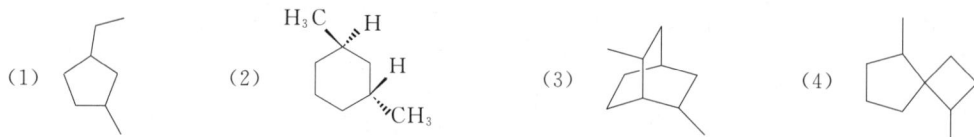

6. 完成下列反应式,带"＊"的写出产物构型。

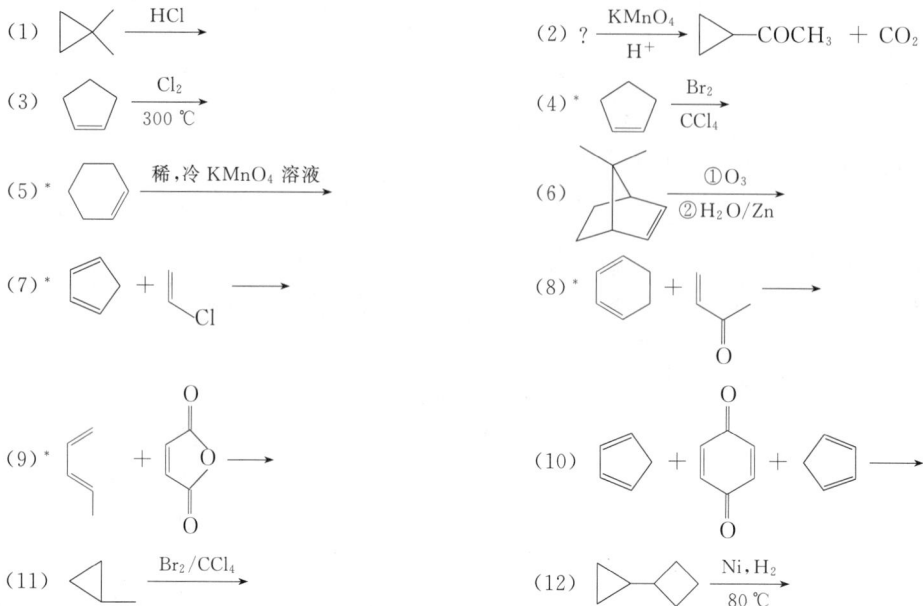

(1)

(2) ? $\xrightarrow[H^+]{KMnO_4}$ $+ CO_2$

(3)

(4)＊

(5)＊ 稀,冷 KMnO₄ 溶液

(6) $\xrightarrow[②H_2O/Zn]{①O_3}$

(7)＊

(8)＊

(9)＊

(10)

(11) $\xrightarrow{Br_2/CCl_4}$

(12) $\xrightarrow[80\ ℃]{Ni,H_2}$

7. 丁二烯聚合时,除生成高分子化合物外,还有一种环状结构的二聚体生成。该二聚体能发生下列反应:(1) 还原生成乙基环己烷;(2) 每摩尔溴化时可以加上四个溴原子;(3) 氧化时生成 β-羧基己二酸。试根据这些事实,推测该二聚体的结构,并写出各步反应式。

8. 化合物(A)分子式为 C_4H_8,它能使溴溶液褪色,但不能使稀的高锰酸钾溶液褪色。1 mol(A)与 1 mol HBr 作用生成(B),(B)也可以从(A)的同分异构体(C)与 HBr 作用得到。化合物(C)能使溴溶液褪色,也能使稀的高锰酸钾溶液褪色。试推测化合物(A)、(B)、(C)的构造式,并写出各步的反应式。

9. 写出下列化合物最稳定的构象式。

(1) 反-1-异丙基-3-甲基环己烷

(2) 顺-1-溴-2-氯环己烷

(3) 顺环己-1,3-二醇

(4) 2-甲基十氢化萘

10. 写出在 $-60\ ℃$ 时,Br_2 与三环$[3.2.1.0^{1,5}]$辛烷反应的产物,并解释原因。

11. 合成下列化合物:

(1) 以环己醇为原料合成 $OHC-CH_2-CH_2-CH_2-CH_2-CHO$

(2) 以环戊二烯为原料合成金刚烷

(3) 以烯烃为原料合成

A.

B.

C.

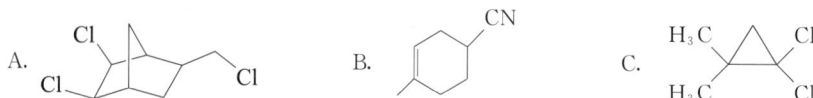

12. 反-1,2-二甲基环己烷大约以 90% 的二平伏键构象存在,而反-1,2-二溴(或氯)环己烷以等量的二平伏键和二直立键构象存在,且二直立键构象的数量随着溶剂极性的增加而减少。试说明两种取代环己烷之间差别的原因。

附：烷、烯、炔性质和相互转化反应图

烷烃 $CH_3CH_2CH_2CH_3$

单烯烃 $CH_3CH_2CH=CH_2$

共轭二烯烃 $CH_2=CH—CH=CH_2$

脂环烃

炔烃 $CH_3CH_2C\equiv CH$

CH_3CH_2COOH　氧化 KMnO$_4$

$CH_3CH_2C\equiv CNa^+$　NaNH$_2$ 液NH$_3$

$CH_3CH_2C\equiv CR$　RX

$CH_3CH_2CCH_3$　H$_2$SO$_4$, HgSO$_4$　H$_2$O　‖O

$CH_3CH_2C=CH_2$　亲电加成　X

$CH_3CH_2C=CH_2$　亲电加成　HX　X

$CH_3CH_2CH_2CH_3$　2HX　亲电加成　X　X

$CH_3C\equiv CCH_3$

$CH=CH$　NaOH EtOH

HX(Br) 40℃

HX(Br) −80℃

① O$_3$ ② Zn/H$_2$O　OHC—CHO　OHCCH$_2$CH$_2$CHO

X$_2$/H$_2$O

X$_2$

$CH_3CH=CHCH_3$（反式）　Na, NH$_3$(l)

$CH_3CH=CHCH_3$（顺式）　H$_2$ Lindlar Pd

$CH_3CH_2CH—CH_2$　Br　Br　亲电加成 Br$_2$/CCl$_4$

$CH_3CH_2CHCH_3$　OH　H$_2$SO$_4$ 亲电加成

$CH_3CH_2CHCH_3$　OSO$_3$H　亲电加成

$CH_3CH_2CH_2CH_2$　BH$_2$　B$_2$H$_6$

$CH_3CH=CHCH_3$（反式）　NaOH EtOH

$CH_3CH_2CH_2$ + $CH_3CH_2CHCH_3$　X　X　亲电加成 HX

$CH_3CH_2CHCH_2$　OH　X　H$_2$O X$_2$

$CH_3CH_2CH_2$　X　X$_2$(Cl)/hv

2H$_2$/Ni

CH_3CH_2COOH　KMnO$_4$ H$^+$

$CH_3CH_2CHCH_2$（顺式）HO OH　KMnO$_4$/OH$^-$ 或OsO$_4$

$CH_3CH_2CHCH_2$（反式）OH OH　① RCOOOH ② H$_3$O$^+$

CH_3CH_2CHO HCHO　① O$_3$ ② Zn/H$_2$O

H$_2$ Ni

CH_3CHCH_2　α-H卤代 X$_2$/高温

CH_3CHCH_2　X　消除 NaOH/EtOH

$CH_2=CH_2$

CH_2CH_2　1,2-加成 HX(Br)/−80℃

$CH_2CH=CHCH_3$　X　1,4-加成 HX(Br)/40℃

CHO CHO　① O$_3$ ② Zn/H$_2$O

HO OH　KMnO$_4$/OH$^-$

HOOC COOH　KMnO$_4$ H$^+$

X$_2$ 高温

X$_2$(Br)　H X X H　H H X H

HX

氧化

第六章 对映异构

同分异构现象在有机化学中极为普遍。在有机化学中,将分子式相同、结构式不同的化合物互称为同分异构体(也称为结构异构体),包括构造异构体和立体异构体两大类。构造异构体是指因分子中的原子的连接次序不同或键合性质不同而引起的异构体,如碳骼异构体、位置异构体、官能团异构体和互变异构体等都属于这一类。立体异构体是指分子中原子的连接次序及键合性质均相同,但因空间排列不同而引起的异构体,包括构型异构体和构象异构体(见第二章和第五章)。在构型异构体中,因双键或环碳原子的单键不能自由旋转而引起的异构体称为顺反异构体,也称为几何异构体;因分子具有不对称性(也称为手性),而使异构体互呈实物与镜像对映关系的称为对映异构体(enantiomer),由于对映异构体的旋光性能不同,故又称为旋光异构体或光学异构体。同分异构体可以归纳如下:

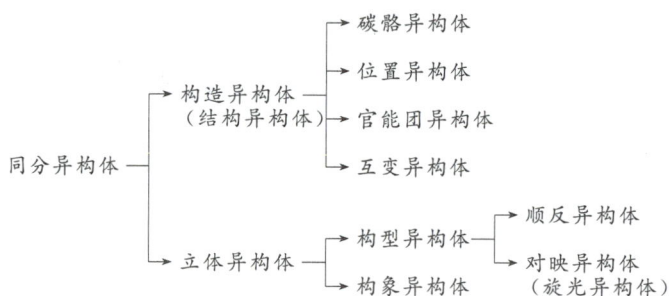

$$
\text{同分异构体}
\begin{cases}
\text{构造异构体} \\
\text{(结构异构体)}
\begin{cases}
\text{碳骼异构体} \\
\text{位置异构体} \\
\text{官能团异构体} \\
\text{互变异构体}
\end{cases} \\
\\
\text{立体异构体}
\begin{cases}
\text{构型异构体}
\begin{cases}
\text{顺反异构体} \\
\text{对映异构体} \\
\text{(旋光异构体)}
\end{cases} \\
\text{构象异构体}
\end{cases}
\end{cases}
$$

本章主要讨论立体异构体中的对映异构体,很多天然和合成的有机化合物都具有对映异构体。

第一节 物质的旋光性

一、平面偏振光和旋光性

光波是一种电磁波,它的振动方向与其前进方向是垂直的,如图 6-1(a)所示。在自然光线中,光波可在垂直于它前进方向的任何可能的平面上振动,如图 6-1(b)所示,中心圆点 O 表示垂直于纸面的光的前进方向,双箭头如 AA'、BB'、CC'、DD' 表示光可能的振动方向。

如果将普通光线通过一个尼科尔(Nicol)棱晶(由方解石晶体经过特殊加工制成),如图6-2所示,它好像是一个栅栏,只允许与棱晶晶轴互相平行的平面上振动的光线(AA')透过棱晶,而在其他平面上振动的光线如 BB'、CC'、DD' 则被阻挡住。这种只在一个平面上振动的光称为平面偏振光(plane polarized light),简称偏振光或偏光。

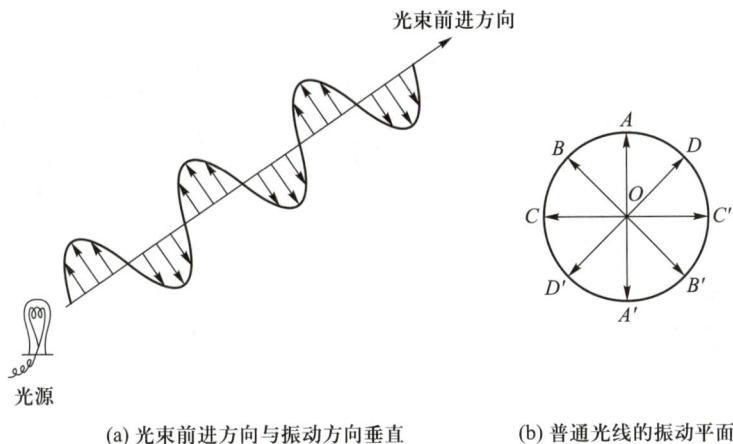

(a) 光束前进方向与振动方向垂直　(b) 普通光线的振动平面

图 6-1　光的传播

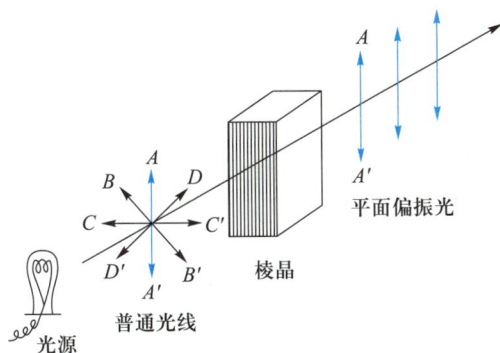

图 6-2　光的偏振

若把偏振光透过一些物质（液体或溶液），有些物质如水、酒精等对偏振光不发生影响，偏振光仍维持原来的振动平面，如图 6-3(a)所示；但有些物质如乳酸、葡萄糖等，能使偏振光的振动平面旋转一定的角度（α），如图 6-3(b)所示。

这种能使偏振光振动平面旋转的性质称为物质的旋光性。具有旋光性的物质如上面所述的乳酸，称为旋光物质或光学活性物质（optically active compound）。有的旋光物质能使偏振光振动平面向右旋转，因而称为右旋体（dextrorotatory），能使偏振光向左旋转的则称为左旋体（levorotatory）。旋光物质使偏振光振动平面旋转的角度称为旋光度，通常用 α_λ^t 表示，t 为测定时的温度，λ 为光的波长。右旋和左旋常分别用"＋"和"－"表示。

二、旋光仪和比旋光度

1. 旋光仪

在实验室中测定物质的旋光度，可用旋光仪。常用的旋光仪的横截面示意图如图 6-4 所示。

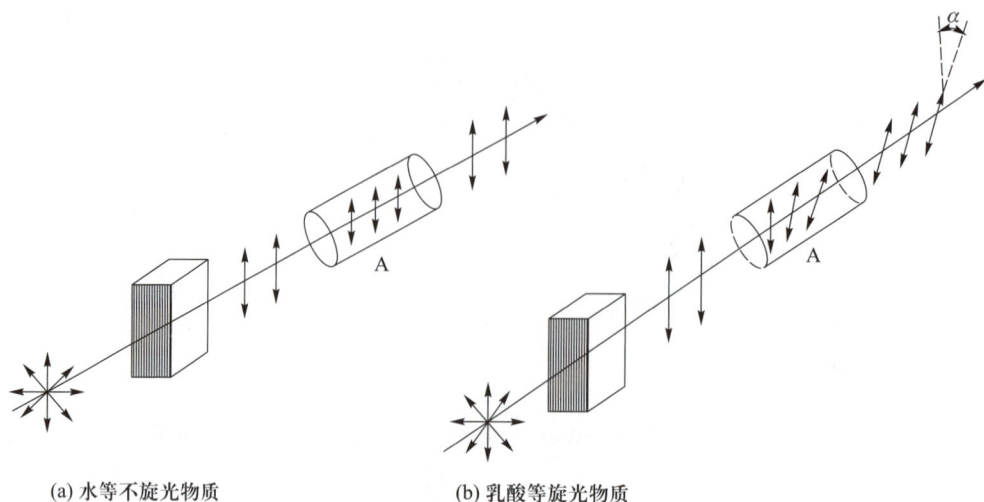

(a) 水等不旋光物质　　　　　　(b) 乳酸等旋光物质

A—盛液体或溶液的管子

图 6-3　物质的旋光性

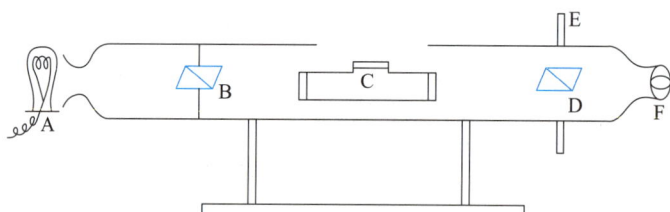

A—光源；B—起偏棱晶；C—盛液管；D—检偏棱晶；E—回转刻度盘；F—目镜

图 6-4　旋光仪横截面示意图

　　普通的旋光仪里面装有两个尼科尔棱晶，起偏棱晶（B）是固定不动的，其作用是把光源（A）投入的光变成偏振光；D 是检偏棱晶，它与回转刻度盘（E）相连，可以转动，用以测定振动平面的旋转角度。C 为待测样品的盛液管，F 是观察用的目镜。如果盛液管中不放液体样品，那么经过起偏棱晶后出来的偏振光就可直接射在第二个棱晶——检偏棱晶上。显然，只有当检偏棱晶的晶轴和起偏棱晶的晶轴互相平行时，偏振光才能通过，这时目镜处视野明亮，如图 6-5（a）所示；如两个棱晶的晶轴互相垂直，则偏振光完全不能通过，如图 6-5（b）所示，视野黑暗。

　　在测定时，可以把两个棱晶的晶轴互相平行时作为零点，然后将被测样品放进盛液管中。若管子里放的是非旋光性物质，这时偏振光经过盛液管后，仍然可以完全通过检偏棱晶，由于检偏棱晶未经转动，刻度盘仍处在零点处。若是旋光性物质，偏振光的振动平面就会被向右或向左旋转一定的角度，使偏振光不能完全通过检偏棱晶，这时就必须把检偏棱晶相应地向右或向左旋转同样一个角度，才能使光线完全通过。从刻度盘上读出的度数就是该被测物质的旋光度。

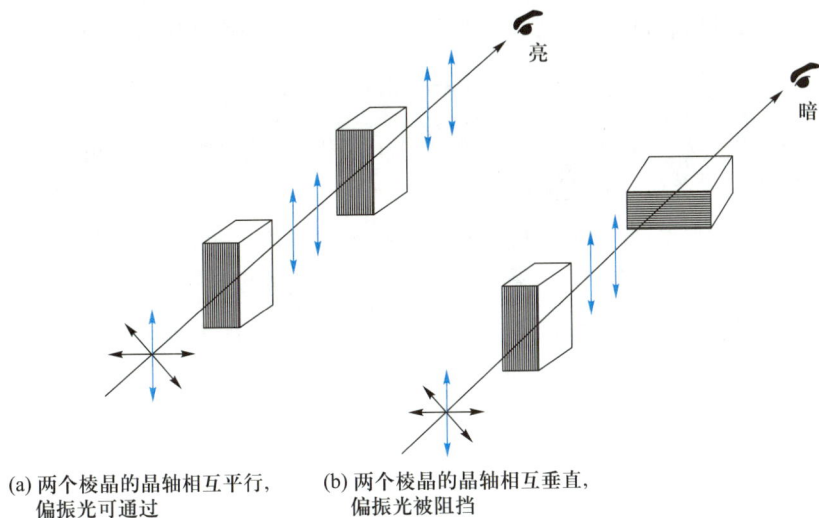

(a) 两个棱晶的晶轴相互平行，　　(b) 两个棱晶的晶轴相互垂直，
　　偏振光可通过　　　　　　　　　　偏振光被阻挡

图 6-5　偏振光通过位置不同的检偏棱晶

2. 比旋光度

每一种旋光性物质，在一定条件下，都有一定的旋光度。但测定旋光度时，溶液的浓度、盛液管的长度、温度及所用光的波长等对旋光度都有影响，为此，提出比旋光度(specific rotation)的概念，即指某纯净液态物质在管长为 1 dm(10 cm)，密度为 $1\ \mathrm{g \cdot cm^{-3}}$，温度为 t，波长为 λ 时的旋光度。比旋光度是旋光性物质特有的物理常数，通常用 $[\alpha]_\lambda^t$ 表示。t 为测定时的温度，一般是室温(15～30 ℃)；λ 为测定时光的波长，一般采用钠光(波长为 589 000 pm，用符号 D 表示)。

例如，肌肉乳酸的比旋光度为

$$[\alpha]_D^{20} = +3.8°\cdot \mathrm{m^2 \cdot kg^{-1}}$$

这表明肌肉乳酸是右旋的，在 20 ℃用钠光作光源时其比旋光度为 $+3.8°\cdot \mathrm{m^2 \cdot kg^{-1}}$。

发酵乳酸是左旋的，其比旋光度为

$$[\alpha]_D^{20} = -3.8°\cdot \mathrm{m^2 \cdot kg^{-1}}$$

因为多数情况下，比旋光度是用一个物质的溶液来测定的，所以某物质的比旋光度可以通过下式求得：

$$[\alpha]_\lambda^t = \frac{\alpha_\lambda^t}{l \times \rho_B}$$

式中，ρ_B 代表溶液的质量浓度，即 100 mL 溶液中所含溶质的质量。

若所测的旋光性物质为纯液体，也可放在旋光仪中测定，在计算比旋光度时，只要把公式中的 ρ_B 换成液体的密度 ρ 即可。

$$[\alpha]_\lambda^t = \frac{\alpha_\lambda^t}{l \times \rho}$$

当所测物质为溶液时,所用溶剂不同也会影响物质的旋光度。因此,在不用水为溶剂时,须注明溶剂的名称。例如,右旋酒石酸在质量分数为 5% 乙醇中时,其比旋光度为

$$[\alpha]_D^{20} = +3.79° \cdot m^2 \cdot kg^{-1}(乙醇,5\%)$$

上面的公式不仅可以用来计算物质的比旋光度;反之,在已知比旋光度的情况下,也可用于计算物质的浓度或者鉴定物质的纯度。

例如,在制糖工业中,要测定某葡萄糖水溶液的质量浓度,可将该溶液放在盛液管中,在 20 ℃ 用钠光测定其旋光度。如管长为 1 dm,测得的旋光度为 +3.2°,由于葡萄糖在水中的比旋光度经查表知为 $[\alpha]_D^{20} = +52.5° \cdot m^2 \cdot kg^{-1}$,则按上面的公式算出葡萄糖的质量浓度:

$$+52.5° \cdot m^2 \cdot kg^{-1} = \frac{+3.2°}{1\ dm \times \rho_B}$$

$$\rho_B = \frac{3.2°}{1\ dm \times 52.5° \cdot m^2 \cdot kg^{-1}} = 0.000\ 6\ g \cdot mL^{-1}[或\ 0.06\ g \cdot (100\ mL)^{-1}]$$

问题 6-1　某物质溶于乙醇,质量浓度是 140 g·L^{-1}。

(1) 取部分溶液放在 5 cm 长的盛液管中,在 20 ℃ 用钠光作光源测得其旋光度为 +2.1°,试计算该物质的比旋光度。

(2) 把同样的溶液放在 10 cm 长的盛液管中,预测其旋光度。

(3) 如果把 10 mL 上述溶液稀释到 20 mL,然后放在 5 cm 的盛液管中,预测其旋光度。

第二节　手性和分子结构的对称因素

为什么葡萄糖、乳糖等物质有旋光性,而水、丙酮等则没有旋光性? 为什么旋光性物质又存在着对映异构现象呢? 关于物质的旋光性和对映异构现象及它们与分子结构之间关系的理论,是人们在反复实践和比较过程中逐渐认识和不断完善的。

一、手性和手性分子

【化学史】
偏光和对映异构现象的发现

【化学史】
碳原子正四面体理论的提出

1874 年,荷兰化学家范托夫(van't Hoff J H)和法国化学家勒贝尔(Le Bel J A)提出了碳原子四面体学说,随之指出如果 1 个碳原子上连有 4 个不同的原子或基团,这 4 个原子或基团在碳原子周围可以有两种不同的排列形式,有两种不同的四面体空间构型。它们互为镜像,和左右手之间的关系一样,外形相似但不能重合,如图 6-6 所示。

在乳酸分子的 α-碳原子上连有 4 个不同基团,它在空间也有两种不同排布,如图6-7所示,它们互为对映异构体,都具有旋光性。

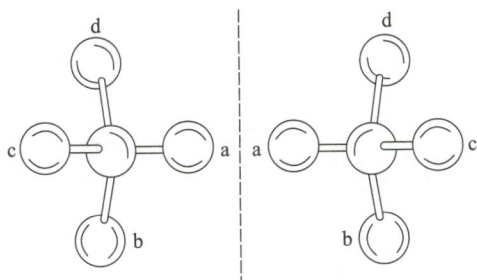

图 6-6 Cabcd 型化合物异构体互呈镜像关系

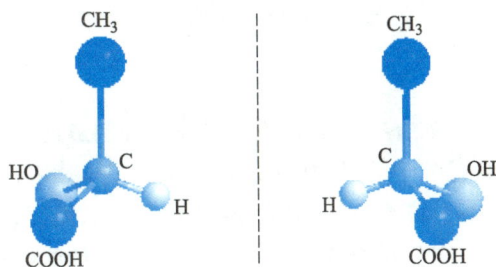

图 6-7 乳酸的对映异构体

这种与 4 个不同的原子或基团相连接的碳原子称为不对称碳原子（asymmetric carbon atom），通常用星号标出（如 C*）。例如：

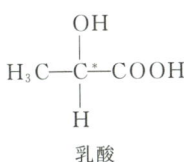

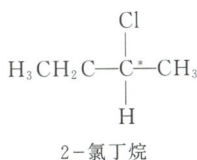

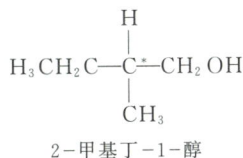

$$H_3C\overset{OH}{\underset{H}{-C^*-COOH}} \qquad CH_3CH_2\overset{Cl}{\underset{H}{-C^*-CH_3}} \qquad H_3CH_2C\overset{H}{\underset{CH_3}{-C^*-CH_2OH}}$$

乳酸 2-氯丁烷 2-甲基丁-1-醇

物质的分子和它的镜像不能重合，这和人们的左、右手一样，互为实物与镜像，但不能彼此重合。物质的这种特征称为手性（或称手征性，chirality，源自希腊文 cheir，即手的意思）。具有手性的分子称为手性分子（chiral molecule），手性分子都具有旋光性；不具有手性的分子称为非手性分子，无旋光性。由于含一个不对称碳原子的化合物具有手性，这是与其呈现手性特征的中心碳原子有关的，因此，这个中心碳原子称为手性中心，而把不对称碳原子称为手性碳原子（chiral carbon atom）。

问题 6-2 下列化合物中有无手性碳原子？用星号（＊）标出下列化合物中的手性碳原子。

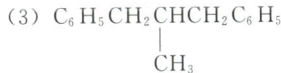

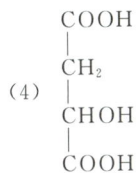

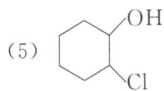

(1) $CH_3CH_2CH_2\underset{\underset{CH_3}{|}}{C}HCH_2CH_3$ (2) $C_6H_5CHDCH_3$ (3) $C_6H_5CH_2\underset{\underset{CH_3}{|}}{C}HCH_2C_6H_5$

(4) $\underset{\underset{COOH}{|}}{\overset{\overset{COOH}{|}}{\underset{\underset{}{}}{CH_2}}}$ 中 CHOH   (5)

既然物质具有手性就有旋光性和对映异构现象，那么物质具有怎样的分子结构才与镜像不能重合而具有手性呢？也就是说，手性分子在结构上必须具有哪些特点呢？由于分子的手性是由分子内缺少对称因素（symmetry factor）引起的，为此，要判断某一物质分子是否具有手性，必须考虑它是否缺少某些对称因素。下面先介绍分子中常见的几种对称因素。

二、分子结构的对称因素

1. 对称面

假如有一个平面可以把分子分割成两部分,而一部分正好是另一部分的镜像,这个平面就是分子的对称面(symmetric plane,用 σ 表示)。例如,在 1－溴－1,1－二氯甲烷分子中,一个碳原子上连接着两个相同的基团(氯原子),其分子中有一个对称面,如图 6－8(a)所示,这个分子是对称的,它和它的镜像能够重合,是非手性分子(achiral molecule)。事实上,它没有对映异构体和旋光性。

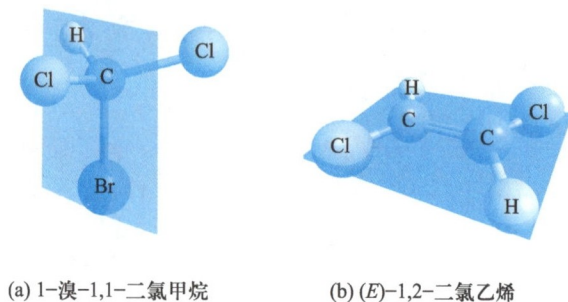

(a) 1－溴－1,1－二氯甲烷　　　　(b) (E)－1,2－二氯乙烯

图 6－8　对称面

若分子中所有的原子都在同一个平面上,例如,(E)－1,2－二氯乙烯,如图 6－8(b)所示,这个平面就是分子的对称面,因此它不具手性,这与其没有旋光性的事实相符合。

问题 6－3　下列化合物中各有哪些对称面?

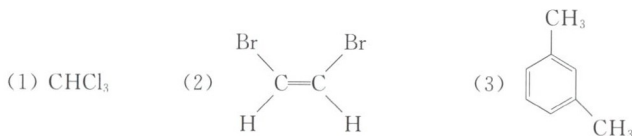

(1) $CHCl_3$　　　(2)　　　　　　　　　　　(3)

---

2. 对称中心

若分子中有一点 i,通过 i 点画任何直线,如果在离 i 点等距离的直线两端有相同的原子或基团,则 i 点称为分子的对称中心(symmetric center)。例如,反－1,3－二氯－反－2,4－二氟环丁烷具有对称中心 i。

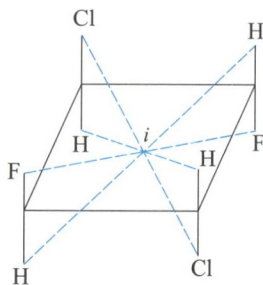

　　具有对称中心的分子和它的镜像是能重合的,因此它不具手性。事实上,它没有旋光性。

问题 6-4　下列化合物哪个具有对称中心? 若有,请标出。

(1)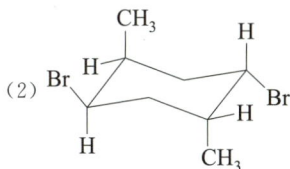

(2)

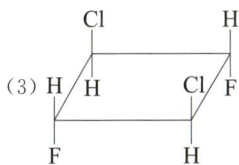(3)　　　　　　(4)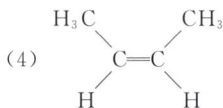

---

3. 对称轴

　　如果穿过分子画一直线,分子以它为轴旋转一定角度后,可以获得与原来分子相同的形象,这一直线即为该分子的对称轴(symmetric axis)。

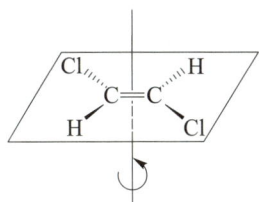

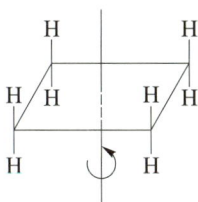

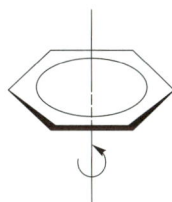

(E)-1,2-二氯乙烯　　　　　　环丁烷　　　　　　苯

　　当分子沿轴旋转 $360°/n$,得到的构型与原来的分子相重合,这个轴即为该分子的 n 重对称轴,用 C_n 表示。例如,(E)-1,2-二氯乙烯绕对称轴旋转 $180°$,分子的形象与原来的完全重合,所以(E)-1,2-二氯乙烯分子中有一个二重对称轴(C_2)。同理,环丁烷有一个四重对称轴(C_4),苯有一个六重对称轴(C_6)。

　　像上述这些含对称轴的化合物都是非手性化合物,这是由于它们分子中同时含有对称面和对称中心。但有些含对称轴的化合物,却不含对称面和对称中心,也具有手性。例如,反-1,2-二氯环丙烷分子中有二重对称轴,但没有对称面和对称中心,如图6-9(a)所示,具有旋光性,是手性分子,它和镜像不能重合,互为对映异构体,如图 6-9(b)所示。因此,有无对称轴不能作为判断分子有无手性的标准。

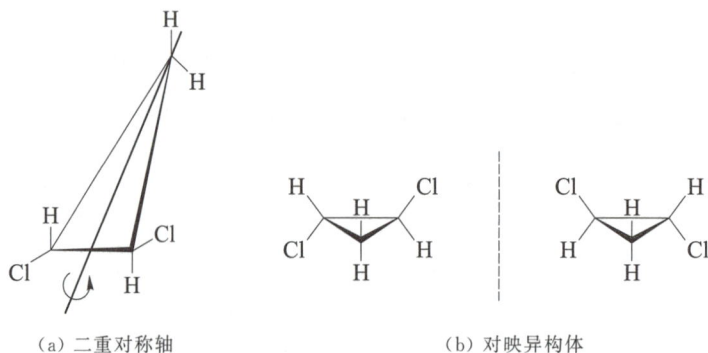

（a）二重对称轴　　　　　　　　（b）对映异构体

图 6-9　反-1,2-二氯环丙烷的对映异构体

问题 6-5　找出下列化合物的对称面和对称轴，是几重对称轴？

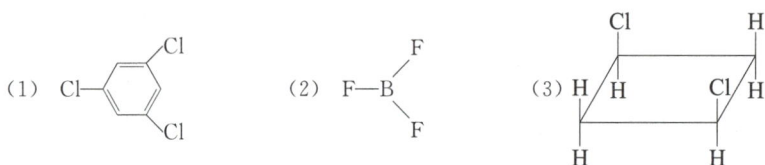

综上所述，物质分子凡在结构上具有对称面或对称中心的，就不具有手性，就没有旋光性。反之，在结构上既不具有对称面，又不具有对称中心的，这种分子就具有手性，它和镜像互为对映异构体，不能重合，故具有旋光性。因此，判断分子是否具有手性，起决定性作用的对称因素是对称面和对称中心。对称轴的存在与否不能作为判断的依据。

手性碳原子所连的 4 个原子或基团都不相同，既没有对称面，又没有对称中心，所以含一个手性碳原子的化合物具有手性。此外，还有不少含其他手性因素的化合物如含手性氮原子等化合物，以及某些不含有手性碳原子的化合物（见第六节）也会具有手性，产生对映异构现象。

第三节　含一个手性碳原子的对映异构体

一、对映体和外消旋体

含有手性碳原子化合物的对映异构现象最为普遍。前面所述的乳酸是含有一个手性碳原子化合物的典型例子，它在空间有两种不同的排布方式（见图 6-7），相当于右旋乳酸和左旋乳酸的构型。由于这两种立体异构体互呈物体和镜像的对映关系，因此互称为对映异构体，简称对映体（enantiomer）。

其他含有一个手性碳原子的化合物即 Cabcd 型的化合物也都有两种对映异构体，其

中一种是右旋体,一种是左旋体。例如,2-甲基丁-1-醇 $\left(\begin{array}{c} \overset{*}{CH_3CH_2\,CHCH_2\,OH} \\ | \\ CH_3 \end{array}\right)$ 分子中有

一个手性碳原子,其对映体构体如图 6-10 所示。

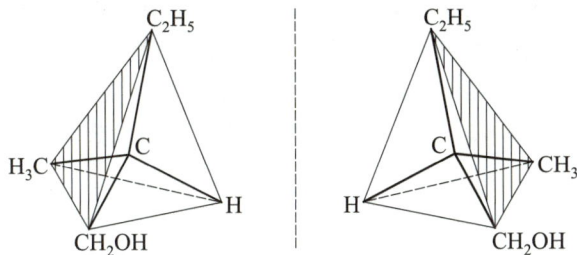

图 6-10　2-甲基丁-1-醇的对映异构体

在顺反异构体中,与双键或环结合的两个原子或基团之间的距离是不同的,一般在顺式中距离近,在反式中距离远。由于它们在几何尺寸上是不同的,因而它们的物理性质及化学性质是不相同的。在对映体中,围绕着不对称碳原子的四个原子或基团间的距离是相同的,即其几何尺寸完全相等,因而它们的物理性质和化学性质一般都相同。例如,右旋和左旋的 2-甲基丁-1-醇具有相同的沸点、相对密度和折射率,两者的比旋光度的数值也相等,仅旋光方向相反(见表 6-1)。

表 6-1　2-甲基丁-1-醇对映体物理性质比较

化合物	沸点/℃	相对密度(d_D^t)	折射率(n_D^{20})	比旋光度$[\alpha]_D^t/[(°)\cdot m^2\cdot kg^{-1}]$
(+)-2-甲基丁-1-醇	128	0.819 3	1.410 2	+5.76
(-)-2-甲基丁-1-醇	128	0.819 3	1.410 2	-5.76

在化学性质方面,它们用浓硫酸处理时可以脱水生成同样的烯,用醋酸处理时生成相同的酯等,而且反应速率也一样。

同样,乳酸对映体的物理性质和化学性质一般也相同,如表 6-2 所示。

表 6-2　乳酸对映体性质比较

化合物	熔点/℃	比旋光度$[\alpha]_D^{20}$(水)/$[(°)\cdot m^2\cdot kg^{-1}]$	pK_a(25 ℃)
(+)-乳酸	53	+3.82	3.79
(-)-乳酸	53	-3.82	3.79

对映体除了对偏振光表现出不同的旋光性能,即旋转角度相等、方向相反外,在手性环境的条件下如手性试剂、手性溶剂、手性催化剂的存在下也会表现出某些不同的性质。例如,当它们与手性试剂反应时,两种对映体的反应速率有差异,在有些情况下差异还很大,甚至有的对映体中的一种异构体不发生反应。例如,生物体中非常重要的催化剂酶具有很高的手性,因此许多可以受酶影响的化合物,其对映体的生理作用表现出很大的差

别。例如,(+)-葡萄糖在动物代谢中能起独特的作用,具营养价值,但其对映体(-)-葡萄糖则不能被动物代谢;又如,左旋氯霉素有抗菌作用,其对映体则无疗效;再如,左旋尼古丁的毒性比右旋体的大很多。

将一对对映体等量混合,可以得到一个旋光度为 0 的组合物,这称为外消旋体(racemic form),外消旋体一般可以用符号(±)或(dl)来表示。

外消旋体和相应的左旋体或右旋体除旋光性能不同以外,其他物理性质也有差异。例如,左、右旋乳酸的熔点为 53 ℃,而外消旋体的熔点为 18 ℃,但化学性质基本相同。在生理作用方面,外消旋体仍各发挥其所含左旋、右旋体的相应效能。

二、费歇尔投影式

为了方便地表示分子中手性碳原子的构型,费歇尔(Fischer)最早提出用一种投影式来表示链状化合物的立体结构,称为 Fischer 投影式。它是一种用平面形式来表示具有手性碳原子分子构型的式子。下面以乳酸为例说明费歇尔投影式的画法。

① 将上述四面体构型按图 6-11 规定的方向投影在纸面上;② 将乳酸的碳链放在垂直方向,氧化态高的—COOH 放在纸平面后上方,—CH₃ 放在纸平面后下方,—OH 和—H 放在纸平面水平方向的前方;③ 用横线和竖线的交点表示中心碳原子(即手性碳原子),横线上的基团相当于伸向观察者,竖线上的基团相当于伸向纸后方。

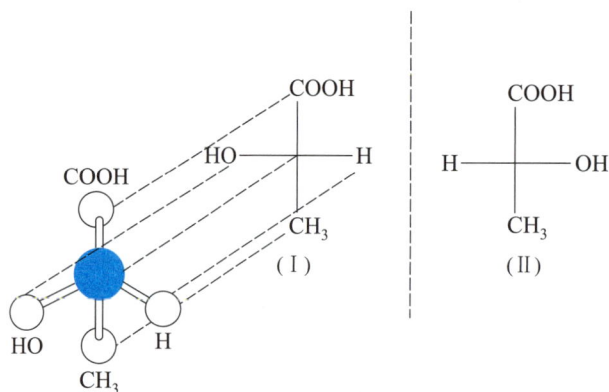

图 6-11　乳酸对映体的投影式

在使用费歇尔投影式时,要注意投影式中基团的前后关系。为此:

(1) 费歇尔投影式可以在纸面上旋转 180°,但不能在纸面上旋转 90°或其奇数倍,也不能离开纸面翻转 180°,因为这些操作将得到它的对映体。

(2) 任意交换手性碳原子上所连的任意两个基团,将得到其对映体。

(3) 固定投影式中的一个基团,依次将另外三个基团按顺时针或逆时针地交换位置,不会改变原化合物的构型。

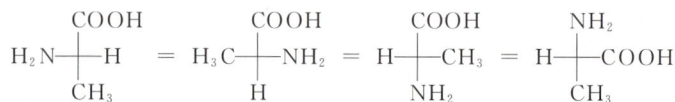

此外,对映体的构型还可用楔形透视式表示:

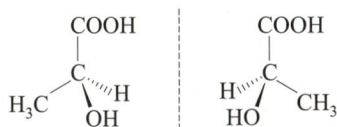

$$
\underset{\text{(COOH)}}{\overset{\text{COOH}}{\text{H}_3\text{C}-\text{C}\underset{\text{OH}}{\overset{\text{H}}{\;}}}} \quad \Big| \quad \underset{\text{HO}}{\overset{\text{COOH}}{\text{H}-\text{C}-\text{CH}_3}}
$$

这种表示法比较生动形象,但缺点是书写不方便。

【知识拓展】
对映异构体
构型的表示
方法

问题 6-6 下列构型式中哪些是相同的,哪些是对映体?

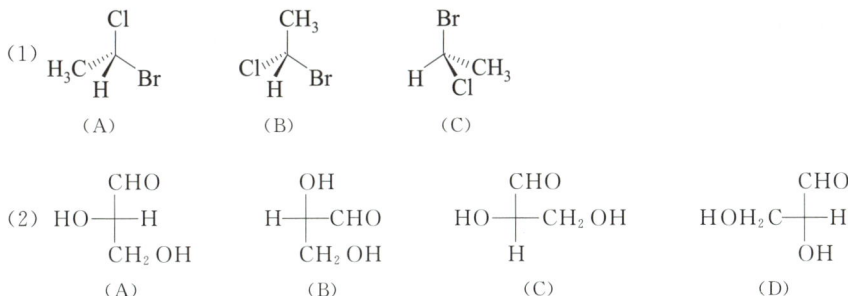

(1)
$$
\underset{\text{H}}{\overset{\text{Cl}}{\text{H}_3\text{C}-\text{C}-\text{Br}}}
$$
(A)

$$
\underset{\text{H}}{\overset{\text{CH}_3}{\text{Cl}-\text{C}-\text{Br}}}
$$
(B)

$$
\underset{\text{Cl}}{\overset{\text{Br}}{\text{H}-\text{C}-\text{CH}_3}}
$$
(C)

(2)
$$
\text{HO}\overset{\text{CHO}}{\underset{\text{CH}_2\text{OH}}{\rule{40pt}{0.4pt}}}\text{H}
$$
(A)

$$
\text{H}\overset{\text{OH}}{\underset{\text{CH}_2\text{OH}}{\rule{40pt}{0.4pt}}}\text{CHO}
$$
(B)

$$
\text{HO}\overset{\text{CHO}}{\underset{\text{H}}{\rule{40pt}{0.4pt}}}\text{CH}_2\text{OH}
$$
(C)

$$
\text{HOH}_2\text{C}\overset{\text{CHO}}{\underset{\text{OH}}{\rule{40pt}{0.4pt}}}\text{H}
$$
(D)

三、相对构型和绝对构型

有机化合物的绝对构型是指分子中各个原子或基团在空间排列的真实情况。早在 1951 年前,还没有适当的方法测定旋光性物质的绝对构型,只能采用相对构型来表示化合物之间的构型关联。相对构型确定以甘油醛为标准,用 D,L 标记法表示。于是,人为规定右旋甘油醛为 D 构型,左旋甘油醛为 L 构型。它们的费歇尔投影式指定如下:

$$
\text{H}\overset{\text{CHO}}{\underset{\text{CH}_2\text{OH}}{\rule{40pt}{0.4pt}}}\text{OH}
$$
D-(+)-甘油醛

$$
\text{HO}\overset{\text{CHO}}{\underset{\text{CH}_2\text{OH}}{\rule{40pt}{0.4pt}}}\text{H}
$$
L-(-)-甘油醛

其他化合物的构型可与甘油醛进行关联:在不涉及手性碳原子的前提下,通过化学反应可以从 D-(+)-甘油醛得到的,或能够生成 D-(+)-甘油醛的,即为 D 构型,值得注意的是,D 和 L 只代表构型,而与旋光方向无关。例如,D-(+)-甘油醛经选择性氧化,得到的是 D-(-)-甘油酸。两者的构型都为 D 构型,但旋光方向却不同。

$$
\text{H}\overset{\text{CHO}}{\underset{\text{CH}_2\text{OH}}{\rule{40pt}{0.4pt}}}\text{OH} \quad \xrightarrow[\text{选择性氧化}]{[\text{O}]} \quad \text{H}\overset{\text{COOH}}{\underset{\text{CH}_2\text{OH}}{\rule{40pt}{0.4pt}}}\text{OH}
$$
D-(+)-甘油醛   D-(-)-甘油酸

这种以甘油醛构型为参照标准而确定的构型称为相对构型(relative configuration)。

1951 年,经实验测定了(+)-酒石酸的绝对构型,先后根据甘油醛与酒石酸之间的关系证实了 D-甘油醛是右旋的,L-甘油醛是左旋的。这与原来人为规定的正好吻合。因此,以前与甘油醛相关的相对构型就是绝对构型了。

能真实反映分子空间排列的构型称为绝对构型(absolute configuration),可通过单晶 X 射线衍射分析判断化合物的绝对构型。绝对构型是用 R、S 标记法标记的。

四、R、S 标记法

R、S 命名规则又叫 R、S 标记法,其要点如下:① 根据顺序规则将手性碳原子所连的 4 个原子或基团按优先顺序排列;② 将优先顺序中排在最后的原子或基团(通常是氢原子)放在距离视线最远处;③ 观察余下 3 个基团或原子由大到小的顺序,若为顺时针的,称为 R;若为逆时针的,称为 S。例如,乳酸的一对对映体,其中一种是 R 构型,另一种是 S 构型。

在楔形透视式中,当排序最后的原子或基团位于纸面的左、右或上方时,可直接观察确定构型。例如:

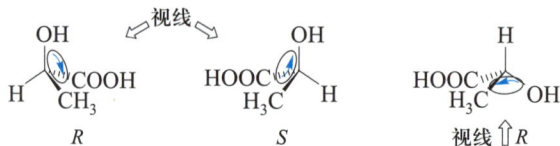

当排序最后的原子或基团位于纸面的左前方时,可用左手协助判断。即把该基团置于左臂,食指和拇指分别表示纸面上方和右方的基团,中指表示纸面后方的基团,将 3 个手指面向观察者,基团顺时针排序的为 R 构型,逆时针排序的为 S 构型;当排序最后的原子或基团位于纸面的右前方时,用右手按类似的方法协助判断。

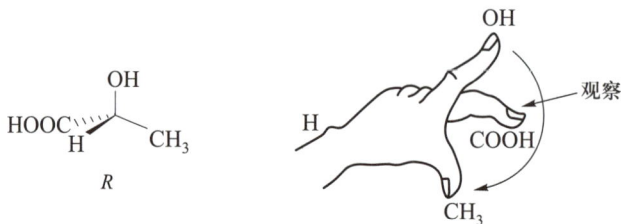

当化合物以费歇尔投影式表示时,也可以最简单的方法确定构型。即在费歇尔投影式中,优先顺序中最后的原子或基团处于投影式上方或下方时(竖线上的基团是伸向纸面后方的,即离观察者视线最远),按照命名原则,其他 3 个原子或基团由前到后排列,若顺时针方向排列,该化合物构型为 R 构型,反之为 S 构型。例如:

(R)-甘油醛   (S)-丁-2-醇

当优先顺序中最后的原子或基团处于投影式的左面或右面时（横线上的基团伸向纸面前方，即离观察者视线最近），结果相反，即其他 3 个原子或基团逆时针方向排列的化合物构型为 R，顺时针方向排列的构型为 S。例如：

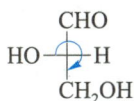

　　（S）–甘油醛　　　　　　　　　　（R）–甘油醛

这里也应指出，旋光体的 R 构型和 S 构型同旋光方向之间没有对应关系。例如，甘油醛和乳酸分别有如下的构型和旋光方向：

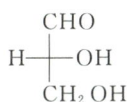

　（R）–（＋）–甘油醛　　　　　　　（R）–（－）–乳酸

因此 R/S 构型与旋光方向是两个不同的概念。R 构型未必是右旋的，S 构型也未必是左旋的。

问题 6–7　指出下列化合物的构型是 R 构型还是 S 构型？

(1)　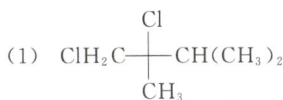　　(2)　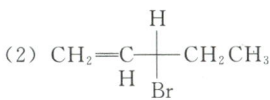　　(3)　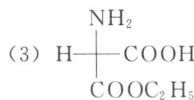

第四节　含两个手性碳原子的对映异构体

一、含两个不相同手性碳原子的化合物

在这类化合物中，两个手性碳原子所连的 4 个基团是不完全相同的。例如：

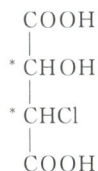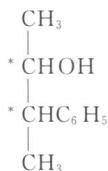

　2–氯–3–羟基丁二酸　　　2,3–二氯戊烷　　　3–苯基丁–2–醇
　　（氯代苹果酸）

前面提及，含一个手性碳原子的化合物在空间有两种不同排列方式；因此，含两个不

相同的手性碳原子的化合物应有四种不同的构型,实际上也是如此。以氯代苹果酸为例,它的构型分别用锯架透视式和费歇尔投影式表示如下,并用 R 或 S 标记出每个手性碳原子的构型(其原则与命名含有一个手性碳原子的分子相同):

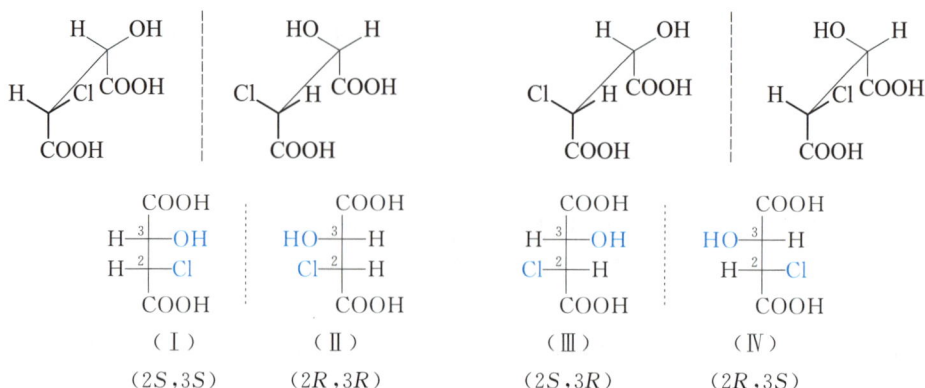

（Ⅰ）	（Ⅱ）	（Ⅲ）	（Ⅳ）
$(2S,3S)$	$(2R,3R)$	$(2S,3R)$	$(2R,3S)$

从上述构型中很容易看出,(Ⅰ)和(Ⅱ)呈物体与镜像关系,它们的旋光度数值相等、方向相反,是一对对映体。同样,(Ⅲ)和(Ⅳ)也是一对对映体。如果将(Ⅰ)和(Ⅱ)或(Ⅲ)和(Ⅳ)等量混合可分别组成外消旋体。

再来比较(Ⅰ)和(Ⅲ)。在它们的投影式中,手性碳原子 C2 的构型是相同的,但 C3 的构型却相反。因此,这两个分子不呈镜像对映关系。像这种不呈镜像对映关系的立体异构体称为非对映异构体,简称非对映体(diastereomer)。同样(Ⅰ)和(Ⅳ)、(Ⅱ)和(Ⅲ)、(Ⅱ)和(Ⅳ)也都属非对映体。

当分子中有两个或两个以上的手性中心时,就有非对映异构现象存在。非对映体的物理性质如熔点、沸点、折射率和溶解度等都不相同,比旋光度也不同,旋光方向可能一样(如Ⅰ和Ⅲ),也可能不一样(如Ⅰ和Ⅳ)。由于它们具有相同的官能团,同属一类化合物,因而化学性质相似;但是它们分子中相应原子或基团之间的距离并不完全相等,所以它们与同一试剂反应时的反应速率不等。

在旋光性化合物中,随着手性碳原子数目的增多,其光学异构体的数目也增多。当分子中含有 n 个不相同的手性碳原子时,就可以有 2^n 种光学异构体,它们可以组成 2^{n-1} 种外消旋体。如果分子中含有相同的手性碳原子,其光学异构体的数目就要小于 2^n。

问题 6-8 画出 2-溴-3-氯丁烷的光学异构体的费歇尔投影式、楔形透视式和锯架透视式,并指出它们组成的外消旋体。

二、含两个相同手性碳原子的化合物

例如,酒石酸、2,3-二氯丁烷等的分子中含有两个相同的手性碳原子。

$$
\begin{array}{ll}
\text{COOH} & \text{CH}_3 \\
| & | \\
{}^*\text{CHOH} & {}^*\text{CHCl} \\
| & | \\
{}^*\text{CHOH} & {}^*\text{CHCl} \\
| & | \\
\text{COOH} & \text{CH}_3 \\
\text{酒石酸} & \text{2,3-二氯丁烷}
\end{array}
$$

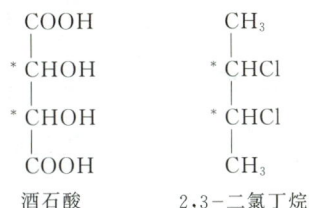

在酒石酸分子中,两个手性碳原子都与—H、—OH、—COOH、—CHOHCOOH 4 个基团相连接,也可写出其 4 种构型的投影式:

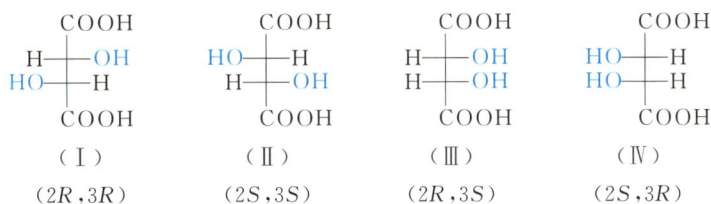

$$
\begin{array}{cccc}
\text{COOH} & \text{COOH} & \text{COOH} & \text{COOH} \\
\text{H}\!\!-\!\!\text{OH} & \text{HO}\!\!-\!\!\text{H} & \text{H}\!\!-\!\!\text{OH} & \text{HO}\!\!-\!\!\text{H} \\
\text{HO}\!\!-\!\!\text{H} & \text{H}\!\!-\!\!\text{OH} & \text{H}\!\!-\!\!\text{OH} & \text{HO}\!\!-\!\!\text{H} \\
\text{COOH} & \text{COOH} & \text{COOH} & \text{COOH} \\
(\text{I}) & (\text{II}) & (\text{III}) & (\text{IV}) \\
(2R,3R) & (2S,3S) & (2R,3S) & (2S,3R)
\end{array}
$$

（I）和（II）是对映体,其中一个是右旋体,另一个是左旋体,它们等量混合可以组成外消旋体。（III）和（IV）也呈镜像关系,似乎也是对映体;但如果把（III）在纸面上旋转 180°后,即得到（IV）,它们实际上是同一种物质。

从化合物（III）的构型看,如果在下列投影式虚线处放一镜面,那么分子上半部正好是下半部的镜像,说明这个分子内有一对称面。

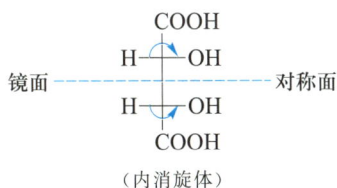

$$
\begin{array}{c}
\text{COOH} \\
\text{H}\!\!-\!\!\text{OH} \\
\text{镜面} \!-\!-\!-\!-\!-\!-\!-\! \text{对称面} \\
\text{H}\!\!-\!\!\text{OH} \\
\text{COOH}
\end{array}
$$

（内消旋体）

实验测得此化合物没有旋光性。像这种由于分子内含有相同的手性碳原子,分子的两个半部互为物体与镜像关系,从而使分子内部旋光性相互抵消的非光学活性化合物称为内消旋体(mesomer),用 meso 表示。

因此,酒石酸仅有三种异构体,即右旋体、左旋体和内消旋体,右旋体和左旋体等量混合可组成外消旋体。

内消旋酒石酸和左旋体或右旋体之间不呈镜像关系,属非对映异构体。

内消旋体和外消旋体虽然都不具旋光性能,但它们有着不同的本质。内消旋体是一种纯物质,它不能像外消旋体那样可以拆分成具有旋光性的两种物质。

酒石酸三种异构体和外消旋体的物理性质见表 6-3。

表 6-3　酒石酸三种异构体和外消旋体的物理性质

酒石酸	熔点/℃	$\dfrac{[\alpha]_D^{25}(20\%水溶液)}{(°)\cdot m^2\cdot kg^{-1}}$	$\dfrac{溶解度}{g\cdot(100\ g\ H_2O)^{-1}}$	相对密度 (20 ℃)	pK_{a1}	pK_{a2}
右旋体	170	+12	139	1.760	2.93	4.23
左旋体	170	-12	139	1.760	2.93	4.23

续表

酒石酸	熔点/℃	$\dfrac{[\alpha]_D^{25}(20\%水溶液)}{(°)\cdot m^2\cdot kg^{-1}}$	溶解度 $g\cdot(100\ g\ H_2O)^{-1}$	相对密度 (20 ℃)	pK_{a1}	pK_{a2}
内消旋体	140	不旋光	125	1.667	3.11	4.80
外消旋体	206	不旋光	20.6	1.680	2.96	4.24

问题 6-9 画出下列化合物所有可能的光学异构体的费歇尔投影式,指出哪些互为对映体? 哪种是内消旋体?

(1) 1,2-二溴丁烷 　　(2) 3,4-二溴-3,4-二甲基己烷

(3) 2,4-二氯戊烷 　　(4) 2,3,4-三羟基戊二酸

第五节　单环化合物的立体异构体

一、环丙烷衍生物

环状化合物的立体异构现象比链状化合物复杂,顺反异构和对映异构往往同时存在。

在 1,2-环丙烷二甲酸分子中,由于三元环的存在,两个羧基可以排布在环的同一侧或环的两侧,组成了顺反异构体,此外,环中的 C1、C2 为两个相同的手性碳原子,因此分子又存在着对映异构体:

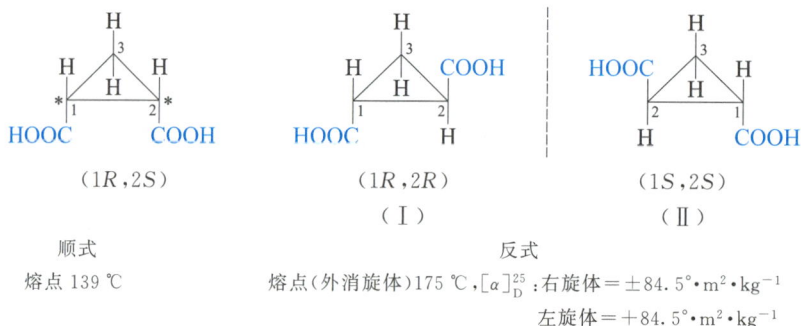

(1R,2S)	(1R,2R)	(1S,2S)
	(Ⅰ)	(Ⅱ)
顺式	反式	
熔点 139 ℃	熔点(外消旋体)175 ℃,$[\alpha]_D^{25}$:右旋体=±84.5°·m²·kg⁻¹	

右旋体$=\pm 84.5°\cdot m^2\cdot kg^{-1}$
左旋体$=+84.5°\cdot m^2\cdot kg^{-1}$

顺式异构体分子中因具有对称面,相当于内消旋体,没有旋光性。反式异构体分子中没有对称面,也没有对称中心(只有二重对称轴),所以具有手性。实际上,熔点为 175 ℃ 的异构体已拆分成对映体(Ⅰ)和(Ⅱ)。因此,对于具有手性的环状化合物,仅用"顺"或"反"标记其构型是不确切的,应该采用 R、S 标记手性碳原子的构型。

如果三元环上两个碳原子所连的基团不相同,例如,在 1-溴-2-氯环丙烷分子内存在着两个不相同的手性碳原子:

它有顺反异构体,但又各存在着一对对映体,所以共有四种立体异构体。

(1R,2R)	(1S,2S)	(1S,2R)	(1R,2S)
反式		顺式	

从这里可以看出,顺式和反式既是顺反异构体又是非对映异构体。此外,环状化合物对映异构体的数目与其相应开链化合物的相等。

二、环己烷衍生物

环己烷的 6 个碳原子不在同一个平面上,一般常以椅型构象存在。因此,研究它们的立体异构,还需考虑构象问题。但由于构象转变极其迅速,且不足以造成化学键的断裂,并不影响分子的构型,因而在研究环己烷等化合物的立体异构时,对构象引起的手性现象可以不予考虑,而只要考虑顺反异构和对映异构,并可以直接用平面六角形来观察。这样可以得到同样正确的结果。例如,顺式和反式 1,3-环己二甲酸可用下式表示:

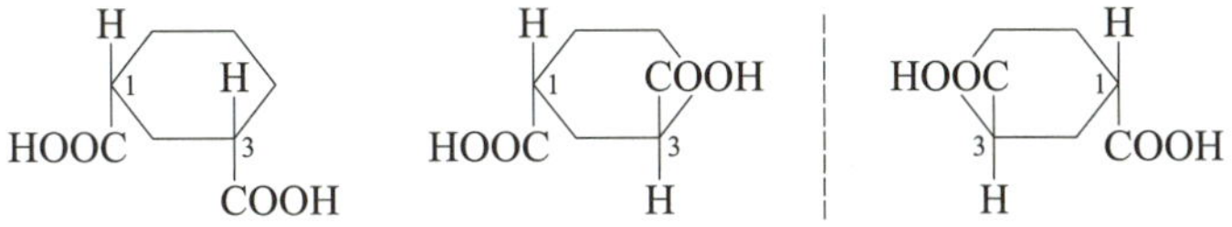

(1R,3S)	(1R,3R)	(1S,3S)
顺式	反式	

由于顺式分子中存在对称面,它与镜像可以重合,相当于内消旋体,因而没有旋光性。而反式异构体与镜像不能重合,有旋光性。所以,环己-1,3-二甲酸存在着顺式、反式右旋和反式左旋三种立体异构体。

如果两个羧基处在环上的 1、4 位(即环己-1,4-二甲酸),那么不论顺式或反式都具有通过 1、4 位且垂直于环平面的对称面,所以都没有对映异构体,也没有旋光性。

第六节　不含手性碳原子化合物的对映异构体

在有机化合物中,大部分旋光性物质都含有一个或多个手性碳原子,但在有些旋光性物质的分子中,却并不含有手性碳原子。

一、含手性轴的化合物

判断一个分子是否有手性,主要是看其实体和镜像是否重合。有些旋光性分子并不含手性碳原子,但在分子中存在一个轴。如果通过轴的两个平面在轴的两侧有不同的基团时,也会产生对映体。这类对映异构体称为含手性轴的对映异构体。

丙二烯型化合物、螺环化合物和单键自由旋转受阻的联苯型化合物,均是含手性轴的化合物,可能具有手性,而有对映异构体。

1. 丙二烯型化合物

如果丙二烯两端碳原子上各连接两个不同的原子或基团,具有下图所示的不对称取代的丙二烯衍生物,可以形成一对对映体。

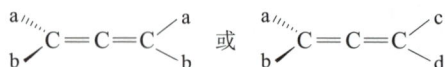

由于所连四个取代基两两各在相互垂直的平面上,分子就没有对称面和对称中心,有手性。像戊-2,3-二烯就已分离出对映异构体,如图 6-12 所示。

图 6-12　戊-2,3-二烯的对映异构体

如果在任何一端或两端的碳原子上连有相同的取代基,如

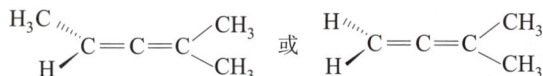

这些化合物都具有对称面,因此不具旋光性。

2. 单键旋转受阻的联苯型化合物

在联苯分子中,两个苯环可以围绕中间单键旋转,如果在联苯的邻位上即 2、$2'$、6、$6'$ 位置上引入体积足够大的取代基,两个苯环绕单键旋转时就要受到阻碍,以至于它们不能处在同一个平面上,而必须互成一定角度,如图 6-13 所示。

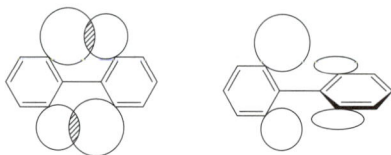

（a）两个苯环不能在同一平面内　（b）两个苯环成一定的角度

图 6-13　单键旋转受阻碍的联苯化合物

当苯环邻位上连接的两个体积较大的取代基不相同时,分子就没有对称面与对称中心,就可能有手性。例如,已经得到下列 $6,6'$-二硝基联苯-$2,2'$-二甲酸的两种对映体。

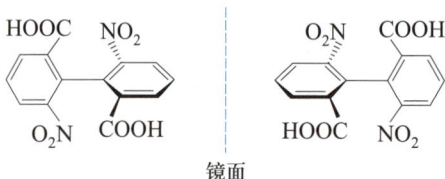

镜面

若在联苯一个或两个苯环的 $2,6$ 位或 $2',6'$ 位上连有相同的基团,这个分子就有对称

面,而没有旋光性。例如:

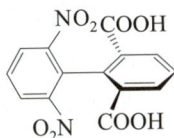

3. 螺环化合物

螺环化合物与丙二烯型化合物相似,也可能具有手性。例如:

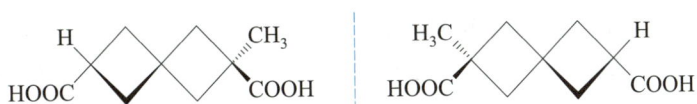

二、含手性面的化合物

有些分子虽然不含手性碳原子,但分子内存在一个扭曲的面,这种因分子内存在扭曲的面而产生的对映异构体称为含手性面(chiral plane)的对映异构体。例如,在菲衍生物中,由于存在两个体积较大的甲基,不能容纳在环所在的平面内,引起了环的扭曲,使之不具有对称面和对称中心,因而具有手性。

三、含有其他手性中心的化合物

手性中心不一定都是碳原子,其他原子如 N、P、S、Si、As 等也可以成为手性中心,它们的共价键化合物也是四面体结构。当这些原子所连接的基团不相同时,分子没有对称面和对称中心,因此也具有旋光性。例如:

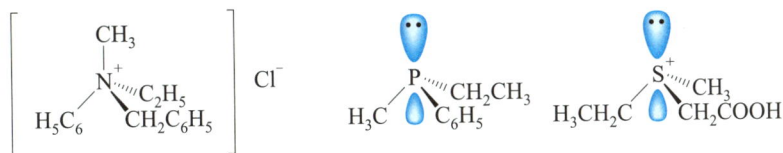

第七节　外消旋体的拆分

将外消旋体拆分(resolution)成纯左旋体或纯右旋体的过程称为外消旋体的拆分。外消旋体拆分常用的方法有化学法、酶解法、晶种结晶法和手性色谱法等。

酶解法是利用酶仅与外消旋体混合物中的一种异构体反应,而留下另一种立体异构体而实现分离。晶种结晶法是在外消旋体混合物中,加入某一种纯的左旋体或右旋体的晶种,以促使这种异构体析出结晶而实现分离。手性色谱法是利用对映体与色谱柱中手性填充物(吸附剂)形成两种非对映异构体吸附物,由于它们的稳定性不同,即它们被吸附剂吸附的强弱程度不同,从而从色谱柱上解脱出来的时间不同而实现分离。

目前应用较普遍的是化学法,其基本原理是基于非对映异构体的物理性质不同而实现分离。将组成外消旋体的一对对映体(X_R,X_S)与一种光学活性化合物(Y_S)反应,使其生成一对非对映异构体($X_R Y_S + X_S Y_S$)。利用非对映异构体的物理性质不同,经分级结晶、蒸馏或色谱法等,使非对映体分离,并纯化,再分别将非对映体分解,分别释放出纯的对映体 X_R 和 X_S,同时回收光学纯试剂 Y_S。

如要拆分一个外消旋体酸[($\pm$)-酸],可选用一种光学活性的碱。($+$)-碱同它发生反应,生成两种非对映异构体的盐。光学活性的碱一般采用天然存在的光学活性的胺(如奎宁、马钱子等生物碱),也可采用人工合成的光学活性的碱类化合物。

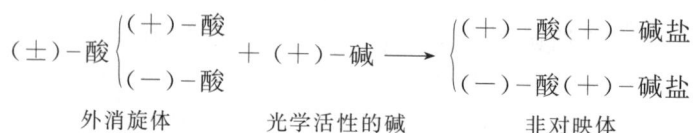

$$(\pm)\text{-酸}\begin{cases}(+)\text{-酸}\\(-)\text{-酸}\end{cases}+\ (+)\text{-碱}\longrightarrow\begin{cases}(+)\text{-酸}(+)\text{-碱盐}\\(-)\text{-酸}(+)\text{-碱盐}\end{cases}$$

$$\quad\ \text{外消旋体}\qquad\qquad\text{光学活性的碱}\qquad\qquad\text{非对映体}$$

根据上述两种非对映体的盐在某些溶剂中的溶解度不同,采用分步结晶使它们分开。两种被分开的盐,经反复结晶等步骤纯化,再用无机酸(如 HCl 等)取代有机酸,就可分别得到($+$)-酸和($-$)-酸了。

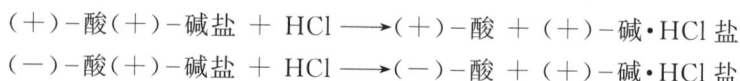

$$(+)\text{-酸}(+)\text{-碱盐}\ +\ HCl\longrightarrow(+)\text{-酸}\ +\ (+)\text{-碱}\cdot HCl\ \text{盐}$$
$$(-)\text{-酸}(+)\text{-碱盐}\ +\ HCl\longrightarrow(-)\text{-酸}\ +\ (+)\text{-碱}\cdot HCl\ \text{盐}$$

如外消旋体是碱,则可用旋光性酸(如酒石酸等),使它变成盐,然后将它们分开。例如,(R,R)-($+$)-酒石酸被广泛用来拆分外消旋体的胺。图 6-14 所示为用(R,R)-($+$)-酒石酸拆分($\pm$)-丁-3-炔-2-胺。

外消旋体拆分后可获得其组成的右旋体或左旋体。经拆分后得到某一旋光体的纯度,一般可用光学纯度即旋光纯度(op)或对映体过量(ee)来表示。

光学纯度是指一种对映体对另一种对映体而言的过量百分数。例如,经拆分后得到某丁-2-醇的比旋光度为 $+9.72°\cdot m^2\cdot kg^{-1}$,纯($S$)-($+$)-丁-2-醇的比旋光度为 $+13.5°\cdot m^2\cdot kg^{-1}$,该丁-2-醇样品的光学纯度为

$$op=\frac{[\alpha]_{观察}}{[\alpha]_{纯品}}\times100\%=\frac{+9.72°\cdot m^2\cdot kg^{-1}}{+13.5°\cdot m^2\cdot kg^{-1}}\times100\%=72\%$$

即(S)-($+$)-丁-2-醇对(R)-($-$)-丁-2-醇而言过量 72%,也就是说该丁-2-醇有86% 的 S 构型,14% R 构型。

对映体过量是指质量为 100 的样品中,两种对映体的质量差,即一个对映体超过另一个对映体的百分数,用 ee 表示(enantiomeric excess)。

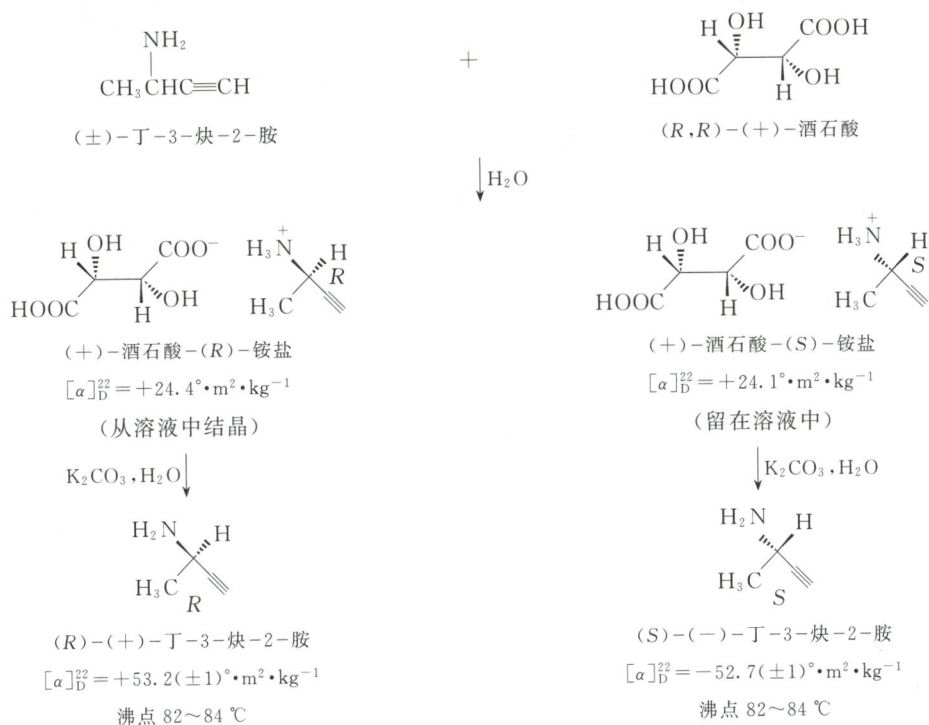

$$NH_2$$
$$CH_3CHC \equiv CH$$
（±）-丁-3-炔-2-胺

$$+$$

（R,R）-（+）-酒石酸

$$\downarrow H_2O$$

（+）-酒石酸-（R）-铵盐
$$[\alpha]_D^{22} = +24.4° \cdot m^2 \cdot kg^{-1}$$
（从溶液中结晶）

$$\downarrow K_2CO_3, H_2O$$

（R）-（+）-丁-3-炔-2-胺
$$[\alpha]_D^{22} = +53.2(\pm1)° \cdot m^2 \cdot kg^{-1}$$
沸点 82～84 ℃

（+）-酒石酸-（S）-铵盐
$$[\alpha]_D^{22} = +24.1° \cdot m^2 \cdot kg^{-1}$$
（留在溶液中）

$$\downarrow K_2CO_3, H_2O$$

（S）-（-）-丁-3-炔-2-胺
$$[\alpha]_D^{22} = -52.7(\pm1)° \cdot m^2 \cdot kg^{-1}$$
沸点 82～84 ℃

图 6-14　用（R,R）-（+）-酒石酸拆分（±）-丁-3-炔-2-胺

$$ee = \frac{[R]-[S]}{[R]+[S]} \times 100\% = R\% - S\%$$

$$[R]:过量对映体的量 \qquad [S]:其对映体的量$$

如果：$[R]=50$　$[S]=50$ 即 ee=0%，产物为外消旋体。

　　$[R]=100$　$[S]=0$ 即 ee=100%，产物为纯光学活性。

　　$[R]=60$　$[S]=40$ 即 ee=20%，产物 80% 是外消旋体，20% 是 R 构型产物。

在上述公式中，对映体的量可以用浓度或质量（g）表示，也可用百分数表示。

第八节　不对称合成法

　　凡合成反应的产物具有旋光性，这种合成方法称为手性合成法。由于生成的两种对映体或非对映体的量是不相等的，手性合成也称不对称合成（asymmetric synthesis）。具有旋光性的化合物不可能由没有旋光性的原料，在非手性的环境条件下制得。为此，不对称合成原则上是要在手性环境条件下进行的。不对称合成的方法很多，如手性原料、手性试剂、手性催化剂的应用等，还可以在非手性分子中引入手性中心进行不对称合成。

　　3-苯基丁-2-烯酸加氢反应生成的 3-苯基丁酸没有旋光性。若用旋光性的醇先将3-苯基丁-2-烯酸进行酯化，然后加氢，最后水解，即得到具有旋光性的 3-苯基丁酸。

【知识拓展】
不对称合成法

$$C_6H_5-\overset{CH_3}{\underset{}{C}}=CHCOOH + H_2 \longrightarrow C_6H_5-\overset{CH_3}{\underset{H}{\overset{|}{C^*}}}-CH_2COOH$$

$$（\pm）-3-苯基丁酸$$

$$C_6H_5-\overset{CH_3}{\underset{}{C}}=CHCOOH \xrightarrow[H^+]{R^*-OH} C_6H_5-\overset{CH_3}{\underset{}{C}}=CHCOOR^* \xrightarrow{H_2,Pt}$$

$$C_6H_5-\overset{CH_3}{\underset{H}{\overset{|}{C^*}}}-CH_2COOR^* \xrightarrow{H_2O} C_6H_5-\overset{CH_3}{\underset{H}{\overset{|}{C^*}}}-CH_2COOH$$

$$\left(R^*OH= \right)$$

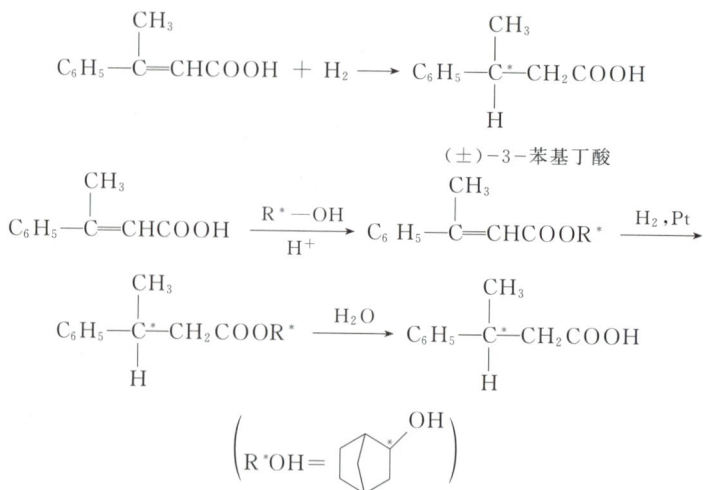

在硼氢化反应中,用具有旋光性的硼烷作硼氢化试剂,如用二(3-蒎基)硼烷与顺丁-2-烯加成,然后碱性氧化水解可得到有旋光性的$(R)-(-)-$丁-2-醇。

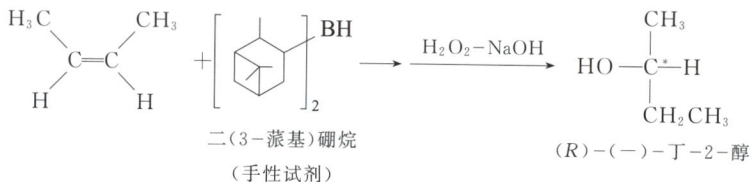

二(3-蒎基)硼烷
（手性试剂）

$(R)-(-)-$丁-2-醇

上述反应若用$(BH_3)_2$,则产物无旋光性,这是一个迄今认为效率最好的手性合成之一,产物$(R)-(-)-$丁-2-醇的光学纯度可达$70\%\sim90\%$。

在氨基酸合成中,利用手性膦铑配合物作氢化催化剂,可以得到光学纯度达93%的产物。例如:

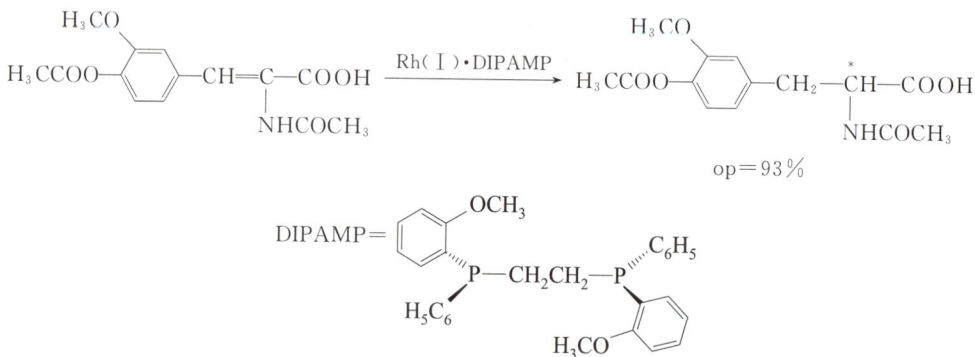

$$\xrightarrow{Rh(I)\cdot DIPAMP}$$

op$=93\%$

$$DIPAMP=$$

第九节　亲电加成反应的立体化学

研究反应机理就是要彻底弄清楚反应进行的途径。要达到这个目的,就需要弄清楚反应过程中所用原料、过渡态、中间体,以及产物的立体形象。一个正确的反应机理应能说明包括立体化学在内的所有实验事实。所以立体化学对反应机理的测定和研究具有重要的意义。

下面以碳碳双键上的亲电加成反应为例来说明立体化学在反应机理研究中的应用。

如顺丁-2-烯与溴的加成反应在排除烯烃异构化的条件下进行,实验结果得到的是外消旋体 2,3-二溴丁烷。这说明顺丁-2-烯与溴的加成是反式加成。

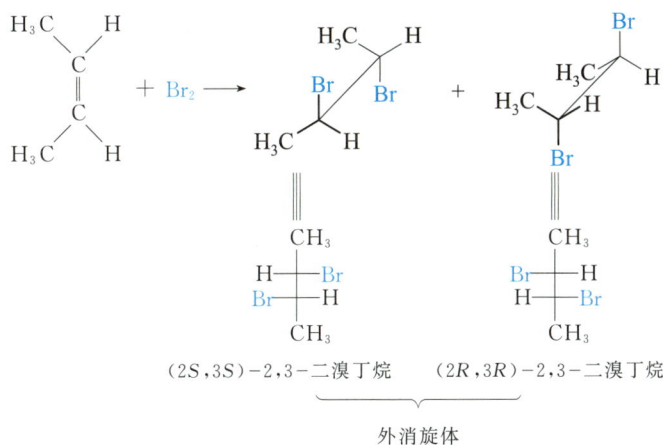

(2S,3S)-2,3-二溴丁烷   (2R,3R)-2,3-二溴丁烷

外消旋体

若是顺式加成,得到的应为内消旋体。

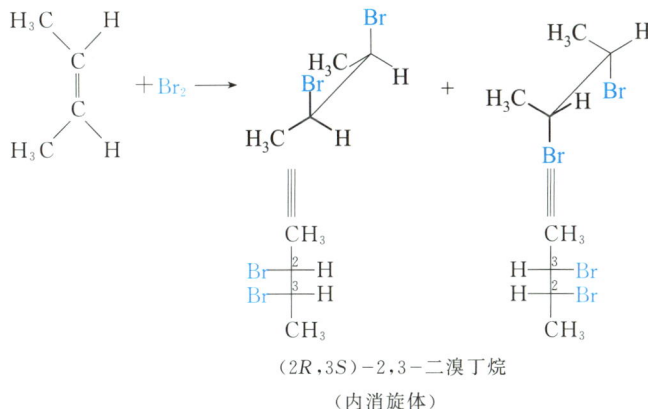

(2R,3S)-2,3-二溴丁烷

(内消旋体)

以上反式加成的立体化学实验事实,可以用亲电加成反应机理来说明。

现在认为,顺丁-2-烯与溴的加成是通过生成环状溴正离子中间体(环溴鎓离子)机理进行的。

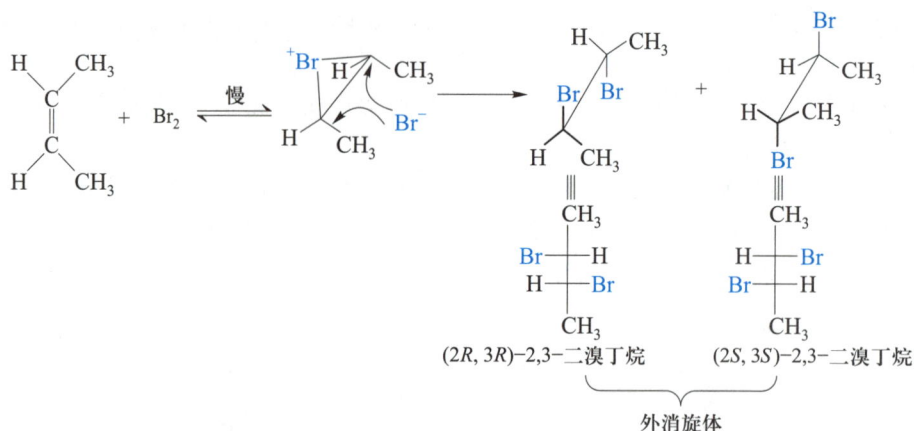

(2R, 3R)-2,3-二溴丁烷　　　(2S, 3S)-2,3-二溴丁烷

外消旋体

　　形成的环状结构中间体,既阻止了环绕碳碳单键的自由旋转,同时也限制了 Br^- 只能从三元环的反面进攻。由于 Br^- 进攻两个碳原子的机会均等,因此得到的是外消旋体。这就圆满地解释了上述反式加成的实验事实。

　　反丁-2-烯与溴加成生成内消旋体,也同样说明它们都是按生成环状中间体的机理进行反式加成的。

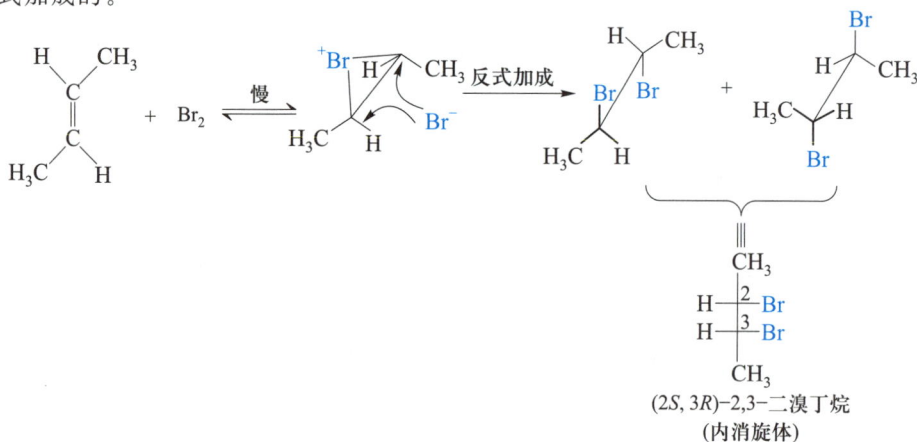

(2S, 3R)-2,3-二溴丁烷
(内消旋体)

　　当一个有机反应能产生几种立体异构体,而其中一种或一对对映体优先获得时,该反应即为立体选择性反应。烯烃与溴的加成是一个典型的立体选择性反应。

　　环烯烃加溴也是按生成环状中间体的机理进行反式加成。

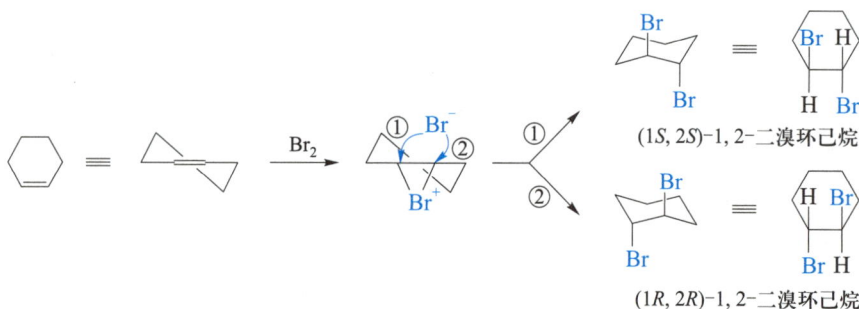

(1S, 2S)-1, 2-二溴环己烷

(1R, 2R)-1, 2-二溴环己烷

加成反应的立体选择性随着烯烃的结构、试剂和溶剂的不同而有所不同。这可从顺、反-1-苯基丙烯在不同溶剂中与 Cl_2、Br_2 反应的立体化学结果看出(见表 6-4)。

表 6-4　$PhCH{=}CHCH_3$ 加成反应的立体化学结果　　　　　单位:%

烯烃	溶剂	Br_2		Cl_2	
		反式加成 : 顺式加成		反式加成 : 顺式加成	
$PhCH{=}CHCH_3$	CCl_4	83	17	32	68
顺(Z)	CH_3COOH	73	27	22	73
$PhCH{=}CHCH_3$	CCl_4	88	12	45	55
反(E)	CH_3COOH	83	17	41	59

问题 6-10　写出下列反应产物的立体构型。

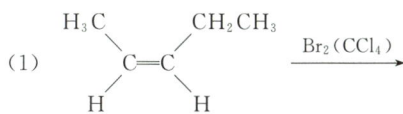

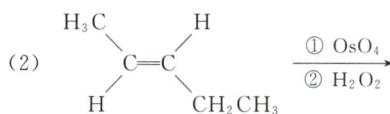

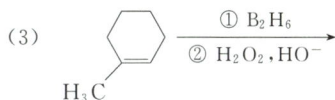

(1) $\xrightarrow{Br_2(CCl_4)}$　(2) $\xrightarrow[\text{② } H_2O_2]{\text{① } OsO_4}$

(3) $\xrightarrow[\text{② } H_2O_2,\ HO^-]{\text{① } B_2H_6}$

习　　题

1. 举例说明下列各名词的意义。

(1) 旋光性　　　　(2) 比旋光度　　　　(3) 对映异构体

(4) 非对映异构体　(5) 外消旋体　　　　(6) 内消旋体

2. 判断下列化合物哪些具有手性碳原子(用 ＊ 表示手性碳原子)。哪些没有手性碳原子但有手性。

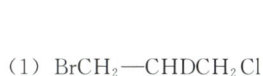

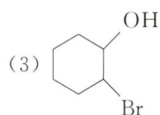

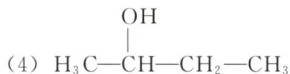

(1) $BrCH_2{-}CHDCH_2Cl$

(2) $\underset{\displaystyle HOOC{-}CH{-}COOH}{\overset{\displaystyle Cl}{}}$

(3)

(4) $\underset{\displaystyle H_3C{-}CH{-}CH_2{-}CH_3}{\overset{\displaystyle OH}{}}$

(5) 1,3-二氯丙二烯

(6) 1-氯丁-1,2-二烯

(7) 1-氯-3-甲基丁-1,2-二烯

(8) 1-氯丁-1,3-二烯

(9) 溴代环己烷

(10)

(11)

(12)

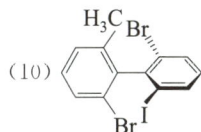

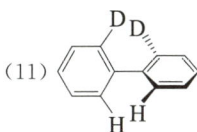

3. 写出分子式为 C_3H_6DCl 所有构造异构体的结构式。在这些化合物中哪些具有手性?用费歇尔投影式表示它们的对映异构体。

4. (1) 丙烷氯化已分离出二氯化物 $C_3H_6Cl_2$ 的四种构造异构体,写出它们的构造式。

(2) 从各个二氯化物进一步氯化后,可得到三氯化物($C_3H_5Cl_3$)的数目已由气相色谱法确定。从 A 得到一个三氯化物,B 得到两个,C 和 D 各得到三个,试推出 A、B 的结构。

(3) 通过另一合成方法得到有旋光性的化合物 C,那么 C 的构造式是什么? D 的构造式是怎么样的?

(4) 有旋光性的 C 氯化时,所得到的三氯丙烷化合物中有一个是有旋光性的,另两个是无旋光的,它们的构造式是怎样的?

5. 指出下列构型式是 R 或 S。

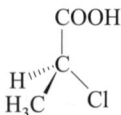

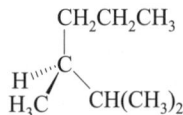

6. 写出下列化合物所有可能的光学异构体的构型式,标明成对的对映体和内消旋体,以 R,S 标记它们的构型。

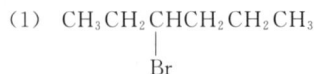

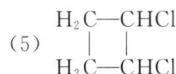

(1) $CH_3CH_2CHCH_2CH_2CH_3$
　　　　　　　$|$
　　　　　　　Br

(2) $CH_3CHBrCHOHCH_3$

(3) $C_6H_5CH(CH_3)CH(CH_3)C_6H_5$

(4) $CH_3CHOHCHOHCH_3$

(5) $\begin{array}{l} H_2C-CHCl \\ |\qquad\quad| \\ H_2C-CHCl \end{array}$

7. 写出下列各化合物的费歇尔投影式。

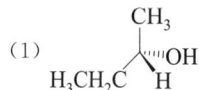

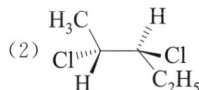

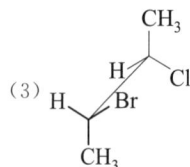

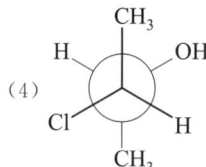

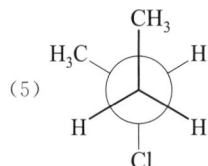

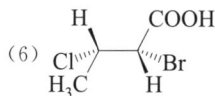

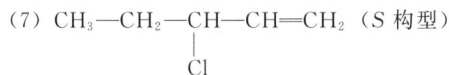

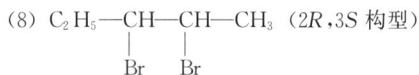

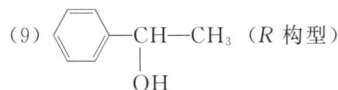

(7) $CH_3-CH_2-CH-CH=CH_2$（S 构型）
　　　　　　　　　$|$
　　　　　　　　　Cl

(8) $C_2H_5-CH-CH-CH_3$　（$2R,3S$ 构型）
　　　　　　　$|$　　$|$
　　　　　　　Br　Br

(9) $CH-CH_3$　（R 构型）
　　　　　　　$|$
　　　　　　　OH

8. 用费歇尔投影式写出下列各化合物的构型式。

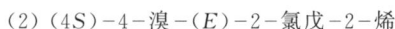

(1) $(R)-$丁$-2-$醇

(2) $(4S)-4-$溴$-(E)-2-$氯戊$-2-$烯

(3) $meso-3,4-$二硝基己烷

(4) $(R)-2-$甲基$-1-$苯基丁烷

(5) $(2R,3S,4S)-3,4-$二氯己$-2-$醇

9.（1）指出下列化合物的构型是 R 构型还是 S 构型？

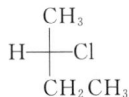

$$
\begin{array}{c}
CH_3 \\
H \!-\!\!\!-\!\!\!- Cl \\
CH_2CH_3
\end{array}
$$

（2）在下列各构型式中哪些是与上述化合物的构型相同？哪些是它的对映体呢？

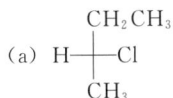

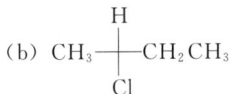

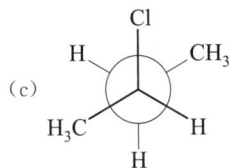

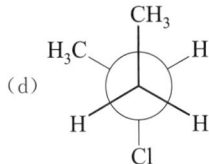

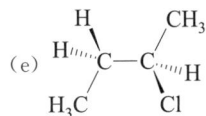

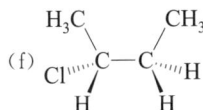

（a）
$$
\begin{array}{c}
CH_2CH_3 \\
H \!-\!\!\!-\!\!\!- Cl \\
CH_3
\end{array}
$$

（b）
$$
\begin{array}{c}
H \\
CH_3 \!-\!\!\!-\!\!\!- CH_2CH_3 \\
Cl
\end{array}
$$

（c）

（d）

（e）

（f）

10. 将下列化合物的费歇尔投影式写成纽曼投影式（全重叠式和对位交叉式），并写出它们对映体的相应式子。

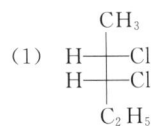

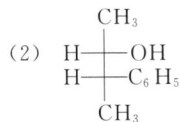

（1）
$$
\begin{array}{c}
CH_3 \\
H \!-\!\!\!-\!\!\!- Cl \\
H \!-\!\!\!-\!\!\!- Cl \\
C_2H_5
\end{array}
$$

（2）
$$
\begin{array}{c}
CH_3 \\
H \!-\!\!\!-\!\!\!- OH \\
H \!-\!\!\!-\!\!\!- C_6H_5 \\
CH_3
\end{array}
$$

11. 写出下列化合物可能有的立体异构的构型。

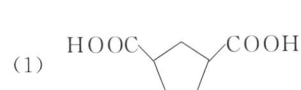

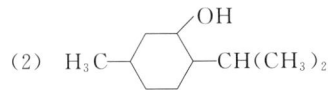

（1）　HOOC——COOH

（2）　H$_3$C——CH(CH$_3$)$_2$　（OH）

12. 下列各对化合物哪些属于对映体、非对映体、顺反异构体、构造异构体或同一化合物？

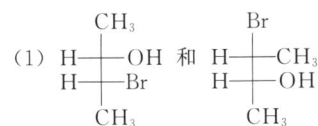

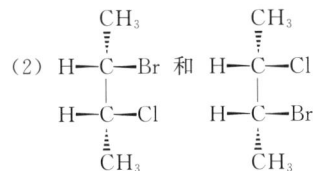

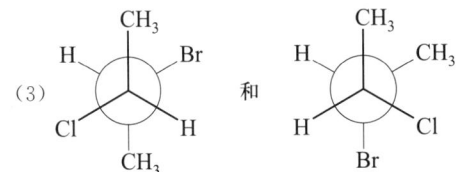

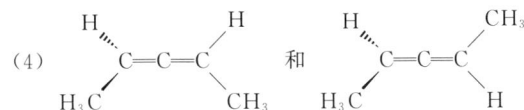

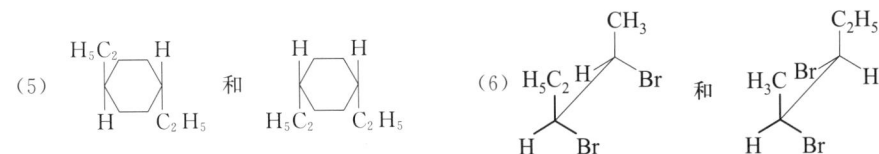

（1）
$$
\begin{array}{c}
CH_3 \\
H \!-\!\!\!-\!\!\!- OH \\
H \!-\!\!\!-\!\!\!- Br \\
CH_3
\end{array}
$$
和
$$
\begin{array}{c}
Br \\
H \!-\!\!\!-\!\!\!- CH_3 \\
H \!-\!\!\!-\!\!\!- OH \\
CH_3
\end{array}
$$

（2）
$$
\begin{array}{c}
CH_3 \\
H\!-\!C\!-\!Br \\
H\!-\!C\!-\!Cl \\
CH_3
\end{array}
$$
和
$$
\begin{array}{c}
CH_3 \\
H\!-\!C\!-\!Cl \\
H\!-\!C\!-\!Br \\
CH_3
\end{array}
$$

（3）　　和

（4）　　和

（5）　　和

（6）　　和

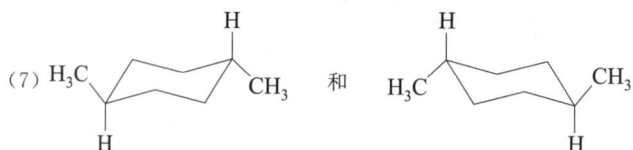

(8) 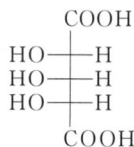 和

13. 在下列化合物的构型式中哪些是相同的？哪些是对映体，哪些是内消旋体？

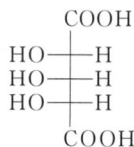 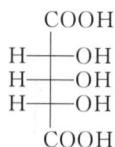 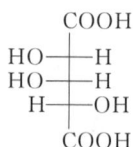 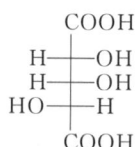

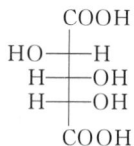 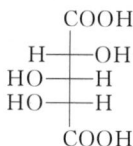 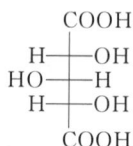 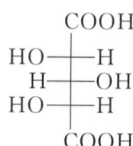

14. 丁-2-烯与氯水反应可以得到氯醇(3-氯丁-2-醇)，顺丁-2-烯生成氯醇(Ⅰ)和它的对映体，反丁-2-烯生成(Ⅱ)和它的对映体。试说明形成氯醇的立体化学过程。

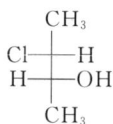 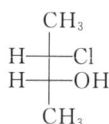

15. 用 $KMnO_4$ 与顺丁-2-烯反应，得到一个熔点为 32 ℃的邻二醇，而与反丁-2-烯反应得到的是熔点为 19 ℃的邻二醇。

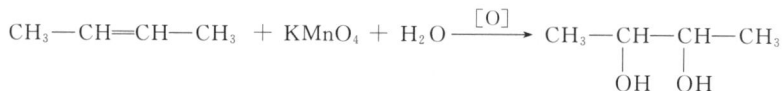

两个邻二醇都是无旋光性的。将熔点为 19 ℃的进行拆分，可以得到旋光度绝对值相同、方向相反的一对对映体。

(1) 试推测熔点为 19 ℃的邻二醇及熔点为 32 ℃的邻二醇各是什么构型。

(2) 用 $KMnO_4$ 羟基化顺、反丁-2-烯的立体化学过程是怎样的？

16. 完成下列反应式，产物以构型式表示。

(1)

(2) $H_3C—C≡C—CH_3 \xrightarrow{HCl} \xrightarrow{Br_2}$

(3)

17. 有一光学活性化合物 A(C_6H_{10})，能与 $AgNO_3/NH_3$ 溶液作用生成白色沉淀 B(C_6H_9Ag)。将 A

催化加氢生成 C(C_6H_{14})，C 没有旋光性。试写出 B、C 的构造式和 A 的对映异构体的投影式，并用 R,S 标记法命名 B。

18. 化合物 A 的分子式为 C_8H_{12}，有光学活性。A 用铂催化加氢得到 B(C_8H_{18})，无光学活性，用 Lindlar 催化剂小心氢化得到 C(C_8H_{14})，有光学活性。A 和钠在液氨中反应得到 D(C_8H_{14})，无光学活性。试推断 A、B、C、D 结构。

19. (S)-2-碘丁烷的比旋光度为 $+15.90°\cdot m^2\cdot kg^{-1}$，(1) 写出($S$)-2-碘丁烷的结构(费歇尔投影式)；(2) 预测(R)-2-碘丁烷的比旋光度；(3) 若某(R)-2-碘丁烷和(S)-2-碘丁烷混合物的比旋光度为 $-7.95°\cdot m^2\cdot kg^{-1}$，计算其百分比组成。

20. 下列化合物是否有光学活性？

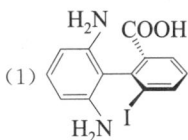

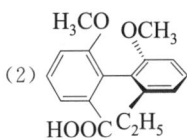

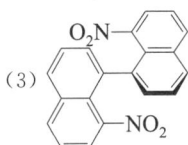

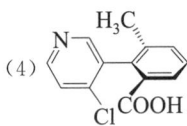

21. 从指定原料合成下列化合物(无机试剂任选)：
(1) 从乙炔出发分别合成(2S,3S)-2,3-二氯丁烷和内消旋 2,3-二溴丁烷；
(2) 从环己烯出发合成反式 1,2-二氯环己烷。

22. 推测结构。
(1) 化合物 A 和 B 的分子式都为 $C_5H_6O_2$，都有旋光性，它们与 $NaHCO_3$ 反应放出 CO_2，催化加氢 A 得 C($C_5H_8O_2$)，B 得 D($C_5H_{10}O_2$)，C 和 D 均无旋光性，试推测 A、B、C、D 的结构。

(2) 分子式为 C_6H_{12} 的 A 可使溴水褪色，无旋光性，用 H_3PO_4 催化加水分子后得一有旋光性的醇 B($C_6H_{14}O$)，若将 A 用 $KMnO_4$ 氧化，得一内消旋的二元醇 C($C_6H_{14}O_2$)，试推测 A、B、C 的结构。

第七章　芳　　烃

芳香族碳氢化合物常简称为芳烃,也叫芳香烃(aromatic hydrocarbons)。"芳香"最初是指从天然香树脂、香精油中提取的物质,具有特殊的芳香气味。这类物质从碳氢之比来看,具有高度的不饱和性,但又具有特殊的稳定性。它们的化学性质与烷、烯、炔及脂环烃都有很大不同,其表现是比较容易进行取代反应,不易进行加成和氧化反应,这种特殊性曾被作为芳香性的标志。随着有机化学的发展,芳香性的概念已有了新的内容。

苯及其衍生物最早称为芳香化合物,因为很多此类化合物有浓郁的芳香味。常说的芳烃是指分子中含有苯环的芳烃。

芳烃按照其结构可以分为两类。

1. 单环芳烃

分子中含有一个苯环的芳烃,包括苯及其同系物、乙烯苯和乙炔苯等。

2. 多环芳烃

分子中含有两个以上苯环的芳烃,根据苯环连接的方式,又可再分为三类。

(1) 联苯　苯环各以环上的一个碳原子直接相连的。例如:

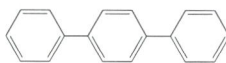

联苯　　　　　　　　　1,1′,4′,1″-三联苯

（biphenyl）　　　　　　（1,1′,4′,1″-terphenyl）

(2) 多苯代脂肪烃　可以看成是以苯环取代脂肪烃分子中的氢原子而成的。例如:

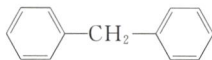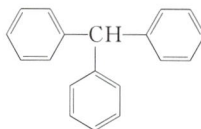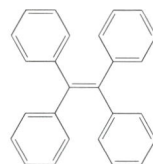

二苯甲烷　　　　　　三苯甲烷　　　　　　四苯乙烯

（biphenylmethane）　　（triphenylmethane）　　（tetraphenylethene）

(3) 稠环烃　如萘、蒽等分子中的苯环是共用相邻的两个或两个以上碳原子稠合而成的。例如:

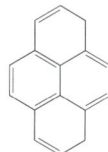

萘　　　　　　　　蒽　　　　　　　1,8-二氢化芘

（naphthalene）　　　（anthracene）　　　（1,8-dihydropyrene）

芳烃是芳香族化合物的母体。它们都是有机化学工业的基本原料。

第一节 苯 的 结 构

一、苯的凯库勒式

苯(benzene)是芳烃中最典型的代表物,而且苯系芳烃分子中都含有苯环。所以,学习芳烃的知识,必须首先了解苯的结构。

1865 年,凯库勒(Kekulé)从苯的分子式 C_6H_6 出发,根据苯的一元取代物只有一种的事实,推测苯分子中六个氢原子是等同的,首先提出了苯的环状构造式,然后根据碳原子为四价,把苯写成:

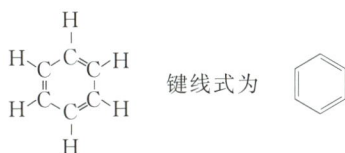

键线式为

这个苯的构造式称为苯的凯库勒式,这个式子虽然可以说明苯分子的组成及原子间的连接次序,但仍存在着如下两个问题:

第一,虽然上式含有三个双键,但苯不发生类似烯烃的加成反应;

第二,根据上式,苯的邻二元取代物应有两种(1)和(2),而实际上结构式只有一种。

(1)   (2)

由于上述问题的存在,长期以来,人们在研究苯的结构方面做了大量的工作,提出了各种各样的构造式,但都未能完满地表达出苯的结构。

凯库勒曾用两个式子来表示苯的结构,并且设想这两个式子之间的摆动代表着苯的真实结构:

由此可见,凯库勒式并不能确切地反映苯的真实情况。

二、苯分子结构的价键观点

现代物理方法如 X 射线衍射法、光谱法等证明了苯分子是一个平面正六边形构型,键角都是 $120°$,碳碳键的键长都是 $0.139\,7\ nm$。

按照杂化轨道理论,苯分子中六个碳原子都以 sp^2 杂化轨道互相沿对称轴的方向重叠形成 6 个 C—C σ 键,组成一个正六边形,每个碳原子各以一个 sp^2 杂化轨道分别与氢原子 1 s 轨道沿对称轴的方向重叠形成 6 个 C—H σ 键。由于碳原子轨道是 sp^2 杂化,所以苯分子中的键角都是 120°,所有碳原子和氢原子都在同一平面上,见图 7-1。每个碳原子还有一个垂直于 σ 键平面的 p 轨道,每个 p 轨道上有 1 个 p 电子,6 个 p 轨道组成了大 π 键,见图 7-2。

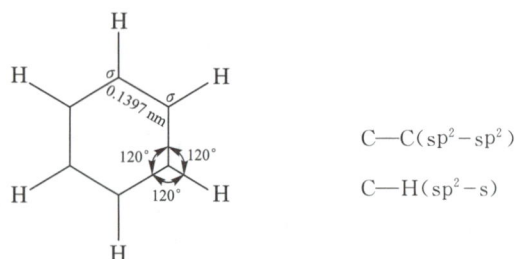

$$C\text{—}C(sp^2-sp^2)$$
$$C\text{—}H(sp^2-s)$$

图 7-1 苯分子的 σ 键

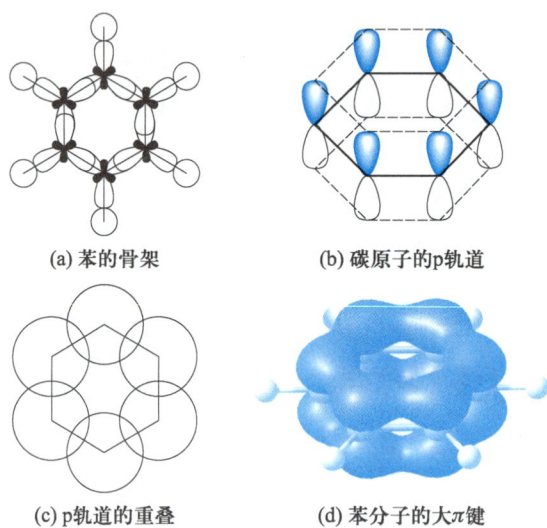

(a) 苯的骨架

(b) 碳原子的 p 轨道

(c) p 轨道的重叠

(d) 苯分子的大 π 键

图 7-2 苯的结构

这样解释苯的碳骨架是比较清楚、形象化的,但是用于解释离域的大 π 键尚不够全面。

三、苯的分子轨道模型

分子轨道理论认为 6 个 p 轨道线性组合成 6 个 π 分子轨道,其中三个成键轨道 ψ_1、ψ_2、ψ_3 和三个反键轨道 ψ_4、ψ_5、ψ_6。这 6 个 π 分子轨道用图形表示如图 7-3 所示。

在这 6 个分子轨道中,有一个能量最低的 ψ_1 轨道,有两个能量较高且相同的 ψ_2 和 ψ_3 轨道,ψ_2 和 ψ_3 各有一个节面,这三个是成键轨道。还有两个能量更高且相同的 ψ_4 和 ψ_5 轨道,ψ_4 和 ψ_5 各有两个节面,再有一个能量最高且有三个节面的 ψ_6 轨道,这三个是反键轨道。在基态时,苯分子的 6 个 p 电子成对地填入三个成键轨道,这时所有能量低的成键

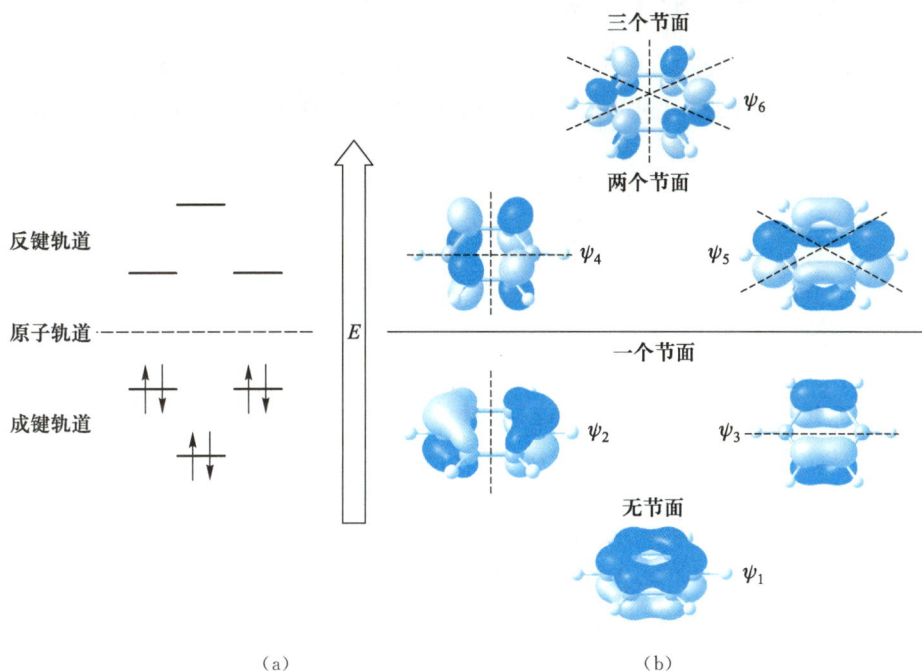

图 7-3　苯的 π 分子轨道的能级（节面用虚线表示）

轨道（它们的能量都比原来的原子轨道低）全部充满了电子，所以苯分子是稳定的，体系能量较低。这三个成键轨道的 π 电子云分布在环平面的上下，见图 7-4。

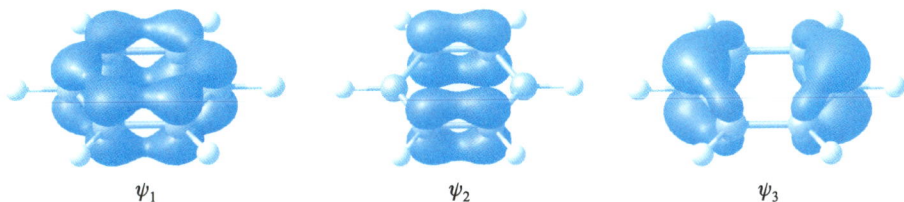

图 7-4　苯的三个 π 成键轨道电云子

　　苯分子的大 π 键可以看作三个 π 成键轨道叠加的结果。从图 7-4 可见，ψ_1 使 6 个碳原子之间的 π 电子云密度都加大；ψ_2 使 C2—C3、C5—C6 之间的 π 电子云密度加大，而在 C1—C2、C1—C6、C3—C4、C4—C5 之间是削弱的；ψ_3 使 C1—C2、C1—C6、C3—C4、C4—C5 之间的 π 电子云密度加大，而在 C2　C3、C5—C6 之间是削弱的。也就是说，ψ_2 削弱之处正好是 ψ_3 加强之处；而 ψ_3 削弱之处，正是 ψ_2 加强之处。当 ψ_1、ψ_2 和 ψ_3 互相叠加之后，6 个碳原子中每相邻的两个碳原子之间的 π 电子云密度都相等了。所以，苯的 C—C 键的键长完全平均化了。

四、从氢化热看苯的稳定性

下面再用实验所得的氢化热数据来说明苯所具有的特殊稳定性。环己烯、环己-1,3-二烯和苯加氢后都生成相同的产物环己烷，因此利用氢化热可以比较它们的相对稳定性。

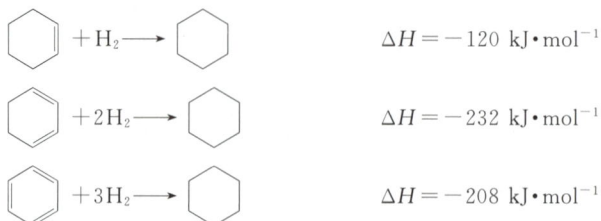

$$+H_2 \longrightarrow \qquad \Delta H = -120 \ kJ \cdot mol^{-1}$$

$$+2H_2 \longrightarrow \qquad \Delta H = -232 \ kJ \cdot mol^{-1}$$

$$+3H_2 \longrightarrow \qquad \Delta H = -208 \ kJ \cdot mol^{-1}$$

从以上氢化热可以看到，环己-1,3-二烯的氢化热（232 kJ·mol^{-1}）略小于 2 倍的环己烯氢化热（120 kJ·mol^{-1}×2＝240 kJ·mol^{-1}），这是因为环己-1,3-二烯分子中也有单双键间隔的 $\pi-\pi$ 共轭体系的结构。而苯的氢化热（208 kJ·mol^{-1}）要比 3 倍的环己烯氢化热（120 kJ·mol^{-1}×3＝360 kJ·mol^{-1}）低 152 kJ·mol^{-1} 的能量，比环己-1,3-二烯的氢化热也低。氢化热数值小，说明其分子热力学能低。可以把苯看作闭合的 $\pi-\pi$ 共轭体系（从凯库勒构造式看比较形象），152 kJ·mol^{-1} 的能量差正是由于苯环中存在共轭体系，π 键电子高度离域而造成苯环特别稳定的结果。这部分能量称为苯的共轭能或离域能。苯的共轭能（152 kJ·mol^{-1}）要比丁-1,3-二烯的共轭能（13 kJ·mol^{-1}）大得多。共轭能越大，表示这个共轭体系越稳定，因此苯比丁-1,3-二烯稳定得多。丁-1,3-二烯能发生加成反应和氧化反应，而苯则很难。

综上所述，可以认识到苯分子具有较低的热力学能，分子稳定。

五、共振论简介

共振论（resonance theory）是鲍林（Pauling L）在 1931 年到 1933 年间提出来的。其基本要点如下：

1. 真实的分子、离子或自由基是各种极限结构组成的共振杂化体

一个分子、离子或自由基按照价键理论可以写出两个以上的经典构造式（未必是真实的化合物或是可能的化合物），这些构造式成为参加共振的一员，它们的差别仅是电子的分布不同。这些可能的经典构造式称为极限式或共振贡献式。任何一个极限式都不足以反映该物种的真实结构，只有这些极限结构共振得到的共振杂化体时才能反映这些分子、离子或自由基的真实结构。极限式用双箭头连接起来表示共振杂化体，双箭头"$\longleftrightarrow$"为共振符号。苯分子是由下列式子组成的共振杂化体。

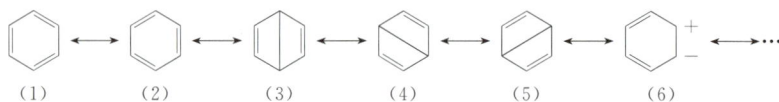

$$\underset{(1)}{\hexagon} \longleftrightarrow \underset{(2)}{\hexagon} \longleftrightarrow \underset{(3)}{\hexagon} \longleftrightarrow \underset{(4)}{\hexagon} \longleftrightarrow \underset{(5)}{\hexagon} \longleftrightarrow \underset{(6)}{\hexagon} \longleftrightarrow \cdots$$

式中的双箭头与表示平衡的可逆符号不能混淆，不能把这些箭头误认为是分子、离子或自由基在一个结构和另一个结构之间发生相互变换，这是共振和平衡的重要区别。在共振

体系中,各极限式中的原子是不移动的,极限结构只存于书面上,共振式并不表示极限结构之间的相互转变。

极限结构不是实际的分子、离子或自由基的结构,它们只是理论上的推测,所以也从来没有被分离出来过,没有一个共振贡献式足以代表分子、离子或自由基。

2. 每一个极限式对共振杂化体的贡献是不同的

分子的稳定程度可用共振能来表示,因为共振使体系的热力学能降低。共振能的估算通常是把极限式的能量与实际分子的能量作对比,这样便可估算出若干极限式在共振时所起稳定程度的大小,即为共振能。例如,苯的共振能是将苯的氢化热与环己烯的氢化热的 3 倍相比较,结果是苯少了 152 kJ·mol^{-1},这就是苯的共振能。每一个极限式对共振杂化体的贡献是不同的,越稳定的极限式贡献越大,能量高、不稳定的极限式贡献小。真实分子的能量低于能写出的任何一个极限式的能量。同一化合物分子的不同极限结构对共振杂化体的贡献大小,大致有如下规则:

(1) 共价键较多的极限式比共价键少的极限式更稳定,稳定的极限式对共振杂化体的贡献更大;

(2) 电荷分离式贡献很小,忽略不计;

(3) 等价的极限式对共振杂化体的贡献相等;

(4) 极限式中所有的原子均有完整而稳定的价电子层;

(5) 负电荷处在较强电负性原子上的极限式比处在较弱电负性原子上的极限式稳定。

例如,在丁-1,3-二烯的极限式中,在式(7)中有 5 个碳碳键,又没有电荷分离式,而在式(8)及(9)中只有 4 个碳碳键,又是电荷分离式;所以,式(7)稳定,式(8)及式(9)不稳定,式(7)贡献大,式(8)及式(9)贡献很小。

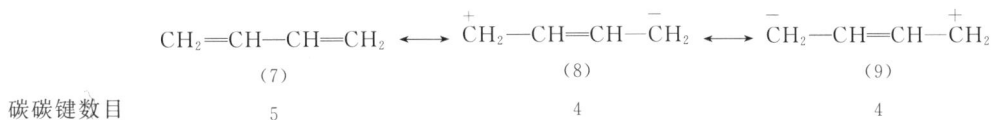

$$CH_2{=}CH{-}CH{=}CH_2 \longleftrightarrow \overset{+}{C}H_2{-}CH{=}CH{-}\overset{-}{C}H_2 \longleftrightarrow \overset{-}{C}H_2{-}CH{=}CH{-}\overset{+}{C}H_2$$

(7)　　　　　　　　　(8)　　　　　　　　　(9)

碳碳键数目　　　　　5　　　　　　　　　4　　　　　　　　　4

在苯的 6 个极限式中,(1)及(2)是主要的,贡献大;(3)及(4)、(5)的键长和键角变形较大,为脂环烃,故贡献小;(6)为电荷分离式。所以,苯的共振杂化体主要是(1)及(2)贡献的。苯分子的真实结构,既不是(1),也不是(2),更不是(3)、(4)、(5)、(6),而主要是(1)及(2)的共振杂化体。共振使分子的碳碳键键长平均化,体系能量降低。

3. 共振结构的书写规则

(1) 必须遵守价键理论,氢原子的外层电子数不能超过 2 个,第二周期元素最外层电子数不能超过 8 个,如碳原子只能有 4 个价键。

(2) 原子核的相对位置不能改变,只允许最外层电子排布有所差别。一般来说,只能移动结构中的 π 电子和未共用电子对。例如,碳酸根离子的 3 个极限式中,4 个原子核的相对位置未变动,只是电子的排布不同。

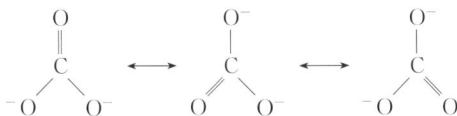

又如,烯丙基正离子可以写成以下两种共振结构式:

$$\overset{+}{\text{CH}}_2\text{—CH}=\text{CH}_2 \longleftrightarrow \text{CH}_2=\text{CH}\overset{+}{\text{—CH}}_2$$

但不能写成环状共振结构式,如以下写法则改变了碳架,不符合要求:

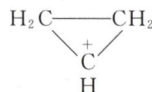

$$\begin{array}{c} \text{H}_2\text{C——CH}_2 \\ \diagdown \quad \diagup \\ \overset{+}{\text{C}} \\ | \\ \text{H} \end{array}$$

（3）在所有极限式中,未共用电子数必须相等。例如:

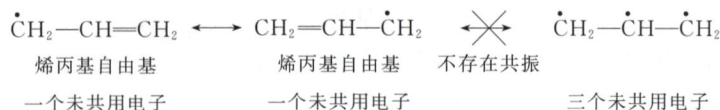

$$\dot{\text{C}}\text{H}_2\text{—CH}=\text{CH}_2 \longleftrightarrow \text{CH}_2=\text{CH}\text{—}\dot{\text{C}}\text{H}_2 \quad \times\!\!\!\!\times \quad \dot{\text{C}}\text{H}_2\text{—}\dot{\text{C}}\text{H}\text{—}\dot{\text{C}}\text{H}_2$$

烯丙基自由基　　　　烯丙基自由基　　不存在共振

一个未共用电子　　　一个未共用电子　　　　　　　　三个未共用电子

因为后者有三个未共用电子,与前二者共振结构式不同。

共振论在有机物结构及反应机理的分析中具有独特的作用。

六、苯的构造式的表示法

自从 1825 年英国的法拉第（Faraday M）首先发现苯之后,有机化学家们对它的结构和性质做了大量研究工作。在此期间也有不少人提出过各种苯的构造式的表示方法,但都不能圆满地表达苯的结构。目前一般仍采用凯库勒式,但在使用时不能把它误解为有单双键之分。也有用一个带有圆圈的正六角形来表示苯环,在六角形的每个角都表示一个碳原子连有一个氢原子,直线表示 σ 键,圆圈表示大 π 键。本书中苯的构造式的表示法仍采用凯库勒式。

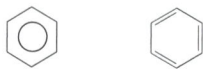

苯环结构的两种表示方法

前面提到的参与共振的苯分子极限式（3）、（4）、（5）是 1867 年杜瓦（Dewar J）提出来的表示苯的结构的式子,历史上称为杜瓦苯,现在已经合成得到了。它不是芳烃,而是一个脂环烃,叫作双环[2.2.0]己-2,5-二烯。

双环[2.2.0]己-2,5-二烯与苯毫无共同之处,是个很不稳定的化合物。

问题 7-1　苯的分子式为 C_6H_6。己-1,4-二炔的构造式也符合 C_6H_6,为什么不用它作为苯的构造式呢?

问题 7-2　除凯库勒式、杜瓦式外,还可能有什么经典结构式符合碳四价、氢一价的要求,并且 6 个 C、6 个 H 都相同呢?

第二节 芳烃的异构现象和命名

单环芳烃可以看作苯环上的氢原子被烃基取代的衍生物,分为一烃基苯、二烃基苯和三烃基苯等。

简单的烃基苯的命名以苯环作为母体,烃基作为取代基,称为某烃基苯,"基"字常略去。例如:

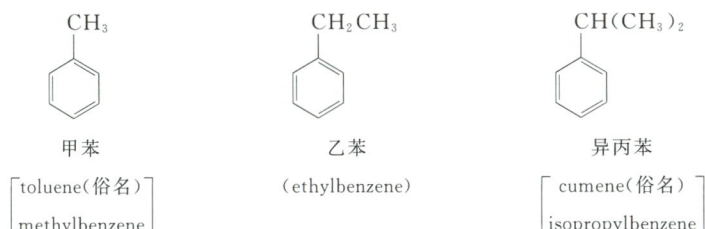

甲苯　　　　　　　　　　乙苯　　　　　　　　　　异丙苯

[toluene(俗名)
methylbenzene]　　　(ethylbenzene)　　　[cumene(俗名)
isopropylbenzene]

若苯环上所连接的烃基较长、较复杂,或是不饱和烃基,或链烃上有多个苯环,命名时常把链烃当作母体,苯环当作取代基(即苯基 phenyl,可简写为 Ph),但也有例外情况。例如:

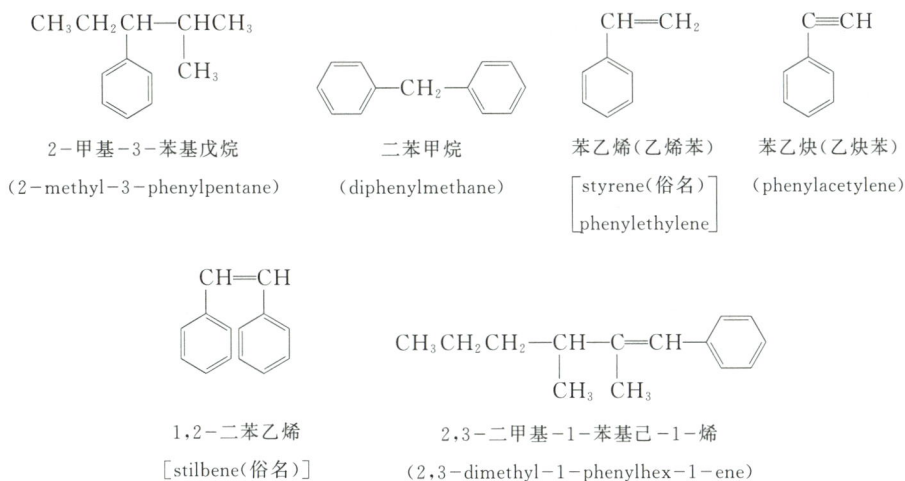

2-甲基-3-苯基戊烷　　　二苯甲烷　　　苯乙烯(乙烯苯)　　苯乙炔(乙炔苯)

(2-methyl-3-phenylpentane)　　(diphenylmethane)　　[styrene(俗名)
phenylethylene]　　(phenylacetylene)

1,2-二苯乙烯　　　　　2,3-二甲基-1-苯基己-1-烯

[stilbene(俗名)]　　　(2,3-dimethyl-1-phenylhex-1-ene)

二烃基苯有三种异构体,这是由于取代基在苯环上相对位置的不同而产生的。例如,二甲苯有三种异构体,它们的构造式和命名为

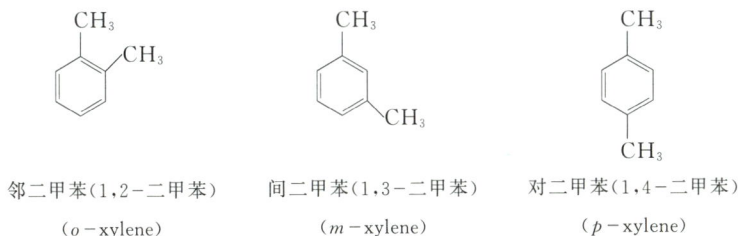

邻二甲苯(1,2-二甲苯)　　间二甲苯(1,3-二甲苯)　　对二甲苯(1,4-二甲苯)

(o-xylene)　　　　　　(m-xylene)　　　　　　(p-xylene)

邻位是指两个取代基在苯环上处于相邻的位置,或用 o(ortho)表示;间位是指间隔了一个碳原子,或用 m(meta)表示;对位是指在对角的位置,或用 p(para)表示。

三个相同烃基的三烃基苯也有三种异构体,分别用 1,2,3-、1,2,4-、1,2,5-表示。例如,三甲苯的三种异构体的构造式和命名为

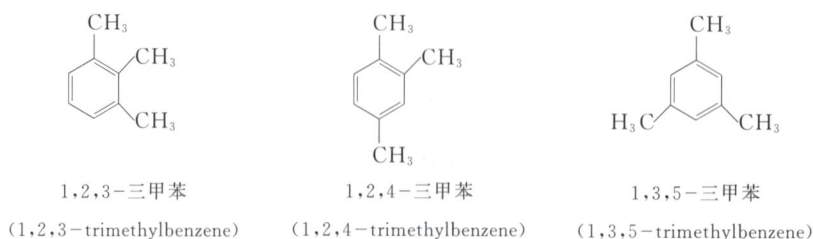

1,2,3-三甲苯	1,2,4-三甲苯	1,3,5-三甲苯
(1,2,3-trimethylbenzene)	(1,2,4-trimethylbenzene)	(1,3,5-trimethylbenzene)

问题 7-3   写出芳烃 $C_{10}H_{14}$ 的所有异构体的构造式,并命名之。

当芳烃分子的芳环上消去一个氢原子所剩下来的原子团称芳基(aryl,可缩写为 Ar)。

苯分子的环上消去一个氢原子剩余的原子团 C_6H_5— 称苯基(phenyl,可缩写为 Ph 或 ϕ)。甲苯分子的甲基上消去一个氢原子剩余的原子团 $C_6H_5CH_2$— 称苄基(benzyl,可缩写为 Bn)。

从这一章起,将遇到具有多元取代基的芳烃衍生物,这里先初步介绍关于它们的命名法,其他的命名法将在以后相关的章节里介绍。

(1)某些取代基如硝基(—NO_2)、亚硝基(—NO)和卤素(—X)等通常只作取代基而不作母体。因此,具有这些取代基的芳烃衍生物应把芳烃看作母体,称为某基(代)芳烃。例如:

硝基苯	氯苯	邻硝基甲苯
(nitrobenzene)	(chlorobenzene)	(o-nitrotoluene)

(2)当取代基为氨基(—NH_2)、羟基(—OH)、磺酸基(—SO_3H)、醛基(—CHO)和羧基(—COOH)等特性基团时,则把它们各看作一类化合物,分别称为苯胺、苯酚、苯磺酸、苯甲醛和苯甲酸等。

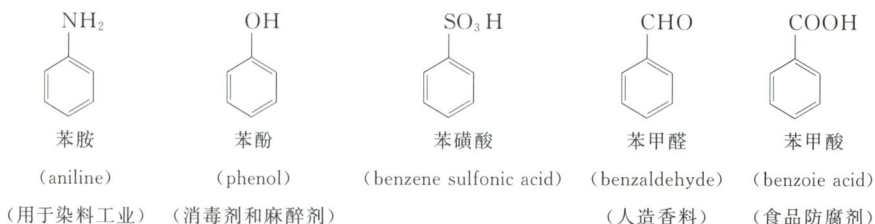

苯胺	苯酚	苯磺酸	苯甲醛	苯甲酸
(aniline)	(phenol)	(benzene sulfonic acid)	(benzaldehyde)	(benzoie acid)
(用于染料工业)	(消毒剂和麻醉剂)		(人造香料)	(食品防腐剂)

(3)当环上有多种取代基时,首先选好母体,依次编号。按照中文命名原则,选择母体

的顺序如下：

　　—NO₂，—X，—R（烷基），—OR（烃氧基），—NH₂，—OH，—COR，—CHO，—CN，

—CONH₂(酰胺)，—COX(酰卤)，—COOR(酯)，—SO₃H，—COOH，—NR₃⁺

　　在这个顺序中排在后面的为母体，排在前面的为取代基。例如：

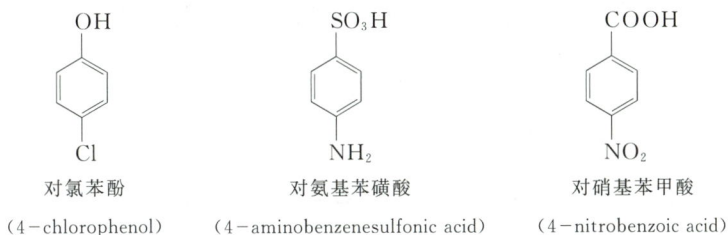

对氯苯酚	对氨基苯磺酸	对硝基苯甲酸
（4−chlorophenol）	（4−aminobenzenesulfonic acid）	（4−nitrobenzoic acid）

第三节　单环芳烃的性质

一、物理性质

　　一般为无色有特殊气味的液体，不溶于水，相对密度为 0.86～0.93，燃烧时火焰带有较浓的黑烟。液态芳烃是一种良好的溶剂。芳烃具有一定的毒性。表 7−1 列出了单环芳烃的一些物理常数。

表 7−1　单环芳烃的一些物理常数

名称	熔点/ ℃	沸点/ ℃	相对密度(d_4^{20})	折射率(n_D^{20})
苯	5.5	80.1	0.876 5	1.500 1
甲苯	−94.991	110.625	0.866 9	1.496 1
乙苯	−94.975	136.286	0.867 0	1.495 9
邻二甲苯	−25.185	144.411	0.880 2	1.505 5
间二甲苯	−47.872	139.103	0.864 2	1.497 2
对二甲苯	13.263	138.351	0.861 1	1.495 8
异丙苯	−96.032	152.392	0.861 8	1.491 5
正丙苯	−99.5	159.2	0.862 0	1.492 0
乙烯苯	−30.628	145.14	0.906	1.546 8
乙炔苯	−44.8	142.1	0.928 1	1.548 5
1,3,5−三甲苯	−44.72	164.716		
对甲基异丙基苯	−67.935	177.10		
1,4−二乙基苯	−42.850	183.752		
1,2,4,5−四甲苯	79.240	196.80		

二、亲电取代反应

　　芳烃以含有苯环(或叫苯核)为其特征。苯环含 π 键，π 键本该发生加成反应，然而，芳

烃却易起亲电取代反应(electrophilic substitution reaction)。例如：

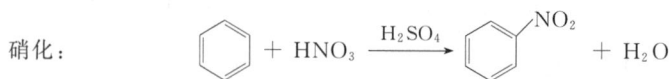

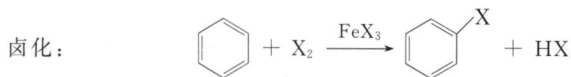

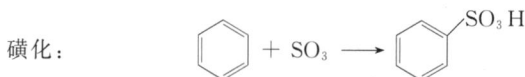

硝化：⬡ + HNO₃ $\xrightarrow{H_2SO_4}$ ⬡NO₂ + H₂O

卤化：⬡ + X₂ $\xrightarrow{FeX_3}$ ⬡X + HX

磺化：⬡ + SO₃ ⟶ ⬡SO₃H

芳烃的取代反应很多，这里只讨论其中最主要的几种。

1. 硝化反应

苯与浓硝酸和浓硫酸的混合物于 55～60 ℃反应，苯环上的氢原子被硝基取代，生成硝基苯。向有机化合物分子中引入硝基的反应称为硝化反应。

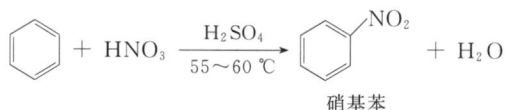

⬡ + HNO₃ $\xrightarrow[55～60\ ℃]{H_2SO_4}$ ⬡NO₂ + H₂O

硝基苯

硝基正离子又称硝鎓离子。其结构为

$$:\ddot{O}=\overset{+}{N}=\ddot{O}: \quad （或写成 NO_2^+）$$

无水硝酸中含有硝基正离子，浓度很低，在浓硫酸中则有利于硝基正离子的生成。其反应如下：

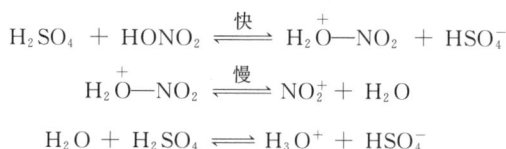

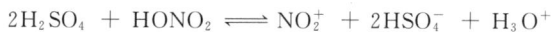

$$H_2SO_4 + HONO_2 \underset{}{\overset{快}{\rightleftharpoons}} H_2\overset{+}{O}-NO_2 + HSO_4^-$$

$$H_2\overset{+}{O}-NO_2 \underset{}{\overset{慢}{\rightleftharpoons}} NO_2^+ + H_2O$$

$$H_2O + H_2SO_4 \rightleftharpoons H_3O^+ + HSO_4^-$$

$$2H_2SO_4 + HONO_2 \rightleftharpoons NO_2^+ + 2HSO_4^- + H_3O^+$$

因此，硝化反应的第一步应是硝基正离子进攻苯环的 π 键，与 π 键加成而生成了 σ 配合物：

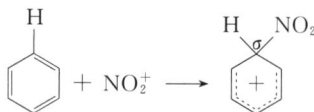

⬡ + NO₂⁺ ⟶ (σ配合物)

所以，当亲电试剂加到苯环上去形成一个 σ 配合物后，H⁺ 随即消除，仍保持着苯环的结构：

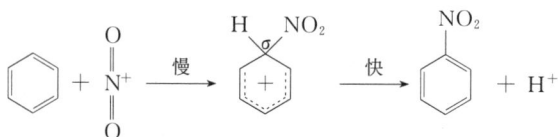

⬡ + N⁺O₂ $\xrightarrow{慢}$ (σ配合物) $\xrightarrow{快}$ ⬡NO₂ + H⁺

这个两步反应机理,通常称为亲电加成-消除反应。

反应温度和酸的用量对硝化程度的影响很大。例如,当硝基苯在过量的混酸存在下继续硝化时,生成间二硝基苯。但是,这个第二次硝化反应要比第一次慢得多,需要比较高的温度。导入第三个硝基更为困难。因此,可以认为在不改变条件的情况下,用苯直接硝化一般是得不到三硝基苯的。

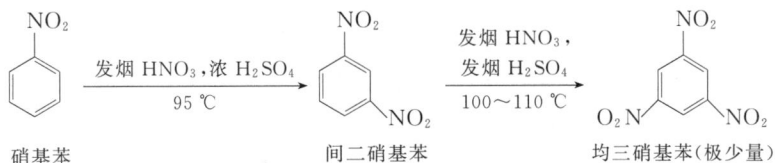

烷基苯比苯容易硝化,如甲苯在低于 50 ℃ 就可以硝化。主要生成邻硝基甲苯和对硝基甲苯。硝基甲苯进一步硝化可以得到 2,4,6-三硝基甲苯,即炸药 TNT。

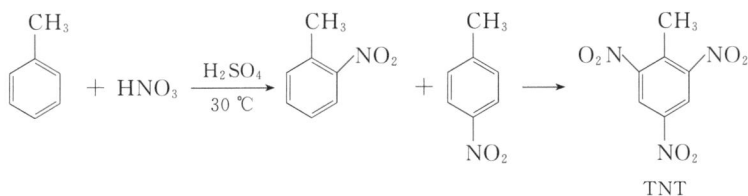

硝化反应是一个放热反应。引进一个硝基,放出约 152.7 kJ·mol^{-1} 的热量。因此,必须使硝化反应缓慢进行。

硝化反应是向苯环引入含氮取代基的最佳方法,芳烃的硝基衍生物是重要的有机合成中间产物。

2. 卤化反应

当有催化剂(如铁粉或卤化铁)存在时,苯和氯或溴作用,苯环上的氢原子被卤素取代,生成氯苯或溴苯。

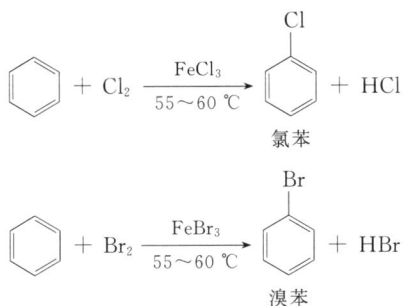

因为氯苯和溴苯都是有机合成的重要原料,常用这个反应来制备氯苯和溴苯,但还会得到少量的二卤代苯。例如:

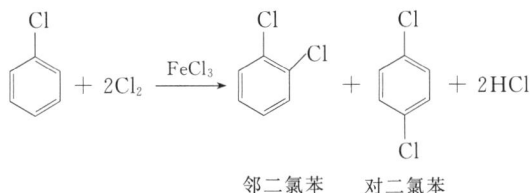

甲苯在铁粉或三氯化铁存在下氯化,主要生成邻氯甲苯和对氯甲苯。

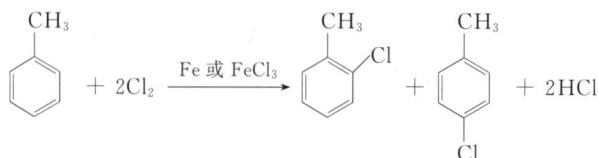

氯或溴分子在这一反应中显然是亲电试剂,即作为正离子而进攻苯环的。但氯或溴本身不能与苯起取代反应,必须经路易斯酸的活化才能使氯或溴分子异裂而生成正离子。因此,卤化的第一步是卤素与苯环形成 π 配合物,在路易斯酸如 $FeCl_3$ 的协助下进一步生成 σ 配合物。例如:

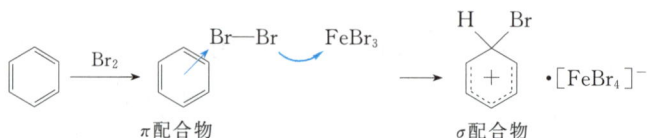

σ 配合物中,环上有两个 π 电子与 Br^+ 生成 C—Br 键,被进攻的碳原子脱离了共轭体系,剩下的 4 个 π 电子分布在 5 个碳原子上,带了一个正电荷。在 $[FeBr_4]^-$ 的作用下,很快使碳正离子消去一个质子,恢复了苯环结构,生成溴苯,而 $[FeBr_4]^-$ 接受 H^+ 又转变为三溴化铁。

3. 磺化反应

苯与 98% 浓硫酸在 75～80 ℃时发生作用,苯环的氢原子被磺酸基(—SO_3H)取代生成苯磺酸。有机化合物分子中引入磺酸基的反应称为磺化反应。磺化反应与卤化、硝化不同,它是一个可逆反应,反应中生成的水使硫酸浓度变稀,磺化速率变慢,水解速率加快。因此,常用发烟硫酸在 30～50 ℃下进行磺化反应。

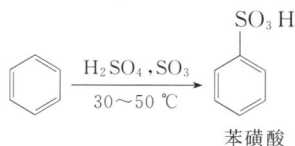

烷基苯的磺化也较苯容易,如用浓硫酸在常温下就可以使甲苯磺化,主要产物是邻甲苯磺酸和对甲苯磺酸。

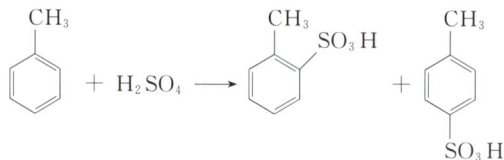

磺化反应的温度不同时,产物亦有所改变。

磺化温度   0 ℃   100 ℃

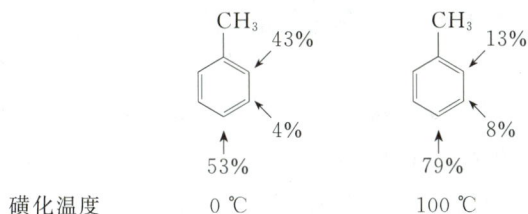

苯磺酸为有机强酸。它在过热水蒸气作用下或与稀硫酸或与稀盐酸共热时可水解脱下磺酸基。

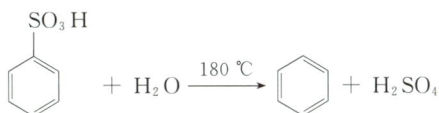

苯及其同系物几乎均可以磺化。由于磺化反应是可逆的,同时磺酸基又可被硝基、卤素等取代,在有机合成上可利用磺酸基占据苯环上的一个位置,待导入别的取代基后,再除去磺酸基,故磺化反应在有机合成上应用颇广。

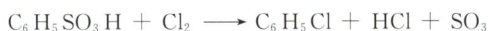

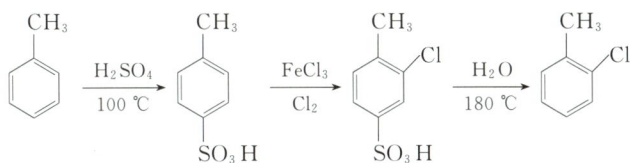

$$C_6H_5SO_3H + NO_2^+ \longrightarrow C_6H_5NO_2 + H^+ + SO_3$$

$$C_6H_5SO_3H + Cl_2 \longrightarrow C_6H_5Cl + HCl + SO_3$$

问题 7-4 指出由甲苯制备对硝基邻溴甲苯各步骤的反应条件。

磺化反应远不如硝化、卤化研究得那么深入,但可以肯定与其他大多数亲电取代反应不同的是,磺化反应在温和的条件下容易逆向进行。苯用浓硫酸磺化很慢,用发烟硫酸在室温下很快磺化,反应速率与后者的三氧化硫含量有关。目前多数认为有效的亲电试剂是 SO_3,SO_3 虽然不带正电荷,但其中硫原子周围只有 6 个电子,是缺电子体系,因此可以作为亲电试剂与苯环生成 σ 配合物。

4. 傅瑞德尔－克拉夫茨(Friedel-Crafts)反应

1877 年,法国化学家傅瑞德尔(Friedel C)和美国化学家克拉夫茨(Crafts J M)发现了制备烷基苯(PhR)和芳酮(ArCOR)的反应,常简称为傅－克反应。前者又称傅－克烷基化反应;后者又称傅－克酰基化反应。

(1) 烷基化反应 苯与溴乙烷在无水三氯化铝的催化下反应生成乙苯。

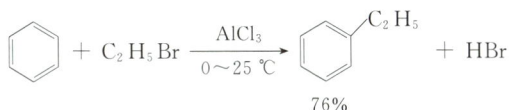

凡在有机化合物分子中引入烷基的反应,称为烷基化反应。

卤代烷中的烷基($R^{\delta+}$—$X^{\delta-}$)是亲电的,但通常与芳烃不起作用,必须在催化剂路易斯酸的存在下,才起烷基化反应。这时,路易斯酸如 AlX_3 与 RX 生成了复合物。例如,溴甲烷与三溴化铝生成的 1:1 复合物(固体)已分离得到(在 $-78\ ^{\circ}C$),但这种复合物溶液仅微弱的导电。只有能解离出十分稳定的烷基正离子的卤代烷如 Me_3C—Br,才有可能作为独立的亲电试剂(Me_3C^+)进攻芳烃而发生烷基化反应:

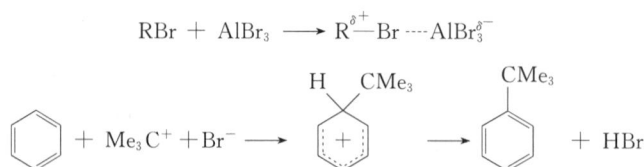

$$RBr + AlBr_3 \longrightarrow R^{\delta+}\text{—}Br \cdots AlBr_3^{\delta-}$$

无水三氯化铝($AlCl_3$)是烷基化反应里常用的催化剂。此外,还有如 $FeCl_3$、BF_3、无水 HF、$SnCl_4$、$ZnCl_2$ 等路易斯酸都有催化作用。

在烷基化反应中必须注意以下几点。首先,当使用 3 个或 3 个以上碳原子的直链卤代烷作烷基化试剂时,会发生碳链异构现象。例如,苯与 1-氯丙烷在加热条件下反应,得到的主要产物是异丙苯而不是正丙苯:

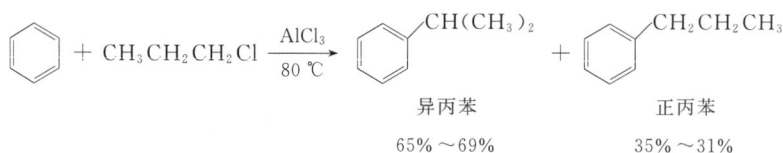

异构化现象的产生一般解释为,1-氯丙烷和 $AlCl_3$ 反应形成的复合物为带有部分正电荷的一级烷基。

$$CH_3CH_2CH_2Cl + AlCl_3 \longrightarrow CH_3CH_2\overset{\delta+}{C}H_2\cdots\cdots AlCl_4^{\delta-}$$

由于一级碳正离子的稳定性小于二级(或三级)碳正离子,所以烷基要发生重排:

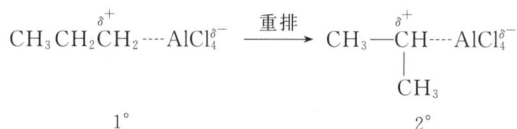

因此,与苯发生亲电取代反应,就生成了异丙苯。

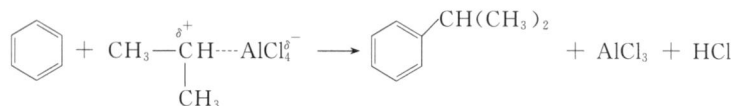

其次,烷基化反应常常不容易留在一元取代阶段,通常在反应中有多烷基苯生成。例如:

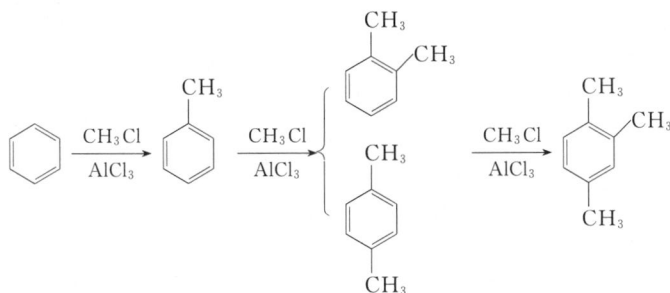

如果在上述反应中苯大大过量,则可得到较多的一元取代物。

最后,当苯环上已经有—NO$_2$、—N$^+$(CH$_3$)$_3$、—COOH、—COR、—CF$_3$、—SO$_3$H 等取代基时,傅-克烷基化反应不能再发生。因为这些基团都是吸电子基,会使苯环上电子云密度降低。如果苯环上有—NH$_2$、—NHR、—NR$_2$,也不能发生傅-克烷基化反应,因为氨基或取代氨基会与缺电子的路易斯酸 AlCl$_3$ 作用,使氨基上的氮带正电荷而转变成具有吸电子作用的基团。

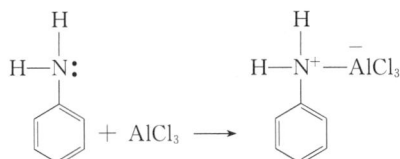

硝基苯不起傅-克烷基化反应,可以用硝基苯作溶剂来进行烷基化反应。

傅-克烷基化反应是制备芳烃特别是苯的同系物的主要方法。

其他碳正离子的前体,如烯烃或醇也可作为烷基化试剂,在工业上很有价值。例如,苯和乙烯可以制得乙苯。

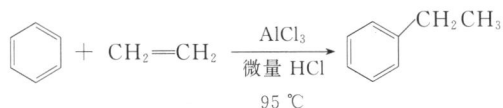

工业上用丙烯和苯反应生成异丙苯。

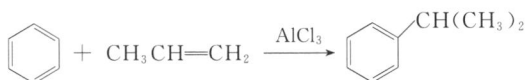

用烯烃或醇作烷基化试剂时,质子化是必要的条件。例如:

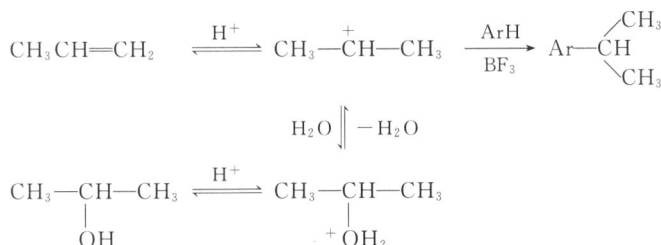

(2) 酰基化反应 在路易斯酸催化下,酰氯或酸酐等与芳烃能发生与烷基化相似的亲

电取代反应。例如:

$$\text{（苯环）} + CH_3\overset{O}{\underset{\|}{C}}-Cl \xrightarrow{AlCl_3} \text{（苯环）}\overset{O}{\underset{\|}{C}}-CH_3 + HCl$$

乙酰氯   苯乙酮

97%

$$\text{（甲苯）} + CH_3\overset{O}{\underset{\|}{C}}-O-\overset{O}{\underset{\|}{C}}CH_3 \xrightarrow{AlCl_3} H_3C-\text{（苯环）}-\overset{O}{\underset{\|}{C}}-CH_3 + CH_3COOH$$

乙酐   对甲基苯乙酮

80%

  酰基化反应和烷基化反应都使用相同的路易斯酸催化剂,反应机理也相似,环上连有硝基、磺酸基、酰基和氰基等吸电子基团时不发生反应,但是酰基化反应没有异构化产物,也没有多元取代产物生成。因此制备含有 3 个或 3 个以上碳原子的直链烷基苯时,可采取先进行酰基化反应,然后将羰基还原的方法。例如:

$$\text{（苯环）} + CH_3CH_2CH_2\overset{O}{\underset{\|}{C}}Cl \xrightarrow[\triangle]{AlCl_3} \text{（苯环）}\overset{O}{\underset{\|}{C}}CH_2CH_2CH_3 \xrightarrow[\triangle]{Zn-Hg/HCl} \text{（苯环）}CH_2CH_2CH_3$$

丁酰氯   1-苯基丁-1-酮   丁苯

（86%）   （73%）

但酰基化反应的催化剂用量(如氯化铝)要比烷基化多,因为酰基化产物能通过氧原子与等量氯化铝生成配合物。

  5. 苯环的亲电取代反应机理

  上述几种亲电取代反应的讨论表明,当亲电试剂(以 E^+ 表示)进攻苯环时,E^+ 与苯环的 π 电子作用生成 π 配合物,这种作用是很微弱的,并没有生成共价键。E^+ 紧接着从苯环的 π 键体系中获得 2 个电子,与苯环的 1 个碳原子形成 σ 键而生成 σ 配合物。这个碳原子由 sp^2 杂化转变为 sp^3 杂化,不再有 p 轨道。这样,苯环的闭合共轭体系被破坏了,环上剩下 4 个 π 电子,只离域于环上 5 个碳原子中而使苯环呈正电性,即带一个正电荷的五中心四电子 π 键。σ 配合物热力学能量高、不稳定,寿命很短。容易从 sp^3 杂化态碳原子上失去一个质子从而恢复苯环结构,形成取代产物。

$$\text{（苯环）} + E^+ \longrightarrow \text{（苯环）}\cdots E^+$$

$$\text{（苯环）} + E^+ \longrightarrow \overset{H\quad E}{\underset{(+)}{\text{（苯环）}}}$$

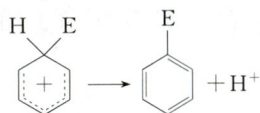

苯亲电取代反应进程−势能变化曲线如图 7−5 所示。

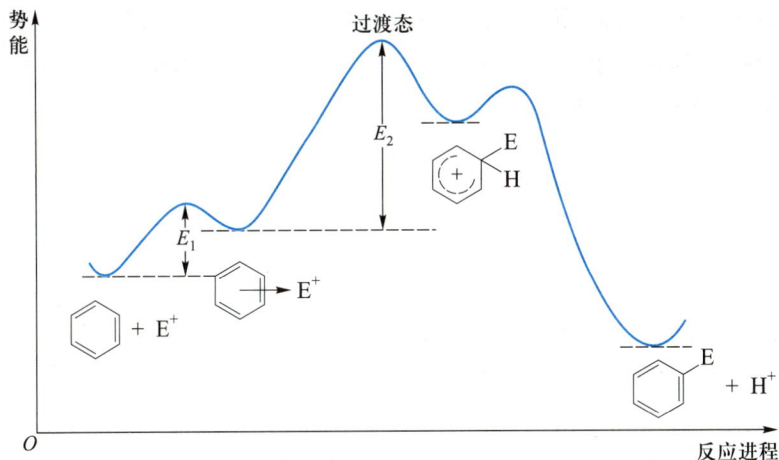

图 7−5　苯亲电取代反应进程−势能变化曲线图

虽然 σ 配合物的寿命很短,但是在适当的条件下,还是可以分离出来的。例如,间三甲苯在低温下与一氟乙烷和 BF_3 作用生成的 σ 配合物已分离出来,熔点是 −15 ℃：

综上所述,σ 配合物的生成是苯环亲电取代反应的关键步骤。

在苯环的亲电取代反应中,苯环上的氢以质子的形态被取代出来。近年来利用含重氢的硫酸作磺化剂,结果重氢取代了苯环的氢原子,而脱下来的质子进入硫酸分子中,这充分肯定了上述结论。

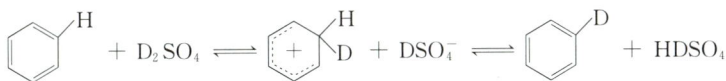

实验证明,苯环的硝化、磺化反应是只形成 σ 配合物的机理；氯化和溴化反应是先形成 π 配合物,再转变为 σ 配合物的机理。

综上所述,σ 配合物的生成是苯环亲电取代反应的关键步骤。

三、加成反应

芳烃易发生取代反应而难以发生加成反应,这就是化学家早期在实践中反复观察到的"芳香性"。芳烃难以加成,但还是能加成的,而且在某些条件下比较容易发生加成反应。

1. 加氢

因为苯环结构的特点,芳烃比烯烃较难还原,通常需要较高的温度和压力。例如,苯在高温和催化剂存在下,发生气相加氢生成环己烷。这是工业生产环己烷的方法,产品纯度较高。若氢化未进行到底,所得产物也只是苯和环己烷,也就是说苯的氢化不能分离出中间产物。脂肪族不饱和烃可以分段氢化,而且可以分离出中间体。这是苯和脂肪族不饱和烃在加氢过程的不同之处。

$$\text{\Large \bigcirc} + 3H_2 \xrightarrow[180\sim250\ ℃]{Ni} \text{\Large \bigcirc}$$

烷基苯如用铑作催化剂时可在室温下氢化。

前面几章所介绍的非均相催化氢化,虽然在工业生产上已广泛地应用,但存在着一定缺点。例如,化合物多于一个不饱和中心时缺乏选择性;反应依靠化学吸附,使得产物在立体化学方面难以判断等。这些困难,在均相配位氢化反应中都得到克服。在均相配位催化体系中,通过一个能溶于溶剂的贵金属配合物催化剂(作为一个氢的授予体)对被还原化合物进行氢的转移,从而达到氢化。用于均相配位催化剂的金属是铂系元素 Ru、Rh、Pd、Os、Ir 和 Pt。目前最常用和有效的是铑的配合物——三(三苯基膦)氯化铑。钌催化剂也正越来越多地用作氢化催化剂。

芳烃如用均相催化剂,能在常温常压下氢化。

将碱金属溶于液氨中用于还原芳烃,能够发生 1,4 - 加成反应。这一反应称为伯奇(Birch A J)还原法。

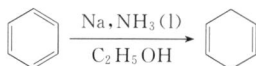

$$\text{\Large \bigcirc} \xrightarrow[C_2H_5OH]{Na,NH_3(l)} \text{\Large \bigcirc}$$

如果苯环上有吸电子取代基,可加快反应速率,使氢加在苯环的 1 位和 4 位,生成环己 - 2,5-二烯衍生物。例如:

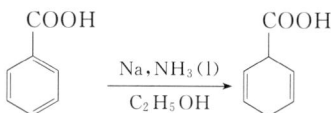

$$\underset{}{\overset{COOH}{\text{\Large \bigcirc}}} \xrightarrow[C_2H_5OH]{Na,NH_3(l)} \underset{}{\overset{COOH}{\text{\Large \bigcirc}}}$$

而烷基、羟基、烷氧基、氨基等给电子基团则可钝化苯环,使氢加到苯环的 2 位和 5 位,生成环己 - 1,4 - 二烯衍生物。例如:

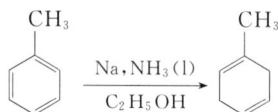

$$\underset{}{\overset{CH_3}{\text{\Large \bigcirc}}} \xrightarrow[C_2H_5OH]{Na,NH_3(l)} \underset{}{\overset{CH_3}{\text{\Large \bigcirc}}}$$

2. 加氯

在紫外线照射下,向苯中通入氯气时就发生了自由基反应:

$$\text{苯} + Cl\cdot \longrightarrow \text{（自由基中间体）} \longrightarrow \text{（二氯加成中间体）} \longrightarrow C_6H_6Cl_6$$

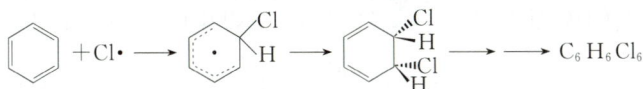

最终加成生成 1,2,3,4,5,6-六氯环己烷,简称六六六。如将氯气通入沸腾的甲苯中,则是苯环侧链甲基的氢原子逐个被取代:

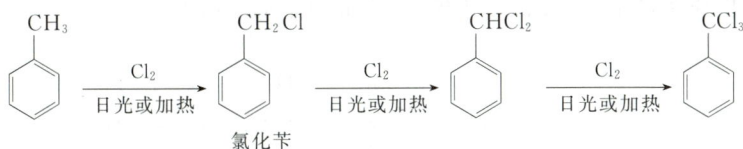

$$\text{（甲苯 CH}_3\text{）} \xrightarrow[\text{日光或加热}]{Cl_2} \text{（CH}_2Cl\text{ 氯化苄）} \xrightarrow[\text{日光或加热}]{Cl_2} \text{（CHCl}_2\text{）} \xrightarrow[\text{日光或加热}]{Cl_2} \text{（CCl}_3\text{）}$$

由此可见,反应条件不同,产物也就不相同。

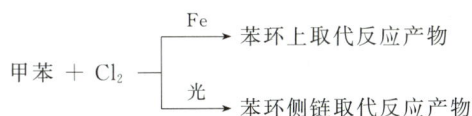

$$\text{甲苯} + Cl_2 \quad \begin{cases} \xrightarrow{\ Fe\ } \text{苯环上取代反应产物} \\ \xrightarrow{\ 光\ } \text{苯环侧链取代反应产物} \end{cases}$$

这是由于两者的反应机理不同,后者为自由基取代反应,前者为离子型取代反应。

为什么氯原子不去夺取苯环上的氢呢? 因为甲苯的甲基上的氢如同烯丙型氢,而苯环上的氢如同乙烯型氢。后者由于增加了 s 成分(C_{sp^2}—H_{1s})增加了键的强度,从而使氯自由基夺取苯环氢变成吸热反应($\Delta H = 36.8\ kJ\cdot mol^{-1}$),如再提高温度则会发生像苯一样的自由基加成反应。

问题 7-5　查出甲烷和甲苯氯化的反应热及 C—H 键键能等数据加以比较,说明其难易程度。

四、氧化反应

苯环不易氧化。但是,在高锰酸钾或重铬酸钾的酸性或碱性溶液中,烃基苯的侧链易被氧化,氧化反应发生在与苯环直接相连的碳氢键上。如果与苯环直接相连的碳原子上没有氢原子(如叔丁基),该碳原子不能被氧化。氧化时,不论烃基苯侧链上烷基的长短,最后都变为苯甲酸。

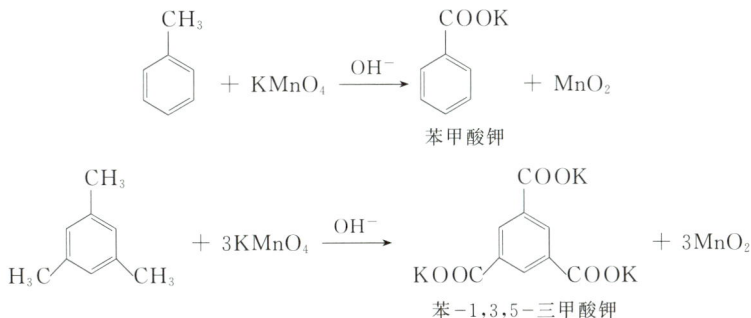

$$\text{（甲苯 CH}_3\text{）} + KMnO_4 \xrightarrow{OH^-} \text{（COOK 苯甲酸钾）} + MnO_2$$

$$\text{（1,3,5-三甲苯）} + 3KMnO_4 \xrightarrow{OH^-} \text{（苯-1,3,5-三甲酸钾）} + 3MnO_2$$

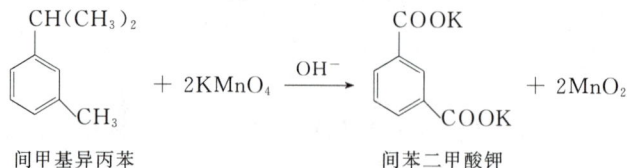

间甲基异丙苯 + 2KMnO₄ → 间苯二甲酸钾 + 2MnO₂

在激烈的反应条件下,苯环被氧化破坏,生成顺丁烯二酸酐:

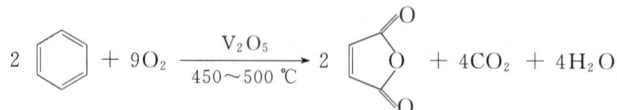

这是顺丁烯二酸酐的工业制法。

在激烈的反应条件下,若烃基苯的两个烷基处在邻位,氧化产物是酸酐。例如:

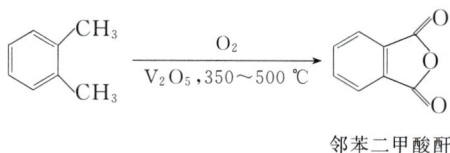

邻苯二甲酸酐

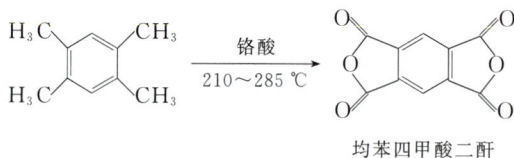

均苯四甲酸二酐

均苯四甲酸二酐可用作环氧树脂的固化剂等。

第四节 苯环的亲电取代定位效应

一、取代基定位效应——三类定位基

在讨论苯和甲苯的反应时,已经看到:

(1) 将苯引入一个取代基时,产物只有一种;

(2) 将甲苯硝化,比苯容易进行,即 $k_{C_6H_5-CH_3}/k_{C_6H_6}>1$,硝基主要进入邻、对位;

(3) 将硝基苯硝化,比苯难进行,即 $k_{C_6H_5-NO_2}/k_{C_6H_6}<1$,硝基主要进入间位;

(4) 将氯苯硝化,也较苯难进行,即 $k_{C_6H_5Cl}/k_{C_6H_6}<1$,但硝基却主要进入邻、对位。

这就是说,苯的一元取代物进行亲电取代反应时,有的化合物比苯容易进行,有的则较难;有的产物有两种,有的仅有一种。为了掌握苯环的亲电取代反应,人们进行了大量实验,下面列出其中一部分的实验结果(见表 7-2 和表 7-3)。

表 7-2　一元取代苯的硝化反应

X	间位含量/%	邻位含量/%	对位含量/%
—OH(苯酚)	微量	40	60
—CH$_3$(甲苯)	3.5	56.5	40
—CH$_2$CH$_3$(乙苯)	—	55	45
—CH(CH$_3$)$_2$(异丙苯)	—	14	86
—Cl(氯苯)	0.9	29.6	69.5
—Br(溴苯)	1.2	36.4	62.4
—I(碘苯)	1.8	38.3	59.7
—N$^+$(CH$_3$)$_3$	100	—	—
—NO$_2$(硝基苯)	93.2	6.4	0.3
—CN(苯基氰)	≈81	≈17	≈2
—SO$_3$H(苯磺酸)	72	21	7
—COOH(苯甲酸)	80.2	18.5	1.3
—CHO(苯甲醛)	72	19	9
—COCH$_3$(苯乙酮)	70	—	—
—CONH$_2$(苯甲酰胺)	70	27	≈3

表 7-3　一硝基化在对位的相对速率

Y	相对速率	Y	相对速率
—N(CH$_3$)$_2$	≈2×10^{11}	—I	0.18
—OCH$_3$	≈2×10^5	—F	0.15
—CH$_3$	24.5	—Cl	0.033
—C(CH$_3$)$_3$	15.5	—Br	0.030
—CH$_2$COCH$_3$	6.5	—CH$_2$Cl	0.030 2
—CH$_2$COC$_2$H$_5$	3.8	—NO$_2$	6×10^{-3}
—H	1	—N$^+$(CH$_3$)$_3$	1.2×10^{-3}

从大量的实验事实,归纳出苯环的取代基定位效应(orientation effect)如下:

(1) 苯环上新导入的取代基的位置主要与原有取代基的性质有关。原有的取代基称为定位基(orientating group)。

(2) 根据原有取代基对苯环亲电取代反应的影响,即新取代基导入的位置和反应的难易程度,可以将定位基分成三类(见表 7-4)。

表7-4　定位基的分类

定位基类别	速率比	产物	定位基举例
第一类基	$\dfrac{k_{C_6H_5X}}{k_{C_6H_6}}>1$	邻、对位	X＝—Me，—Ph，—N(CH$_3$)$_2$，—NHCOMe，—OH，—OMe
第二类基	$\dfrac{k_{C_6H_5X}}{k_{C_6H_6}}<1$	间位	X＝—COOH，—NO$_2$，—$\overset{+}{N}$(CH$_3$)$_3$，—CF$_3$
第三类基	$\dfrac{k_{C_6H_5X}}{k_{C_6H_6}}<1$	邻、对位	X＝—F，—Cl，—Br，—CH$_2$Cl

第一类定位基主要使反应易于进行，并使新导入取代基进入其邻位和对位；

第二类定位基主要使反应难于进行，并使新导入取代基进入其间位；

第三类定位基既使反应较难进行，又使新导入取代基进入其邻位和对位。

根据原有取代基对新取代基的定位作用，可把定位基归纳为两大类：

（1）邻对位定位基　使新取代基主要进入它的邻位和对位（$o+p>60\%$）。例如：

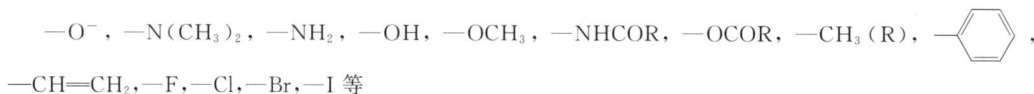

—O$^-$，—N(CH$_3$)$_2$，—NH$_2$，—OH，—OCH$_3$，—NHCOR，—OCOR，—CH$_3$(R)，⬡，

—CH＝CH$_2$，—F，—Cl，—Br，—I 等

这些定位基一般使苯环活化，亲电取代反应易于进行，但卤素等例外。

（2）间位定位基　使新取代基主要进入它的间位（$m>40\%$），同时使苯环钝化，亲电取代反应较难进行。例如：

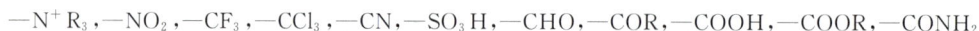

—N$^+$R$_3$，—NO$_2$，—CF$_3$，—CCl$_3$，—CN，—SO$_3$H，—CHO，—COR，—COOH，—COOR，—CONH$_2$

苯环为什么会有这样的取代基定位效应呢？由于原有取代基决定了反应的难易与产物异构体的量，分析原有取代基的电子效应可望解答这个问题。当然，定位基还应有立体效应，但其只对邻位有影响，在这里着重分析其电子效应。

二、定位效应的解释

1. 苯衍生物的偶极矩

前面已经讨论过苯环是一个闭合的共轭体系，6 个碳原子的 π 电子云分布都是一样的，但是必须强调当苯环上有一个取代基时，取代基就会改变苯环 π 电子云的分布，使分子极化，这种分子的极性可测出其偶极矩。一些苯衍生物的偶极矩（气相）见表7-5。诱导效应和共轭效应都能导致这种分子极化，这不仅使苯环的 π 电子云密度增加或降低，而且还决定了苯环上各个位置 π 电子云密度分布的情况。

表7-5　一些苯衍生物的偶极矩（气相）

化合物	偶极矩/(10^{-30}C·m)	化合物	偶极矩/(10^{-30}C·m)
C$_6$H$_6$	0	C$_6$H$_5$CH$_3$	1.23
C$_6$H$_5$Cl	5.84	m-ClC$_6$H$_4$NO$_2$	12.41

续表

化合物	偶极矩/(10^{-30}C·m)	化合物	偶极矩/(10^{-30}C·m)
C_6H_5Br	5.74	$p-ClC_6H_4NO_2$	9.37
C_6H_5I	5.70	$o-CH_3C_6H_4Cl$	5.24
$C_6H_5NO_2$	14.27	$p-CH_3C_6H_4Cl$	7.37

2. 间位定位基

一般来说,间位定位基大都是直接与苯环相连的原子含有不饱和键或者是正离子的基团,均为吸电子基。当与苯环相连时,使苯环的 π 电子云密度降低,从而不利于亲电取代反应的进行。它们使苯环各个位置 π 电子云密度降低的程度也不同,邻位和对位降低得多些,间位降低得少些。所以,新导入的取代基主要进入间位。

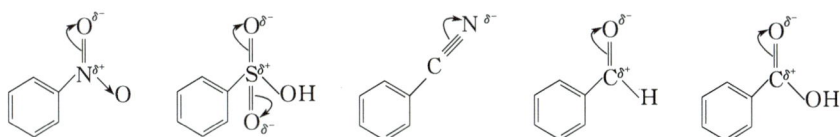

以—NO_2为例,由于硝基的 p 轨道与苯环的 p 轨道共平面,构成了共轭体系,氮和氧的电负性又很大,故使共轭体系的 π 电子云移向硝基,降低了苯环的 π 电子云密度,其中以邻位和对位为甚,而间位相对来说 π 电子云密度还是较高一些。

当硝基苯硝化时可能生成下列三种 σ 配合物:

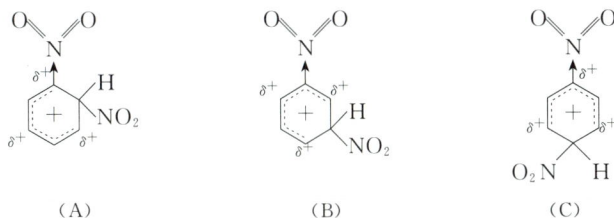

在这三种 σ 配合物中,(B)要比(A)和(C)稳定些,因为硝基和带部分正电荷的碳原子不直接相连,而(A)和(C)中硝基和带部分正电荷的碳原子直接相连。硝基的吸电子作用,使得(A)和(C)中正电荷比(B)更为集中。因此,(A)和(C)不如(B)稳定,正离子进攻邻、对位所需要的能垒较间位为高,故产物主要是间位的。

图 7-6 表示了硝基苯和苯在亲电取代反应过程中能量变化的情况,从图中可以看出硝基对形成过渡态的活化能的影响。

从共振理论的角度来看,硝基苯中邻、对和间位受到进攻时所形成的 σ 配合物可分别用三种碳正离子(1)(2)(3)表示,每种碳正离子都是三种极限结构的共振杂化体:

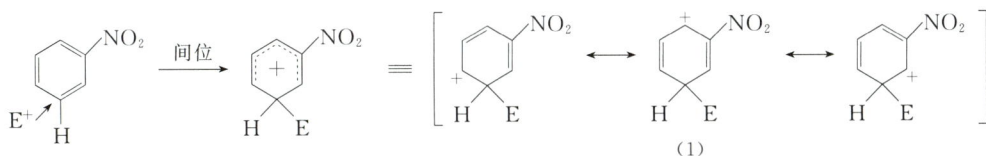

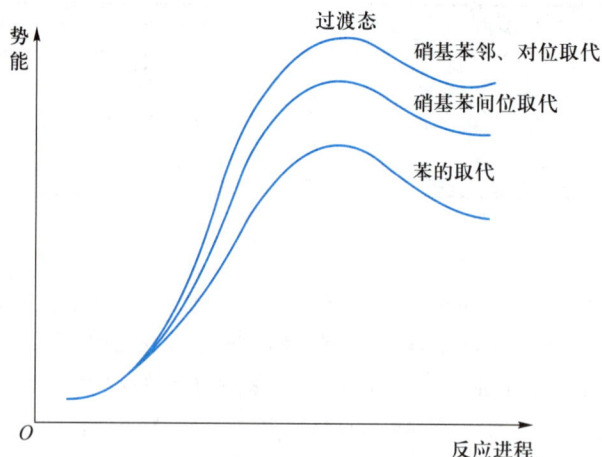

图 7-6 硝基苯在邻、对和间位取代相对于苯取代的反应进程−势能曲线图

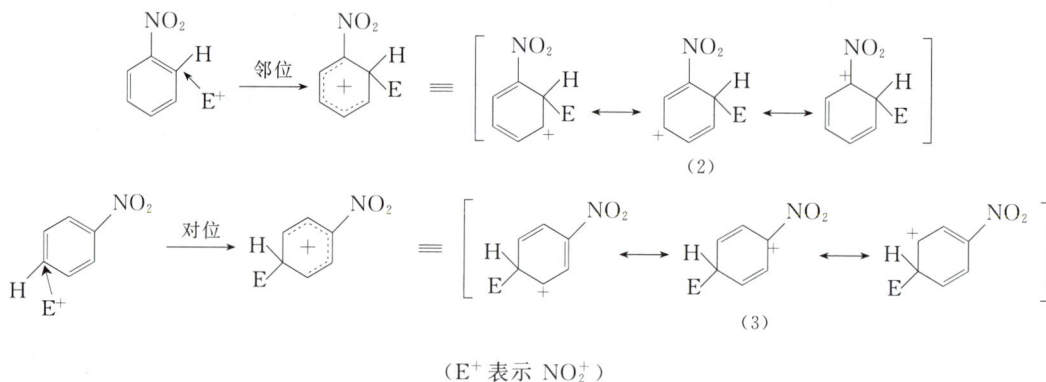

（E⁺ 表示 NO_2^+）

在邻、对位进攻所形成的碳正离子(2)和(3)中,都有一种极限结构是带正电荷的碳原子直接和强吸电子的硝基相连,这样使正电荷更为集中,极限结构的能量更高,故不易形成。而在间位进攻所形成的碳正离子(1)的三种极限结构中,带正电荷的碳原子都不直接与硝基相连,表现为(1)要比(2)和(3)稳定,且较易生成。因此,硝基苯的亲电取代产物以间位为主,硝基为间位定位基。与苯进行亲电取代反应所生成的碳正离子相比,硝基苯中由于硝基的存在,环上的正电荷比较集中,能量较高使亲电取代较难进行,因此硝基是钝化苯环的定位基。

—$\overset{+}{N}R_3$ 和—CCl_3 对苯环的诱导效应如下:

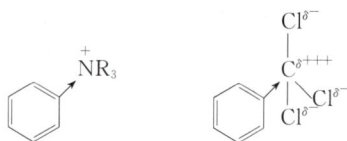

这类定位基团钝化苯环的强弱顺序大体上为

$$-\overset{+}{NR_3} > -NO_2 > -CF_3 > -CCl_3 > -CN > -SO_3H > -CH\!\!=\!\!O >$$
$$-COCH_3 > -COOH > -CONH_2$$

3. 邻对位定位基

一般来说，邻对位定位基都是给电子基(卤素除外)，可向苯环给电子，使苯环的 π 电子云密度增加，有利于亲电取代反应的进行，但邻位和对位的电子云密度比间位增加得多些。

(1) 甲基　甲基的碳原子是 sp^3 杂化，苯环的碳原子是 sp^2 杂化，从轨道电负性看 $sp^2 > sp^3$，所以甲基表现为给电子。此外，甲基的 3 个 C—H 键的 σ 电子和苯环形成了 σ-π 共轭体系，这个 σ-π 共轭效应也使苯环活化。因此，诱导效应和超共轭效应都使苯环的 π 电子云密度增加。甲苯比苯易于发生亲电取代反应。

但是，亲电试剂进攻甲基的邻、对位与进攻间位相比，生成的碳正离子的稳定性不同。从共振论的角度看与间位定位基类似，E^+ 在亲电取代反应中进攻甲苯中甲基的邻位、对位或间位生成的三种碳正离子分别为

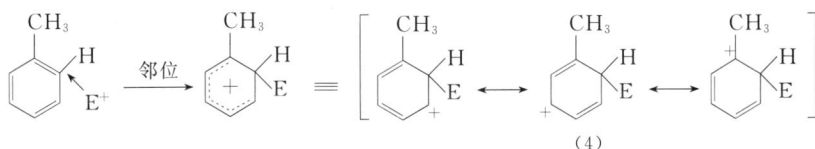

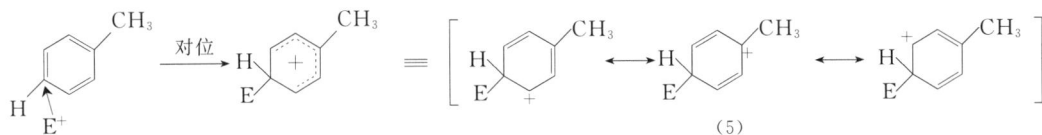

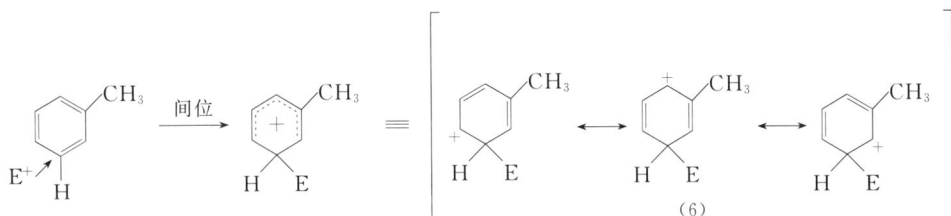

(4)

(5)

(6)

在亲电试剂进攻甲苯中甲基的邻、对位或间位时，生成的碳正离子(4)、(5)和(6)是三种极限结构的共振杂化体。碳正离子(4)、(5)各有一个叔碳正离子极限结构，带正电荷的碳原子与甲基直接相连，正电荷分散较好，能量较低，比较稳定，对共振杂化体的贡献大；因此，邻、对位取代容易进行。而在碳正离子(6)中，其三种极限结构都是仲碳正离子，且带正电荷的碳原子都不与甲基直接相连；因此，正电荷得不到分散，能量较高，间位取代比邻位取代难发生。

(2) —OCOR、—NHCOR、—OR、—OH、—NH₂、—NR₂ 等　这些定位基的氧原子或氮原子都直接与苯环连接。

从诱导效应来看，氧原子和氮原子的电负性强于碳原子，本应是吸电子的，使苯环的电子云密度降低。然而，这些定位基的氧原子或氮原子具有未共用电子对，它与苯环形成 p-π 共轭，氧原子或氮原子上的电子云向苯环转移。这样，诱导效应和共轭效应发生了矛盾。在反应时，动态共轭效应占了主导；总的结果是共轭 π 电子云向苯环移动，邻、对位电

子云密度增加较多,使亲电取代反应比苯容易进行,主要得到邻、对位异构体。例如,甲氧基苯(苯甲醚)的氯化较苯快得多,$k_{C_6H_5OCH_3}/k_{C_6H_6}=9.7\times10^6$,其硝化间位产物≪1%。苯甲醚的亲电取代反应进程–势能曲线见图7–7。反应形成的对位过渡态的活化能较低,生成的对位碳正离子也比较稳定。

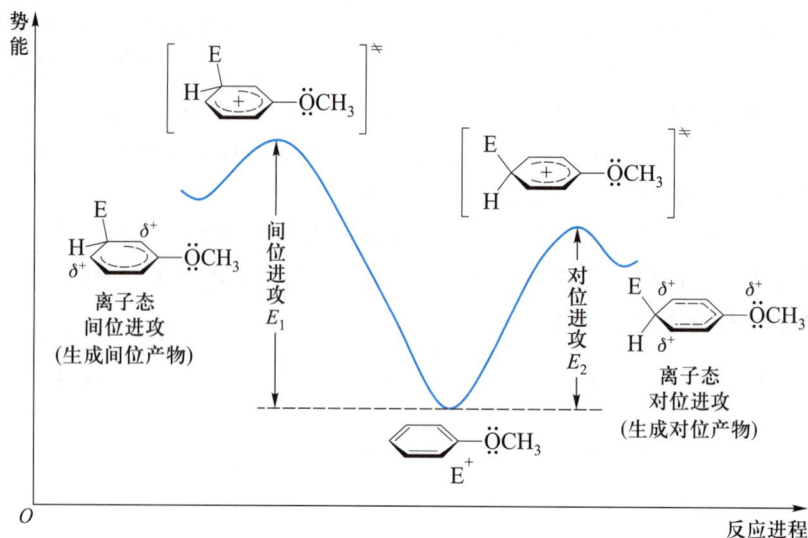

图7–7 苯甲醚亲电取代反应进程–势能曲线图

当亲电试剂进攻苯甲醚烷氧基的邻、对位或间位时,分别得到以下碳正离子:

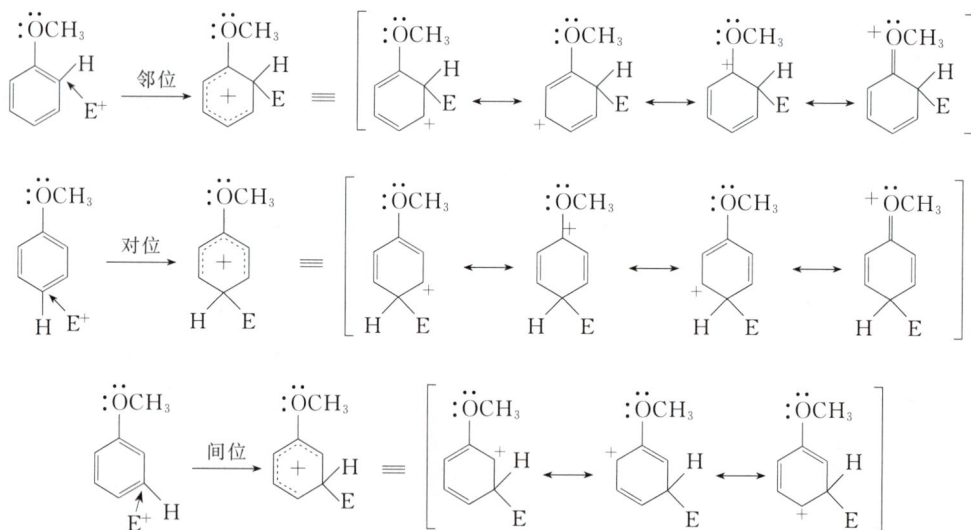

在上述极限结构中,氧原子带正电荷的极限结构特别稳定,因为这种极限结构中每个原子都有完整的外电子层结构,而进攻间位得不到这样的极限结构。同样,苯的亲电取代反应,也不能生成类似的极限结构。所以,苯甲醚的亲电取代反应比苯容易进行,且主要

生成邻、对位产物。

（3）卤素 卤素的电负性大于碳原子，吸电子诱导效应使苯环的电子云密度降低。虽然卤素的未共用电子对能与苯环形成 $p-\pi$ 共轭，但因氯、溴、碘的原子半径大而使共轭效应不好。因此，总的结果是诱导效应大于共轭效应，使亲电取代反应较难进行。氟原子尽管共轭效应较好，但氟的电负性较大，总的结果也是诱导效应大于共轭效应。

亲电试剂进攻氯原子的邻、对位或间位所生成的碳正离子，与苯酚相似。进攻氯原子的邻位或对位生成的碳正离子是四种极限结构的共振杂化体，其中正电荷位于卤素原子上的极限结构具有完整的外电子层结构，比较稳定而容易生成，进攻间位的则不能产生类似的稳定极限结构。因此，氯苯的亲电取代反应，虽然比苯较难进行，但仍然主要发生在氯原子的邻位和对位。

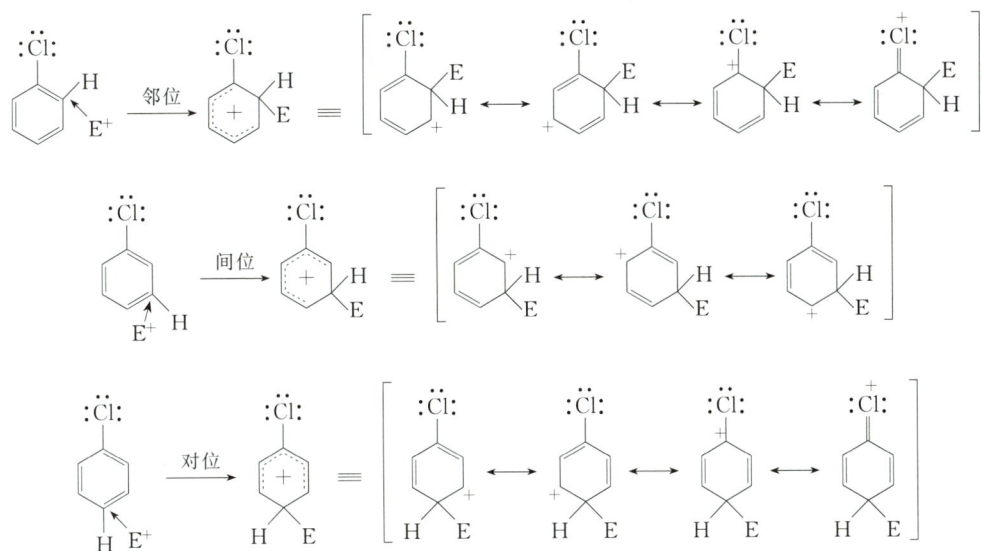

这些定位基团活化苯环的强弱顺序大体上为

$$-O^- > -NR_2 > -NH_2 > -OH > -OR > -NHCOR > -OCOR > -R > -X$$

当然，亲电取代还受空间效应的影响。当苯环上有第一类定位基时，邻、对位异构体的比例将随原有取代基空间因素的大小不同而变化；原有取代基空间位阻越大，邻位异构体越少。另外，邻、对位异构体的比例也与新引入基团的空间因素有关；在原有取代基不变的情况下，邻位异构体的比例将随新引入取代基空间位阻的增大而减少；如果苯环上原有取代基与新引入取代基的空间位阻都很大时，邻位异构体的比例更少。如叔丁基苯、氯苯和溴苯的磺化，几乎都生成 100% 的对位异构体。

三、定位效应的应用

1. 预测反应的主要产物

根据定位基的性质，就可判断新导入取代基的位置。如果苯环上已经有了两个取代

基时,第三个取代基进入苯环的位置就取决于原来两个取代基的性质和位置。归纳起来有下面两种情况:

(1) 如果原有的两个取代基不是同一类型的,第三个取代基进入的位置一般受邻对位定位基的支配。

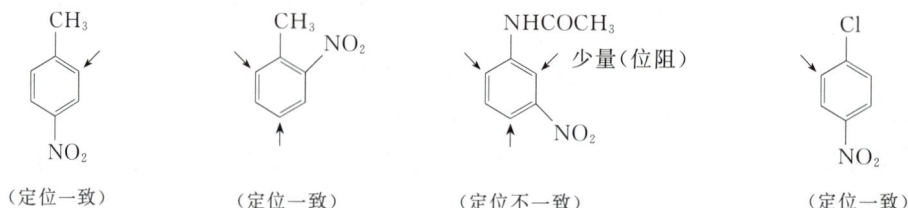

在上面四个例子中,箭头所指的为第三个取代基进入的位置。在考虑定位基的性质的同时,还要考虑空间位阻对取代基导入苯环的位置也有一定的影响。例如,间二甲苯的2位和4位都受到两个甲基的给电子的活化作用,但2位受到两个甲基的空间位阻。所以,在磺化、硝化等反应中,主要生成4位取代物:

(2) 若原有两个取代基是同一类的,则第三个取代基进入的位置主要受强的定位基的支配。例如:

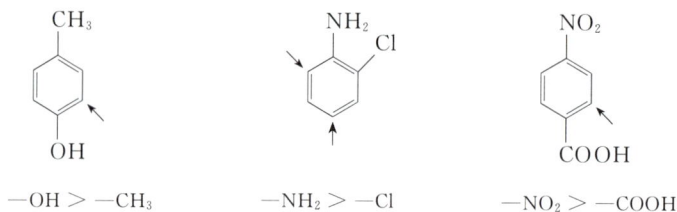

—OH > —CH₃ 的表示为 $-OH > -CH_3$

| —OH > —CH₃ | —NH₂ > —Cl | —NO₂ > —COOH |

问题 7-6 用箭头表示第三个取代基进入下列各化合物中的位置,并解释其原因。

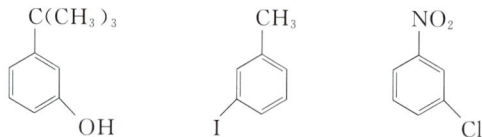

此外,反应条件的不同对产物中各异构体的比例也会发生一定的影响。

2. 指导合成路线的选择

例如,硝基氯苯有三种异构体:邻硝基氯苯、对硝基氯苯和间硝基氯苯,它们都是有机合成的原料。如果从苯出发,要合成间硝基氯苯,那么根据定位规则必须采取"先硝化后氯化"的合成路线;若要合成对或邻硝基氯苯,则要选择"先氯化后硝化"的合成路线,否则

不能获得预期的产物,因此这为最优合成路线的选择提供了一种理论依据。反应简单表示如下:

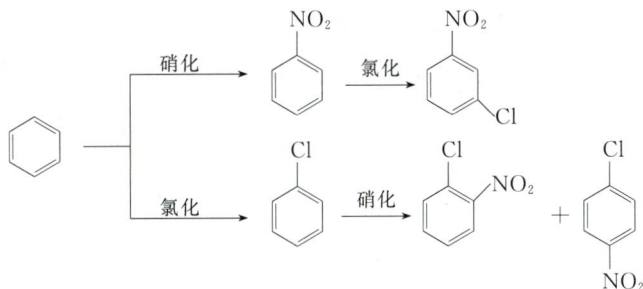

第五节　几种重要的单环芳烃

一、苯

苯是无色液体,熔点 5.5 ℃,沸点 80.1 ℃,具有特殊的气味,易燃,不溶于水,易溶于有机溶剂,比水轻。苯是一种很好的溶剂,其蒸气有毒。长期接触苯蒸气会损害人的神经中枢和造血器官。

苯是 1825 年法拉第从压缩煤气所得到的油中发现的。1845 年,霍夫曼(Hofmann A W)首次从煤焦油中分离出苯。后来曾从电石合成苯。现在苯的工业来源为煤的干馏和石油的高温裂解或重整。

苯早期作为发动机的燃料,后来才主要作为化工原料。苯的主要用途见图 7-8。其中用量最大的为烷基化合成乙烯苯、由异丙苯氧化成苯酚和丙酮、氢化成环己烷并作为合成锦纶的原料。此外,用作溶剂的消耗量也不少。图 7-8 中所有制备路线有的已学过,有的在后续章节会遇到,其中的产物农药六六六和滴滴涕曾作为大量使用的杀虫剂,但由于其化学性质稳定、难降解、残存毒性大,以及对环境污染持久,现已禁止使用。

苯及其衍生物的制备方法见图 7-9。

二、甲苯

甲苯是无色、易燃、易挥发的液体。一部分来自煤焦油,大部分从石油芳构化而得。

甲苯主要用来制造硝基甲苯、TNT、苯甲醛和苯甲酸等重要物质,也用作溶剂。

甲苯和混酸在较高温度下反应,直接生成 2,4,6-三硝基甲苯(俗称 TNT)。TNT 为黄色结晶,是一种猛烈炸药,有毒,味苦,不溶于水,溶于有机溶剂中。

甲苯在催化剂(主要是钼、铬、铂等)、反应温度 350~530 ℃,压力为 1~1.5 MPa 下,能发生甲基转移生成苯和二甲苯。

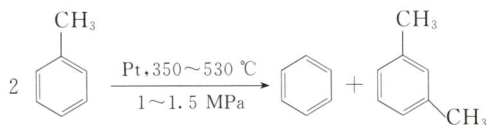

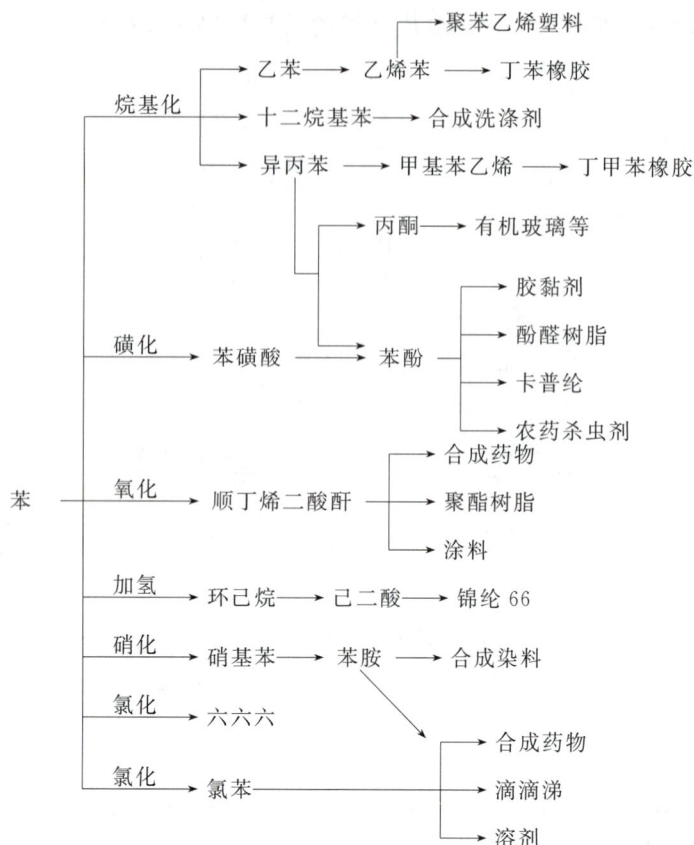

图 7-8 苯的主要用途

通过这个反应不仅可以得到高质量的苯,而且同时可得到二甲苯。随着苯和二甲苯的用途的扩大,这一反应已成为甲苯的主要工业用途。

三、二甲苯

二甲苯有三种异构体,即邻二甲苯、间二甲苯和对二甲苯,都存在于煤焦油中,主要从石油产品歧化而得。其中除邻二甲苯可以利用其沸点的差异分馏分离外,其余二者的沸点很接近,极难分开。工业品为三种异构体的混合物,是无色易燃的液体,常作溶剂。但是,三种异构体各有其工业用途,如邻二甲苯是合成邻苯二甲酸酐的原料,间二甲苯用于染料等工业,对二甲苯是合成涤纶的原料。所以分离三种异构体是工业上的一个重要课题。目前,工业上采用冷冻结晶法、吸附法、生成配合物或用分子筛的方法来分离,但成本很高。所以除特殊需要外,一般把邻二甲苯分出后,即以间二甲苯和对二甲苯的混合液转化成对二甲苯,然后氧化成对苯二甲酸,作为制造涤纶的原料。

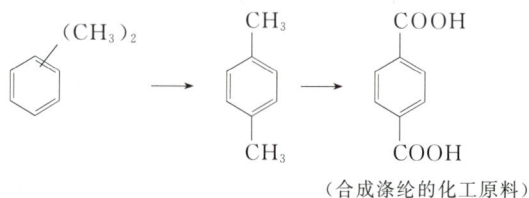

(合成涤纶的化工原料)

X
X₂ / FeX₃

V₂O₅, O₂
450～500 ℃

NO₂
浓 HNO₃, 浓 H₂SO₄
55～60 ℃

SO₃H
浓 H₂SO₄
75～80 ℃

R
R—Cl / AlCl₃

CH₃
浓 HNO₃, 浓 H₂SO₄
30 ℃

O₂N / NO₂ / NO₂（三硝基甲苯）

COR
RCOX / AlCl₃

CH₃Cl
AlCl₃

CH₃

H₂/Ni
高温, 压力

CH(CH₃)₂

COOH
KMnO₄
H₂SO₄

Na, NH₃（液）
C₂H₅OH

CH₃CH₂CH₂Cl
AlCl₃

CH₃CH=CH₂
H⁺

Cl, Cl, Cl, Cl, Cl, Cl
Cl₂ / 紫外光

CH₂CH₃

CH₂=CH₂
H⁺

CHClCH₃
X₂
hν 或高温

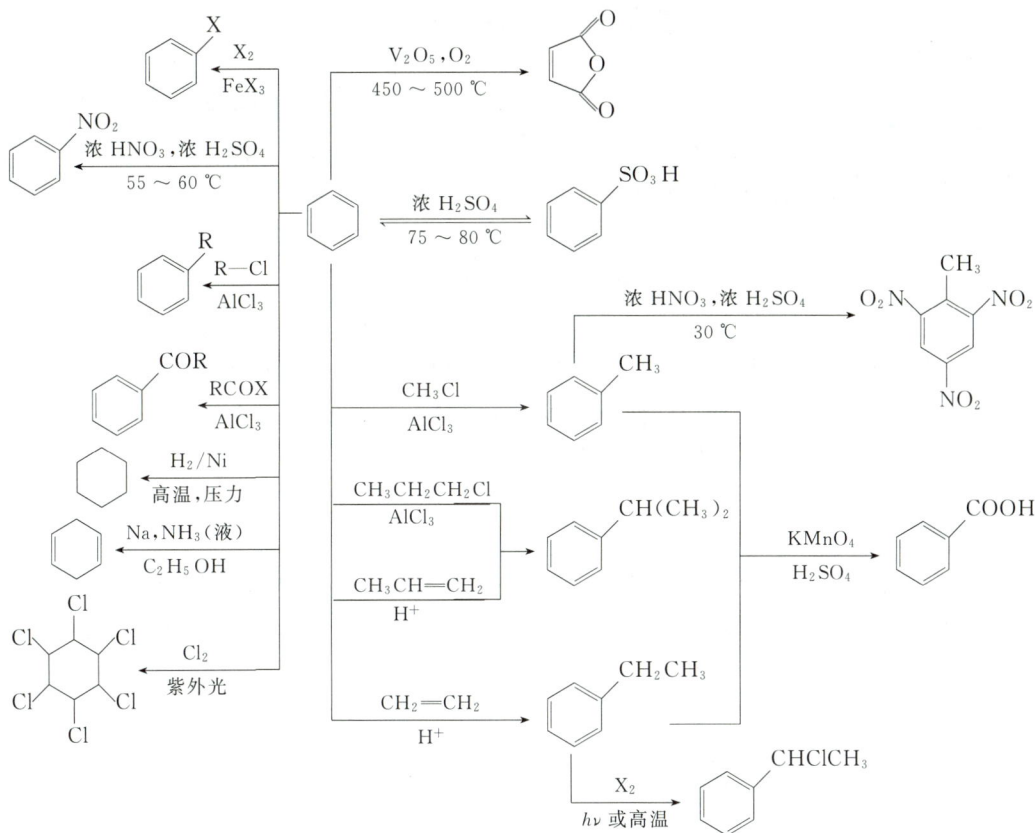

图 7-9　苯及其衍生物的制备方法

四、乙苯与乙烯苯

乙苯的工业制法一般以无水三氯化铝为催化剂,将乙烯通入苯中进行烷基化反应。此时,苯和乙烯的摩尔比对生成产物的影响很大。因为苯的烷基化反应通常并不停留在生成一烷基化的阶段,而经常伴随着生成多烷基苯(二乙苯、三乙苯等)。但是,多乙基苯和苯反应又可生成乙苯。

$$2 \;\bigcirc\; + \; CH_2=CH_2 \xrightarrow{\text{烷基化}} 2 \;\bigcirc\!\!-C_2H_5 \xleftarrow{\text{脱烷基}} \;\bigcirc\; + \; C_2H_5-\bigcirc-C_2H_5$$

乙烯苯是无色,带有辛辣气味的易燃液体,沸点 145.14 ℃,难溶于水。乙烯苯有毒,人体吸入过多的乙烯苯蒸气时会引起中毒。

乙烯苯会聚合生成聚苯乙烯,所以储存时往往加入阻聚剂(如对苯二酚等)。

第六节　多环芳烃

一、联苯

联苯(biphenyl)为最简单的联苯类化合物。

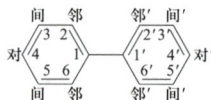

联苯为无色晶体,熔点 71 ℃,沸点 255.9 ℃,相对密度 0.866,不溶于水;对热很稳定,当它和二苯醚以 26.5:73.5 混合时,受热到 400 ℃时也不分解,所以广泛地用作高温传热液体,适用于 130~360 ℃,工业上叫"联苯醚"。

二、萘

萘(naphthalene)是煤焦油中含量最多的一种化合物,高温煤焦油中含萘约 10%。

萘为白色闪光状晶体,熔点 80.6 ℃,沸点 218 ℃,有特殊气味,能挥发并易升华,不溶于水。萘是重要的化工原料。

1. 萘的结构

萘的分子式为 $C_{10}H_8$,是由两个苯环共用两个相邻的碳原子稠合而成的。根据 X 射线的分析,两个苯环处在同一个平面上,键长数值如下所示。

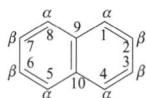

萘分子中碳原子的位次　　　　　　　　萘分子中的键长(nm)

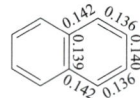

在萘分子中,1、4、5、8 位等同,称为 α 位;2、3、6、7 位等同,称为 β 位。

萘分子中每个碳原子除了以 sp^2 杂化轨道形成碳碳 σ 键外,各碳原子的 p 轨道侧面互相重叠形成一个共轭体系。但萘与苯并不完全一样,在苯分子中各碳原子的 p 轨道彼此重叠都是均等的,而萘分子中 9 和 10 两个碳原子的 p 轨道除了彼此重叠之外,分别和 1、8 及 4、5 碳原子 p 轨道重叠,这样,萘分子中的 π 电子云不是均匀分布在 10 个碳原子上,各碳原子之间的键长也有所不同。尽管如此,仍采用经典的单键和双键交替式来表示萘分子的构造式。

2. 萘的反应和用途

萘和苯相似,能发生亲电取代反应,但更容易发生氧化、加成、取代等反应。进行反应时,α 位易于 β 位。

(1)氧化反应　萘比苯容易氧化。以五氧化二钒为催化剂,萘的蒸气可被空气氧化生成邻苯二甲酸酐。

邻苯二甲酸酐是重要的有机化工原料,目前萘大量用来制造邻苯二甲酸酐。

$$\text{（萘）} + \frac{9}{2}O_2 \xrightarrow[400\sim500\ ℃]{V_2O_5} \text{（邻苯二甲酸酐）} + 2CO_2 + 2H_2O$$

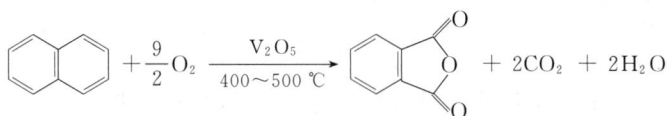

当含有取代基的萘被氧化时，哪一个环氧化破裂取决于取代基的性质。苯环若是连有第一类定位基，则使其活化；若是连有第二类定位基，则使其钝化。氧化反应发生时，两个环中比较活泼的环，即电子云密度比较高的环氧化破裂，所得产物是邻苯二甲酸或其衍生物。例如：

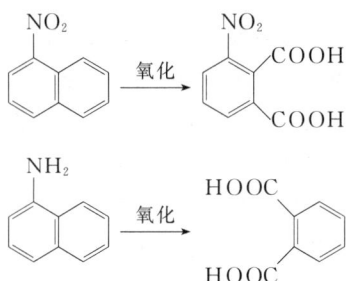

$$\overset{NO_2}{\text{（萘）}} \xrightarrow{\text{氧化}} \overset{NO_2}{\text{（}}\text{COOH}\atop\text{COOH)}$$

$$\overset{NH_2}{\text{（萘）}} \xrightarrow{\text{氧化}} \text{（}\overset{HOOC}{\underset{HOOC}{}}\text{）}$$

（2）加成　萘比苯容易加成，在不同的条件下可以发生部分的加氢生成四氢化萘，或全部加氢生成十氢化萘。十氢化萘的构象见第五章。

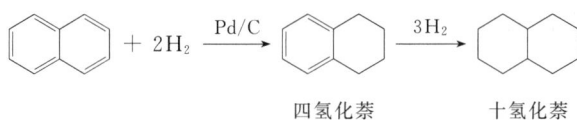

$$\text{（萘）} + 2H_2 \xrightarrow{Pd/C} \underset{\text{四氢化萘}}{\text{（）}} \xrightarrow{3H_2} \underset{\text{十氢化萘}}{\text{（）}}$$

（3）硝化反应　萘与混酸在常温下就可以发生硝化反应，所得产物几乎全是 α-硝基萘。

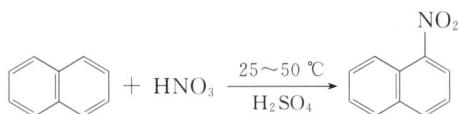

$$\text{（萘）} + HNO_3 \xrightarrow[H_2SO_4]{25\sim50\ ℃} \overset{NO_2}{\text{（）}}$$

（4）磺化反应　磺化反应所得到的产物与反应温度有关。低温时多为 α-萘磺酸，较高温度时则主要是 β-萘磺酸；α-萘磺酸在硫酸里加热到 165 ℃时，大多数转化为 β-异构体。其反应式如下：

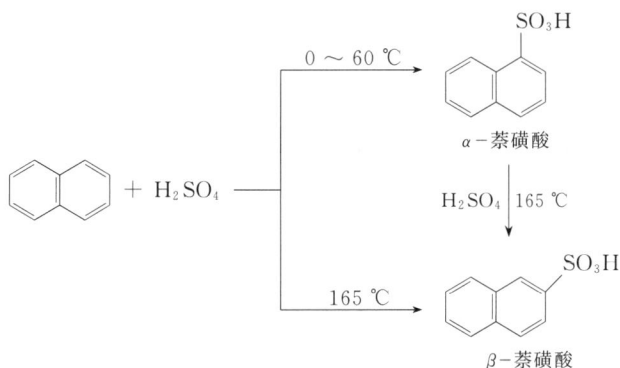

$$\text{（萘）} + H_2SO_4 \begin{cases} \xrightarrow{0\sim60\ ℃} \underset{\alpha\text{-萘磺酸}}{\overset{SO_3H}{\text{（）}}} \\[2ex] \xrightarrow{165\ ℃} \underset{\beta\text{-萘磺酸}}{\overset{SO_3H}{\text{（）}}} \end{cases}$$

$$\alpha\text{-萘磺酸} \xrightarrow[H_2SO_4]{165\ ℃} \beta\text{-萘磺酸}$$

这两种萘磺酸都是有机合成的重要中间体，β-萘磺酸比较稳定，通过它可以制备萘的

β 位衍生物。

3. 萘磺化反应的控制

萘磺化反应是一个竞争反应。这样的竞争反应该如何去控制？磺化反应是可逆的，根据实验结果，在较低温度下（0～60 ℃）以生成 α-异构体为主。这说明萘在 α 位磺化所需的活化能比 β 位的低。这是因为萘的磺化反应与硝化、卤化等反应一样，在 α 位可以生成更为稳定的碳正离子中间体，而这时 β 位的磺化反应则比较困难。另外，温度较低时，平衡尚未建立，生成 α-异构体的逆反应——脱磺酸基反应的速率也还很慢。因此，反应的主要产物是 α-异构体。

当温度升温时（>160 ℃），α-萘磺酸的脱磺酸基反应变为主要的反应，平衡更易建立。同时，温度升高对活化能较高、生成 β-异构体反应的速率影响较大。因此，这又加速了 β-异构体的生成。此外，α-异构体在硫酸里加热到 165 ℃，多数要转化为 β-异构体，这说明在 α-异构体与 β-异构体建立平衡时以 β-异构体为主，即 β-异构体较 α-异构体更为稳定。从图 7-10 上看，它处在比 α-异构体更低的能谷处。由于 β-异构体比较稳定，它一旦形成后，也就不易脱磺酸基。所以，在高温达到平衡时，β-异构体是主要产物。

对 α-萘磺酸来说，它生成容易，脱磺酸基也容易。而 β-异构体生成虽较难，脱磺酸基也难。因此，可利用低温时快速生成 α-异构体的特点，使主要产物为 α-异构体。而在高温时，利用平衡容易建立的特点，使更为稳定的 β-异构体为主要产物。总之，在低温时反应速率是控制因素，在高温时反应则由平衡控制。

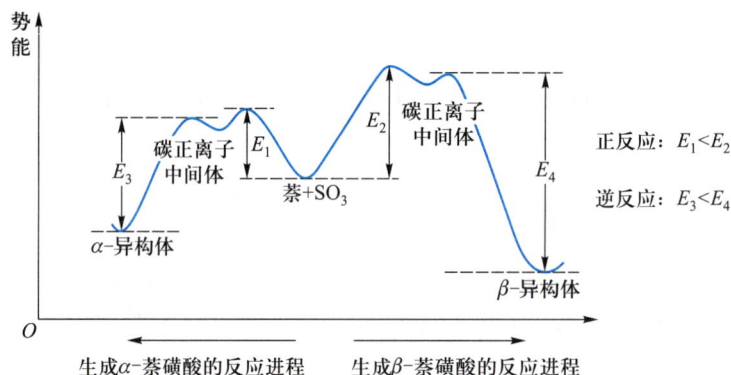

图 7-10 萘磺化生成 α、β-异构体反应进程中的能量变化

一取代萘进一步进行亲电取代反应时，有些简单的规律可遵循：

当萘环上原有取代基为第一类定位基时，新取代基进入原有取代基所在的苯环，发生同环取代。根据原有取代基所在位置的不同，有以下两种情况。原有取代基在萘环的 α 位，新取代基主要进入同环的另一 α 位（4 位）。例如：

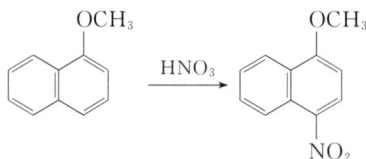

原有取代基在萘环的 β 位(2 位)时,新引入取代基主要进入同环的 α 位(1 位)。例如:

当萘环上原有取代基是第二类定位基时,新取代基进入另一个苯环,即发生异环取代。无论原有取代基在萘环的 α 位还是 β 位,新引入的取代基一般进入异环的 α 位。例如:

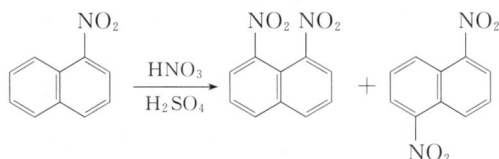

萘环二元取代反应比苯环复杂得多,以上只是一般情况,有些反应并不遵循上述规则。例如,2-甲基萘的磺化:

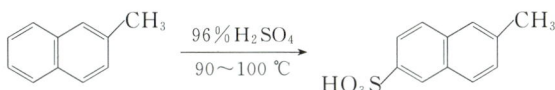

三、蒽

蒽(anthrecene)在煤焦油中含量约为 0.25%,将蒽油冷却过滤,得到粗蒽。纯蒽为无色片状晶体,熔点 216 ℃,沸点 340 ℃。

物理方法证明,蒽分子中三个苯环都在一个平面上,各个碳碳键的键长并不是等长的。

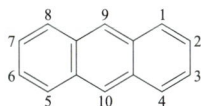

蒽分子中碳原子的位次

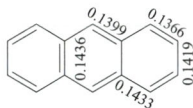

蒽分子中碳碳键的键长(nm)

在蒽分子中,1、4、5、8 位等同,称为 α 位;2、3、6、7 位等同,称为 β 位;9、10 位等同,称为 γ 位或中位。

蒽虽然也有一定的芳香性,但是它的不饱和性比萘更为显著,9、10 位特别活泼,大部分反应都发生在这两个位置上。例如,氧化和还原反应都首先在这两个位置上发生。

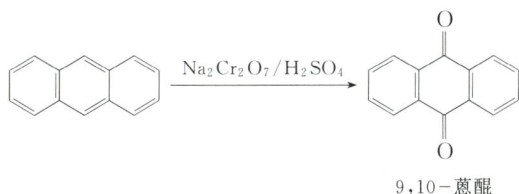

9,10-蒽醌

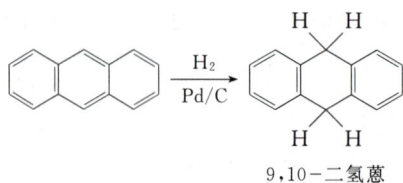

9,10-二氢蒽

蒽与溴在低温、无酸碱的条件下作用,生成 9、10 位的加成产物。

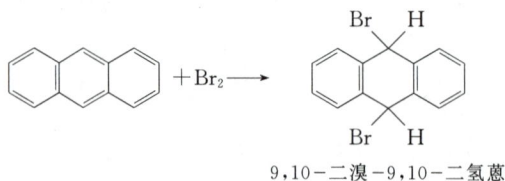

9,10-二溴-9,10-二氢蒽

由于蒽的芳香性比较差,且在 9、10 位比较活泼,因此蒽可作为双烯体发生狄尔斯-阿尔德反应。例如:

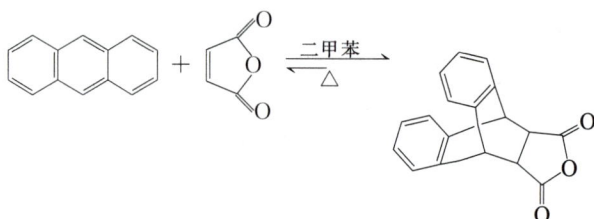

四、菲

菲(phenanthrene)存在于煤焦油的蒽油馏分中。它是带光泽的无色晶体,熔点 101 ℃,沸点 340 ℃,不溶于水,溶于乙醇、苯和乙醚中,溶液有蓝色的荧光。

菲是蒽的同分异构体,分子中三个苯环不处在一条直线上。

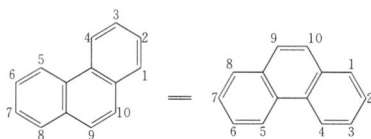

菲的化学性质介于萘和蒽之间。它也可以在 9、10 位起加成反应,但没有蒽那样容易。菲氧化得菲醌。菲醌是一种农药,可防治小麦锈病、红薯黑斑病等。

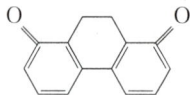

目前,菲在工业上的应用有待研究。

五、其他稠环烃

芳香族化合物中稠环烃很多,有些在 IUPAC 命名中作为母体,较重要的有以下几种。

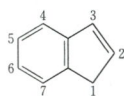

茚
（indene）

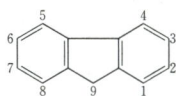

芴
（fluorene）

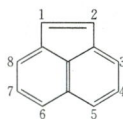

苊
（acenaphthylene）

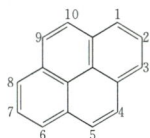

芘
（pyrene）

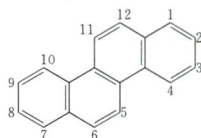

䓛
（chrysene）

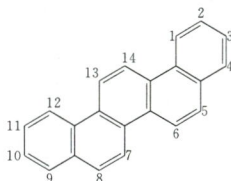

苉
（picene）

苯并[a]芘属于致癌烃，为浅黄色固体，熔点 179 ℃，微量存在于煤焦油某些高沸点的馏分中，所以长期接触煤焦油的工人易患皮肤癌。除此之外，汽油机和柴油机排出的废气、烟草燃烧和烧焦的食物中，也含有微量的苯并[a]芘。它还是污染大气的主要致癌物质，测定空气中苯并[a]芘的含量是环保部门的重要检测指标之一。

苯并[a]芘

致癌活性较强的除上述一种外，还有下列一些致癌烃。

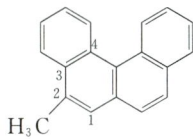

2-甲基-3,4-苯并菲

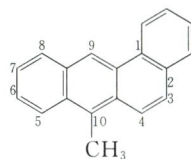

10-甲基-1,2-苯并蒽

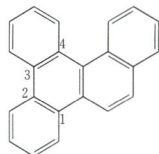

1,2,3,4-二苯并菲

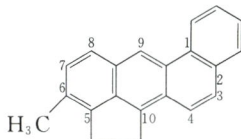

6-甲基-1,2-苯并-5,10-亚乙基蒽

谱
苯并芘

【知识拓展】
多环芳烃及
其致癌烃

第七节　非苯系芳烃

一、休克尔规则

一百多年前，凯库勒就预见到除了苯外，可能存在其他具有芳香性的环状共轭多烯烃。其中，环丁二烯和环辛四烯最引起人们兴趣。直到 1948 年，才从乙炔的四聚物中获得

较多量的环辛四烯：

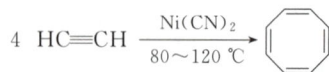

$$4\ HC\!\!\equiv\!\!CH \xrightarrow[80\sim120\ ℃]{Ni(CN)_2}$$

人们很快就知道环辛四烯与苯很不一样，是个高度不饱和的环状多烯烃。进一步的实验证明，环辛四烯不是平面分子。

环丁二烯的合成也是不容易的，经过许多年的努力才在低温（5 K）的条件下获得。但它在稍高于此温度时如在 35 K 下就二聚成三环辛二烯：

$$2\ \square \xrightarrow{35\ K}$$

1931 年，休克尔（Hückel E）用简单的分子轨道法计算指出，只有当体系的 π 电子数为 $4n+2$ 时，它们的成键轨道在基态时全部充满电子（有的还充满非键轨道，见图 7-11），具有与惰性气体相类似的结构，使体系趋于稳定，才具有芳香性（aromaticity），这叫休克尔规则（Hückel's rule）。

在休克尔规则的启示下，近 20 年来合成了许多芳香体系的化合物，于是出现了一系列非苯芳烃，即一些不含苯环结构，但具有一定程度芳香性的烃，称为非苯芳烃。

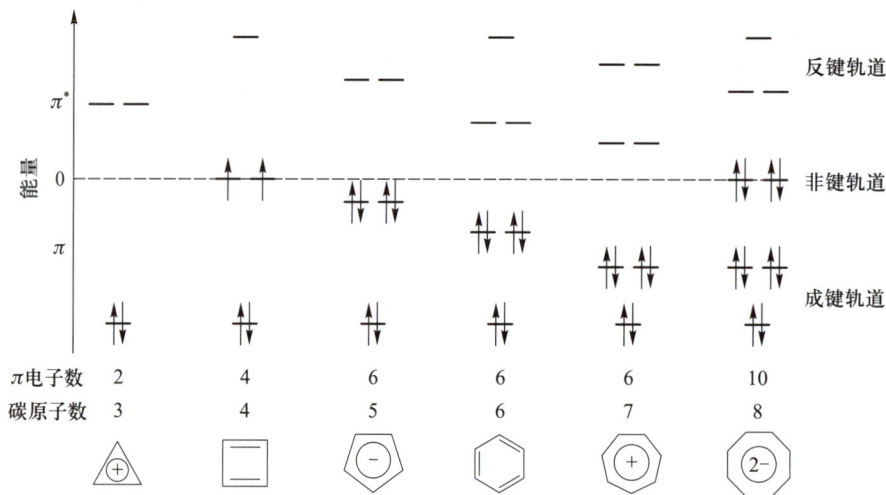

图 7-11　环多烯烃及其离子的 π 分子轨道能级和基态电子构型

二、非苯芳烃

1. 环戊二烯负离子

当环戊二烯与悬浮于苯中的金属钠或镁作用时，形成环戊二烯金属化合物。它在液态氨中有明显的导电性，证明了环戊二烯负离子的存在。

$$\text{（环戊二烯）} + Na \xrightarrow[N_2]{\text{苯}} \text{（环戊二烯负离子）}^{-} Na^{+} + \frac{1}{2}H_2$$

环戊二烯负离子的 π 电子为两个双键上的 4 个电子和亚甲基上的 2 个电子，即其数目为 6。它们形成环状 6 个 π 电子体系，符合休克尔规则。现已证明，它是一个平面的对称体系，可以发生亲电取代反应。

从分子轨道计算结果得知，环戊二烯负离子是一个满层电子构型体系，所以具有芳香性，见图 7-11。

2. 环辛四烯负离子

环辛四烯是淡黄色的液体，它没有苯那种特殊稳定性，而易发生加成反应。π 电子数目为 8，不符合休克尔规则。实验证明，分子为盆形结构，有两个非键轨道，是一个双自由基。当在四氢呋喃溶液中加入金属钾，环辛四烯变成两价负离子，分子形状由盆形转变为平面八边形，共有 10 个 π 电子，符合休克尔规则，故有芳香性。

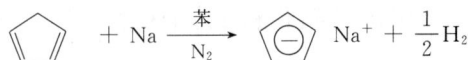

环辛四烯　　　　　　　　　　　　环辛四烯负离子

3. 薁

薁是天蓝色片状固体，熔点 90 ℃。它是由一个五元环的环戊二烯和七元环的环庚三烯稠合而成的。

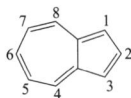

薁含 10 个 π 电子，符合休克尔规则，有芳香性，但较萘不稳定，如加热至 350 ℃（隔绝空气）定量地异构化成萘：

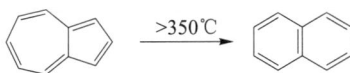

薁有明显的极性，其中五元环是负电性的，七元环是正电性的，可表示如下：

薁有明显的芳香性，表现在能起亲电取代反应上。例如，薁能发生酰基化反应，取代基进入 1、3 位：

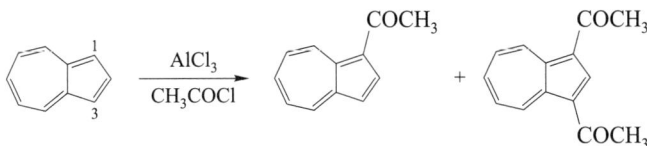

薁的衍生物如 7-异丙基-1,4-二甲基薁存在于香精中，若含有万分之一时，就显蓝

色。它又叫愈创蓝油烃,是治疗烧伤、烫伤和冻疮的药物。

4. 大环芳香体系

具有交替单双键的单环多烯烃,通称为轮烯(annulenes)。轮烯的分子式为$(CH)_x$, $x \geqslant 10$,命名法是将碳原子数放在方括号中,叫某轮烯;如 $x=10$ 的叫[10]轮烯,$x=18$ 的叫[18]轮烯。这类化合物是否显示芳香性,主要取决于下列条件:

(1) 共平面性或接近平面,平面扭转不大于 0.1 nm;

(2) 环内氢原子间没有或很少有空间排斥作用;

(3) π 电子数目符合 $4n+2$ 规则。

例如,环癸五烯——[10]轮烯和环十四碳七烯——[14]轮烯,前者 π 电子数为 10,$n=2$;后者 π 电子数为 14,$n=3$。它们的 π 电子数目均符合休克尔规则,应该具有芳香性;但因它们环内的氢原子具有强烈的排斥作用,致使环不能在同一平面上,故它们没有芳香性。

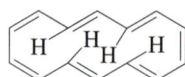

[10]轮烯 [14]轮烯

又如,环十八碳九烯——[18]轮烯的构造式为

[18]轮烯

[18]轮烯分子中有 18 个 π 电子,符合休克尔规则。经 X 射线衍射证明,环中碳碳键长几乎相等,整个分子基本上处于同一平面上(偏差小于 0.1 nm),这说明了环内氢原子的排斥力很微弱。[18]轮烯受热至 230 ℃时仍稳定,在化学性质上可以发生溴化、硝化等反应,具有一定芳香性。

目前,芳香性概念已经不限于难加成、易取代和环的稳定性,即使用休克尔规则也难以对芳香性下一个准确无误的定义。随着现代物理实验技术的发展,用核磁共振的化学位移(见第八章)可对化合物芳香性概念进行定量描述。芳香性化合物中的质子具有特定范围的化学位移,即芳香性化合物的质子与苯及其衍生物的质子一样,有类似的处于低场的化学位移。这一特性也是判断芳香性的标志之一。

第八节 富勒烯与 C_{60}

1985 年,英国科学家克罗托(Kroto H W)和美国科学家史沫莱(Smalley R E)等在将石墨进行激光蒸发时发现了由 60 个碳原子组成的碳原子簇结构分子 C_{60},克罗托受美国万国博览馆拱形圆顶的启发,认为其可能具有类似球体的结构,因此将其命名为"Buckminster fullerene"。后来又相继发现 C_{50}、C_{70} 等由偶数个碳原子形成的分子,这类分子通称为富勒烯(fullerene)。

一、C_{60} 的结构

C_{60} 是由 60 个碳原子以 20 个六元环及 12 个五元环连接成的似足球状的空心对称分子,有"足球烯"之称。在这个结构中,每个碳原子以 sp^2 杂化轨道与相邻的三个碳原子相连,剩余的60个未杂化的 p 轨道互相重叠构成离域大 π 键,即在球壳的外围和内腔形成了球面 π 键,因此 C_{60} 应该具有芳香性。但由于这种离域大 π 键体系的非平面性,与休克尔体系相比,C_{60} 分子中也并不存在一个完全离域的共轭体系,因而具有较小的芳香性。研究发现,C_{60} 碳碳键长并不完全相同,分子中 12 个五边形最大限度地被 20 个六边形分隔开,具有较好的对称性。因此,C_{60} 是比芳香性化合物要活泼得多的物质,其结构如图 7-12 所示。

图 7-12　C_{60} 结构

【知识拓展】
富勒烯

富勒烯

二、C_{60} 的性质及反应

1. 物理性质

C_{60} 的密度为 1.7 $g·cm^{-1}$,不溶于水,但在正己烷、苯、二硫化碳和四氯化碳等非极性溶剂中有一定的溶解度。

2. 反应及用途

C_{60} 具有缺电子烯的性质,同时又兼备给电子的能力,六元环间的双键是反应的活性部位,可以发生氢化、卤化、氧化及环加成反应等。

C_{60} 可以石墨为原料,在惰性的氦气氛、电弧蒸发下制得,分离提纯后可得到 99.9% 的 C_{60}。

(1) 与卤素加成　C_{60} 与卤素加成可以得到其卤化物 $C_{60}X_n$($X=F$、Cl、Br、I,n 随卤素及反应条件的不同而不同)。C_{60} 的氟化物最易生成,但氟化程度难以控制,得到的产物为混合物 $C_{60}F_n$($n=30\sim44$),采用升华法可使其分离。如果 C_{60} 在氟气中长时间加热可生成 $C_{60}F_{60}$,但产率低。

C_{60} 与氯气气流在 250 ℃时反应也得到多种氯代物,在 300 ℃以上时反应更快。

$$C_{60} \xrightarrow[250\ ℃]{Cl_2} C_{60}Cl_n$$

$C_{60}Cl_n$ 在 KOH 的甲醇溶液中回流,氯可被甲氧基取代。

$$C_{60}Cl_n \xrightarrow[回流]{CH_3OH,KOH} C_{60}(OCH_3)_n$$

多卤代的 $C_{60}Cl_n$ 在 $AlCl_3$ 催化下也能与苯发生傅-克反应,生成混合的 C_{60} 芳基化衍生物。

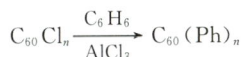

$$C_{60}Cl_n \xrightarrow[AlCl_3]{C_6H_6} C_{60}(Ph)_n$$

(2) Diels-Alder 环加成反应　C_{60} 表现出缺电子的烯烃性质,可作为亲二烯体进行狄尔斯-阿尔德环加成反应。一般来说,C_{60} 中每两个稠合苯环之间的双键是亲二烯部位。如将 C_{60} 与1-三甲基硅氧基丁二烯以摩尔比为 1∶2 混合,在甲苯中回流反应。

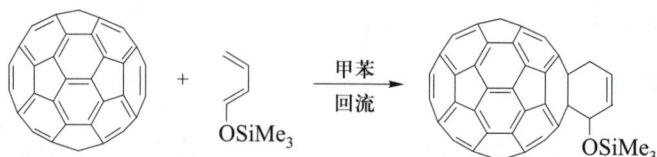

C$_{60}$ 也可与线形并苯类芳烃发生环加成反应。例如：

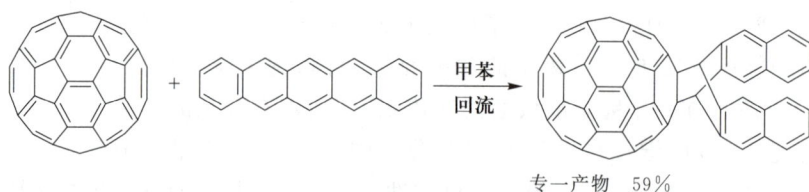

专一产物　59%

（3）环氧化反应　C$_{60}$ 的环氧化随反应的条件不同，可得到不同的 C$_{60}$ 环氧产物 C$_{60}$(O)$_n$（$n=1\sim5$），且大多为[6,6]闭环产物。如在光照作用下，C$_{60}$ 与 O$_2$ 反应，可得到纯净的单环氧化产物 C$_{60}$O。

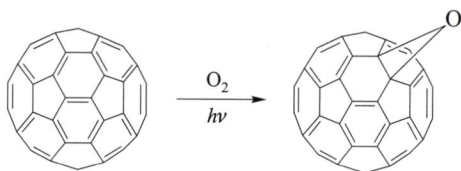

C$_{60}$ 中 C—C 键之间是以 sp^2 杂化轨道相结合的，在球形的表面有一层离域的 π 电子。纯的 C$_{60}$ 是绝缘体，但由于 C$_{60}$ 的特殊结构，其空心中可以容纳某些金属离子，特别是碱金属离子，如嵌入钾则具有超导体性质。目前研究表明，C$_{60}$ 有许多特殊的功能与用途，如 C$_{60}$ 用作记忆元件、超级耐高温润滑剂等。C$_{60}$ 和某些磷脂的复合物能与某些癌细胞结合，为摧毁和杀灭癌细胞提供了条件。因此，对 C$_{60}$ 的研究无论在理论上或应用上都将给有机化学的发展带来相当的影响。

富勒烯的出现，为化学、物理学、电子学、天文学、材料学、生命科学和医学等学科的发展开辟了崭新的研究领域，意义重大。随着研究的深入，其应用潜力将不断被开发而造福人类。

第九节　芳烃的来源

过去，芳烃的工业来源主要从煤焦油中提取，近年来，随着石油工业的迅速发展，芳烃的来源渐渐地转移到以石油为原料了。

一、炼焦副产物回收芳烃

炼焦是把煤放在密闭的炼焦炉内，隔绝空气加热到 $1\,000\sim1\,300\,^{\circ}\text{C}$，使煤分解。除了得到焦炭之外，还能得到焦炉煤气和煤焦油。

焦炉煤气中含有氨和苯。将焦炉煤气经过水吸收，制成氨水，再经重油吸收，苯溶于重油中,将此重油进行蒸馏,得粗苯。粗苯是一种浅黄色或褐色液体,其中含苯($57\%\sim$$70\%$)、甲苯($15\%\sim22\%$)、二甲苯($4\%\sim8\%$)及环戊二烯的二聚体等。

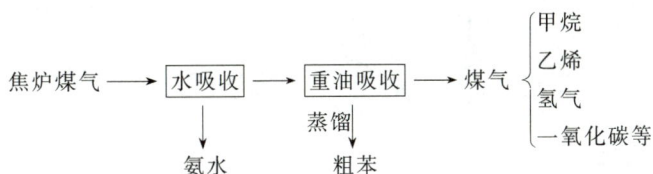

煤焦油是黑褐色黏稠油状物,组分十分复杂,目前已经分离出有好几百种产物,但大部分还未充分利用。煤焦油的分离主要采用分馏法,初步可以分出表 7-6 所列各种馏分。

表 7-6　煤焦油分馏产品

馏分	馏分温度范围/℃	馏分成分
轻油	<180	苯、甲苯、二甲苯等
中油	180~230	酚类
重油	230~270	萘类
蒽油	270~360	蒽、菲等
沥青	>360	沥青、碳等

由煤干馏所得到的苯,大部分是来自焦炉煤气,从轻油中得到的只是一小部分。

二、石油的芳构化

由于石油产地不同,其中芳烃的含量也不一样,我国的石油除台湾地区产的以外,多为石蜡基类,芳烃的含量很少。由于芳烃需要量日益增加,故以石油为原料制取芳烃就显得重要了。从石油制取芳烃的原料是直馏汽油,所谓直馏汽油就是石油蒸馏后得到的汽油($60\sim130$ ℃),它的主要成分是烷烃和环烷烃。在 $480\sim530$ ℃、约 2.5MPa 下,以铂为催化剂将直馏汽油中所含正烷烃和环烷烃分子重新调整,成为芳烃,这种转化叫作石油芳构化。这种重整常用铂作催化剂,故叫铂重整。重整结果是芳烃含量从原来的约 2% 增加到 $25\%\sim60\%$。

重整芳构化过程是复杂的,主要的化学反应如下:

1. 环烷烃脱氢生成芳烃

例如,环己烷脱氢成苯,甲基环己烷脱氢成甲苯。

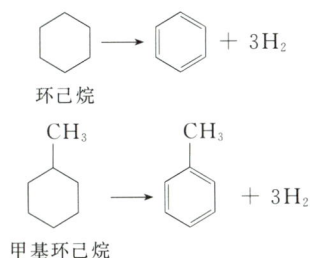

环己烷

甲基环己烷

2. 环烷烃的异构化及脱氢生成芳烃

例如,甲基环戊烷异构化生成环己烷,再脱氢生成苯。

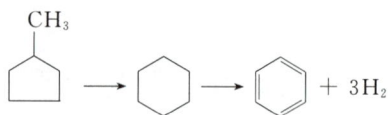

3. 烷烃的芳构化

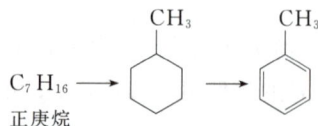

从以上反应中,可进一步见到各类烃之间互相转化的事例。

问题 7-7　试画一表说明各类烃之间相互转化的事例。

在重整过程中,不仅发生了芳构化反应,还包括了烷烃的裂解及不饱和烃的加氢等,得到的产物是芳烃和非芳烃的混合物。上述的反应只是从芳烃来源的角度说的。

在石油加工(热裂化、催化裂化)和天然气裂解过程中得到的"裂解焦油"也含有许多芳烃。从裂解焦油中提取芳烃是石油化工的重要方法。

三、炔烃三聚合成芳烃

炔烃在过渡金属如铑、钯、铁、钴、镍、锆或钼的配合物催化下,可以制得苯的衍生物。端基炔经催化三聚可得到 $1,3,5$-三取代苯和 $1,2,4$-三取代苯:

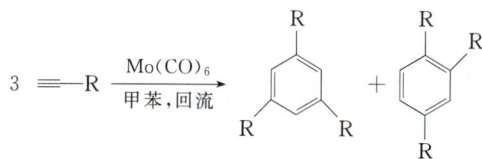

其中,R 可以为烷基、苯基和酯羰基,产率在 $50\%\sim80\%$。一般苯基取代乙炔在 $Mo(CO)_6$ 的催化作用下,所形成的产物以 $1,3,5$-三取代苯为主;烷基取代的乙炔以 $1,2,4$-三取代苯为主。二取代炔烃三聚可得到六取代苯衍生物,但产率比端基炔烃的三聚要低。

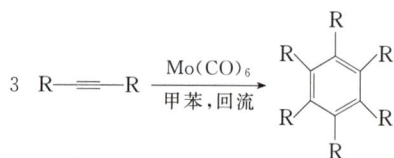

过渡金属配合物催化炔烃三聚已成为苯衍生物来源的重要方法。

习　　题

1. 写出单环芳烃 C_9H_{12} 的同分异构体的构造式并命名之。

2. 写出下列化合物的构造式。

(1) 3,5-二溴-2-硝基甲苯　　　　　(2) 3-甲氧基-2,6-二硝基甲苯

(3) 邻硝基对甲苯磺酸　　　　　　(4) 三苯甲烷

(5) 反二苯乙烯　　　　　　　　　(6) 环己基苯

(7) 3-苯基戊烷　　　　　　　　　(8) 间溴苯乙烯

(9) 对溴苯胺　　　　　　　　　　(10) 对氨基苯甲酸

(11) 8-氯苯-1-甲酸　　　　　　　(12) (E)-1-苯基丁-2-烯

3. 写出下列化合物的构造式。

(1) 2-nitrobenzoic acid　　　　　　(2) p-bromotoluene

(3) o-dibromobenzene　　　　　　(4) m-dinitrobenzene

(5) 3,5-dinitrophenol　　　　　　　(6) 3-chloro-1-ethoxybenzene

(7) 2-methyl-3-phenylbutan-1-ol　　(8) p-chlorobenzenesulfonic acid

(9) benzyl bromide　　　　　　　　(10) p-nitroaniline

(11) o-xylene　　　　　　　　　　(12) $tert$-butylbenzene

(13) p-cresol　　　　　　　　　　(14) 3-phenylcyclohexanol

(15) 2-phenylbut-2-ene　　　　　　(16) naphthalene

4. 在下列各组结构中应使用"⟷"或"⇌"才能把它们正确地联系起来,为什么?

(1) 与 　　　　(2) 与

(3) $CH_3-\overset{O}{\overset{\|}{C}}-CH_3$ 与 $CH_3-\overset{HO}{\overset{|}{C}}=CH_2$　　(4) $CH_3COCH_2COOC_2H_5$ 与 $CH_3-\overset{HO}{\overset{|}{C}}=CHCOOC_2H_5$

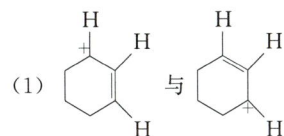

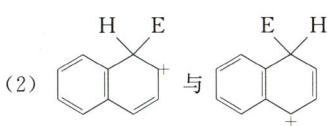

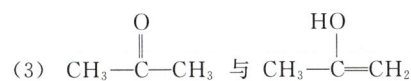

5. 写出下列反应的反应物构造式。

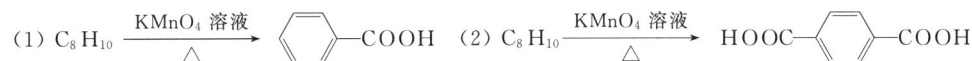

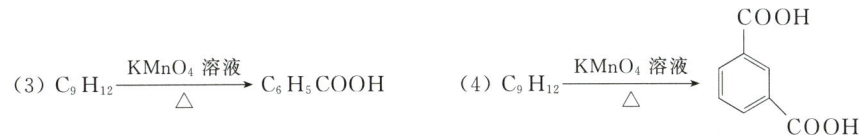

(1) $C_8H_{10} \xrightarrow[\triangle]{KMnO_4 \text{ 溶液}}$ 　　(2) $C_8H_{10} \xrightarrow[\triangle]{KMnO_4 \text{ 溶液}}$

(3) $C_9H_{12} \xrightarrow[\triangle]{KMnO_4 \text{ 溶液}} C_6H_5COOH$　　(4) $C_9H_{12} \xrightarrow[\triangle]{KMnO_4 \text{ 溶液}}$

6. 完成下列反应:

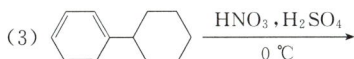

(1) $+ ClCH_2CH(CH_3)CH_2CH_3 \xrightarrow{AlCl_3}$

(2) (过量) $+ CH_2Cl_2 \xrightarrow{AlCl_3}$　　(3) $\xrightarrow[0\,℃]{HNO_3, H_2SO_4}$

(4) $C_6H_6 \xrightarrow[\text{HF}]{(CH_3)_2C=CH_2} (A) \xrightarrow[\text{AlCl}_3]{C_2H_5Br} (B) \xrightarrow[\text{H}_2\text{SO}_4]{K_2Cr_2O_7} (C)$

(5) 苯$-CH_2CH_2\overset{O}{\overset{\|}{C}}Cl \xrightarrow{AlCl_3}$

(6) 萘 $\xrightarrow[\text{Pt}]{2H_2} (A) \xrightarrow[\text{AlCl}_3]{CH_3COCl} (B)$

(7) 环己烯基-苯$-C_2H_5 \xrightarrow[\text{H}^+,\triangle]{KMnO_4}$

(8) 1-甲基萘 $\xrightarrow[\text{H}_2\text{SO}_4]{HNO_3}$

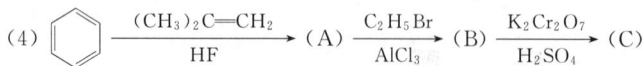

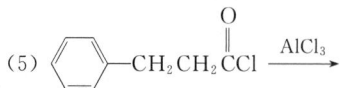

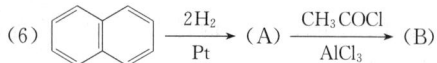

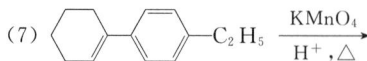

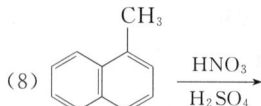

7. 写出下列反应主要产物的构造式和名称。

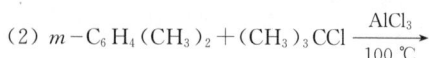

(1) $C_6H_6 + CH_3CH_2CH_2CH_2Cl \xrightarrow[\text{100 ℃}]{AlCl_3}$

(2) $m-C_6H_4(CH_3)_2 + (CH_3)_3CCl \xrightarrow[\text{100 ℃}]{AlCl_3}$

(3) $C_6H_6 + CH_3CHClCH_3 \xrightarrow{AlCl_3}$

8. 试解释下列傅-克反应的实验事实。

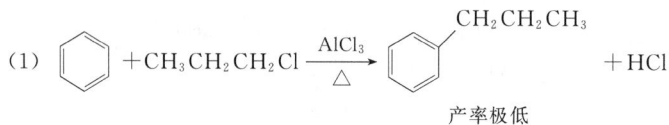

(1) 苯 $+ CH_3CH_2CH_2Cl \xrightarrow[\triangle]{AlCl_3}$ 异丙苯($-CH_2CH_2CH_3$) $+ HCl$

产率极低

(2) 苯与 RX 在 AlX$_3$ 存在下进行单烷基化需要使用过量的苯。

9. 怎样从苯和脂肪族化合物制取丙苯？用反应方程式表示。

10. 将下列化合物进行一次硝化，试用箭头表示硝基进入的位置(指主要产物)。

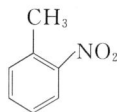

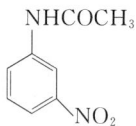

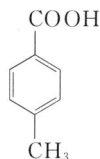

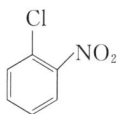

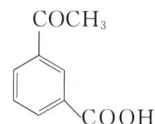

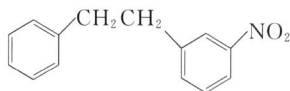

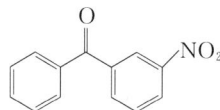

（邻硝基甲苯 CH$_3$/NO$_2$）　（间硝基乙酰苯胺 NHCOCH$_3$/NO$_2$）　（对氯苯酚 Cl/OH）　（对甲基苯甲酸 COOH/CH$_3$）

（对甲基苯酚 CH$_3$/OH）　（间溴苯磺酸 SO$_3$H/Br）　（邻氯硝基苯 Cl/NO$_2$）　（间乙酰基苯甲酸 COCH$_3$/COOH）

（间硝基二苯乙烷 CH$_2$CH$_2$/NO$_2$）　（间硝基二苯甲酮 O/NO$_2$）

11. 比较下列各组化合物进行硝化反应的难易。

(1) 苯，1,2,3-三甲苯，甲苯，间二甲苯

(2) 苯，硝基苯，甲苯

(3) 对苯二甲酸，对甲苯甲酸，苯甲酸，甲苯

(4) 硝基苯，硝基苄，乙苯

12. 以甲苯为原料合成下列化合物。请提供合理的合成路线。

(1) O_2N—⬡—$COOH$

(2) H_3C—⬡—$CH(CH_3)_2$

(3) ⬡ $COOH$ / Br / NO_2

(4) ⬡ CH_2Cl / Br

(5) ⬡ Br CH_3 / O_2N Br

(6) ⬡ $COOH$ / Cl

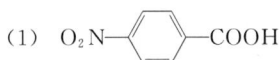

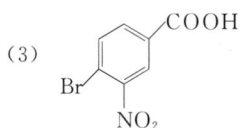

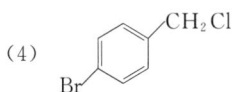

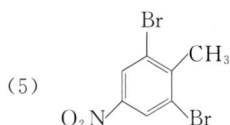

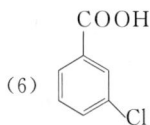

13. 某芳烃分子式为 C_9H_{12},用重铬酸钾的硫酸溶液氧化后得一种二元酸,将原来的芳烃进行硝化所得的一元硝基化合物主要有两种,问该芳烃的可能构造式如何? 并写出各步反应。

14. 甲、乙、丙三种芳烃分子式同为 C_9H_{12},氧化时甲得一元羧酸,乙得二元羧酸,丙得三元羧酸。但经硝化时,甲和乙分别得到两种一硝基化合物,而丙只得一种一硝基化合物。求甲、乙、丙三者的结构。

15. 比较下列碳正离子的稳定性。

$$R_3C^+ \qquad ArCH_2^+ \qquad Ar_3C^+ \qquad Ar_2CH^+ \qquad CH_3^+$$

16. 下列傅-克反应过程中,哪一种产物是速率控制产物? 哪一种产物是平衡控制产物?

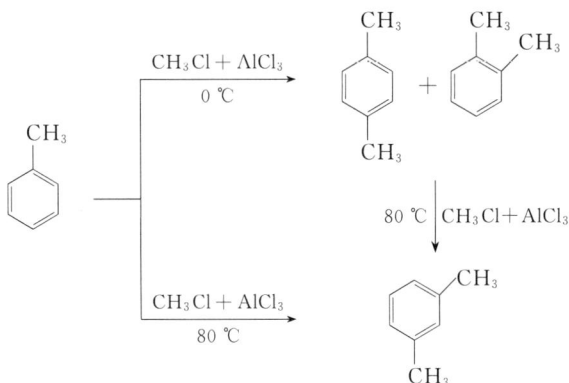

17. 解释下列事实。

(1) 甲苯硝化可得到 50% 的邻位产物,而叔丁基苯硝化只得 16% 的邻位产物。

(2) 用重铬酸钾的酸性溶液作氧化剂,使甲苯氧化成苯甲酸,反应产率差,而将对硝基甲苯氧化成对硝基苯甲酸,反应产率好。

18. 下列各化合物在 Br_2 和 $FeBr_3$ 存在下发生溴化反应,将得到什么产物?

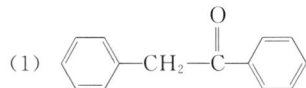

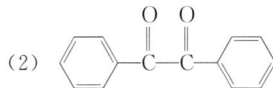

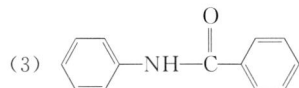

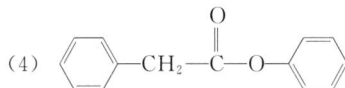

(1) ⬡—CH_2—$\overset{O}{\overset{\|}{C}}$—⬡

(2) ⬡—$\overset{O}{\overset{\|}{C}}$—$\overset{O}{\overset{\|}{C}}$—⬡

(3) ⬡—NH—$\overset{O}{\overset{\|}{C}}$—⬡

(4) ⬡—CH_2—$\overset{O}{\overset{\|}{C}}$—$O$—⬡

19. 下列化合物或离子哪些具有芳香性,为什么?

(1) ⬡

(2) ⬠⁻

(3) ⬭⁺

(4) 　(5) 　(6)

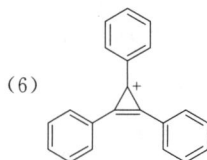

20. 某烃类化合物 A,分子式为 C_9H_8,能使 Br_2 的 CCl_4 溶液褪色,在温和的条件下就能与 1 mol H_2 加成生成 B(分子式为 C_9H_{10});在高温高压下,A 能与 4 mol H_2 加成;剧烈条件下氧化 A,可得到一个邻位的二元芳香羧酸。试推测 A 可能的结构。

21. 根据下列反应所示的立体化学,从反应机理上解释产物是如何形成的。

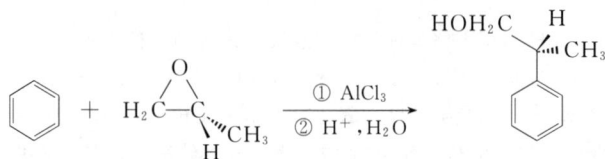

22. 化合物 用稀的质子酸处理时发生了异构化,写出其异构化的产物。

第八章 有机化合物的结构表征

确定有机化合物的结构是研究有机化学的首要任务。使用经典的化学方法测定有机化合物的结构是一项非常烦琐、费时，甚至是很难完成的工作，往往需通过反复的、多种或多步化学反应将待鉴定的"未知物"变成"已知物"来推导它的可能结构。在把"未知物"变成"已知物"的过程中，可能发生结构重排或某些意料之外的反应，容易得出错误的结论。运用现代物理实验方法测定结构，可以采用微量样品，在较短时间内，正确地鉴定出有机化合物的结构。因此，化学方法现已退居为辅助的手段，甚至被逐步取代。现代物理实验方法的应用推动了有机化学的飞速发展，目前已成为研究有机化学不可缺少的工具。

本章对广泛使用的紫外光谱（ultraviolet spectroscopy，简称 UV）、红外光谱（infrared spectroscopy，简称 IR）、核磁共振（nuclear magnetic resonance，简称 NMR）氢谱和碳谱、质谱（mass spectroscopy，简称 MS）及 X 射线衍射法（X-ray diffraction）做简要介绍。

第一节 电磁波谱的一般概念

电磁波谱（electromagnetic wave spectrum）包括了一个极广阔的区域（见图 8-1）。从波长（wavelength）只有千万分之一纳米（10^{-7} nm）的宇宙线到波长用米，甚至千米计的无线电波都包括在内。所有这些波都具有相同的速度，即 3×10^{10} cm · s^{-1}，并符合关系式：

$$\nu = c/\lambda$$

式中，λ 代表波长，常用的单位有厘米（cm）、纳米（nm）（1 m = 10^2 cm = 10^6 μm = 10^9 nm）；ν 代表频率（frequency），单位为 s^{-1} 或赫（Hz）。频率也可用波数（wave number）σ 表示，$\sigma = 1/\lambda$，即单位长度内波的数目，单位为 cm^{-1}；c 为光速，其值为 3×10^{10} cm · s^{-1}。显然，波长越短，频率越高。

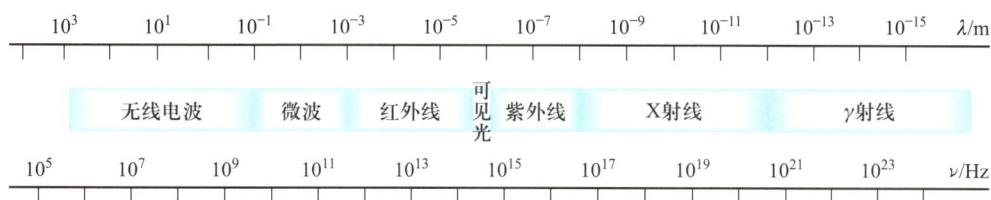

10^3	10^1	10^{-1}	10^{-3}	10^{-5}	10^{-7}	10^{-9}	10^{-11}	10^{-13}	10^{-15}	λ/m

| 无线电波 | | 微波 | 红外线 | 可见光 | 紫外线 | | X射线 | | γ射线 | |

10^5	10^7	10^9	10^{11}	10^{13}	10^{15}	10^{17}	10^{19}	10^{21}	10^{23}	ν/Hz

图 8-1 电磁波谱区域

　　光是电磁波,当光照射化合物分子时,分子就获得能量。获得多少能量取决于光子辐射的频率,频率越高(波长越短),分子获得的能量越大。

$$E = h\nu$$

式中,E 为光子具有的能量;h 为普朗克常量,6.626×10^{-34} J·s。

　　分子获得能量后可以增加原子的转动或振动,或激发电子到较高的能级。由于这些运动能级都是量子化的,只有光子的能量恰等于两个能级之间的能量差时(即 ΔE)才能被吸收。所以,对某一分子来说,它只能吸收某一特定频率的辐射,从而引起分子转动或振动能级的变化,或使电子激发到较高的能级,产生特征的分子光谱(molecular spectrum)。

　　分子吸收光谱可分为三类:

　　(1) 转动光谱(rotational spectrum)　在转动光谱中,分子所吸收的光能只引起分子转动能级的变化,使分子从较低的转动能级激发到较高的转动能级。转动光谱是由彼此分开的谱线所组成的。由于分子转动能级之间的能量差很小,所以转动光谱位于电磁波谱中的长波部分,即在远红外线及微波区域内。根据简单分子的转动光谱可以测定键长和键角,但在有机化学中的用途不大。

　　(2) 振动光谱(vibrational spectrum)　在振动光谱中,分子所吸收的光能引起其振动能级的变化。分子中振动能级之间的能量差要比同一振动能级中转动能级之间的能量差大 100 倍左右。振动能级的变化常伴随着转动能级的变化,所以振动光谱是由一些谱带组成的。它们大多在中红外区域内,因此叫红外光谱。

　　(3) 电子光谱(electronic spectrum)　在电子光谱中,分子所吸收的光能使其价电子激发到较高的能级。使电子能级发生变化所需的能量约为使其振动能级发生变化所需能量的 10~100 倍。电子能级发生变化时,常同时发生振动和转动能级的变化。因此从一个电子能级转变到另一个电子能级时,产生的谱线不是一条,而是无数条,实际上观察到的是一些互相重叠的谱带。一般是把吸收带中吸收强度最大的波长 λ_{max} 作为特征吸收峰的波长标出。电子光谱在可见及紫外区域内出现。

第二节　紫外-可见吸收光谱

一、紫外光谱及其产生

　　紫外-可见吸收光谱(ultraviolet-visible absorption spectrum)是指分子吸收紫外-可见光区的电磁波而产生的吸收光谱,简称紫外光谱。紫外光谱仪是最早用来测定某些有机化合物分子结构的光谱仪。紫外光的波长范围为 4~400 nm,其中 4~200 nm 的一段称为远紫外区,200~400 nm 的一段称为近紫外区,可见光的波长范围是 400~800 nm。由于波长很短的紫外光会被空气中氧和二氧化碳所吸收,研究远紫外区的吸收光谱很困难,一般的紫外光谱仪仅可测出近紫外和可见光区域内分子的吸收光谱。

　　分子吸收光能后,使某些在基态的价电子跃迁到较高能级的激发态。有机化合物分子中主要有三种电子类型:σ 电子、π 电子和未成键的 n 电子。当电子发生状态变化即跃迁时,需要吸收不同的能量(见图8-2),即吸收不同波长的光。当一束光通过有机化合物时,有机化合物对某一波长的光可能吸收很强,而对其他波长的光可能吸收很弱,或者根本不吸收。当吸收一定波长的紫外光或可见光时,电子发生跃迁,产生电子吸收光谱。吸收部分出现峰,不吸收部分或弱吸收部分为谷。

从化学键的性质来看,与电子吸收光谱有关的电子跃迁主要有以下三种类型:

(1) $\sigma \rightarrow \sigma^*$ 跃迁　σ 电子是结合得最牢固的价电子。在基态下,电子在成键轨道中,能级最低。而 σ^* 态是最高能态,因此,$\sigma \rightarrow \sigma^*$ 跃迁需要相当高的辐射能量,一般情况下,所产生的吸收峰仅在 200 nm 以下才能观察到。烷烃的成键电子都是 σ 电子,所以,烷烃的吸收峰在远紫外区,即在一般紫外光谱仪工作范围之外,只能用真空紫外光谱仪才可观察到。

(2) n 电子的跃迁　n 电子是指像氮、氧、硫、卤素等原子上未共用的电子,它的跃迁有两种方式:

第一种方式是 $n \rightarrow \pi^*$ 跃迁,即未共用电子激发跃入 π^* 轨道,产生的吸收峰在 200 nm 以上能观察到。例如,醛、酮分子中羰基在 275~295 nm 处有吸收峰,如图8-3中丙酮的吸收峰。

第二种方式是 $n \rightarrow \sigma^*$ 跃迁,这种跃迁所需的能量大于上述的 $n \rightarrow \pi^*$ 跃迁,故醇、醚均在远紫外区才出现吸收峰。

(3) $\pi \rightarrow \pi^*$ 跃迁　乙烯分子中 π 电子吸收光能后跃迁到 π^* 轨道,吸收峰在远紫外区;当双键上的氢逐个被烯基取代后,由于共轭作用,吸收向长波方向移动。

从上可看到:电子跃迁前后两个能级的能量差值(ΔE)越大,跃迁所需的能量越大,吸收光的波长越短,吸收峰(λ_{max})出现在较短的波长处。

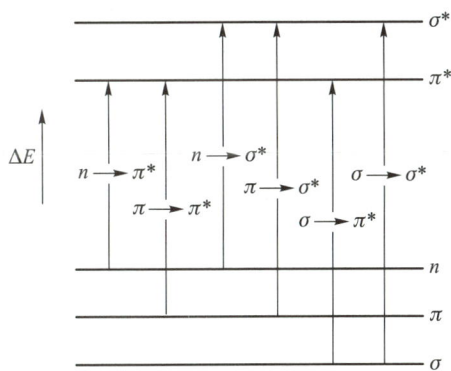

图8-2　电子跃迁能量示意图

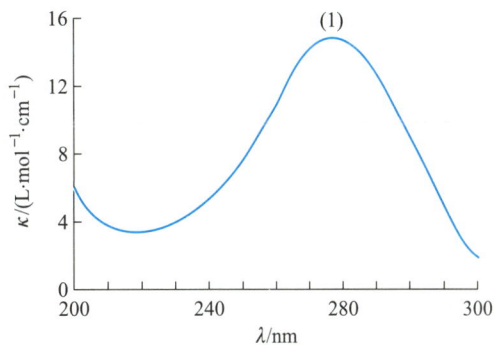

图8-3　丙酮在环己烷溶液中的紫外光谱图

二、紫外光谱图

紫外吸收强度遵守朗伯-比尔(Lambert-Beer)定律:

$$A = \kappa c l$$

式中,A 称为吸光度,c 为溶液物质的量浓度,l 为液层的厚度,κ 为摩尔吸收系数。紫外光谱图通常是以波长 λ（单位 nm）为横坐标，以吸光度 A（absorption）或摩尔吸收系数 κ（如 κ 很大则用$\lg\kappa$）为纵坐标作图而获得的吸收曲线。图 8-3 为丙酮的紫外光谱图。

在文献中，紫外吸收光谱的数据多报道它的吸收峰的位置（即波长）及其摩尔吸收系数。由于分子吸收光能使电子发生能级的跃迁时，常伴随着振动能级和转动能级的变化，所以，紫外光谱图由吸收带组成。通常把吸收带上最大值对应的波长作为该谱带的吸收波长，对应的摩尔吸收系数作为该谱带的吸收强度，分别用 λ_{max} 和 κ_{max} 表示。例如，从图 8-3 中可以看到，在(1)处有一个吸收峰的最大值，位于波长 280 nm 处，用 $\lambda_{max}=280$ nm 表示；对应的 $\kappa_{max}=15$ L·mol^{-1}·cm^{-1}，表示该吸收峰的吸收强度。

在紫外光谱图中常常见到有 R、K、B、E 等字样，这是表示不同的吸收带，分别称为 R 吸收带、K 吸收带、B 吸收带和 E 吸收带。

R 吸收带为 $n \to \pi^*$ 跃迁引起的吸收带，如 $\diagdown$C=O、—NO$_2$、—CHO 等。其特点为吸收强度弱，$\kappa_{max}<100$ L·mol^{-1}·cm^{-1}（$\lg\kappa<2$），吸收峰波长一般在 270 nm 以上。

K 吸收带为 $\pi \to \pi^*$ 跃迁所引起的吸收带，如共轭双键。其特点为吸收峰很强，$\kappa_{max}>$ 10 000 L·mol^{-1}·cm^{-1}（$\lg\kappa>4$）。共轭双键增加，λ_{max} 向长波方向移动，κ_{max} 也随之增加。

B 吸收带为苯的 $\pi \to \pi^*$ 跃迁引起的特征吸收带，为一宽峰并出现若干小峰，其波长在 230~270 nm，中心在 254 nm，κ 约为 204 L·mol^{-1}·cm^{-1}。

E 吸收带为把苯环看成乙烯和共轭乙烯键 $\pi \to \pi^*$ 跃迁引起的吸收带。

三、紫外光谱与有机化合物分子结构的关系

一般的紫外光谱仪的测定波长在 200~800 nm 的近紫外-可见光区，因此，只有 $\pi \to \pi^*$ 及 $n \to \pi^*$ 跃迁才有实际意义，也就是说，紫外光谱适用于分子中具有不饱和键的结构，特别是共轭结构的化合物。把能够产生紫外（或可见）吸收的不饱和基团叫作生色团。它们一般为带有 π 电子的基团，如C=C、 C≡C、 C=O、 CH=O、 $-\overset{\overset{\displaystyle O}{\|}}{C}-$OH、 N=N、 N=O 和 NO$_2$ 等。生色团吸收波长大于 210 nm。如果一个化合物分子中含有若干个生色团并形成共轭体系，则原来各自的吸收将消失，形成新的吸收带，波长和吸收强度都会明显增强。例如，胡萝卜素、番茄素等波长已落在可见光区，因而呈现颜色（见表 8-1）。同样，乙烯基与羰基共轭时（即C=C—C=O），也可增加吸收峰的波长，并随着共轭体系的增长而迅速增加。把这种吸收波长向长波方向移动的现象称为红移，相反，吸收波长向短波方向移动的现象称为蓝移。

表 8-1 共轭多烯化合物的紫外吸收光谱

化合物	乙烯基数目	λ_{max}/ nm	κ_{max}/(L·mol^{-1}·cm^{-1})	颜色
乙烯	1	162	15 000	
丁二烯	2	217	20 900	
己三烯	3	258	35 000	
二甲基辛四烯	4	296	52 000	

续表

化合物	乙烯基数目	$\lambda_{max}/$ nm	$\kappa_{max}/(L\cdot mol^{-1}\cdot cm^{-1})$	颜色
癸五烯	5	335	118 000	淡黄
维生素 A	5	325	118 000	淡黄
$\alpha-$羟基$-\beta-$胡萝卜素	8	415	210 000	橙色
反式番茄素	11	470	185 000	红色
去氢番茄素	15	504	15 000	紫色

　　芳香族化合物都是共轭体系分子,其吸收带一般都在近紫外区,所以特别重要。苯的吸收带有的虽在近紫外区,但吸收强度较低。乙烯基与苯环共轭如二苯乙烯,不仅增加了波长,还增强了摩尔吸收系数,并且随着乙烯基的增多,吸收波长增加得很快。

　　在共轭链的一端引入含有未共用电子的基团如—NH_2、—NR_2、—OH、—SR、—Cl和—Br 等,可以产生 p-π 共轭作用(形成多电子共轭体系),常使化合物的颜色加深(即λ_{max}发生红移),这样的基团叫作助色团。

　　由上所述,紫外光谱主要揭示共轭体系分子,有时分子中某一部分的结构变化较大,而紫外光谱的改变不大。因此,紫外光谱的应用有很大的局限性。即使这样,紫外光谱在测定有机化合物的结构中还是起着重要的作用。例如,有一化合物的分子式为 C_4H_6O,其构造式可能有 30 多种。如果它的紫外光谱最大吸收波长在 230 nm 左右,并有较大的吸收强度(κ 在 5 000 $L\cdot mol^{-1}\cdot cm^{-1}$以上),就可以推测它是一个共轭体系分子,也就是一个共轭醛或共轭酮:

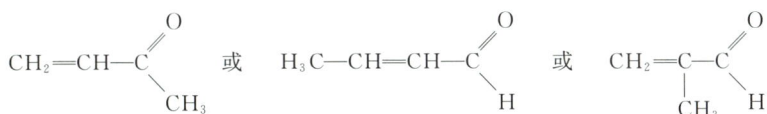

$$CH_2{=}CH{-}\overset{O}{\underset{CH_3}{C}}\quad 或 \quad H_3C{-}CH{=}CH{-}\overset{O}{\underset{H}{C}}\quad 或\quad CH_2{=}\overset{}{\underset{CH_3}{C}}{-}\overset{O}{\underset{H}{C}}$$

　　至于它究竟是这三种结构中的哪一种,还需要进一步用红外光谱和核磁共振谱或化学方法来测定了。

　　由于紫外光谱法灵敏度很高,容易检验出化合物中所含的微量杂质。例如,检查无醛乙醇中醛的限量,可在 270～290 nm 内测定其吸光度,如无醛存在,则没有吸收。又如,环己烷中存在苯时,则在 230～270 nm 内有吸收带。

　　表 8-2 介绍一些简单的有机分子的紫外吸收光谱。

表 8-2　一些简单有机分子的紫外吸收光谱

生色团	化合物	跃迁	λ / nm	$\kappa_{max}/(L\cdot mol^{-1}\cdot cm^{-1})$	溶剂
$C{=}C$	乙烯	$\pi\to\pi^*$	162	15 000	蒸气
$C{=}O$	丙酮	$\pi\to\pi^*$	188	900	己烷
		$n\to\pi^*$	279	15	己烷

续表

生色团	化合物	跃迁	λ / nm	$\kappa_{max}/(L \cdot mol^{-1} \cdot cm^{-1})$	溶剂
	乙醛	$n \to \pi^*$	292	12	己烷
$\overset{O}{\overset{\|}{—C—OH}}$	乙酸	$n \to \pi^*$	204	41	醇
$\overset{O}{\overset{\|}{—C—OR}}$	乙酸乙酯	$n \to \pi^*$	204	60	水
$\overset{O}{\overset{\|}{—C—NH_2}}$	乙酰胺	$n \to \pi^*$	214		水
C=C—C=C	丁-1,3-二烯	$\pi \to \pi^*$	217	20 900	己烷
C=C—C=O	丙烯醛	$\pi \to \pi^*$	210	25 500	水
		$n \to \pi^*$	315	14	醇
芳基	苯	$\pi \to \pi^*$	255	215	醇
芳基	苯乙烯	$\pi \to \pi^*$	244	12 000	醇
		$\pi \to \pi^*$	282	450	醇
芳基	酚	$\pi \to \pi^*$	210	6 200	水
		$\pi \to \pi^*$	270	1 450	水
芳基	硝基苯	$\pi \to \pi^*$	252	10 000	己烷
		$\pi \to \pi^*$	280	1 000	己烷
芳基	联苯	$\pi \to \pi^*$	330	125	己烷
		$\pi \to \pi^*$	246	20 000	己烷

问题 8-1 化合物甲和乙的分子式均为 C_5H_6O，并都在近紫外区吸收较强，但乙较甲在较长波长有吸收。试推测这两个化合物的可能构造式。

第三节　红外光谱

在有机化合物的结构鉴定与研究工作中，红外光谱法是一种重要的手段。用它可以确证两个化合物是否相同，也可以确定一个新化合物中某一特殊键或特性基团是否存在。

一、红外光谱图

图 8-4 为正辛烷的红外光谱图。

红外光谱图多用波数 σ（单位 cm^{-1}）作横坐标，有的也用波长 λ（单位 μm）作横坐标，以表示吸收峰的位置。如用吸光度 A 为纵坐标表示吸收强度时，吸收峰向上；如用透射比 T（transmittance）为纵坐标表示吸收强度时，吸收峰则为向下的谷。

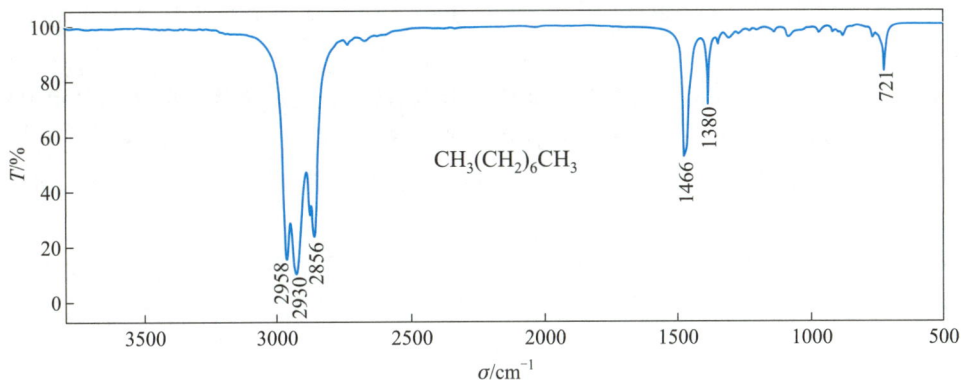

图 8-4 正辛烷的 IR 谱图

二、红外光谱的产生及其与有机化合物分子结构的关系

由原子组成的分子是在不断地振动着的,分子中原子的振动可以分为两大类:

(1) 伸缩振动 原子间沿着键轴的伸长和缩短,叫作伸缩振动(stretching vibration)。振动时键长有变化,但键角不变。

(2) 弯曲振动 组成化学键的原子离开键轴而上下左右地弯曲,叫作弯曲振动(bending vibration)。弯曲振动时键长不变,但键角常有变化。

伸缩振动因振动的偶合又可分为对称伸缩振动和不对称伸缩振动两种。

弯曲振动可分为面内弯曲振动和面外弯曲振动两种。面内弯曲振动又可分为剪式振动和平面摇摆;面外弯曲振动又可分为非平面摇摆和扭曲振动,如图 8-5 所示。

伸缩振动:

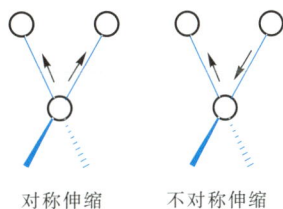

对称伸缩　　不对称伸缩

弯曲振动:

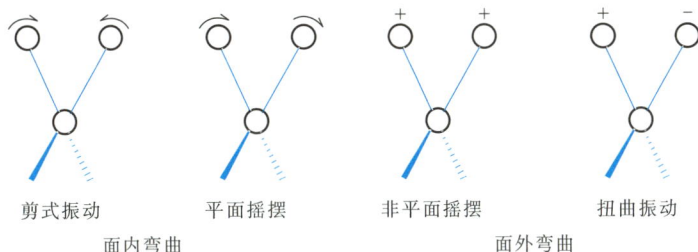

剪式振动　　平面摇摆　　　非平面摇摆　　扭曲振动

面内弯曲　　　　　　　面外弯曲

图 8-5 分子振动示意图(+、-表示与纸面垂直方向)

在弯曲振动中出现较多的是剪式振动和平面摇摆。实验结果和理论分析都证明只有偶极矩大小或方向有一定改变,即有瞬时偶极矩变化的振动才能吸收红外光而发生振动能级的跃迁。

这种由于吸收红外线而产生的光谱叫红外吸收光谱或红外光谱。在分子中发生振动能级跃迁所需要的能量大于转动能级跃迁所需要的能量,所以发生振动能级跃迁的同时,必然伴随着转动能级的跃迁,因此红外光谱也称为振转光谱(vibrational-rotational spectrum)。

对于分子的振动本应用量子力学来描述,为了便于理解也可以用经典力学来说明。一般用不同质量的小球代表原子,以不同硬度的弹簧代表各种化学键,它们以一定的次序互相联结,就成为分子的近似机械模型,如图8-6所示。

图8-6　双原子分子伸缩振动示意图

依据机械模型,振动的频率决定于小球的质量、弹簧的强度和小球在空间的排列方式。在红外光谱中,谱线的位置也取决于分子中各原子的质量、键的强度、分子的构型及测定时的条件等,但主要是由组成这个基团的原子及原子间的化学键决定的。双原子分子化学键的振动可近似地按简谐振动处理,其振动频率(ν)是化学键的力常数(k)与原子质量(m_1和m_2)的函数:

$$\nu = \frac{1}{2\pi}\sqrt{\frac{k}{\mu}} \qquad \mu = \frac{m_1 m_2}{m_1 + m_2} \quad \text{（折合质量）}$$

现代红外光谱多用透射比与波数(σ/cm^{-1})或透射比与波长($\lambda/\mu\text{m}$)表示:

$$\sigma = \frac{1}{2\pi c}\sqrt{\frac{k}{\mu}}$$

$$\lambda = \frac{c}{\frac{1}{2\pi}\sqrt{\frac{k}{\mu}}}$$

从上述公式看出,π和c为常数,吸收频率随键的强度的增加而增加,随键连原子的质量的增加而减少。那么,化学键的力常数越大,原子折合质量越小,则振动频率越高,吸收峰将出现在高波数区(即短波长区);相反,吸收峰则出现在低波数区(即长波长区)。当振动频率和入射光的频率一致时,入射光就被吸收,因而同一基团总是相对稳定地在某一特定范围内出现吸收峰。例如,由于C—H间的伸缩振动,在波数3 300～2 870 cm^{-1}将出现吸收峰;O—H间的伸缩振动在3 650～2 500 cm^{-1}出现吸收峰;而C—O—H共平面间的弯曲振动会在1500～1250 cm^{-1}出现吸收峰。因此,研究红外光谱可以得到分子内部结构的资料。

可是,红外光谱往往是很复杂的。即使像甲烷这样最简单的有机分子也应有9种振动方式(振动方式可从$3n-6$公式中计算而得,n为分子中原子数),而每种方式需要一定的能量。虽然并不是所有振动都能在红外光谱中产生吸收峰,但相对分子质量较高的化合物的红外光谱常有几十个吸收峰。通过研究大量有机化合物的红外光谱图,现已大体上可以肯定在一定频率范围内出现的谱峰是由哪种键的振动所产生的(见表 8-3)。

表 8-3 红外光谱中的八个重要区段

σ / cm^{-1}	λ / μm	键的振动类型
3 650~2 500	2.74~3.64	O—H，N—H(伸缩振动)
3 300~3 000	3.03~3.33	C—H(—C≡C—H，$\diagdown$C=C$\diagdown$^H，Ar—H)(伸缩振动)(极少数可到 2 900 cm^{-1})
3 000~2 700	3.33~3.70	C—H(—CH$_3$，—CH$_2$—，$\diagdown$C—H，$\overset{O}{\overset{\|}{—C}}$—H)(伸缩振动)
2 275~2 100	4.40~4.76	C≡C，C≡N(伸缩振动)
1 870~1 650	5.35~6.06	C=O(酸、醛、酮、酰胺、酯、酸酐)(伸缩振动)
1 690~1 590	5.92~6.29	C=C(脂肪族及芳香族)(伸缩振动)，C=N(伸缩振动)
1 475~1 300	6.80~7.69	$\diagdown$C—H (面内弯曲振动)
1 000~670	10.00~14.83	C=C—H ，Ar—H (面外弯曲振动)

从表 8-4 揭示的各种键振动的吸收区域内还可以进一步区分其特征谱带，在 Y—H 键的伸缩振动频率 3 650~2 500 cm^{-1} 区中，O—H、N—H、C—H 和 S—H 键的辨别是可能的，甚至各种不同的 C—H 键也能分辨出来。由于碳原子的杂化从 sp^3 到 sp^2 到 sp 增加了 C—H 键的强度，从而使 C—H 键的伸缩频率也从 R—CH$_3$ 到 R$_2$C=CH$_2$ 再到 R—C≡CH 而增加了(见表 8-4)。C≡C 的吸收峰在 2 200 cm^{-1} 左右，而累积双键的近乎 2 000 cm^{-1}。在 1 850 cm^{-1} 至 1 600 cm^{-1} 区域中，C=C、C=O 和 C=N 键一般能清楚地分辨出来。芳香族化合物通常在 1 600~1 450 cm^{-1} 有 4 个吸收峰。在红外光谱中，波数在 3 800~1 400 cm^{-1} (2.50~7.00 μm)的高频区域，吸收峰主要是由一对键连原子之间的伸缩振动跃迁产生的，与整个分子的关系不大，因而可用于确定某种特殊的键和官能团是否存在，是红外光谱的主要用途，一般把这段叫特征谱带区。在该区中凡是能用于鉴定有机化合物各种基团存在的吸收峰叫作特征吸收或特征峰。

表 8-4 一些重要基团的特征频率

键伸缩振动	σ / cm^{-1}	λ /μm
Y—H 伸缩振动吸收峰：		
O—H	3 650~3 100	2.74~3.23
N—H	3 550~3 100	2.82~3.23
≡C—H	3 320~3 310	3.01~3.02
=C—H	3 085~3 025	3.24~3.31
Ar—H	约 3 030	约 3.03
$\diagdown$C—H	2 960~2 870	3.38~3.49
S—H	2 590~2 550	3.86~3.92

续表

键伸缩振动	σ / cm^{-1}	$\lambda / \mu m$
X＝Y 伸缩振动吸收峰：		
C＝O	1 850～1 650	5.40～6.05
C＝NR	1 690～1 590	5.92～6.29
C＝C	1 680～1 600	5.95～6.25
（以上三种双键如与 C＝C 或芳核共轭时频率约降低 30 cm⁻¹）		
N＝N	1 630～1 575	6.13～6.35
N＝O	1 600～1 500	6.25～6.60
⬡	1 600～1 450（四个带）	6.25～6.90
X≡Y 和 X＝Y＝Z 伸缩振动吸收峰：		
C≡N	2 260～2 240	4.42～4.46
RC≡CR	2 260～2 190	4.43～4.57
RC≡CH	2 140～2 100	4.67～4.76
C＝C＝O	2 170～2 150	4.61～4.70
C＝C＝C	1 980～1 930	5.05～5.18

在红外光谱中,波数在 1 400～650 cm⁻¹（7.00～15.75 μm）的低频区域,吸收峰特别密集,像人手的指纹一样,所以叫指纹区。这个区出现的吸收主要是(C—C、C—N、C—O)单键的伸缩振动和各种弯曲振动。这些单键的强度差别不大,相对原子质量也差不多,各种弯曲振动能级差较小,所以在此区域内吸收峰特别密集,有时很难辨认。但在指纹区内,各个化合物在结构上的微小差异都会得到反映,因此,在确认有机化合物时用处也很大。

一种基团可以有数种振动形式,每种振动形式都产生一个相应的吸收峰,通常把这些互相依存而又互相可以佐证的吸收峰叫相关峰。如一个醇 C—OH 基团中有 O—H、C—O 的伸缩振动,C—O—H 面内弯曲,C—O—H 的面外弯曲等吸收峰,这些峰就是相关峰。在确定有机化合物中是否存在某种基团,当然先要注意它有无特征峰,而相关峰的存在则有利于判断和确认某种基团。

这里仅把各种取代烯烃及芳烃的弯曲振动特征吸收频率列一简表(见表 8–5),并举几个谱区对照说明。其他化合物的特征吸收频率和谱图将在以后各章中介绍或阐述。

表 8–5　取代烯烃及芳烃的弯曲振动特征吸收频率

键的类型	σ / cm^{-1}	峰的强度
R, H / C＝C / H, R	980～965（面外）	强
R, H / C＝C / R, H	895～885（面外）	强
R, H / C＝C / R, R	840～790（面外）	强

续表

键的类型	$\sigma\,/\,cm^{-1}$	峰的强度
$\underset{H}{\overset{R}{C}}=\underset{H}{\overset{R}{C}}$	730～650(面外)	弱且宽
$\underset{H}{\overset{R}{C}}=\underset{H}{\overset{H}{C}}$	910～905 995～985(面外)	强 强
Ar—H	1 225～950(面内)	弱
Ar—H	900～650(面外)	强
一取代	710～690	强
	和 770～730	强
邻二取代	770～735	强
间二取代	710～690	中
	和 810～750	强
对二取代	833～810	强

从上述各表中可以知道：

(1) 烷烃 C—H 伸缩振动吸收峰在 3 000～2 800 cm^{-1}，而 C—H 弯曲振动的吸收峰在 1 475～1 300 cm^{-1}。甲基在 1 375 cm^{-1} 左右处有一特征吸收峰；异丙基则在 1 370 cm^{-1} 和 1 385 cm^{-1} 处出现等强度的两个峰；叔丁基则在 1 370 cm^{-1} 和 1 395 cm^{-1} 处出现不等强度的两个峰，而且前者强于后者；若为亚甲基时，会在 1 465 cm^{-1} 左右处出现特征峰；若多个 CH$_2$ 成直链相连时，吸收峰则极大地向低波数方向移动。例如，—CH$_2$CH$_2$— 在 743～734 cm^{-1} 处出现吸收峰，若 4 个或 4 个以上 CH$_2$ 成直链时，会在 724～722 cm^{-1} 处出现吸收峰。

(2) 烯烃中双键的伸缩振动吸收峰出现在 1 680～1 600 cm^{-1} 处，峰的位置和强度取决于双键碳原子上的取代基和双键的共轭情况，取代基多，对称性强，其峰就弱，共轭使峰增强但波数则略低。烯烃中的 C—H 伸缩振动在 3 095～3 010 cm^{-1} 处有中等强度的吸收峰，在 980～650 cm^{-1} 处出现弯曲振动吸收峰，据此可以判断取代基数目、性质及顺反异构等情况。

(3) 炔烃三键的伸缩振动在 2 260～2 100 cm^{-1} 处有吸收峰，若只是 C≡C 键或对称的二烃基取代物，则峰很弱或没有。炔烃中的 C—H 键伸缩振动在 3 320～3 310 cm^{-1} 处有强而尖的吸收峰，≡C—H 键的弯曲振动在 700～600 cm^{-1} 处有吸收峰。

(4) 芳烃骨架振动虽然可在 1 600～1 450 cm^{-1} 区域出现四个吸收峰，但由于取代基或共轭状况不同出现的情况不同，芳环的 C—H 键伸缩振动吸收峰近于 3 030 cm^{-1} 处，从 C—H 键弯曲振动吸收峰可判断其取代基的情况(见表 8-5)。

根据上述数据可观察下列几个红外谱图。

从正辛烷的谱图(见图 8-4)中可以看到，CH$_2$ 和 CH$_3$ 的 C—H 键的伸缩振动吸收谱峰在 3 000～2 800 cm^{-1}，面内弯曲振动谱峰在 1 466 cm^{-1} 和 1 380 cm^{-1}，$\left(\!CH_2\!\right)_6$ 的面外

弯曲振动谱峰在 721 cm^{-1}。

图 8-7 是反己-2-烯的红外光谱图，较正辛烷要复杂得多。3 023 cm^{-1} 的峰是 =C—H 键伸缩振动产生的；3 000~2 800 cm^{-1} 之间的峰是 CH$_2$ 和 CH$_3$ 的 C—H 键伸缩振动产生的；1 456 cm^{-1} 的峰是 CH$_2$ 和 CH$_3$ 弯曲振动产生的；1 378 cm^{-1} 处的峰是甲基 C—H 键弯曲振动产生的另外一个峰，这个峰常用来鉴定甲基的存在；964 cm^{-1} 处的峰是反式烯烃中 =C—H 键弯曲振动产生的，用以区别对应的顺式烯烃。

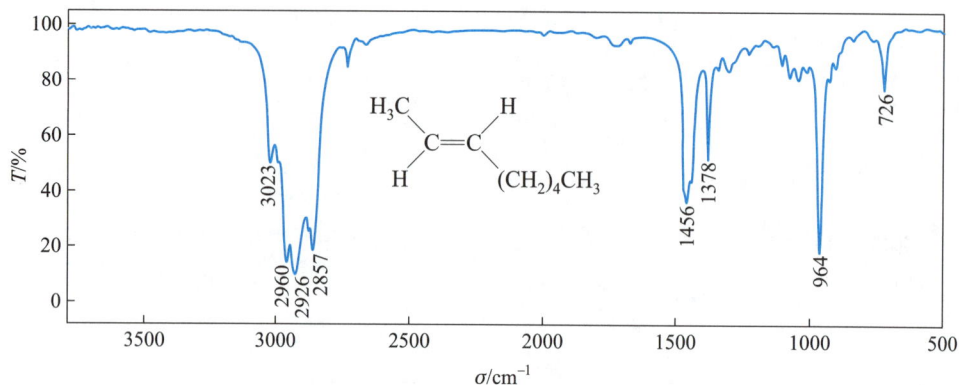

图 8-7　反己-2-烯的 IR 谱图

图 8-8 是苯乙炔的红外光谱图。≡C—H 键的吸收峰较芳烃的 C—H 键在较高频率处出现；在 2 110 cm^{-1} 处的吸收峰（弱）是 C≡C 键的伸缩振动；在 1 600 cm^{-1} 处（弱）和 1 500 cm^{-1} 处（强）都是苯环的吸收峰。

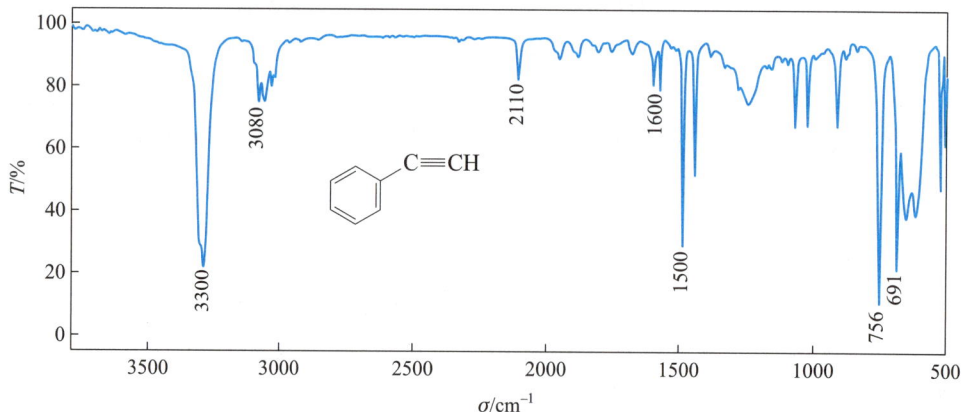

图 8-8　苯乙炔的 IR 谱图

问题 8-2　化合物 A、B、C 和 D 的分子式均为 C$_4$H$_6$，A 的红外光谱吸收峰近 2 200 cm^{-1}，B 的近 1 950 cm^{-1}，C 的近 1 650 cm^{-1}，D 在这些区域无任何吸收。试推测各自可能的结构。

三、红外光谱解析举例

当用光谱推断化合物的结构时,通常首先要根据分子式计算化合物的不饱和度(U)。不饱和度的计算公式为

$$U = n_4 + 1 + \frac{1}{2}(n_3 - n_1)$$

式中,n_1、n_3、n_4 分别是一价原子(如氢和卤素)、三价原子(如氮和磷)和四价原子(如碳和硅)的数目。例如,开链饱和化合物的 U 值为 0,含有一个双键的开链化合物或饱和环状化合物的 U 值为 1,含有两个双键或一个三键的开链化合物和含有一个双键的环状化合物的 U 值为 2,一个苯环的 U 值为 4。

由于红外光谱很复杂,解析红外光谱不是一件简单的事情,因此在基础有机化学中只要求学会认识一些具有显著特征的红外光谱。这里仅就烃类红外光谱粗略地讨论一下其解析方法,其他类型在以后各章再介绍。

例一 某化合物分子式为 $C_{11}H_{24}$,其红外光谱如图 8-9 所示,确定此化合物的结构。

根据分子式求得不饱和度 $U = 11 + 1 + \frac{1}{2} \times (0 - 24) = 0$,说明该化合物为开链饱和烃。

2 957 cm^{-1} 和 2 924 cm^{-1} 及 2 872 cm^{-1} 和 2 853 cm^{-1} 处有强吸收峰为甲基和亚甲基的 C—H 不对称伸缩振动和对称伸缩振动的吸收峰,1 467 cm^{-1} 和 1 378 cm^{-1} 为甲基和亚甲基的 C—H 面内弯曲振动吸收峰,其中 1 378 cm^{-1} 处的峰是甲基存在的标志。721 cm^{-1} 处的峰为 4 个或 4 个以上 CH_2 成直链时其 C—H 面外弯曲振动产生的吸收峰。由这些峰推得该化合物可能为正烷烃,即正十一烷。

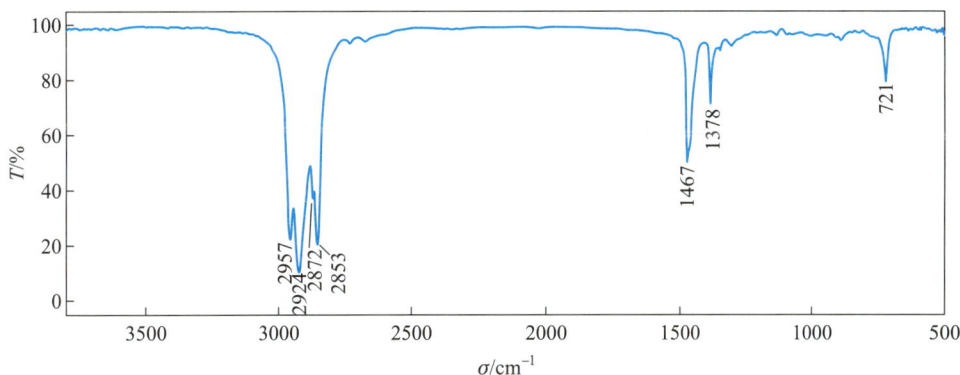

图 8-9 $C_{11}H_{24}$ 的 IR 谱图(液膜)

例二 一挥发性的无色液体,经元素分析结果 C 占 91.4%,H 占 8.7%,它的红外光谱如图 8-10 所示,确定这个化合物的结构。

经计算得分子式 C_7H_8,其不饱和度 $U = 4$,说明它可能是一个芳烃。

3 030 cm^{-1} 和 1 603 cm^{-1}、1 500 cm^{-1}、1 460 cm^{-1} 处这些峰说明有苯环存在,其中 3 030 cm^{-1} 处的吸收峰为苯环上 C—H 键伸缩振动产生的吸收峰,后三个峰为苯环碳骨架

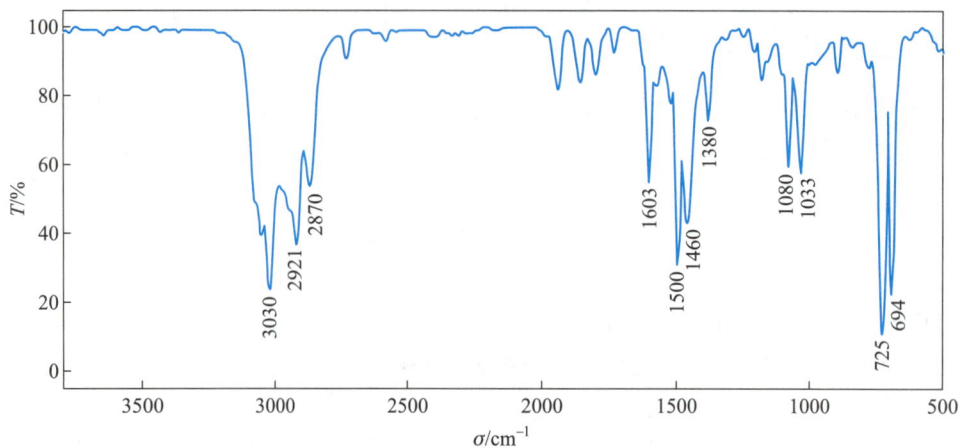

图 8-10 C_7H_8 的 IR 谱图(液膜)

伸缩振动的特征峰。$2960\sim2870\ cm^{-1}$ 处的吸收峰是烷基 C—H 键伸缩振动产生的吸收峰,在 $1380\ cm^{-1}$ 处出现了甲基的特征峰,因此可确认它为甲苯。

$1225\sim950\ cm^{-1}$ 处出现的弱吸收峰为 Ar—H 键面内弯曲振动产生的,$725\ cm^{-1}$ 和 $694\ cm^{-1}$ 处的两个强吸收峰为一取代芳环的 Ar—H 键面外弯曲振动产生的。这些相关峰佐证了上述特征峰所得的结论,可进一步确认它为甲苯。

例三 在第二节 C_4H_6O 的结构鉴定中,在近紫外区 225 nm 处有一个强的吸收峰,则可以肯定它是个共轭醛或共轭酮,其可能结构有下列四种:

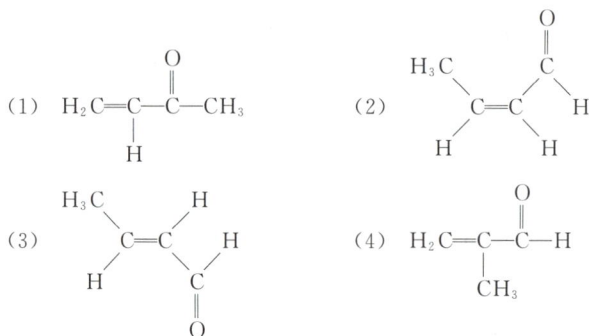

(1) $H_2C{=}\overset{\displaystyle O}{\underset{\displaystyle H}{C}}{-}CH_3$

(2)

(3)

(4)

在表 8-5 中可查到(1)具有 $H_2C{=}\overset{\displaystyle H}{C}{-}$ 结构,在约 $990\ cm^{-1}$ 和约 $910\ cm^{-1}$ 处应有吸收峰;(2)的吸收峰在 $730\sim650\ cm^{-1}$ 处;(3)的吸收峰在 $980\sim965\ cm^{-1}$ 处;(4)的吸收峰在 $865\sim855\ cm^{-1}$ 处。如果这个化合物的红外光谱在 $760\ cm^{-1}$ 处有吸收峰,那么就可以推断它是(2)即顺丁-2-烯醛。

第四节 核磁共振谱

自 20 世纪 50 年代初广泛应用红外光谱以后,有机化学获得了很大的裨益。但对于某些细致的结构仍未能得到明确的证明。对未知物来说,红外光谱只能指出是什么类型的化合物。而 20 世纪 60 年代普遍发展起来的核磁共振谱却有助于指出是什么化合物，因此已成为现阶段测定有机化合物不可缺少的重要手段。

从原则上说，凡是核自旋量子数 I 不等于零的原子核，如 ^1H、^{13}C、^{15}N、^{19}F、^{35}Cl、^{37}Cl 等，都可发生核磁共振。但到目前为止，最有实用价值的只有氢谱和碳谱。^1H 和 ^{13}C 的 I 都等于 $\frac{1}{2}$，氢谱就是 ^1H 的核磁共振谱，常用 ^1H NMR 表示；碳谱就是 ^{13}C 的核磁共振谱，常用 ^{13}C NMR 表示。下面将对核磁共振氢谱和碳谱作初步介绍。

一、基本知识

原子核是带正电荷的粒子，能够自旋的原子核（$I \neq 0$）会产生磁场，形成磁矩，可视其为一块小磁铁。如 $I = \frac{1}{2}$ 的核，就有两种自旋状态，分别用自旋磁量子数 $m_s = +\frac{1}{2}$ 和 $-\frac{1}{2}$ 表示。如图 8-11 所示，表示质子的两种自旋状态。自旋产生磁矩的方向可用右手定则确定。

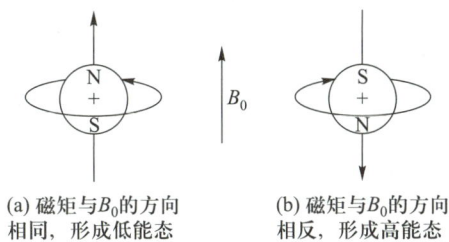

(a) 磁矩与 B_0 的方向相同，形成低能态　　(b) 磁矩与 B_0 的方向相反，形成高能态

图 8-11　在外加磁场 B_0 的作用下质子的两种自旋状态

在没有外加磁场的作用下，两种自旋状态的能量是等同的，但在外加磁场 B_0 的作用下，两种自旋状态的能量就不再相等。当磁矩方向与 B_0 的方向相同时，就会形成一个低能级（或低能态），用 $m_s = +\frac{1}{2}$ 表征；磁矩方向与 B_0 的方向相反时，就会形成一个高能级（或高能态），用 $m_s = -\frac{1}{2}$ 表征。也就是说，在外加磁场的作用下，把两个本来简并的能级分裂开来，使一个能级降低，而另一个能级升高（见图 8-12）。两个能级之差为 ΔE：

$$\Delta E = \gamma \frac{h}{2\pi} B_0$$

式中，γ 为磁旋比（magnetogyric ratio），是一个核常数；h 为普朗克常量。

显然，ΔE 与磁感应强度 B_0 成正比。若质子受到一定频率 ν 的电磁波辐射，并且辐射所提供的能量恰好等于两个能级的能量差 ΔE，即 $\Delta E = h\nu$ 时，质子就吸收电磁波辐射的能量，从低能级跃迁到高能级，这种现象称为核磁共振。

图 8-13 为核磁共振现象的示意图。图中装有样品溶液的玻璃管放在磁感应强度很大的电磁铁两极之间。用恒定频率的无线电波照射通过样品。在扫描发生器的线圈中通

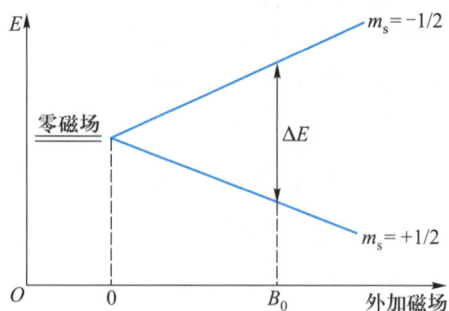

图 8-12　外加磁场作用下质子自旋能级的裂分示意图

直流电流,产生一个微小的磁场,使总磁感应强度逐渐增加,当磁感应强度达到一定的值 B_0 时,样品中某一类型的核发生能级跃迁,这时产生吸收,接收器就会收到信号,由记录器记录下来,如图 8-14 所示。

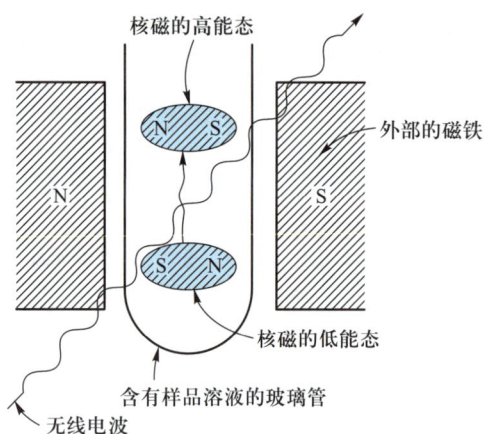

图 8-13　核磁共振现象示意图

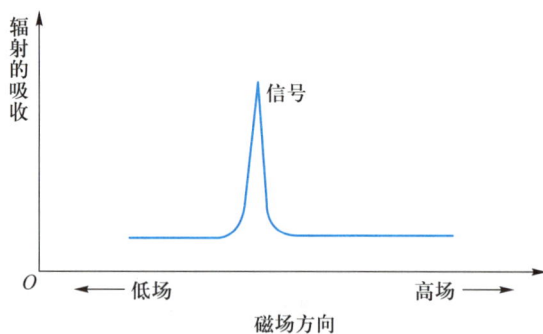

图 8-14　核磁共振谱

用恒定频率的电磁波辐射进行照射样品,改变外加磁场的磁感应强度引起的共振叫作扫场,反之则叫作扫频。大多数核磁共振仪采用扫场方式。

二、核磁共振氢谱

氢的同位素^{1}H的自然丰度较大,磁性较强,灵敏度较高,极易检测,所以对氢谱的研究最多,应用最普遍。在有机化合物结构的鉴定中,氢谱主要提供化学位移、峰面积的积分值及偶合常数三方面的信息。应用这些信息,可以推测质子在碳骨架上的位置。

1. 屏蔽效应和化学位移

对相同的原子核来说,磁旋比 γ 为常数。一个有机分子中的全部质子在同一磁感应强度下吸收的能量相同,本应只有一个信号,但实际不是这样。例如,对乙醚样品进行磁感应强度由低到高的扫描,首先出现 CH_2 中的 H 的信号,其次是 CH_3 中 H 的信号,即出现了两种不同的 H 信号,在图谱上就是两个吸收峰(见图 8–15)。这是因为在有机化合物分子中,质子周围还有电子,而不同类型的质子周围电子云密度不一样。在外加磁场的作用下,质子周围的电子引起了电子环流,反过来电子环流又产生了一个与外加磁场方向相反的感应磁场,于是,质子实际上所感受到的磁感应强度要比 B_0 小一点(百万分之几)。这时,就说质子受到了屏蔽作用。核外电子对原子核所产生的这种作用称为屏蔽效应(shielding effect)。所以在质子周围的电子云密度越大,屏蔽效应也越大,即在更高的磁感应强度中才能发生共振。在乙醚的例子中,O 是吸电子的,从而减少了它两侧的 CH_2 中 H 的电子云密度,相应地,CH_3 中 H 的电子云密度就应比 CH_2 中 H 的要大,也就是 CH_3 的屏蔽效应比 CH_2 的要强些。其结果是 CH_2 上的 H 在磁感应强度较小处发生能级的跃迁。

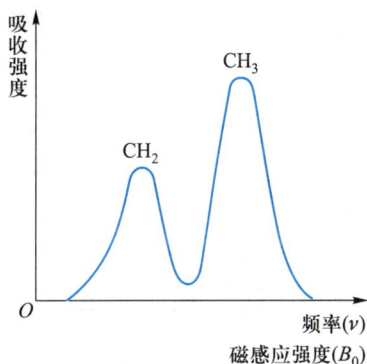

图 8–15 乙醚的低分辨 NMR 谱图

化学位移就是同一类型的磁核(如^{1}H、^{19}F、^{13}C 等),由于在分子中的化学环境不同,而显示出不同的吸收峰,峰与峰之间的差距就称为化学位移(chemical shift)。化学位移的大小,可采用一个标准化合物为原点,测出峰与原点的距离,这个距离就是该峰的化学位移。现在一般采用四甲基硅烷$(CH_3)_4Si$(TMS)为标准化合物。

化学位移是依赖于磁场强度的。如核磁共振仪所用频率为 60 MHz 时,乙醚中 CH_3 和 CH_2 的 H 对 TMS 为 69 Hz 和 202 Hz;如果用 100 MHz,则为 115 Hz 和 337 Hz。为了使化学位移不依赖于测定时的条件,通常用 δ 来表示,δ 的定义为

$$\delta = \left(\frac{\nu_{样品} - \nu_{TMS}}{核磁共振仪所用频率} \right) \times 10^6$$

式中,$\nu_{样品}$ 为样品吸收峰的频率,ν_{TMS} 为四甲基硅烷吸收峰的频率。

设标准化合物 TMS 的 δ 为 0,则乙醚中 CH_3 的 H 为 $\frac{69 \times 10^6}{60 \times 10^6} = 1.15$,$CH_2$ 的 H 为 $\frac{202 \times 10^6}{60 \times 10^6} = 3.37$。如核磁共振仪所用频率为 100 MHz 时,可得到相同的数据。这样,就得到各种不同结构的 H 的 δ 值(见表 8–6)。

表 8-6　各种基团的 δ 值

基团	δ	基团	δ
$(CH_3)_4Si$	0.00	$Ar—CH_3$	2.35 ± 0.15
$\underset{H_2C——CH_2}{CH_2}$	0.22	$\equiv C—H$	1.80 ± 0.10
		$X—CH_3$	3.50 ± 1.20
CH_4	0.23	$O—CH_3$	3.60 ± 0.30
$—\overset{\textstyle\mid}{\underset{\textstyle\mid}{C}}—CH_3$	1.10 ± 0.10	$RO—H$	$0.50\sim5.50$
$—\overset{\textstyle\mid}{C}—CH_2—\overset{\textstyle\mid}{C}—$	1.30 ± 0.10	$=CH_2$	$4.50\sim7.50$
$\underset{\textstyle C}{\overset{\textstyle C}{C}}—C—H$	1.50 ± 0.10	$\left.\begin{array}{l}=CHR\\ Ar—H\end{array}\right\}$	7.40 ± 1.00
		$ArO—H$	$4.50\sim9.00$
$R—NH_2$	$0.60\sim4.00$	$RCONH_2$	8.00 ± 0.10
$=C—CH_3$	1.75 ± 0.15	$RCHO$	9.80 ± 0.30
		$RCOOH$	11.60 ± 0.80
$\equiv C—CH_3$	1.80 ± 0.15	RSO_3H	11.90 ± 0.30

从表 8-6 中可以看出:

(1) δ 值从 $RCH_2—H$、$R_2CH—H$、$R_3C—H$ 依次增加,因为 C 的电负性比 H 的大。

(2) δ 值从炔基、烯基、芳基依次增加,这是由于这些基团是磁各向异性(magnetic anisotropy)的,因而产生的屏蔽也是各向异性的。芳环中的 π 电子在外加磁场作用下产生环流,使环上 H 原子周围产生感应磁场,其方向与外加磁场相同,即增强了外加磁场,所以在外加磁场的磁感应强度还没有达到 B_0 时,就发生能级的跃迁,因而它的 δ 值特别大($\delta=7.40\pm1.00$),这称为去屏蔽作用。双键上的质子也有类似的去屏蔽作用,δ 为 $4.50\sim7.50$。乙炔也有 π 电子环流,但乙炔质子的位置不同,产生的感应磁场对抗外加磁场,故质子受到屏蔽,见图 8-16。

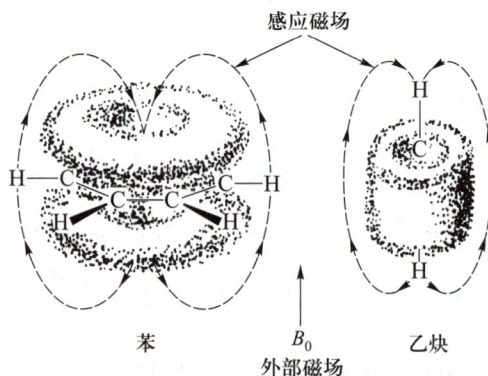

图 8-16　芳环和乙炔的各向异性屏蔽示意图

(3) δ 值随着邻近原子电负性的增加而增加。例如：

$$CH_3Li < CH_3CH_3 < CH_3NH_2 < CH_3OH < CH_3F$$

(4) δ 值随着氢原子与吸电子基团距离的增大而减小。例如：

$$ROCH_2CH_2\underline{CH}_3 < ROCH_2\underline{CH}_3 < RO\underline{CH}_3$$

因此，核磁共振谱量度 δ 值，为测定有机化合物的结构提供了有效的信息。

2. 峰面积与氢原子数目

仔细观察图 8-15 还会发现核磁共振谱的另一种特征，即两个共振峰所包含的面积是不同的。其面积之比是 3:2，恰好是 CH_3 和 CH_2 中氢原子数之比。所以，核磁共振谱不仅揭示了各种不同 H 的化学位移，并且还表示了各种不同 H 的数目。

各共振峰的面积大小可通过积分曲线高度法确定。这种方法是核磁共振仪上带的自动积分仪对各峰的面积进行自动积分，得到的数值用阶梯式积分曲线高度表示。积分曲线的画法是由低场到高场（由左到右），从积分曲线起点到其终点的总高度与分子全部氢原子的数目成比例。每一阶梯的高度表示引起该共振峰的氢原子数之比（见图 8-17）。

例如，$(CH_3)_4C$ 中 12 个 H 是相同的，因而只有一个峰。乙醚有两种 H，就有两个峰，其面积比为 3:2。CH_3CH_2OH 有三种 H，有三个共振峰，其面积比为 3:2:1。

图 8-17　积分曲线示意图

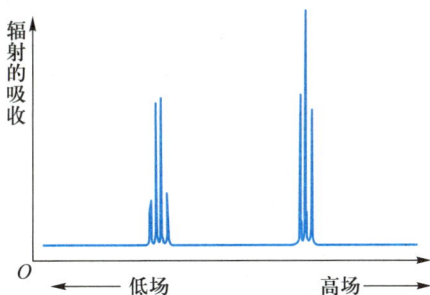

3. 峰的裂分和自旋偶合

应用高分辨的核磁共振仪还能提供另一种信息。例如，乙醚高分辨 ^1H NMR 谱图（见图 8-18）与图 8-15 比较，原来的两个峰各分裂成几重峰。这种情况叫作峰的裂分现象。吸收峰为什么会发生裂分呢？这是由相邻两个碳原子上质子之间的自旋偶合（自旋干扰）引起的。例如，一个质子共振峰不受相邻的另一个质子的自旋偶合作用时，表现为一个单峰。若受其自旋偶合作用时，则裂分成一个二重峰，该二重峰强度相等，其总面积正好和未分裂的单峰的面积相等。峰位则对称分布在未分裂的单峰两侧。一个在强度较低的外加磁场区，一个在强度较高的外加磁场区，如图 8-19 所示。

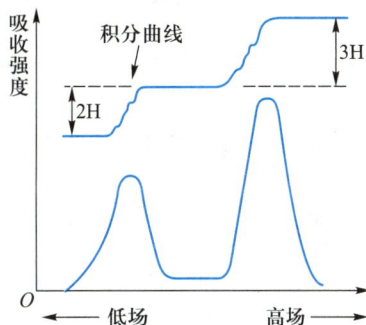

图 8-18　乙醚的高分辨 ^1H NMR 谱图

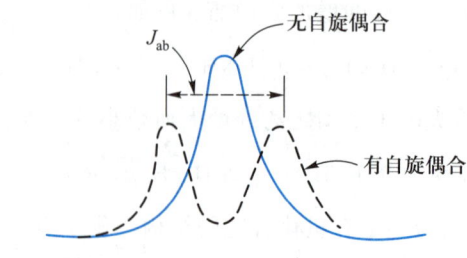

图 8-19　峰裂分示意图

例如,在乙醚分子中,甲基上的三个相等的氢(用 H_a 代表)附近都有两个邻位相等的亚甲基氢(用 H_b 代表),每一个 H_b 都可以采取两种自旋取向,即 $+\frac{1}{2}$ 态或 $-\frac{1}{2}$ 态。因此,H_a 就会"感受"到两个邻位 H_b 的四种影响方式:① 两个 H_b 的自旋量子数都是 $+\frac{1}{2}$;② 一个 H_b 的自旋量子数为 $+\frac{1}{2}$,另一个为 $-\frac{1}{2}$;③ 一个 H_b 的自旋量子数为 $-\frac{1}{2}$,另一个为 $+\frac{1}{2}$;④ 两个 H_b 的自旋量子数都是 $-\frac{1}{2}$。第一种方式等于在 H_a 周围增加两个小附加磁场,其方向与外加磁场相同。假定在没有 H_b 存在的情况下,H_a 应当在外加磁场磁感应强度为 B_0 时发生能级跃迁。但由于 H_b 的存在,扫描时,在外加磁场磁感应强度比 B_0 略小时,即能发生能级的跃迁产生一个低场吸收峰。第二种方式和第三种方式相当于增加两个方向相反、强度相等的小磁场,对 H_a 周围的磁感应强度等于没有影响。因此,H_a 能级的跃迁仍在外加磁场达到 B_0 时发生。而且由于两个相等的 H_b 的组合(② 和③)作用于这一信号,它的积分高度应该为低场吸收峰的 2 倍。第四种方式相当于增加两个方向与外加磁场相反的小磁场。因此,要在外加磁场的磁感应强度比 B_0 略大时,H_a 才发生能级的跃迁产生一个高场吸收峰。结果得到 1:2:1 的三重峰系甲基信号峰。

根据同样的推理,乙醚中亚甲基上 H_b 由于受到甲基 H_a 的影响裂分成四重峰,其面积比应为 1:3:3:1,如图 8-18 所示。分子中位置邻近的碳原子上 H 间自旋的相互影响称为自旋偶合(spin-spin coupling)。甲基和亚甲基中 H 的自旋偶合见图 8-20。

自旋偶合使核磁共振中信号分裂为多重峰,峰的数目等于 $n+1$。n 是邻近 H 的数目,相邻两个峰之间的距离称为偶合常数 J,其单位为赫兹(Hz),用以表示两个质子间相互干扰的强度。相互干扰的两个质子,其偶合常数必然相等。反之根据偶合常数是否相等可以判断哪些质子之间发生了相互偶合。另外,还要注意 H_a 和 H_b 化学位移之差($\Delta \nu$)与偶合常数(J_{ab})之比大于 6 以上时,可以用上述简化方法分析它们信号的自旋裂分。当 $\Delta \nu$ 接近或小于 J_{ab} 时,出现复杂的多重峰。

裂分的式样一般可依下列情况计算:

(1) $n+1$ 规则,自旋偶合的邻近 H 都相同时才适用 $n+1$ 规则。

例如,CH_3CHCl_2 中—CH_3 的共振峰是 $1+1=2$,因为它的邻近基团—$CHCl_2$ 上只有 1 个 H;—$CHCl_2$ 的共振峰为 $3+1=4$,因为它的邻近基团—CH_3 上有 3 个 H。化合物

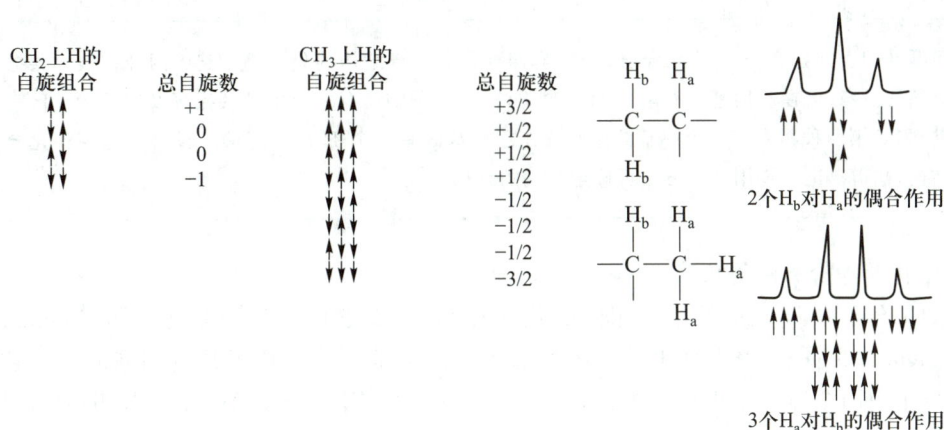

图 8-20 甲基和亚甲基中 H 的自旋偶合

$(CH_3)_2CHCl$ 中 6 个甲基 H 同样只有双重峰,而—CHCl 受 6 个甲基上 H 影响,裂分成 $6+1=7$ 重峰。

(2) 如果自旋偶合的邻近 H 不相同时,裂分的数目为 $(n+1)(n'+1)(n''+1)$。

例如,在化合物 $Cl_2CH—CH_2—CHBr_2$ 中,两端两个基团—$CHCl_2$ 和—$CHBr_2$ 中的 H 并不相同,因而其—CH_2—应裂分成 $(1+1)(1+1)=4$ 重峰。又如,化合物 $ClCH_2—CH_2—CH_2Br$ 中的—CH_2—应为 $(2+1)(2+1)=9$ 重峰。

谱线相对强度则为

(1) 在符合 $(n+1)$ 规则的简单情况下,当 $n=1$ 时,各峰比例为 $1:1$;当 $n=2$ 时,各峰比例为 $1:2:1$;当 $n=3$ 时,各峰比例为 $1:3:3:1$;当 $n=4$ 时,各峰比例为 $1:4:6:4:1$,等等,符合二项式展开式的系数比。

(2) 在 $(1+1)(1+1)$ 的情况下,四重峰具有同样的强度。

(3) 在 $(2+1)(2+1)$ 的情况下,其强度比例为 $1:2:1:2:4:2:1:2:1$,但通常不易分辨出。

问题 8-3 化合物 A 和 B 的分子式都为 $C_2H_4Br_2$。A 的核磁共振氢谱有一个单峰;B 则有两组信号,一组是双重峰,一组是四重峰。试推测 A 和 B 的结构。

自旋偶合的限度:

(1) 所谓邻近 H 通常指邻位碳原子上的 H。自旋偶合作用随着距离的增大而很快消失(通常隔三个 σ 键作用就很小了)。例如,$Cl_2CH—CHBr_2$ 中两 H 间作用很明显,而在 $Cl_2CH—O—CHBr_2$ 中,H 之间作用就很微小了。

(2) 重键的作用要比单键的大。

(3) 如果 H 为活泼 H,如 CH_3OH 中—OH 的 H,在正常情况下,—CH_3 和—OH 的 H 都只有单峰;如用极纯的醇,用一定溶剂如 $(CH_3)_2SO$ 使 H 的交换速率变慢,则—CH_3 有双峰,—OH 有四重峰。

问题 8-4 问题 8-2 中的化合物 C_4H_6 有四种含有双键结构的化合物。其中两种在核磁共振氢谱中无甲基共振峰,但在乙烯基区有两个 H 的共振峰;第三种物质有一个甲基共振峰及在乙烯基区有两个 H 的共振峰;第四种物质有一个甲基共振峰及在乙烯基区有一个 H 的共振峰。试推测这四种化合物的可能结构,并指出进一步用什么方法可确定它们的结构。

4. 化学等价和磁等价

如果分子中两个质子处于相同的化学环境,那么这两个质子是化学等价(chemical equivalence)的质子,否则是化学不等价的质子。化学等价的质子具有相同的化学位移。判断分子中两个质子是否化学等价,可用如下的方法:用一个设想的试验基团(如用 Y 表示)分别代替这两个质子中的一个,Y 取代后的这两个产物若是相同的或是对映异构体,则这两个质子是化学等价的;反之,则是化学不等价的。如

$$\begin{array}{c} H_3C \\ \diagdown \\ C{=}C \\ \diagup \quad \diagdown \\ H_3C \quad\quad H_b \end{array}\ \ {}^{H_a}\ 中,亚甲基上的$$

两个 H 是化学等价的,用 Y 分别代替 a、b 两个质子,得

$$\begin{array}{ccc} H_3C & Y & \\ \diagdown & \diagup & \\ C{=}C & 和 & \\ \diagup & \diagdown & \\ H_3C & H_b & \end{array} \quad \begin{array}{c} H_3C \qquad H_a \\ \diagdown \ \ \diagup \\ C{=}C \\ \diagup \ \ \diagdown \\ H_3C \qquad Y \end{array}$$

两个相同的取代产物,所以 a、b 两个质子也是化学等价的。因此,该化合物共有两种化学等价的质子。

又如,

$$\begin{array}{c} NO_2 \\ H \diagup\diagdown H \\ |\quad\quad| \\ H \diagdown\diagup H \\ H \end{array}$$

共有三种化学等价的质子,其中邻位的两个是一种,间位的两个为另一种,而对位的那个为第三种。

与不对称碳原子相连的 CH_2 上的两个质子是化学不等价的。如化合物 $CH_3CH{-}\overset{\overset{\displaystyle H_c}{|}}{\underset{\underset{\displaystyle H_d}{|}}{C}}{-}CH_3$

$\quad\quad\quad\quad\quad\quad\quad\quad\quad\quad\quad\quad\quad\quad\quad\quad\quad\quad\quad\quad\quad\quad\quad\quad\quad Cl$

中的 c、d 两个质子,分别用 Y 取代后,得到的是非对映异构体:

$$\begin{array}{cccccc} & CH_3 & & CH_3 & & \\ Y{-}\!\!\!-\!\!\!-H & & H{-}\!\!\!-\!\!\!-Y & & \\ H{-}\!\!\!-\!\!\!-Cl & 和 & H{-}\!\!\!-\!\!\!-Cl & 或 & \\ & CH_3 & & CH_3 & & \end{array} \quad \begin{array}{cccc} & CH_3 & & CH_3 \\ Y{-}\!\!\!-\!\!\!-H & & H{-}\!\!\!-\!\!\!-Y \\ Cl{-}\!\!\!-\!\!\!-H & 和 & Cl{-}\!\!\!-\!\!\!-H \\ & CH_3 & & CH_3 \end{array}$$

所以这两个质子是化学不等价的,即该化合物共有五种化学不等价的质子。

另外,与带有双键性质的单键相连的两个质子,由于单键自由旋转受到阻碍,使得这两个质子成为化学不等价的质子。如酰胺 $R{-}\overset{\overset{\displaystyle O}{\|}}{C}{-}NH_2$,由于 p-π 共轭,使 C—N 键具有部分双键的性质,所以—NH_2 上的两个质子是化学不等价的。

如果两个质子是化学等价的,且对组外任何一个质子的偶合作用强度相同(即 J 值相同),则这两个质子是磁等价(magnetic equivalence)的,如对硝基甲苯。

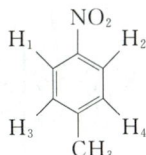

$$
\begin{array}{c}
\text{NO}_2 \\
\text{H}_1 \quad \text{H}_2 \\
\text{H}_3 \quad \text{H}_4 \\
\text{CH}_3
\end{array}
$$

有三种化学等价的质子,其中 H_1 和 H_2 是化学等价的,H_3 和 H_4 是化学等价的,但由于 H_1 和 H_3 的偶合常数 $J_{H_1H_3}$ 与 H_2 和 H_3 的偶合常数 $J_{H_2H_3}$ 不等,即 $J_{H_1H_3} \neq J_{H_2H_3}$,所以 H_1 和 H_2 是磁不等价的。同样,H_3 和 H_4 也是磁不等价的。

如果化学等价的质子也是磁等价的,并且化学不等价的质子其化学位移之差 $\Delta\nu$ 与相应磁核间的偶合常数 J 之比大于 6,那么这样所产生的氢谱称为一级谱图。一级谱图是最简单的氢谱。谱图中裂分峰的数目符合 $n+1$ 规则,并且其强度基本上满足二项式展开式的系数之比,化学位移 δ 和偶合常数 J 从图中可直接读出,每组峰的中心可以作为产生该信号的质子的化学位移,而裂分峰间的距离即为偶合常数。不满足一级谱图条件的氢谱统称为高级谱图。高级谱图中裂分峰的数目不遵守 $n+1$ 规则,各裂分峰的强度没有规律性,且峰间距不一定相同,不能代表偶合常数,化学位移不一定在裂分峰的中心。

下列谱图均为质子的一级谱图。

例一 环己烷的 ^{1}H NMR 谱图(见图 8-21)。环己烷中的 12 个质子都是磁等价的,相互之间虽然有自旋偶合,却综合表现为相当于 12 个质子的一个单峰。δ 大约为 1.3,正是亚甲基产生核磁共振信号峰的地方。

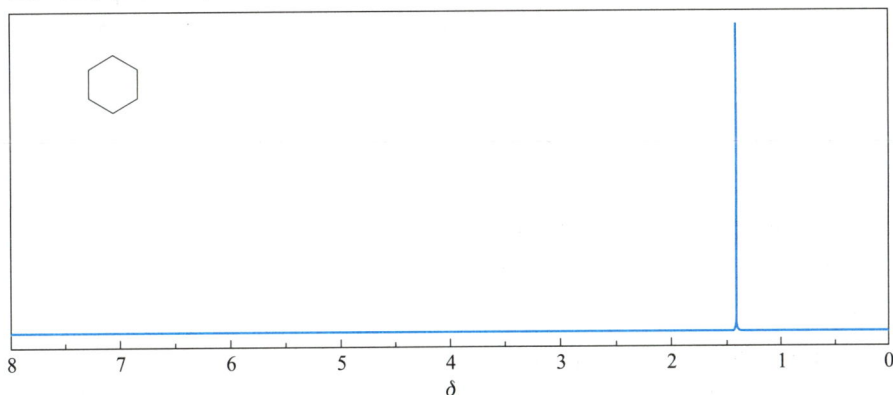

图 8-21 环己烷的 ^{1}H NMR 谱图(CDCl$_3$)

例二 1,2-二溴乙烷的 ^{1}H NMR 谱图(见图 8-22)。相邻碳原子上的质子是磁等价的。所以,与上述同理得到 4 个质子的一个单峰,由于溴原子的存在,质子的化学位移 δ 大约为 3.5。

例三 对二甲苯的 ^{1}H NMR 谱图(见图 8-23)。在对二甲苯中有两组化学等价质子,所以出现了两个单峰。因为两组质子不在相邻碳原子上,所以没有相互裂分。受苯环影响的甲

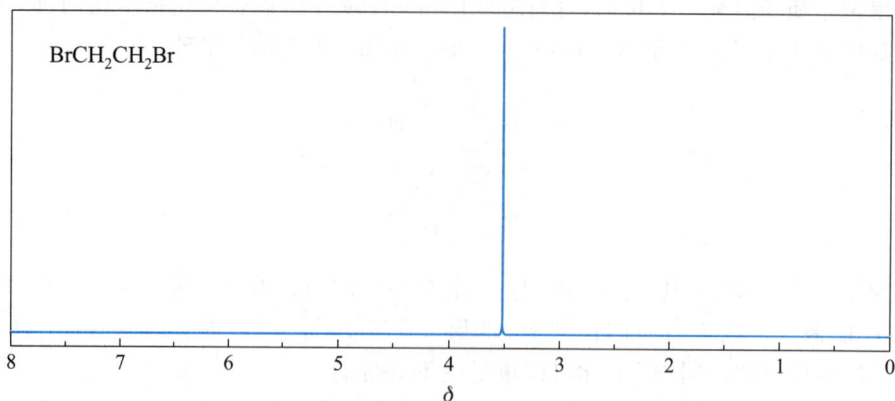

图 8-22　1,2-二溴乙烷的 ^{1}H NMR 谱图（CDCl$_3$）

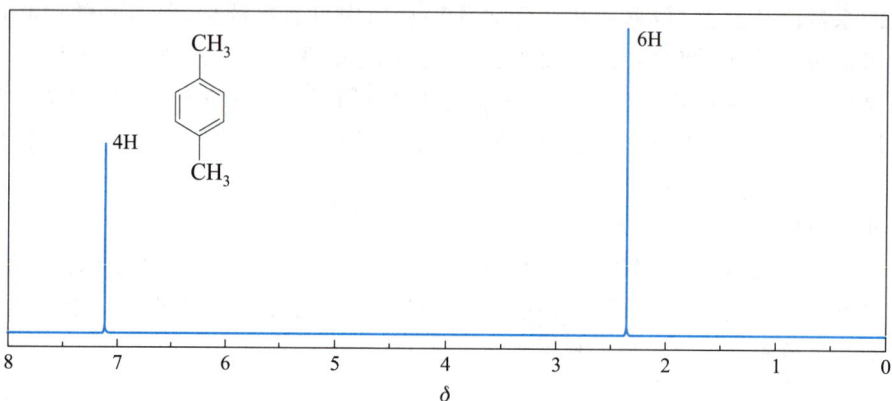

图 8-23　对二甲苯的 ^{1}H NMR 谱图（CDCl$_3$）

基上的质子其 δ 为 2.35 左右。在甲基影响下，苯环上质子的 δ 为 7.0 左右，积分曲线比为 3∶2（或者 6∶4）。

　　例四　乙苯的 ^{1}H NMR 谱图（见图 8-24）。由于苯环取代了乙烷中一个甲基上的质子，这就造成了甲基和亚甲基上的质子的化学环境不同，便形成了化学不等价质子，并且产生峰的裂分现象。

　　对这个 ^{1}H NMR 谱图可以这样解析：

　　首先，看图谱上有四组峰，其 δ 为 7.0～7.5 的两组峰是苯环上的质子产生的共振信号；其 δ 在 2.5 附近的峰是在苯环影响下亚甲基的氢产生的信号，它必须与甲基相连，因为它分裂成四重峰；其 δ 在 1.2 左右的是与亚甲基相连的甲基的氢产生的信号，它必须与亚甲基相连，因为它分裂成三重峰。

　　其次，根据谱图中所给各峰积分面积求出各峰面积比为 2∶3∶2∶3。根据分子结构式可知乙苯共有 10 个氢原子，δ 为 7.0～7.5 的信号峰是苯环上的 5 个氢原子产生的，一取代苯环有三组化学等价质子，将产生三组信号峰，但实际谱图仅显示两组信号，峰面积比

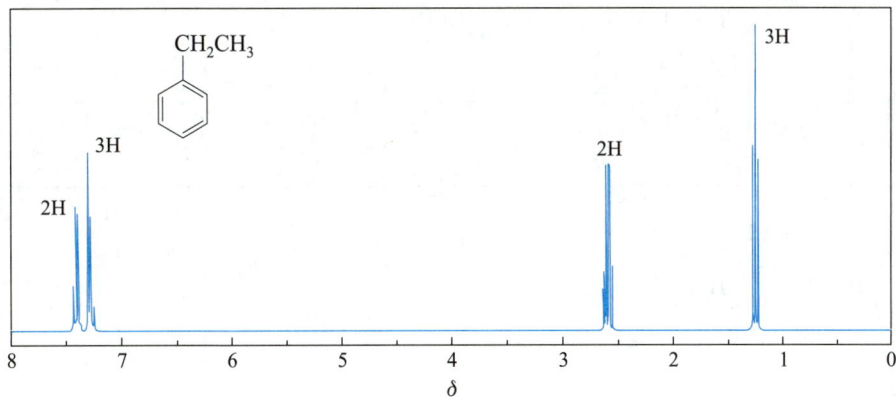

图 8-24 乙苯的 ^{1}H NMR 谱图（$CDCl_3$）

为 2:3,这是由于其中的两组峰重叠造成的;δ 在 2.5 附近的峰有 2 个氢原子,当然为亚甲基。δ 在 1.2 左右的峰有 3 个氢原子,当然是甲基。分析结果与给出的分子式符合。所以此化合物为乙苯。

例五 2-溴丙烷的 ^{1}H NMR 谱图（见图 8-25）。

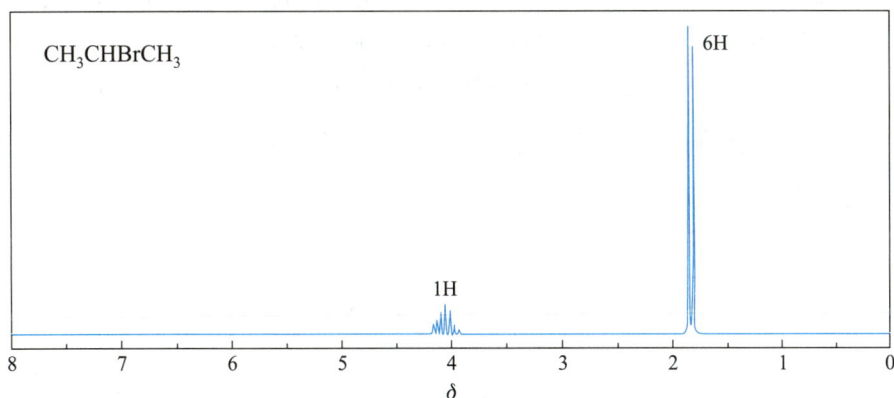

图 8-25 2-溴丙烷 ^{1}H NMR 谱图（$CDCl_3$）

2-溴丙烷中两个甲基的质子虽然不在一个碳上,但它们的化学环境相同,为化学等价的,以使它相邻次甲基上的质子的峰裂分成七重峰（即 6+1=7）。相反,甲基上的 H 使甲基上的 6 个等同质子裂分成 δ 值相同、强度相近的二重峰。

例六 2-甲基丁-1-烯的 ^{1}H NMR 谱图（见图 8-26）

问题 8-5 下列各化合物,会给出几种氢核磁共振信号?

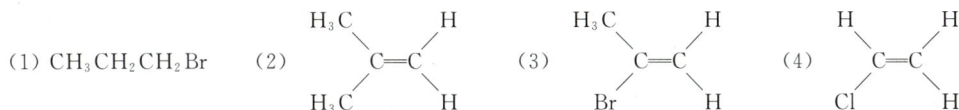

(1) $CH_3CH_2CH_2Br$

(2)

$$\underset{H_3C}{\overset{H_3C}{\diagdown}}C=C\underset{H}{\overset{H}{\diagup}}$$

(3)

$$\underset{Br}{\overset{H_3C}{\diagdown}}C=C\underset{H}{\overset{H}{\diagup}}$$

(4)

$$\underset{Cl}{\overset{H}{\diagdown}}C=C\underset{H}{\overset{H}{\diagup}}$$

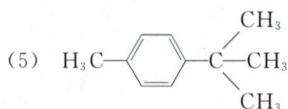

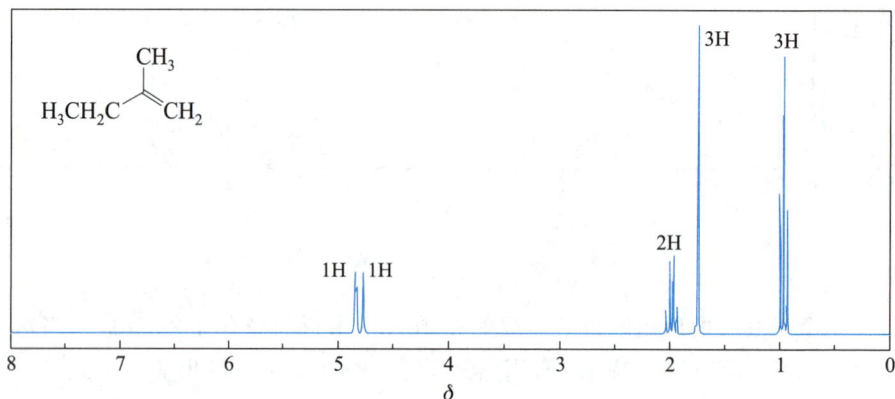

(5) $H_3C\!-\!\!\!\!\!\!\underset{}{\overset{CH_3}{\underset{CH_3}{\!-\!C\!-\!CH_3}}}$　　　(6) $CH_3CCl_2CH_2Cl$

图 8-26　2-甲基丁-1-烯的 ^1H NMR 谱图(CDCl$_3$)

　　回到前面的分子式为 C_4H_6O 的例子。如果要鉴定的化合物在核磁共振氢谱中 δ 为 2.03 有三个 H 的双峰,在 δ 为 6.13 和 δ 为 6.87 各有一个 H 的多重峰(指分辨不清的多重峰),在 δ 为 9.48 有一个 H 的双峰。具有分子式 C_4H_6O 的化合物应有什么结构?

　　因有三个 H 的双峰,分子中应有 $H_3C\!-\!\overset{\big|}{\underset{\big\backslash}{C}H}$ 的结构。C_4H_6O 中具有 $H_3C\!-\!\overset{\big|}{\underset{\big\backslash}{C}H}$ 结构应有下列三种化合物:

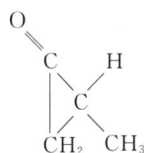

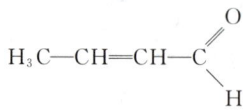

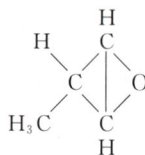

　　查看表 8-6,乙烯基 H 的 δ 为 4.5~7.5,而醛基 H 的 δ 为 9.8±0.3。所以,这一化合物一定是(B),即丁-2-烯醛。

三、核磁共振碳谱

　　^{13}C 的自然丰度很低,仅为没有核磁共振现象的 $^{12}C(I=0)$ 的 1.1%,磁旋比也仅约为 ^1H 的 $\dfrac{1}{4}$,因此它的灵敏度很低,是 ^1H 的 $\dfrac{1}{6\,000}$。所以,在相当长一段时间里,人们无法获得与氢谱相同信噪比的满意的碳谱。傅里叶变换技术的发展,推动了碳谱在有机物结构分析中的广泛应用。^{13}C 的化学位移很大,峰很窄,分辨率较高,有些用氢谱不能

解决的问题,用碳谱可顺利地解决。

1. 偶合现象及去偶方法

^{13}C 和 ^{1}H 的自旋量子数 I 相同,均为 $\frac{1}{2}$,所以它们产生核磁共振的基本原理相同。在碳谱中,看不到 $^{13}C-^{13}C$ 之间的偶合。这是因为 ^{13}C 的自然丰度低,在同一分子中相邻两个碳原子都是 ^{13}C 的概率很小,因此看不到峰的裂分现象。但是,$^{13}C-^{1}H$ 之间的偶合常数较大,在 120~320 Hz,用 $^{n}J_{CH}$ 表示。如 $^{1}J_{CH}$ 左上角的 1 表示 ^{13}C 与 ^{1}H 相隔键的数目为 1,$^{2}J_{CH}$ 中左上角的 2 表示 ^{13}C 与 ^{1}H 相隔键的数目为 2,以此类推。^{13}C 裂分峰的数目符合 $n+1$ 规则。例如,CH_3 甲基中 ^{13}C 与直接相连的 ^{1}H 及邻近的 ^{1}H 都会发生偶合作用,从而使裂分峰彼此交叠,无法看出正确的裂分形式及裂分峰的数目。这给谱图的解析带来了困难,故采用自旋去偶的方法来简化谱图。

碳谱中常用的去偶方法有三种:宽带去偶、偏共振去偶及选择性去偶。

(1)宽带去偶(broad band proton decoupling) 又称质子噪声去偶,是测定碳谱时最常用的去偶方法,常用 $^{13}C\{^{1}H\}$ 表示。测定时,用高频辐射照射质子,使所有 $^{13}C-^{1}H$ 之间的偶合消除,每一个不等价碳原子出现一个单峰。例如,CH_3I 使用宽带去偶后,甲基碳原子原有的四重峰就变成了单峰。但是单峰面积不等于原来四重峰的面积之和,而是比四重峰的面积之和大。这种使 ^{13}C 的共振信号增强的作用称为核的奥弗豪泽效应(nuclear Overhauser effect,简称 NOE)。如果碳原子上没有氢原子,如季碳原子,宽带去偶时没有 NOE,因此,它的信号强度一般明显的比其他碳原子的信号弱。

(2)偏共振去偶(off-resonance decoupling) 又称部分去偶。选用合适频率的辐射照射质子,使不直接与 ^{13}C 相连的质子对 ^{13}C 的远程偶合作用消失,而只保留 ^{13}C 与其直接相连的质子之间的部分偶合。其结果是在谱图上只显示出变小了的 $^{1}J_{CH}$,而不显示 $^{2}J_{CH}$、$^{3}J_{CH}$ 等。在这种谱图上 $\diagdown C-$、$\diagdown CH$、$-CH_2-$ 和 $-CH_3$ 分别表现为单峰、二重峰、三重峰和四重峰。这种技术提供了分类不同级数碳的信息。

(3)选择性去偶 偏共振去偶的特例。选择合适频率的辐射照射某一质子,使被照质子与其相连的 ^{13}C 间的偶合完全消除,从而使该 ^{13}C 出现强度增大了的单峰,而其他 ^{13}C 核则被偏共振去偶。因此在谱图上可清楚地将要识别的碳核标识出来。

图 8-27 是 1-溴丁烷的 ^{13}C NMR 谱图。

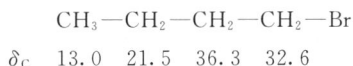

$$CH_3-CH_2-CH_2-CH_2-Br$$
$$\delta_C \quad 13.0 \quad 21.5 \quad 36.3 \quad 32.6$$

在碳谱中,如使用宽带去偶,谱图中有几个峰就表示有几个不等价的碳原子,但峰面积和碳原子的数目之间没有定量关系。在偏共振去偶谱图中,各组裂分峰间的距离不是真正的偶合常数。因此,碳谱中没有积分曲线,偶合常数的用处也不大。

2. 化学位移

^{13}C 化学位移的范围较宽,在一般的有机化合物中,不同碳的化学位移在 0~220。在测定 ^{13}C 的化学位移时,也用 TMS 作内标,并规定 $\delta_{TMS}=0$,其左边 δ 值为正值,右边 δ 值为负值。

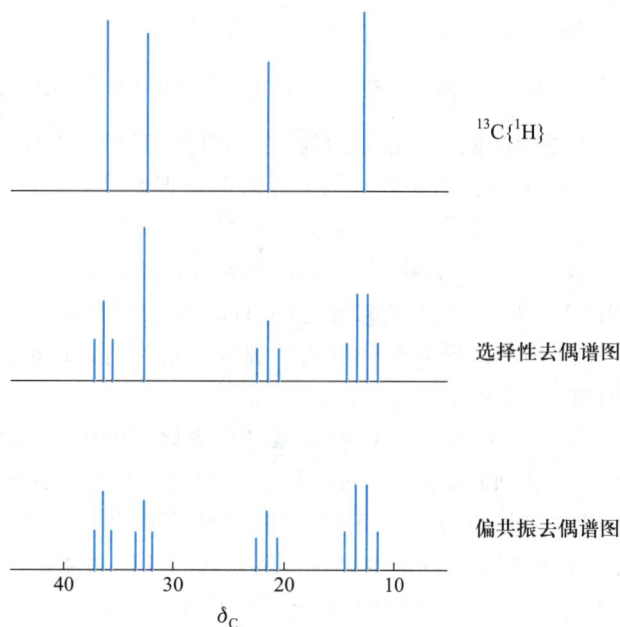

^{13}C{^{1}H}

选择性去偶谱图

偏共振去偶谱图

δ_C

图 8-27 1-溴丁烷的^{13}C NMR 谱图

与 ^{1}H 的化学位移一样，^{13}C 的化学位移也是由于自旋碳核周围电子的屏蔽效应引起的，因此对碳核周围的电子云密度有影响的任何因素都会影响它的位移。不等价的碳原子，有不同的化学位移。一些不同类型 ^{13}C 的化学位移见表 8-7。

从表 8-7 中可以看出，δ_C 与碳原子的杂化状态有关，sp^3 杂化的碳原子在较高场，其次是 sp 杂化的碳原子，sp^2 杂化的碳原子在较低场。例如，烷烃的 δ_C 为 0～55，炔烃的 δ_C 为 60～90，烯烃的 δ_C 为 100～150。这个顺序与对应质子的化学位移顺序相似。与质子化学位移不同的是，芳烃上碳原子的化学位移不是位于更低场，而是和烯碳的化学位移差不多。由此可见，碳谱中磁各向异性效应并不像氢谱中那样明显。羰基碳的化学位移在最低场，δ_C 为 150～230。

表 8-7 一些不同类型 ^{13}C 的化学位移值

碳的类型	δ_C	碳的类型	δ_C
烷烃碳	0～55	$\underset{\displaystyle R-\overset{O}{\overset{\|}{C}}-O-\overset{O}{\overset{\|}{C}}-R'}{}$	150～175
$H_3C-C\diagup$ (1°C)	-20～30	$R-\overset{O}{\overset{\|}{C}}-OR'$	155～180
$-H_2C-C\diagup$ (2°C)	25～45	$R-\overset{O}{\overset{\|}{C}}-NH_2$	160～180
$HC-C\diagup$ (3°C)	30～60	CH_3-X	-38(I)～35(Cl)

续表

碳的类型	δ_C	碳的类型	δ_C
—C—C— (4°C)	35~70	—CH₂—X	−10(I)~45(Cl)
CH_4	−2.68	CH—X	30(I)~65(Cl)
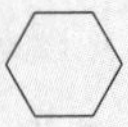 (环己烷)	27.10	—C—X	35(I)~75(Cl)
烯烃碳	100~150	CH_3—O—	40~60
$CH_2{=}CH_2$	123	—CH₂—O—	40~70
炔烃碳	60~90	CH—O—	60~76
CH≡CH	71.90	—C—O—	70~85
芳环碳	110~135	CH_3—N	20~45
取代芳环碳	125~145	—CH₂—N	40~60
 (苯环)	128	CH—N	50~70
羰基碳	150~230	—C—N	65~75
R—C(O)—H	175~210	CH_3—S—	10~30
R—C(O)—R′	195~220	—CH₂—S—	24~46
R—C(O)—OH	160~185	CH—S—	40~55
R—C(O)—Cl	165~180	—C—S	55~70

　　取代基的电负性和空间效应也对^{13}C的化学位移有较大的影响。吸电子取代基使α-碳原子的化学位移向低场移动,对β-碳原子也稍有向低场位移作用,但吸电子取代基使γ-碳原子的化学位移移向高场,这与空间效应有关。

【知识拓展】
二维核磁
共振简介

　　问题8-6　下列化合物在$^{13}C\{^1H\}$谱中有几个峰?用a、b、c、…按化学位移由大到小的顺序分别标在对应的碳原子上。每个峰又可在偏共振去偶谱图中裂分为几重峰?

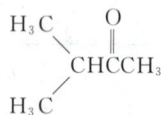

$$
\begin{array}{c}
H_3C \qquad O \\
\diagdown \quad \parallel \\
CHCCH_3 \\
\diagup \\
H_3C
\end{array}
$$

第五节　质　　谱

　　质谱是一种与光谱并列的谱学方法。经过百年的发展,质谱法目前已成为多学科领域中鉴定化合物的一种常用方法。通过质谱分析,可以获得分析样品的相对分子质量、分子式、分子中同位素构成和分子结构等多方面的信息。早期的质谱仪主要是用来进行同位素测定和无机元素分析,20 世纪 40 年代以后开始用于有机化合物分析,20 世纪 60 年代出现了气相色谱–质谱联用仪,使质谱仪的应用领域大大扩展,开始成为有机化合物分析的重要仪器。计算机的应用又使质谱分析法发生了飞跃变化,使其技术更加成熟,使用更加方便。20 世纪 80 年代以后又出现了一些新的质谱技术,如快原子轰击电离(FAB)、基质辅助激光解吸电离(MALDI)和电喷雾电离(ESI)等,以及随之而来的比较成熟的液相色谱–质谱联用仪、感应耦合等离子体质谱仪、傅里叶变换质谱仪等。这些新的电离技术和新的质谱仪使质谱分析又取得了长足进展。由于质谱分析具有灵敏度高、样品用量少、分析速度快、分离和鉴定同时进行等优点,质谱分析法目前已成为化学、化工、材料、环境、地质、能源、药物、刑侦、生命科学和运动医学等各个领域中不可缺少的分析方法。

一、基本原理

　　在质谱仪中(见图 8–28),有机化合物分子在高真空下受到能量较高的电子束的轰击,有机分子失去一个外层电子而变成分子离子,即正离子自由基:

$$
M + e^- \longrightarrow M^{\overset{+}{\cdot}} + 2e^-
$$

　　由于电子流的能量比有机分子的电离势高得多,多余的能量传给分子离子,使分子离子进一步断裂为阳离子、阴离子、自由基或中性分子等碎片。在加速电场的作用下,只有阳离子碎片被加速而进入强磁场中,并在强磁场的作用下沿着弧形轨道前进。由于各种阳离子的质量与电荷比(m/z)的不同,质荷比大的阳离子,其轨道的弯曲程度小,质荷比小的阳离子,其轨道的弯曲程度大,就这样,不同质荷比的阳离子就被分离开,并依次到达收集器,再通过电子放大器放大成电流以后,用记录装置记录下来。由于在质谱仪中产生的阳离子主要是带一个正电荷的,所以分离开的实际上是不同质量的碎片,在谱图中就显示出各个不同的峰。因为显示的只是碎片的质量,所以称为质谱。

二、质谱图

　　质谱图一般用棒状图表示谱线,每条线表示一个峰。谱图的横坐标表示质荷比,因多电荷离子很少见,所以质谱的横坐标数值上等于离子的质量。纵坐标表示峰的相对丰度,其中,丰度最大的峰称为基峰(base peak),并规定其丰度为 100%,其他峰的丰度均是与它

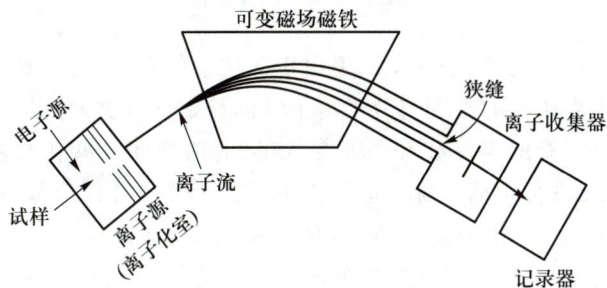

图 8-28　质谱仪示意图

相比较而来的相对百分数。图 8-29 是正丁烷的质谱图，其基峰的质量为 43，对应于碎片离子 $C_3H_7^+$。

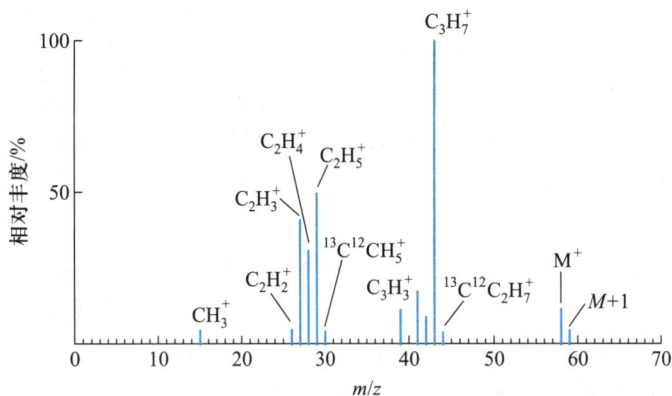

图 8-29　正丁烷的质谱图

三、离子的主要类型

质谱中常出现的阳离子有分子离子、同位素离子、碎片离子、重排离子、亚稳离子、双电荷离子和复合离子。

1. 分子离子

化合物分子失去一个电子后形成的阳离子就是分子离子（molecular ion），一般用 $M^{+\cdot}$ 表示。由分子离子产生的峰称为分子离子峰（又称母体峰或母离子峰）。由于多数分子易失去一个电子而带一个正电荷，所以分子离子的质荷比数值上等于该化合物的相对分子质量。

对于有机化合物来说，n 电子最易失去，其次是 π 电子，σ 电子最难失去。因此，对于含杂原子（如 O、N、S 等）的分子，其分子离子的正电荷位于杂原子上；分子不含杂原子但含碳碳双键，分子离子的正电荷则位于双键的一个碳原子上。例如：

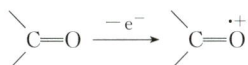

$$\overset{\diagdown}{\diagup}C\!=\!O \xrightarrow{\ -e^-\ } \overset{\diagdown}{\diagup}C\!=\!\overset{\cdot\cdot+}{O}$$

$$\diagdown C = C \diagup \xrightarrow{-e^-} \diagdown \overset{\cdot}{C} - \overset{+}{C} \diagup$$

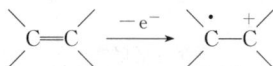

分子离子峰位于质荷比较高的一端,但由于同位素的存在,分子离子峰一般并不对应于最大质荷比。分子离子峰的丰度与分子离子峰的稳定性有关,分子离子越稳定,则分子离子峰越强。分子离子峰的丰度往往不是最大的,有时由于某些化合物的分子离子不稳定,在质谱上甚至不出现分子离子峰。但只要出现分子离子峰的信号,就可以获得化合物的相对分子质量。图 8-29 中质荷比为 58 的峰就是丁烷的分子离子峰。在有机化合物中,一般不含氮或含偶数氮的有机化合物的相对分子质量是偶数,含奇数氮的有机化合物的相对分子质量是奇数。这个规律称为"氮规律",常用于分子离子峰的识别。

2. 同位素离子

组成有机化合物的大多数元素,如 C、H、O、N、S、Cl 及 Br 等都有同位素。含有同位素的离子称为同位素离子,与同位素离子对应的峰称为同位素离子峰(isotopic peak)。如正丁烷中,除了出现质量为 43 的 $C_3H_7^+$ 的信号外,还在其右侧出现一质量为 44 的 $^{13}C^{12}C_2H_7^+$ 的信号。由于 ^{13}C 的自然丰度仅为 1.1%,所以后者的相对丰度很低。

另外,在分子离子峰的右侧常出现一些比相对分子质量大 1 或 2 或更多质量单位的同位素峰,分别用 $M+1$、$M+2$ 等表示。可以根据这些峰与分子离子峰的相对丰度精确测得化合物的相对分子质量,并计算出分子中碳原子的数目。

3. 碎片离子

分子失去一个电子形成离子后,电子流多余的能量还会使分子离子的化学键发生断裂,从而形成离子,这些离子还可能进一步裂解为更小的离子。把这种不发生原子转移和碳骨架改变的键的简单断裂所形成的离子称为碎片离子(fragment ion)。键的断裂是遵循一定规律的,一般来说,能形成稳定碎片的键的断裂易于发生。例如:

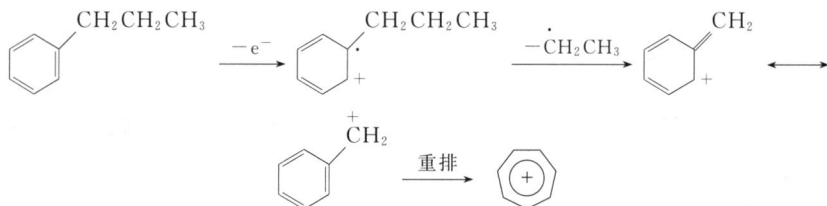

4. 重排离子

分子离子裂解形成离子时,不仅可通过简单的键的断裂而形成离子(即形成碎片离子),而且还可通过分子内原子或基团的重排而形成离子。把这种经过重排裂解产生的离子称为重排离子(rearrangement ion)。例如:

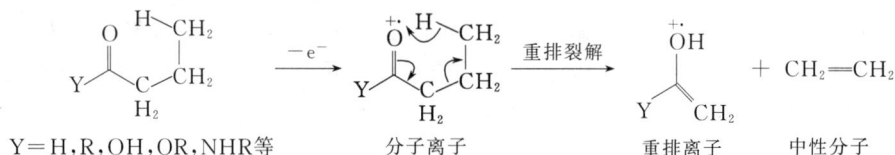

Y＝H,R,OH,OR,NHR等　　　　　分子离子　　　　　重排离子　　中性分子

这种具有 γ-氢原子的化合物通过六元环状过渡态而发生的重排叫作麦克拉弗蒂重排(Mclafferty rearrangement),是形成重排离子最常见的方式。

5. 亚稳离子

$$m_1^+ \longrightarrow m_2^+ + 中性分子$$

假如在离子源中形成的离子 m_1^+ 的分解速率很快,在被电场加速前几乎所有的 m_1^+ 都分解为 m_2^+ 了,则只有 m_2^+ 被电场加速,并以质荷比 m_2 被检测记录下来。假如 m_1^+ 很稳定,则 m_1^+ 被加速后完整地到达检测器,并以质荷比 m_1 被记录下来。假如 m_1^+ 分解速率中等,有些 m_1^+ 就会在进入磁场前发生分解。由于 m_1^+ 分解生成 m_2^+ 时一部分能量被中性分子夺走,所以这样产生的 m_2^+ 的能量要比离子源直接产生的 m_2^+ 的能量小得多。另外,由于离开电场加速器时的离子是 m_1^+,而进入磁场发生偏转的离子是 m_2^+,加速质量和偏转质量不一致,所以进入检测器中的离子 m_2^+ 不按真正的质荷比被记录,而是小于正常的 m_2,并在质谱图中显示为一个强度较低的宽峰。把这种稳定性介于稳定与不稳定之间的离子,称为亚稳离子,其质荷比值常用 m^* 表示,它在质谱图中对应的质荷比可用下式粗略求得

$$m^* = \frac{(m_2)^2}{m_1}$$

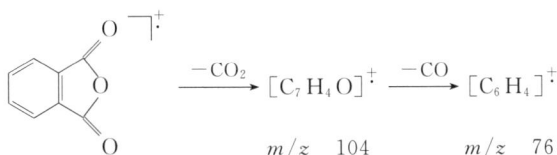

亚稳离子在确定结构时很重要,由它可找出两个离子的亲缘关系。例如,在邻苯二甲酸酐的质谱中,可根据亚稳离子质荷比 $m^* = 55.5$ 推得质荷比为 76 的离子是由质荷比为 104 的离子失去 CO 所生成的,而不是从分子离子同时失去 CO 和 CO_2 得到的。

6. 双电荷离子

有机分子受到电子流的轰击时,如果失去两个电子,就形成了双电荷离子。这种离子将在质荷比为 $m/2z$ 处出现。双电荷离子的产生是杂环、芳环和高度不饱和化合物的特征。

7. 复合离子

在离子源中分子离子和中性分子相互碰撞,分子离子从中性分子中夺得一个原子或基团后所形成的离子叫复合离子。复合离子所产生的峰出现在比分子离子峰质荷比高的位置,其丰度随离子源中压力的增高而增大。这是因为压力越高,中性分子与离子相互碰撞的机会越多,形成的复合离子就越多。根据复合离子这一特点,可通过改变离子源中压力而把分子离子峰和复合离子峰区别开来。

辛-4-酮的构造式为

$$CH_3CH_2CH_2\overset{\overset{\textstyle O}{\|}}{C}CH_2CH_2CH_3$$

相对分子质量为 128。图 8-30 是辛-4-酮的质谱图。

其主要峰对应的离子产生的方式如下:

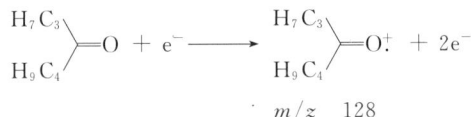

$$m/z \quad 128$$

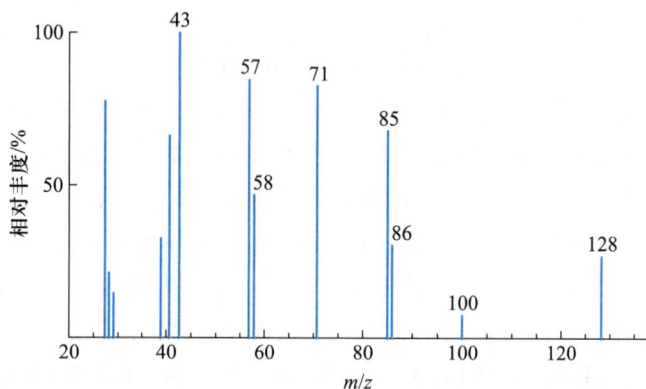

图 8-30 辛-4-酮的质谱图

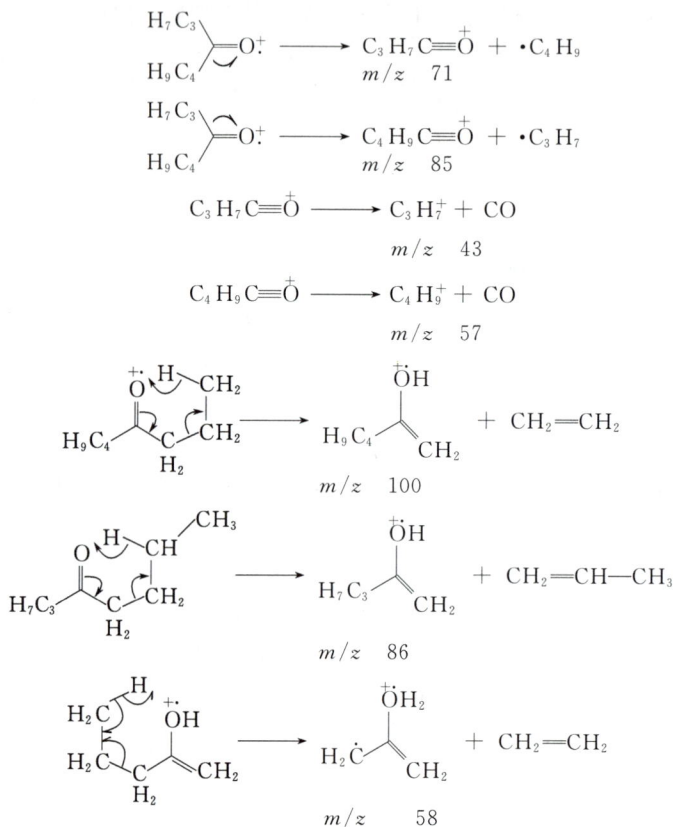

$$\underset{H_9C_4}{\overset{H_7C_3}{>}}\!\!\ddot{O}^+ \longrightarrow C_3H_7C\overset{+}{\equiv}O \;+\; \cdot C_4H_9$$
$$m/z \quad 71$$

$$\underset{H_9C_4}{\overset{H_7C_3}{>}}\!\!\ddot{O}^+ \longrightarrow C_4H_9C\overset{+}{\equiv}O \;+\; \cdot C_3H_7$$
$$m/z \quad 85$$

$$C_3H_7C\overset{+}{\equiv}\ddot{O} \longrightarrow C_3H_7^+ + CO$$
$$m/z \quad 43$$

$$C_4H_9C\overset{+}{\equiv}\ddot{O} \longrightarrow C_4H_9^+ + CO$$
$$m/z \quad 57$$

$$m/z \quad 100$$

$$m/z \quad 86$$

$$m/z \quad 58$$

式中,符号 ⌒ 表示双电子转移,⌒ 表示单电子转移。

问题 8-7 在碘甲烷的质谱中,m/z 为 142 和 143 两个峰是什么离子产生的峰?各叫什么峰?m/z 为 143 的峰的相对丰度为 m/z 为 142 峰的 1.1%,如何解释?

问题 8-8 只含碳和氢且 m/z 为 43,65,77,91 的碎片离子分别是什么?

第六节　X射线衍射

一、晶体结构

　　晶体是质点(原子、离子或原子团)在空间按一定规律周期性重复排列构成的固体物质。不同种类晶体的有序排列千变万化,为了能够简单地表达晶体周期性变化的共同规律,可以将晶体结构中重复排列的原子团用一个个抽象的几何点来表示,这些几何点称为结点。结点在空间周期性地排列构成空间点阵,称为晶体结构的空间点阵。构成晶体结构的最小单位称为晶胞。图8-31列举了两个晶胞实例。

　　空间点阵具有无限扩展性,但在实际研究中可用一个平行六面体格子来抽象地表示。一个平行六面体格子称为单位,由三个矢量(a、b、c)确定。构成单位的三个矢量可用矢量长度 a、b、c 及它们之间的夹角 α、β、γ 六个参数表示,如图8-32所示。a、b、c、α、β、γ 构成点阵参数。由于一个单位所对应的原子、离子和原子团排列构成一个晶胞,因此这六个参数又称晶胞参数。

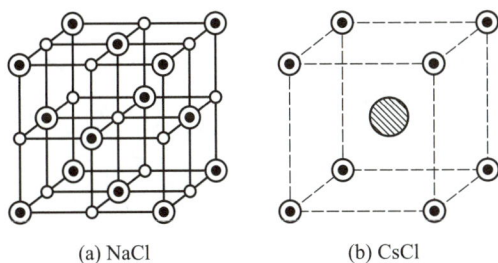

| (a) NaCl | (b) CsCl |
图 8-31　晶胞实例　　　　　　图 8-32　点阵参数

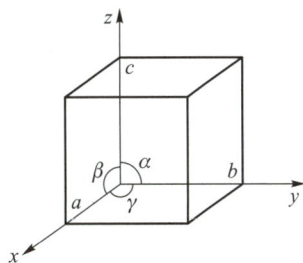

　　晶体结构除了具有周期性的特征之外,还具有一定的对称性。在晶体学中,按照对称性的不同可将晶体分为三斜晶系、单斜晶系、正交晶系、三方晶系、六方晶系、四方晶系及立方晶系七个晶系。

　　利用晶胞可以很便利地显示出晶体的对称性及构成晶体的各原子之间的距离。为了更好地描述晶体中的方向和距离,还需要引入点阵平面,即晶面的概念,可以将三维空间点阵看作由二维平面点阵在垂直方向上按某一间距 d 排列而成。不同晶面间的距离 d 称晶面间距。描述晶面在空间的位置的符号 (hkl) 称晶面指数。

二、X射线衍射原理

　　X射线是一种波长很短的($\lambda = 1 \sim 10^4$ pm,1 pm $= 10^{-12}$ m)、交变振荡的电磁波,能穿透一定厚度的物质,并能使荧光物质发光、照相乳胶感光、气体电离。晶体具有周期性的点阵结构,而且其点阵常数和X射线的波长在同一个数量级范围(10^{-10} m)。当X射线射入晶体后,构成晶体的各原子或电子会在交变电场作用下强迫振动,成为一个新的振源,向环境发送次生X射线。这些次生X射线会相互干涉。其中,由点阵周期性相联系的晶胞或结构基元产生的次生 X 射线间发生干涉时,在空间给定的方向有确定的相位差 Δ,在 Δ 等于波长整数倍的方向,各次生波之间有最大加强,这一现象称为 X 射线衍射。次生波加强的方向就是衍射方向。衍射方向是由结构周期性(即晶胞的形状和大小)决定的。因此,测定衍射方向可以决定晶胞的形状和大小。另外,晶胞内非周期性分布的原子和电子的次生 X 射线也会产生干涉,这种干涉作用决定衍射强度。因此,通过衍射强度的测定可以确定晶胞内原子的分布。

1. 衍射方向和晶胞参数

决定衍射方向和晶胞参数(晶胞形状和大小)之间关系的方程有两个:劳埃(Laue)方程和布拉格(Bragg)方程。两个方程讨论的出发点不同,但最后效果是一致的。劳埃方程是 X 射线衍射的基本方程。1913 年,英国物理学家布拉格(Bragg W H)把衍射现象理解为晶体点阵平面族选择性反射,对劳埃方程给予直观的解释,提出了作为晶体衍射基础的又一著名公式——布拉格方程:

$$n\lambda = 2d_{hkl}\ \sin\theta_{hkl}$$

式中,λ 为 X 射线的波长;n 称为衍射级数,取正整数;d_{hkl} 为晶面间距;θ 为布拉格角或入射角。布拉格首次提出了在晶体中发生衍射所必须满足的几何条件。他用一束单色(单一波长)相干 X 射线入射到晶体上,如图 8-33 所示。而且,他进一步确定了那些组成实际散射中心的原子可以用一组组的平行面(原子所处的平面)来表示,这些平行面像镜子一样"反射"X 射线。当 X 射线以入射角 θ 入射到某一晶面间距为 d_{hkl} 的一组晶面上时,在符合上式的条件下,将在反射方向上得到因叠加而加强的衍射线。布拉格方程简洁直观地将 X 射线衍射方向和晶体的晶面间距 d 相联系。其中晶面间距 d 和晶胞参数 a、b、c、α、β、γ

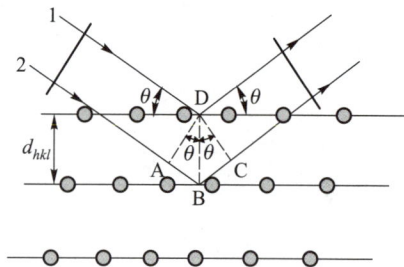

图 8-33 布拉格方程推导示意图

又存在直接关系。所以,根据布拉格方程,已知 λ,测量出 θ,就可计算得到晶体的晶面间距 d_{hkl},乃至推导出晶胞参数。

2. 衍射强度和晶胞内原子分布

劳埃方程和布拉格方程反映了 X 射线的波长 λ、入射角 θ 与晶体的晶胞尺寸,以及晶面间距 d 的大小等几何因素之间的关系,但未考虑晶胞中原子的种类及其在晶胞中的位置。若进一步确定晶胞内原子分布情况,则需要测定衍射强度 I_{hkl}。衍射强度主要取决于晶体的结构因子 F_{hkl},二者的关系式如下:

$$I_{hkl} = K|F_{hkl}|^2 = K\left\{\left[\sum_j f_j \cos 2\pi(hx_j + ky_j + lz_j)\right]^2 + \left[\sum_j f_j \sin 2\pi(hx_j + ky_j + lz_j)\right]^2\right\}$$

式中,结构因子 F_{hkl} 的模量 $|F_{hkl}|$ 称为结构振幅;K 为比例常数,其值与晶体大小、入射光强弱、温度高低等因素有关;$f_j(j=1,2,\cdots,N)$ 为散射因子,与晶胞中原子的种类有关;$x_j、y_j、z_j$ 为原子坐标,表示原子在晶胞中的位置。对于一个含 N 个原子的晶胞,由于各个原子散射的位相不一致,所以晶胞在 hkl 衍射方向上所产生的衍射强度 $I(hkl)$ 不是原

子散射强度简单的加和。在实际测定时,由于受到诸多因素的影响,强度方程中还需要加入许多校正因子。可见,通过结构因子 F_{hkl} 把衍射强度 I_{hkl} 与晶胞内原子种类和分布 f_j, x_j,y_j,z_j 联系起来,通过实验得到一系列衍射点的强度就可得知晶体的结构。

三、X射线单晶衍射实验方法简介

X射线单晶衍射结构分析,即利用X射线作用于单晶产生衍射现象,测定晶胞的大小形状(晶胞参数)及确定其晶胞物理内容(晶胞中各原子的种类和分布情况)。通过X射线单晶结构分析,能提供晶体内部三维空间的电子云密度分布,晶体中分子的立体构型、构象、化学键类型、键长、键角、分子间距离和配合物配位等。

X射线衍射测定晶体结构实验方法的基本过程即是利用照相法或衍射仪,通过实验得到衍射方向和强度数据,并依据前面介绍的劳埃方程或布拉格方程及强度分布的结构因子等,解出晶胞的参数和晶胞内原子种类、位置,从而确定出晶体结构。

1. 劳埃法

劳埃法是运用连续X射线射入不动的单晶样品上的一种实验方法,所得衍射照片称劳埃图。劳埃法主要用于测定晶体的对称性。

2. 回旋晶体法

回旋晶体法采用单晶和单色X射线,将单晶放置在照相箱中心,让晶轴 c 平行旋转轴,入射线垂直旋转轴,使用圆筒照相底片得到层线状衍射图。回旋晶体法主要用于测定晶胞参数 a,b,c。

3. 移动底片法

又称魏森堡(Weissenherg K)法,它是在四圆衍射仪投入使用前测定单晶结构的主要方法。此法亦采用单晶样品和单色X射线。

4. 单晶衍射仪法

衍射仪法是用光子计数器在各个衍射方向上逐点收集衍射光束的光子数来确定其衍射强度。近代X射线衍射实验都采用衍射仪法。在衍射仪中,测定单晶结构最有效的仪器就是目前通用的四圆衍射仪和新一代二维探测单晶衍射仪。四圆衍射仪将电子计算机和衍射仪法结合起来,通过程序控制,自动收集衍射数据,大大提高了衍射强度收集的速度和精确度,使单晶结构测定工作进入新的阶段。新一代X射线二维探测单晶衍射仪主要应用于近年来最新发展的X射线二维探测技术,它包括IP(image plate)和CCD(charge coupling device)两类。CCD单晶衍射仪的基本配置与传统的四圆衍射仪相近,但其大大缩短了单晶结构分析测试时间,四圆衍射仪需5~6天的时间收集一个晶体数据,而IP和CCD则只需几个小时的时间即可完成。图8-34是通过CCD单晶衍射仪获得的一种呋喃衍生物的单晶结构。

(a) 构造式　　　　　　(b) 比例模型　　　　　　(c) 椭球体模型

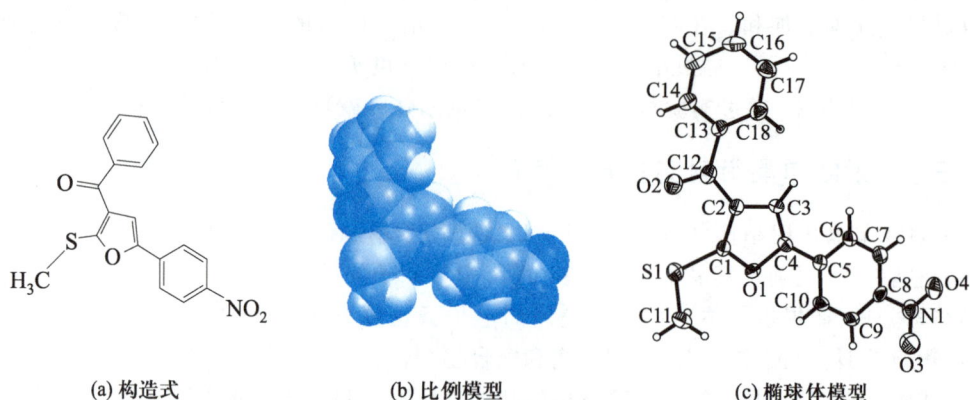

图 8-34　（2-甲硫基-5-(4-硝基苯基)呋喃-3-基)苯基甲酮的单晶结构

习　题

1. 指出下列化合物能量最低的电子跃迁的类型：

(1) $CH_3CH_2CH{=}CH_2$

(2) $CH_3CH_2CHCH_3$
　　　　　　　　|
　　　　　　　OH

(3) $CH_3CH_2CCH_3$
　　　　　　||
　　　　　　O

(4) $CH_3CH_2OCH_2CH_3$

(5) $CH_2{=}CH{-}CH{=}O$

2. 按紫外吸收波长长短的顺序，排列下列各组化合物：

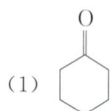

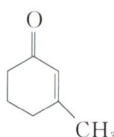

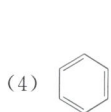

(1)

(2) $CH_2{=}CH{-}CH{=}CH_2$　　　$CH_3{-}CH{=}CH{-}CH{=}CH_2$　　　$CH_2{=}CH_2$

(3) CH_3Cl　　　CH_3I　　　CH_3Br

(4)

(5) 顺-1,2-二苯乙烯和反-1,2-二苯乙烯

3. 指出哪些化合物可在近紫外区产生吸收带：

(1) $CH_3CH_2CHCH_3$
　　　　　　　　|
　　　　　　　CH_3

(2) $CH_3CH_2OCH(CH_3)_2$

(3) $CH_3CH_2C{\equiv}CH$

(4) $CH_3CH_2CCH_3$
　　　　　　||
　　　　　　O

(5) $CH_2{=}C{=}O$

(6) $CH_2{=}CH{-}CH{=}CH{-}CH_3$

4. 图 8-35 和图 8-36 分别是乙酸乙酯和己-1-烯的红外光谱图,试识别各图的主要吸收峰。

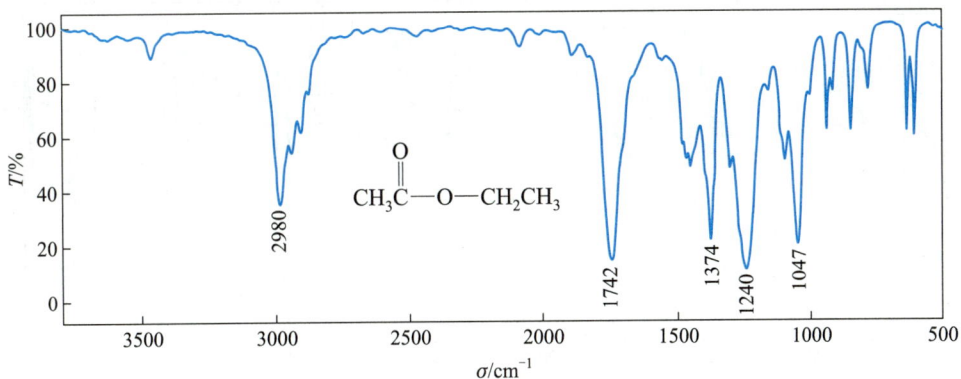

图 8-35　乙酸乙酯的 IR 谱图

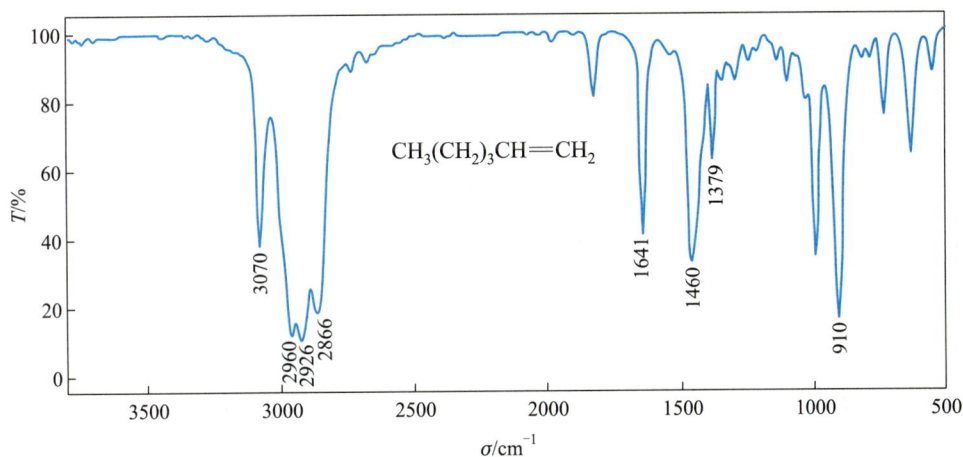

图 8-36　己-1-烯的 IR 谱图

5. 指出如何应用红外光谱区分下列各对异构体:

(1) $CH_3—CH=CH—CHO$ 和 $CH_3—C\equiv C—CH_2OH$

(2)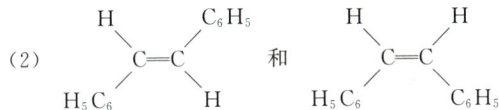

(3)

(4)

(5)

6. 化合物 E,分子式为 C_8H_6,可使 Br_2 的 CCl_4 溶液褪色,用硝酸银氨溶液处理,有白色沉淀生成,E 的红外光谱如图 8-37 所示。试推测 E 的结构。

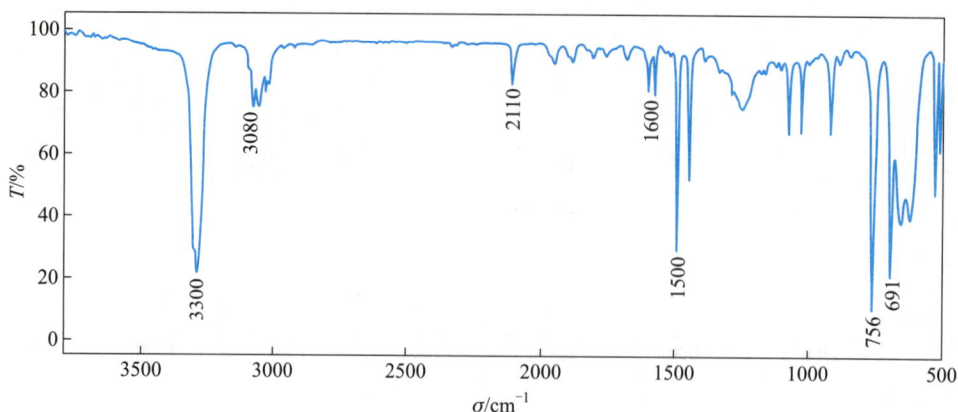

图 8-37 化合物 E 的 IR 谱图

7. 试解释下列现象:乙醇及乙二醇四氯化碳浓溶液的红外光谱在 $3\,350\ cm^{-1}$ 处都有一个宽的 O—H 吸收带。当用四氯化碳稀释这两种溶液时,乙二醇光谱的这个吸收带不变,而乙醇光谱的这个吸收带被在 $3\,600\ cm^{-1}$ 一个尖峰所代替。

8. 预计下列每个化合物将有几组氢核磁共振信号:

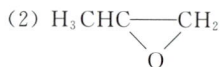

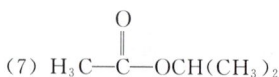

(1) $CH_3CH_2CH_2CH_3$

(2) $H_3CHC\overset{\displaystyle\diagdown\diagup}{\underset{O}{\quad}}CH_2$

(3) $CH_3CH{=\!=}CH_2$

(4) 反丁-2-烯

(5) 1,2-二溴丙烷

(6) CH_2BrCl

(7) $H_3C\overset{\displaystyle O}{\overset{\|}{-C-}}OCH(CH_3)_2$

(8) 2-氯丁烷

9. 写出具有下列分子式但仅有一组氢核磁共振信号的化合物构造式:

(1) C_5H_{12}　　(2) C_3H_6　　(3) C_2H_6O　　(4) C_3H_4　　(5) $C_2H_4Br_2$

(6) C_4H_6　　(7) C_8H_{18}　　(8) $C_3H_6Br_2$

10. 二甲基环丙烷有三种异构体,分别给出 2、3 和 4 个氢核磁共振信号,试画出这三种异构体的构型式。

11. 按化学位移 δ 值的大小,将下列每个化合物的氢核磁共振信号排列成序。

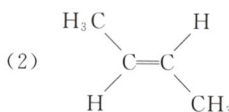

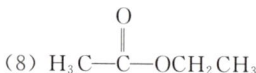

(1) $CH_3CH_2CH_2CH_3$

(2)
$$\overset{\displaystyle H_3C}{\underset{\displaystyle H}{\diagdown}}C{=\!=}C\overset{\displaystyle H}{\underset{\displaystyle CH_3}{\diagup}}$$

(3) $CH_3CH_2OCH_2CH_3$

(4) $C_6H_5CH_2CH_2CH_3$

(5) Cl_2CHCH_2Cl

(6) $ClCH_2CH_2CH_2Br$

(7) CH_3CHO

(8) $H_3C\overset{\displaystyle O}{\overset{\|}{-C-}}OCH_2CH_3$

12. 在室温下,环己烷的氢核磁共振谱只有一个信号,但在 $-100\ ℃$ 时分裂成两个峰。试解释环己烷在这两种不同温度下的 $^1H\ NMR$ 谱图。

13. 化合物 A，分子式为 C_9H_{12}，图 8-38 和图 8-39 分别是它的核磁共振氢谱和红外光谱，写出 A 的结构式。

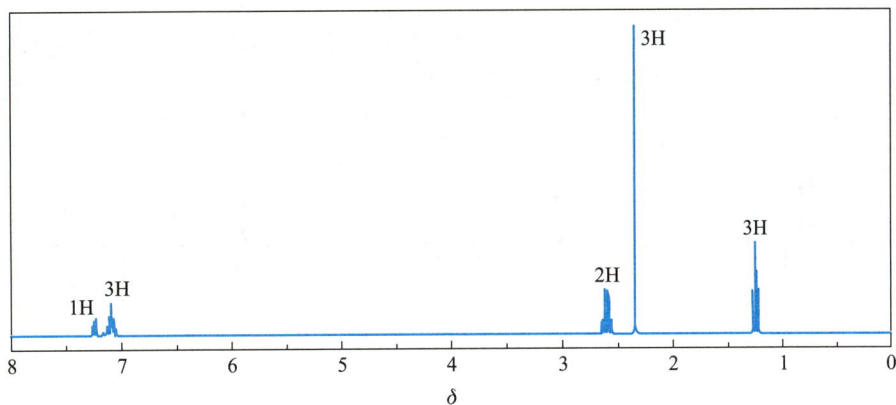

图 8-38　化合物 A 的 ^{1}H NMR 谱图

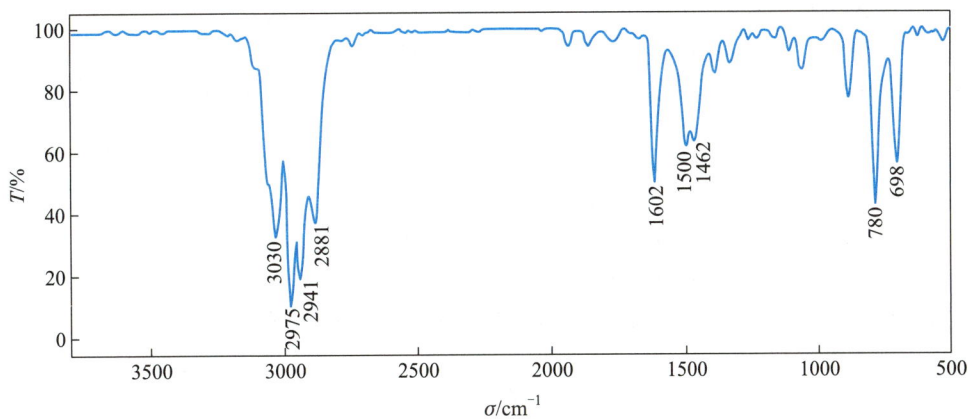

图 8-39　化合物 A 的 IR 谱图

14. 试推测具有如图 8-40、图 8-41 所示分子式及核磁共振氢谱的化合物的构造式，并标出各组峰的相对面积。

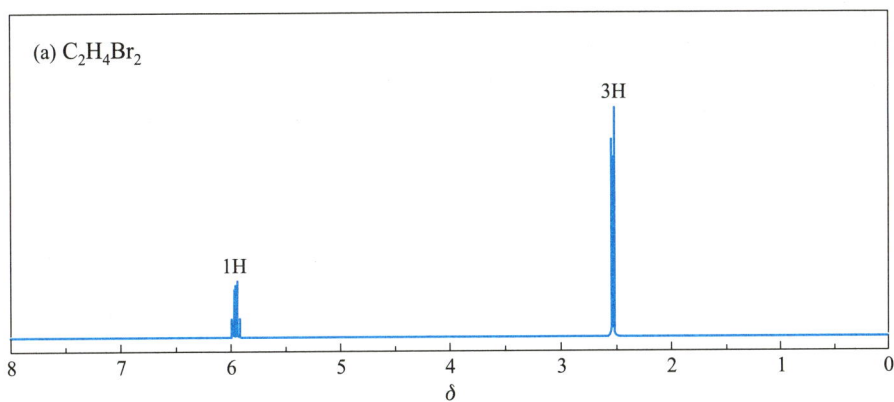

图 8-40　化合物(a)的 ^{1}H NMR 谱图

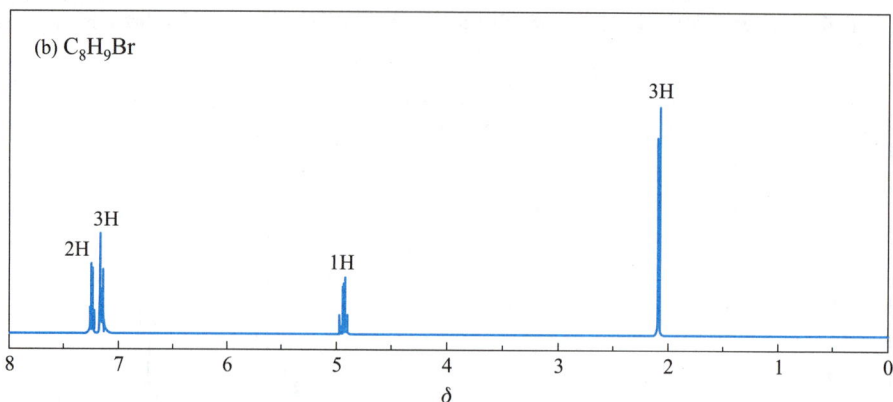

图 8-41　化合物(b)的 ^1H NMR 谱图

15. 从以下数据推测化合物的结构：

实验式：C_3H_6O

NMR：$\delta 1.2(6H)$ 单峰，$\delta 2.2(3H)$ 单峰，$\delta 2.6(2H)$ 单峰，$\delta 4.0(1H)$ 单峰

IR：在 $1700\ cm^{-1}$ 及 $3400\ cm^{-1}$ 处有吸收带

16. 用 1 mol $CH_3CH_2CH_3$ 和 2 mol Cl_2 进行自由基氯化反应时，生成氯化混合物，小心分馏得到四种二氯丙烷 A、B、C、D。从这四种异构体的核磁共振氢谱的数据，推定 A、B、C、D 的结构。

化合物 A：(bp 69 ℃)$\delta 2.4(6H)$ 单峰

化合物 B：(bp 88 ℃)$\delta 1.2(3H)$ 三重峰，$\delta 1.9(2H)$ 多重峰，$\delta 5.8(1H)$ 三重峰

化合物 C：(bp 96 ℃)$\delta 1.4(3H)$ 二重峰，$\delta 3.8(2H)$ 二重峰，$\delta 4.3(1H)$ 多重峰

化合物 D：(bp 120 ℃)$\delta 2.2(2H)$ 五重峰，$\delta 3.7(4H)$ 三重峰

17. 化合物 A，分子式为 C_5H_8，催化氢化后生成顺-1,2-二甲基环丙烷。

(1) 写出 A 的可能结构。

(2) 已知 A 在 $890\ cm^{-1}$ 处没有红外吸收，A 的可能结构又是什么？

(3) A 的 ^1H NMR 谱图在 $\delta 2.2$ 和 $\delta 1.4$ 处有共振信号，强度比为 3∶1，A 的结构如何？

(4) 在 A 的质谱中，发现基峰是 m/z 67，这个峰是由什么离子造成的？如何解释它的相对丰度？

18. 均三甲苯的 ^1H NMR 谱图 $\delta 2.35(9H)$ 单峰，$\delta 6.70(3H)$ 单峰。在液态 SO_2 中，用 HF 和 SbF_5 处理均三苯，在 ^1H NMR 谱图上看到的都是单峰，$\delta 2.8(6H)$，$\delta 2.9(3H)$，$\delta 4.6(2H)$，$\delta 7.7(2H)$。这个谱是由什么化合物产生的？标明它们的吸收峰。

19. 3,4-二氯-1,2,3,4-四甲基环丁烯(Ⅰ)的 ^1H NMR 谱图在 $\delta 1.5$ 和 $\delta 2.6$ 各有一个单峰，当把 (Ⅰ)溶解在 SbF_5 和二氧化硫的混合物中时，溶液的 ^1H NMR 谱图开始呈现三个单峰，$\delta 2.05(3H)$，$\delta 2.20$ $(3H)$，$\delta 2.65(6H)$，但几分钟以后，出现一个新的谱，只在 $\delta 3.68$ 处有一单峰。推测中间产物和最终产物的结构，并用反应式表示上述变化。

20. 某化合物的分子式为 C_7H_8O，其 $^{13}C\{^1H\}$NMR 谱中各峰的 δ 分别为 140.8、128.2、127.2、126.8 和 64.5，而这些峰在偏共振去偶谱中分别表现为单峰、二重峰、二重峰、二重峰和三重峰。其 ^1H NMR 谱有三个单峰，δ 分别为 7.3(5H)、4.6(2H)和 2.4(1H)。试推出该化合物的结构。

21. 一化合物的分子式为 $C_5H_{10}O$，其红外光谱在 $1700\ cm^{-1}$ 处有强吸收，^1H NMR 谱在 δ 为 9～10 处无吸收峰。从质谱得知，其基峰 m/z 为 57，但无 m/z 为 43 和 71 的峰，试确定该化合物的结构。

22. 戊酮有三种异构体，A 的分子离子峰的 m/z 为 86，并在 m/z 为 71 和 43 处各有一个强峰，但在 m/z 为 58 处没有峰；B 在 m/z 为 86、57 处各有一个强峰，但没有 m/z 为 43、71 的强峰；C 有一个 m/z 为

58 的强峰。试推出这三个戊酮的构造式。

23. 一中性化合物 $C_7H_{13}O_2Br$ 的 IR 谱在 2 850～2 950 cm^{-1} 有一些吸收峰,但在 3 000 cm^{-1} 以上无吸收峰,另一强吸收峰在 1 740 cm^{-1} 处。^{1}H NMR 谱在 δ 为 1.0(三重峰,3H),1.3(二重峰,6H),2.1(多重峰,2H),4.2(三重峰,1H)和 4.6(多重峰,1H)有信号,^{13}C NMR 谱在 δ 为 168 处有一个特殊的共振信号。试推断该化合物可能的结构,并给出各谱峰的归属。

第九章 卤 代 烃

烃分子中的氢原子被卤素原子取代后生成的化合物称为卤代烃(halohydrocarbon)，一般用 RX 表示，X 表示卤原子(F、Cl、Br、I)，卤原子是卤代烃的官能团。卤原子的电负性大于碳原子，所以碳卤键(C—X)是极性共价键。通过本章的学习，将了解到极性的碳卤键是如何控制卤代烃的反应活性，以及卤原子与其他特性基团之间的相互转化。

卤代烃在自然界中含量极少，主要来源于海洋生物代谢和火山活动。因此，现代化工产业所使用的卤代烃主要是人工合成的产品。卤代烃用途非常广泛，可用作溶剂、农药、制冷剂、灭火剂、材料、医药和防腐剂等。

第一节 卤代烃的分类、命名和同分异构现象

一、卤代烃的分类

卤代烃是由烃基和卤原子组成的，一般按下面的方法分类：

(1) 根据卤原子的种类，可以分为氟代烃、氯代烃、溴代烃和碘代烃。

(2) 根据卤原子所连接的烃基的结构，可以分为饱和卤代烃(卤代烷)、不饱和卤代烃和芳香卤代烃。在不饱和卤代烃中卤原子和双键碳原子直接相连的称为乙烯型卤代烃(vinylic halide)，卤原子与双键邻位碳原子相连的称为烯丙型卤代烃(allylic halide)。芳香卤代烃可以分为苯型卤代烃(卤原子和芳环直接相连)和苯甲型(也称为苄型)卤代烃(卤原子与苯甲基位碳原子相连)两大类。

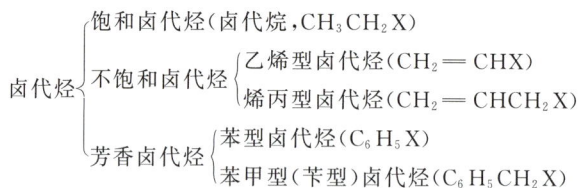

$$卤代烃\begin{cases}饱和卤代烃(卤代烷, CH_3CH_2X)\\不饱和卤代烃\begin{cases}乙烯型卤代烃(CH_2\!=\!CHX)\\烯丙型卤代烃(CH_2\!=\!CHCH_2X)\end{cases}\\芳香卤代烃\begin{cases}苯型卤代烃(C_6H_5X)\\苯甲型(苄型)卤代烃(C_6H_5CH_2X)\end{cases}\end{cases}$$

(3) 根据卤原子的数目可以分为，一卤代烃如 CH_3CH_2Cl(氯乙烷)、二卤代烃如 $BrCH_2CH_2Br$(1,2-二溴乙烷)、三卤代烃如 $CHCl_3$(三氯甲烷或氯仿)和多卤代烃如 CCl_4(四氯化碳)等。两个卤原子若连在同一个碳原子上的称为偕二卤代烃如 CH_2Cl_2(二氯甲烷)，若连在相邻的两碳原子上的称为邻二卤代烃或连二卤代烃如 $BrCH_2CH_2Br$。三卤甲烷称为卤仿，如氯仿和碘仿(CHI_3)。

(4) 根据与卤原子直接相连的碳原子的级数，可以分为一级卤代烃或称为伯卤代烃；

二级卤代烃或称为仲卤代烃；三级卤代烃或称为叔卤代烃。

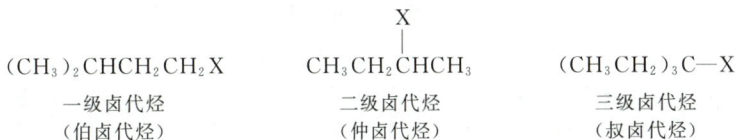

$$(CH_3)_2CHCH_2CH_2X \qquad CH_3CH_2\overset{\overset{\displaystyle X}{|}}{C}HCH_3 \qquad (CH_3CH_2)_3C—X$$

一级卤代烃　　　　　　二级卤代烃　　　　　　三级卤代烃
（伯卤代烃）　　　　　（仲卤代烃）　　　　　（叔卤代烃）

二、卤代烃的命名

1. 普通命名法

结构比较简单的卤代烃常用普通命名法命名，用相应的烷烃为母体，称为卤代某烃或某基卤。英文名称是在基团名称后加上氟化物（fluoride）、氯化物（chloride）、溴化物（bromide）、碘化物（iodide）。例如：

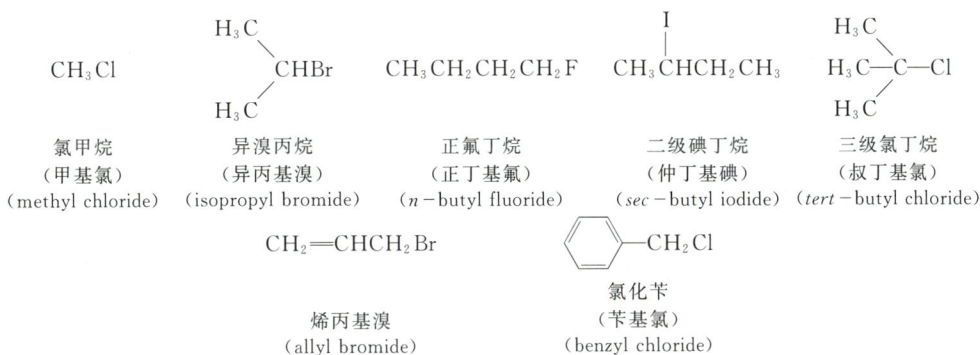

$$CH_3Cl \qquad \overset{\displaystyle H_3C}{\underset{\displaystyle H_3C}{}}\!\!\!\!>\!\!CHBr \qquad CH_3CH_2CH_2CH_2F \qquad CH_3\overset{\overset{\displaystyle I}{|}}{C}HCH_2CH_3 \qquad \overset{\displaystyle H_3C}{\underset{\displaystyle H_3C}{}}\!\!\!\!>\!\!\overset{\overset{\displaystyle H_3C}{|}}{C}\!\!—Cl$$

氯甲烷　　　　　　异溴丙烷　　　　　　正氟丁烷　　　　　　二级碘丁烷　　　　　三级氯丁烷
（甲基氯）　　　　（异丙基溴）　　　　（正丁基氟）　　　　（仲丁基碘）　　　　（叔丁基氯）
（methyl chloride）　（isopropyl bromide）　（n－butyl fluoride）　（sec－butyl iodide）　（$tert$－butyl chloride）

$$CH_2\!\!=\!\!CHCH_2Br \qquad \text{（苯环）}—CH_2Cl$$

烯丙基溴　　　　　　　　　氯化苄
（allyl bromide）　　　　　（苄基氯）
　　　　　　　　　　　　（benzyl chloride）

2. 系统命名法

卤代烷的系统命名以烷烃为母体，卤原子作取代基，按烷烃的命名原则来命名。英文命名也是将卤原子作取代基，烃作母体命名。对于结构较为复杂的卤代烃，采用系统化的命名规则，首先选择最长的连续碳原子链作为主链。将卤素视为取代基，依照烷烃及不饱和烃的命名规则进行命名。主链的编号应遵循最低编号原则，以确保取代基获得尽可能低的位置编号。若分子中存在立体化学特征，应在化合物名称前明确标出其构型。卤素取代基的英文名分别是：氟（fluoro）、氯（chloro）、溴（bromo）和碘（iodo），在命名时，按照这些取代基名称的首字母顺序来排序。

如果最长的碳链中包含碳碳双键或碳碳三键，该链应以不饱和烃作为母体命名，编号起始点选在最接近不饱和键的一端，以此作为基准进行编号，同时卤素仍作为取代基进行标记。例如：

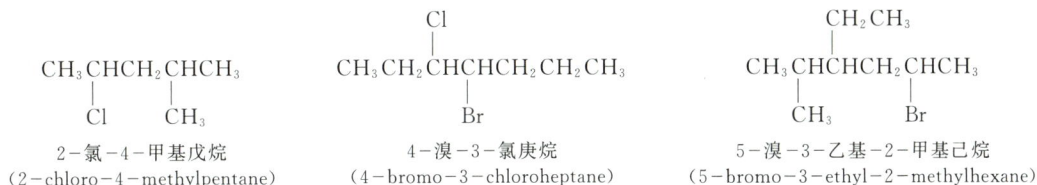

$$CH_3\overset{\overset{\displaystyle }{|}}{C}HCH_2\overset{\overset{\displaystyle }{|}}{C}HCH_3 \qquad CH_3CH_2\overset{\overset{\displaystyle Cl}{|}}{C}HCHCH_2CH_2CH_3 \qquad CH_3\overset{\overset{\displaystyle CH_2CH_3}{|}}{C}HCHCH_2\overset{\overset{\displaystyle }{|}}{C}HCH_3$$

Cl　　CH₃　　　　　　　　　　　Br　　　　　　　　　　CH₃　　Br

2－氯－4－甲基戊烷　　　　　　4－溴－3－氯庚烷　　　　　　5－溴－3－乙基－2－甲基己烷
（2－chloro－4－methylpentane）　（4－bromo－3－chloroheptane）　（5－bromo－3－ethyl－2－methylhexane）

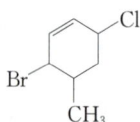

3-溴-6-氯-4-甲基环己-1-烯
(3-bromo-6-chloro-4-methylcyclohex-1-ene)

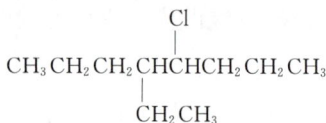

4-氯-5-乙基辛烷
(4-chloro-5-ethyloctane)

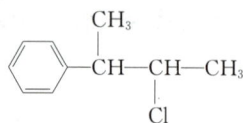

2-氯-3-苯基丁烷
(2-chloro-3-phenylbutane)

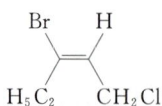

(E)-3-溴-1-氯戊-2-烯
[(E)-3-bromo-1-chloropent-2-ene]

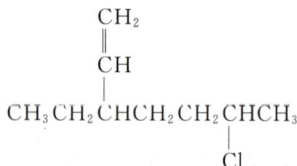

6-氯-3-乙基庚-1-烯
(6-chloro-3-ethylhept-1-ene)

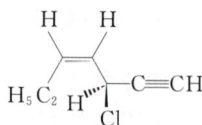

(3S,4Z)-3-氯庚-4-烯-1-炔
(3S,4Z)-3-chlorohept-4-ene-1-yne

卤代芳烃命名时,以芳烃为母体,卤原子作为取代基命名。例如:

2-氯甲苯(邻氯甲苯)
(2-chlorotoluene)

1-溴-4-氯苯
(1-bromo-4-chlorobenzene)

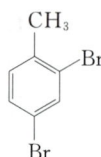

2,4-二溴甲苯
(2,4-dibromotoluene)

命名侧链卤代芳烃时,常以烷烃为母体,卤原子和芳环都作为取代基命名。例如:

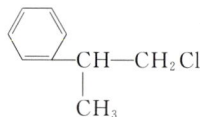

1-氯-2-苯基丙烷
(1-chloro-2-phenylpropane)

卤代环烷烃则一般以脂环烃为母体命名,卤原子及支链都看作它的取代基命名。例如:

(1S,2R)-1-溴-2-甲基环己烷
[(1S,2R)-1-bromo-2-methylcyclohexane]

问题 9-1　写出下列化合物的构造式。

(1) 1-氯-6,7-二甲基二环[3.2.1]辛烷

(2) (1S,2R)-1-氯-2-苯基环己烷最稳定的构象式

(3) 3-iodoprop-1-ene

(4) 4-chloro-3-methylbut-1-ene

三、一卤代烷的同分异构现象

一卤代烷除了具有碳架异构体外,卤素原子在碳链上的位置不同,也会引起同分异构

现象。甲烷和乙烷分子中所有的氢原子是等同的,它们的一卤代烃只有一种,丙烷分子有两种不同的氢原子,一氯代丙烷就有两种异构体:

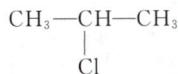

$$CH_3CH_2CH_2Cl \qquad\qquad CH_3{-}\overset{\displaystyle |}{\underset{\displaystyle Cl}{CH}}{-}CH_3$$

一氯代丁烷有四种构造异构体:

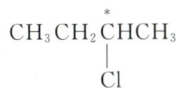

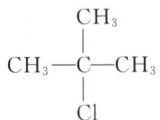

$$CH_3CH_2CH_2CH_2Cl \qquad\qquad CH_3CH_2\overset{*}{\underset{\displaystyle \underset{\displaystyle Cl}{|}}{CH}}CH_3$$

$$CH_3\underset{\displaystyle \underset{\displaystyle CH_3}{|}}{CH}CH_2Cl \qquad\qquad CH_3{-}\overset{\displaystyle \overset{\displaystyle CH_3}{|}}{\underset{\displaystyle \underset{\displaystyle Cl}{|}}{C}}{-}CH_3$$

其中,2-氯丁烷还有一对对映体。

问题 9-2　写出分子式 $C_5H_{11}Br$ 的同分异构体的构造式,用系统命名法命名,并指出一级、二级和三级卤代烃。

问题 9-3　写出分子式为 C_4H_7Cl 的氯代烯烃的所有同分异构体,并用系统命名法命名,指出各属哪一类卤代烯烃。

第二节　卤代烃的物理性质和光谱性质

一、物理性质

在室温下,除氟甲烷、氟乙烷、氟丙烷、氯甲烷、氯乙烷及溴甲烷是气体外,其他常见的卤代烃一般为液体,高级卤代烃为固体。

纯粹的卤代烃是无色的,但是碘代烃容易分解而析出碘,所以,久置后逐渐带有棕红色。

$$2\,RI \longrightarrow R{-}R + I_2$$

一卤代烃具有一种不愉快的气味,其蒸气有毒,应该尽量避免吸入。所有卤代烃均不溶于水,而溶于弱极性或非极性的有机溶剂中,如乙醚、苯和烃类。卤代烃在铜丝上燃烧时能产生绿色火焰,这可以作为鉴定卤素的简便方法。

由于 C—X 键具有极性,增加了分子间的作用力,所以卤代烷沸点较相应的烷烃高。烃基相同的卤代烷,以碘代烷的沸点最高,其次为溴代烷,氟代烷的沸点最低(见表 9-1)。在同一卤代烷的各种异构体中,与烷烃的情况类似,即直链异构体的沸点最高,支链越多的沸点越低。例如:

$$CH_3CH_2CH_2CH_2Cl \qquad CH_3CH_2\underset{\displaystyle \underset{\displaystyle Cl}{|}}{CH}CH_3 \qquad (CH_3)_3CCl$$

沸点/℃　　　　　78.44　　　　　　68.3　　　　　50.7

表 9−1 某些卤代烃的物理常数

卤代烃	氟化物		氯化物		溴化物		碘化物	
	沸点/℃	相对密度 d_4^{20}	沸点/℃	相对密度 d_4^{20}	沸点/℃	相对密度 d_4^{20}	沸点/℃	相对密度 d_4^{20}
$CH_3—X$	−78.4		−24.2		3.6		42.4	2.279
$CH_3CH_2—X$	−37.7		12.3		38.4	1.440	72.3	1.933
$CH_3CH_2CH_2—X$	−2.5		46.6	0.890	71.0	1.335	102.4	1.747
$CH_3CH_2CH_2CH_2—X$	32.5	0.779	78.4	0.884	101.6	1.276	130.5	1.617
$CH_3(CH_2)_3CH_2—X$			107.8	0.883	129.6	1.223	157	1.517
$(CH_3)_2CH—X$	−9.4		34.8	0.859	59.4	1.310	89.5	1.705
$(CH_3)_2CHCH_2—X$	25.1		68.8	0.875	91.4	1.261	120.4	1.605
$CH_3CH_2CH(CH_3)—X$	25.3	0.766	68.3	0.871	91.2	1.258	120.33	1.595
$(CH_3)_3C—X$	12.1		50.7	0.840	73.1	1.222	100分解	
环$C_6H_{11}—X$			143	1.000	165			
$CH_2=CH—X$			−13.37	0.911	15.8	1.493	56	2.037
$CH_3CH=CH—X$			32.8	0.935	57.8	1.429		
$CH_3CH=CHCH_2X$(顺)			$84.1^{0.1 MPa}$	0.943				
$CH_3CH=CHCH_2X$(反)			$84.8^{0.1 MPa}$	0.930				
$C_6H_5—X$			132	1.106	156	1.495	188.3	1.831
$C_6H_5CH_2—X$			179.3	1.100	201	1.438		1.734

一氯代烷的相对密度小于 1,一溴代烷和一碘代烷的相对密度大于 1。在同系列中,卤代烷的相对密度随碳原子数的增加而下降。

二、光谱性质

1. 红外光谱

在红外光谱里,碳卤键的伸缩振动吸收频率是随着卤原子相对原子质量的增加而减小的。C—X 键伸缩振动吸收峰位置分别为,C—F 1 350～1 100 cm^{-1}(强),C—Cl 750～700 cm^{-1}(中),C—Br 700～500 cm^{-1}(中),C—I 600～485 cm^{-1}(中)。很多红外光谱仪在 700 cm^{-1} 以下没有吸收,因此 C—Br 键和 C—I 键在一般的红外光谱中不能检出。

图 9−1 为 1−氯己烷的红外光谱图。

2. 核磁共振谱

由于卤原子的电负性比碳原子大,卤代烃中直接与卤原子相连的碳原子和邻近碳原子上的质子所受的屏蔽效应降低,质子的化学位移向低场移动,且随着卤代烃中卤原子电负性的增加,其化学位移值也增加,与卤原子直接相连的碳原子上的质子化学位移一般在 $\delta=2.16～4.4$。卤原子电负性及卤代烃中质子化学位移(δ)见表 9−2。

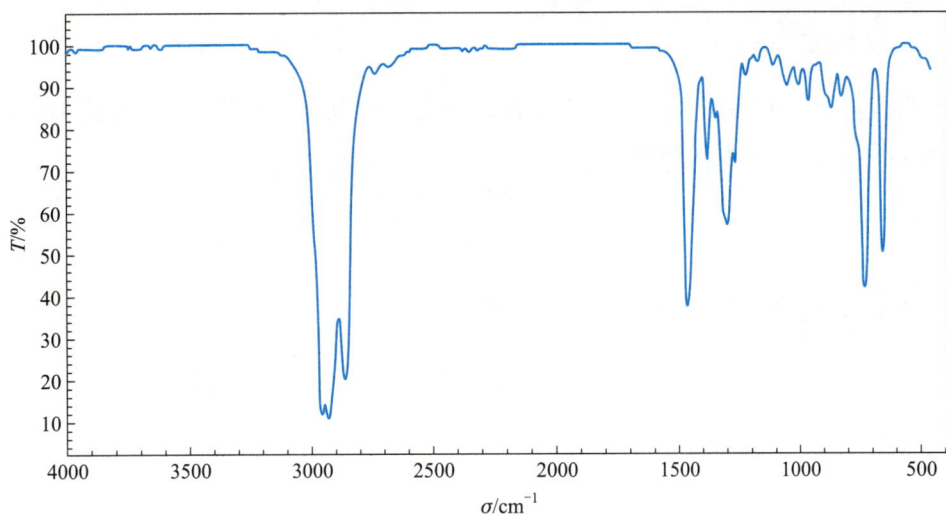

图 9-1　1-氯己烷的红外光谱图

表 9-2　卤原子电负性值及卤代烷中质子化学位移(δ)

卤原子	电负性	质子类型	δ
F	4.0	RCH_2F	4～4.5
Cl	3.2	RCH_2Cl	3～4
Br	3.0	RCH_2Br	3.5～4
I	2.7	RCH_2I	3.2～4

与卤原子相邻碳原子上质子的化学位移一般在 $\delta = 1.25 \sim 1.55$。图 9-2 为 1-氯丙烷的 ^1H NMR 谱图。

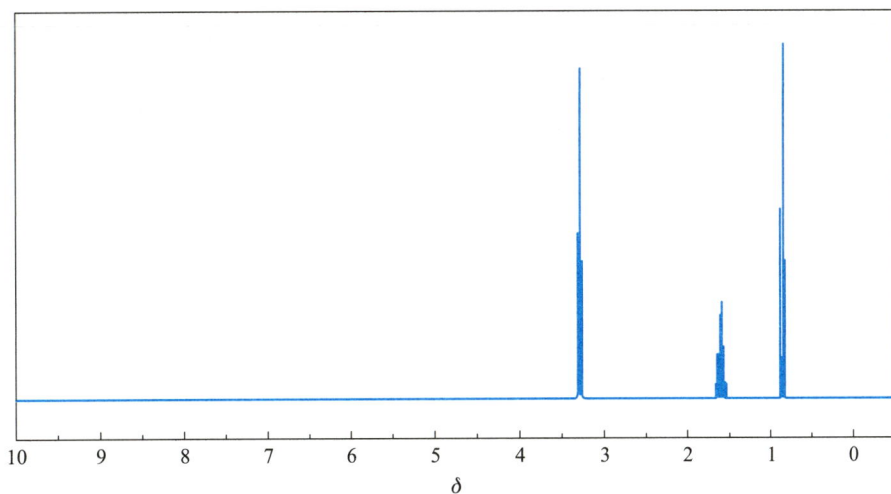

图 9-2　1-氯丙烷的 ^1H NMR 谱图

三、偶极矩

在卤代烷分子中,由于卤原子的电负性大于碳原子,使 C—X 键的电子云偏向卤原子,使 C—X 键成为一个极性共价键。

$$\overset{\delta^+}{\underset{}{-C}}\overset{\delta^-}{\longrightarrow}X$$

一氯甲烷的 $\mu = 6.47 \times 10^{-30}$ C·m,它的偶极表示为

$$\overset{\longrightarrow}{CH_3—Cl}$$

一些卤代烷的偶极矩见表 9-3。

表 9-3 一些卤代烷的偶极矩   单位:C·m

X	CH_3X	CH_2X_2	CHX_3	CX_4
F	6.07×10^{-30}			
Cl	6.47×10^{-30}	5.34×10^{-30}	3.44×10^{-30}	0
Br	5.97×10^{-30}	4.84×10^{-30}	3.40×10^{-30}	0
I	5.47×10^{-30}	3.80×10^{-30}	3.35×10^{-30}	0

【知识拓展】
有机化学
反应的取
代学说

第三节 卤代烃的反应

卤代烃分子中的碳卤键(C—X)是极性共价键 $\overset{\delta^+}{\underset{}{-C}}\overset{\delta^-}{—}X$,当极性试剂与它作用时,C—X 键在试剂电场的诱导下极化。更由于 C—X 键的键能(C—F 键除外)都比 C—H 键小(C—I:217.6 kJ·mol^{-1};C—Br:284.5 kJ·mol^{-1};C—Cl:339.0 kJ·mol^{-1};C—H:414.2 kJ·mol^{-1}),C—X 键容易异裂而发生各种化学反应。卤代烃易发生饱和碳原子上的亲核取代反应,易与金属反应生成有机金属化合物。受卤原子吸电子诱导效应的影响,卤代烃 α-碳原子上的氢有一定的活性,在碱作用下易发生 β-消除反应,卤代烃还能被还原剂还原成烃。

一、饱和碳原子上的亲核取代反应

有机化合物分子中的原子或基团被亲核试剂取代的反应称为亲核取代反应(nucleophilic substitution),用 S_N 表示。在 S_N 反应中,若受试剂进攻的原子是饱和碳原子,取代反应发生在饱和碳原子上的称为饱和碳原子上的亲核取代反应。卤代烃碳卤键 ($\overset{\delta^+}{\underset{}{-C}}\overset{\delta^-}{—}X$)中带部分正电荷的碳原子所引起的亲核取代反应是典型的饱和碳原子上的亲核取代反应。反应通式如下所示:

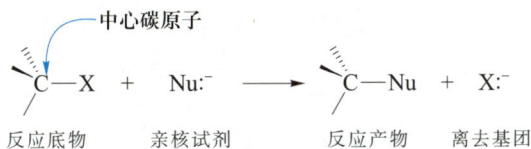

中心碳原子

$$C{-}X \ + \ Nu{:}^- \longrightarrow \ C{-}Nu \ + \ X{:}^-$$

反应底物　　　亲核试剂　　　　反应产物　　　离去基团

式中，Nu:⁻是亲核试剂，X:⁻是离去基团。

　　带有负电荷的离子或带有一对未共用电子对的中性分子，在反应中易与缺电子的碳原子形成共价键，这样的试剂称为亲核试剂。例如，HO^-、RO^-、CN^-、H_2N^-、HS^-、$RCOO^-$ 及 H_2O、ROH、HCN、H_2S、$RCOOH$ 和 NH_3 等都可以作为亲核试剂，在一定条件下和卤代烃发生亲核取代反应，分别生成醇、醚、硫醇、硫醚、腈、羧酸酯、胺和硝酸酯等。

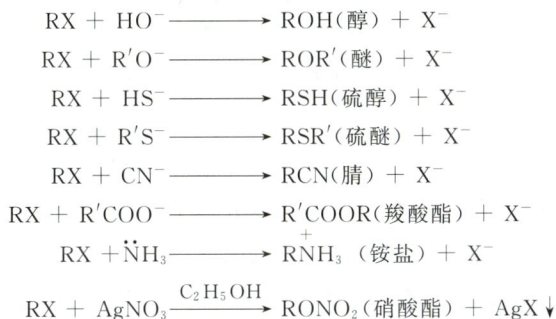

$$RX \ + \ HO^- \longrightarrow ROH(醇) \ + \ X^-$$
$$RX \ + \ R'O^- \longrightarrow ROR'(醚) \ + \ X^-$$
$$RX \ + \ HS^- \longrightarrow RSH(硫醇) \ + \ X^-$$
$$RX \ + \ R'S^- \longrightarrow RSR'(硫醚) \ + \ X^-$$
$$RX \ + \ CN^- \longrightarrow RCN(腈) \ + \ X^-$$
$$RX \ + \ R'COO^- \longrightarrow R'COOR(羧酸酯) \ + \ X^-$$
$$RX \ + \ \overset{..}{N}H_3 \longrightarrow R\overset{+}{N}H_3 \ (铵盐) \ + \ X^-$$
$$RX \ + \ AgNO_3 \xrightarrow{C_2H_5OH} RONO_2(硝酸酯) \ + \ AgX\downarrow$$

　　上述饱和碳原子上的亲核取代反应在有机合成中得到广泛应用，因为能够从卤代烃出发合成多种不同类型的有机化合物。

　　卤代烃与氢氧化钠的水溶液共热，卤原子被羟基取代生成醇的反应称为卤代烃的水解（hydrolysis），工业上将 1-氯戊烷各种异构体的混合物，通过碱性水解制得混合戊醇（杂醇油）可以用作溶剂。

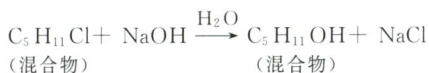

$$\underset{(混合物)}{C_5H_{11}Cl} + NaOH \xrightarrow{H_2O} \underset{(混合物)}{C_5H_{11}OH} + NaCl$$

　　卤代烃与醇钠在相应醇溶液中反应，卤原子被烷氧基（—OR）取代生成醚的反应称为卤代烃的醇解（alcoholysis），这是制备不对称醚的一种方法，称为威廉姆逊（Williamson）合成法（详见第十章第四节）。例如：

$$CH_3CH_2CH_2Cl \ + \ (CH_3)_2CHONa \xrightarrow[(CH_3)_2CHOH]{\triangle} (CH_3)_2CHOCH_2CH_2CH_3 + NaCl$$

该反应一般用伯卤代烃，仲卤代烃产率低，叔卤代烃主要得到烯烃。

　　卤代烃与氰化钠（或氰化钾）反应，卤原子被氰基（—CN）取代生成腈（RCN）。例如：

$$CH_3CH_2Br \ + \ NaCN \longrightarrow CH_3CH_2CN \ + \ NaBr$$

该反应主要适用于伯卤代烃，因为 NaCN 有一定碱性，叔卤代烃在碱性条件下易发生消除反应生成烯烃。卤代烃转变成腈后，分子中增加了一个碳原子，这是有机合成中增长碳链的方法之一。此外，引入—CN 后还可进一步转化为其他官能团，如—COOH、—CONH$_2$ 等。例如：

$$RCN \xrightarrow{H_2O} R-\overset{\overset{\displaystyle O}{\|}}{C}-NH_2 \xrightarrow{H_2O} R-\overset{\overset{\displaystyle O}{\|}}{C}-OH$$
$$\text{（酰胺）} \qquad\qquad \text{（羧酸）}$$

$$RCN \xrightarrow{[H]} R-CH_2NH_2$$
$$\text{（胺）}$$

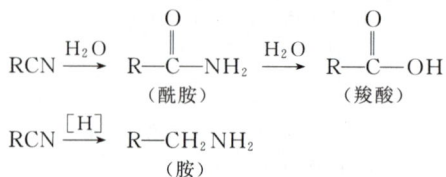

当卤代烃与硝酸银的乙醇溶液发生反应时，它们会形成硝酸酯，并同时生成卤化银沉淀。由于不同卤代烃的反应速率存在显著差异，且不同卤化银的沉淀颜色也不相同，这些特征便成为鉴别不同结构卤代烃的有效手段。例如：

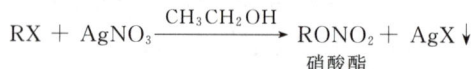

$$RX + AgNO_3 \xrightarrow{CH_3CH_2OH} RONO_2 + AgX\downarrow$$
$$\text{硝酸酯}$$

一般来讲，具有相同烃基结构的卤代烃，反应的活性次序是 $RI>RBr>RCl$。当卤原子相同而烃基结构不同时，反应的活性次序是苯甲型和烯丙型卤代物$>3°RX>2°RX>1°RX>CH_3X>$苯型和乙烯型卤代物。室温下，苯甲型和烯丙型卤化物与 $AgNO_3$ 的乙醇溶液迅速反应生成卤化银沉淀；三级卤代烃和碘代烃在室温下可以与 $AgNO_3$ 的乙醇溶液反应生成卤化银沉淀；二级、一级氯代烷和溴代烷需加热几分钟后才能生成卤化银沉淀；苯型和乙烯型卤代物即使加热也无卤化银沉淀生成。另外，生成卤化银的颜色也有区别，AgI 为黄色沉淀，$AgBr$ 为浅黄色沉淀，$AgCl$ 为白色沉淀，此反应可用于卤代烃的定性分析。

问题 9-4　将下列各组化合物按照对 $AgNO_3$（乙醇溶液）的反应活性大小次序排列。

(1) 2-溴-2-甲基丙烷、2-溴丙-1-烯、2-溴丁烷、2-溴-2-苯基丙烷

(2) 1-溴丁烷、1-氯戊烷、1-碘丙烷

在丙酮中，氯代烃和溴代烃分别与碘化钠反应生成碘代烃。由于氯化钠和溴化钠不溶于丙酮，而碘化钠溶于丙酮，使反应能够进行。例如：

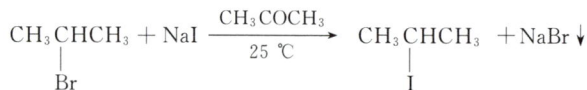

$$CH_3\underset{\underset{\displaystyle Br}{|}}{CH}CH_3 + NaI \xrightarrow[25\ ℃]{CH_3COCH_3} CH_3\underset{\underset{\displaystyle I}{|}}{CH}CH_3 + NaBr\downarrow$$

此反应可用于实验室制备碘代烃，还可用于检验氯代烃和溴代烃。

问题 9-5　写出二级溴丁烷分别与下列试剂反应的主要产物。

(1) $NaOH/H_2O$ 　　　　(2) C_2H_5ONa/C_2H_5OH 　　　　(3) $AgNO_3/C_2H_5OH$

(4) NaI/CH_3COCH_3 　　(5) $NaCN/C_2H_5OH-H_2O$ 　　(6) CH_3CH_2SNa

问题 9-6　完成下列反应式。

(1) $CH_2{=\!=}CH-CH_2F + HCl \longrightarrow$

(2) $CH_2{=\!=}CHCl + HCl \longrightarrow$

二、β−消除反应

在一个有机化合物分子中消除两个原子或基团的反应称为消除反应(elimination re-action)。若被消除的两个原子或基团连在同一个碳原子上,该消除反应称为α−消除或1,1−消除;若被消除的两个原子或基团连在两个相邻的碳原子上,则称为β−消除或1,2−消除。卤代烃与氢氧化钠(或氢氧化钾)的醇溶液作用时,卤原子常与β−碳原子上的氢原子脱去一分子卤化氢,发生β−消除反应生成烯烃,是用于制备烯烃的一种重要方法。

三级卤代烃最容易脱去卤化氢,二级卤代烃次之,一级卤代烃最难。二级卤代烃和三级卤代烃在消除卤化氢时,反应有时可以在碳链的两个不同方向进行,因此,可能得到两种不同的产物。例如:

$$CH_3CH_2\overset{|}{\underset{Br}{C}}HCH_3 \xrightarrow{\text{KOH}-C_2H_5OH} CH_3CH=CHCH_3 + CH_3CH_2CH=CH_2$$
$$\qquad\qquad\qquad\qquad\qquad\qquad\qquad 81\% \qquad\qquad\quad 19\%$$

$$CH_3CH_2\overset{CH_3}{\underset{Br}{\overset{|}{\underset{|}{C}}}}CH_3 \xrightarrow{\text{KOH}-C_2H_5OH} CH_3CH=C(CH_3)_2 + CH_3CH_2\overset{CH_3}{\overset{|}{C}}=CH_2$$
$$\qquad\qquad\qquad\qquad\qquad\qquad\qquad 71\% \qquad\qquad\quad 29\%$$

实验事实证明:在β−消除反应中,主要产物是由含氢较少的β−碳原子提供氢原子,生成双键碳原子上连接烃基较多的稳定烯烃。这个经验规则是俄国化学家札依采夫(Zaitsev A M)于1875年根据当时的实验事实提出的,故称为Zaitsev规则,生成的稳定的烯烃称为Zaitsev产物。而由含氢较多的β−碳原子提供氢原子生成的烯烃称为反Zaitsev产物。有关消除反应的反应机理及其与亲核取代反应的竞争将在第十章中讨论。

三、与金属的反应

卤代烃能和某些金属发生反应,生成有机金属化合物。有机金属化合物是指金属原子直接与碳原子相连的一类化合物。与金属的反应是卤代烃的重要反应之一,本节主要讨论卤代烃与金属镁及碱金属锂、钠的反应。

1. 与金属镁的反应

在常温下,把镁屑放在无水乙醚中,滴加卤代烃,卤代烃与镁作用生成有机镁化合物,该产物不需分离即可直接用于有机合成反应,这种有机镁化合物称为格利雅试剂(Grignard reagent),简称格氏试剂,其结构式为RMgX。

$$RX + Mg \xrightarrow[0\sim5\ ℃]{\text{无水乙醚}} RMgX$$

乙醚不仅作为反应溶剂,而且也能够通过O—Mg之间的弱配位作用起到稳定格氏试剂的作用。

$$\begin{matrix} H_5C_2 & & R & & C_2H_5 \\ & \diagdown & | & \diagup & \\ & O \rightarrow & Mg & \leftarrow O & \\ & \diagup & | & \diagdown & \\ H_5C_2 & & X & & C_2H_5 \end{matrix}$$

【知识拓展】
格利雅发现"格利雅试剂"

此外,苯、四氢呋喃(简写 THF)和其他醚类也可作为制备格利雅试剂的溶剂。

脂肪族和芳香族一卤代烃与镁生成格氏试剂的活性顺序是 RI>RBr>RCl>RF,三级卤代烃>二级卤代烃>一级卤代烃,通常用一溴代烃来制备格氏试剂。

通过亲核取代反应,卤代烃中的烃基与有机金属化合物的烃基用碳碳键连起来,形成了一个新的分子,该反应称为卤代烃与金属化合物的偶联反应,这是制备高级烃类化合物的重要方法。烯丙型和苯甲型卤代烃很容易与格氏试剂偶联。例如:

$$RCH{=}CHCH_2Br + RCH{=}CHCH_2MgBr \longrightarrow RCH{=}CHCH_2CH_2CH{=}CHR + MgBr_2$$

格氏试剂的性质非常活泼,能与多种含活泼氢的化合物作用,生成相应的烃。

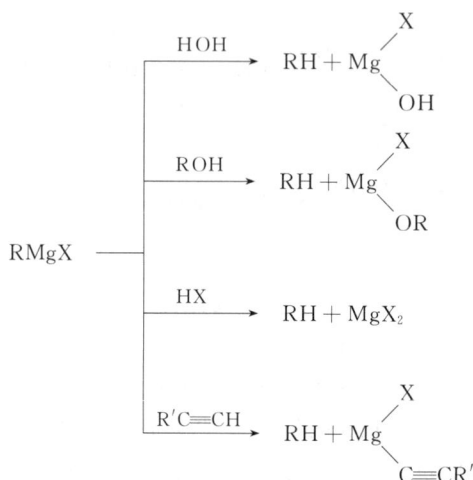

$$
RMgX
\begin{cases}
\xrightarrow{\text{HOH}} & RH + Mg{<}^{X}_{OH} \\
\xrightarrow{\text{ROH}} & RH + Mg{<}^{X}_{OR} \\
\xrightarrow{\text{HX}} & RH + MgX_2 \\
\xrightarrow{R'C{\equiv}CH} & RH + Mg{<}^{X}_{C{\equiv}CR'}
\end{cases}
$$

上述反应说明卤代烃通过生成格氏试剂,可以制得相应的烃。此外,该反应还可用来测知某化合物中所含活泼氢的数目。可以用定量的碘化甲基镁(CH_3MgI)与一定数量的含活泼氢的化合物作用,便可定量地得到甲烷,通过测定甲烷的体积,可以计算出化合物所含活泼氢的数量,这叫作活泼氢测定法。

由于格氏试剂会在水的存在下分解,在制备格氏试剂时必须使用无水溶剂和干燥的反应器,并且在操作过程中要采取措施以隔绝空气中的湿气。其他含活泼氢的化合物在制备和使用格氏试剂过程中都需注意活泼氢对格氏试剂的破坏作用。

格氏试剂是有机合成中用途极广的一种试剂,可用来合成烷烃、醇、醛、羧酸等各类化合物,这将在以后的章节中分别讨论。此外,格氏试剂还可与还原电位低于镁的金属卤化物作用,这是合成其他有机金属化合物的一个重要方法。例如:

$$3\,RMgCl + AlCl_3 \longrightarrow R_3Al + 3\,MgCl_2$$

$$2\,RMgCl + CdCl_2 \longrightarrow R_2Cd + 2\,MgCl_2$$

$$4\,RMgCl + SnCl_4 \longrightarrow R_4Sn + 4\,MgCl_2$$

2. 与金属钠反应

卤代烷可与金属钠反应,生成的有机钠化合物立即再与卤代烷反应生成烷烃。

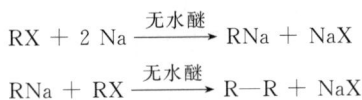

$$RX + 2\ Na \xrightarrow{\text{无水醚}} RNa + NaX$$

$$RNa + RX \xrightarrow{\text{无水醚}} R\!-\!R + NaX$$

例如：

$$2\ CH_3CH_2CH_2Br + 2\ Na \longrightarrow CH_3CH_2CH_2CH_2CH_2CH_3 + 2\ NaBr$$

这类反应可以用来从卤代烷（主要是伯卤代烷）制备含偶数碳原子、结构对称的烷烃，称为武尔兹反应（Wurtz reaction）。但此反应产率低，合成中较少使用。

3. 与金属锂反应

卤代烃也可与金属锂作用生成有机锂化合物。例如：

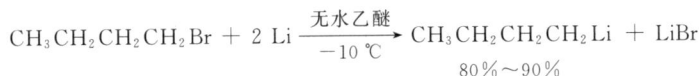

$$CH_3CH_2CH_2CH_2Br + 2\ Li \xrightarrow[-10\ ℃]{\text{无水乙醚}} CH_3CH_2CH_2CH_2Li + LiBr$$
$$80\%\sim90\%$$

这类反应常用无水乙醚作溶剂。由于有机锂化合物在较高的温度下能与醚类反应，所以，要在低温下制备有机锂化合物。另外，还可以用戊烷或己烷等烷烃作溶剂。

有机锂化合物的性质与格氏试剂很相似，反应性能更为活泼，遇水、醇、酸等立即分解。因此，反应必须在惰性气体的保护下进行，且溶剂必须彻底干燥。

两分子烃基锂与一分子碘化亚铜在无水乙醚或四氢呋喃中，低温下于氮气流中进行反应，生成二烃基铜锂，二烃基铜锂在有机合成中是一种重要的烃基化试剂，称为有机铜锂试剂。

$$2\ RLi + CuI \xrightarrow{\text{无水乙醚}} R_2CuLi + LiI$$
$$\text{二烃基铜锂}$$

二烃基铜锂和格氏试剂都很容易与三级卤代烃、烯丙型和苯甲型卤代烃发生偶联反应，反应通式如下：

$$R_2CuLi + R'X \longrightarrow R\!-\!R' + RCu + LiX$$

R'X 中 R' 一般是 1°烷基、2°烷基，也可以是烯丙基、芳甲基、乙烯基和芳基等；二烃基铜锂中的烃基可以是 1°烷基、2°烷基、烯丙基、芳甲基、乙烯基和芳基等，用此偶联反应可以合成各种高级烷烃、烯烃和芳烃。例如：

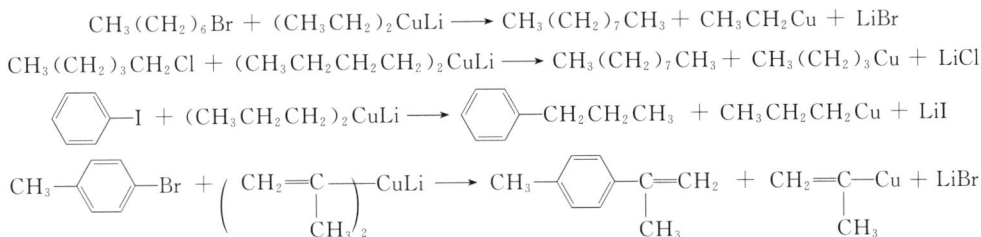

$$CH_3(CH_2)_6Br + (CH_3CH_2)_2CuLi \longrightarrow CH_3(CH_2)_7CH_3 + CH_3CH_2Cu + LiBr$$

$$CH_3(CH_2)_3CH_2Cl + (CH_3CH_2CH_2CH_2)_2CuLi \longrightarrow CH_3(CH_2)_7CH_3 + CH_3(CH_2)_3Cu + LiCl$$

二烃基铜锂与卤代烃反应生成高一级烃类，这是制备高级烃类化合物的一种方法，称为 Corey–House 合成。

四、还原反应

卤代烃能够通过氢化铝锂（LiAlH$_4$）转化为烷烃，由于氢化铝锂具备强还原性，它可以还原所有类型的卤代烃。这种还原过程通常在无水乙醚或四氢呋喃（THF）等溶剂中进行。

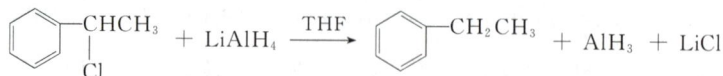

$$\text{C}_6\text{H}_5\text{CHCH}_3\text{(Cl)} + \text{LiAlH}_4 \xrightarrow{\text{THF}} \text{C}_6\text{H}_5\text{CH}_2\text{CH}_3 + \text{AlH}_3 + \text{LiCl}$$

这是制备纯粹烷烃的一种重要方法。

氢化铝锂与水猛烈反应而放出氢气：

$$\text{LiAlH}_4 + 4\,\text{H}_2\text{O} \longrightarrow \text{LiOH} + \text{Al(OH)}_3 + 4\,\text{H}_2\uparrow$$

因此，用氢化铝锂作还原剂，必须用无水溶剂，并在隔绝湿气的装置中进行操作。

硼氢化钠（NaBH$_4$）是比较温和的试剂，适用于二级、三级卤代烃还原，而一级卤代烃不易用此试剂还原。在还原过程中，分子内若同时存在羧基、氰基、酯基等基团可以保留不被还原。硼氢化钠可溶于水，呈碱性，比较稳定，能在水溶液或碱溶液中反应而不被水分解；但在酸性溶液中，很易分解为氢气和硼酸钠。

【知识拓展】
一种高度
活跃的化
学还原剂：
氢化铝锂

问题 9-7 从 1-溴丙烷制备下列各化合物。

(1) $\text{CH}_3\text{CH}_2\text{CH}_2\text{CH(CH}_3\text{)}_2$　　　(2) $\text{CH}_3\text{CH}_2\text{CH}_2\text{CN}$　　　(3) $\text{CH}_3\text{CH}_2\text{CH}_2\text{D}$

第四节　饱和碳原子上亲核取代反应的反应机理

卤代烃的亲核取代反应是一类重要反应。由于这类反应可用于各种官能团的转化，以及 C—C 键的形成，在有机合成中具有广泛的用途，因此对其反应机理的研究也就比较充分。

饱和碳原子上的亲核取代反应机理可以用一卤代烷的水解为例来说明。在研究水解速率与反应物浓度的关系时，发现有些卤代烷的水解速率仅与卤代烷的浓度有关，而另一些卤代烷的水解速率则与卤代烷和碱的浓度都有关系。例如，溴甲烷、溴乙烷的碱性水解反应，其水解速率与卤代烷的浓度成正比，也与碱的浓度成正比。

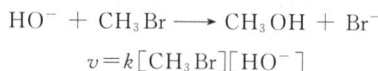

$$\text{HO}^- + \text{CH}_3\text{Br} \longrightarrow \text{CH}_3\text{OH} + \text{Br}^-$$
$$v = k[\text{CH}_3\text{Br}][\text{HO}^-]$$

在动力学研究中，反应速率式子里各浓度项的指数叫作级数，所有浓度项指数的总和称为该反应的反应级数。对上述反应来讲，反应速率相对于[CH$_3$Br]和[HO$^-$]分别是一级，而整个水解反应则是二级反应。

又如，三级溴丁烷在碱性条件下的水解反应，经测定其水解速率只与卤代烷的浓度成正比，而与碱的浓度无关。

$$(CH_3)_3CBr + H_2O \xrightarrow{HO^-} (CH_3)_3COH + HBr$$

$$v = k[(CH_3)_3CBr]$$

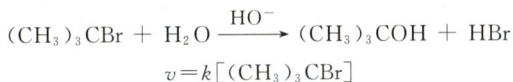

这表明反应速率对$[(CH_3)_3CBr]$是一级，对碱则是零级，因此，整个水解反应是一级反应。

从上述实验现象及其他大量的事实说明：卤代烃的亲核取代反应机理与其结构有着非常紧密的关系，是按照不同的反应机理进行的。

一、两种反应机理：S_N2 与 S_N1

为了解释以上实验事实，提出了两种反应机理。

1. 双分子亲核取代反应（S_N2）机理

溴甲烷水解反应过程可以描述如下：整个反应是一步完成的，反应过程只需经历一个过渡态，亲核试剂是从反应物离去基团的背面进攻中心碳原子的。像溴甲烷水解反应这样，有两种分子参与了决速步骤的亲核取代反应称为双分子亲核取代反应，用 S_N2 表示，其中 S 代表取代（substitution），N 代表亲核（nucleophilic），2 表示是双分子反应。S_N2 反应是一步完成的协同反应。

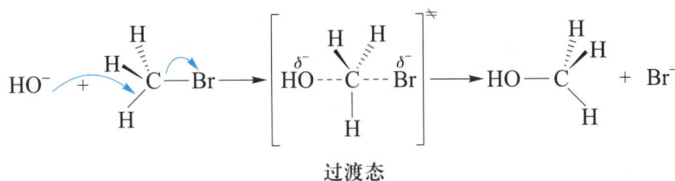

过渡态

在反应过程中，O—C 键的形成和 C—Br 键的断裂是同时进行的，整个反应经过一个过渡态。在形成过渡态时，亲核试剂 HO^- 从背面沿着 C—Br 键的轴线进攻碳原子，此时 O—C 之间的键只部分形成；C—Br 键由于受到 HO^- 进攻的影响，则同时逐渐伸长和变弱，但并没有完全断裂。与此同时，甲基上的 3 个氢原子也向溴原子一方逐渐偏转，这时碳原子同时与 HO 及 Br 部分键合，进攻试剂（HO^-）中的氧原子、中心碳原子和离去基团（Br^-）差不多在一条直线上，而碳原子和其他 3 个氢原子则在垂直于这条线的平面上，HO 与 Br 在平面的两边，此时体系的势能最高，即处在过渡态。当 HO^- 继续接近碳原子生成 O—C 键，溴原子则继续远离碳原子，最后生成溴负离子而离去。反应由过渡态转化生成产物时，甲基上的 3 个氢原子也完全偏到溴原子的一边，中心碳原子的构型发生翻转。此构型翻转的现象是由德国化学家瓦尔登（P. Von Walden）首先发现的，为此称为瓦尔登构型翻转。

溴甲烷水解反应进程中的能量变化，可用反应进程–势能图 9–3 表示。

当反应到达过渡态时，溴甲烷中心碳原子从原来的 sp^3 杂化轨道转变为 sp^2 杂化轨道，与 3 个氢原子成键，所成的键角是 $120°$，3 个 C—H 键排列在一个平面上，碳原子上还有一个垂直于该平面的 p 轨道，该 p 轨道的一侧与亲核试剂（HO^-）的轨道重叠，另一侧与离去基团（Br^-）的轨道重叠（见图 9–4）。

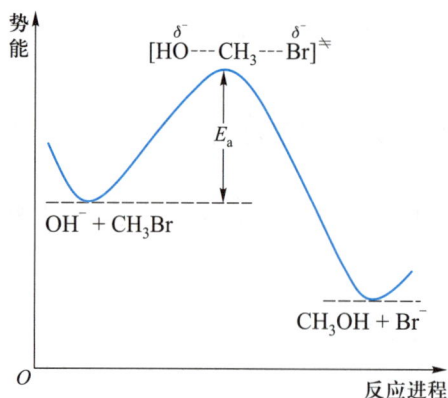

图9-3　溴甲烷水解反应进程中的能量变化

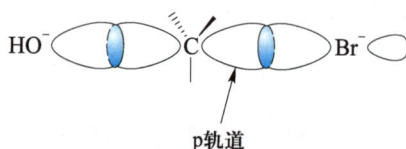

图9-4　过渡态时中心碳原子的 p 轨道与
亲核试剂及离去基团的轨道重叠

在 S_N2 反应中,由于亲核试剂是从离去基团的背面进攻中心碳原子的,因此,若中心碳原子为手性碳原子,在生成产物时,中心碳原子的构型完全转化,这是 S_N2 反应独有的立体化学特征。

2. 单分子亲核取代反应(S_N1)机理

对三级溴丁烷的水解反应,认为是分两步完成的,第一步是 C—Br 键先异裂生成碳正离子,要经历一个 C—Br 键将断而未断的能量较高的过渡态阶段:

$$(1)\ (CH_3)_3C\text{—}Br \xrightarrow{慢} [(CH_3)_3 \overset{\delta+}{C}\cdots\overset{\delta-}{Br}]^{\neq} \longrightarrow (CH_3)_3C^+ + Br^-$$

反应的第二步是由碳正离子与亲核试剂 HO^- 或水结合生成水解产物。

$$(2)\ (CH_3)_3C^+ + HO^- \xrightarrow{快} [(CH_3)_3\overset{\delta+}{C}\cdots\overset{\delta-}{OH}]^{\neq} \longrightarrow (CH_3)_3C\text{—}OH$$

对于多步反应来说,生成最后产物的速率由速率最慢的一步来控制。在三级溴丁烷的水解反应中,C—Br 键的解离需要较大的能量,反应速率比较慢,而生成的碳正离子具有高度的活泼性,它生成后立即与 HO^- 作用。由于第一步反应所需活化能较大,是决定整个反应速率的步骤,所以整个反应速率仅与 $(CH_3)_3CBr$ 浓度有关。

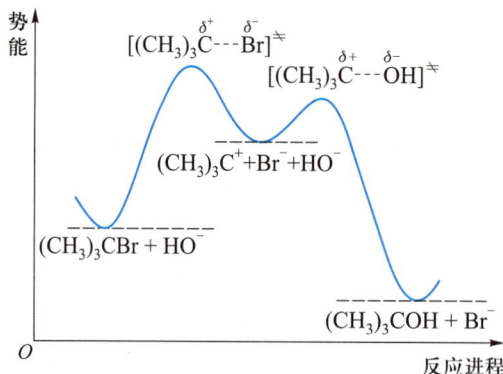

像三级溴丁烷碱性水解反应这样,只有一种分子参与了速控步骤的亲核取代反应,称为单分子亲核取代反应,用 S_N1 表示。"1"表示只有一种分子参与了决定反应速率步骤的反应。三级溴丁烷碱性水解反应进行过程中的能量变化见图9-5。

S_N1 反应的特征是分步进行的单分子反应,并有活泼中间体碳正离子的生成。

还需注意,反应分子数和反应级数是两

图9-5　三级溴丁烷碱性水解反应
进程中的能量变化

溴甲烷的 S_N2 取代反应

个不同的概念。动力学上的反应级数指的是速率方程中各浓度项指数的和,这是根据实验结果确定的,并不是一个可以从化学反应方程式直接推得的数目。反应分子数是指在决定反应速率的一步中,同时直接参与反应的分子、原子、离子、自由基等的数目,它必须是整数。上面讨论的 CH_3Br 的碱性水解反应是二级反应,属于双分子反应,而三级溴丁烷的水解反应是一级反应,同时是单分子反应。然而,应该注意到,动力学上的级数与反应的分子数并不完全都是一致的。例如,有些化合物的溶剂解反应(溶剂解是指化合物在没有外加试剂的条件下,在指定溶剂中和在溶剂分子的参与下发生的反应),实际上的反应机理是双分子过程,但是由于溶剂往往是过量存在的,反应前后溶剂浓度基本不变,从动力学上观察的仍是一级反应。所以,反应微观的分子数不能单纯地由宏观的动力学级数来推测。

二、S_N1 与 S_N2 的立体化学

1. S_N2 的立体化学

亲核取代反应按双分子机理进行时,被认为亲核试剂是从离去基团的背面进攻中心碳原子的,所得的产物与反应物具有相反的构型,称为构型翻转或构型转化,亦称瓦尔登(Walden)转化。

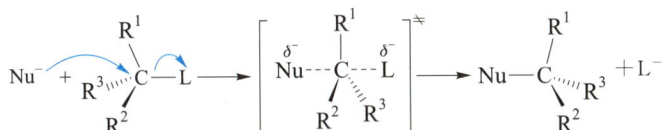

这种构型转化,只有当中心碳原子是手性碳原子时,才能观察出来。例如,已知 (S)-2-溴辛烷和 (S)-辛-2-醇属同一构型,其比旋光度分别为 $-34.2°\cdot m^2\cdot kg^{-1}$、$-9.9°\cdot m^2\cdot kg^{-1}$。

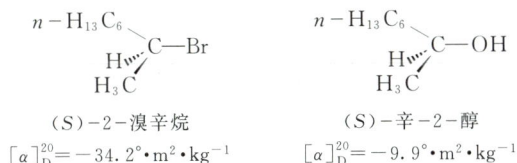

如将 (S)-2-溴辛烷与氢氧化钠进行水解反应而制得辛-2-醇,经实验测定,此辛-2-醇的比旋光度为 $+9.9°\cdot m^2\cdot kg^{-1}$,即为 (R)-辛-2-醇,这个 (R)-辛-2-醇必然是 (S)-辛-2-醇的对映体,其反应为

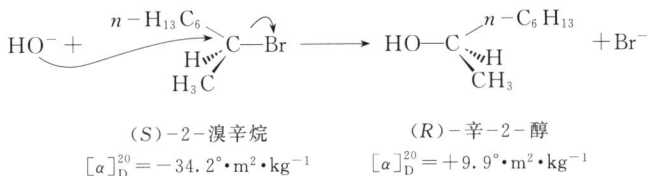

此外,下列实验事实同样可以说明 S_N2 反应是伴随构型翻转的。用 (S)-2-碘辛烷与放射性 $NaI(^{128}I^-)$ 作用,则转变为 (R)-2-碘(^{128}I)辛烷。

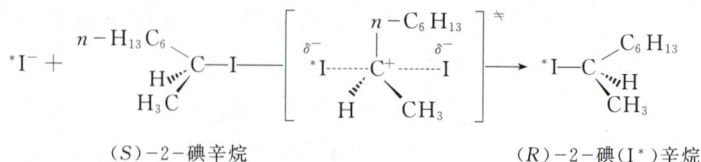

$$(S)-2-碘辛烷 \qquad (R)-2-碘(I^*)辛烷$$

2. S_N1 的立体化学

在 S_N1 反应中,决定反应速率的一步中形成的碳正离子(sp^2 杂化)具有平面构型。

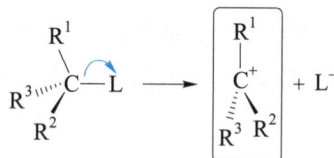

亲核试剂向平面两侧进攻的概率是相等的。因此,当反应物的中心碳原子是手性碳原子时,生成的产物是外消旋体,不具有光学活性的。

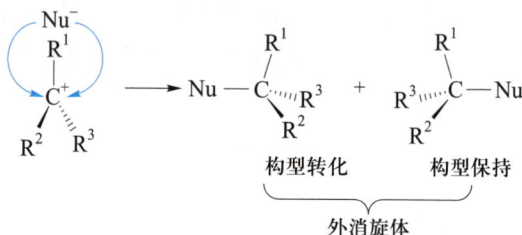

在有些 S_N1 反应的情况下,实验结果确实如此。但在多数情况下,结果并不那么简单,往往是在外消旋化的同时,还出现了一部分构型的转化,从而使产物具有不同程度的旋光性。

例如,$(R)-(-)-2-$溴辛烷在含水乙醇中水解,得到的产物中构型转化的占 83%,构型保持的占 17%。

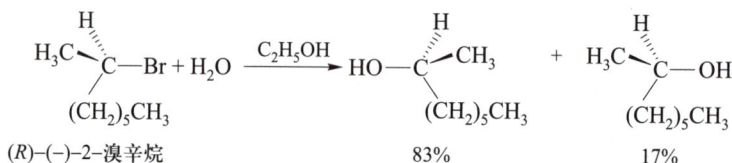

$$(R)-(-)-2-溴辛烷 \qquad 83\% \qquad 17\%$$

温斯坦(Winstein)用离子对机理对上述实验现象进行了解释。他认为某些 S_N1 反应不是通过碳正离子中间体,而是通过离子对进行的。在进行 S_N1 反应时,底物(反应物)按下列方式解离。

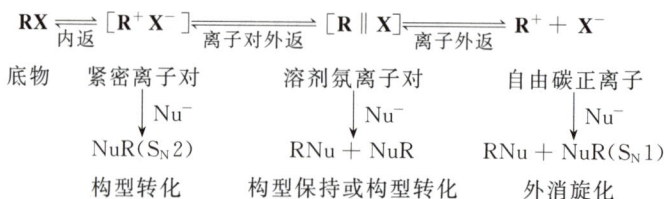

这个过程是可逆的,反向的过程称为返回。解离的方式与底物有关,在 S_N1 反应中,

亲核试剂可以在任何一个阶段进攻中心碳原子,若进攻紧密离子对,亲核试剂只能从 X 原子的背面进攻,得到构型转化产物。溶剂氛离子对的结合不如紧密离子对紧密,得到构型保持和构型转化的混合物。自由碳正离子是一平面构型,亲核试剂从平面两侧进攻机会均等,得到外消旋化产物。解离的方式也与溶剂有关,一般在非极性溶剂中,倾向于形成紧密离子对和溶剂氛离子对,而在强极性溶剂中,倾向于形成自由碳正离子。用离子对的概念,较好地解释了一些 S_N1 反应得到部分构型转化和部分构型保持的产物的实验事实。

$$H_2O \longrightarrow \overset{R^1}{\underset{R^2\ \ R^3}{C^+}} Br^- \longleftarrow H_2O$$

背面进攻不受阻碍　　紧密离子对　前面进攻受阻碍

S_N1 反应的另一个特点是反应中常伴随有重排反应发生。当卤代烃解离后生成的碳正离子稳定性较差时,则会发生分子内的重排反应,生成更加稳定的碳正离子。例如:

$$CH_3CCH_2Br \xrightarrow[S_N1]{C_2H_5OH} CH_3CCH_2CH_3$$
（带有 CH_3 取代基及 OC_2H_5 基团）

反应过程如下:

$$CH_3CCH_2-Br \xrightarrow[S_N1]{C_2H_5OH} CH_3\overset{+}{C}CH_2 \xrightarrow{CH_3\ 重排} CH_3CCH_2CH_3 \xrightarrow{C_2H_5OH}$$

$$CH_3CCH_2CH_3 \xrightarrow{-H^+} CH_3CCH_2CH_3$$

3. 邻基参与机理

(S)-2-溴丙酸负离子按 S_N1 机理进行水解、醇解反应时,其构型 100% 保持不变。这种异常现象可用邻基参与来解释。

在亲核取代反应中,在离去基团的 β 位(或更远)上有一带有未共用电子对或带负电荷的原子或原子团参与了反应,对亲核取代的反应速率、立体化学等产生很大影响,这种作用称为邻基参与(neighboring group participation)。

(S)-2-溴丙酸负离子　　　　　　　　(S)-2-羟基丙酸负离子

常见的邻位基团有—COO^-、—O^-、—OH、—OR、—NR_2、—X 和苯基等。邻基参与往往能显著增加反应速率,因此,这种现象也常称为邻位促进或邻位协助(anchimeric assistance)。

在(S)-2-溴丙酸的水解反应中,邻位—COO⁻进攻α-碳原子,促进溴原子离去,此步相当于分子内的S_N2反应,生成了不稳定的三元环内酯中间体,限制了亲核试剂进攻的方向,使HO⁻只能从原来溴离子离去的方向引入,同时恢复—COO⁻的结构。这相当于分子内又发生了一次S_N2反应。两次构型翻转,其结果是产物构型得到100%保持。

三、影响亲核取代反应的因素

影响亲核取代反应的因素主要有烃基的结构、离去基团的离去能力、试剂的亲核性及溶剂在反应中的作用等,下面分别予以讨论。

1. 烃基结构的影响

烃基的结构对S_N1和S_N2反应的影响都很大。一般来说,烃基的空间效应对S_N2反应的影响更显著,烃基的电子效应对S_N1反应的影响更大。

在S_N2反应中,烃基的空间效应影响占主导地位。α-碳原子或β-碳原子上支链的增加,阻碍了亲核试剂从离去基团的背面进攻,且会造成过渡态拥挤程度增加,降低了过渡态的稳定性,使反应速率明显下降。一些溴代烷按S_N2机理反应的相对反应速率见表9-4。

表9-4 一些溴代烷按S_N2机理反应的相对反应速率

溴代烷	S_N2反应相对反应速率 ($C_2H_5O^-/C_2H_5OH$,55 ℃,速率比)
CH_3CH_2Br	1
$CH_3CH_2CH_2Br$	0.28
$(CH_3)_2CHCH_2Br$	0.030
$(CH_3)_3CCH_2Br$	0.000 004 2

在S_N1反应中,决定反应速率的步骤是碳正离子的生成。具有$+I$效应和$+C$效应的取代基都可以稳定碳正离子,卤代烃RX按S_N1的反应活性与其生成的碳正离子的稳定性顺序相似:

$$ArCH_2X > \underset{|}{C}=C-CH_2X > 3°RX > 2°RX > 1°RX > CH_3X > C=C_X$$

同时,在S_N1反应中,具有四面体结构的反应物变成具有平面结构的碳正离子中间体,空间拥挤程度减小,尤其是叔烃基卤化物生成碳正离子后,基团间空间拥挤程度减少更多,有利于按S_N1机理反应。一些溴代烷在80%乙醇水溶液中(55 ℃)按S_N1机理反应的相对反应速率见表9-5。

表9-5 一些溴代烷在80%乙醇水溶液中(55 ℃)按S_N1机理反应的相对反应速率

溴代烷	S_N1反应相对反应速率
CH_3Br	0.003 4
CH_3CH_2Br	0.013
$(CH_3)_2CHBr$	0.023
$(CH_3)_3CBr$	100

问题 9-8 (1) 按 S_N1 反应的活性顺序排列以下化合物。

1-溴-2-甲基丁烷,2-溴-2-甲基丁烷,2-溴-3-甲基丁烷

(2) 按 S_N2 反应的活性顺序排列以下化合物。

1-溴丁烷,2-溴-2-甲基丁烷,2-溴丁烷

问题 9-9 指出下列各对反应中哪一个较快,并简述理由。

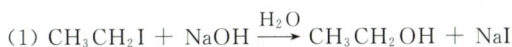

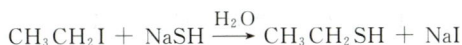

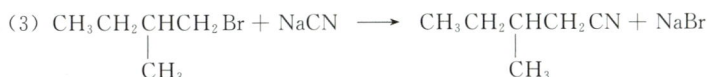

(1) $CH_3CH_2I + NaOH \xrightarrow{H_2O} CH_3CH_2OH + NaI$

$CH_3CH_2I + NaSH \xrightarrow{H_2O} CH_3CH_2SH + NaI$

(2) $(CH_3)_2CHCH_2Cl \xrightarrow{C_2H_5OH} (CH_3)_2CHCH_2OC_2H_5$

$(CH_3)_2CHCH_2Br \xrightarrow{C_2H_5OH} (CH_3)_2CHCH_2OC_2H_5$

(3) $CH_3CH_2\underset{\underset{CH_3}{|}}{C}HCH_2Br + NaCN \longrightarrow CH_3CH_2\underset{\underset{CH_3}{|}}{C}HCH_2CN + NaBr$

$CH_3(CH_2)_3Br + NaCN \longrightarrow CH_3(CH_2)_3CN + NaBr$

烯丙型和苯甲型卤代烃的化学性质很活泼,它们既可以进行 S_N1 反应,又可以进行 S_N2 反应。当按 S_N1 机理发生反应时,生成的烯丙基碳正离子或苯甲基碳正离子的空 p 轨道,可以与双键或苯环的 π 轨道形成缺电子的 p-π 共轭体系,p-π 共轭效应使碳正离子的正电荷得到分散,体系趋于稳定,有利于 S_N1 反应的进行。图 9-6 是烯丙基碳正离子的 p-π 共轭体系。

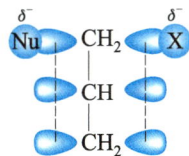

例如,烯丙基氯易解离生成较稳定的碳正离子,有利于 S_N1 反应的进行。烯丙基碳正离子的正电荷分布如下所示:

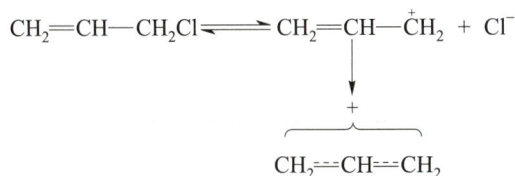

$$CH_2{=}CH{-}CH_2Cl \Longleftrightarrow CH_2{=}CH{-}\overset{+}{C}H_2 + Cl^-$$

$$\underset{CH_2{=\!=}CH{=\!=}CH_2}{\overset{+}{\underbrace{\qquad\qquad}}}$$

当烯丙型和苯甲型卤代烃按 S_N2 机理发生反应时,由于 α-碳原子相邻 π 键的存在,在形成过渡态时,中心碳原子的 p 轨道可与双键上的 p 轨道重叠,使过渡态能量降低,从而也有利于 S_N2 反应进行。烯丙型卤代烃 S_N2 反应过渡态的结构见图 9-7。烯丙基氯的 S_N2 水解反应的反应机理如下所示:

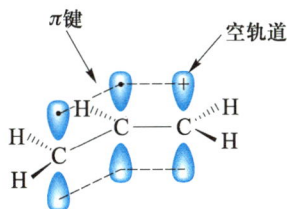

图 9-6 烯丙基碳正离子的 p-π 共轭体系　　图 9-7 烯丙型卤代烃 S_N2 反应过渡态的结构

$$HO^- + CH_2\text{—}Cl \longrightarrow \left[\overset{\delta^-}{HO}\text{---}C\text{---}\overset{\delta^-}{Cl} \right]^{\neq} \longrightarrow HO\text{—}CH_2 + Cl^-$$

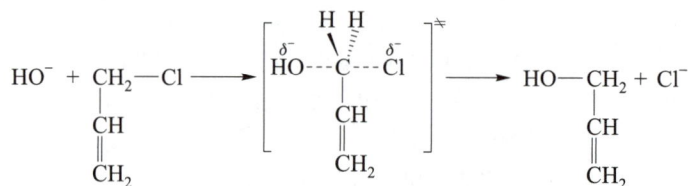

苯甲型卤代烃的情况与烯丙基氯的相似。

乙烯型卤代烃在一般条件下不发生亲核取代反应。例如,氯乙烯与碱溶液或氨溶液不起作用,分子中的氯原子不能被—OH 或—NH$_2$ 取代。这主要是因为卤原子上非键 p 电子对与碳碳 π 键形成 p-π 共轭体系(见图 9-8)。由于共轭作用,氯原子上的非键电子离域,C—Cl 键偶极矩减小,键长缩短,键能升高,Cl$^-$ 不易离去,亲核取代反应难以发生。氯乙烯分子中的电子云转移可表示如下:

$$CH_2\!\!=\!\!CH\!\!-\!\!\ddot{C}l\!:$$

卤代芳烃中卤原子与芳环直接相连,图 9-9 中氯原子上的 p 轨道与苯环的 π 轨道形成 p-π 共轭体系,情况与氯乙烯相似,不易发生亲核取代反应。由于卤代芳烃中碳卤键不易解离,芳基碳正离子又极不稳定,使 S$_N$1 反应不能进行。亲核试剂从卤原子的背面进攻受到芳环的阻碍,也不能起 S$_N$2 反应。所以,室温下卤代芳烃与氢氧化钠水溶液和硝酸银的乙醇溶液都不起反应。

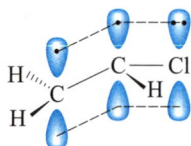

图 9-8 氯乙烯的 p-π 共轭体系

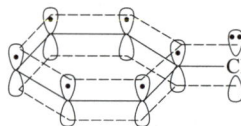

图 9-9 氯苯的 p-π 共轭体系

卤代芳烃或卤代烯烃与乙烯基化合物在过渡金属(如 Pd 等)的催化下,形成碳碳键的偶联反应称为赫克(Heck)反应。这个反应是 20 世纪 70 年代由 Heck 和 Mizoroki 分别独立发现的。例如:

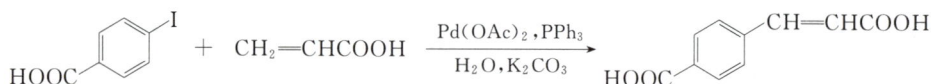

反应通常需要碱参与,碘代芳烃反应最快,产率也较高,而且反应条件温和,时间短。溴代或氯代芳烃或烯烃的活性随碳卤键的键能增加而递减,一般不使用氟代芳烃或氟代烯烃进行 Heck 反应。

Heck 反应是合成含各种取代基的不饱和化合物最有效的偶联方法之一。利用分子内的 Heck 反应,可构筑稠环体系,在天然产物合成中有很好的应用前景。例如:

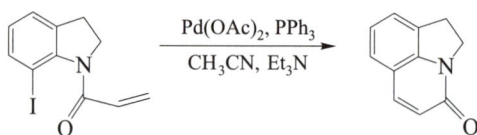

Heck 反应可适用于各类底物,对醛基、酯基、硝基等许多官能团都有良好的兼容性,故被广泛应用于制药、燃料及有机发光材料等领域。

Heck 反应的缺点是反应条件较苛刻,需严格的无氧无水操作,且钯催化剂的价格昂贵,限制了它在工业上的应用。

问题 9-10 以氯代环己烷和氯苯为例,分别从 C—Cl 键的键长、键的解离能、偶极矩、与亲核试剂和金属的反应等方面对一卤代烷烃和一卤代芳烃的性质进行比较。

如果被取代的基团是连接在桥环化合物的桥头碳原子上,进行 S_N1 和 S_N2 反应都十分困难。例如,在 1-氯-7,7-二甲基二环[2.2.1]庚烷分子中,氯原子是连接在桥头碳原子上的:

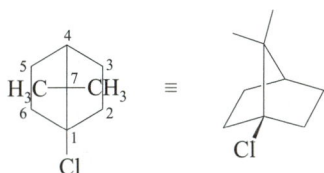

它与硝酸银的醇溶液回流 48 h 或与 30% KOH 醇溶液回流 21 h,都未检测到有氯原子被取代的反应发生。这主要是由于氯原子连在桥头碳原子上时,亲核试剂按 S_N2 机理从背面进攻中心碳原子空间阻碍很大,反应很难进行。

若按 S_N1 机理进行,氯化物首先要解离为碳正离子,但桥环体系牵制着桥头碳正离子伸展为平面构型,阻碍了氯化物的解离,因此取代反应也很难进行。

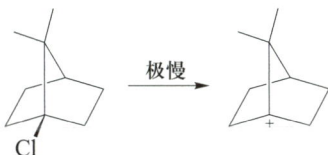

2. 离去基团(L)的影响

在亲核取代反应中,带着一对电子离开中心碳原子的负离子是离去基团(leaving group)。

在 S_N1 和 S_N2 反应中,决定反应速率的一步都包含有 C—L 键的异裂,离去基团的离去倾向大,对 S_N1 和 S_N2 反应都有利。

一般说来,离去基团越容易接受一对电子,碱性越弱,则越容易离去。卤离子的碱性大小次序为 $I^- < Br^- < Cl^- \ll F^-$,卤离子的离去倾向则为 $I^- > Br^- > Cl^- \gg F^-$。

对碘负离子来说,无论作为亲核试剂还是作为离去基团都表现出很高的活性。因此当一级氯代烷进行 S_N2 水解反应时,常可在溶液中加入少量 I^-,使反应大为加快,而 I^- 自身却未消耗掉,可以反复使用直至反应完成。

$$RCH_2Cl + H_2O \xrightarrow{\text{很慢}} RCH_2OH + HCl$$

$$I^- + RCH_2Cl \xrightarrow{\text{快}} RCH_2I + Cl^-$$

$$RCH_2I + H_2O \xrightarrow{\text{快}} RCH_2OH + HI$$

$$(I^- \text{作为离去基团})$$

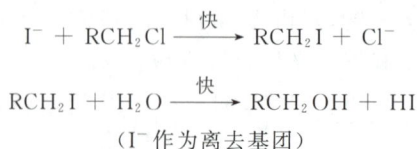

表 9-6 列出一些离去基团在亲核取代反应中的相对反应速率。

表 9-6　一些离去基团在亲核取代反应中的相对反应速率

离去基团	F^-	Cl^-	Br^-	H_2O	I^-	CH_3—⟨⟩—SO_3^-	⟨⟩—SO_3^-
反应物	RF	RCl	RBr	$R\overset{+}{O}H_2$	RI	CH_3—⟨⟩—SO_2—OR	$C_6H_5SO_2$—O—R
相对反应速率	10^{-2}	1	50	50	150	190	300

CH_3—⟨⟩—SO_3^-，⟨⟩—SO_3^- 等强酸的酸根都是很好的离去基团。

至于碱性很强的基团，如 R_3C^-、R_2N^-、RO^-、HO^- 等，则不能作为离去基团进行亲核取代反应。由于 HO^- 和 RO^- 具有强的碱性，所以醇（ROH）和醚（ROR）本身都不能直接进行亲核取代反应。它们只有在酸性（包括路易斯酸）条件下形成了 R—$\overset{+}{O}H_2$ 和 R—$\overset{+}{\underset{H}{O}}$—$R$，使离去基团的碱性相应减弱后，才有可能进行亲核取代反应。例如，正丁醇不能被 Br^- 取代，但在氢溴酸的酸性条件下，反应能按 S_N2 反应进行。

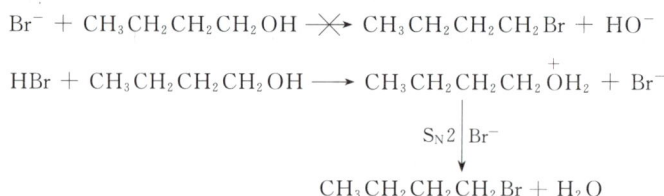

$$Br^- + CH_3CH_2CH_2CH_2OH \xrightarrow{\quad\times\quad} CH_3CH_2CH_2CH_2Br + HO^-$$

$$HBr + CH_3CH_2CH_2CH_2OH \longrightarrow CH_3CH_2CH_2CH_2\overset{+}{O}H_2 + Br^-$$

$$S_N2 \bigg\downarrow Br^-$$

$$CH_3CH_2CH_2CH_2Br + H_2O$$

3. 亲核试剂（Nu）的影响

亲核试剂（nucleophilic reagent）对 S_N1 反应的反应速率影响不明显，主要是对 S_N2 反应速率有较大的影响。一般来说，进攻的亲核试剂的亲核能力越强，反应经过 S_N2 机理过渡态所需的活化能就越低，S_N2 反应趋向越大。

试剂的亲核能力与以下因素有关：

（1）试剂所带电荷的性质　一个带负电荷的亲核试剂要比相应呈中性的试剂的亲核能力强。例如，$HO^- > H_2O$，$RO^- > ROH$ 等。

（2）试剂的碱性　亲核试剂都是带有负电荷或未共用电子对的，所以它们都是路易斯碱。一般来说，试剂的碱性越强，亲核能力也越强。亲核试剂的亲核性能大致与其碱性强弱顺序相对应。例如，下列亲核试剂由强到弱的顺序为

$$C_2H_5O^- > HO^- > C_6H_5O^- > CH_3COO^-$$

$$R_3C^- > R_2N^- > RO^- > F^-$$

　　要注意碱性和亲核性是两个不同的概念。第一，碱性代表试剂结合氢质子的能力，而亲核性则代表试剂与碳原子的结合能力；第二，碱性强弱与碱的解离平衡常数大小有关，而亲核性强弱与反应过渡态的能量高低有关；第三，碱性很少受空间位阻因素影响，而亲核性对空间效应的影响很敏感。实际上，亲核性涉及的范围比碱性广，亲核性不仅与碱性有关，而且与试剂中亲核原子的可极化性、试剂的空间位阻和溶剂的极性有关。

　　(3) 溶剂对亲核性的影响　　溶剂对亲核性的强弱也有影响。卤代烃不溶于水，但亲核试剂往往溶于水，而不溶或几乎不溶于非极性有机溶剂中。要使亲核取代反应在溶液中进行，常用醇作溶剂，或用其他溶剂如丙酮中加水等，使两者都能溶解。

　　在醇和水等质子溶剂中，亲核试剂与溶剂之间可以形成氢键，即能发生溶剂化作用。带相同电荷的原子、体积小的亲核试剂，形成氢键的能力强，溶剂化作用大。这样就削弱了亲核试剂与中心碳原子之间的作用，其亲核性受到溶剂的抑制最为显著。周期表中同一周期的元素能够形成同类型的亲核试剂，其亲核性的强弱与碱性强弱一致，即随着原子序数增大碱性减弱，亲核性减弱。例如：

$$H_2N^- > HO^- > F^-$$
$$R_3C^- > R_2N^- > RO^- > F^-$$

　　周期表中同族元素所产生的负离子或分子，亲核性与碱性的强弱顺序不一致，即随着原子序数增大，碱性减弱，亲核性增强。例如：

　　碱性：　　$RO^- > RS^-$　　　$ROH > RSH$　　　$F^- > Cl^- > Br^- > I^-$

　　亲核性：　　$RS^- > RO^-$　　　$RSH > ROH$　　　$I^- > Br^- > Cl^- > F^-$

这是因为在质子溶剂中，卤负离子形成氢键的能力顺序是 $F^- > Cl^- > Br^- > I^-$，形成氢键能力强者，溶剂化作用大，亲核性就减弱。

　　在非质子性溶剂中，如二甲亚砜 $(CH_3)_2SO$（缩写 DMSO）、N,N – 二甲基甲酰胺 $HCON(CH_3)_2$（缩写 DMF），周期表中同族元素所产生的负离子的碱性和亲核性的强弱顺序一致，即随着原子序数增大，碱性减弱，亲核性减弱。例如，卤负离子的碱性和亲核性的强弱顺序均为 $F^- > Cl^- > Br^- > I^-$。这主要是在非质子溶剂中，卤负离子没有溶剂化作用的缘故。

　　试剂的亲核性还受空间因素的影响，空间位阻大的亲核性小。例如，烷氧负离子的亲核性大小次序为

$$CH_3O^- > CH_3CH_2O^- > (CH_3)_2CHO^- > (CH_3)_3CO^-$$

与碱性强弱的顺序相反。

　　4. 溶剂的影响

　　溶剂的性质对亲核取代反应也有一定的影响，溶剂主要是通过影响过渡态的稳定性，从而影响反应活化能而影响反应速率。

　　S_N1 反应的速率决定步骤是卤代烃的解离，过渡态是高度极化的，碳原子上带部分正电荷，卤原子上带部分负电荷；溶剂极性的增加能够稳定过渡态，使过渡态的能量降低，因而降低了反应活化能，使反应加速。例如，三级溴代烷的溶剂解随溶剂极性增加而加速。

$$(CH_3)_3CBr \ + \ Sol{-}OH \ \xrightarrow{\ S_N1\ } \ (CH_3)_3COSol \ + \ HBr$$

Sol—OH	乙醇	20%水,80%乙醇	50%水,50%乙醇	水
相对速率	1	10	20	1 450

溶剂的极性对 S_N2 反应的影响不大。因为在 S_N2 反应中,反应物($RX + Nu^-$)和过渡态 $\left(\overset{\delta-}{Nu}\cdots R\cdots\overset{\delta-}{X}\right)$ 都带负电荷,体系的极性通常没有变化,只是电荷的分散程度不同。反应物中电荷集中,过渡态电荷分散,溶剂对反应物的作用略大于过渡态,对活化能的影响较小。但是,增加溶剂的极性会使极性大的亲核试剂发生溶剂化作用。因此,在极性小的非质子溶剂(如无水丙酮)中,有利于反应按 S_N2 机理进行。

第五节 卤代烃的制备

卤代烃在自然界极少存在,但它们又是有机合成的重要原料,所以,卤代烃的制备成为有机化学中的一个重要问题。制备卤代烃一般是向烃分子中直接引入卤原子,或将某些有机化合物分子中的官能团以卤原子替代而得。

一、由烃制备

1. 烃的卤化

烷烃的卤化一般生成复杂的混合物,在实验室中只在极少数情况下用卤化法制备一卤代烷。例如:

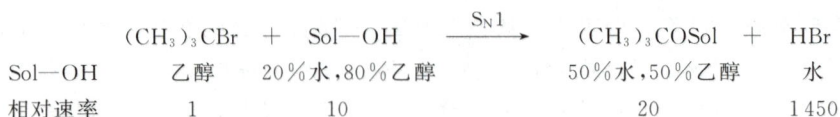

丙烯和甲苯等化合物在高温下可以发生 $\alpha{-}H$ 的卤化反应。如果需要在较低温度下或在实验室条件下进行反应,常采用 $N{-}$溴代丁二酰亚胺($N{-}$bromosuccinimide,简写为 NBS)作为溴化剂,反应是在四氯化碳作溶剂及过氧化苯甲酰($C_6H_5COOOCC_6H_5$)等引发剂存在下进行的。生成 $\alpha{-}$溴代产物和丁二酰亚胺副产物,其中丁二酰亚胺不溶于四氯化碳溶剂中,通过过滤的方法可以除去。例如:

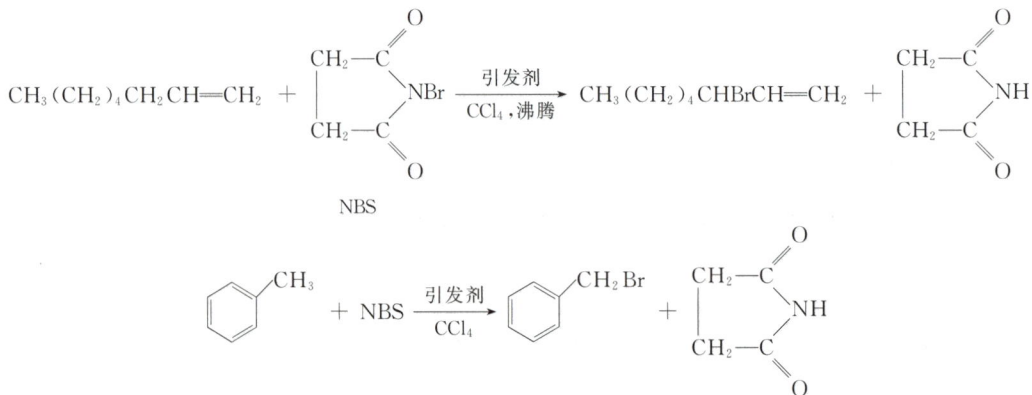

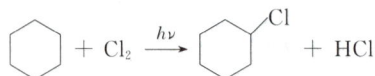

芳烃的卤化或芳烃侧链卤化见第七章。

2. 不饱和烃的加成

烯烃或炔烃与卤化氢或卤素可以发生加成反应,得到卤代烃(见第三、四章)。例如:

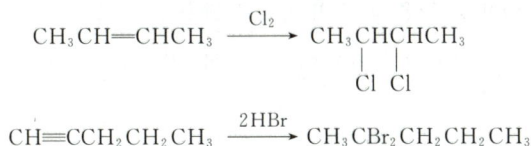

$$CH_3CH{=}CHCH_3 \xrightarrow{Cl_2} CH_3\underset{\underset{Cl}{|}}{CH}\underset{\underset{Cl}{|}}{CH}CH_3$$

$$CH{\equiv}CCH_2CH_2CH_3 \xrightarrow{2HBr} CH_3CBr_2CH_2CH_2CH_3$$

3. 氯甲基化反应

芳烃、甲醛及氯化氢在无水氯化锌等存在下进行反应,可以直接在芳环上导入氯甲基($-CH_2Cl$),这个反应叫作氯甲基化反应。例如:

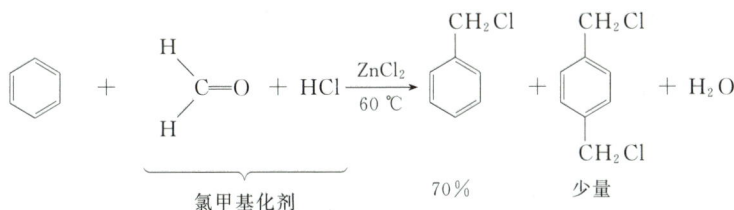

$$\underset{\underset{\text{氯甲基化剂}}{\underbrace{\qquad\qquad}}}{\bigcirc + \underset{H}{\overset{H}{\diagdown}}C{=}O + HCl} \xrightarrow[60\ ℃]{ZnCl_2} \underset{70\%}{\overset{CH_2Cl}{\bigcirc}} + \underset{\underset{\text{少量}}{CH_2Cl}}{\overset{CH_2Cl}{\bigcirc}} + H_2O$$

苯环上有第一类定位基时(卤素除外),氯甲基化反应易于进行;有第二类定位基和卤素时,反应将难于进行。氯甲基化反应在有机合成上很重要,因为导入的氯甲基可以转化成其他基团。

二、由醇制备

醇分子中的羟基($-OH$)用卤素置换可以得到相应的卤代烃,常用的试剂有氢卤酸(HX)、卤化磷(PX_3,PX_5)和亚硫酰氯($SOCl_2$)。因为醇较易得到,卤代烷大多是从醇制备的(见第十章第一节)。例如:

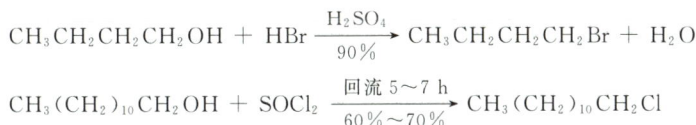

$$CH_3CH_2CH_2CH_2OH + HBr \xrightarrow[90\%]{H_2SO_4} CH_3CH_2CH_2CH_2Br + H_2O$$

$$CH_3(CH_2)_{10}CH_2OH + SOCl_2 \xrightarrow[60\%\sim70\%]{\text{回流 }5\sim7\text{ h}} CH_3(CH_2)_{10}CH_2Cl$$

三、卤代物的互换

见本章第三节一。例如,烯丙基氯与碘化钠反应,碘负离子取代氯,发生了卤代物的互换:

$$CH_2{=}CHCH_2Cl + NaI \xrightarrow{\text{丙酮}} CH_2{=}CHCH_2I + NaCl$$

四、多卤代烃的制备

1. 偕二卤代烃的制备

炔烃和卤化氢加成可以制备偕二卤代烃。例如:

$$CH_3C\!\equiv\!CH \xrightarrow{HBr} CH_3\underset{Br}{\overset{\displaystyle Br}{C}}\!=\!CH_2 \xrightarrow{HBr} H_3C-\underset{Br}{\overset{\displaystyle CH_3}{\underset{|}{\overset{|}{C}}}}-Br$$

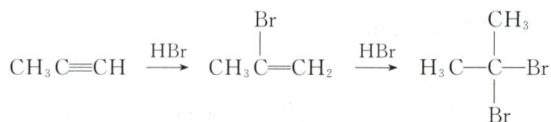

酮与五氯化磷反应可以制备偕二卤代烃。例如：

$$CH_3COCH_3 + PCl_5 \longrightarrow CH_3CCl_2CH_3 + POCl_3$$

2. 连二卤代烃的制备

烯烃和卤素加成可以制备连二卤代烃。例如：

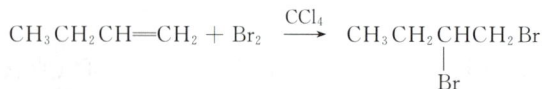

$$CH_3CH_2CH\!=\!CH_2 + Br_2 \xrightarrow{CCl_4} CH_3CH_2\underset{Br}{\overset{\displaystyle }{\underset{|}{C}}HCH_2Br$$

3. 三卤代烃(卤仿)的制备

卤仿可以用卤仿反应制备,如丙酮与次碘酸钠反应可以制备碘仿。

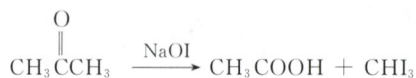

$$CH_3\overset{\displaystyle O}{\overset{\|}{C}}CH_3 \xrightarrow{NaOI} CH_3COOH + CHI_3$$

问题 9-11 用 C_3 和 C_3 以下的卤代烷为主要原料,合成下列化合物。

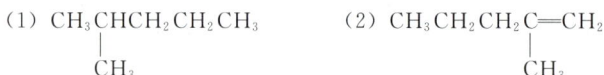

(1) $CH_3\underset{CH_3}{\overset{\displaystyle }{\underset{|}{C}}HCH_2CH_2CH_3$　　　　(2) $CH_3CH_2CH_2\underset{CH_3}{\overset{\displaystyle }{\underset{|}{C}}\!=\!CH_2$

问题 9-12 完成下列反应式。

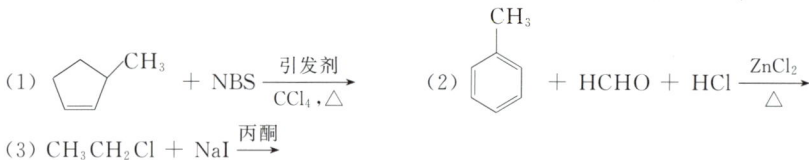

(1) $+ NBS \xrightarrow[CCl_4,\triangle]{引发剂}$　　　(2) $+ HCHO + HCl \xrightarrow[\triangle]{ZnCl_2}$

(3) $CH_3CH_2Cl + NaI \xrightarrow{丙酮}$

第六节　重要的卤代烃

一、三氯甲烷

三氯甲烷($CHCl_3$)又称为氯仿,是一种无色而有香甜味的液体,沸点为 $61.2\ ℃$,d_4^{20} 为 $1.483\,2$,微溶于水,能与常用的有机溶剂混溶。三氯甲烷本身就是一种不燃性的常用溶剂和合成原料,曾用作麻醉剂,但由于毒性大,现已禁用。

三氯甲烷在常温下,当有空气存在且受到光照时,会分解产生剧毒的光气(碳酰氯或氧代甲酰氯)。若添加少量乙醇(1%),则可以提高其稳定性,从而方便长期储存。因此,为确保安全,三氯甲烷应该存放在棕色瓶中。

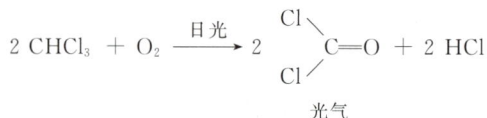

$$2\,CHCl_3 + O_2 \xrightarrow{日光} 2\ \underset{Cl}{\overset{\displaystyle Cl}{C}}\!=\!O + 2\,HCl$$

光气

【知识拓展】
重要的化工中间体:光气

$$O=C\diagup_{Cl}^{Cl} \quad + \quad \begin{array}{l} H-OC_2H_5 \\ H-OC_2H_5 \end{array} \longrightarrow O=C\diagup_{OC_2H_5}^{OC_2H_5} \quad + \quad 2\ HCl$$

光气　　　　　　　　　　　　　碳酸二乙酯（无毒）

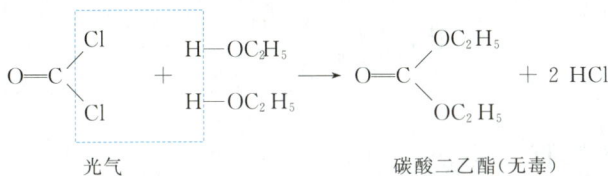

三氯甲烷可以由甲烷氯化得到。四氯化碳还原也生成三氯甲烷：

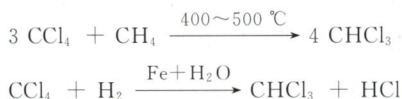

$$3\ CCl_4\ +\ CH_4\ \xrightarrow{400\sim500\ ℃}\ 4\ CHCl_3$$

$$CCl_4\ +\ H_2\ \xrightarrow{Fe+H_2O}\ CHCl_3\ +\ HCl$$

此外，工业上还用乙醇或乙醛与次氯酸盐作用（见第十一章卤仿反应）来合成氯仿。

二、四氯化碳

四氯化碳（CCl_4）为无色液体，沸点为 $76.54\ ℃$，d_4^{20} 为 $1.594\ 0$，能溶解脂肪、油漆、树脂、橡胶等物质，但几乎不溶于水（$20\ ℃$时为 0.08%），在实验室和工业上都用作溶剂及萃取剂。

四氯化碳不能燃烧，沸点低，蒸气比空气重，不导电。因此，当四氯化碳受热蒸发成为沉重的气体覆盖在燃烧着的物体上，就能隔绝空气而灭火，较适用于扑灭油类的燃烧和电源附近的火灾，是一种常用的灭火剂。由于四氯化碳在 $500\ ℃$ 以上时，可以与水作用而产生光气，许多国家已不再用它作溶剂或灭火剂。

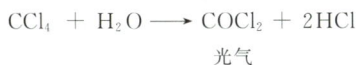

$$CCl_4\ +\ H_2O\ \longrightarrow\ COCl_2\ +\ 2HCl$$

光气

三、二氯甲烷

二氯甲烷（CH_2Cl_2）为无色液体，沸点为 $40.1\ ℃$，$d_4^{20}=1.336$，在水中的溶解度为 $2.5\ g\cdot(100\ g\ H_2O)^{-1}(15\ ℃)$。

二氯甲烷有溶解能力强、毒性小、不燃烧和对金属（包括铝）稳定等优点，正迅速成为最重要的含氯溶剂，并逐渐取代氯仿在许多方面的用途。汽油、苯等易燃溶剂中加入少量二氯甲烷可提高其着火点，加入 $10\%\sim30\%$ 的二氯甲烷可使其不易燃烧。

工业上由甲烷氯化，或由甲醇与氯化氢先制得氯甲烷，然后再氯化生产二氯甲烷。

四、氯苯

氯苯是重要的卤代芳烃，为无色液体，沸点为 $132\ ℃$，$d_4^{20}=1.106$，工业上将苯蒸气、氯化氢和空气以氯化亚铜为催化剂作用获得氯苯。

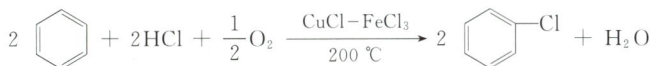

$$2\ \bigcirc\ +\ 2HCl\ +\ \frac{1}{2}O_2\ \xrightarrow[200\ ℃]{CuCl-FeCl_3}\ 2\ \bigcirc\!\!-Cl\ +\ H_2O$$

氯苯可用作溶剂和有机合成原料，可以合成许多有机工业产品如苯酚、苯胺等，也是某些农药、医药和燃料中间体的原料。

【知识拓展】
有机卤化
物与环境
污染

第七节　氟　代　烃

一、氟代烃的特性

氟代烃与其他卤代烃相比,在性质上虽有共同的地方,但也表现出不少特性。例如,一氟代烷在常温下很不稳定,容易自行失去氟化氢而变成烯烃:

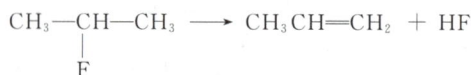

$$CH_3\text{—}\underset{\underset{F}{|}}{CH}\text{—}CH_3 \longrightarrow CH_3CH\text{=}CH_2 + HF$$

一氟代烷不能生成格氏试剂。当同一个碳原子上连有两个氟原子时,性质就很稳定,不容易起化学反应,如 CH_3CHF_2、$CH_3CF_2CH_3$ 等都是极稳定的化合物。

全氟代烃的性质更为稳定。它们有很高的耐热性能和耐腐蚀性能,并有抗元素氟的作用。例如,四氟甲烷在弧光的温度下、六氟乙烷在 800 ℃ 以上才开始变化,聚四氟乙烯更有优越的耐热耐寒耐腐蚀性能。全氟代烃对氧化剂也有很高的稳定性,在普通温度下,与发烟硝酸、浓硫酸、有机过氧化物等都不发生作用,其不活泼性可与惰性气体相比拟。

全氟代烃之所以有异乎寻常的稳定性,是由于氟原子有其独特性质的缘故,氟为电负性最大的元素,碳氟键比碳原子与其他元素结合而成的单键都要强。碳氟键键长较短,而且键长随同一碳原子上氟原子取代数目的增加而缩短,但键能则随之增加,结果使这个键很难发生均裂,见表 9-7。

表 9-7　碳氟键的键长和键能

C—F 键	CH_3F	CF_4
键长/pm(光谱法)	138.5	131.7
键能/(kJ·mol^{-1})	448	544

全氟烷分子中 C—C 键的键长与烷烃或一般有机化合物分子中 C—C 键的键长相比也有所缩短。例如,烷烃中 C—C 键的键长为 154 pm,全氟丙烷中 C—C 键的键长则为 147 pm。由于全氟烷分子中 C—C 共价键键能也有相应的增加,结果使 C—C 键也较难均裂。所以,全氟烷的热稳定性很高。

此外,直链全氟烷分子中的碳链四周被一系列氟原子包围,由于氟原子的范德华半径是135 pm,恰好把碳链骨架严密地包住,起了良好的保护作用,即使最小的原子也难以楔入。因此,全氟烷很难发生任何化学反应。它的 C—F 键只有在辐射线的照射下,才会均裂产生自由基而发生自由基反应。

氟原子的存在对同一碳原子上的其他卤素原子的性质有影响,往往使这些卤素原子活性降低。例如,CCl_2F_2 中的氯原子的活性就比 CH_2Cl_2 及 CCl_4 中的氯原子小。实验证明,CCl_2F_2 中 C—Cl 键的键长为 170 pm,较一般氯代烃中的正常键长 176～177 pm 为短。

二、重要的氟代烃

1. 二氟二氯甲烷

二氟二氯甲烷(CCl_2F_2)是无色无臭的气体,沸点 -29.8 ℃,易压缩成不燃性液体,解除压力后又立刻汽化,同时吸收大量的热,无毒性,不能燃烧,化学性质很稳定,可用作制冷剂、气雾剂和发泡剂,商品名叫氟里昂(freon)-12(F12 是商业缩写名称,第一个数字代表碳原子数减 1,第二个数字代表氢原子数加 1,第三个数字代表氟原子数。CCl_2F_2 名称中第一个数字为 0,故为 F12)。

目前,工业上使用下法合成氟里昂-12:

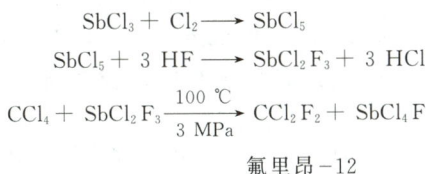

$$SbCl_3 + Cl_2 \longrightarrow SbCl_5$$

$$SbCl_5 + 3\ HF \longrightarrow SbCl_2F_3 + 3\ HCl$$

$$CCl_4 + SbCl_2F_3 \xrightarrow[3\ \text{MPa}]{100\ ℃} CCl_2F_2 + SbCl_4F$$

氟里昂-12

但是,这种传统的制冷剂对大气臭氧层有严重的破坏作用,广泛使用会使大气臭氧层日渐变得稀薄,甚至形成臭氧空洞,使太阳对地球紫外线辐射增强,将会对人类造成很大的危害。为此,1987 年国际《蒙特利尔协议书》已规定,到 20 世纪末,在全球范围内限制并最终禁止使用这种制冷剂。氟里昂代用品的研究也因此开始广泛受到重视。例如,用含氢的氟代烃,它们将在到达臭氧层之前就被分解;或用不含氯的氟代烃,如 F32、F125 等,它们即使到达臭氧层也不会产生破坏作用;或用不含氟和氯的替代品,如精制石油气、二甲醚、氮气、二氧化碳等。目前已开发了一些氟里昂的替代品,如五氟乙烷(HFC-125),四氟乙烷(HFC-134a),二氟甲烷(HFC-32),以及混合制冷剂如 R404A 由 HFC-125、HFC-134a 和 HFC-143($CHF_2CF_3/CH_3CH_2F/CH_3CF_3$)混合而成,还有 R406A、R409A、R502 混合制冷剂等,替代工作正在加紧研究中。

2. 四氟乙烯

四氟乙烯($CF_2{=}CF_2$)在工业上由氯仿和 HF 作用,先制得二氟一氯甲烷:

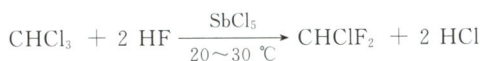

$$CHCl_3 + 2\ HF \xrightarrow[20\sim30\ ℃]{SbCl_5} CHClF_2 + 2\ HCl$$

$CHClF_2$ 加热分解生成四氟乙烯:

$$2\ CHClF_2 \xrightarrow{600\sim750\ ℃} CF_2{=}CF_2 + 2HCl$$

四氟乙烯在常温下为无色气体(沸点-76.3 ℃)。在引发剂过硫酸铵等的作用下,四氟乙烯在加压的条件下,可聚合成聚四氟乙烯:

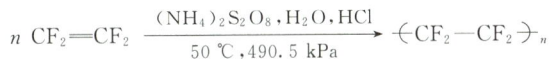

$$n\ CF_2{=}CF_2 \xrightarrow[50\ ℃,490.5\ \text{kPa}]{(NH_4)_2S_2O_8,H_2O,HCl} {\left(\!CF_2{-}CF_2\!\right)}_n$$

聚四氟乙烯是白色或淡灰色的固体,其平均相对分子质量为$(4\sim10)\times10^6$。它是一种非常稳定的塑料,能够耐高温而不易老化(可在 100～300 ℃内使用),耐低温达-200 ℃,号称"塑料王"。能耐强酸强碱,甚至在"王水"中煮沸也无变化,有极好的绝缘性能和良好的不黏附性,无毒性,有自润滑作用,是一种非常有用的工程和医用塑料。还可用于制造分液漏斗旋塞、反应器搅拌棒等。其缺点是成本高,成型加工困难。

【知识拓展】
氟氯烃(CFCs)是如何破坏地球臭氧层的

3. 全氟辛烷磺酸(PFOS)

全氟辛烷磺酸(PFOS,化学式为 $C_8HF_{17}O_3S$)是含有八个碳的长链全氟烷基磺酸盐,是一种人造的全氟烷基化合物,它以碳氟键的高稳定性而著称。因其独特的化学和物理性质,在许多工业应用和消费品中被广泛使用,PFOS 在 20 世纪后半叶被大规模生产和使用。

PFOS 和其相关化合物具有疏水性和疏油性,同时因其还具有表面活性,被广泛应用于防水、防污涂层、纺织品处理、灭火泡沫、金属镀层过程的表面活性剂,以及多种工业和消费品中。此外,PFOS 在摄影、半导体制造、航空业和医疗设备等领域也发挥着重要作用。

由于其化学稳定性,PFOS 的环境持久性、生物积累性和潜在毒性引起了国际社会的广泛关注。研究表明,PFOS 能在水体、土壤和生物体中累积,并通过食物链传播,最终影响到人类,它曾被检测到能干扰激素系统、影响生殖和发育,以及与某些类型的癌症、免疫系统和代谢紊乱相关联。

鉴于 PFOS 对环境和健康的潜在影响,国际社会已采取措施限制其使用和排放。2009 年,PFOS 被列入《斯德哥尔摩公约》的持久性有机污染物(POPs)清单,旨在限制或淘汰其生产和使用。

在寻找 PFOS 替代品的过程中,研究人员和工业界关注于开发具有相似应用特性但环境影响更小的化合物。例如,短链全氟烷基化合物(如全氟丁基酸)被认为比 PFOS 更容易在环境中降解,从而减少了生物积累的潜力。

除了化学替代品外,还探索了一些非化学的解决方案,如改进的生产工艺、物理和机械性质的改善,以减少或避免使用 PFOS 及其类似物。然而,PFOS 及其替代品的管理和替换工作面临着挑战。当前 PFOS 已经在出口产品材料中被广泛限制。

习　题

1. 用系统命名法命名下列各化合物。

(1) $(CH_3)_2CCH_2C(CH_3)_3$
         |
         Br

(2) $CH_3-C-CH_2CH_2CH-CH_3$ (with CH_3 above the second carbon, Br below it, and Cl below the fifth carbon)

(3) $CH_3-C\equiv C-CH_2-C=CH_2$ (with Br below the C=CH₂ carbon)

(4) (alkene with H, H, H₃C, Br substituents)

(5) (cyclohexane with Br and Cl)

(6) (bicyclic with Cl)

(7) $Br-$ benzene ring $-CH_2CH=CH_2$ with Cl substituent

(8) benzene ring with OCH_3 and CH_2Br substituents

（9）

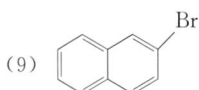

2. 写出符合下列名称的构造式。

（1）叔丁基氯 　　　　　　　　　　　（2）烯丙基溴

（3）苄基氯 　　　　　　　　　　　　（4）对氯苄基氯

（5）1-氯-4-亚甲基己烷 　　　　　　（6）顺-4-溴戊-2-烯

3. 写出下列有机化合物的构造式，有"＊"的写出构型式。

（1）4-chloro-2-methylpentane 　　　　（2）＊cis-3-bromo-1-ethylcyclohexane

（3）＊(R)-2-bromooctane 　　　　　　（4）5-chloro-3-propyl-1,3-heptadien-6-yne

4. 用化学方程式表示 α-溴代乙苯与下列化合物反应的主要产物。

（1）NaOH（水） 　　　　　　　　　　（2）KOH（醇）

（3）Mg，乙醚 　　　　　　　　　　　（4）NaI/丙酮

（5）产物（3）＋HC≡CH 　　　　　　（6）NH$_3$

（7）CH$_3$C≡CNa 　　　　　　　　　（8）AgNO$_3$，乙醇

5. 写出下列反应的主要产物。

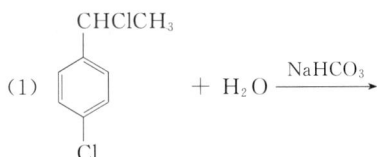

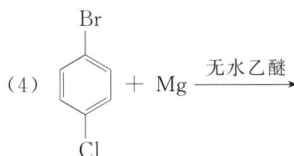

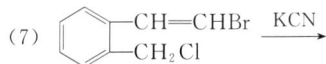

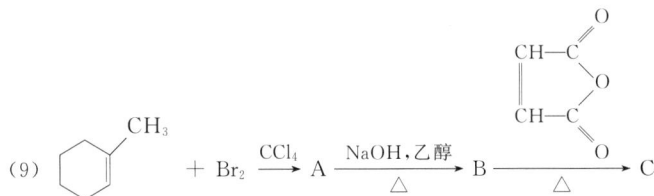

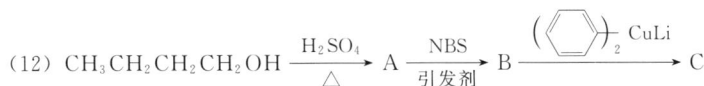

（1）　+ H$_2$O $\xrightarrow{\text{NaHCO}_3}$ 　　　　　　（2）HOCH$_2$CH$_2$CH$_2$Cl + HBr ⟶

（3）HOCH$_2$CH$_2$Cl + KI $\xrightarrow{\text{丙酮}}$ 　　　　　（4）　+ Mg $\xrightarrow{\text{无水乙醚}}$

（5）　+ NBS $\xrightarrow[\text{引发剂}]{\text{CCl}_4}$ 　　　　　　　（6）　+ HCHO + HCl $\xrightarrow{\text{ZnCl}_2}$

（7）　$\xrightarrow{\text{KCN}}$ 　　　　　　　　（8）CH$_3$C≡CH + CH$_3$MgI ⟶

（9）　+ Br$_2$ $\xrightarrow{\text{CCl}_4}$ A $\xrightarrow[\triangle]{\text{NaOH,乙醇}}$ B $\xrightarrow{\triangle}$ C

（10）H$_3$C—〈　〉—Br $\xrightarrow[\text{无水乙醚}]{\text{Mg}}$ A $\xrightarrow{\text{C}_2\text{H}_5\text{OH}}$ B + C

（11）(CH$_3$)$_2$HC—〈　〉—NO$_2$ + Br$_2$ $\xrightarrow{\text{Fe}}$ A $\xrightarrow[\text{Cl}_2]{\text{光}}$ B

（12）CH$_3$CH$_2$CH$_2$CH$_2$OH $\xrightarrow[\triangle]{\text{H}_2\text{SO}_4}$ A $\xrightarrow[\text{引发剂}]{\text{NBS}}$ B $\xrightarrow{(\text{〈　〉})_2\text{CuLi}}$ C

6. 将以下各组化合物,按照不同要求排列成序。

(1) 水解速率:

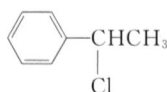

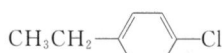

(a)　　　　　　　　　(b)　　　　　　　　　(c)

(2) 与 $AgNO_3$ -乙醇溶液反应难易程度:

$CHBr=CHCH_3$　　　　CH_3CHCH_3 \|Br　　　　$CH_3CH_2CH_2Br$　　　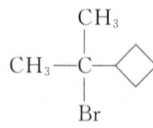

(a)　　　　　　　　(b)　　　　　　　(c)　　　　　　　(d)

(3) 进行 S_N2 反应速率:

① (a) 1-溴丁烷　　　　　　(b) 1-溴-2,2-二甲基丁烷　　　(c) 1-溴-2-甲基丁烷

(d) 1-溴-3-甲基丁烷

② (a) 2-溴-2-环戊基丁烷　　(b) 1-溴-1-环戊基丁烷　　　(c) 溴甲基环戊烷

(4) 进行 S_N1 反应速率:

① (a) 1-溴-3-甲基丁烷　　　(b) 2-溴-2-甲基丙烷　　　　(c) 2-溴-3-甲基丁烷

② (a) 苄基溴　　　　　　　(b) α-苯基乙基溴　　　　(c) β-苯基乙基溴

③ (a) 　　(b) 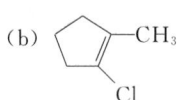　　(c)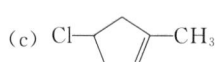

7. 写出下列化合物在浓 KOH 醇溶液中脱卤化氢的反应式,并比较它们反应速率的快慢。

(1) 3-溴环己烯　　　　　(2) 5-溴环己-1,3-二烯　　　　(3) 溴代环己烷

8. 写出哪一种卤代烃脱卤化氢后可产生下列单一的烯烃?

(1) 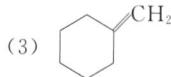　　(2) 　　(3) 　　(4)

9. 卤代烷与氢氧化钠在水与乙醇混合物中进行反应,下列反应情况中哪些属于 S_N2 机理,哪些则属于 S_N1 机理?

(1) 一级卤代烷反应速率大于三级卤代烷;

(2) 碱的浓度增加,反应速率无明显变化;

(3) 两步反应,第一步是决定反应速率的步骤;

(4) 增加溶剂的含水量,反应速率明显加快;

(5) 产物的构型 80% 消旋,20% 转化;

(6) 进攻试剂亲核性越强,反应速率越快;

(7) 有重排现象;

(8) 增加溶剂含醇量,反应速率加快。

10. 用简便化学方法鉴别下列化合物。

3-溴环己烯　　氯代环己烷　　碘代环己烷

11. 写出下列亲核取代反应产物的构型式,反应产物有无旋光性? 并标明 R 或 S 构型,它们是 S_N1 反应还是 S_N2 反应?

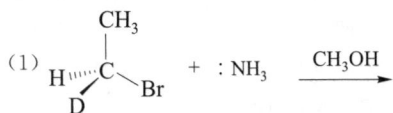

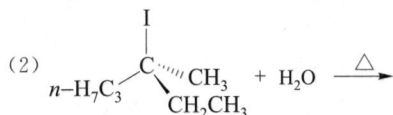

(1)

$$H\overset{CH_3}{\underset{D}{\overset{|}{-C}}}Br \quad + \quad :NH_3 \quad \xrightarrow{CH_3OH}$$

(2)

$$n-H_7C_3\overset{I}{\underset{CH_2CH_3}{\overset{|}{-C}}}CH_3 \quad + \quad H_2O \quad \xrightarrow{\triangle}$$

12. 在氯甲烷 S_N2 水解反应中，加入少量 NaI 或 KI 时，反应会加快很多，为什么？

13. 解释以下结果：

已知 3-溴戊-1-烯与 C_2H_5ONa 在乙醇中反应速率取决于[RBr]和[$C_2H_5O^-$]，产物是 3-乙氧基戊-1-烯 $CH_3CH_2\underset{OC_2H_5}{\overset{|}{CH}}-CH=CH_2$；但是当它与 C_2H_5OH 反应时，反应速率只与[RBr]有关，除了生成

3-乙氧基戊-1-烯，还生成 1-乙氧基戊-2-烯 $CH_3CH_2CH=CH\underset{OC_2H_5}{\overset{|}{CH_2}}$。

14. 由指定的原料（其他有机试剂或无机试剂可任选）合成以下化合物。

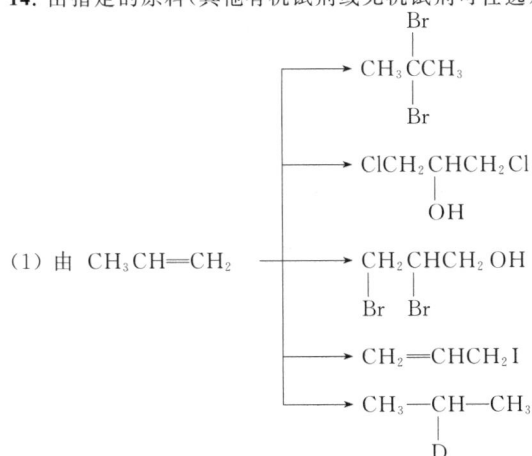

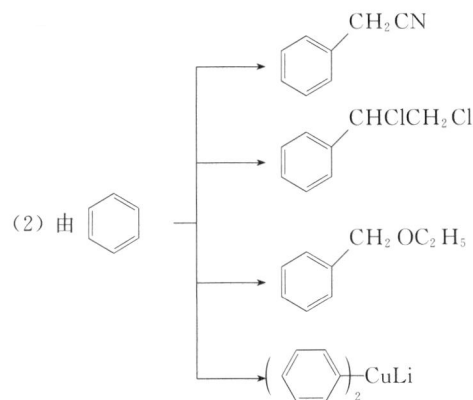

(1) 由 $CH_3CH=CH_2$

$$\rightarrow CH_3\underset{Br}{\overset{\overset{\displaystyle Br}{|}}{CH}}CH_3$$

$$\rightarrow ClCH_2CHCH_2Cl$$

$$\rightarrow CH_2\underset{Br}{\overset{|}{CH}}\underset{Br}{\overset{\overset{\displaystyle OH}{|}}{CH}}CH_2OH$$

$$\rightarrow CH_2=CHCH_2I$$

$$\rightarrow CH_3-\underset{D}{\overset{|}{CH}}-CH_3$$

(2) 由 (苯环)

$$\rightarrow \text{(苯)}CH_2CN$$

$$\rightarrow \text{(苯)}CHClCH_2Cl$$

$$\rightarrow \text{(苯)}CH_2OC_2H_5$$

$$\rightarrow \left(\text{(苯)}\right)_2CuLi$$

(3) 由环己醇合成　①　碘代环己烷　②　3-溴环己烯　③ Cl

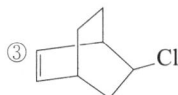

15. 完成以下制备。

(1) 由适当的铜锂试剂制备　① 2-甲基己烷　② 2-甲基-1-苯基丁烷　③ 甲基环己烷

(2) 由溴代正丁烷制备   ① 丁-1-醇   ② 丁-2-醇

16. 分子式为 C_4H_8 的化合物 A,加溴反应后的产物用 NaOH/乙醇处理,生成 C_4H_6(B),B 能使溴水褪色,并能与 $AgNO_3$ 的氨溶液反应生成沉淀。试推出 A、B 的构造式并写出相应的反应式。

17. 某烃 C_3H_6(A)在低温时与氯气作用生成 $C_3H_6Cl_2$(B)。在高温时则生成 C_3H_5Cl(C)。使 C 与碘化乙基镁作用得 C_5H_{10}(D),后者与 NBS 作用生成 C_5H_9Br(E)。使 E 与氢氧化钾的乙醇溶液共热,主要生成 C_5H_8(F),后者又可与顺丁烯二酸酐发生双烯合成得(G)。写出各步反应式,以及由 A 至 G 的构造式。

18. 某卤代烃 A,分子式为 $C_6H_{11}Br$,用 NaOH 乙醇溶液处理得 B(C_6H_{10}),B 与溴反应的生成物再用 KOH/C_2H_5OH 处理得 C,C 可与 CH_2=CHCHO 进行狄尔斯-阿尔德反应生成 D,将 C 臭氧化及还原水解可得 $OHCCH_2CH_2CHO$ 和 OHCCHO。试推出 A、B、C、D 的构造式,并写出所有的反应式。

19. 溴化苄与水在甲酸溶液中反应生成苯甲醇,反应速率与$[H_2O]$无关,在同样条件下对甲基苄基溴与水的反应速率是前者的 58 倍。

苄基溴与 $C_2H_5O^-$ 在无水乙醇中反应生成苄基乙基醚,反应速率取决于$[RBr][C_2H_5O^-]$,同样条件下对甲基苄基溴的反应速率仅是前者的 1.5 倍,相差无几。

为什么会有这些结果?试说明(1)溶剂极性,(2)试剂的亲核能力,(3)电子效应(给电子取代基的影响)对上述反应各产生何种影响。

20. 以 RX 与 NaOH 在水-乙醇中的反应为例,就表格中各点对 S_N1 和 S_N2 反应机理进行比较。

$$(RX+NaOH \xrightarrow{\text{水}-\text{乙醇}} ROH+NaX)$$

	S_N2 机理	S_N1 机理
(1) 动力学级数		
(2) 立体化学		
(3) 重排现象		
(4) RCl,RBr,RI 的相对反应速率		
(5) $CH_3X,CH_3CH_2X,(CH_3)_2CHX,(CH_3)_3CX$ 的相对 反应速率		
(6) $[RX]$加倍对反应速率的影响		
(7) $[NaOH]$加倍对反应速率的影响		
(8) 增加溶剂中水的含量对反应速率的影响		
(9) 增加溶剂中乙醇的含量对反应速率的影响		
(10) 升高温度对反应速率的影响		

21. 试从适当的原料出发,用五种不同的方法制备辛烷。

22. 用 C_6 和 C_6 以下的卤代烃为原料合成下列化合物。

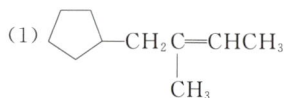

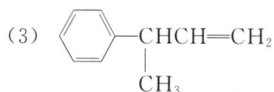

(1)

(2)

(3)

23. 下列各反应中所生成的产物有无错误?如有错误,请改正,并写出正确产物。

(1) $(CH_3)_3CBr \xrightarrow{C_2H_5ONa} (CH_3)_3COCH_2CH_3$

(2) $CH_2=CHCH_2\underset{\underset{Br}{|}}{C}HCH_2CH_3 \xrightarrow{KOH,C_2H_5OH} CH_2=CHCH_2CH=CHCH_3$

(3) $CH_3\underset{\underset{Br}{|}}{C}=CHCH_2Br \xrightarrow{Na_2CO_3/H_2O} CH_3\overset{\overset{O}{\parallel}}{C}CH_2CH_2Br$

(4) $CH_3CH_2MgCl + HOCH_2CH_2Cl \longrightarrow HOCH_2CH_2CH_2CH_3$

(5) $CH_2=C(CH_3)_2 + HCl \xrightarrow{H_2O_2} ClCH_2CH(CH_3)_2 \xrightarrow{C_2H_5ONa} (CH_3)_2CHCH_2OC_2H_5$

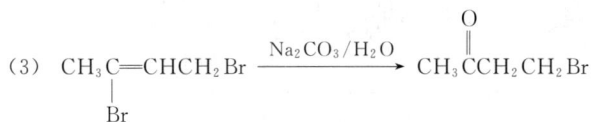

24. 以苯或甲苯为主要原料合成下列化合物(其他有机试剂和无机试剂任选)。

(1) 对溴苄基溴　　　(2) 苯乙酸　　　(3)

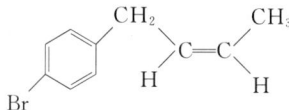

25. 完成下列转化。

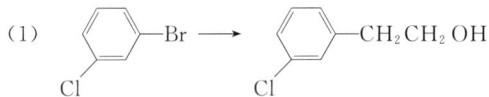

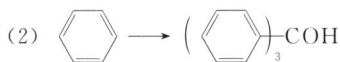

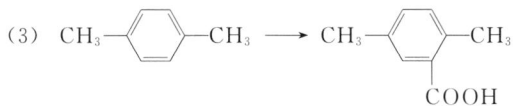

(1)

(2)

(3) $CH_3-\text{⬡}-CH_3 \longrightarrow$

第十章　醇、酚、醚

醇、酚和醚都是烃的含氧衍生物，但它们是不同类的有机化合物。醇(alcohol)是脂肪烃分子中的氢原子或芳香烃侧链上的氢原子被羟基(—OH, hydroxyl)取代后的化合物，一般用 R—OH 表示，如乙醇和苯甲醇等。酚是芳香烃芳环上的氢原子被羟基取代的化合物，一般用 Ar—OH 表示，如苯酚和 α-萘酚等。羟基是醇和酚的官能团。醚是水分子中的两个氢原子都被烃基取代的化合物，醚类化合物都含有醚键(C—O—C)。醇和醚分子中的氧原子被硫原子取代后的化合物分别称为硫醇和硫醚。硫醇一般用 R—SH 表示，—SH(巯基)是硫醇的官能团。硫醚类化合物都含有硫醚键(C—S—C)。硫醇和硫醚将在下册中学习，本章重点介绍醇、酚和醚。

第一节　醇

一、醇的分类、命名和结构

1. 醇的分类

根据醇分子中含羟基的数目，可分为一元醇、二元醇及三元醇等，二元醇以上的醇称为多元醇。根据羟基所连接的碳原子的级数不同，分为一级醇(伯醇)、二级醇(仲醇)和三级醇(叔醇)。

$$
RCH_2OH \qquad \underset{\underset{OH}{|}}{RCHR'} \qquad R-\underset{\underset{OH}{|}}{\overset{\overset{R'}{|}}{C}}-R''
$$

　　　一级醇　　　　　　　二级醇　　　　　　三级醇

根据醇分子中烃基的类别，又可分为脂肪醇、脂环醇，或饱和醇、不饱和醇。例如：

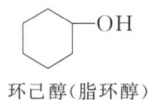

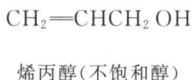

环己醇(脂环醇)　　　　　　　　　　$CH_2\!=\!CHCH_2OH$
　　　　　　　　　　　　　　　　　　　烯丙醇(不饱和醇)

羟基和碳碳双键直接相连的醇叫烯醇，如乙烯醇($CH_2\!=\!CHOH$)。在一般情况下，烯醇是不稳定的，容易互变成为比较稳定的醛或酮，这在炔烃水化反应中已讨论过。

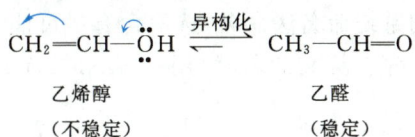

$$CH_2\!=\!CH\!-\!\overset{..}{\underset{..}{O}}H \; \overset{异构化}{\rightleftharpoons} \; CH_3\!-\!CH\!=\!O$$

乙烯醇　　　　　　　　乙醛
（不稳定）　　　　　　　（稳定）

2. 醇的命名

（1）普通命名法　简单的一元醇可用普通命名法命名，即根据和羟基相连的烃基名称来命名，在"醇"字前面加上烃基的名称。英文名称是在醇的类名"alcohol"前加"基"的名称。例如：

CH₃OH

甲醇

（methyl alcohol）

$$CH_3\overset{OH}{\underset{|}{C}}HCH_3$$

异丙醇

（isopropyl alcohol）

$$CH_3\overset{CH_3}{\underset{|}{C}}HCH_2OH$$

异丁醇

（isobutyl alcohol）

$$CH_3CH_2\underset{|}{\overset{}{C}}HCH_3 \atop OH$$

仲丁醇（二级丁醇）

（*sec*－butyl alcohol）

$$H_3C\!-\!\overset{CH_3}{\underset{OH}{\overset{|}{C}}}\!-\!CH_3$$

叔丁醇（三级丁醇）

（*tert*－butyl alcohol）

⬡—OH

环己醇

（cyclohexyl alcohol）

⬡—CH₂OH

苄醇

（benzyl alcohol）

（2）系统命名法　结构比较复杂的醇采用系统命名法命名，选择含有醇羟基的最长碳链作为主链，把支链看作取代基，从离羟基最近的一端开始编号，按照主链所含的碳原子数目称为某醇。命名时，将支链的位次、名称及羟基的位次在名称前依次注明。当不饱和键不在一元醇的最长碳链中时，不饱和键作为取代基处理。羟基在端位时，"1"字常可省略。英文名称只需将相应烃的词尾"e"改为"ol"。例如：

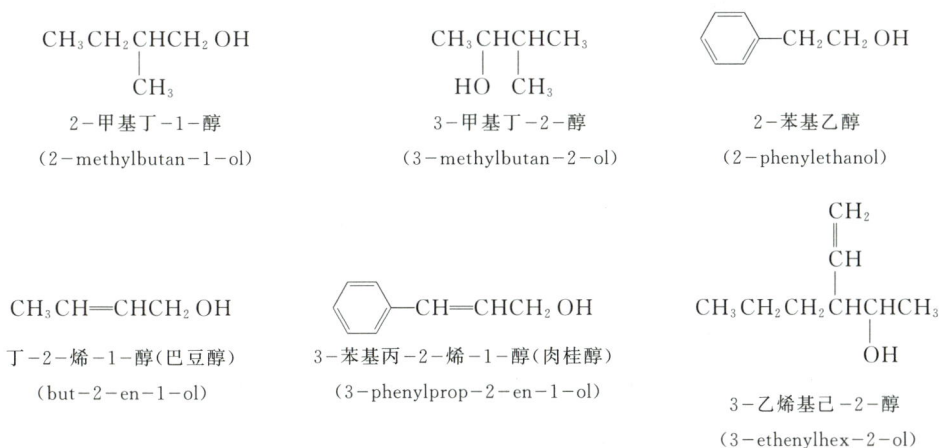

$$CH_3CH_2\underset{\underset{CH_3}{|}}{\overset{}{C}}HCH_2OH$$

2－甲基丁－1－醇

（2－methylbutan－1－ol）

$$CH_3\underset{HO}{\overset{}{C}}H\underset{CH_3}{\overset{}{C}}HCH_3$$

3－甲基丁－2－醇

（3－methylbutan－2－ol）

⬡—CH₂CH₂OH

2－苯基乙醇

（2－phenylethanol）

$$CH_3CH\!=\!CHCH_2OH$$

丁－2－烯－1－醇（巴豆醇）

（but－2－en－1－ol）

⬡—CH＝CHCH₂OH

3－苯基丙－2－烯－1－醇（肉桂醇）

（3－phenylprop－2－en－1－ol）

$$CH_3CH_2CH_2\underset{}{\overset{\overset{\displaystyle CH_2}{\|}}{\underset{\displaystyle CH}{|}}}{CH}CH\underset{OH}{\overset{}{C}}HCH_3$$

3－乙烯基己－2－醇

（3－ethenylhex－2－ol）

多元醇的命名也是采用系统命名法命名,选取含有尽可能多羟基的碳链作为主链,根据主链的碳原子数称为某几醇。英文命名时,用 di 表示二,tri 表示三,di、tri 插在特征词尾前。例如:

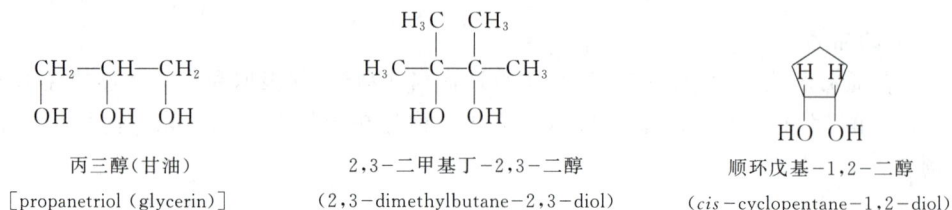

$$CH_2-CH-CH_2$$
$$|\quad\ |\quad\ |$$
$$OH\ \ OH\ \ OH$$

丙三醇(甘油)

〔propanetriol (glycerin)〕

$$\begin{matrix}H_3C&CH_3\\|&|\\H_3C-C-C-CH_3\\|&|\\HO&OH\end{matrix}$$

2,3-二甲基丁-2,3-二醇

(2,3-dimethylbutane-2,3-diol)

顺环戊基-1,2-二醇

(cis-cyclopentane-1,2-diol)

(3)甲醇衍生物命名法　以甲醇为母体,其他醇看做甲醇的烃基衍生物命名。例如:

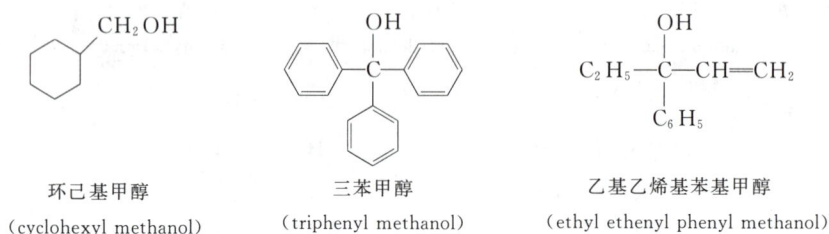

环己基甲醇

(cyclohexyl methanol)

三苯甲醇

(triphenyl methanol)

$$\begin{matrix}OH\\|\\C_2H_5-C-CH=CH_2\\|\\C_6H_5\end{matrix}$$

乙基乙烯基苯基甲醇

(ethyl ethenyl phenyl methanol)

3. 醇的结构

最简单的醇是甲醇,现以甲醇为例讨论醇的结构(见图 10-1)。在甲醇分子中,碳原子和氧原子均处于 sp^3 杂化状态,氧原子中两对未共用电子对各占据一个 sp^3 杂化轨道,剩下的两个 sp^3 杂化轨道分别与碳原子和氢原子结合,形成碳氧 σ 键和氢氧 σ 键,它们之间的键角约为 $109°$。由于醇分子中氧原子的电负性比碳原子大,使氧原子上的电子云密度较高,所以碳氧键是极性键,醇分子具有较强的极性。

球棒模型　　　　　　　比例模型

图 10-1　甲醇的结构

问题 10-1　写出分子式 $C_6H_{13}OH$ 的一级、二级、三级醇的构造式各一种,并用系统命名法命名。

二、醇的物理性质

在直链饱和一元醇中,C_4 以下的为有酒味的流动液体,$C_5\sim C_{11}$ 的为具有不愉快气味的油状液体,C_{12} 以上的醇为无臭无味的蜡状固体。一些醇的物理常数见表 10-1。

表 10-1 一些醇的物理常数

名称	沸点/℃	熔点/℃	相对密度(20℃)
甲醇	64.7	−97.0	0.792
乙醇	78.5	−115.0	0.789
正丙醇	97.4	−126.5	0.804
正丁醇	117.8	−89.5	0.810
正戊醇	138.0	−79.0	0.817
正十二醇	255.9	26.0	0.831
正十六醇	344.0	50.0	0.872
丙−2−醇	82.4	−88.5	0.786
丁−2−醇	99.5	−114.7	0.806
2−甲基丙−1−醇	108.0	−108.0	0.802
2−甲基丙−2−醇	82.2	25.5	0.788
戊−2−醇	118.9	—	0.810
2−甲基丁−1−醇	128.0	—	0.819
3−甲基丁−1−醇	131.5	−117.0	0.812
2−甲基丁−2−醇	102.0	−8.4	0.806
环戊醇	140.9	−19.0	0.949
环己醇	161.5	24.0	0.962
苯甲醇	205.0	−15.3	1.046
三苯甲醇	380.0	162.5	1.199
乙−1,2−二醇	197.0	−16.0	1.113
丙−1,2,3−三醇	290.0(分解)	18.0	1.261

直链饱和一元醇的沸点变化情况与烷烃相似,也是随着碳原子数的增加而有规律地上升,在同系列中,少于 10 个碳原子的相邻两个醇的沸点差为 18～20 ℃;多于 10 个碳的,沸点差较小。对于碳原子数相同的醇,含支链越多的沸点越低。例如,正丁醇的沸点为 117.8 ℃,异丁醇为 108.0 ℃,二级丁醇为 99.5 ℃,三级丁醇为 82.2 ℃。但低级醇的沸点比和它相对分子质量相近的烷烃要高得多,甲醇(相对分子质量 32)的沸点为 64.7 ℃,而乙烷(相对分子质量 30)的沸点为 −88.6 ℃。这是因为低级醇在液体状态时和水相似,分子间能通过形成氢键而缔合,它们的分子实际上是以缔合体存在的。

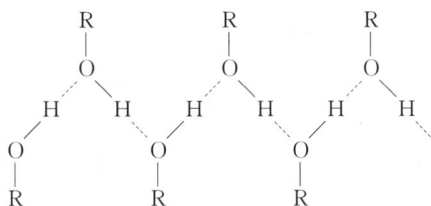

要使液态的醇变为蒸气(单分子状态),不仅要破坏分子间的范德华引力,而且还必须消耗一定能量破坏氢键,实验结果显示,氢键断裂需能量 20～30 kJ·mol^{-1},因而低级醇的沸点比相对分子质量相近的烷烃要高得多。

甲醇、乙醇和丙醇能与水以任意比例混溶。从正丁醇起,直链饱和一元醇在水中的溶解度显著降低,到癸醇以上则不溶于水。显然,醇在水中的溶解度随碳原子的增多而下降。低级醇能与水形成氢键,故能与水混溶。但是,烃基的大小对缔合作用有一定影响,烃基越大,醇羟基形成氢键的能力就越弱,醇的溶解度渐渐由取得支配地位的烃基所决定。因而,醇在水中的溶解度也就降低以至于不溶。高级醇与烷烃极其相似,不溶于水,而溶于汽油中。

饱和一元醇的密度虽然比相应的烷烃密度大,但仍比水轻,均小于 1。

低级醇还能和一些无机盐类($MgCl_2$、$CaCl_2$、$CuSO_4$ 等)形成结晶状的分子化合物,称为结晶醇,亦称醇化物,如 $MgCl_2 \cdot 6CH_3OH$、$CaCl_2 \cdot 4C_2H_5OH$ 和 $CaCl_2 \cdot 4CH_3OH$ 等。结晶醇不溶于有机溶剂而溶于水。在实际工作中,常利用这一性质使醇与其他有机化合物分开或从反应物中除去醇类。例如,工业用的乙醚中常含有少量乙醇,利用乙醇与 $CaCl_2$ 生成结晶醇的性质,加入 $CaCl_2$ 便可除去乙醚中的少量乙醇。

问题 10-2　将下列化合物按沸点的高低排列次序:己-3-醇、正己烷、二甲基正丙基甲醇、正辛醇、正己醇。

问题 10-3　为什么乙醚沸点(34 ℃)比正丁醇沸点(118.0 ℃)低得多?

三、醇的光谱性质

在醇的红外光谱中,—OH 有两个吸收峰,未缔合的 —OH 在 $3\,640 \sim 3\,610\ \text{cm}^{-1}$ 区域呈现出 —OH 伸缩振动的吸收峰(外形较锐),缔合的 —OH 的吸收峰移向 $3\,600 \sim 3\,200\ \text{cm}^{-1}$ 区域(外形较宽)。当溶液的浓度增加,或在极性溶剂中,醇分子有利于形成分子间氢键时,吸收峰移向较低频率区域;当外界因素不利于醇分子形成分子间氢键时,或在非极性溶剂如四氯化碳的稀溶液中(或在气相时),分子间的缔合很少,则吸收峰出现在较高频区域。因此,通过 IR 可以有效地鉴定醇分子中是否存在缔合。

醇的 C—O 伸缩振动吸收峰出现在 $1\,200 \sim (1\,100 \pm 5)\ \text{cm}^{-1}$ 区域,其中一级醇在 $1\,085 \sim 1\,050\ \text{cm}^{-1}$ 区域,二级醇在 $1\,125 \sim 1\,085\ \text{cm}^{-1}$ 区域,三级醇在 $1\,200 \sim 1\,125\ \text{cm}^{-1}$ 区域。

图 10-2 为丁-2-醇的红外谱图,图中约 $3\,340\ \text{cm}^{-1}$ 的宽峰为丁-2-醇 O—H 键伸缩振动吸收,$1\,100\ \text{cm}^{-1}$ 为 C—O 键伸缩振动吸收。

在醇的核磁共振氢谱中,羟基质子(O—H)由于受分子间氢键的影响,其化学位移(δ)出现在 $0.5 \sim 5.5$,也可能隐藏在烷基质子的峰中,但可通过计算质子数而把它找出来。

一般情况下,纯度不够的醇,其羟基质子在核磁共振谱中通常产生一个单峰,它的信号不为附近质子所裂分,也不裂分附近质子,这是由于在两个相同的醇分子之间的羟基质子发生交换作用。

$$R'—O—H' + R''—O—H'' \rightleftharpoons R'—O—H'' + R''—O—H'$$

交换速率非常之快,以致在发生核磁共振跃迁所需的时间内(约 10^{-2} s),羟基质子无

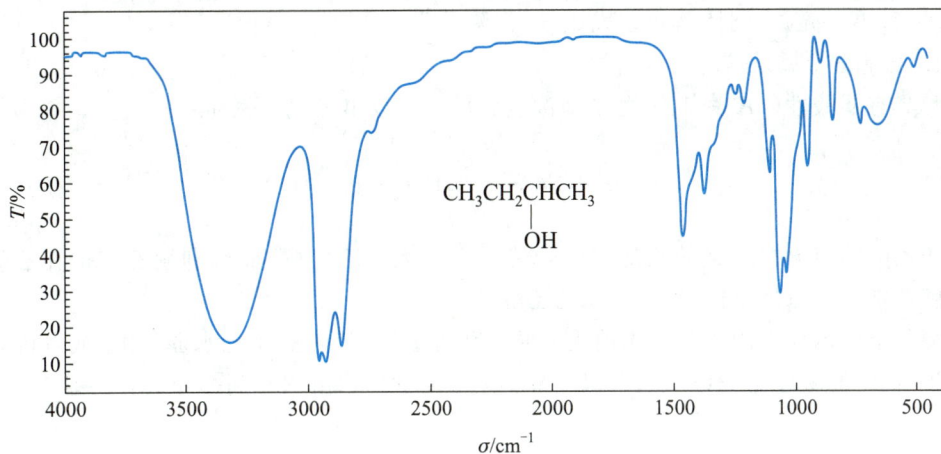

图 10-2 丁-2-醇的红外光谱图

法感受邻近质子有不同的自旋组合,而仅能感受单个平均组合中的质子。质子互换的速率可被所用的溶剂减慢,如用二甲亚砜时,可以看到复杂的信号裂分形式。

由于氧的电负性较大,羟基所连碳原子上质子的 $\delta = 3.4 \sim 4.0$。

图 10-3 是乙醇的 ^{1}H NMR 谱图。

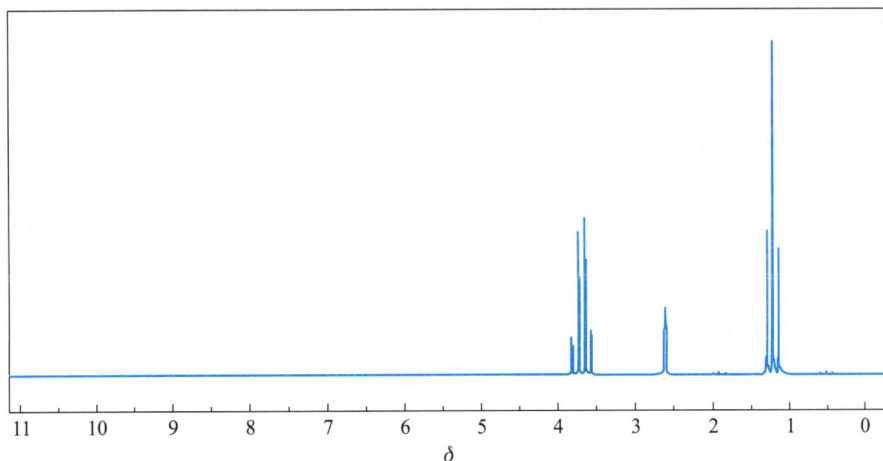

图 10-3 乙醇的 ^{1}H NMR 谱图

四、醇的反应

醇的反应主要由羟基官能团决定,同时也受到烃基的一定影响。从化学键来看,C—O 键和 O—H 键都是极性共价键,这是醇易于发生反应的两个部位。O—H 键具有极性,使氢原子带有部分正电荷,故醇有酸性,可与活泼金属和碱反应。C—O 键具有极性,使氧原子带有部分负电荷,故醇也具有碱性,可与无机酸反应。同时,C—O 键的极性,使碳原子带有部分正电荷,在酸的催化下可发生饱和碳原子上的亲核取代反应。

另外,醇的 $\alpha-H$ 也具有一定的活性,可发生氧化反应。醇羟基的吸电子诱导效应,使醇的 $\beta-H$ 有一定的活性,醇可以发生 $\beta-$消除反应。

1. 与活泼金属反应

醇具有弱酸性($pK_a \approx 16$),可与活泼金属反应并放出氢气。例如:

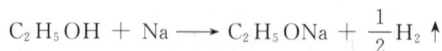

$$C_2H_5OH + Na \longrightarrow C_2H_5ONa + \frac{1}{2}H_2 \uparrow$$

生成的乙醇钠溶解在过量的乙醇中。若使反应在无水乙醚中进行,利用乙醇钠在乙醚中溶解度非常差的原理,可以得到固态的乙醇钠。

醇与金属钠反应比水与金属钠反应要缓和得多,这表明醇是比水弱的酸,或者说烷氧负离子 RO^- 的碱性比 HO^- 强,所以当醇钠遇水时立即水解恢复到醇和氢氧化钠:

$$RCH_2O^-Na^+ + H_2O \rightleftharpoons RCH_2OH + NaOH$$

在平衡混合物中醇钠的量很少。随着醇烃基的加大,和金属钠反应的速率也随之减慢。醇与金属钠反应活性顺序是

$$CH_3OH > 1°醇 > 2°醇 > 3°醇$$

醇钠在有机合成中用作碱性试剂,其碱性比 NaOH 还强。另外,醇钠也常用作分子中引入烷氧基(RO—)的亲核试剂。

由于叔醇不活泼,常用与 KH 作用制备叔丁醇钾:

$$(CH_3)_3C—OH + KH \longrightarrow (CH_3)_3C—OK + H_2 \uparrow$$

商品叔丁醇钾是固体,易溶于四氢呋喃中。

其他活泼金属,如金属镁、铝汞齐也可以在较高温度下和醇作用生成醇镁、醇铝。异丙醇铝($Al[OCH(CH_3)_2]_3$)、叔丁醇铝($Al[OC(CH_3)_3]_3$)都是有机合成中常用的试剂。

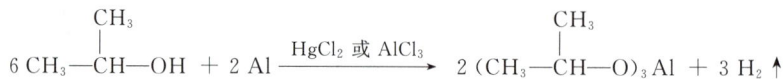

$$6\ CH_3\overset{CH_3}{\underset{|}{—CH}}—OH + 2\ Al \xrightarrow{HgCl_2\ 或\ AlCl_3} 2\ (CH_3\overset{CH_3}{\underset{|}{—CH}}—O)_3Al + 3\ H_2 \uparrow$$

问题 10-4 列出丁-1-醇,丁-2-醇,2-甲基丙-2-醇与金属钠反应的活性次序;再列出这三种醇钠的碱性大小次序。

---

2. 与氢卤酸反应

醇与氢卤酸反应生成卤代烃,这是制备卤代烃的一种重要方法:

$$R—OH + HX \longrightarrow R—X + H_2O$$

其反应速率与氢卤酸的性质和醇的结构有关。氢卤酸的活性次序是 $HI > HBr > HCl$。醇的活性次序是烯丙型醇 $> 3°醇 > 2°醇 > 1°醇$。例如,当一级醇与氢碘酸一起加热就可生成碘代烃;与氢溴酸作用时,必须在硫酸的存在下加热才能生成溴代烃;与浓盐酸作

用，必须有氯化锌存在并加热，才能产生氯代烃。烯丙型醇和三级醇活性强，在室温下和浓盐酸一起振荡后就有氯化物生成。

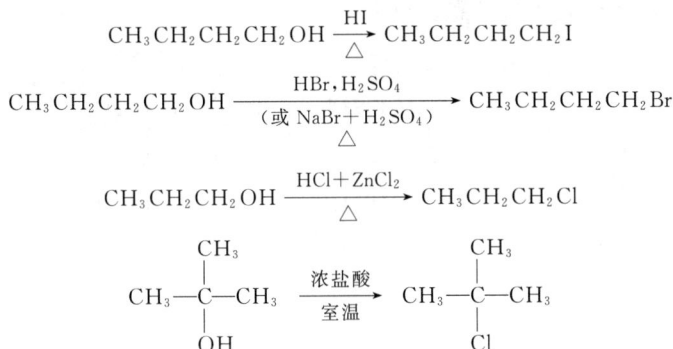

$$CH_3CH_2CH_2CH_2OH \xrightarrow[\triangle]{HI} CH_3CH_2CH_2CH_2I$$

$$CH_3CH_2CH_2CH_2OH \xrightarrow[\text{(或 NaBr+H}_2\text{SO}_4)]{HBr,H_2SO_4} CH_3CH_2CH_2CH_2Br$$

$$CH_3CH_2CH_2OH \xrightarrow[\triangle]{HCl+ZnCl_2} CH_3CH_2CH_2Cl$$

利用醇和盐酸作用的快慢，可以区别一级、二级和三级醇。所用试剂为无水氯化锌和浓盐酸配成的混合物，称为卢卡斯(Lucas)试剂。低级一元醇(C_6以下)能溶于卢卡斯试剂中，相应的氯代烃则不溶，从出现混浊所需的时间可以衡量醇的反应活性。例如，三级醇活性强，与卢卡斯试剂很快发生反应，生成的油状氯代烷不溶于酸中，溶液混浊后立即分层；二级醇则作用较慢，静置片刻后溶液才变混浊，最后分成两层；一级醇在常温下不发生作用。

醇与氢卤酸的反应是亲核取代反应机理。与卤代烃相比，醇较难进行亲核取代反应。因为醇的离去基团碱性较强($HO^- > X^-$)，为此，反应要在酸催化下进行。此时，醇形成锌盐($R\overset{+}{O}H_2$)，离去基团由强碱(HO^-)转变为弱碱(H_2O)，即

$$ROH + H^+ \rightleftharpoons R-\overset{+}{\underset{H}{O}}{}^H$$

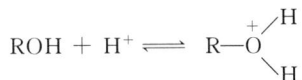

对伯醇来说，卤负离子作为亲核试剂从 α-碳原子背面进攻，按 S_N2 机理进行亲核取代反应。

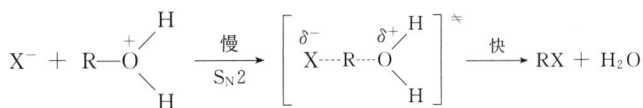

$$X^- + R-\overset{+}{\underset{H}{O}}{}^H \xrightarrow[S_N2]{慢} \left[\overset{\delta-}{X}\cdots\overset{\delta+}{R}-\overset{+}{\underset{H}{O}}{}^H \right]^{\mp} \xrightarrow{快} RX + H_2O$$

对叔醇来说，则按 S_N1 机理进行，即生成的锌盐先解离成水和碳正离子，然后再和卤负离子结合生成卤代烃。

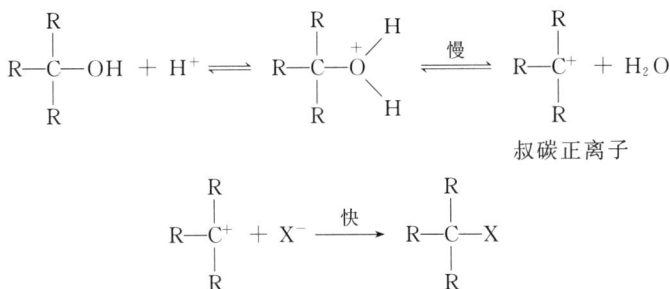

$$R-\underset{R}{\overset{R}{\underset{|}{\overset{|}{C}}}}-OH + H^+ \rightleftharpoons R-\underset{R}{\overset{R}{\underset{|}{\overset{|}{C}}}}-\overset{+}{\underset{H}{O}}{}^H \underset{慢}{\rightleftharpoons} R-\underset{R}{\overset{R}{\underset{|}{\overset{|}{C^+}}}} + H_2O$$

叔碳正离子

$$R-\underset{R}{\overset{R}{\underset{|}{\overset{|}{C^+}}}} + X^- \xrightarrow{快} R-\underset{R}{\overset{R}{\underset{|}{\overset{|}{C}}}}-X$$

苯醇、烯丙醇及仲醇也易按 S_N1 机理进行亲核取代反应。

醇与氢卤酸在按 S_N1 机理反应时,碳正离子中间体有可能发生重排而形成另一个较稳定的碳正离子,因而得到重排产物。例如:

例一

$$CH_3-\underset{\underset{H}{|}}{\overset{\overset{H_3C}{|}}{C}}-\underset{\underset{H}{|}}{\overset{\overset{OH}{|}}{C}}-CH_3 + HCl \longrightarrow CH_3-\underset{\underset{H}{|}}{\overset{\overset{H_3C}{|}}{C}}-\underset{\underset{H}{|}}{\overset{\overset{Cl}{|}}{C}}-CH_3 + CH_3-\underset{\underset{Cl}{|}}{\overset{\overset{H_3C}{|}}{C}}-\underset{\underset{H}{|}}{\overset{\overset{CH_3}{|}}{C}}-CH_3$$

（正常取代产物）　　（重排产物）

例二

$$CH_3-\underset{\underset{CH_3}{|}}{\overset{\overset{CH_3}{|}}{C}}-CH_2OH + HBr \longrightarrow CH_3-\underset{\underset{CH_3}{|}}{\overset{\overset{CH_3}{|}}{C}}-CH_2Br + CH_3-\underset{\underset{Br}{|}}{\overset{\overset{CH_3}{|}}{C}}-CH_2CH_3$$

（重排产物为主）

例一重排反应机理为

$$CH_3-\underset{\underset{H}{|}}{\overset{\overset{H_3C}{|}}{C}}-\underset{\underset{H}{|}}{\overset{\overset{OH}{|}}{C}}-CH_3 + H^+ \longrightarrow CH_3-\underset{\underset{H}{|}}{\overset{\overset{H_3C}{|}}{C}}-\underset{\underset{H}{|}}{\overset{\overset{\overset{+}{OH_2}}{|}}{C}}-CH_3 \longrightarrow CH_3-\underset{\underset{H}{|}}{\overset{\overset{CH_3}{|}}{C}}-\overset{+}{\underset{\underset{H}{|}}{C}}-CH_3$$

相邻碳原子上的氢原子可以带一对电子转移过来,形成新的碳氢键,同时产生一个更为稳定的三级碳正离子。

$$CH_3-\underset{\underset{H}{|}}{\overset{\overset{CH_3}{|}}{C}}-\overset{+}{\underset{\underset{H}{|}}{C}}-CH_3 \xrightarrow{H\ 重排} CH_3-\underset{\underset{H}{|}}{\overset{\overset{H_3C}{|}}{C}}-\overset{\overset{H}{|}}{\underset{\underset{H}{|}}{\overset{+}{C}}}-CH_3$$

$$CH_3-\underset{\underset{H}{|}}{\overset{\overset{CH_3}{|}}{C}}-CH_2CH_3 + Cl^- \longrightarrow CH_3-\underset{\underset{Cl}{|}}{\overset{\overset{CH_3}{|}}{C}}-CH_2CH_3$$

对例二来说,反应物是一级醇,由于 β-碳原子上连有三个甲基,阻碍了亲核试剂从背面的 S_N2 进攻,所以反应仍按 S_N1 机理进行,邻位甲基重排生成更稳定的碳正离子,也得到重排产物:

$$CH_3-\underset{\underset{CH_3}{|}}{\overset{\overset{CH_3}{|}}{C}}-CH_2OH + H^+ \longrightarrow CH_3-\underset{\underset{CH_3}{|}}{\overset{\overset{CH_3}{|}}{C}}-CH_2-\overset{\overset{+}{\underset{H}{\,}}}{\underset{\underset{H}{\,}}{O}} \underset{-H_2O}{\rightleftharpoons}$$

$$CH_3-\underset{\underset{CH_3}{|}}{\overset{\overset{CH_3}{|}}{C}}-\overset{+}{CH_2} \underset{甲基重排}{\rightleftharpoons} CH_3-\underset{\underset{+}{\,}}{\overset{\overset{CH_3}{|}}{C}}-CH_2-CH_3$$

较稳定

$$\downarrow Br^-$$

$$
\begin{array}{c}
CH_3 \\
| \\
CH_3-C-CH_2Br \\
| \\
CH_3
\end{array}
\qquad
\begin{array}{c}
\downarrow Br^- \\
CH_3 \\
| \\
CH_3-C-CH_2-CH_3 \\
| \\
Br
\end{array}
$$

（重排产物为主）

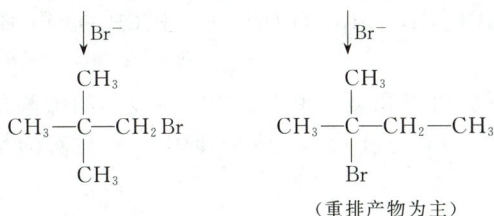

当伯醇或仲醇的 β-碳原子具有两个或三个烷基或芳基时，在酸作用下都能发生分子重排反应，这个重排反应称为瓦格涅尔-麦尔威因（Вагнер-Meerwein）重排，是碳正离子的重排反应（请详见第十四章）。

问题 10-5 如何区别下列各组化合物。

（1）2-甲基丙-2-醇，丁-1-醇，丁-2-醇

（2）苄醇，α-苯基乙醇，β-苯基乙醇

---

3. 与卤化磷反应

醇与三卤化磷反应，可以得到卤代烃。

$$3\ ROH + PX_3 \longrightarrow 3\ R\!-\!X + P(OH)_3$$

这个方法一般用来制备溴代烃或碘代烃。例如：

$$3\ CH_3CH_2OH + PBr_3 \longrightarrow 3\ CH_3CH_2Br + H_3PO_3$$

碘代烷可由三碘化磷与醇制备，但通常三碘化磷使用红磷与碘代替，将醇、红磷和碘一起加热，先生成三碘化磷，再与醇进行反应：

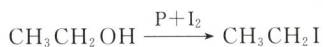

$$CH_3CH_2OH \xrightarrow{P+I_2} CH_3CH_2I$$

氯代烷常用五氯化磷与醇反应制备：

$$CH_3CH_2OH + PCl_5 \longrightarrow CH_3CH_2Cl + HCl + POCl_3$$

制备氯代烷的一个好方法是用亚硫酰氯与醇反应，同时生成二氧化硫和氯化氢两种气体。在反应过程中，这些气体都离开了反应体系，有利于反应向生成产物的方向进行，该反应速率快、反应条件温和且产率高。反应通式如下所示：

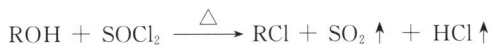

$$ROH + SOCl_2 \xrightarrow{\triangle} RCl + SO_2\uparrow + HCl\uparrow$$

4. 与硫酸、硝酸、磷酸等反应

醇除了与氢卤酸作用外，还能与硫酸、硝酸和磷酸等反应，生成的产物总称为无机酸酯。从组成上看，酯可以看作酸分子中的氢原子被烃基取代而生成的产物。醇与酸形成酯的反应称为酯化反应。

醇与硫酸作用得到硫酸氢酯。例如：

机
乙醇与三溴
化磷反应

机
醇与亚硫
酰氯反应

$$CH_3CH_2OH + HOSO_2OH \longrightarrow CH_3CH_2OSO_2OH + H_2O$$

硫酸氢乙酯(乙基硫酸)

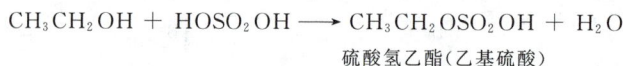

　　硫酸氢酯是酸性酯,可以和碱作用生成盐。高级醇的硫酸氢酯的钠盐,如十二醇的硫酸氢酯的钠盐($C_{12}H_{25}$—O—SO_2ONa)是一种阴离子表面活性剂,具有去污、乳化和发泡作用。

　　把硫酸氢甲酯或硫酸氢乙酯在减压条件下蒸馏,可得到硫酸二甲酯或硫酸二乙酯:

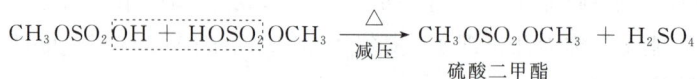

$$CH_3OSO_2\overline{OH} + \overline{HOSO_2}OCH_3 \xrightarrow[\text{减压}]{\triangle} CH_3OSO_2OCH_3 + H_2SO_4$$

硫酸二甲酯

它们是中性酯,不溶于水,具有强烈的毒性,在有机合成中用作烷基化剂,可向其他化合物分子中引入甲基或乙基。

　　醇与浓硝酸或发烟硝酸作用生成硝酸酯。例如:

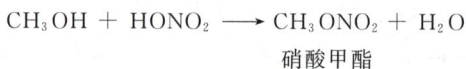

$$CH_3OH + HONO_2 \longrightarrow CH_3ONO_2 + H_2O$$

硝酸甲酯

　　通过酯化反应,甘油和硝酸可以合成三硝酸甘油酯,这种化合物也被称为硝化甘油。它既是一种炸药,也在医学领域中作为心血管扩张剂使用。

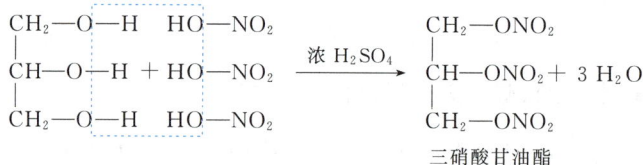

$$
\begin{array}{c}
\text{CH}_2\text{—O}\underline{\text{—H}} \quad \underline{\text{HO}}\text{—NO}_2 \\
| \\
\text{CH—O}\underline{\text{—H}} + \underline{\text{HO}}\text{—NO}_2 \\
| \\
\text{CH}_2\text{—O}\underline{\text{—H}} \quad \underline{\text{HO}}\text{—NO}_2
\end{array}
\xrightarrow{\text{浓 H}_2\text{SO}_4}
\begin{array}{c}
\text{CH}_2\text{—ONO}_2 \\
| \\
\text{CH—ONO}_2 + 3\,\text{H}_2\text{O} \\
| \\
\text{CH}_2\text{—ONO}_2
\end{array}
$$

三硝酸甘油酯

　　现在认为,在浓硫酸存在下,硝酸和甘油的反应是通过醇分子中的氢氧键断裂而进行的。

　　醇也能与磷酸作用生成磷酸酯。例如:

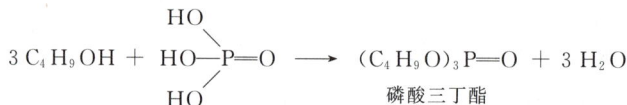

$$3\,C_4H_9OH + \begin{array}{c}HO\\ \\HO\end{array}\!\!P{=}O \longrightarrow (C_4H_9O)_3P{=}O + 3\,H_2O$$

磷酸三丁酯

磷酸三丁酯常用作萃取剂或增塑剂。许多磷酸酯是重要的农药。

　　醇与磺酰氯反应生成磺酸烷基酯$\left(\text{ROTs,Ts}=\text{H}_3\text{C}-\!\!\bigcirc\!\!-\text{SO}_2-\right)$。

$$ROH + ClSO_2-\!\!\bigcirc\!\!-CH_3 \xrightarrow{\text{吡啶}} CH_3-\!\!\bigcirc\!\!-SO_2OR + HCl$$

对甲苯磺酰氯　　　　　　　　　　对甲苯磺酸烷基酯

　　由于对甲苯磺酸酯中磺酸根负离子(TsO^-)的弱碱性,使它成为一个很好的离去基团;因此,磺酸烷基酯比醇容易进行亲核取代反应和消除反应。例如:

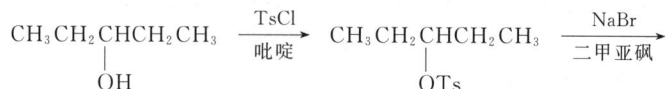

$$
\underset{\underset{\text{OH}}{|}}{CH_3CH_2CHCH_2CH_3} \xrightarrow[\text{吡啶}]{\text{TsCl}} \underset{\underset{\text{OTs}}{|}}{CH_3CH_2CHCH_2CH_3} \xrightarrow[\text{二甲亚砜}]{\text{NaBr}}
$$

$$CH_3CH_2CHCH_2CH_3 + TsONa$$
$$|$$
$$Br$$
$$85\%$$

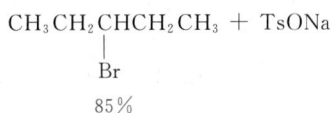

醇与有机酸及其酰卤反应生成有机酸酯,这将在第十三章中讨论。

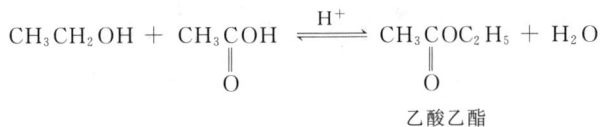

$$CH_3CH_2OH + CH_3COH \underset{}{\overset{H^+}{\rightleftharpoons}} CH_3COC_2H_5 + H_2O$$
$$\qquad\qquad\quad \| \qquad\qquad\qquad \|$$
$$\qquad\qquad\quad O \qquad\qquad\qquad O$$
$$\qquad\qquad\qquad\qquad\qquad 乙酸乙酯$$

5. 脱水反应

醇的脱水反应有两种方式,一种是分子内脱水成烯,另一种是分子间脱水成醚。

醇在较高温度（$400 \sim 800$ ℃）下,直接加热可以脱水生成烯烃;如有 Al_2O_3 或浓 H_2SO_4 催化剂存在时,脱水可以在较低温度下进行。

$$\begin{array}{cc} | & | \\ -C-C- \\ | & | \\ H & OH \end{array} \xrightarrow{H^+} \begin{array}{cc} | & | \\ -C=C- \\ | & | \end{array} + H_2O$$

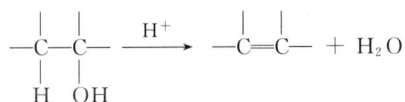

乙醇在强酸作用下脱水生成乙烯的反应机理如下:

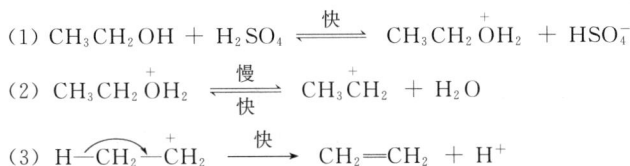

(1) $CH_3CH_2OH + H_2SO_4 \rightleftharpoons CH_3CH_2\overset{+}{O}H_2 + HSO_4^-$ 快

(2) $CH_3CH_2\overset{+}{O}H_2 \underset{快}{\overset{慢}{\rightleftharpoons}} CH_3\overset{+}{C}H_2 + H_2O$

(3) $H\overset{\frown}{-CH_2-}\overset{+}{C}H_2 \xrightarrow{快} CH_2{=}CH_2 + H^+$

不同类型醇的脱水反应的难易程度相差很大,其反应活性次序是 $3° > 2° > 1°$。这从下列各反应中所用硫酸的浓度和反应温度就可比较出来。

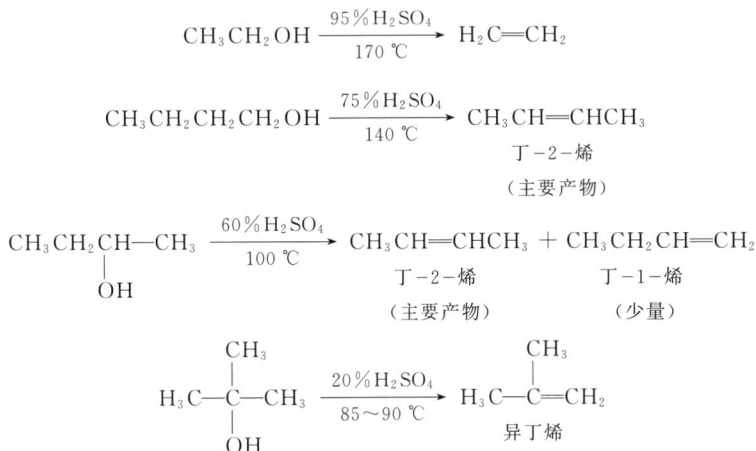

$$CH_3CH_2OH \xrightarrow[170\ ℃]{95\%H_2SO_4} H_2C{=}CH_2$$

$$CH_3CH_2CH_2CH_2OH \xrightarrow[140\ ℃]{75\%H_2SO_4} CH_3CH{=}CHCH_3$$
$$\qquad\qquad\qquad\qquad\qquad\qquad\qquad 丁-2-烯$$
$$\qquad\qquad\qquad\qquad\qquad\qquad\quad （主要产物）$$

$$CH_3CH_2CH{-}CH_3 \xrightarrow[100\ ℃]{60\%H_2SO_4} CH_3CH{=}CHCH_3 + CH_3CH_2CH{=}CH_2$$
$$\qquad\quad | \qquad\qquad\qquad\qquad\quad 丁-2-烯 \qquad\qquad\qquad 丁-1-烯$$
$$\qquad\quad OH \qquad\qquad\qquad\quad （主要产物）\qquad\qquad\quad （少量）$$

$$\qquad\qquad CH_3 \qquad\qquad\qquad\qquad\qquad\quad CH_3$$
$$\qquad\qquad | \qquad\qquad\qquad\qquad\qquad\qquad |$$
$$H_3C{-}C{-}CH_3 \xrightarrow[85 \sim 90\ ℃]{20\%H_2SO_4} H_3C{-}C{=}CH_2$$
$$\qquad\qquad | \qquad\qquad\qquad\qquad\qquad\quad 异丁烯$$
$$\qquad\qquad OH$$

仲醇、叔醇分子内脱水,若有两种不同的取向时,则遵从 Zaitsev 规则,主要生成碳碳双键上烃基较多的比较稳定的烯烃。例如:

$$CH_3CH_2-\underset{\underset{CH_3}{|}}{\overset{\overset{CH_3}{|}}{C}}-OH \xrightarrow[90\ ℃]{48\%\ H_2SO_4} CH_3CH\!=\!C(CH_3)_2 + CH_3CH_2-\underset{}{\overset{\overset{CH_3}{|}}{C}}\!=\!CH_2$$
$$\qquad\qquad\qquad\qquad\qquad\qquad\qquad (84\%) \qquad\qquad\qquad (少量)$$

醇分子之间脱水则生成醚。例如：

$$CH_3CH_2OH + HOCH_2CH_3 \xrightarrow{浓\ H_2SO_4,140\ ℃} CH_3CH_2OCH_2CH_3 + H_2O$$
$$\qquad\qquad\qquad\qquad\qquad\qquad\qquad\qquad\qquad 乙醚$$

与分子内反应相比,分子间脱水反应的反应温度要低些。因为分子间脱水是亲核取代反应,当醇溶于酸时先生成锌盐：

$$CH_3CH_2OH + H_2SO_4 \longrightarrow CH_3CH_2\overset{+}{O}H_2 + HSO_4^-$$

由于带正电荷的氧原子吸电子能力加强,使得 α-碳原子容易被作为亲核试剂的另一分子醇进攻而发生亲核取代反应(S_N2)：

$$CH_3CH_2\overset{\cdot\cdot}{O}: + CH_2-\overset{+}{O}H_2 \longrightarrow CH_3CH_2-\overset{+}{O}-CH_2CH_3 + H_2O$$
$$\qquad\quad \underset{H}{|} \qquad \underset{CH_3}{|} \qquad\qquad\qquad\qquad \underset{H}{|}$$

$$CH_3CH_2-\overset{+}{O}-CH_2CH_3 + HSO_4^- \longrightarrow CH_3CH_2OCH_2CH_3 + H_2SO_4$$
$$\qquad\quad \underset{H}{|}$$

亲核取代反应与消除反应往往是两个互相竞争的反应。由于消除反应要破坏 β 位的碳氢键,需要较高的能量,所以升高温度对分子内脱水生成烯有利。

问题 10-6　选用哪些醇可以合成下列烯烃。

(1) ? ⟶ $CH_3CH\!=\!\underset{\underset{CH_3}{|}}{C}C_6H_5$

(2) ? ⟶ （环己烯，带 CH_3）

(3) ? ⟶ $(CH_3)_2C\!=\!CHCH_2CH_2Br$

---

6. 氧化和脱氢

氧化反应是有机化学中较重要的和较普遍的反应。广义地讲,在有机化合物分子中加入氧或脱去氢的反应都属于氧化反应。虽然关于醇的氧化反应机理尚不完全清楚,但已确认,醇的氧化反应与羟基相连的碳原子(α-C)上有无氢原子有关。一级醇和二级醇可以被氧化成醛、酮或酸;三级醇 α-C 上没有氢,不易被氧化,酸性条件下,三级醇易脱水生成烯烃,然后碳碳键氧化断裂,形成小分子化合物。常用氧化剂为 $KMnO_4$、MnO_2、$K_2Cr_2O_7-H_2SO_4$、CrO_3 和 CrO_3-HOAc 等。

（1）氧化　伯醇在重铬酸钾（钠）的硫酸溶液中氧化先生成醛,醛能被继续氧化生成酸,生成的醛和酸与原来的醇含有相同的碳原子数。如要得到醛,必须把生成的醛立即从反应混合物中蒸馏出去,使之不与氧化剂继续接触,否则会被继续氧化成酸,但此法只适用于制备低沸点(<100 ℃)醛。

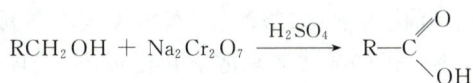

$$RCH_2OH + Na_2Cr_2O_7 \xrightarrow{H_2SO_4} R-C\begin{smallmatrix} O \\ \\ OH \end{smallmatrix}$$

【知识拓展】
醇的生物
氧化

仲醇氧化生成含同数碳原子的酮,酮比较稳定,所以是较有用的方法。

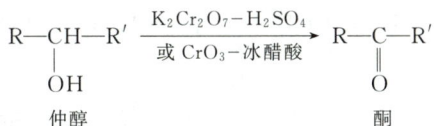

$$R-\underset{\underset{OH}{|}}{CH}-R' \xrightarrow[\text{或 } CrO_3-\text{冰醋酸}]{K_2Cr_2O_7-H_2SO_4} R-\underset{\underset{O}{||}}{C}-R'$$

仲醇　　　　　　　　　　　　　酮

用铬酸的硫酸水溶液可以鉴别一级醇和二级醇。一级醇和二级醇能使清澈的铬酸的硫酸水溶液由橙色变为不透明的蓝绿色,而叔醇则不能。

$$3\ C_2H_5OH + 2\ K_2Cr_2O_7 + 8\ H_2SO_4 \longrightarrow 3\ CH_3COOH + 2\ Cr_2(SO_4)_3 + 2\ K_2SO_4 + 11\ H_2O$$
橙色　　　　　　　　　　　　　　　　　　蓝绿色

检查司机是否酒后驾车的呼吸分析仪种类很多,其中有应用酒中所含乙醇被氧化后溶液颜色会变化的原理设计的。如饮酒量致使 100 mL 血液中含有超过 80 mg 乙醇(最大允许量)时,这时呼出的气体所含乙醇量就可使呼吸分析仪显示出正反应。

铬酐(CrO_3)与吡啶反应形成的铬酐-双吡啶配合物称为沙瑞特(Sarrett)试剂,用 $(C_5H_5N)_2CrO_3$ 表示,它是一种吸潮性红色结晶,是相对比较温和的氧化剂,同时具有较好的选择性,可以高产率地使一级醇氧化成醛,而不会进一步被氧化成酸;使二级醇氧化成酮。反应一般在二氯甲烷中,于 25 ℃ 左右进行。分子中若有双键或三键也不会受到影响。由于吡啶是碱性的,对在酸中不稳定的醇是一种很好的氧化剂。例如:

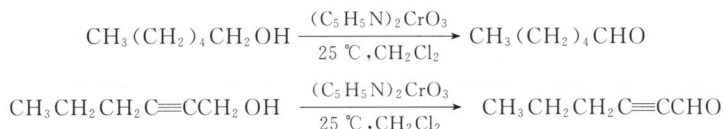

$$CH_3(CH_2)_4CH_2OH \xrightarrow[25\ ℃,CH_2Cl_2]{(C_5H_5N)_2CrO_3} CH_3(CH_2)_4CHO$$

$$CH_3CH_2CH_2C\equiv CCH_2OH \xrightarrow[25\ ℃,CH_2Cl_2]{(C_5H_5N)_2CrO_3} CH_3CH_2CH_2C\equiv CCHO$$

一级醇和二级醇不被稀、冷的中性高锰酸钾氧化,但在加热条件下可以被氧化。一级醇生成羧酸钾盐,溶于水,并有二氧化锰沉淀析出,酸化后可以得到羧酸;二级醇可以氧化为酮。

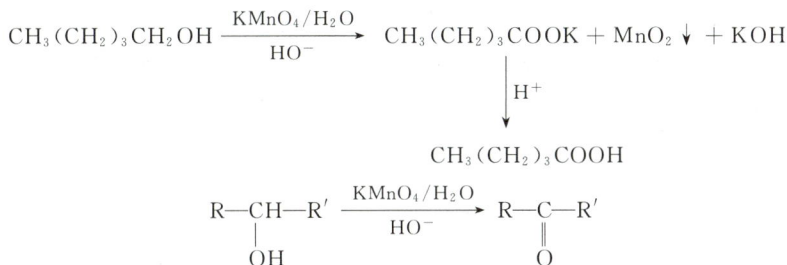

$$CH_3(CH_2)_3CH_2OH \xrightarrow[HO^-]{KMnO_4/H_2O} CH_3(CH_2)_3COOK + MnO_2\downarrow + KOH$$

$$\downarrow H^+$$

$$CH_3(CH_2)_3COOH$$

$$R-\underset{\underset{OH}{|}}{CH}-R' \xrightarrow[HO^-]{KMnO_4/H_2O} R-\underset{\underset{O}{||}}{C}-R'$$

高锰酸钾与硫酸锰在碱性条件下可以制得二氧化锰,新制的二氧化锰可以将 β-碳原子上为不饱和键的一级醇、二级醇氧化为相应的醛、酮，不饱和键不受影响。例如：

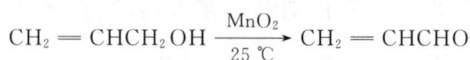

$$CH_2 = CHCH_2OH \xrightarrow[25\ ℃]{MnO_2} CH_2 = CHCHO$$

一级醇能在稀硝酸中被氧化为酸；二级醇、三级醇需要在较浓的硝酸中才能被氧化，同时伴随碳链的断裂，生成小分子的酸。脂环醇氧化生成酮，碳环破裂生成含相同碳原子数的二元羧酸。例如：

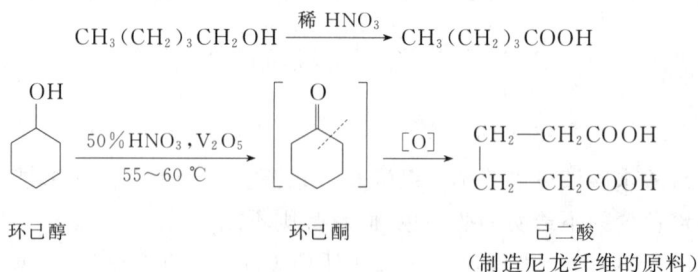

$$CH_3(CH_2)_3CH_2OH \xrightarrow{稀\ HNO_3} CH_3(CH_2)_3COOH$$

环己醇　　　　　　　　　　　环己酮　　　　　　　　　己二酸
　　　　　　　　　　　　　　　　　　　　　　　　（制造尼龙纤维的原料）

（2）催化脱氢　伯、仲醇的蒸气在高温下通过催化剂活性铜时发生脱氢反应，生成醛或酮。

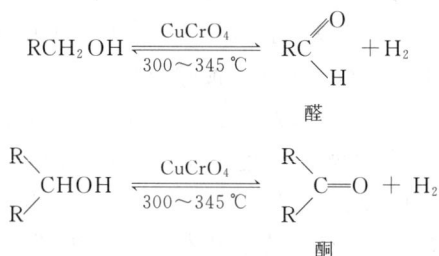

$$RCH_2OH \underset{300\sim345\ ℃}{\overset{CuCrO_4}{\rightleftharpoons}} RC\overset{O}{\underset{H}{\diagup}} + H_2$$
醛

$$\overset{R}{\underset{R}{\diagdown}}CHOH \underset{300\sim345\ ℃}{\overset{CuCrO_4}{\rightleftharpoons}} \overset{R}{\underset{R}{\diagdown}}C=O + H_2$$
酮

若同时通入空气，则氢气被氧化成水，反应可以进行到底。例如：

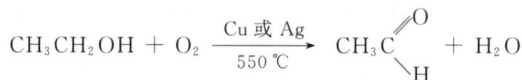

$$CH_3CH_2OH + O_2 \xrightarrow{Cu\ 或\ Ag}{550\ ℃} CH_3C\overset{O}{\underset{H}{\diagup}} + H_2O$$

醇的催化脱氢大多用于工业生产上。

叔醇分子中没有 α-氢原子，不能脱氢，只能脱水生成烯烃。

7. 多元醇的特殊反应

多元醇除具有醇羟基的一般反应外，由于所含两个或两个以上羟基之间的相互影响，它们还具有一些不同于一元醇的反应。例如，乙二醇、甘油等相邻位置具有两个羟基的多元醇（1,2-二醇）能和许多金属的氢氧化物螯合。若在甘油的水溶液中加入新沉淀的氢氧化铜，就生成蓝色可溶性的甘油铜：

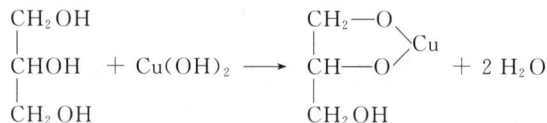

$$\begin{array}{l} CH_2OH \\ | \\ CHOH \\ | \\ CH_2OH \end{array} + Cu(OH)_2 \longrightarrow \begin{array}{l} CH_2-O \\ | \quad\quad\ \diagdown Cu \\ CH-O\diagup \\ | \\ CH_2OH \end{array} + 2H_2O$$

这一反应可用来区别一元醇和 1,2-二醇。

1,2-二醇还可以用高碘酸等在缓和条件下进行氧化反应。反应时,具有羟基的两个碳原子的 C—C 键断裂而生成醛、酮或羧酸等产物:

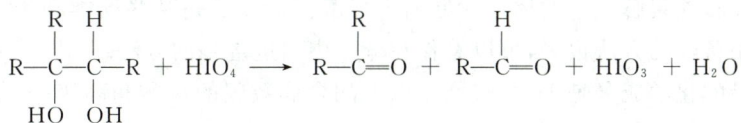

$$
\underset{\substack{| \quad |\\ HO \quad OH}}{R-\overset{\overset{\displaystyle R}{|}}{C}-\overset{\overset{\displaystyle H}{|}}{C}-R} + HIO_4 \longrightarrow R-\overset{\overset{\displaystyle R}{|}}{C}=O + R-\overset{\overset{\displaystyle H}{|}}{C}=O + HIO_3 + H_2O
$$

这个反应是定量进行的,可用来定量测定 1,2-二醇的含量,并在测定糖类的结构中有用。四乙酸铅在冰醋酸溶液中也可氧化邻二醇,生成羰基化合物。例如:

$$
\underset{\substack{|\quad|\\ HO\quad OH}}{CH_3CHCH_2} \xrightarrow{Pb(OAc)_4} CH_3CHO + HCHO + Pb(OAc)_2
$$

该反应也是定量的,因此也可用于 1,2-二醇的定量分析中。

1,3-二醇和 1,4-二醇均不发生上述与高碘酸或四乙酸铅的反应。

当频哪醇(四烃基乙二醇)与硫酸作用时,可以脱水生成频哪酮:

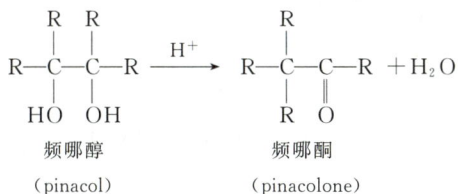

$$
\underset{\substack{|\quad|\\ HO\quad OH}}{R-\overset{\overset{\displaystyle R}{|}}{C}-\overset{\overset{\displaystyle R}{|}}{C}-R} \xrightarrow{H^+} \underset{\substack{|\quad\|\\ R\quad O}}{R-\overset{\overset{\displaystyle R}{|}}{C}-C-R} + H_2O
$$

频哪醇   频哪酮

(pinacol)   (pinacolone)

在反应中由于烃基的转移,而使碳架发生了变化,称为频哪醇重排。例如:

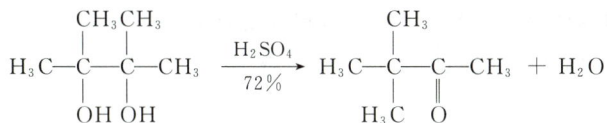

$$
\underset{\substack{|\quad|\\ OH\quad OH}}{H_3C-\overset{\overset{\displaystyle CH_3}{|}}{C}-\overset{\overset{\displaystyle CH_3}{|}}{C}-CH_3} \xrightarrow[72\%]{H_2SO_4} \underset{\substack{|\quad\|\\ H_3C\quad O}}{H_3C-\overset{\overset{\displaystyle CH_3}{|}}{C}-C-CH_3} + H_2O
$$

频哪醇重排的反应机理与瓦格涅尔-麦尔威因重排相似,也是经碳正离子中间体的重排反应。

问题 10-7 (1)下列化合物用 HIO_4 处理,产物是什么?

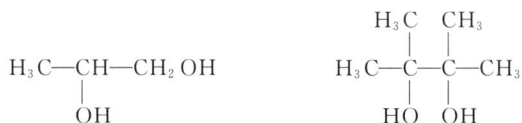

$$
\underset{\substack{|\\ OH}}{H_3C-CH-CH_2OH} \qquad\qquad \underset{\substack{|\quad|\\ HO\quad OH}}{H_3C-\overset{\overset{\displaystyle H_3C}{|}}{C}-\overset{\overset{\displaystyle CH_3}{|}}{C}-CH_3}
$$

(2)写出以下反应方程式中有关的反应物。

$$A + HIO_4 \longrightarrow CH_3COCH_3 + HCHO$$

$$B + HIO_4 \longrightarrow 2\,HOOC-CHO$$

五、醇的制备

工业上以石油裂解气中的烯烃为原料合成醇。低级醇是某些糖类和蛋白质发酵的产物。实验室制备醇的方法很多,可以看作在分子中引进羟基的方法。

天然的蜡的化学成分是 16 个碳原子以上的含偶数碳的羧酸和高级一元醇形成的酯,例如,鲸蜡是十六个碳原子的羧酸和正十六醇生成的酯,水解这类酯可获得相应的高级醇和高级羧酸。

1. 由烯烃制备

(1) 烯烃的水合 用烯烃直接水合法和间接水合法可以制备醇,见第三章第四节。

(2) 硼氢化-氧化反应 硼氢化反应包括 BH_3(或以后步骤中的 BH_2R 及 BHR_2)对烯烃双键的加成,生成的烷基硼不需分离,直接在碱存在下通过 H_2O_2 氧化,其中硼原子部分被—OH 取代。因此,经过硼氢化、氧化的两步反应过程,其结果相当于 H—OH 对碳碳双键的加成。

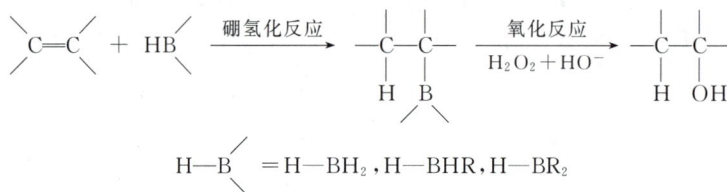

$$\text{C=C} + \text{HB} \xrightarrow{\text{硼氢化反应}} \underset{\text{H}\ \ \text{B}}{-\text{C}-\text{C}-} \xrightarrow[\text{H}_2\text{O}_2 + \text{HO}^-]{\text{氧化反应}} \underset{\text{H}\ \ \text{OH}}{-\text{C}-\text{C}-}$$

$$\text{H}-\text{B} = \text{H}-\text{BH}_2, \text{H}-\text{BHR}, \text{H}-\text{BR}_2$$

硼氢化反应的特点是步骤简单、副反应少和生成醇的产率高,该反应是实验室制备醇的一种方法。不对称烯烃通过硼氢化反应所得的醇恰巧和烯烃直接酸催化与水加成得到的醇相反,相当于水和碳碳双键的反马氏规则加成产物。反应经环状的中心过渡态,是一个立体专一的顺式加成反应(详见第三章)。这是用烯烃为原料的任何其他方法所难以获得的。例如:

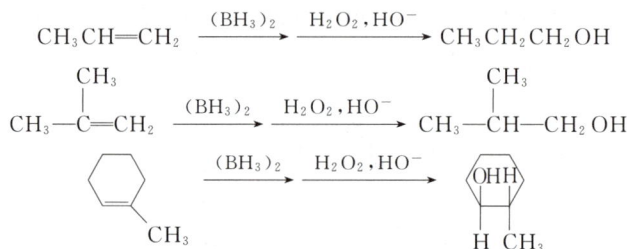

$$CH_3CH\text{=}CH_2 \xrightarrow{(BH_3)_2} \xrightarrow{H_2O_2, HO^-} CH_3CH_2CH_2OH$$

$$\underset{CH_3}{CH_3-\overset{CH_3}{C}\text{=}CH_2} \xrightarrow{(BH_3)_2} \xrightarrow{H_2O_2, HO^-} CH_3-\overset{CH_3}{\underset{}{CH}}-CH_2OH$$

(3) 羟汞化-脱汞反应 烯烃和醋酸汞在水存在下反应,首先生成羟烷基汞盐,然后用硼氢化钠还原脱汞生成醇,这类反应称为羟汞化-脱汞反应。例如:

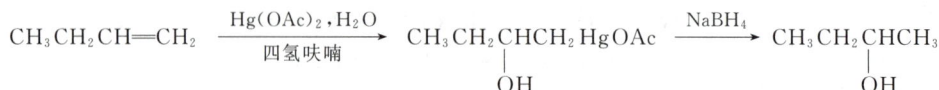

$$CH_3CH_2CH\text{=}CH_2 \xrightarrow[\text{四氢呋喃}]{Hg(OAc)_2, H_2O} CH_3CH_2\underset{OH}{CH}CH_2HgOAc \xrightarrow{NaBH_4} CH_3CH_2\underset{OH}{CH}CH_3$$

对于不对称烯烃,此反应相当于烯烃与水按马氏规则进行加成,反应具有高度的区域选择性。而且,此反应速率快,反应条件温和,无重排产物且产率高(通常>90%)。反应具有高度的立体选择性,主要得到反式加成产物,是实验室制备醇的一种有效方法。

2. 由羰基化合物或环氧乙烷制备

(1) 羰基化合物或环氧乙烷与格氏试剂反应 这是实验室中制备醇常用的方法,也是格氏试剂的重要用途之一。格氏试剂与不同的醛、酮反应,可以分别生成伯醇、仲醇和叔醇。

格氏试剂和甲醛作用得到伯醇,生成的醇比所用的格氏试剂多含一个碳原子:

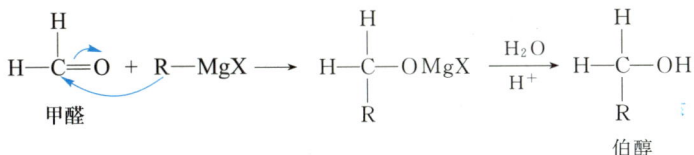

$$
\underset{\text{甲醛}}{\overset{H}{\underset{}{H-C=O}}} + R-MgX \longrightarrow \overset{H}{\underset{R}{H-C-OMgX}} \xrightarrow[H^+]{H_2O} \underset{\text{伯醇}}{\overset{H}{\underset{R}{H-C-OH}}}
$$

格氏试剂和其他醛作用,得到仲醇。

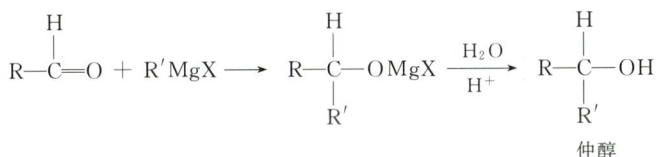

$$
\overset{H}{\underset{}{R-C=O}} + R'MgX \longrightarrow \overset{H}{\underset{R'}{R-C-OMgX}} \xrightarrow[H^+]{H_2O} \underset{\text{仲醇}}{\overset{H}{\underset{R'}{R-C-OH}}}
$$

例如:

$$
\underset{\text{乙醛}}{\overset{H}{\underset{}{CH_3-C=O}}} \xrightarrow[\text{② } H_2O, H^+]{\text{① } Ph-MgX} \underset{\substack{\text{仲醇} \\ 1-\text{苯基乙醇}}}{\overset{CH_3}{Ph-CH-OH}}
$$

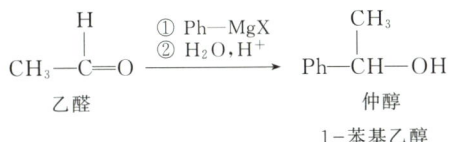

格氏试剂和酮作用生成叔醇:

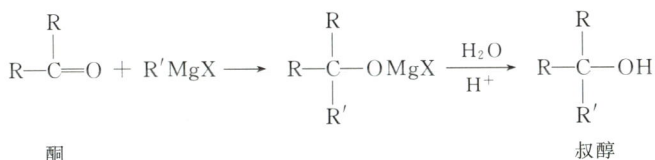

$$
\underset{\text{酮}}{\overset{R}{\underset{}{R-C=O}}} + R'MgX \longrightarrow \overset{R}{\underset{R'}{R-C-OMgX}} \xrightarrow[H^+]{H_2O} \underset{\text{叔醇}}{\overset{R}{\underset{R'}{R-C-OH}}}
$$

例如:

$$
\underset{\text{丙酮}}{\overset{CH_3}{\underset{}{H_3C-C=O}}} \xrightarrow[\text{② } H_2O, H^+]{\text{① } n-C_4H_9MgX} \underset{2-\text{甲基己}-2-\text{醇}}{\overset{CH_3}{\underset{CH_3}{n-C_4H_9-C-OH}}}
$$

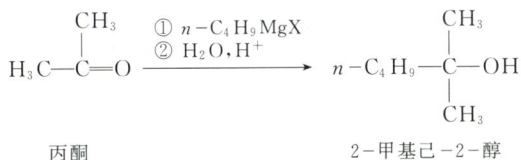

格氏试剂与环氧乙烷作用,可以生成比格氏试剂多两个碳原子的伯醇,这是增长碳链的方法之一。例如:

$$
CH_3CH_2MgBr + \underset{O}{H_2C-\!\!\!-\!\!\!-CH_2} \longrightarrow CH_3CH_2CH_2CH_2OMgBr \xrightarrow{H^+, H_2O} CH_3CH_2CH_2CH_2OH
$$

　　具体有关格氏试剂与醛、酮的反应见第十一章第三节。格氏试剂与取代环氧乙烷的反应见本章第四节。

　　另外,格氏试剂与羧酸衍生物作用,可以生成仲醇或叔醇,见第十三章第二节和第三节。

　　(2) 由醛和酮的还原　醛、酮分子中的羰基不仅能和格氏试剂发生加成,也可以在催化剂 Pt、Ni 等存在下加氢。醛加氢后还原成伯醇,酮加氢后还原成仲醇:

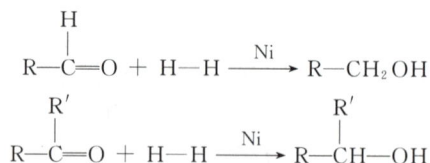

$$\underset{\underset{R}{|}}{\overset{\overset{H}{|}}{C}}=O \; + \; H-H \xrightarrow{\;Ni\;} R-CH_2OH$$

$$\underset{\underset{R}{|}}{\overset{\overset{R'}{|}}{C}}=O \; + \; H-H \xrightarrow{\;Ni\;} \underset{R}{\overset{R'}{|}}{CH}-OH$$

还原时也可用 $C_2H_5OH + Na$、$LiAlH_4$ 或 $NaBH_4$ 等化学还原剂,详细内容见第十一章。

　　3. 由卤代烃水解制备

　　卤代烃在碱性条件下水解可以得到醇类,这在卤代烃一章已详细讨论过。

$$RX \; + \; NaOH \longrightarrow ROH \; + \; NaX$$

　　对仲和叔卤代烷来说,为了避免在碱性条件下容易失去卤化氢生成烯烃,在水解时常用 Na_2CO_3 或悬浮在水中的氧化银等较温和的碱性试剂。

　　在一般情况下,醇比卤代烃容易得到,因此,通常是用醇来合成卤代烃。只有在相应的卤代烃比醇容易得到时才采用这个方法。例如,由烯丙基氯合成烯丙醇。

$$CH_2=CH-CH_2Cl \xrightarrow{Na_2CO_3 \; 溶液} CH_2=CH-CH_2OH$$

　　问题 10-8　用反应方程式表示异丙醇的制备。

(1) 以烯烃为原料;　　　　　　　　(2) 以卤代烷为原料;

(3) 由格氏试剂制备;　　　　　　　(4) 工业上以哪种方法为宜? 为什么?

　　问题 10-9　选用适当的格氏试剂和适当的醛、酮合成以下醇。

　　　　　　1-苯基丙-2-醇,环己基甲醇,2-甲基丁-2-醇

六、重要的醇

　　1. 甲醇

　　甲醇最早是用木材干馏得到的,因此又叫木醇。甲醇是一种无色易燃的液体,沸点 65 ℃,能溶于水;毒性很强,误饮 10 mL 会使眼睛失明,30 mL 可致死。

　　目前制备甲醇是用合成气(CO 和 H_2)在加热、加压和催化剂存在下合成:

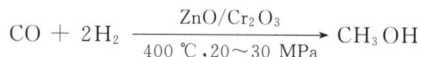

$$CO \; + \; 2H_2 \xrightarrow[400\,℃,20\sim30\;MPa]{ZnO/Cr_2O_3} CH_3OH$$

若严格控制操作条件,其产量几乎可达 100%,纯度达 99%。改变催化剂及 CO 和 H_2 的

比例,产物除甲醇外,还可得到其他醇类。由于甲醇和水不形成共沸混合物,因此可直接用蒸馏法把大部分水除去,再用金属镁处理,就得到无水甲醇。

甲醇在工业上主要用来制备甲醛,以及作为油漆的溶剂和甲基化试剂等,也可将甲醇混入汽油中或单独用作汽车或喷气式飞机的燃料。

2. 乙醇

乙醇俗名酒精,是应用最广的一种醇。早在几千年前,我国劳动人民就懂得发酵酿酒。发酵是通过微生物进行的一种生物化学方法,至今发酵法仍为制备乙醇和其他某些醇的重要方法之一。

工业上大量生产乙醇是用石油裂解气中的乙烯作原料,用直接水合法和间接水合法来生产。直接水合法用磷酸作催化剂,在 300 ℃ 和 7 MPa 压力下,把水蒸气通入乙烯中。间接水合法是把乙烯在 100 ℃ 吸收于浓 H_2SO_4 中,然后水解制得乙醇。前法步骤简单,没有硫酸腐蚀设备和废酸的回收问题,但需要高浓度的乙烯,且在高压下操作,一次转化成的乙醇量很少,要反复循环,消耗能量较大。后法的优点是乙醇产率高,但要用大量的 H_2SO_4,对设备有强烈的腐蚀作用和存在回收利用废酸的问题。由于乙烯可大量地从石油加工得到,上述两种方法均受到各国重视。

普通的酒精是含有 95.6% 乙醇和 4.4% 水的共沸混合物,其沸点为 78.15 ℃,用蒸馏方法不能将乙醇中的水分进一步除去。要制得无水乙醇,在实验室中可加入生石灰后回流,使水分和生石灰结合后再进行蒸馏,可得到 99.5% 的乙醇。如需继续除去剩余的水分,可用金属镁处理,生成的乙醇镁与水作用,生成氢氧化镁沉淀及醇,再经蒸馏即可得到无水乙醇。

工业上制备无水乙醇可在 95.6% 乙醇中加入一定量的苯进行蒸馏。最先蒸出的苯、乙醇、水的三元共沸物(沸点 64.9 ℃)带去水分,然后蒸出苯和乙醇的二元共沸物(沸点 68.25 ℃),待苯全部蒸出后,最后在 78.5 ℃ 蒸出的是无水乙醇。近来工业上已采用分子筛去水制备无水乙醇。

乙醇为无色液体,具有特殊气味,易燃,火焰呈淡蓝色,是有机合成工业的重要原料,也是常用的有机溶剂。医用酒精是 75% 的乙醇,因为在此浓度下的酒精溶液的杀菌消毒效果最好。白酒的主要成分是乙醇和水,少量乙醇对人体的作用是先兴奋,后麻醉。大量饮入乙醇对人体有毒害。人的酒量有大有小,这与个人体内含有的乙醇脱氢酶和乙醛脱氢酶的含量有关。乙醇脱氢酶能在人体内有效催化氧化乙醇为乙醛,乙醛在乙醛脱氢酶的作用下,继续分解氧化为二氧化碳和水。若这两种酶的含量少,酒精中的乙醇在人体内不易转化,就易引起酒醉现象。长期大量饮酒可能导致酒精中毒,记忆力减退,痴呆,严重时还会出现肢体活动障碍。

3. 乙-1,2-二醇(简称乙二醇,俗称甘醇)

乙二醇是最简单和重要的二元醇,为带有甜味的黏稠状无色液体,沸点 198 ℃,能与水、乙醇或丙酮混溶,但不溶于极性较小的乙醚,这是分子中增加一个羟基而产生的影响。

乙二醇是合成纤维"涤纶"等高分子化合物的重要原料,又是常用的高沸点溶剂。乙二醇的熔点低(−16 ℃),能降低水的冰点,如其 60% 的水溶液的冰点为 −49 ℃,所以可以用作冬季汽车散热器的防冻剂和飞机发动机的制冷剂。乙二醇的硝酸酯是一种炸药。

乙二醇的工业制法是由乙烯合成,乙烯在银催化剂作用下经空气氧化生成环氧乙烷,环氧乙烷加压水合或在酸催化下水合可制得乙二醇:

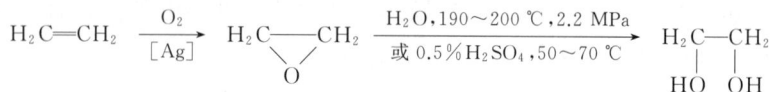

$$H_2C{=}CH_2 \xrightarrow[\text{[Ag]}]{O_2} H_2C\underset{O}{\diagdown}CH_2 \xrightarrow[\text{或 } 0.5\%H_2SO_4,50{\sim}70\ ℃]{H_2O,190{\sim}200\ ℃,2.2\ MPa} \underset{HO\quad OH}{H_2C{-}CH_2}$$

加压水合法要求用加压设备及高温,但后处理方便,因此,广泛使用。酸催化水合法虽然反应温度较低,且不需使用高压设备,但从产品中除去硫酸困难。上述两种方法均有副产物一缩二乙二醇(二甘醇)和二缩三乙二醇(三甘醇)生成。

$$HOCH_2CH_2OH \xrightarrow{\overset{O}{\triangle}} HOCH_2CH_2OCH_2CH_2OH \xrightarrow{\overset{O}{\triangle}} HOCH_2CH_2OCH_2CH_2OCH_2CH_2OH$$

二甘醇   三甘醇

4. 丙-1,2,3-三醇(简称丙三醇)

丙三醇俗称甘油,是无色具有甜味的黏稠性液体,沸点 290 ℃,能与水混溶,不溶于有机溶剂,有强烈的吸水性。

甘油能与一些碱性氢氧化物[如 $Cu(OH)_2$]作用,说明多元醇的羟基也表现了极弱的酸性。甘油铜是一种鲜艳蓝色物质,这个反应常用来作为鉴定多元醇的一种方法。

甘油的重要用途之一是制备硝酸甘油酯(俗称硝化甘油)。将甘油滴入浓硝酸与浓硫酸的混酸中,在严格冷却条件下生成硝酸甘油酯。硝酸甘油酯是无色、有毒的油状液体,受震动即爆炸,用硅藻土吸收后做炸药;它在医药上用作扩张冠状动脉、缓解心绞痛的药物。另外,甘油还广泛应用于合成树脂、食品、纺织和皮革等工业部门,也用作化妆品和医用软膏的保湿剂。

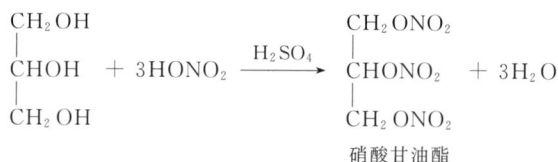

$$\begin{matrix} CH_2OH \\ | \\ CHOH \\ | \\ CH_2OH \end{matrix} + 3HONO_2 \xrightarrow{H_2SO_4} \begin{matrix} CH_2ONO_2 \\ | \\ CHONO_2 \\ | \\ CH_2ONO_2 \end{matrix} + 3H_2O$$

硝酸甘油酯

甘油是油脂的组成部分,可从动植物油脂水解得到,是肥皂工业的副产品。工业上合成甘油是利用石油裂解气中的丙烯,通过氯丙烯法生产。丙烯在高温下和氯气发生取代反应:

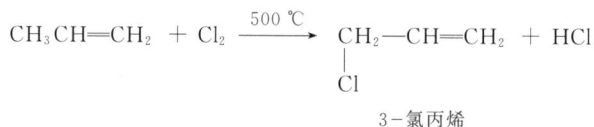

$$CH_3CH{=}CH_2 + Cl_2 \xrightarrow{500\ ℃} \underset{Cl}{CH_2{-}CH{=}CH_2} + HCl$$

3-氯丙烯

3-氯丙烯与 HOCl 加成生成 2,3-二氯丙-1-醇和 1,3-二氯丙-2-醇:

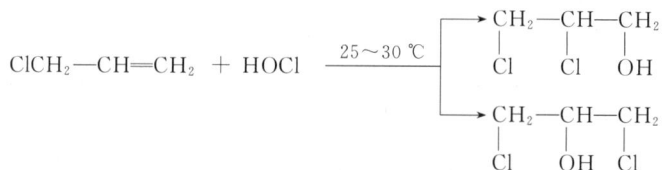

$$ClCH_2{-}CH{=}CH_2 + HOCl \xrightarrow{25{\sim}30\ ℃} \begin{cases} \underset{Cl\quad Cl\quad OH}{CH_2{-}CH{-}CH_2} \\ \underset{Cl\quad OH\quad Cl}{CH_2{-}CH{-}CH_2} \end{cases}$$

此二氯丙醇混合物和石灰乳作用都生成环氧氯丙烷：

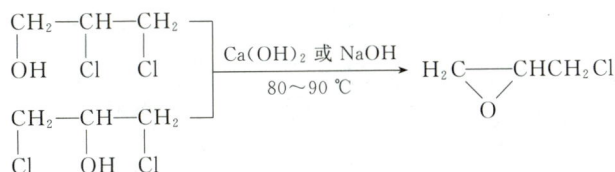

$$
\begin{array}{c}
CH_2-CH-CH_2 \\
|\quad\ |\quad\ | \\
OH\ \ Cl\ \ Cl
\end{array}
\left.\right]
\xrightarrow[80\sim90\,℃]{Ca(OH)_2\ 或\ NaOH}
\ H_2C-CHCH_2Cl
$$

$$
\begin{array}{c}
CH_2-CH-CH_2 \\
|\quad\ |\quad\ | \\
Cl\ \ OH\ \ Cl
\end{array}
$$

将环氧氯丙烷水解，即可得到甘油：

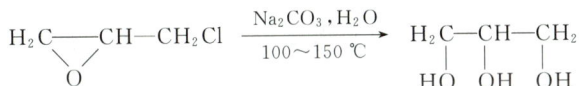

$$
H_2C-CH-CH_2Cl \xrightarrow[100\sim150\,℃]{Na_2CO_3,H_2O}
\begin{array}{c}
H_2C-CH-CH_2 \\
|\quad\ |\quad\ | \\
HO\ \ OH\ \ OH
\end{array}
$$

第二节　β-消除反应的反应机理

　　卤代烃的脱卤化氢反应和醇的分子内脱水反应都是消除反应（elimination reaction）。这两类消除反应均为 1,2-消除反应，或称 β-消除反应，也是常见的消除反应。β-消除反应是从反应物的相邻碳原子上消除两个原子或基团，形成一个 π 键的过程。

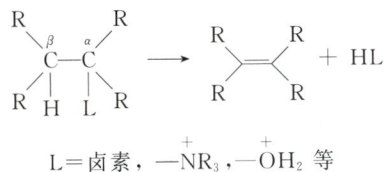

$$
\begin{array}{c}
R\quad\ R \\
|\ \ \beta\ \ |\ \ \alpha \\
C-C \\
|\qquad| \\
R\ \ H\ \ L\ \ R
\end{array}
\longrightarrow
\begin{array}{c}
R\qquad R \\
\diagdown\ /\ \\
C=C \\
/\ \diagdown \\
R\qquad R
\end{array}
+\ HL
$$

$$
L=卤素，-\overset{+}{N}R_3，-\overset{+}{O}H_2\ 等
$$

　　另一种 1,1-消除反应是从反应物中同一个碳原子上消去两个原子或基团，形成一个只有 6 个电子的活泼的碳烯——卡宾（carbene）。1,1-消除反应又称 α-消除反应。例如：

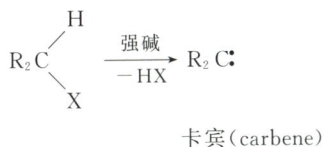

$$
\begin{array}{c}
H \\
| \\
R_2C \\
| \\
X
\end{array}
\xrightarrow[-HX]{强碱}
R_2C\colon
$$

卡宾（carbene）

　　本节重点讨论 β-消除反应，α-消除反应详见第五章。

一、两种反应机理（E1 和 E2）

　　β-消除反应和亲核取代反应类似，也存在单分子和双分子消除两种不同的反应机理。

　　1. 单分子消除（E1）反应的机理

　　无碱条件下，叔丁基溴在无水乙醇中的消除反应是按 E1 机理进行的，反应机理可表示如下。

E1 消除反应

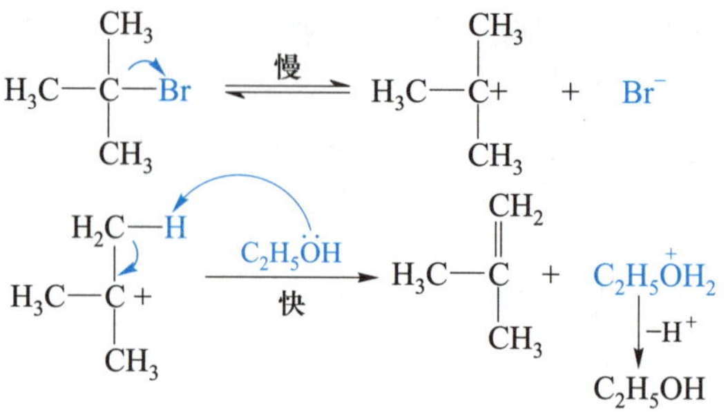

$$v = k_1[(CH_3)_3CBr]$$

反应速率与反应物浓度的一次方成正比,为一级反应。

反应分两步进行,第一步叔丁基溴解离成叔丁基碳正离子和溴负离子的反应是反应决速步骤,该步反应只有叔丁基溴参与,故为单分子消除反应,用 E1 表示,E 表示消除反应,1 表示单分子反应。

E1 反应与 S_N1 反应的反应机理和反应动力学特征相似,第一步均生成碳正离子中间体,区别在第二步,E1 是碱进攻 $\beta-H$ 生成烯烃,S_N1 是亲核试剂进攻中心碳原子得到亲核取代产物。所以 E1 和 S_N1 互为竞争反应,如叔丁基溴在水或乙醇中的溶剂解反应,均得到两种产物。

$$(CH_3)_3CBr \xrightarrow{H_2O} (CH_3)_3COH + (CH_3)_2C = CH_2$$
$$\qquad\qquad\qquad\qquad 93\% \qquad\qquad\quad 7\%$$

$$(CH_3)_3CBr \xrightarrow{C_2H_5OH} (CH_3)_3COC_2H_5 + (CH_3)_2C = CH_2$$
$$\qquad\qquad\qquad\qquad 81\% \qquad\qquad\qquad 19\%$$

与 S_N1 反应相似,E1 反应也常常发生重排反应。例如,3,3-二甲基丁-2-醇,用 H_2SO_4 处理时主要生成 2,3-二甲基丁-2-烯,显然是 E1 反应的重排产物。

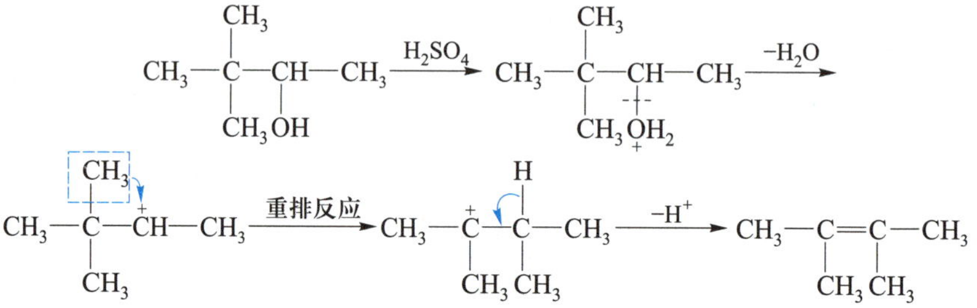

三级卤代烃在无碱存在时的消除反应是按 E1 机理进行的,通常情况下得到的主要产物是经碳正离子重排后的产物。

酸催化下,醇脱水生成烯烃的反应都是按 E1 反应机理进行的。

2. 双分子消除(E2)反应的机理

1-溴丙烷在乙醇钠的乙醇溶液中加热,主要产物为丙烯。反应按双分子消除反应机理进行,反应机理可表示如下:

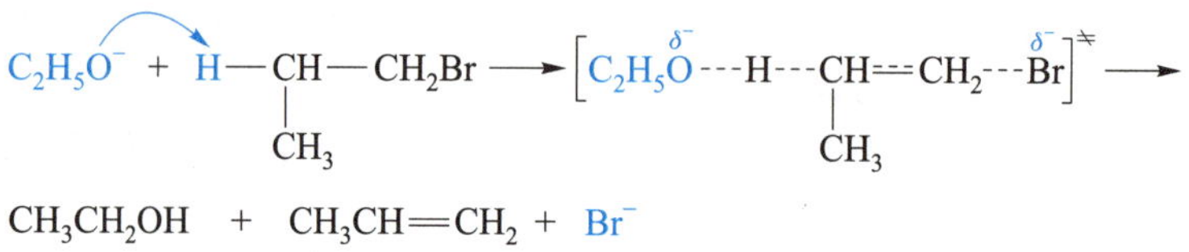

$$CH_3CH_2OH + CH_3CH=CH_2 + Br^-$$

$$v = k[CH_3CH_2CH_2Br][C_2H_5O^-]$$

反应速率与反应物浓度的二次方成正比,是一个二级反应。

反应经反应物到过渡态到产物一步完成,反应物 $CH_3CH_2CH_2Br$ 和 $C_2H_5O^-$ 都参与了控速步骤的反应,是一个双分子消除反应,用 E2 表示,E 表示消除反应,2 表示双分子反应。

E2 反应的动力学特征和所形成的过渡态与 S_N2 很相似,在 E2 反应中,碱进攻 $\beta-H$,而 S_N2 反应中,亲核试剂进攻 $\alpha-$碳原子。

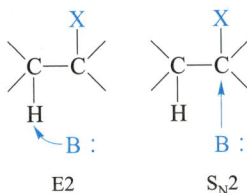

B:代表碱性试剂(亲核试剂),X 代表离去基团。因此,E2 和 S_N2 往往同时发生。例如:

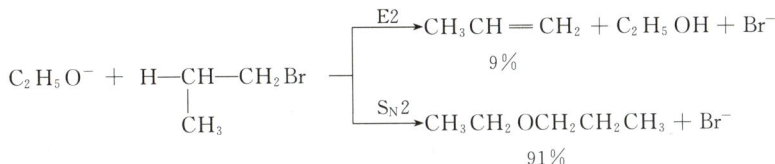

实验证明,在强碱作用下,伯卤代烷和季铵盐(见第十四章含氮有机化合物)等所发生的消除反应主要按 E2 机理进行。

二、区域选择性

当消除反应中可能生成两种烯烃异构体时,究竟哪一种异构体占优势呢?这就涉及消除反应的区域选择性,区域选择性与反应的机理有关。

卤代烃和醇按 E1 或 E2 机理发生消除反应时,均服从 Zaitsev 规则,主要生成双键上连有烃基较多的较稳定的烯烃(Zaitsev 烯烃)。其原因可用过渡态的活化能来说明,也可以通过产物的稳定性解释。

在 E1 反应中,生成碳正离子的第一步决定反应速率,图 10-4 是 2-溴-2-甲基丁烷在无水乙醇中进行 E1 反应的能量变化图。由图可见,由碳正离子中间体 $[CH_3CH_2\overset{+}{C}(CH_3)_2]$ 生成产物 2-甲基丁-2-烯所需的反应活化能较小,其过渡态的能量相对较低,反应速率较快,故产物所占的比例较大。

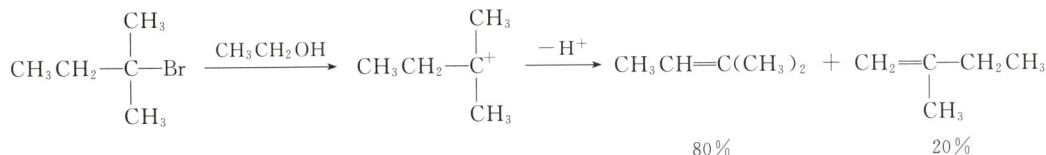

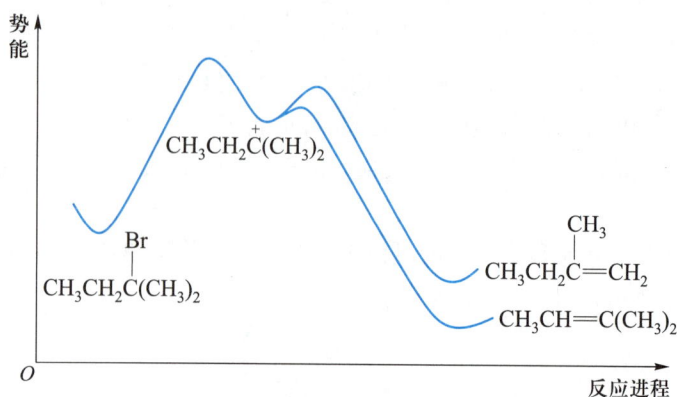

图 10-4   2-溴-2-甲基丁烷 E1 反应的能量变化

从电子效应考虑,2-甲基丁-2-烯分子中有 9 个 C—H σ 键与碳碳双键发生超共轭效应,而2-甲基丁-1-烯分子中只有 5 个 C—H σ 键与碳碳双键发生超共轭效应,所以前者比后者稳定,产物以前者为主。

2-溴丁烷与乙醇钾的反应按 E2 机理进行,主要产物是丁-2-烯。

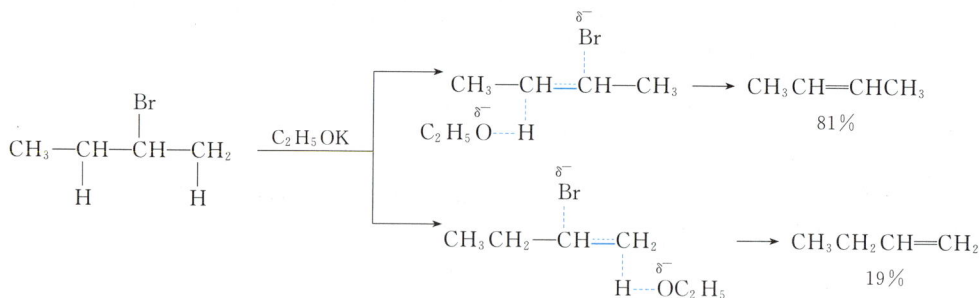

$C_2H_5O^-$ 进攻不同的 β-氢原子,所生成的过渡态能量变化不同,如图 10-5 所示。由图中能量曲线可知,生成丁-2-烯的过渡态势能较低,所需的活化能就较低,反应容易进行,所以丁-2-烯为主要产物。

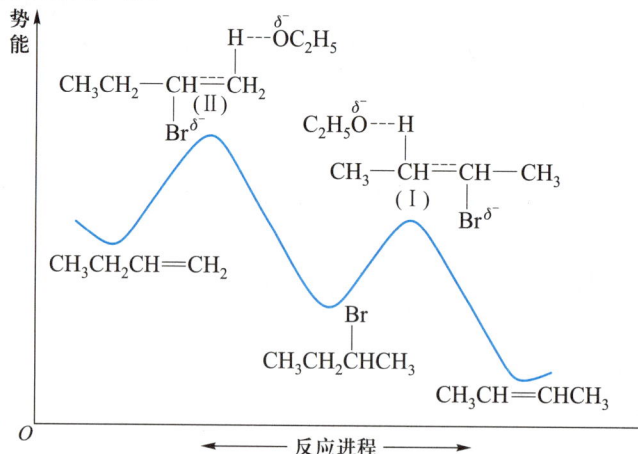

图 10-5   2-溴丁烷 E2 反应的能量变化

这一结果也可以用超共轭效应来解释。丁-2-烯分子中有 6 个 C—H σ 键与碳碳双键发生超共轭效应,而丁-1-烯分子中只有两个 C—H σ 键与碳碳双键发生超共轭效应。因此,丁-2-烯较稳定,是主要产物。

进一步研究发现,消除反应的区域选择性与离去基团的性质有一定关系。一般来说,离去基团离去倾向大,有利于生成 Zaitsev 烯烃(见表10-2)。

表 10-2 离去基团 L(X)对 E2 区域选择性的影响

(反应物 CH$_3$(CH$_2$)$_3$CHCH$_3$,CH$_3$ONa/CH$_3$OH)
　　　　　　　　 |
　　　　　　　　 X

L(X)	己-2-烯(Zaitsev 烯烃)的含量/%	己-1-烯(反 Zaitsev 烯烃)的含量/%
I	81	19
Br	72	28
Cl	67	33
F	30	70

碱性的强弱及碱的体积也影响消除反应的区域选择性。试剂的碱性增强,碱的体积加大,都将使反 Zaitsev 烯烃的比例增加(见表 10-3)。

表 10-3 不同碱对 (CH$_3$)$_2$C—CH$_2$CH$_3$ 的 E2 区域选择性的影响
　　　　　　　　　　　　　　　　　　 |
　　　　　　　　　　　　　　　　　　 Cl

(反应温度:70~75 ℃)

试剂	H$_3$C—C=CHCH$_3$ 　　　CH$_3$ (Zaitsev 烯烃)的含量/%	H$_2$C=C—CH$_2$CH$_3$ 　　　CH$_3$ (反 Zaitsev 烯烃)的含量/%
C$_2$H$_5$O$^-$	70	30
(CH$_3$)$_3$CO$^-$	27.5	72.5
C$_2$H$_5$(CH$_3$)$_2$CO$^-$	22.5	77.5
(C$_2$H$_5$)$_3$CO$^-$	11.5	88.5

β-氢原子的空间位阻增加,也会影响消除反应的区域选择性(见表 10-4)。

表 10-4 β-氢原子的空间位阻对 E2 区域选择性的影响

(试剂 C$_2$H$_5$O$^-$)

反应物	反 Zaitsev 烯烃的含量/%	Zaitsev 烯烃的含量/%
CH$_3$CH$_2$CH—CH$_3$ 　　　　 | 　　　　Br	19	81
(CH$_3$)$_3$CCH$_2$C(CH$_3$)$_2$ 　　　　　　　 | 　　　　　　　Br	86	14

三、立体选择性

1. E2 反应的立体选择性

在 E2 反应中，H—C 键和 C—L 键的断裂和 π 键的形成是同时进行的。随着反应的进行，α-碳原子和 β-碳原子逐渐由 sp^3 杂化转变为 sp^2 杂化，同时，每个碳原子上逐渐形成一个 p 轨道，并在侧面重叠，生成 π 键。两个 p 轨道的轴互相平行时才能有效地重叠，因此，只有当 H—C—C—L 四个原子在同一平面时，才能在过渡态中部分生成 π 键。能满足这一几何要求的只有两种情况，一种是分子取反叠构象，进行反式消除，另一种是分子取顺叠构象进行顺式消除。

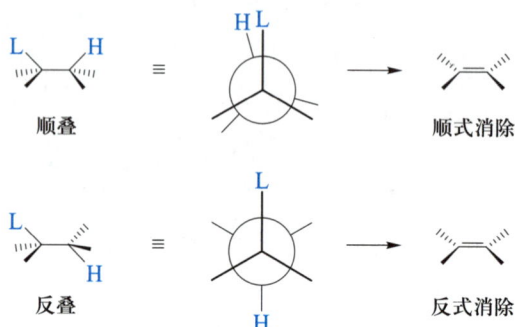

由于反叠式构象较稳定，E2 消除是反式的。因此，E2 反应要求被消除的基团处于反式共平面。例如，1-溴-1,2-二苯基丙烷 $C_6H_5CH—CH—C_6H_5$（手性中心用 *表示），有两对对映体，在 E2 反应中，一对对映体只产生顺式烯烃，而另一对只产生反式烯烃。

异构体 $(1R,2R)$ 或它的对映体 $(1S,2S)$ 给出顺式烯烃：

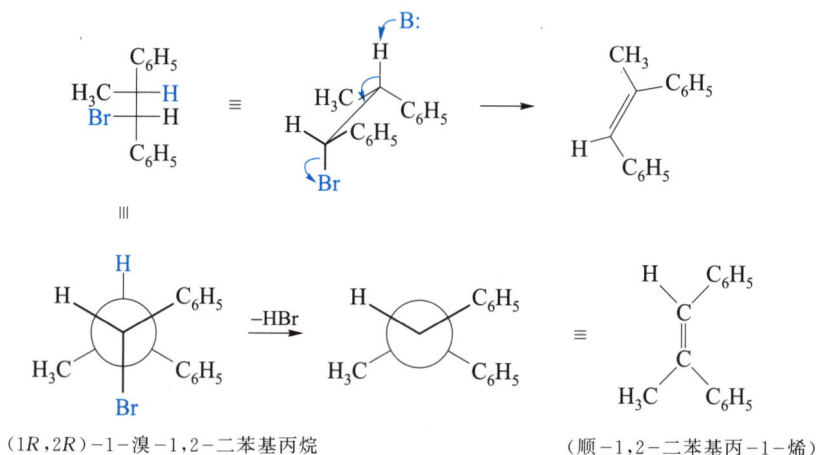

$(1R,2R)$-1-溴-1,2-二苯基丙烷 　　　　　（顺-1,2-二苯基丙-1-烯）

而异构体 $(1S,2R)$ 或它的对映体 $(1R,2S)$ 给出反式烯烃：

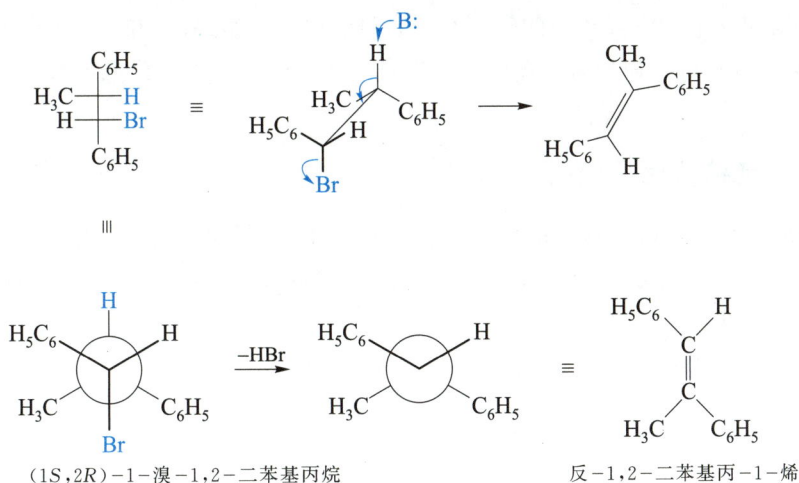

(1S,2R)−1−溴−1,2−二苯基丙烷

反−1,2−二苯基丙−1−烯

卤代环己烷消除时,卤原子优先与处于反式的 β−H 消除,即被消除的基团必须处于反式共平面的位置,反应遵守 Zaitsev 规则。例如:

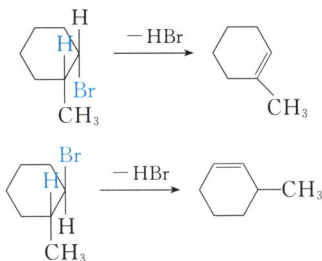

2. E1 反应的立体选择性

如果醇在酸催化下脱水生成的烯烃有顺反异构体时,反式烯烃为主要产物。例如:

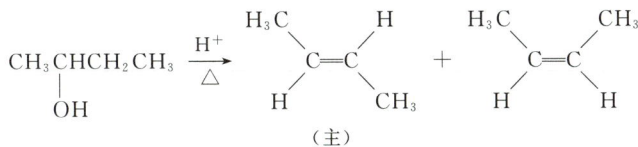

上述反应按 E1 机理进行,反应机理如下所示:

$$CH_3CHCH_2CH_3 \xrightarrow[-H_2O]{H^+} CH_3\overset{+}{C}HCH_2CH_3$$
$$\underset{OH}{|}$$

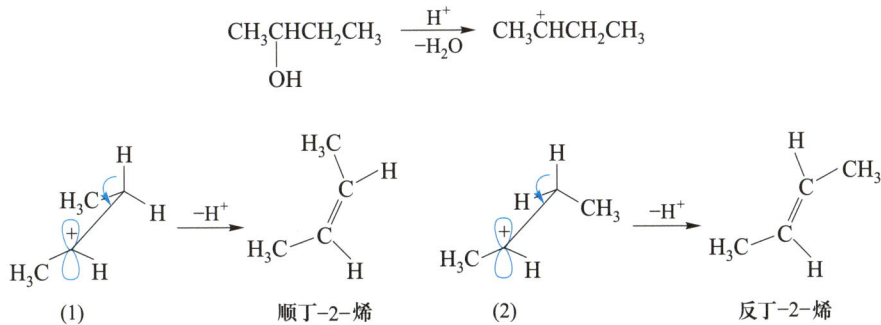

(1)　　　　　顺丁−2−烯　　　　(2)　　　　　反丁−2−烯

由于被消除的 β−H 的 C—H 键必须与 α 碳原子上的 p 轨道平行,才能形成 π 键,生成

顺丁-2-烯和反丁-2-烯相应的碳正离子的构象式分别如式(1)和式(2)所示。碳正离子(2)的构象比(1)稳定,在构象平衡体系中构象(2)含量较多,由此生成的反丁-2-烯较多,是主要产物,产物也较稳定。

四、与亲核取代反应的竞争

消除反应与亲核取代反应都是由同一亲核试剂的进攻而引起的。亲核试剂进攻 α-碳原子就引起亲核取代反应,进攻 β-氢原子就引起消除反应。所以,这两种反应常常是同时发生和相互竞争的。

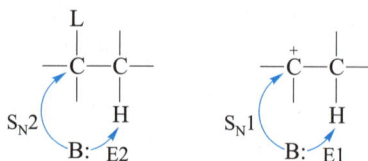

消除产物和取代产物的比例常受反应物的结构、试剂、溶剂和温度等因素的影响。

1. 反应物结构的影响

在双分子反应中,一般来说,伯卤代烷的 S_N2 反应很快,因此发生消除反应较少。但是,如果伯卤代烷的 α-碳原子或 β-碳原子上支链增加,且有相当的空间位阻时,则不利于 S_N2 反应而有利于 E2 反应。若伯卤代烷的 β-氢原子的酸性大(如烯丙基氢),也对 E2 反应有利。例如:

	S_N2 产物含量/%	E2 产物含量/%
$CH_3CH_2CH_2CH_2Br \xrightarrow[55\,℃]{C_2H_5ONa-C_2H_5OH}$	90.2	9.8
$(CH_3)_2CHCH_2Br \xrightarrow[55\,℃]{C_2H_5ONa-C_2H_5OH}$	40.5	59.5
$C_6H_5CH_2CH_2Br \xrightarrow[55\,℃]{C_2H_5ONa-C_2H_5OH}$	4.4	94.6(β-H 的酸性大)

叔卤代烷一般有利于发生单分子反应,常得 S_N1 和 E1 的混合物,但当有强碱存在时,主要发生消除反应。例如:

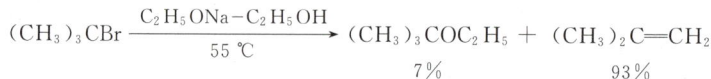

$$(CH_3)_3CBr \xrightarrow[55\,℃]{C_2H_5ONa-C_2H_5OH} (CH_3)_3COC_2H_5 + (CH_3)_2C{=}CH_2$$
$$\phantom{(CH_3)_3CBr \xrightarrow[55\,℃]{}} 7\% \qquad\qquad 93\%$$

仲卤代烷的情况则比较复杂,根据不同的实验条件或是有利于消除反应或是有利于取代反应,β-碳原子上有支链的仲卤代物容易发生消除反应。

烯丙型和苄基型卤代烃消除后能生成稳定的共轭烯烃,所以显示出有很高的消除反应的活性。例如:

$$\underset{\overset{\displaystyle \mid}{Br}}{C_6H_5-\overset{\displaystyle \mid}{C}H-CH_3} \xrightarrow[\text{乙醇}]{NaOH} C_6H_5-CH=CH_2$$

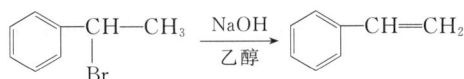

2. 试剂碱性的影响

进攻试剂的碱性对 S_N1 和 E1 均无明显影响。试剂的碱性越强,浓度越大,将有利于 E2 反应;试剂的亲核性强,则易于发生 S_N2 反应。以下负离子都是亲核试剂,其碱性大小顺序为

$$H_2N^- > RO^- > HO^- > CH_3COO^- > I^-$$

例如,当伯或仲卤代烷用 NaOH 进行水解时,除了发生取代反应,还伴随着消除反应。因为 HO^- 既是亲核试剂,又是强碱。当反应用 I^- 或 CH_3COO^- 时,则往往不发生消除反应而发生 S_N2 反应。这是因为 CH_3COO^- 的碱性比 HO^- 弱,它能进攻 α-碳原子,而不进攻 β-氢原子。所以,为了提高卤代烷水解的产率,不是用 NaOH 而是用 CH_3COONa 生成酯,再水解得醇。

$$RX + CH_3COO^- \longrightarrow CH_3COOR + X^-$$
$$CH_3COOR + H_2O \longrightarrow ROH + CH_3COOH$$

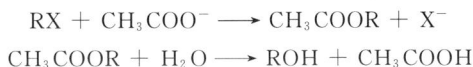

又如,NH_3 有亲核能力,但碱性弱,所以它能进行亲核取代反应,而不能进行消除反应,若要发生消除反应则需使用强碱 H_2N^-($NaNH_2$)。

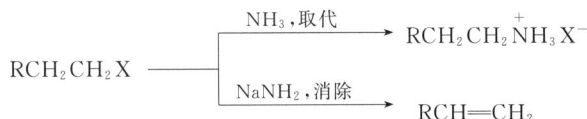

$$RCH_2CH_2X \begin{cases} \xrightarrow{NH_3,\text{取代}} RCH_2CH_2\overset{+}{N}H_3X^- \\ \xrightarrow{NaNH_2,\text{消除}} RCH=CH_2 \end{cases}$$

另外,碱性试剂的体积越大,越不易接近 α-碳原子,而容易与 β-氢原子接近,有利于 E2 反应进行。

3. 溶剂极性的影响

一般来说,增加溶剂的极性有利于取代反应,不利于消除反应。所以常用 KOH 的水溶液从卤代烷制醇,而用它的醇溶液制烯烃。溶剂对反应的影响可从 S_N2 和 E2 的过渡态中电荷分散情况来解释:

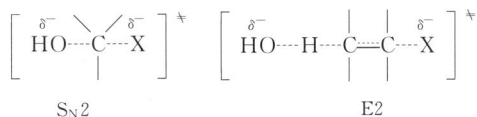

$$\left[\overset{\delta^-}{HO}\cdots\overset{}{\underset{\displaystyle}{C}}\cdots\overset{\delta^-}{X}\right]^{\neq} \qquad \left[\overset{\delta^-}{HO}\cdots H\cdots\overset{}{\underset{\displaystyle \mid}{C}}-\overset{}{\underset{\displaystyle \mid}{C}}\cdots\overset{\delta^-}{X}\right]^{\neq}$$

$$S_N2 \qquad\qquad\qquad E2$$

由于 E2 过渡态的电荷分散较 S_N2 过渡态的电荷分散程度大,当溶剂的极性增大时,将不利于电荷较分散的 E2 过渡态的形成,因而对 E2 不利,即增加溶剂的极性,生成的烯烃的比例减少,而取代产物的比例增大。

溶剂的极性增大,对 E1 和 S_N1 反应均有利。

4. 反应温度的影响

虽然升高温度对取代和消除反应都有利,但两者相比,升高反应温度将更有利于消除反应。由于消除反应的活化过程中需要拉长 C—H 键,而在亲核取代反应中则没有这种情

况,即消除反应中形成过渡态所需的活化能较大,升高温度可提高消除反应的比例。

问题 10-10 试将下列各组化合物按 E1 机理进行时的速率快慢排列成序。

(1) $(CH_3)_3C-Cl$,$(CH_3)_3C-I$,$(CH_3)_3C-Br$

(2)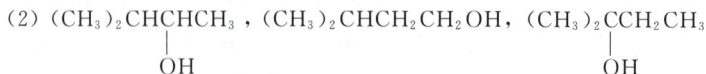

(3)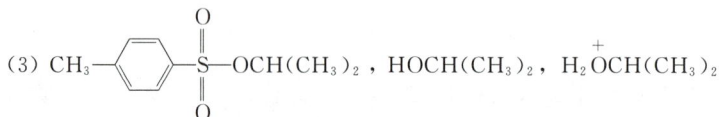

问题 10-11 写出下列反应的主要产物的构型式。

(1) 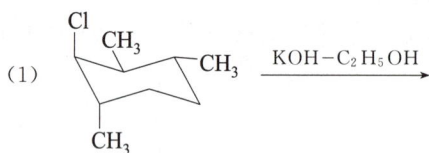 $\xrightarrow{KOH-C_2H_5OH}$

(2) 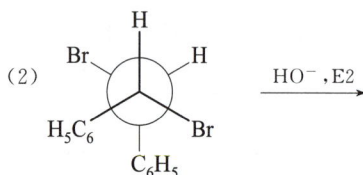 $\xrightarrow{HO^-,E2}$

第三节 酚

一、酚的结构和命名

酚(phenol)是具有 Ar—OH 通式的化合物。酚与醇在结构上的区别就在于它所含的羟基直接与芳环相连,如 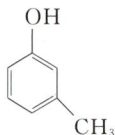 是酚, 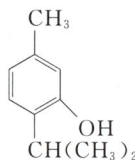 是芳醇。

酚的命名一般是在酚字前面加上芳环的名称作为母体,再加上其他取代基的名称和位次。特殊情况下,也可以按次序规则把羟基看作取代基来命名。

苯酚	间甲苯酚	2-氯苯酚	2-异丙基-5-甲基苯酚
(酚)	(*m*-methylphenol)	(2-chlorophenol)	(百里酚)
(phenol)			(2-isopropyl-5-methylphenol)

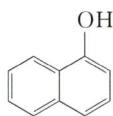

α-萘酚
(α-naphthol)

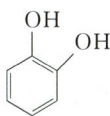

邻苯二酚
(儿茶酚)
(o-benzenediol)
(catechol)

对苯二酚
(氢醌)
(p-benzenediol)
(hydroquinone)

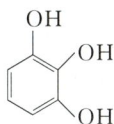

连苯三酚
(1,2,3-苯三酚)
(焦棓酚)
(1,2,3-benzenetriol)
(pyrogallol)

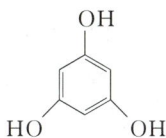

均苯三酚
(1,3,5-苯三酚)
(根皮酚)
(1,3,5-benzenetriol)
(phloroglucinol)

二、酚的物理性质

酚一般多为固体,少数烷基酚为液体。由于分子间可以形成氢键,所以酚的沸点都很高。酚微溶于水,苯酚在 100 g 冷水中可溶解约 6.7 g,加热时苯酚在水中无限地溶解,酚在水中的溶解度随—OH 数目的增加而增加。纯酚是无色的,但往往由于被氧化而带有红色至褐色。常见酚的物理常数见表 10−5。

表 10−5 常见酚的物理常数

名称	熔点/℃	沸点/℃	溶解度/[g·(100 g 水)$^{-1}$],25 ℃	pK$_a$(25 ℃)
苯酚	41	182	9.3	9.89[20]
邻甲苯酚	31	191	2.5	10.29
间甲苯酚	12	202	2.6	10.09
对甲苯酚	35	202	2.3	10.26
邻氯苯酚	9	173	2.8	8.49
邻硝基苯酚	45～46	214	0.2	7.22
间硝基苯酚	97	194(9.3×10^3 Pa)	1.4	8.39
对硝基苯酚	114	279(分解)	1.7	7.15
2,4−二硝基苯酚	113	升华	0.6	4.09
邻苯二酚	105	245	45.1	9.4
间苯二酚	111	281	123	9.4
对苯二酚	170	285	8	10.35[20]
1,2,3−苯三酚	133	309	62	7.0
1,3,5−苯三酚	218～219	升华	1	7.0
α−萘酚	94	279	不溶	9.34
β−萘酚	123	286	0.1	9.51

酚的毒性很大，口服致死量为 530 mg·(kg 体重)$^{-1}$。

许多酚类化合物有杀菌作用，可用作消毒杀菌剂。医院内常用作杀菌剂的来苏儿，就是甲酚（甲基酚异构体的混合物）与肥皂液的混合物。医用漱口水中的一种有效成分百里酚也有杀菌作用，五氯酚的钠盐可杀灭寄生血吸虫宿主的丁螺。某些酚类衍生物还可以用作木材或食物的防腐剂。

三、酚的光谱性质

酚的 IR 光谱有羟基的特征吸收峰。在极稀溶液中，游离羟基的 O—H 键伸缩振动吸收峰在 $3\,610\sim3\,603$ cm^{-1} 处，峰形尖锐。酚羟基缔合时，O—H 键的伸缩振动吸收峰移向 $3\,500\sim3\,200$ cm^{-1} 处，峰形较宽。多数情况下，两个吸收峰并存。酚的 C—O 键伸缩振动吸收峰在 $1\,300\sim1\,200$ cm^{-1} 处。

简单的酚及其衍生物的核磁共振与醇类似。酚羟基氢的 $\delta=4.5\sim8.0$，如果将溶液稀释，吸收便移向高磁场一侧，$\delta=4.5$（单体）。发生分子内缔合的酚羟基氢的 $\delta=10.5\sim16$。

四、酚的反应

酚类分子中都含有羟基和芳环，由于两者直接相连，相互影响，使酚羟基在性质上与醇羟基有显著差异，表现出酸性。此外，酚的芳环受羟基的影响，也比相应的芳烃更易发生亲电取代反应。

1. 酚羟基的反应

（1）酸性　酚的酸性比醇强，它能溶于氢氧化钠溶液中生成钠盐，而醇则不能。

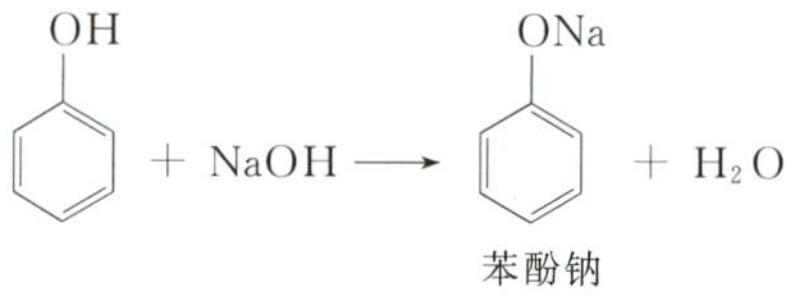

大多数酚的 pK_a 都在 10 左右，但比碳酸弱。将 CO_2 通入酚钠盐的水溶液中，可以使酚重新游离出来。

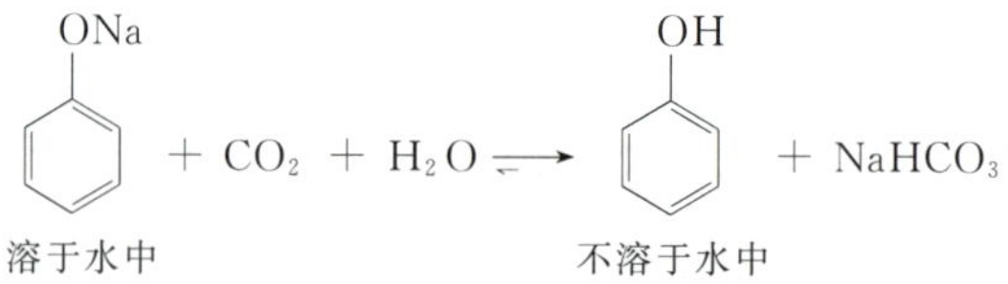

酚为什么具有酸性呢？这是由于苯酚氧原子上的未共用电子对与苯环上的 π 电子形成 $p-\pi$ 共轭，降低了氧原子上的电子云密度，有利于质子的离去。

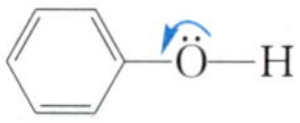

因此,如果苯环上连有吸电子基时,可使酚的酸性增强;如果连有给电子基时,则使酸性减弱。例如,25 ℃时,对硝基苯酚和对甲基苯酚在水中的 pK_a 分别为

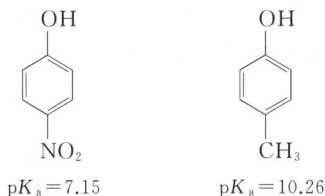

另外,苯酚解离生成的苯氧负离子可以与苯环形成 $p-\pi$ 共轭,使负电荷分散到苯环上而得到稳定,故苯酚容易解离。

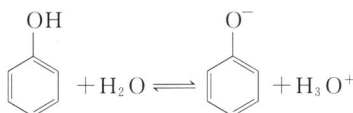

问题 10-12 排出下列化合物的酸性次序:间溴苯酚、间甲苯酚、间硝基苯酚、苯酚。

问题 10-13 试用化学方法分离苯酚和环己醇的混合物。

---

(2) 与三氯化铁的显色反应　大多数酚与三氯化铁溶液发生颜色反应。不同的酚所产生的颜色也不同(见表 10-6),常见的有紫色、蓝色、绿色、棕色等,这个特性常用于鉴定酚。例如:

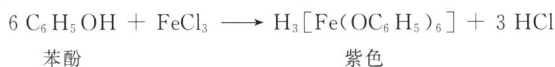

$$6\ C_6H_5OH\ +\ FeCl_3\ \longrightarrow\ H_3[Fe(OC_6H_5)_6]\ +\ 3\ HCl$$

　　　苯酚　　　　　　　　　　　　　紫色

与 $FeCl_3$ 的颜色反应并不限于酚,具有烯醇式结构的脂肪族化合物也有这个反应。

表 10-6　各类酚与三氯化铁反应所显颜色

酚	苯酚	对甲苯酚	间甲苯酚	对苯二酚	邻苯二酚	间苯二酚	连苯三酚	α-萘酚	β-萘酚
与 Fe Cl$_3$ 显色	蓝紫色	蓝色	蓝紫色	暗绿色结晶	深绿色	蓝紫色	淡棕红色	紫红色沉淀	绿色沉淀

(3) 醚的生成　酚和醇相似,能够烷基化成醚,但酚不能分子间脱水成醚,因此酚醚一般是由酚在碱性溶液中与卤代烃作用生成的。苯甲醚也可以用硫酸二甲酯来制备。在碱性溶液中,酚以酚氧负离子形式存在,它作为亲核试剂向卤代烃或硫酸酯进攻,经 S_N2 反应合成醚。

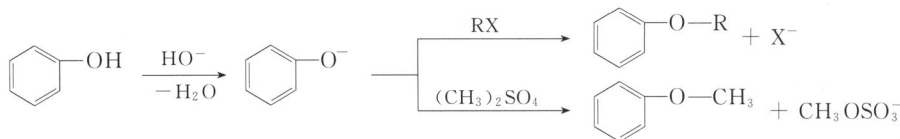

（4）酯的生成　酚也可以生成酯，但比醇困难。一般采用酰氯或酸酐作为酰化剂与酚或酚盐作用生成酚酯。例如：

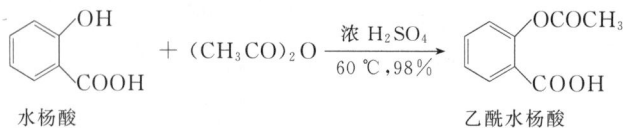

$$水杨酸 + (CH_3CO)_2O \xrightarrow[60\,℃,98\%]{浓\ H_2SO_4} 乙酰水杨酸$$

乙酰水杨酸俗称阿司匹林（aspirin），是常用的止痛解热药，非甾体抗炎药，亦用于感冒、流感等发热疾病的退热，治疗风湿痛等。

2. 酚的芳环上的亲电取代反应

（1）卤化反应　苯酚与过量溴水在常温下可立即反应生成2,4,6-三溴苯酚白色沉淀：

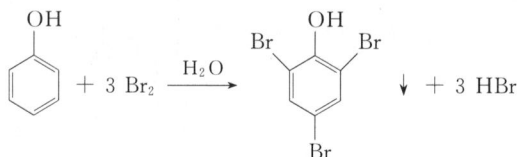

$$苯酚 + 3\ Br_2 \xrightarrow{H_2O} 2,4,6-三溴苯酚 \downarrow + 3\ HBr$$

这个反应很灵敏，极稀的苯酚溶液（$10\ \mu g \cdot g^{-1}$）也能与溴水生成沉淀，此反应常可用作苯酚的定性和定量测定。

如需制一溴代苯酚，则反应要在较低的温度下，在 CS_2、CCl_4 等非极性溶剂中进行，且以对位取代产物为主。例如：

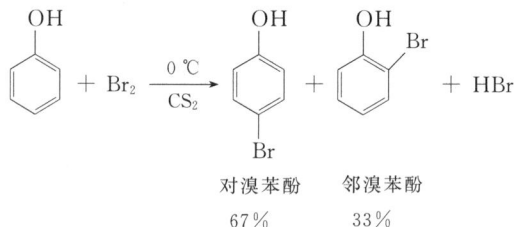

$$苯酚 + Br_2 \xrightarrow[CS_2]{0\,℃} 对溴苯酚 + 邻溴苯酚 + HBr$$

对溴苯酚　邻溴苯酚
67%　　33%

（2）硝化反应　苯酚比苯容易硝化。在室温下，苯酚与稀硝酸（20%）作用生成邻硝基苯酚和对硝基苯酚的混合物。

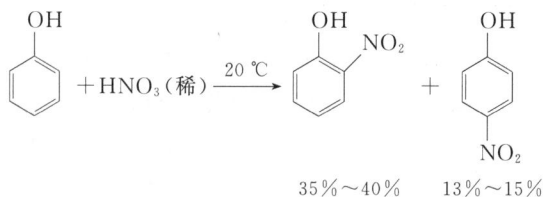

$$苯酚 + HNO_3（稀） \xrightarrow{20\,℃} 邻硝基苯酚 + 对硝基苯酚$$

35%～40%　　13%～15%

怎样使硝化产物分离？由于邻硝基苯酚易形成分子内氢键而形成螯环分子，故沸点较低，且在水中的溶解度小（见表10-7），能进行水蒸气蒸馏而被蒸出。而对硝基苯酚则可形成分子间氢键而缔合，分子间作用力大，而留在溶液中不被蒸出。因此，用水蒸气蒸馏的方法可将二者分开。此法虽产率较低，但产品提纯容易，故在制备上仍有应用价值。

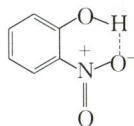

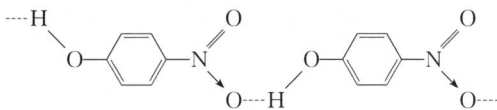

邻硝基苯酚螯环分子　　　　　　　　对硝基苯酚形成分子间氢键

表 10-7　一硝基苯酚的性质

化合物	沸点/ ℃(0.009MPa)	溶解度/[g·(100 g 水)$^{-1}$]
邻硝基苯酚	100	0.2
间硝基苯酚	194	1.4
对硝基苯酚	分解	1.7

（3）磺化反应　苯酚与浓硫酸在较低的温度下（15～25 ℃）很容易进行磺化反应,主要得到邻羟基苯磺酸;当温度高至 100 ℃,较稳定的对羟基苯磺酸为主要产物。若继续磺化或苯酚与浓硫酸加热下直接作用,可得到 4-羟基苯-1,3-二磺酸。

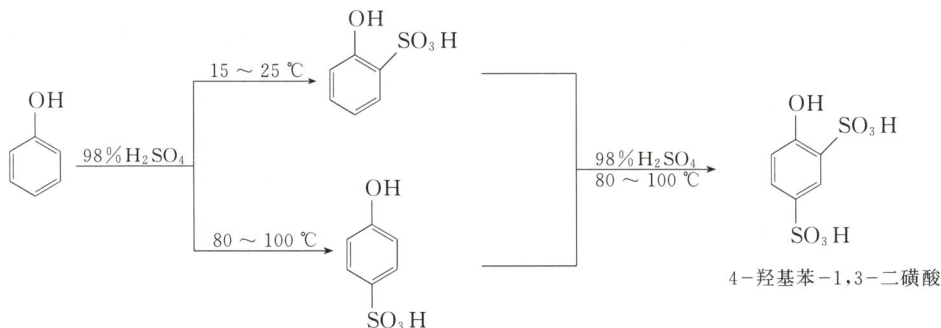

（4）Friedel-Crafts 反应　苯酚在 Friedel-Crafts 反应条件下,发生烷基化和酰基化反应。若对位被占据,则烷基进入邻位。例如:

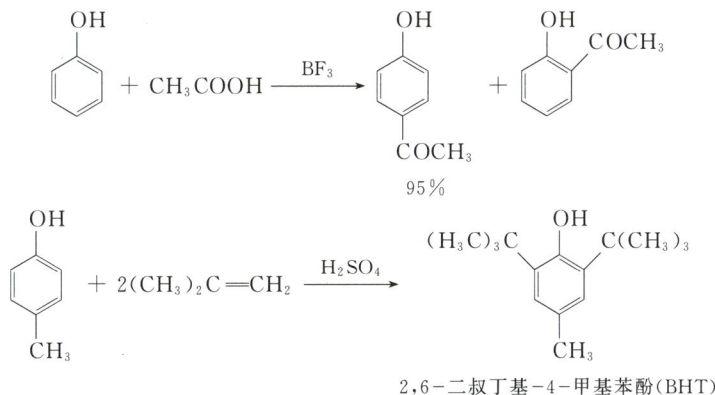

2,6-二叔丁基-4-甲基苯酚,简称 BHT,是白色晶体,熔点 70 ℃,可用作有机化合物的抗氧化剂和食品防腐剂。

（5）亚硝化　苯酚和亚硝酸作用生成对亚硝基苯酚:

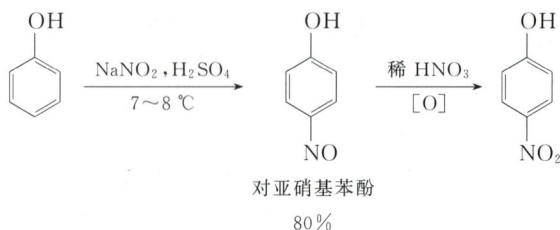

对亚硝基苯酚
80%

苯酚能被较弱的亲电试剂亚硝基正离子(NO^+)进攻,对亚硝基苯酚可以用稀 HNO_3 顺利地氧化成对硝基苯酚,这样就可以得到不含邻位异构体的对硝基苯酚。

（6）缩合反应 酚羟基邻、对位上的氢还可以和羰基化合物发生缩合反应。例如,在稀碱溶液存在下,苯酚和甲醛作用生成邻或对羟基苯甲醇,进一步反应则生成酚醛树脂(见第十一章),另外,与丙酮缩合可以得到双酚 A 及环氧树脂。环氧树脂通常用作黏合剂。

【知识拓展】
酚醛树脂

3. 氧化反应

酚很容易被氧化,所以在进行磺化、硝化或卤化时,必须控制反应条件,尽量避免酚被氧化。

酚氧化物的颜色随氧化程度的深化而逐渐加深,由无色而呈粉红色、红色以至深褐色。

用重铬酸钾与苯酚作用,得到黄色的对苯醌:

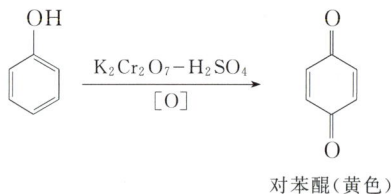

对苯醌(黄色)

4. 还原反应

酚通过催化加氢使苯环被还原,从而生成环己烷衍生物。例如:

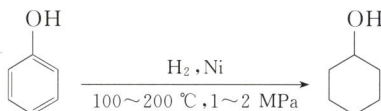

这是工业上生产环己醇的方法之一。

问题 10-14 在下列化合物中哪些可以生成分子内氢键?

邻甲苯酚,对硝基苯酚,邻硝基苯酚,邻氟苯酚

问题 10-15 写出邻甲苯酚与以下化合物反应的主要产物并命名。

（1）NaOH 溶液　　（2）$FeCl_3$ 溶液　　（3）溴化苄(NaOH 溶液)　　（4）溴水

五、重要的酚

1. 苯酚

苯酚俗称石炭酸,它是具有特殊气味的无色针状结晶,熔点 43 ℃,在空气中逐渐氧化呈微红色。苯酚微溶于水,25 ℃时溶解度为 $8\ g \cdot (100\ g\ H_2O)^{-1}$,65 ℃以上可与水混溶,苯酚易溶于乙醇及乙醚等有机溶剂。

苯酚有毒,对皮肤有强烈的腐蚀性,一旦触及皮肤,可用酒精擦洗。

苯酚具有一定的杀菌能力,可用作防腐剂和消毒剂。

在工业上,苯酚是一种重要的化工原料,大量用于制造酚醛树脂(电木粉)、离子交换树脂、合成纤维(尼龙-6 及尼龙-66)、染料、药物和炸药等,用途极广。

在工业上,苯酚可以从煤焦油中分离得到。煤焦油中除含有苯酚外,还含有甲苯酚及其同系物。由于煤焦油中酚的含量有限,不能满足工业发展的需要,目前,苯酚主要用合成方法制取。

（1）异丙苯氧化　异丙苯在液相于 100～120 ℃通入空气,经过催化氧化而生成氢过氧化异丙苯,后者在稀 H_2SO_4 或酸性离子交换树脂作用下,分解而成苯酚和丙酮。

异丙苯　　　　　氢过氧化异丙苯　　　（苯重排与氧相连）　苯酚　　丙酮

这是目前生产苯酚最主要的方法,其主要优点是原料异丙苯可来源于石油化工产品丙烯和苯,价廉易得,可连续化生产,且其副产物丙酮也是重要的化工原料。此法在工业上还可用来制备 α-萘酚和间甲酚等。

（2）苯磺酸盐碱熔法　这是较早制取苯酚的方法。用 Na_2SO_3 中和苯磺酸生成苯磺酸钠,后者与氢氧化钠一起加热碱融生成苯酚钠。

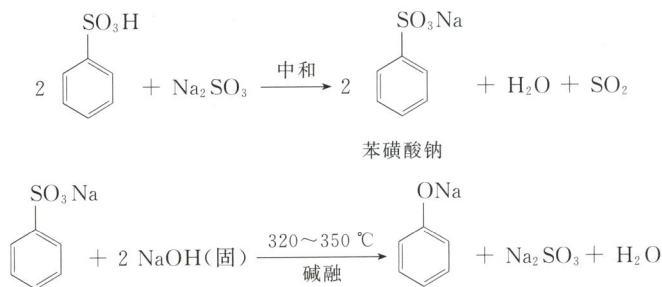

苯磺酸钠

苯酚钠水溶液酸化,即得苯酚。

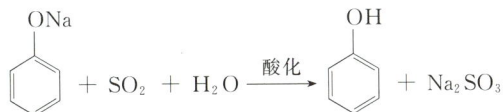

工业上把苯磺酸钠的生产和酸化操作结合起来,碱熔时的副产物 Na_2SO_3 可用来中和苯磺酸,中和时放出的 SO_2 就用来酸化苯酚钠。

碱熔法产率较高,但操作工序繁多,生产不易连续化,同时耗用大量的硫酸和烧碱,因而限制了该反应的应用范围。

(3)氯苯水解 氯苯在高温、高压和催化剂作用下,可被稀碱溶液(10％氢氧化钠水溶液或碳酸钠水溶液)水解而得苯酚钠,再经酸化即得苯酚。

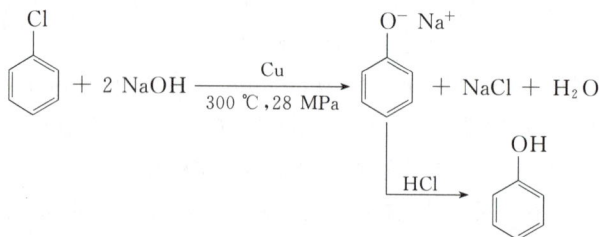

在反应中常有一定量的副产物二苯醚( )生成。

卤苯的邻、对位有强吸电子基团存在时,水解反应能在较温和的条件下进行。

(4)格氏试剂-硼酸酯法 氯苯直接水解制备苯酚较困难,将其先制成格氏试剂,再在低温下与硼酸三甲酯反应,生成苯基硼酸二甲酯,酯经水解得到芳基硼酸,再在醋酸溶液中经 15％过氧化氢氧化,水解得到苯酚。

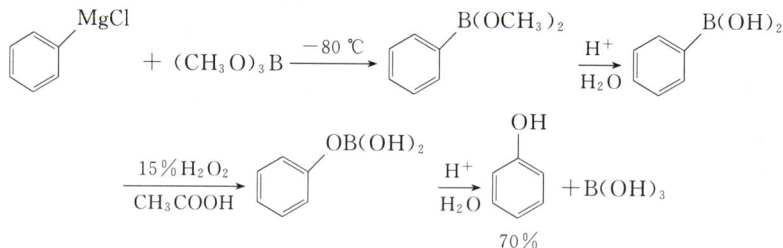

(5)从芳胺制备——重氮盐法 由苯胺先制成重氮盐,重氮盐水解得到苯酚(详见第十四章),这是一个普遍使用的制备苯酚的方法。

问题 10-16 以苯或甲苯及必要的其他试剂为原料合成邻甲氧基苯甲醇、对异丙基苯酚。

---

2. 对苯二酚

苯二酚有三种同分异构体:

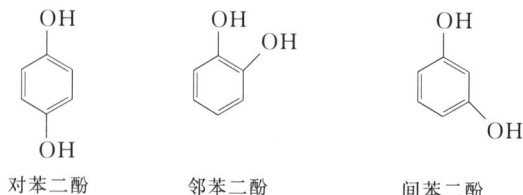

对苯二酚　　　　　邻苯二酚　　　　　间苯二酚

对苯二酚为无色晶体,能溶于水、乙醇和乙醚中。对苯二酚很容易被氧化,被弱氧化剂(如氧化银、溴化银)氧化生成黄色的对苯醌,所以它本身也是一种还原剂。

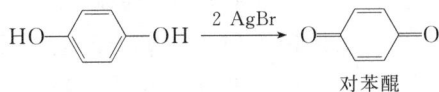

$$HO-\!\!\!\bigcirc\!\!\!-OH \xrightarrow{2\ AgBr} O=\!\!\!\bigcirc\!\!\!=O$$
对苯醌

对苯二酚能把感光后的溴化银还原为金属银,是照相的显影剂。对苯二酚也常用作抗氧化剂,以保护其他物质不被自动氧化。一般认为物质在自动氧化过程中,会首先产生一些过氧化物,抗氧化剂的作用就是破坏这些过氧化物以抑制氧化。例如,苯甲醛易于自动氧化,它可与氧生成过氧酸,加入质量分数为 10^{-3} 的对苯二酚就可抑制其自动氧化。

同理,对苯二酚也是一个阻聚剂。例如,苯乙烯在室温和黑暗条件下能慢慢聚合,在曝光或较高温度下聚合加快。因此,储藏苯乙烯时,常加入对苯二酚作阻聚剂。

3. 萘酚

萘酚有两种异构体:

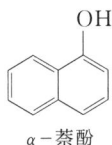

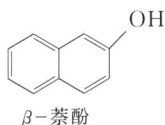

α-萘酚　　　　β-萘酚

都少量存在于煤焦油中。两种萘酚都可以由相应的萘磺酸钠经碱熔法制得。

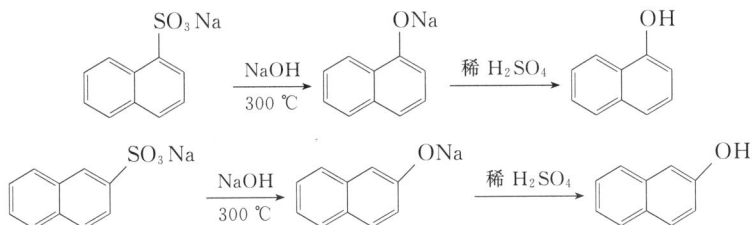

工业上,纯粹的 α-萘酚是从 α-萘胺在酸性条件下直接水解制得的,而 α-萘胺又很容易从萘硝化、还原得到(见第十四章)。

萘酚容易发生环上的取代反应,它们的许多衍生物都是重要的燃料中间体。例如:

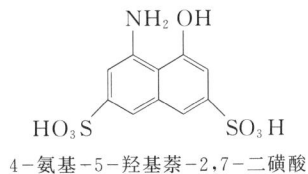

4-氨基-5-羟基萘-2,7-二磺酸
4-amino-5-hydroxynaphthalene-2,7-disulfonic acid
(又名H酸)　　　4,5-二羟基萘-2,7-二磺酸
4,5-dihydroxynaphthalene-2,7-disulfonic acid
(又名变色酸)

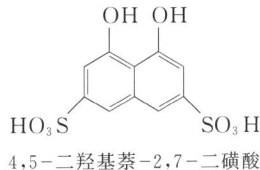

α-萘酚和β-萘酚主要用作染料工业的原料，α-萘酚也用于杀虫剂的生产。

酚是重要的有机合成原料，但是随着石油化工、有机合成和焦化工业的发展，产生的含有酚和酚衍生物的废水却是有害的。酚的毒性会影响水生物的生长和繁殖，污染饮用水源，因此，含酚废水的处理是环境保护工作中的重要课题。目前，解决含酚废水主要通过两个途径：从改造生产工艺着手，从根本上杜绝或减少含酚废水的产生；采用化学或生物的方法对含酚废水进行处理及回收利用，以做到化害为利，保护环境。

第四节 醚

一、醚的分类和命名

1. 醚的分类

醚（ether）是通式为 R—O—R′ 的化合物。醚分子中的 R 和 R′ 可以是饱和烃基、不饱和烃基或芳基。两个烃基相同的醚称为简单醚或对称醚，如 $C_2H_5OC_2H_5$（乙醚）；两个烃基不相同的醚称为混合醚或不对称醚，如 $CH_3CH_2OCH_2CH=CH_2$（乙基烯丙基醚）。

根据两个烃基的类别，醚可以分为脂肪醚（aliphatic ether）和芳香醚（aromatic ether）。例如：

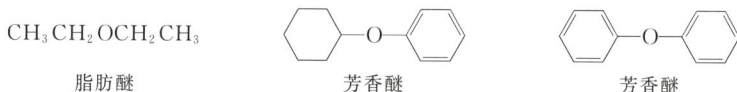

$$CH_3CH_2OCH_2CH_3$$
脂肪醚

芳香醚

芳香醚

脂肪醚又可细分为饱和醚（saturated ether）和不饱和醚（unsaturated ether）。烃基成环的称为环醚（cyclic ether），环上含氧的称为内醚（inner ether）或环氧化合物（epoxy compound）。例如：

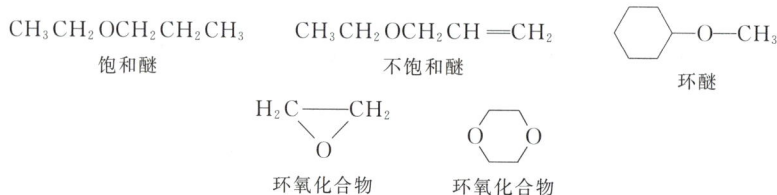

$$CH_3CH_2OCH_2CH_2CH_3$$
饱和醚

$$CH_3CH_2OCH_2CH=CH_2$$
不饱和醚

环醚

$$H_2C\overset{\displaystyle}{\underset{O}{—}}CH_2$$
环氧化合物

环氧化合物

含有多个氧的大环醚，因形如皇冠，又称为冠醚（crown ether）。例如：

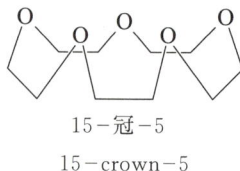

15-冠-5
15-crown-5

2. 醚的命名

（1）普通命名法 结构较简单的醚用普通命名法命名，即按其烃基来命名。简单醚习惯将名称前的"二"字省略。混合醚则按两个烃基英文名称单词的首字母的优先次序，"较优"基团先列出。醚的英文名称是 ether。例如：

$$CH_3CH_2CH_2OCH_2CH_2CH_3$$

二丙醚或丙醚
（dipropyl ether）

二苯醚
（diphenyl ether）

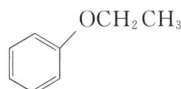

乙苯醚
（ethyl phenyl ether）

$$CH_3CH_2OCH_2CH_2CH_3$$

$$CH_3OC(CH_3)_3$$

$$(CH_3)_2CH—O—$$

乙丙醚
（ethyl propyl ether）

甲基叔丁基醚
（*tert*-butyl methyl ether）

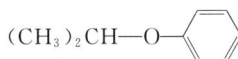

异丙基苯基醚
（isopropyl phenyl ether）

（2）系统命名法 醚的系统命名法命名是将烃氧基（RO—）作为取代基来命名。烃氧基的英文名称是在相应烃基的名称后面加上词尾"oxy"，低于 5 个碳的烷氧基，可以省略英文烷基词尾中的"yl"。例如，methoxy（甲氧基），ethoxy（乙氧基），pentyloxy（戊氧基）。若有不饱和键存在时，选取不饱和程度较大的烃基作为母体来命名。例如：

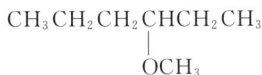

$$CH_3CH_2CH_2\underset{OCH_3}{CH}CH_2CH_3$$

$$CH_3OCH_2CH_2OCH_3$$

3-甲氧基己烷
（3-methoxyhexane）

1,2-二甲氧基乙烷
（1,2-dimethoxyethane）

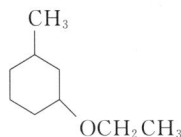

1-乙氧基-3-甲基环己烷
（1-ethoxy-3-methylcyclohexane）

环戊氧基苯
（cyclopentyloxybenzene）

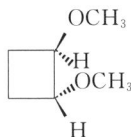

反-1,2-二甲氧基环丁烷
（*trans*-1,2-dimethoxycyclobutane）

（3）环氧化合物的命名 环氧化合物（内醚）一般命名为环氧某烃，或者按杂环化合物命名。例如：

$$CH_3CH—CH_2$$

$$CH_3CH—CHCH_3$$

环氧丙烷
（epoxypropane）

2,3-环氧丁烷
（2,3-epoxybutane）

四氢呋喃
[tetrahydrofuran（THF）]

1,4-二氧六环
（1,4-dioxane）

（4）冠醚的命名 冠醚的系统命名法是将冠醚命名为 x-冠-y，其中 x 表示环上的原子总数，y 表示氧原子数，x、冠、y 之间均用一短线隔开；冠醚也可以按杂环的系统命名法命名。例如：

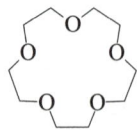

15-冠-5
(15-crown-5)

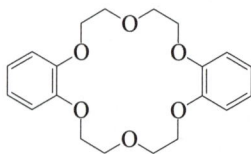

二苯基并-18-冠-6
(diphenyl-18-crown-6)

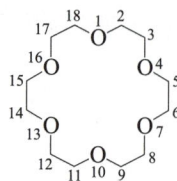

1,4,7,10,13,16-六氧杂环十八烷
(1,4,7,10,13,16-hexaoxacyclooctadecane)

二、醚的物理性质和光谱性质

在常温下,除了甲醚和甲乙醚为气体外,大多数醚均为易燃的液体。醚的沸点和其相对分子质量相同的醇相比要低得多。例如,乙醇的沸点为 78.5 ℃,甲醚为 −23 ℃;正丁醇为 117.3 ℃,乙醚为 34.5 ℃。产生该现象的原因是醚分子之间不能产生氢键而形成缔合分子。但是,醚可与水形成氢键,所以,醚在水中的溶解度与具有相同碳原子数目的醇相近。例如,乙醚和正丁醇在水中的溶解度都是每 100 g 水中约溶解 8 g。常用的四氢呋喃、1,4-二氧六环都可以和水混溶。

许多有机化合物能溶于醚,醚在许多反应中活性很低,因此,醚是良好的有机溶剂。一些醚的物理常数见表 10-8。

表 10-8 一些醚的物理常数

名称	沸点/℃	相对密度(d_4^{20})	名称	沸点/℃	相对密度(d_4^{20})
甲醚	−25	0.661	乙烯基醚	35	0.773
乙甲醚	8	0.697	甲苯醚	155	0.996
乙醚	35	0.714	乙苯醚	170	0.966 6
丙醚	90	0.736	环氧乙烷	11	
异丙醚	69	0.735	四氢呋喃	65	0.888
正丁醚	143	0.769	1,4-二氧六环	101	1.034
丁甲醚	70	0.744	乙二醇二甲醚	83	0.863

醚的红外光谱特征吸收只有 $1\,300\sim1\,000\ cm^{-1}$ 的 C—O 键伸缩振动吸收。一般脂肪醚在 $1\,150\sim1\,060\ cm^{-1}$ 处有一强的吸收峰,而芳香醚类在该区域有两个 C—O 键伸缩振动吸收峰,$1\,270\sim1\,230\ cm^{-1}$ 和 $1\,050\sim1\,000\ cm^{-1}$ 分别为 C—O 键的反对称伸缩振动和对称伸缩振动吸收峰。图 10-6 为甲苯醚的红外光谱图,图中 $1\,250\ cm^{-1}$ 和 $1\,040\ cm^{-1}$ 为芳香醚的 C—O 键伸缩振动吸收,$3\,000\ cm^{-1}$ 以上、$1\,600\ cm^{-1}$ 和 $1\,500\ cm^{-1}$ 的吸收峰说明了芳环的存在,$700\ cm^{-1}$ 的强吸收峰表明为一取代芳香化合物。

醚的 α-H 的化学位移 δ 约在 3.54 附近。图 10-7 为乙苯醚的 $^1H\ NMR$ 谱图,$\delta=7.0$ 左右为苯环 5 个质子的共振吸收峰;$\delta=4.0$ 为—OCH_2—碳原子上 2 个氢原子的共振吸收峰,被邻近甲基裂分为四重峰;$\delta=1.3$ 为甲基碳原子上 3 个氢原子的共振吸收峰,被邻近的亚甲基裂分为三重峰。

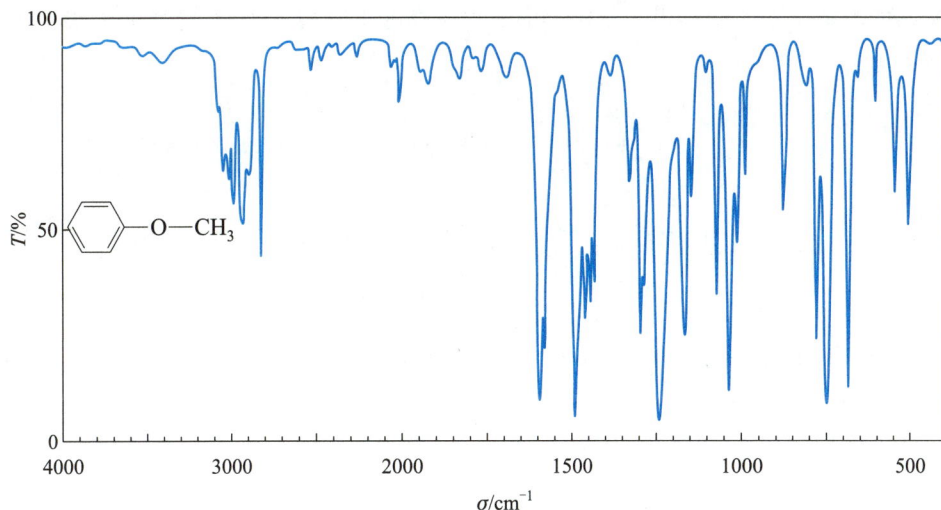

图 10-6　甲苯醚的红外光谱图

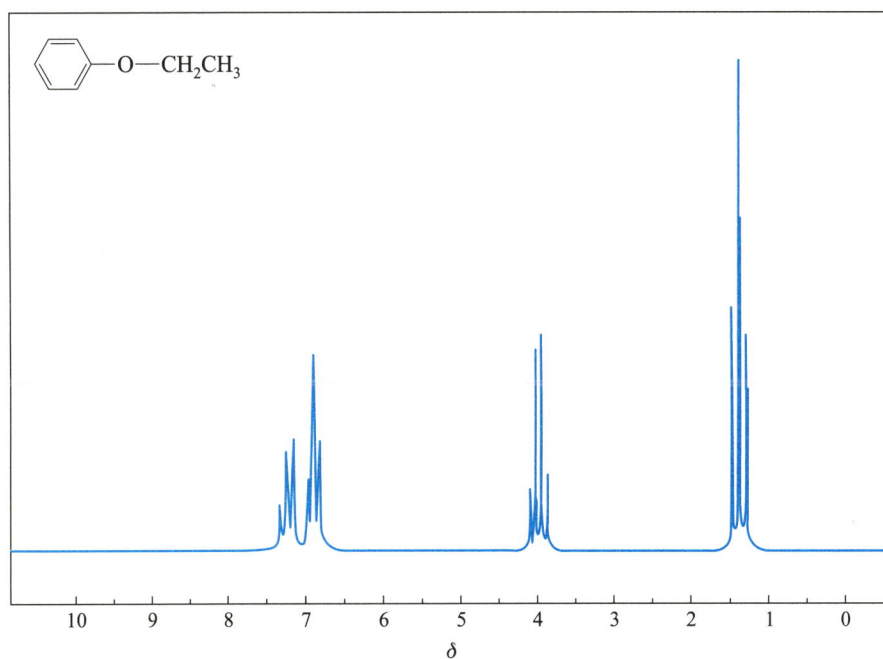

图 10-7　乙苯醚的¹H NMR 谱图

三、醚的反应

醚是一类不活泼的化合物(环醚除外),对于碱、氧化剂和还原剂都十分稳定。醚在常温下和金属 Na 不发生反应,可以用金属 Na 来干燥醚。但是,醚具有碱性,遇酸可形成锌盐,并可发生醚键的断裂。

1. 锌盐的形成

醚都能溶解于强酸中。由于醚键上的氧原子具有未共用电子对,能接受强酸中的 H^+ 而生成锌盐:

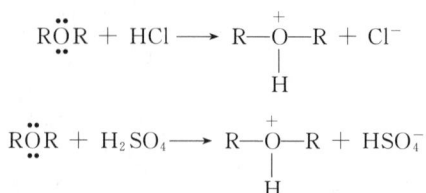

$$R\overset{..}{\underset{..}{O}}R + HCl \longrightarrow R\overset{\overset{+}{|}}{\underset{\underset{H}{|}}{O}}R + Cl^-$$

$$R\overset{..}{\underset{..}{O}}R + H_2SO_4 \longrightarrow R\overset{\overset{+}{|}}{\underset{\underset{H}{|}}{O}}R + HSO_4^-$$

锌盐是一种弱碱强酸形成的盐,仅在浓酸中才稳定,在水中分解,醚即重新分出。利用此性质,可以将醚从烷烃或卤代烃中分离出来。

醚还可以和路易斯酸(如 BF_3、$AlCl_3$、$RMgX$ 等)生成锌盐。

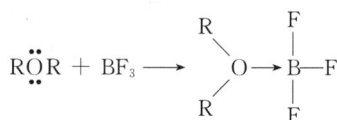

$$R\overset{..}{\underset{..}{O}}R + BF_3 \longrightarrow \overset{R}{\underset{R}{>}}O \rightarrow \overset{F}{\underset{F}{\overset{|}{\underset{|}{B}}}} - F$$

(箭头表示成键电子对都由氧原子提供)

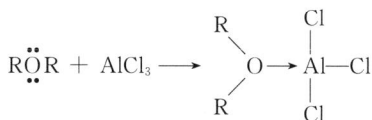

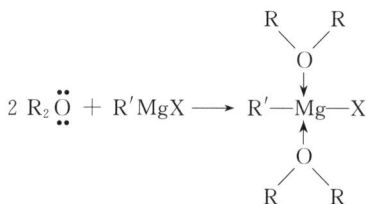

$$R\overset{..}{\underset{..}{O}}R + AlCl_3 \longrightarrow \overset{R}{\underset{R}{>}}O \rightarrow \overset{Cl}{\underset{Cl}{\overset{|}{\underset{|}{Al}}}} - Cl$$

$$2\,R_2\overset{..}{\underset{..}{O}} + R'MgX \longrightarrow R' - \overset{\overset{\overset{R}{\diagup}\overset{R}{\diagdown}}{O}}{\underset{\underset{R}{\diagup}\underset{R}{\diagdown}O}{\overset{\uparrow}{\underset{\downarrow}{Mg}}}} - X$$

锌盐或配合物的生成使醚分子中 C—O 键变弱。因此,在酸性试剂作用下,醚键会断裂。

2. 醚键的断裂

在较高温度下,强酸能使醚键断裂,使醚键断裂最有效的试剂是浓氢卤酸(一般用 HI 或 HBr)。烷基醚断裂后生成卤代烷和醇,而醇又可以进一步与过量的氢卤酸作用形成卤代烷。这种 C—O 键的断裂是由酸与醚作用先生成锌盐,然后根据烷基结构的不同,伯烷基发生 S_N2 反应,叔烷基则有利于发生 S_N1 反应。例如:

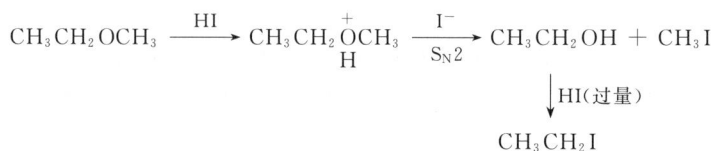

$$CH_3CH_2OCH_3 \xrightarrow{HI} CH_3CH_2\overset{\overset{+}{|}}{\underset{\underset{H}{|}}{O}}CH_3 \xrightarrow[S_N2]{I^-} CH_3CH_2OH + CH_3I$$

$$\downarrow HI(过量)$$

$$CH_3CH_2I$$

$$(CH_3)_3C—O—CH_3 \xrightarrow[S_N1]{H^+} (CH_3)_3C—\overset{+}{\underset{H}{O}}—CH_3 \longrightarrow (CH_3)_3\overset{+}{C} + CH_3OH$$

$$\downarrow I^- \qquad\qquad \downarrow HI(过量)$$

$$(CH_3)_3C—I \qquad CH_3I + H_2O$$

芳基烷基醚与氢卤酸作用时,总是烷氧键断裂,生成酚和卤代烷。这是因为氧原子和芳环之间的碳氧键由于 p−π 共轭结合得较牢而不易断裂。例如:

二芳基醚(如二苯醚)在氢碘酸作用下,醚键不易断裂。

3. 醚的自动氧化

低级醚和空气长期接触会逐渐形成不易挥发的过氧化物,这种由空气中的氧产生的自发氧化反应称为自动氧化。例如:

$$CH_3CH_2—O—CH_2CH_3 \xrightarrow{O_2} CH_3CH_2\underset{\underset{OOH}{|}}{O}CHCH_3$$

氢过氧化物

醚的氧化反应主要发生在 α−碳氢键之间,多数自动氧化按自由基机理进行。

有机过氧化物是不稳定的,加热时容易分解而发生强烈的爆炸,因此醚类化合物应尽量避免暴露在空气中,一般应放在深色玻璃瓶中,避光保存。还可以加入微量的对苯二酚或其他抗氧化剂以阻止过氧化物的生成。

储藏过久的乙醚在使用前,尤其在蒸馏以前,应当检验是否有过氧化物存在。检验过氧化物的方法是将少量的醚用湿润的碘化钾/淀粉试纸检验,试纸变蓝说明有过氧化物存在。

$$ROOR + 2KI + 2H_2O \longrightarrow 2ROH + 2KOH + I_2$$

$$I_2 \xrightarrow{淀粉} I_2-淀粉配合物$$

蓝色

醚中的过氧化物很容易用硫酸亚铁除去。方法是蒸馏前在醚中加入约 $\frac{1}{5}$ 体积的新配制的硫酸亚铁溶液,并剧烈振荡,这可以破坏过氧化物。

$$ROOH + FeSO_4 \longrightarrow RO\cdot + Fe(OH)^{2+} \longrightarrow RO^- + Fe^{3+}$$

四、醚的制备

1. 醇的脱水

在浓硫酸作用下,两分子醇之间可以脱去一分子水生成对称醚(简单醚):

$$2\,ROH \xrightarrow{浓\,H_2SO_4} ROR + H_2O$$

反应是通过醇羟基质子化，形成锌盐(1)，再与另一分子醇脱去一分子水，生成锌盐(2)，后者脱 H^+ 得到醚。

$$ROH \underset{-H^+}{\overset{H^+}{\rightleftharpoons}} \overset{+}{ROH_2} \underset{H_2O}{\overset{ROH}{\rightleftharpoons}} \overset{+}{R_2OH} \underset{+H^+}{\overset{-H^+}{\rightleftharpoons}} ROR$$

$$(1) \qquad\qquad (2)$$

这是一个平衡反应，为使反应向右进行，可在反应过程中蒸出醚。为防止副产物烯烃的生成，应控制反应温度。例如，乙醇和浓硫酸作用，控制反应温度在 $130 \sim 140\ ℃$ 以下，主要产物是乙醚；在 $170\ ℃$ 以上，则得到乙烯。

除了用硫酸催化外，也可用芳香族磺酸、氟化硼等作催化剂。还可以将醇的蒸气通过加热的氧化铝，使醇脱水成醚。

利用醇脱水制备醚时，一级醇产量最高，二级醇产量很低，三级醇只能得到烯烃，酚在一般情况下不能脱水生成醚。上法只适宜于制备低级的简单醚，混合醚和芳醚需用威廉姆孙合成法。

2. 威廉姆孙合成法

醇钠和卤代烃、烃基磺酸酯或硫酸酯在无水条件下生成醚的反应称为威廉姆孙(Williamson)合成法。此法可以合成对称醚，其更重要的用途是制备混合醚。例如：

$$CH_3Br + NaOC(CH_3)_3 \longrightarrow CH_3-O-\underset{\underset{CH_3}{|}}{\overset{\overset{CH_3}{|}}{C}}-CH_3 + NaBr$$

叔丁基甲基醚

制备烷芳醚时应选用酚钠与卤代烃反应；若制备芳甲醚或芳乙醚时，可用硫酸二甲酯或硫酸二乙酯代替卤代烃。例如：

$$C_6H_5OH + CH_3CH_2CH_2I \xrightarrow{NaOH,H_2O} C_6H_5OCH_2CH_2CH_3$$

$$C_6H_5OH + (CH_3)_2SO_4 \xrightarrow{NaOH,H_2O} C_6H_5OCH_3$$

威廉姆孙合成法是以 RO^- 或 ArO^- 作为亲核试剂进攻卤代烃(磺酸酯或硫酸酯)，从而取代 X^-(或 $ROSO_3^-$、TsO^-)得到醚，反应属于 S_N2 机理。由于 RO^- 既可进攻 $\alpha-C$ 生成醚，又可进攻 $\beta-H$ 生成烯烃，与 E2 反应竞争，反应机理如下：

$$\left[\begin{array}{c} \overset{\delta^-}{RO} \cdots CH_2 \cdots \overset{\delta^-}{X} \\ | \\ CH_2 \\ | \\ R' \end{array} \right]^{\neq} \overset{S_N2}{\rightleftharpoons} RO^- + R'CH_2CH_2X \overset{E2}{\rightleftharpoons} \left[\begin{array}{c} \overset{\delta^-}{RO} \cdots H \cdots CH = CH_2 \cdots \overset{\delta^-}{X} \\ | \\ R' \end{array} \right]^{\neq}$$

$$ROCH_2CH_2R' + X^- \qquad\qquad\qquad ROH + R'CH=CH_2 + X^-$$

为此，应选用伯卤代烃或仲卤代烃进行该反应，叔卤代烃在强碱(醇钠)的作用下只能得到烯烃。在制备混醚时应注意选择适当的原料，如制备叔丁基乙基醚时，应选用叔丁醇钠与溴乙烷为原料，以尽量减少叔卤代烃生成烯烃的副反应发生。

$$CH_3CH_2Br + (CH_3)_3CONa \xrightarrow{C_2H_5OH} CH_3CH_2OC(CH_3)_3 + NaBr$$

3. 烯烃的烷氧汞化-去汞法

与烯烃的羟汞化反应相似,用醇作溶剂,烯烃进行溶剂汞化反应,然后用硼氢化钠还原成醚。该反应相当于醇与烯烃的马尔科夫尼科夫加成。该反应适用范围广,且副产物较少。例如:

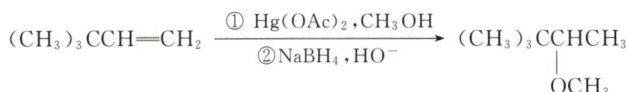

$$(CH_3)_3CCH{=}CH_2 \xrightarrow[\text{②} NaBH_4, HO^-]{\text{①} Hg(OAc)_2, CH_3OH} (CH_3)_3CCHCH_3$$
$$\underset{OCH_3}{}$$

但二叔烷基醚例外,它可能是受到空间障碍的影响。

问题 10-17 选择适当的醇或酚为原料合成以下化合物:苯基正丙基醚、环己基甲基醚。

五、环醚

1. 1,2-环氧化合物

1,2-环氧化合物是三元环,存在着较大的环张力,反应活性远高于开链醚或其他环醚。由于开环后张力缓解,1,2-环氧化合物易与亲核试剂(如水、氢卤酸、醇、氨及格氏试剂等)发生亲核取代反应,在碱性、中性和酸性条件下都可以开环。

(1) 酸催化的开环反应 1,2-环氧环戊烷在酸性条件下很易开环,首先氧原子质子化,生成锌盐,然后水或醇分子从反面进攻质子化的1,2-环氧环戊烷,水解得到反式邻二醇,醇解得到反式邻羟基醚。1,2-环氧环戊烷酸催化醇解反应机理如下:

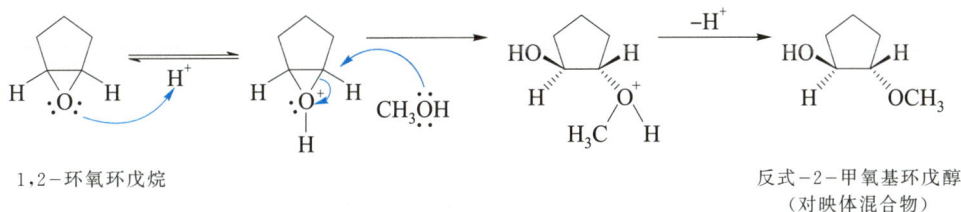

1,2-环氧环戊烷   反式-2-甲氧基环戊醇
                                            (对映体混合物)

结构不对称的1,2-环氧化合物在酸性溶液中,亲核试剂进攻能生成稳定碳正离子的碳原子(即烃基取代较多的碳原子)。例如:

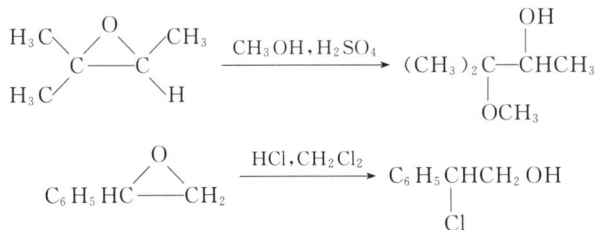

（2）碱催化的开环反应 1,2-环氧环戊烷碱催化水解反应的机理如下：

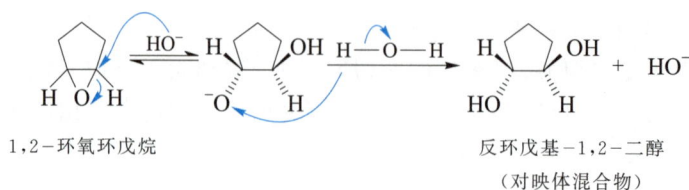

$$\text{1,2-环氧环戊烷} \qquad\qquad \text{反环戊基-1,2-二醇}$$
$$\text{（对映体混合物）}$$

结构不对称的1,2-环氧化合物在碱性溶液中开环，亲核试剂进攻位阻较小即取代基较少的碳原子。例如：

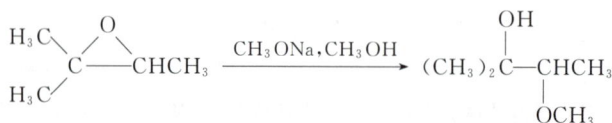

$$(CH_3)_2C \overset{O}{\underset{}{\diagdown}} CHCH_3 \xrightarrow{CH_3ONa, CH_3OH} (CH_3)_2 \overset{OH}{\underset{OCH_3}{C}} CHCH_3$$

氨（胺）也可以使1,2-环氧化合物不断地开环。例如：

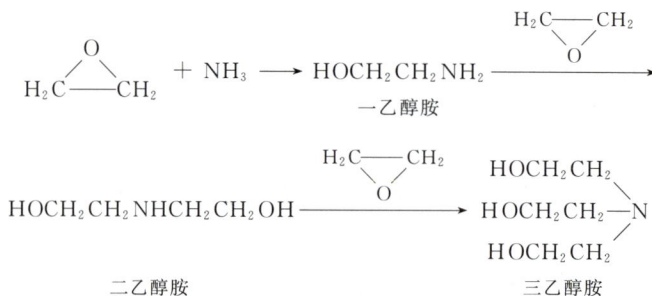

$$H_2C \overset{O}{\diagdown} CH_2 + NH_3 \longrightarrow HOCH_2CH_2NH_2 \xrightarrow{\;\;} $$

一乙醇胺

$$HOCH_2CH_2NHCH_2CH_2OH \xrightarrow{\;\;} \overset{HOCH_2CH_2}{\underset{HOCH_2CH_2}{}} N - CH_2CH_2OH$$

二乙醇胺 三乙醇胺

（3）环氧化合物与格氏试剂和有机锂试剂的反应，该反应的反应通式为

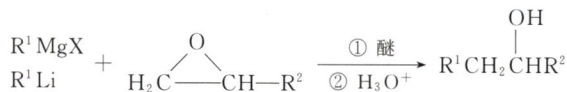

$$\begin{array}{c} R^1MgX \\ R^1Li \end{array} + H_2C \overset{O}{\diagdown} CH - R^2 \xrightarrow[\text{② } H_3O^+]{\text{① 醚}} R^1CH_2 \overset{OH}{\underset{}{CHR^2}}$$

亲核试剂优先进攻位阻较小的环氧碳原子。有机锂化合物更具选择性。除非环氧化合物中的一个碳原子位阻很大，否则与格氏试剂反应，一般得到混合物。

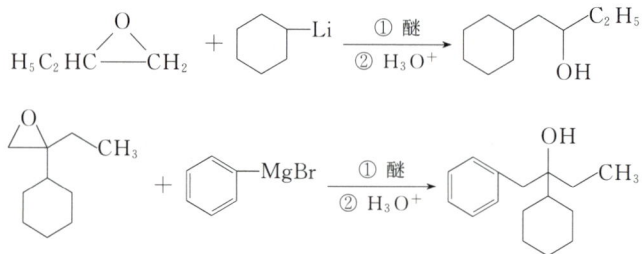

$$H_5C_2HC \overset{O}{\diagdown} CH_2 + \text{环己基—Li} \xrightarrow[\text{② } H_3O^+]{\text{① 醚}} $$

$$+ \text{苯基—MgBr} \xrightarrow[\text{② } H_3O^+]{\text{① 醚}} $$

问题 10-18 完成下列反应。

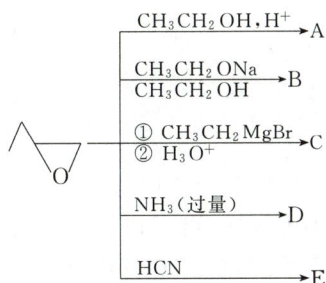

（4）环氧化合物的制备　烯烃与有机过氧酸作用可得到环氧化合物。为防止在酸性水溶液中生成的三元环醚开环，反应一般应将弱的过氧酸溶于非质子溶剂（如 CH_2Cl_2）中。由于间氯过氧苯甲酸（MCPBA）有良好的溶解性，它被广泛应用于环醚的制备中。例如：

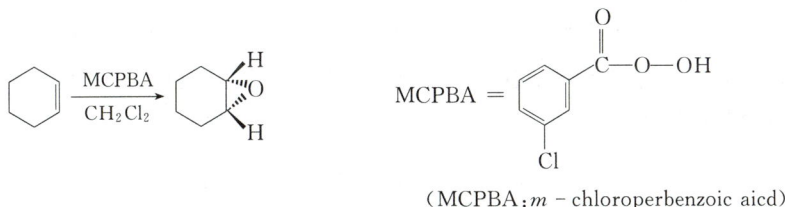

（MCPBA：*m* - chloroperbenzoic aicd）

环氧化反应是协同反应，氧原子以同面方式加到双键的两个碳原子上，发生顺式加成反应，得到立体专一性的产物。

烯烃经过酸环氧化和水解，得到反式二醇，其构型与烯烃用碱性或中性高锰酸钾氧化时相反。例如：

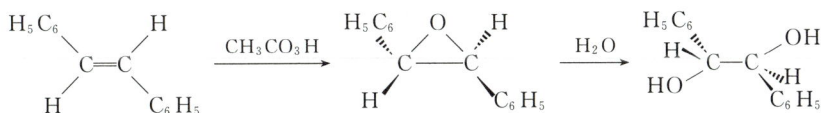

环氧化合物可以通过威廉姆孙合成法，经分子内的 S_N2 反应制备。例如，烯烃与卤素的水溶液反应得到反式卤代醇，碱催化下发生分子内的 S_N2 反应形成环氧化合物。例如：

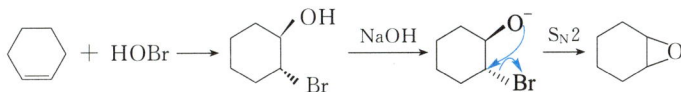

若 OH 和 Cl 处于顺式，由于不符合 S_N2 反应的立体化学要求，则不能生成环氧化合物。

2. 冠醚

冠醚是 20 世纪 70 年代以来新发展起来的具有特殊配合物性能的化合物，它们的分子结构特征是分子中具有 $\leftarrow CH_2CH_2-O\rightarrow_n$ 的重复单元。由于它的形状似皇冠，故称其为冠醚（crown ethers）。例如：

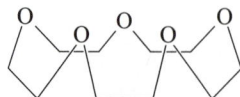

15-冠-5
（15-crown-5）

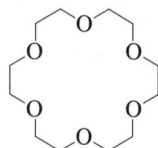

18-冠-6
（18-crown-6）

冠醚的一个主要特点是有许多醚键，分子中有一个空穴，因而可以和很多金属离子配位。不同结构的冠醚，其空穴大小不一样，可配位的金属离子不同。例如，18-冠-6 中的空穴直径为 260~320 pm，和钾离子的直径 266 pm 相仿，故它们之间能形成稳定的配合物，使不溶于有机相的无机物变成配合物而能溶解。又如，Na^+ 直径为 180 pm，15-冠-5 的空穴大小为 170~220 pm，可容纳钠离子；Li^+ 直径为 120 pm，12-冠-4 空穴为 120~150 pm，可以容纳锂离子。所以，冠醚是一种常用的相转移催化剂（phase transfer catalyst，简称 PTC）。这对于加速常见的非均相反应的反应速率具有较大的意义。例如，$KMnO_4$ 水溶液对烯烃的氧化效果很差，而冠醚对 $KMnO_4$ 的氧化催化性能却很突出。比如 18-冠-6 能与钾离子形成1:1的阳离子，形成 K^+MnO_4^- 配合物转入有机相，这不仅能使反应在均相进行，同时也提高了阴离子 MnO_4^- 的氧化活性，固体 $KMnO_4$ 能直接与冠醚配位，故反应可以在固液相进行。

$$\text{C}_6\text{H}_5-\text{CH}=\text{CH}-\text{C}_6\text{H}_5 \xrightarrow[\text{KMnO}_4,\text{苯}]{\text{二环己烷并}-18-\text{冠}-6} \text{C}_6\text{H}_5-\text{COOH}$$

又如，固体氰化钾和卤代烷在有机溶剂中很难反应，当加入 18-冠-6，反应即可迅速进行。因为冠醚可与 K^+ 配位，形成 K^+CN^-，K^+ 称为亲油阳离子，可溶于有机溶剂中，与它形成离子对的阴离子 CN^- 也随之溶入有机溶剂中。由于 CN^- 是游离的自由负离子，没有溶剂化的影响，所以能与 RX 在有机溶剂中迅速反应。

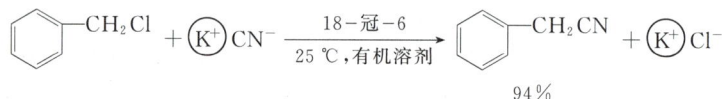

$$\text{C}_6\text{H}_5-\text{CH}_2\text{Cl} + \text{K}^+\text{CN}^- \xrightarrow[25\ ℃,\text{有机溶剂}]{18-\text{冠}-6} \text{C}_6\text{H}_5-\text{CH}_2\text{CN} + \text{K}^+\text{Cl}^-$$

94%

冠醚毒性很大，且合成难度较大，价格高。这都限制了它的应用范围。

常用威廉姆孙合成法来制备冠醚。例如，用邻苯二酚钠盐与 $(\text{ClCH}_2\text{CH}_2)_2\text{O}$ 共热，可得到含苯环的冠醚。

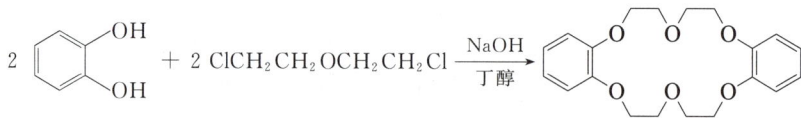

$$2\ \text{邻苯二酚} + 2\ \text{ClCH}_2\text{CH}_2\text{OCH}_2\text{CH}_2\text{Cl} \xrightarrow[\text{丁醇}]{\text{NaOH}} \text{产物}$$

不含苯环的冠醚也可用类似方法合成。例如：

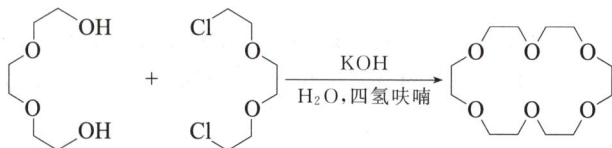

$$\text{二醇} + \text{二氯化物} \xrightarrow[\text{H}_2\text{O},\text{四氢呋喃}]{\text{KOH}} \text{产物}$$

作为相转移催化剂的还有季铵盐等(见第十四章)。

六、重要的醚

1. 乙醚

乙醚是常见和重要的醚,为易挥发的无色液体,沸点很低($34.5\ ℃$),又很容易着火。它的蒸气和空气混合到一定比例时,遇火引起猛烈爆炸。即使没有火焰,乙醚的蒸气遇到热的金属(如铁丝网)也会着火。因此,使用时要特别注意安全,尤其要避开明火。

乙醚微溶于水,能溶解多种有机化合物,其化学性质又比较稳定,所以是常用的有机溶剂。吸入乙醚蒸气会导致失去知觉。

工业上,乙醚是用硫酸或氧化铝为催化剂使乙醇脱水而制得的。乙醚曾经用作麻醉剂,从 1842 年开始已使用了一百多年。它是比氯仿更安全的麻醉剂,由于其在脂肪组织中的溶解度比在水中大,因此,可快速进入中枢神经系统并迅速产生作用。因为乙醚的降解产物是乙醇,身体可以对其进行氧化,所以其毒性比氯仿低得多。但患者清醒后经常呕吐,现在用不易燃且患者容易接受的化合物,如氧化二氮、多卤代烷(如 $CF_3CHClBr$)等代替乙醚。

2. 环氧乙烷

环氧乙烷是最简单和最重要的环醚,为无色、有毒的气体,沸点 $11\ ℃$,能溶于水、醇和乙醚中。可与空气形成爆炸混合物,爆炸的范围为 $3\% \sim 8\%$。一般将它保存在钢瓶中。

在工业上,环氧乙烷是用乙烯在银催化下用空气氧化得到的。

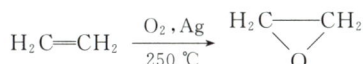

$$H_2C{=}CH_2 \xrightarrow[250\ ℃]{O_2,Ag} \underset{O}{H_2C{-}CH_2}$$

环氧乙烷具有高度的活泼性,易与水、醇、氨、氢卤酸及格氏试剂等亲核试剂反应,生成开环产物。例如:

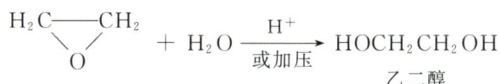

$$\underset{O}{H_2C{-}CH_2} + H_2O \xrightarrow[\text{或加压}]{H^+} \underset{\text{乙二醇}}{HOCH_2CH_2OH}$$

乙二醇是制造涤纶——聚对苯二甲酸乙二醇酯的原料。

在四氯化锡等催化剂及少量水存在下,环氧乙烷可聚合成聚乙二醇(或称聚环氧乙烷)。

$$n\ \underset{O}{H_2C{-}CH_2} \xrightarrow[\text{少量 } H_2O]{SnCl_4} \underset{\text{聚乙二醇}}{HO{-}(CH_2CH_2O)_{\overline{n}}H}$$

聚乙二醇是水溶性的,可用作聚氨酯的原料。聚氨酯可制人造革、泡沫塑料和医用高分子等。

环氧乙烷与格氏试剂反应,经酸性水解后可以得到比原卤代烃多两个碳原子的伯醇。

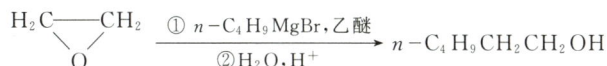

$$\underset{O}{H_2C{-}CH_2} \xrightarrow[\text{②}H_2O,H^+]{\text{①}\ n{-}C_4H_9MgBr,\text{乙醚}} n{-}C_4H_9CH_2CH_2OH$$

环氧乙烷是种子和谷物的熏蒸剂。

3. 环氧氯丙烷

3－氯－1,2－环氧丙烷也称环氧氯丙烷,是无色液体,沸点 116 ℃。其合成方法可参见甘油的合成(见本章第一节)。它的主要用途是与双酚 A 作用,制造环氧树脂。

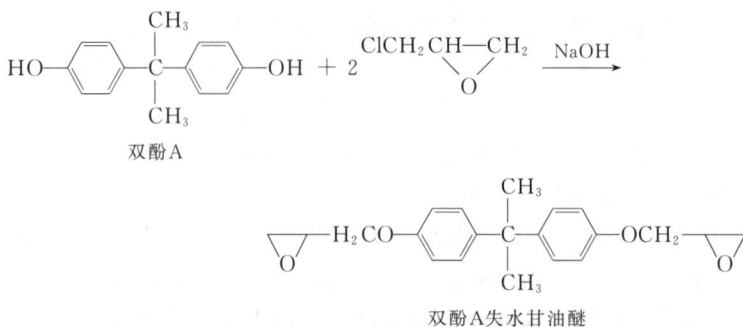

双酚 A 的名称为 $4,4'$－(亚异丙基)双苯酚。它与双酚 A 失水甘油醚重复作用,得到相对分子质量较高的、末端具有环氧基的线型高分子化合物,即为环氧树脂。

环氧树脂俗称万能胶,是一种广泛使用、有很强黏合性能的现代胶黏剂。它可以牢固地黏结多种材料。用环氧树脂浸渍玻璃纤维制得的玻璃钢,强度很大,常用作结构材料。

4. 四氢呋喃和二噁烷

四氢呋喃也称 1,4－环氧丁烷,氧杂环戊烷,简写为 THF,为油状液体,沸点 65 ℃,相对密度 0.888,由1,4－丁二醇在酸催化下失水得到。

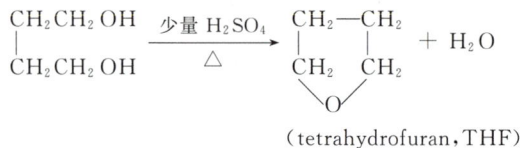

二噁烷(也称 1,4－二氧六环),无色液体,沸点 101 ℃(与水相近),工业上由乙二醇和磷酸一起加热得到。

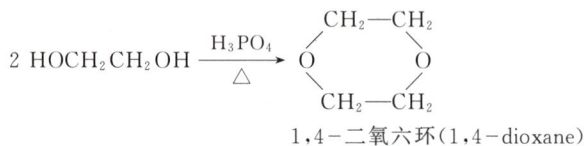

四氢呋喃和二噁烷都能与水、乙醇和乙醚混溶,不像乙醚那样容易挥发,是实验室常用的溶剂。

习 题

1. 写出戊醇 $C_5H_{11}OH$ 异构体的构造式,并用系统命名法命名。

2. 写出下列构造式的系统命名。

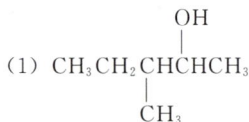

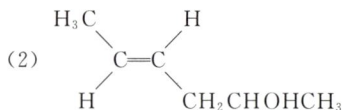

【知识拓展】
二噁英类
污染物

(3) Cl—⟨benzene⟩—CH_2CH_2OH

(4) ⟨cyclohexane with substituent: C_2H_5, H, CH_3, OH⟩

(5) $C_2H_5OCH_2CH(CH_3)_2$

(6) ⟨benzene ring with OH, OH, Cl, O_2N⟩

(7) Br—⟨benzene⟩—OC_2H_5

(8) $(CH_3)_2CH$—⟨benzene with Br, OH, Br⟩

(9) $\begin{array}{l} CH_2OCH_3 \\ CHOCH_3 \\ CH_2OCH_3 \end{array}$

(10) H_2C—⟨epoxide⟩—$CHCH_2CH_3$ / O

(11) ⟨cyclohexane with H, CH_3, OCH_2CH_3, H⟩

(12) $\begin{array}{l} H \quad O \quad CH_2CH_3 \\ H_3C \diagdown \triangle \diagup \\ \qquad H \end{array}$

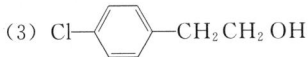

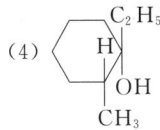

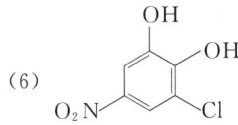

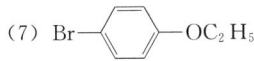

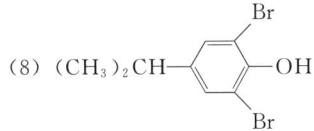

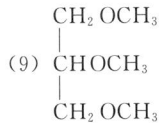

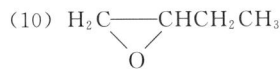

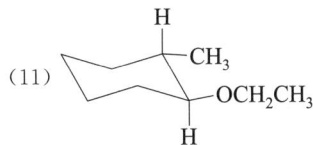

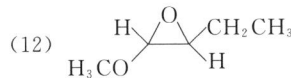

3. 写出下列化合物的构造式。

(1)（*E*）－丁－2－烯－1－醇

(2) 烯丙基正丙醚

(3) 乙基对硝基苄基醚

(4) 甲基邻甲氧基苯基醚

(5) 2,3－二甲氧基丁烷

(6) α,β－二苯基乙醇

(7) 新戊醇

(8) 苦味酸

(9) 2,3－环氧戊烷

(10) 15－冠－5

4. 写出下列化合物的构造式。

(1) 2,4－dimethyl－1－hexanol

(2) 4－penten－2－ol

(3) 3－bromo－4－methylphenol

(4) 5－nitro－2－naphthol

(5) *tert*－butyl phenyl ether

(6) 1,2－dimethoxyethane

5. 写出异丙醇与下列试剂作用的反应式。

(1) Na

(2) Al

(3) 冷浓硫酸

(4) H_2SO_4 ,＞160 ℃

(5) H_2SO_4 ,＜140 ℃

(6) NaBr ＋ H_2SO_4

(7) 红磷＋碘

(8) $SOCl_2$

(9) $4－CH_3C_6H_4SO_2Cl$

(10)（1）的产物 ＋ C_2H_5Br

(11)（1）的产物 ＋ 叔丁基氯

(12)（5）的产物 ＋ HI（过量）

6. 在叔丁醇中加入金属钠,当钠被消耗后,在反应混合物中加入溴乙烷,这时可得到 $C_6H_{14}O$;在乙醇与金属钠反应的混合物中加入 2－溴－2－甲基丙烷,则有气体产生,在留下的混合物中仅有乙醇一种有机化合物。试写出所有的反应式,并解释这两个试验为什么不同?

7. 有人试图从氘代醇 $CH_3CH_2\overset{\displaystyle OH}{C}DCH_3$ 和 HBr、H_2SO_4 共热制备 $CH_3CH_2\overset{\displaystyle Br}{C}DCH_3$,得到的产物具有正确的沸点,但经过对光谱性质的仔细考察发现该产物是 $CH_3CHDCHBrCH_3$ 和 $CH_3CH_2CDBrCH_3$。试

问反应过程发生了什么变化？用反应式表明。

8. 完成下列各反应。

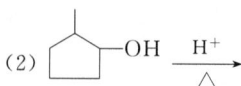

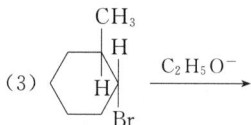

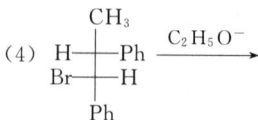

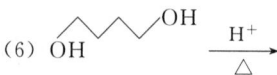

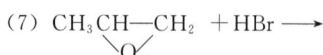

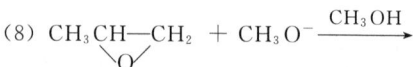

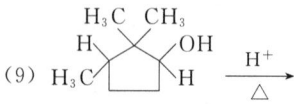

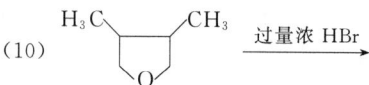

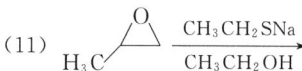

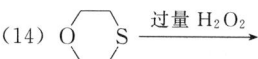

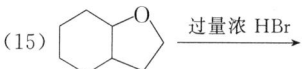

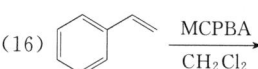

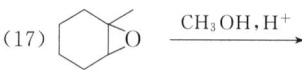

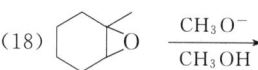

(1) $HOCH_2CH_2OH + 2\ HNO_3 \xrightarrow{H_2SO_4\ \triangle}$

(2) $\xrightarrow{H^+\ \triangle}$

(3) $\xrightarrow{C_2H_5O^-}$

(4) $\xrightarrow{C_2H_5O^-}$

(5) $(CH_3CH_2)_2CHOCH_3 + \underset{(过量)}{HI} \xrightarrow{\triangle}$

(6) $\xrightarrow{H^+\ \triangle}$

(7) $CH_3CH\!-\!\!CH_2 + HBr \longrightarrow$ (环氧)

(8) $CH_3CH\!-\!\!CH_2 + CH_3O^- \xrightarrow{CH_3OH}$

(9) $\xrightarrow{H^+\ \triangle}$

(10) $\xrightarrow{过量浓\ HBr}$

(11) $\xrightarrow[CH_3CH_2OH]{CH_3CH_2SNa}$

(12) $\xrightarrow[② H_3O^+]{① (CH_3)_2CHMgCl,乙醚}$

(13) $\xrightarrow{稀\ H_2SO_4,CH_3CH_2OH}$

(14) $\xrightarrow{过量\ H_2O_2}$

(15) $\xrightarrow{过量浓\ HBr}$

(16) $\xrightarrow[CH_2Cl_2]{MCPBA}$

(17) $\xrightarrow{CH_3OH,H^+}$

(18) $\xrightarrow[CH_3OH]{CH_3O^-}$

9. 写出下列各题括弧中的构造式。

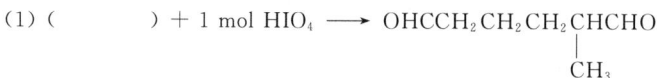

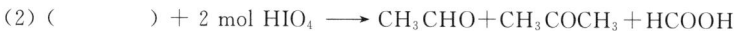

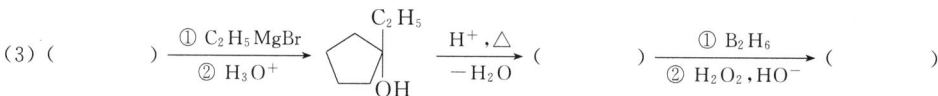

(1) (　　　　) $+ 1\ mol\ HIO_4 \longrightarrow OHCCH_2CH_2CH_2CHCHO$
$\qquad\qquad\qquad\qquad\qquad\qquad\qquad\qquad\qquad\ \ \underset{\underset{CH_3}{|}}{}$

(2) (　　　　) $+ 2\ mol\ HIO_4 \longrightarrow CH_3CHO + CH_3COCH_3 + HCOOH$

(3) (　　　) $\xrightarrow[② H_3O^+]{① C_2H_5MgBr}$ $\xrightarrow[-H_2O]{H^+,\triangle}$ (　　　) $\xrightarrow[② H_2O_2,HO^-]{① B_2H_6}$ (　　　　)

10. 用反应式表明下列反应事实。

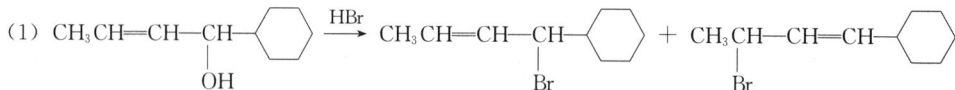

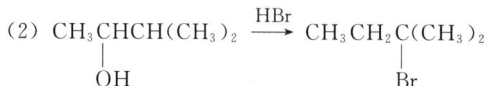

(1) $CH_3CH\!=\!CH\!-\!\underset{\underset{OH}{|}}{CH}\!-\!$ $\xrightarrow{HBr}$ $CH_3CH\!=\!CH\!-\!\underset{\underset{Br}{|}}{CH}\!-\!$ $+\ CH_3\underset{\underset{Br}{|}}{CH}\!-\!CH\!=\!CH\!-\!$

(2) $CH_3\underset{\underset{OH}{|}}{CH}CH(CH_3)_2 \xrightarrow{HBr} CH_3CH_2\underset{\underset{Br}{|}}{C}(CH_3)_2$

11. 化合物 A 为反-2-甲基环己醇,将 A 与对甲苯磺酰氯反应的产物以叔丁醇钠处理所获得唯一烯烃是3-甲基环己烯。

(1) 写出以上各步反应式　　　　　　　　　　　（2）指出最后一步反应的立体化学

(3) 若将 A 用硫酸脱水，能否得到上述烯烃

12. 选择适当的醛、酮和格氏试剂合成下列化合物。

(1) 3-苯基丙-1-醇　　　　　　　　　　　　　（2）1-环己基乙醇

(3) 2-苯基丙-2-醇　　　　　　　　　　　　　（4）2,4-二甲基戊-3-醇

(5) 1-甲基环己-1-烯

13. 利用指定原料进行合成（无机试剂和 C_2 以下的有机试剂可以任选）。

(1) 用正丁醇分别合成正丁酸、1,2-二溴丁烷、1-氯丁-2-醇、丁-1-炔、丁-2-酮

(2) 用乙烯合成　$H_3CHC\overset{\displaystyle\diagup\!\diagdown}{\underset{O}{\quad}}CHCH_3$

(3) 用丙烯合成　$H_2C{=}CHCH_2O{-}\overset{\displaystyle CH_3}{\underset{\displaystyle CH_3}{\overset{|}{\underset{|}{C}}}}{-}CH_2CH_2CH_3$

(4) 用丙烯和苯合成　$(CH_3)_2CHO{-}\bigcirc\!\!\!\!{-}C(CH_3)_2{-}O{-}CH_2CH_2CH_3$

(5) 用甲烷合成　$H_3C\overset{\displaystyle}{\underset{\displaystyle O}{\overset{|}{C}}}{-}CH\overset{\displaystyle\diagup\!\diagdown}{\underset{O}{\quad}}CH_2$

(6) 用苯酚合成

(7) 用乙炔合成

(8) 用甲苯合成　$\bigcirc\!\!\!\!{-}CH_2OH$

(9) 用叔丁醇合成　$\begin{matrix}H_3C\\H_3C\end{matrix}\!\!\bigtriangleup\!\!\begin{matrix}Cl\\Cl\end{matrix}$

14. 用简单的化学方法区别以下各组化合物。

(1) 丙-1,2-二醇　正丁醇　甲丙醚　环己烷

(2) 丙醚　溴代正丁烷　烯丙基异丙基醚

15. 试用适当的化学方法结合必要的物理方法将下列混合物中的少量杂质除去。

(1) 乙醚中含有少量乙醇　　　　　　　　　　（2）乙醇中含有少量水

(3) 环己醇中含有少量苯酚

16. 分子式为 $C_6H_{10}O$ 的化合物 A，能与卢卡斯试剂反应，亦可被 $KMnO_4$ 氧化，并能吸收 1 mol Br_2，A 经催化加氢得 B，将 B 氧化得 C（分子式为 $C_6H_{10}O$），将 B 在加热下与浓硫酸作用的产物还原可得环己烷。试推测 A 可能的结构，写出各步骤的反应式。

17. 化合物 A 能与钠作用，分子式为 $C_6H_{14}O$，在酸催化下可脱水生成 B，以冷 $KMnO_4$ 溶液氧化 B 可得到 C，其分子式为 $C_6H_{14}O_2$，C 与高碘酸作用只得丙酮。试推 A、B、C 的构造式，并写出有关反应式。

18. 分子式为 $C_5H_{12}O$ 的一般纯度的醇，具有下列[1]H NMR 数据,试写出该醇的构造式。

δ 值	质子数	信号类型
(a) 0.9	6	二重峰
(b) 1.6	1	多重峰
(c) 2.6	1	单峰
(d) 3.6	1	八重峰
(e) 1.1	3	二重峰

19. 某化合物分子式为 $C_8H_{16}O(A)$，不与金属 Na、NaOH 及 $KMnO_4$ 反应，而能与浓氢碘酸作用生成化合物 $C_7H_{14}O(B)$，B 能与浓 H_2SO_4 共热生成化合物 $C_7H_{12}(C)$，C 经臭氧化水解后得产物 $C_7H_{12}O_2(D)$，D 的 IR 图上在 $1750\sim1700\ cm^{-1}$ 处有强吸收峰，而在 ^1H NMR 图中两组峰具有如下特征：一组为(1H)的三重峰($\delta=10$)，另一组是(3H)的单峰($\delta=2$)。C 在过氧化物存在下与氢溴酸作用得 $C_7H_{13}Br(E)$，E 经水解得化合物 B。试推导 A 的结构，并用反应式表示上述变化过程。

20. 某化合物 A($C_4H_{10}O$)，在 ^1H NMR 图中 $\delta=0.8$(双重峰，6H)，$\delta=1.7$(复杂多重峰，1H)，$\delta=3.2$(双重峰，2H)及 $\delta=4.2$(单峰，1H，当样品与 D_2O 共摇后此峰消失)。试推测 A 的结构。

21. 用两种方法合成 2-乙氧基-1-苯基丙烷得到的产物具有相反的光学活性。试解释之。

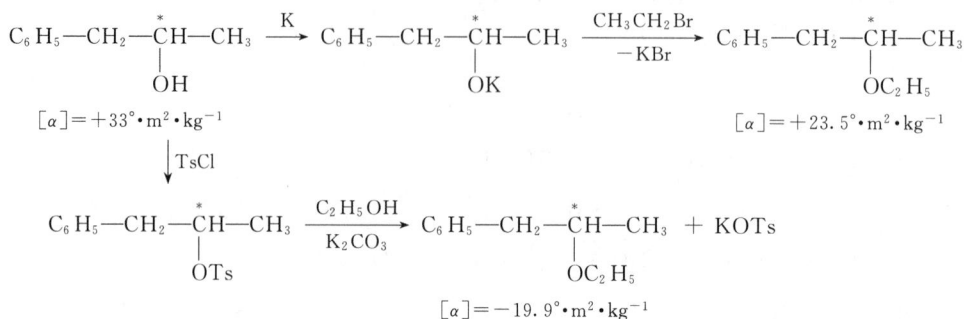

$$C_6H_5-CH_2-\overset{*}{C}H-CH_3 \xrightarrow{K} C_6H_5-CH_2-\overset{*}{C}H-CH_3 \xrightarrow[-KBr]{CH_3CH_2Br} C_6H_5-CH_2-\overset{*}{C}H-CH_3$$

$$\underset{OH}{} \qquad \underset{OK}{} \qquad \underset{OC_2H_5}{}$$

$$[\alpha]=+33°\cdot m^2\cdot kg^{-1} \qquad\qquad\qquad\qquad [\alpha]=+23.5°\cdot m^2\cdot kg^{-1}$$

$$\Big\downarrow TsCl$$

$$C_6H_5-CH_2-\overset{*}{C}H-CH_3 \xrightarrow[K_2CO_3]{C_2H_5OH} C_6H_5-CH_2-\overset{*}{C}H-CH_3 \ +\ KOTs$$

$$\underset{OTs}{} \qquad\qquad\qquad\qquad \underset{OC_2H_5}{}$$

$$[\alpha]=-19.9°\cdot m^2\cdot kg^{-1}$$

22. 从下列式中的信息推断化合物 A、B、C 的结构。

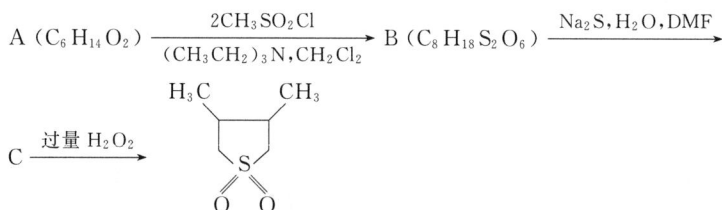

$$A\ (C_6H_{14}O_2) \xrightarrow[(CH_3CH_2)_3N,CH_2Cl_2]{2CH_3SO_2Cl} B\ (C_8H_{18}S_2O_6) \xrightarrow{Na_2S,H_2O,DMF}$$

$$C \xrightarrow{过量\ H_2O_2}$$

23. 以环己醇为原料合成反式-1-环己基-2-甲氧基环己烷。试写出下列中间体 A～H 的构造式。

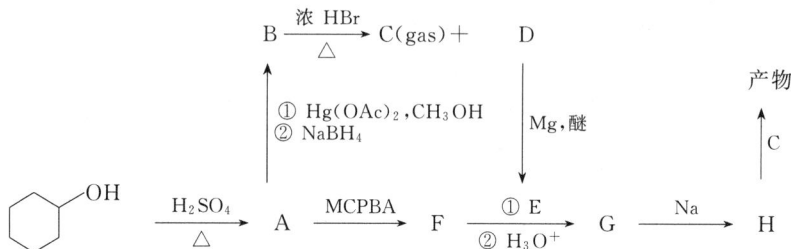

24. 用反应机理解释下列反应。

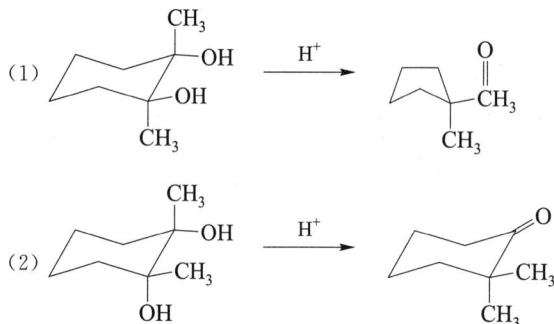

(1)
(2)

25. 解释下列反应。

(1)

(2)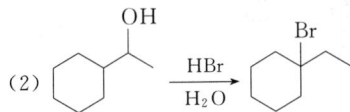

26. 写出下列反应可能的反应机理。

(1)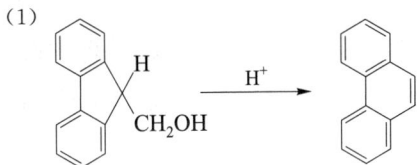

(2)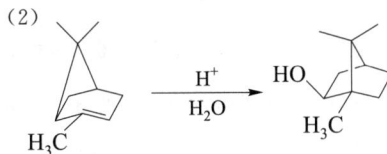

27. 就以下几个方面对 E1 和 E2 反应进行比较:

(1) 反应步骤

(2) 动力学

(3) 过渡态

(4) 立体化学

(5) 竞争反应

(6) 底物(RX 或 ROH)结构对速率的影响

(7) 离去基团(L)的碱性对反应速率的影响

(8) 消去的 $\beta-H$ 的酸性对反应速率的影响

28. 完成下列五类化合物的相互关系式,总结从 a 至 p 多项转变可能有的方法和所需的试剂。

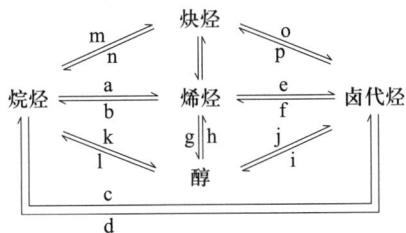

第十一章 醛 和 酮

碳原子与氧原子以双键结合的基团称为羰基 $\left(\begin{array}{c} \diagdown \\ \diagup \end{array} C{=}O \right)$，含有羰基的化合物称为羰基化合物。凡羰基碳原子上连接两个烃基的化合物称为酮(ketone)，连接两个氢原子或连接一个氢原子、一个烃基的化合物称为醛(aldehyde)，醛基(—CHO)是醛的官能团。

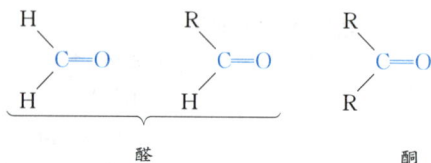

$$\underbrace{\overset{H}{\underset{H}{\diagup}}C{=}O \qquad \overset{R}{\underset{H}{\diagup}}C{=}O}_{\text{醛}} \qquad \overset{R}{\underset{R}{\diagup}}C{=}O$$

醛   酮

醛、酮在有机合成中占有特殊重要的地位，它们在工业生产和实验室制备中被广泛地用作原料和试剂。此外，醛、酮在自然界中广泛存在，有些化合物本身就有实际用途，可用作重要的药物和香料。因此，醛、酮是一类重要的有机化合物。

第一节 醛和酮的分类、同分异构现象和命名

一、分类

根据醛、酮分子中烃基的类别，可分为脂肪族醛、酮和芳香族醛、酮。羰基嵌在环内的，称为环内酮。根据醛、酮分子中羰基的数目，又可分为一元醛、酮，二元醛、酮等。根据烃基是否含有重键，又可分为饱和醛、酮和不饱和醛、酮。

在一元醛中，羰基与两个氢原子相连组成最简单的醛，即甲醛（HCHO）。一元酮中，羰基连接的两个烃基相同的，称单酮；不相同的，称混酮。

本章重点是讨论饱和一元醛、酮。

二、同分异构现象

醛的同分异构现象是由碳链异构引起的，酮的同分异构现象由碳链异构和位置异构引起。碳原子数相同的饱和一元醛、酮具有共同的分子式 $C_nH_{2n}O$，互为同分异构体。

三、命名

醛和酮的系统命名法是选择含有羰基的最长碳链作为主链；醛从醛基碳原子开始编号；酮从靠近羰基的碳原子开始编号，使羰基的位次最小。命名时，把取代基的位次、名称写在主

链名称之前。对于醛,因为羰基总在 1 位,无须标明其位置。对于酮必须将羰基的位次用阿拉伯数字标明,写在"酮"字之前,中间用一条短线连接。含两个羰基的化合物,可用二醛、二酮来表示。醛作为取代基时,可用词头"甲酰基"、"氧亚甲基"表示;酮作为取代基时,用词头"氧亚甲基"来表示。在命名包含多个特性基团的醛酮时,要考虑母体特性基团的优先性。英文命名是将相应的烃名称的词尾"e"去掉,醛换为"al"作字尾、酮换为"one"作词尾。

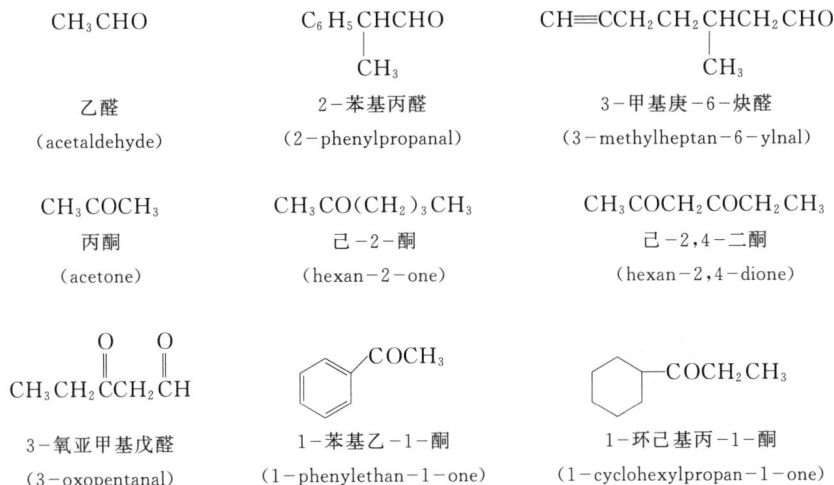

CH₃CHO

乙醛

(acetaldehyde)

C_6H_5CHCHO
|
CH_3

2-苯基丙醛

(2-phenylpropanal)

$CH\equiv CCH_2CH_2CHCH_2CHO$
|
CH_3

3-甲基庚-6-炔醛

(3-methylheptan-6-ylnal)

CH₃COCH₃

丙酮

(acetone)

CH₃CO(CH₂)₃CH₃

己-2-酮

(hexan-2-one)

CH₃COCH₂COCH₂CH₃

己-2,4-二酮

(hexan-2,4-dione)

$CH_3CH_2CCH_2CH$ (带两个 O)

3-氧亚甲基戊醛

(3-oxopentanal)

—COCH₃

1-苯基乙-1-酮

(1-phenylethan-1-one)

—COCH₂CH₃

1-环己基丙-1-酮

(1-cyclohexylpropan-1-one)

碳原子的位置有时也用希腊字母来表示,在醛分子中从醛基相邻的碳原子开始,以希腊字母 α、β、γ、…依次标出;在酮分子中与羰基相邻的两个碳原子都是 α-碳原子,可分别以 α、α′表示,其他碳原子相应的位置也是以希腊字母 β、γ、…及 β′、γ′、…依次标明。

δ γ β α
↓ ↓ ↓ ↓
CH₃CH₂CH₂CH₂C—H (带 O)

γ β α α′ β′ γ′
↓ ↓ ↓ ↓ ↓ ↓
CH₃CH₂CH₂CCH₂CH₂CH₃ (带 O)

Br—CH₂CH₂CH₂C—H (带 O)

γ-溴丁醛

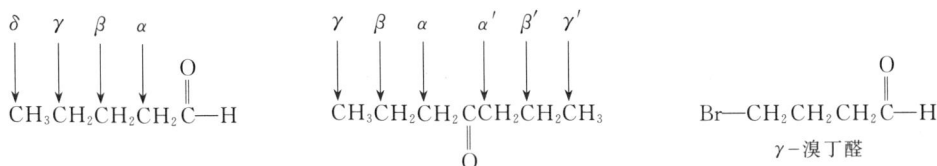

酮还可用普通命名法命名:把羰基所连的两个烃基中比较简单的烃基名放在前面,较复杂的烃基名放在后面,最后加一个"酮"字。例如:

CH₃COC₂H₅

甲基乙基酮(丁酮)

—COCH₃

甲基苯基酮(1-苯基乙-1-酮)

当以简式表示醛时,应写成 RCHO,而非 RCOH,以免与醇混淆。

问题 11-1 试写出下列醛的名称:

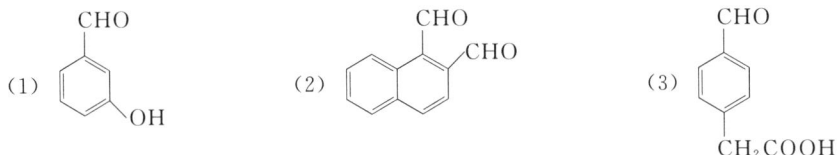

(1) (结构式:苯环上 CHO 和 OH)

(2) (结构式:萘环上 CHO 和 CHO)

(3) (结构式:苯环上 CHO 和 CH₂COOH)

问题 11-2 试用两种命名法命名下列各化合物：

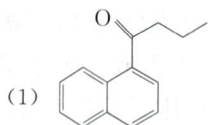

(1) [结构式]　(2) [结构式]

第二节　醛和酮的结构、物理性质和光谱性质

一、醛和酮的结构

在醛、酮分子中，羰基碳原子采取 sp^2 杂化，碳原子的 3 个 sp^2 杂化轨道与相邻的原子形成三个 σ 键，其中一个 σ 键由碳原子与氧原子形成；另外碳原子垂直于 sp^2 杂化平面的 2p 轨道与氧原子的一个 2p 轨道侧面重叠形成 π 键；故羰基由一个 σ 键和一个 π 键组成。

因为羰基氧原子的电负性比碳原子大，π 电子云不可能对称地分布在碳和氧之间，而是靠近氧的一端，故羰基是极化的，氧原子上带部分负电荷，碳原子上带部分正电荷。

[图示：碳氧键的结构示意图]

二、物理性质

由于羰基的极化度相当大，所以，醛、酮的沸点比相应的烷烃和醚都高。但因为醛、酮分子间不能形成氢键，故其沸点低于相应的醇。

	$CH_3CH_2CH_3$	$CH_3OCH_2CH_3$	CH_3CH_2CHO	CH_3COCH_3	$CH_3CH_2CH_2OH$
	丙烷	甲乙醚	丙醛	丙酮	正丙醇
沸点/℃	−42.1	10.8	48.8	56.2	97.4

羰基氧原子能和水分子形成氢键，故低级醛、酮溶于水。低级醛具有强烈的刺激性气味，中级醛具有果香味。因此，含有 9 ～ 10 个碳原子的醛应用于香料工业中。低级酮是液体，具有令人愉快的气味，高级酮是固体。

一些一元醛、酮的物理性质列于表 11-1 中。

表 11-1　一元醛、酮的物理性质

名称	熔点/℃	沸点/℃	相对密度(d_4^{20})	折射率(n_D^{20})
甲醛	−92	−21	0.815	
乙醛	−121	20.8	0.7834^{18}	1.3316
丙醛	−81	48.8	0.8058	1.3636
正丁醛	−99	75.7	0.8170	1.3843

续表

名称	熔点/℃	沸点/℃	相对密度(d_4^{20})	折射率(n_D^{20})
2-甲基丙醛	−65.9	63～64	0.793 8	1.373 0
戊醛	−91.5	103	0.809 5	
苯甲醛	−26	178.1	1.041 5[15]	1.546 3[17.6]
苯乙醛	33～34	195	1.027 2	1.525 5[19.6]
丙酮	−95.35	56.2	0.789 9	1.360 2
丁酮	−86.35	79.6	0.805 4	1.378 8
戊-2-酮	−77.8	102.4	0.808 9	1.390 2
戊-3-酮	−39.9	101.7	0.813 8	1.392 2
辛-2-酮	−16	172.9	0.820 2	1.4
苯丙酮	−15	216.5	1.015 7	

三、光谱性质

羰基的伸缩振动在 1 740～1 705 cm^{-1}处呈现一强吸收峰。羰基碳原子上连有吸电子基时,羰基的吸收峰向高波数方向移动;羰基与双键共轭,则使羰基的吸收向低波数移动。一般醛的吸收峰在约 1 730 cm^{-1}处,稍高于酮(约 1 715 cm^{-1}),环烷酮类的频率则受环大小的影响(见表11-2)。醛还在约 2 750 cm^{-1}附近有醛基 C—H 键伸缩振动吸收峰。

表 11-2　各类醛、酮分子中的羰基伸缩振动频率

化合物类型	$\sigma_{C=O}/cm^{-1}$	化合物类型	$\sigma_{C=O}/cm^{-1}$
O‖C H R	1 740～1 720	RCH=CH C=O R	1 685～1 665
O‖C R R	1 725～1 700	RCH=CH C=O RCH=CH	1 670～1 660
环丙酮类	1 810	Ar C=O R	1 700～1 680
环丁酮类	1 775		
环戊酮类	1 740	Ar C=O Ar	1 670～1 660
RCH=CH C=O H	1 705～1 680		
RCH=CH-CH=CH C=O H	1 680～1 660		

乙醛、苯乙酮的红外光谱图见图 11-1 和图 11-2。

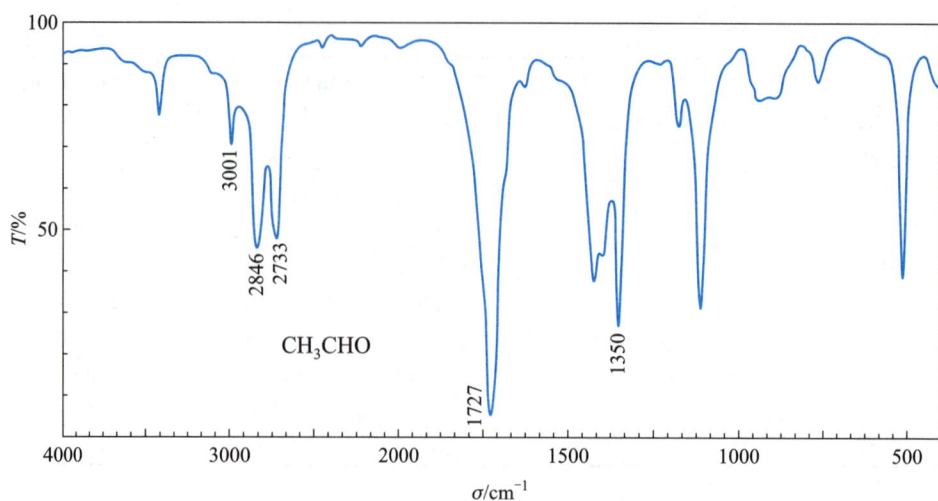

图 11-1　乙醛的 IR 谱图（液体薄膜）

$3\,001\ cm^{-1}$，甲基的 C—H 键伸缩振动；$2\,846\ cm^{-1}$ 和 $2\,733\ cm^{-1}$，醛基的 C—H 键伸缩振动；$1\,727\ cm^{-1}$，C＝O 键的伸缩振动；$1\,350\ cm^{-1}$，甲基的 C—H 键弯曲振动。

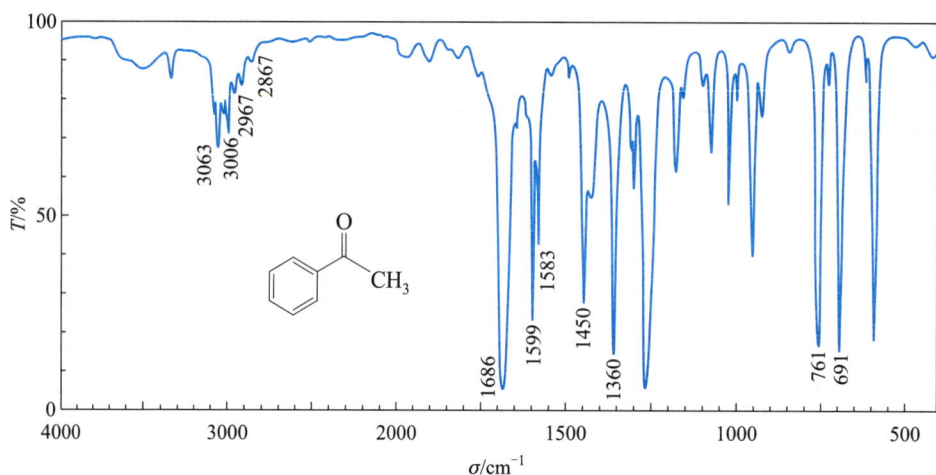

图 11-2　苯乙酮的 IR 谱图（液体薄膜）

$3\,063\sim3\,006\ cm^{-1}$，苯环的 C—H 键伸缩振动；$1\,686\ cm^{-1}$，C＝O 键的伸缩振动（由于共轭作用，吸收移向较低波数）；$1\,599\ cm^{-1}$、$1\,583\ cm^{-1}$ 和 $1\,450\ cm^{-1}$，苯环的骨架伸缩振动；$1\,360\ cm^{-1}$，甲基的 C—H 键弯曲振动；$761\ cm^{-1}$ 和 $691\ cm^{-1}$，苯环的 C—H 键弯曲振动。

　　由于羰基的去屏蔽效应，醛基上的氢原子的化学位移在 $9\sim10$，而酮没有相应的氢原子，这提供了一种准确的方法区别醛和酮。由于羰基的吸电子作用，与羰基相连的甲基或亚甲基上的质子的化学位移 δ 为 $2.0\sim2.5$。

　　正丁醛、苯乙酮的核磁共振氢谱图见图 11-3 和图 11-4。

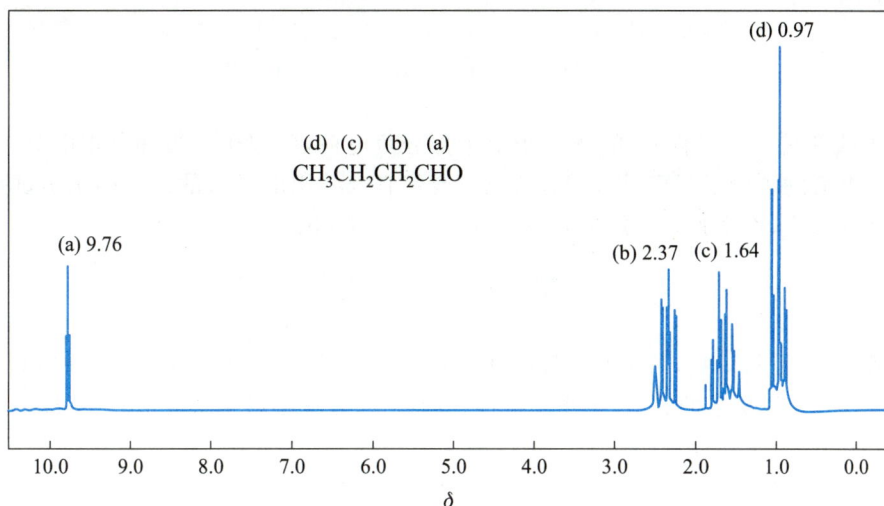

图 11-3 正丁醛的^{1}H NMR 谱图
（89.56 MHz,0.04 mL : 0.5 mL CDCl$_3$）

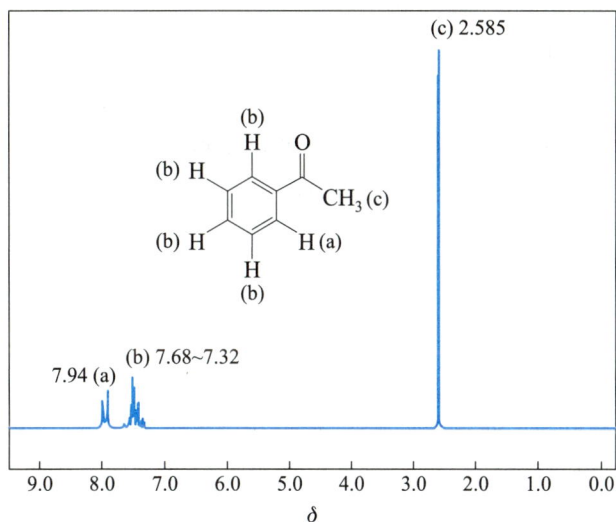

图 11-4 苯乙酮的^{1}H NMR 谱图
（89.56 MHz,0.04 mL : 0.5 mL CDCl$_3$）

在紫外光谱中,饱和醛、酮在 200～270 nm 无强烈吸收;共轭醛、酮在 310～330 nm 和 220～260 nm 有两个吸收带,分别对应着 n→π* 与 π→π* 跃迁,利用这一特征可以区别共轭醛、酮与饱和醛、酮。

问题 11-3 用光谱法区别下列各种化合物,并说明理由。

（1）CH$_3$CHO 和 CH$_3$COCH$_2$CH$_3$

（2）CH$_3$CH$_2$CH$_2$COCH$_3$ 和 CH$_3$CH$_2$CH=CHCOCH$_3$

第三节　醛和酮的化学性质

由于羰基是一个极性基团,氧原子上带部分负电荷,碳原子上带部分正电荷。因此,带部分正电荷的碳原子很容易被带有负电荷或带有未共用电子对的试剂即亲核试剂进攻而发生加成反应,称之为亲核加成反应(nucleophilic addition reaction):

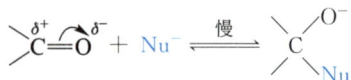

$$\underset{}{\overset{\delta^+}{C}} \overset{\delta^-}{=} O + Nu^- \xrightleftharpoons{\text{慢}} \underset{Nu}{\overset{O^-}{C}}$$

此外,受羰基的影响,与羰基直接相连的 α-碳原子上的氢原子(α-H)较一般 C—H 键的 H 活泼,有变为质子的趋向,表现出酸性。因此,羰基的亲核加成反应和 α-H 的酸性是醛、酮的两类主要化学反应。

醛和酮的性质有许多相似之处,但由于醛、酮羰基所连的基团不同,它们对羰基的电子效应及空间效应情况各异,加上醛基容易被氧化等因素,所以醛、酮在性质上也有一定的差异。醛、酮的反应一般可描述如下:

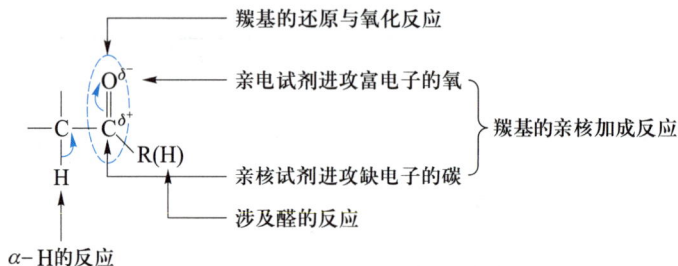

羰基的还原与氧化反应

亲电试剂进攻富电子的氧

亲核试剂进攻缺电子的碳 —— 羰基的亲核加成反应

涉及醛的反应

α-H 的反应

一、亲核加成反应

1. 与含碳亲核试剂的加成

（1）与氢氰酸的加成反应　醛和脂肪族甲基酮都可以发生此反应。ArCOR 反应产率低,ArCOAr 实际上难反应。此反应可被酸、碱催化。由于 HCN 是弱酸,解离生成 CN⁻ 较少,反应速率慢;加入碱可以加速 HCN 的解离,提高 CN⁻ 的浓度从而提高反应速率,反应结束后再加酸,即得 α-羟基腈。

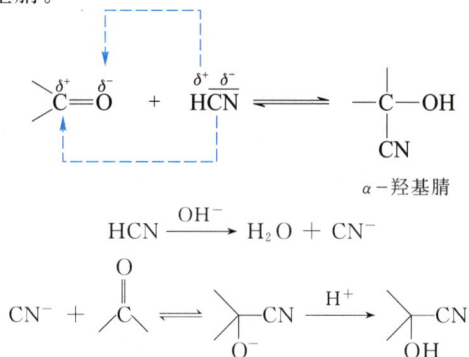

$$\underset{}{\overset{\delta^+}{C}} \overset{\delta^-}{=} O + \overset{\delta^+}{H}\overset{\delta^-}{CN} \xrightleftharpoons{} \underset{CN}{\overset{}{-C-OH}}$$

α-羟基腈

$$HCN \xrightarrow{OH^-} H_2O + CN^-$$

$$CN^- + \underset{}{\overset{O}{\underset{}{C}}} \xrightleftharpoons{} \underset{O^-}{\overset{}{-CN}} \xrightarrow{H^+} \underset{OH}{\overset{}{-CN}}$$

加酸可以提高羰基碳原子的正电性,从而加快反应速率。但过多的酸会降低 CN⁻ 的浓度,反应速率反而会降低,故适量酸才对此反应起正催化作用。

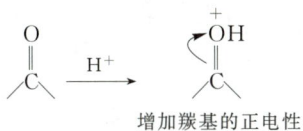

$$CH_3COCH_3 \xrightarrow{H^+} \overset{+}{O}H$$

增加羰基的正电性

$$HCN \Longrightarrow H^+ + CN^-$$

H⁺浓度较高,平衡左移,CN⁻浓度变小

α-羟基腈是很有用的中间体,它可以转变为多种化合物。例如:

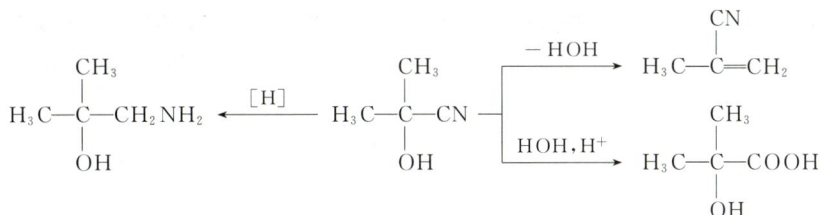

醛、酮与 HCN 加成生成 α-羟基腈,再水解即可合成 α-羟基酸。例如:

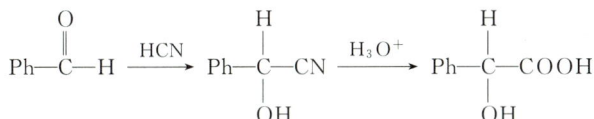

对于 α-氨基酸的合成,可采用类似的斯瑞克(Strecker)反应:

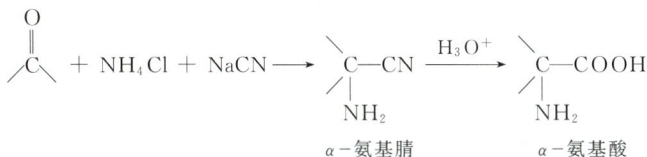

α-氨基腈　　　　α-氨基酸

问题 11-4　以丙酮为原料可以制备合成有机玻璃的单体 α-甲基丙烯酸甲酯。写出反应式,并注明必要条件。

（2）与炔化物的加成反应　炔负离子是很强的亲核试剂,可以和羰基发生亲核加成反应。例如:

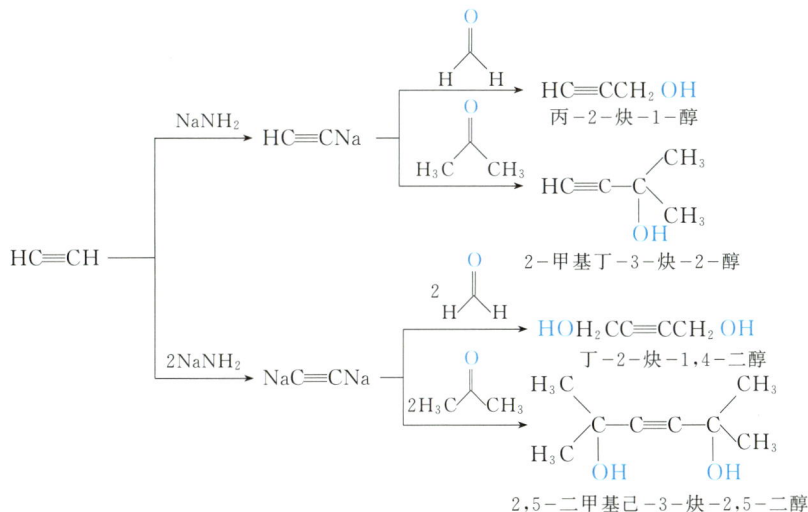

问题 11-5 完成下列反应式：

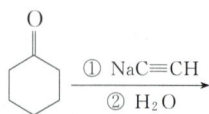

$$\text{（环己酮）} \xrightarrow[\text{② H}_2\text{O}]{\text{① NaC}\equiv\text{CH}}$$

（3）与格氏试剂的加成反应　格氏试剂中 C — Mg 键是极性共价键，而 R 带部分负电荷，具有亲核性，可以和羰基发生加成反应，得到相应的伯、仲、叔醇，见第十章。

$$\begin{array}{c} R' \\ \diagdown \\ \diagup \\ R'' \end{array}\!\!C\!=\!O \xrightarrow{RMgX} R'\!-\!\!\!\overset{R}{\underset{R''}{\mid}}\!\!\!-OMgX \xrightarrow{H_2O} R'\!-\!\!\!\overset{R}{\underset{R''}{\overset{\mid}{C}}}\!\!\!-OH + HOMgX$$

对于甲醛（R'＝R"＝H），产物为伯醇 RCH_2OH；对于其他醛，产物为仲醇。对于酮，产物为叔醇 RR'R"COH。例如：

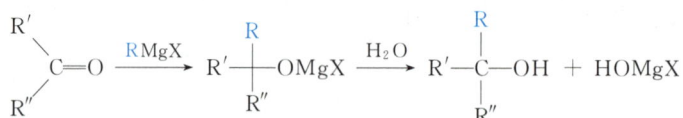

这类加成反应还可以在分子内进行。例如：

$$Br(CH_2)_3\!-\!\!\overset{O}{\overset{\parallel}{C}}CH_3 \xrightarrow[\text{THF}]{\text{Mg，微量 HgCl}_2}$$

60%

其他四元环、五元环化合物也可用类似方法制得。

问题 11-6 格氏试剂与醛、酮加成产物水解制取醇时，有时使用硫酸溶液，有时使用氯化铵溶液，这是为什么？

2. 与含氧亲核试剂的加成

水、醇中的氧原子含有孤对电子，在一定条件下也可以进攻醛、酮的羰基，发生加成反应。

（1）与水的加成反应　羰基与水加成形成偕二醇。

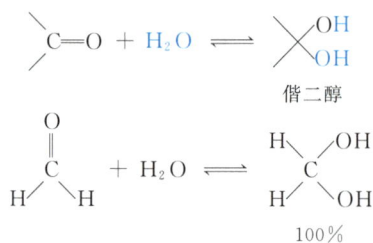

偕二醇

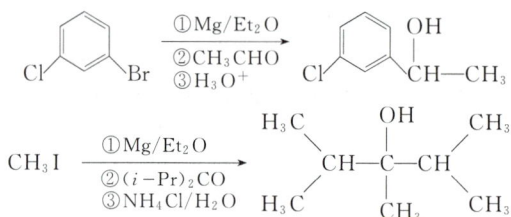

100%

$$H_3C-\overset{\overset{O}{\|}}{C}-H + H_2O \Longleftrightarrow H_3C-\overset{\overset{OH}{|}}{\underset{OH}{C}}-H$$

$$\approx 58\%$$

$$CH_3\overset{\overset{O}{\|}}{C}CH_3 + H_2O \Longleftrightarrow \overset{H_3C}{\underset{H_3C}{}}\overset{OH}{\underset{}{C}}\overset{}{\underset{OH}{}}$$

$$0\%$$

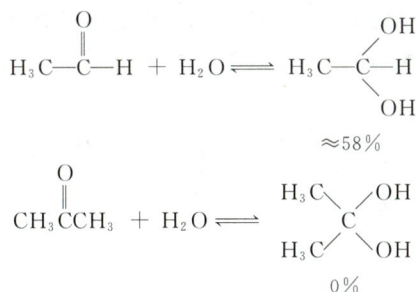

在以上反应中,从甲醛到丙酮,由于甲基的给电子作用造成偕二醇的产率下降。甲醛在水溶液中几乎都以水合物的形式存在,但不能把它分离出来,因为它很容易再失水变为游离的甲醛;只有羰基旁边连有强的吸电子基团时,才能形成稳定的水合物。例如:

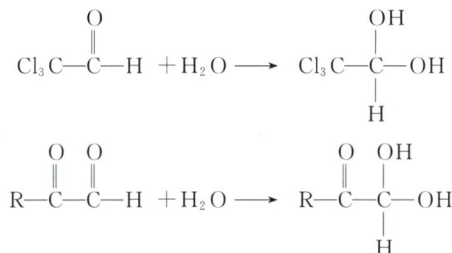

$$Cl_3C-\overset{\overset{O}{\|}}{C}-H + H_2O \longrightarrow Cl_3C-\overset{\overset{OH}{|}}{\underset{H}{C}}-OH$$

$$R-\overset{\overset{O}{\|}}{C}-\overset{\overset{O}{\|}}{C}-H + H_2O \longrightarrow R-\overset{\overset{O}{\|}}{C}-\overset{\overset{OH}{|}}{\underset{H}{C}}-OH$$

（2）与醇的加成反应 在无水酸（如对甲基苯磺酸、氯化氢、路易斯酸等）的催化下,等物质的量的醇、醛相互作用生成的加成产物叫半缩醛（hemiacetal）,其中羟基是活泼的,在同样的条件下,过量醇与之反应并脱水生成缩醛（acetal）。半缩醛很不稳定,一般不能分离出来,而缩醛则较稳定,可分离出来。

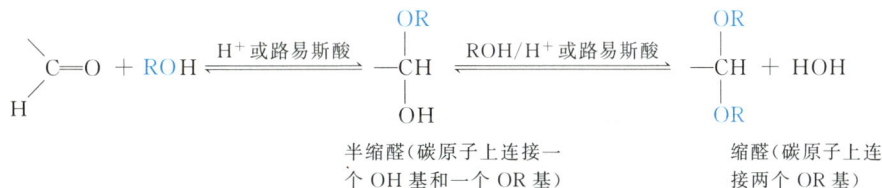

$$\overset{}{\underset{H}{C}}=O + ROH \xrightarrow[\text{H}^+\text{或路易斯酸}]{} \overset{OR}{\underset{OH}{\overset{|}{-}CH}} \xrightarrow[\text{ROH/H}^+\text{或路易斯酸}]{} \overset{OR}{\underset{OR}{\overset{|}{-}CH}} + HOH$$

半缩醛（碳原子上连接一个 OH 基和一个 OR 基）　　　缩醛（碳原子上连接两个 OR 基）

其反应机理为

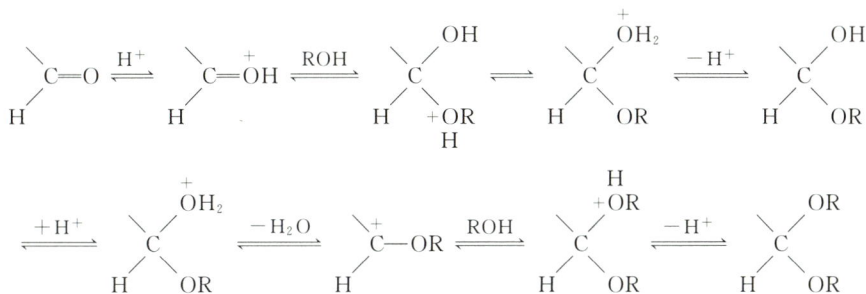

$$\overset{}{\underset{H}{C}}=O \xrightarrow{H^+} \overset{}{\underset{H}{C}}-\overset{+}{O}H \xrightarrow{ROH} \overset{OH}{\underset{\underset{H}{+OR}}{C}} \Longleftrightarrow \overset{\overset{+}{O}H_2}{\underset{\underset{H}{OR}}{C}} \xrightarrow{-H^+} \overset{OH}{\underset{\underset{H}{OR}}{C}}$$

$$\xrightarrow{+H^+} \overset{\overset{+}{O}H_2}{\underset{\underset{H}{OR}}{C}} \xrightarrow{-H_2O} \overset{}{\underset{H}{C}}-\overset{+}{O}R \xrightarrow{ROH} \overset{\overset{H}{+OR}}{\underset{\underset{H}{OR}}{C}} \xrightarrow{-H^+} \overset{OR}{\underset{\underset{H}{OR}}{C}}$$

对于小分子、无支链的醛,平衡向右移动;若需要制备大分子、有支链的缩醛,则必须采取措施使平衡向右移动,目前常用的一种方法就是用分子筛及时除去反应中生成的水。

酮在同样的条件下，也会生成半缩酮、缩酮（也通称为缩醛），但有的酮比较困难。对于难于直接生成缩醛的醛、酮，可用原甲酸三乙酯与之反应生成缩醛：

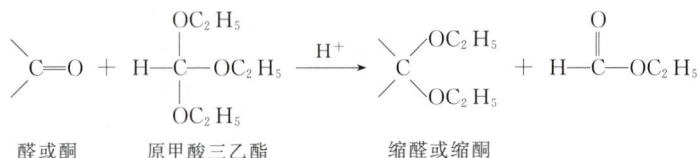

缩醛（包括缩酮）是稳定的，许多能与醛、酮反应的试剂如格氏试剂、金属氢化物等不与之反应，对碱也较稳定。但在稀酸中温热，会水解为原来的醛、酮。这就提供了一种保护醛、酮羰基的好方法，使羰基在多步反应中免于破坏。例如：

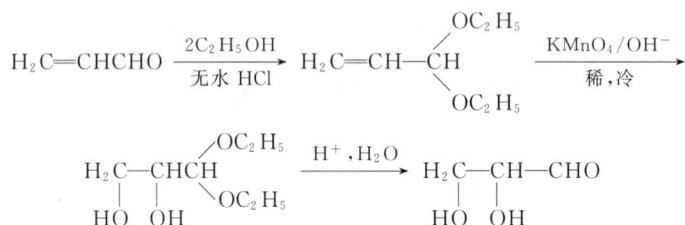

在合成中，常用 1,2-二醇或 1,3-二醇与醛、酮反应生成环状缩醛来保护羰基，因为环状缩醛一般比开链缩醛更稳定。例如：

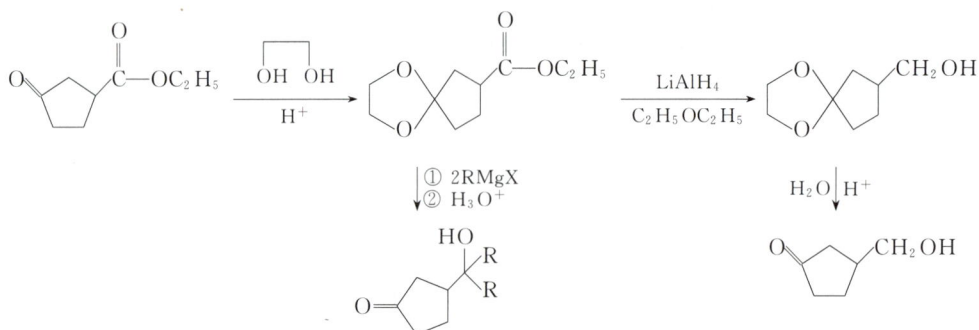

若不保护酮羰基，酮羰基也会发生化学反应。

3. 与含氮亲核试剂的加成

氨与醛、酮反应，第一步得到羟胺(1)，但很不稳定，易脱水，得到亚胺。亚胺类化合物也不稳定，通常进一步生成复杂产物。

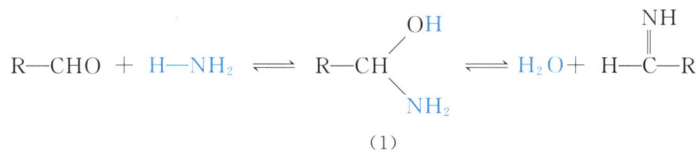

例如，甲醛与 NH_3 反应得到四氮金刚烷(2)：

$$3\ H_2C{=}O\ +\ 3\ NH_3\ \longrightarrow\ 3\ \underset{OH}{CH_2NH_2}\ \xrightarrow{-3\ H_2O}\ \left[\ \text{(环状结构)}\ \right]$$

$$\xrightarrow{3\ HCHO}\ \text{(六元环结构)}\ \xrightarrow[-3\ H_2O]{NH_3}\ \text{(乌洛托品结构)}$$

$$(2)$$

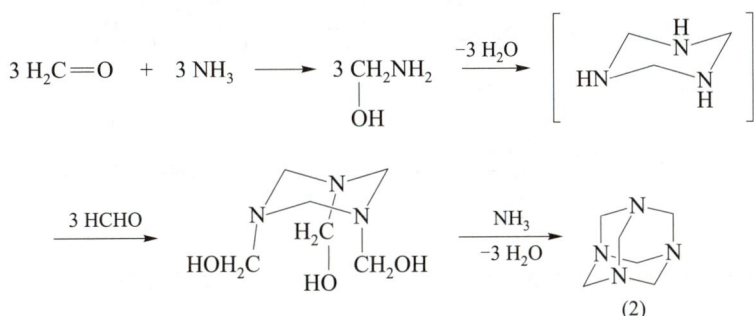

一级胺（RNH_2）与醛、酮反应生成的羟胺，因氨基上还有 H 而不稳定，马上会失去水生成亚胺，也叫西佛碱（Schiff base），西佛碱在有机合成上有重要意义。脂肪族亚胺一般不稳定，而芳香族亚胺由于共轭则较稳定。例如：

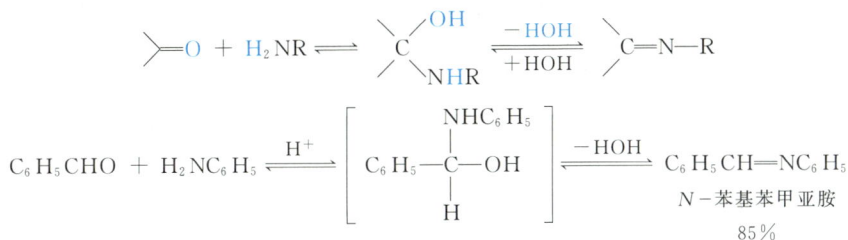

$$\underset{}{{>}{=}O}\ +\ H_2NR\ \rightleftharpoons\ \underset{NHR}{\overset{OH}{C}}\ \underset{+HOH}{\overset{-HOH}{\rightleftharpoons}}\ {>}C{=}N{-}R$$

$$C_6H_5CHO\ +\ H_2NC_6H_5\ \underset{}{\overset{H^+}{\rightleftharpoons}}\ \left[\ \underset{H}{\overset{NHC_6H_5}{C_6H_5{-}C{-}OH}}\ \right]\ \overset{-HOH}{\rightleftharpoons}\ C_6H_5CH{=}NC_6H_5$$

$$\text{N-苯基苯甲亚胺}$$
$$85\%$$

如果是二级胺（R_2NH），则其初始产物不能以上述方式脱水，有可能被分离出来。但在反应条件下，通常还会进一步变化。若有 α-H 存在，则失水成为烯胺（enamine，在 α,β-碳原子之间生成双键，而不是在 N 与 α-碳原子之间生成双键）。烯胺在合成上是个重要的中间体，见第十四章。

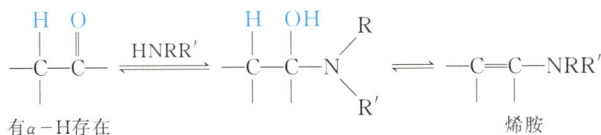

$$\underset{有\alpha-H存在}{{-}\overset{H}{\underset{}{C}}{-}\overset{O}{\underset{}{C}}{-}}\ \underset{}{\overset{HNRR'}{\rightleftharpoons}}\ {-}\overset{H}{\underset{}{C}}{-}\overset{OH}{\underset{}{C}}{-}\underset{R'}{\overset{R}{N}}\ \rightleftharpoons\ {-}C{=}C{-}NRR'$$

$$\text{烯胺}$$

三级胺与醛、酮不反应。

羟氨、肼、苯肼和氨基脲都是氨的衍生物，也可以和醛、酮发生加成反应。羟氨的氮原子具有未共用的电子对，是亲核试剂，与醛和酮反应失水生成肟。

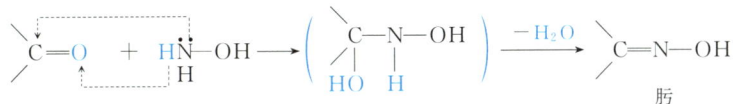

$$\underset{}{{>}C{=}O}\ +\ H\overset{..}{N}{-}OH\ \longrightarrow\ \left(\ \underset{HO}{\overset{}{C}}{-}\underset{H}{\overset{N{-}OH}{}}\ \right)\ \xrightarrow{-H_2O}\ {>}C{=}N{-}OH$$

$$\text{肟}$$

如 $CH_3{-}CH{=}N{-}OH$ 叫乙醛肟（熔点 47 ℃），环己酮肟结构 $N{-}OH$ 叫环己酮肟（熔点 90 ℃）。

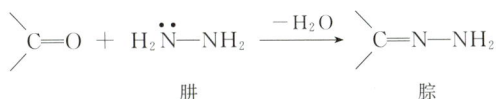

$$\underset{}{{>}C{=}O}\ +\ H_2\overset{..}{N}{-}NH_2\ \xrightarrow{-H_2O}\ {>}C{=}N{-}NH_2$$

$$\text{肼}\qquad\qquad\qquad\text{腙}$$

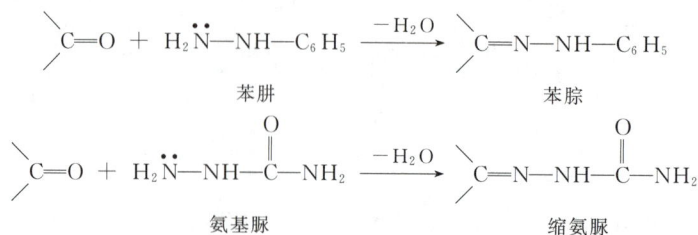

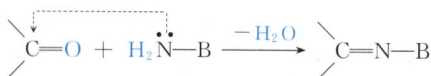

以上四种氨的衍生物以 $H_2N—B$ 代表,它们和醛、酮的反应可用下式表示:

$$\diagdown C=O + H_2\ddot{N}—B \xrightarrow{-H_2O} \diagdown C=N—B$$

反应结果是 $\diagdown C=O$ 变成了 $\diagdown C=N—$,分别生成肟、腙、苯腙和缩氨脲四种新化合物。

肟、苯腙及缩氨脲绝大多数都是白色固体,具有固定的结晶形状和熔点。测定其熔点就可以知道它是由哪一种醛或酮所生成的,因而常用来鉴别醛、酮。肟、腙、苯腙及缩氨脲在稀酸的作用下,能够水解为原来的醛和酮。因此可利用这种反应来分离和提纯醛、酮。有的反应如生成肟的反应已应用于工业生产中。

4. 与含硫亲核试剂的加成

(1) 与亚硫酸氢钠的加成反应　醛、甲基酮和环酮(一般是七元环以下的环酮)与亚硫酸氢钠的饱和溶液反应生成 $\alpha-$羟基磺酸钠。许多其他酮不能进行此反应,可能是由于空间位阻的缘故。

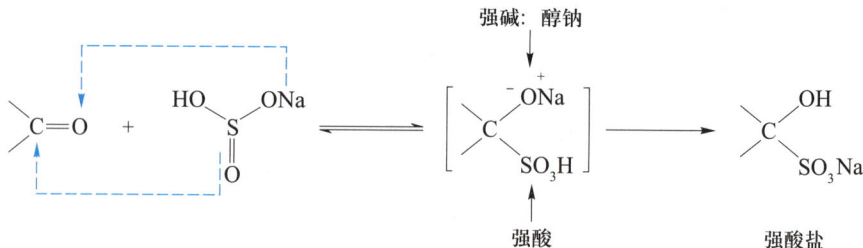

上述反应产物为白色晶体,不溶于饱和的亚硫酸氢钠溶液中,容易分离出来;与酸或碱共热,又可得到原来的醛、酮。故此反应可以用来提纯醛、酮。

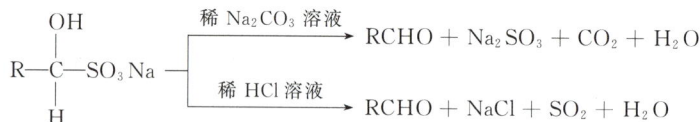

例如:

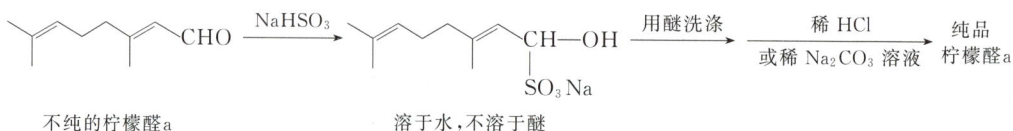

另外,此反应加成产物与氰化钠作用可生成 α-羟基腈。这避免了使用挥发性的剧毒物 HCN,是合成 α-羟基腈的好方法。例如:

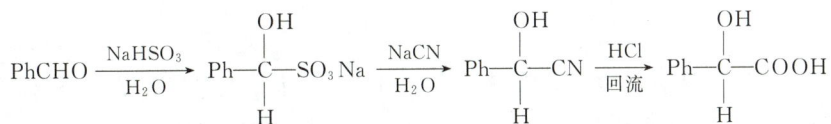

$$PhCHO \xrightarrow[H_2O]{NaHSO_3} Ph-\underset{\underset{H}{|}}{\overset{\overset{OH}{|}}{C}}-SO_3Na \xrightarrow[H_2O]{NaCN} Ph-\underset{\underset{H}{|}}{\overset{\overset{OH}{|}}{C}}-CN \xrightarrow[回流]{HCl} Ph-\underset{\underset{H}{|}}{\overset{\overset{OH}{|}}{C}}-COOH$$

(2) 与乙硫醇的加成反应　见本节的"二、还原反应—直接还原成烃—用乙硫醇还原"。

5. 与磷叶立德的加成反应

带有相邻的"+""−"电荷的分子称为内鎓盐,又音译为叶立德(ylide 或 ylid)。例如,磷叶立德:

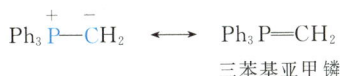

$$Ph_3\overset{+}{P}-\overset{-}{C}H_2 \longleftrightarrow Ph_3P=CH_2$$
三苯基亚甲磷

由于磷原子的 3d 空轨道与碳原子的 2p 轨道形成了 d−p 反馈 π 键,分散了碳原子上的负电荷,从而使分子稳定,所以,磷叶立德是内鎓盐与磷碳双键两种结构的互变异构体。

磷叶立德通常由三烷基或三芳基膦(常用三苯基膦)与烷基卤化物 R^1R^2CHX 反应得季鏻盐,再与碱作用而生成的。所用碱的强弱,需视 R^1 和 R^2 而定。如 R^1 和 R^2 能使碳负离子稳定化,只需用 NH_3 等弱碱即可夺取碳原子上的氢原子。如果 $R^1 = R^2 = H$,则需用强碱如丁基锂。

$$Ph_3P: + \underset{R^2}{\overset{R^1}{\diagdown}}CHX \longrightarrow Ph_3\overset{+}{P}-\underset{\underset{H}{|}}{\overset{\overset{R^1}{|}}{C}}-R^2 \; X^- \xrightarrow{:B^-} \left[Ph_3P=\underset{R^2}{\overset{R^1}{C}} \longleftrightarrow Ph_3\overset{+}{P}-\overset{-}{\underset{R^2}{\overset{R^1}{C}}} \right]$$
磷叶立德

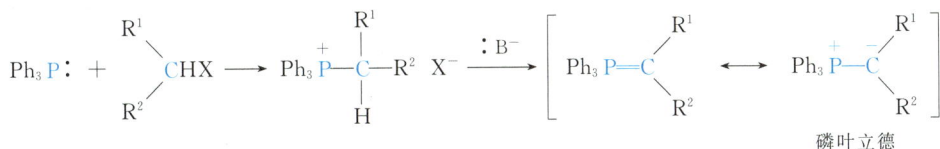

磷叶立德又被称为维蒂希(Wittig)试剂,它与醛、酮的反应叫维蒂希反应,是非常有用的合成烯烃的方法。1979 年,Wittig 获得诺贝尔化学奖。

维蒂希试剂对醛、酮的加成可能经过两步或三步反应。例如:

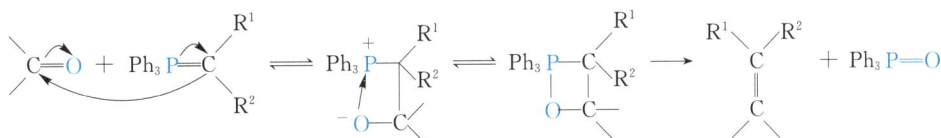

$$C=O + Ph_3P-C\diagup^{R^1}_{R^2} \rightleftharpoons Ph_3\overset{+}{P}\diagdown^{R^1}_{R^2} \rightleftharpoons Ph_3P-C\diagup^{R^1}_{R^2} \longrightarrow \underset{C}{\overset{C}{\diagup}}^{R^1}_{R^2} + Ph_3P=O$$

在上述反应中,醛、酮分子中含有 C=C 或 C≡C 键,即使是与 C=O 共轭的 α,β-不饱和醛、酮也无影响。分子中有羧基虽能与叶立德反应,但很慢,实际上也无影响。这一反应不发生分子重排,产率一般也比较高,其突出的优点是能在指定的位置形成双键,特别是其他方法难于形成的双键,如环外双键:

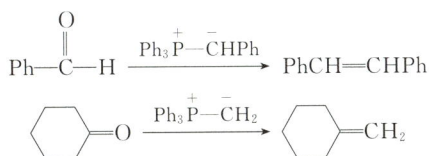

$$Ph-\overset{\overset{O}{\|}}{C}-H \xrightarrow{Ph_3\overset{+}{P}-\overset{-}{C}HPh} PhCH=CHPh$$

$$\text{环己酮}=O \xrightarrow{Ph_3\overset{+}{P}-\overset{-}{C}H_2} \text{环己烷}=CH_2$$

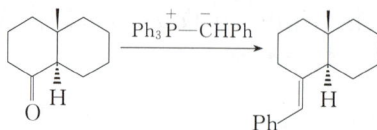

维蒂希反应虽然具有反应立体选择性高，能将双键引入特定位置等优点，但也存在原料叔膦较贵、产物烯烃和氧化膦不易分离、非原子经济性、有些磷叶立德稳定性差等缺点。1958 年，霍纳（Horner）对维蒂希反应进行了改进，称为维蒂希－霍纳（Wittig－Horner）反应。

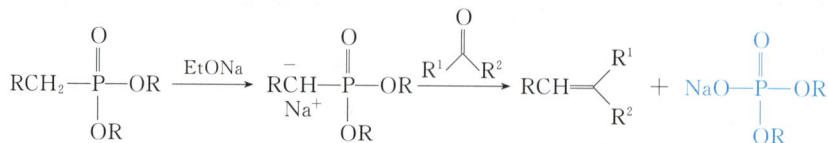

【知识拓展】
原子经济性

改进后的反应，由于产物磷酸盐溶于水从而克服了分离上的困难，副反应也比维蒂希反应少，反应产物以 E 构型为主。例如：

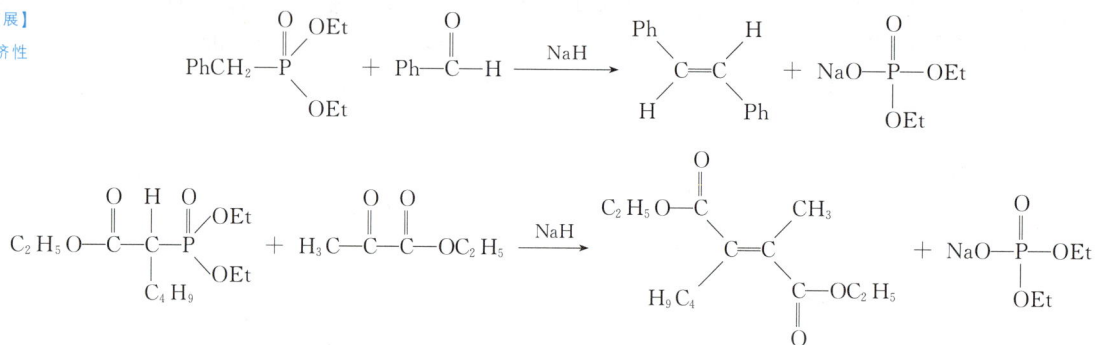

6. 与西佛试剂的反应

品红是一种红色染料，通二氧化硫于其溶液中则得无色的品红醛试剂，也叫西佛（Schiff）试剂。品红醛试剂与醛类作用，显紫红色，且很灵敏；酮类与品红醛试剂不起反应，因而不显颜色（丙酮作用极慢）；甲醛遇品红醛试剂所显的颜色加硫酸后不消失，其他醛类所显的颜色则褪去。因此，利用品红醛试剂可以很容易地在实验室检验醛，区别甲醛和其他醛、酮。

二、还原反应

利用不同的条件，可将醛、酮还原成醇、烃或胺。例如：

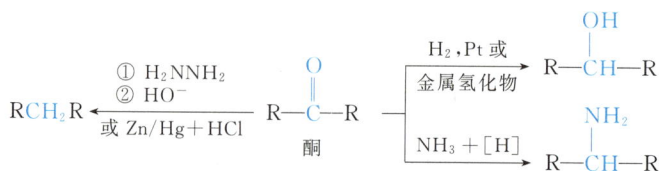

1. 催化加氢

烯烃加氢可以在低压和室温下进行,羰基加氢则往往需要加压和加热,醛还原为一级醇,酮还原为二级醇,产率一般都很高(90%~100%)。例如:

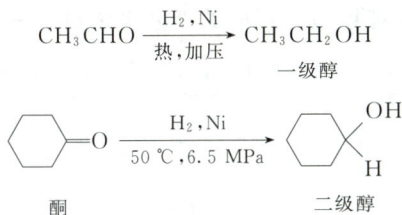

$$CH_3CHO \xrightarrow[\text{热,加压}]{H_2,Ni} CH_3CH_2OH$$
一级醇

酮　　　　　　　　　　　二级醇

若分子中同时存在碳碳双键和碳氧双键,则要选用不同的还原剂进行选择加氢。例如:

$$CH_3CH{=}CHCH_2CHO + 2H_2 \xrightarrow[\text{250 ℃,加压}]{Ni} CH_3CH_2CH_2CH_2CH_2OH$$
(C=C,C=O均被还原)

81%(羰基未被还原)

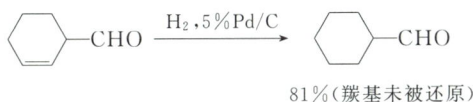

如果只要还原羰基而保留碳碳双键,则应选用金属氢化物为还原剂。

问题 11-7　用 Pt 为催化剂,使(R)-3-甲基环戊酮加氢成醇时,会产生几种异构体? 为什么? 哪种异构体为优势产物? 为什么?

2. 用金属氢化物加氢

常用的金属氢化物如氢化铝锂($LiAlH_4$)和硼氢化钠($NaBH_4$)均能使醛、酮还原成醇,一般不影响碳碳双键。例如:

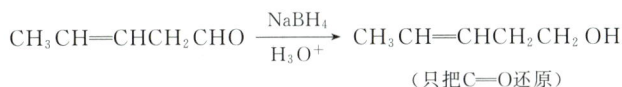

$$CH_3CH{=}CHCH_2CHO \xrightarrow[H_3O^+]{NaBH_4} CH_3CH{=}CHCH_2CH_2OH$$
(只把C=O还原)

硼氢化钠是一种中等强度的还原剂,通常只能使醛、酮和酰氯还原,不影响共存的 NO_2、Cl、CO_2R 和 CN 等基团,它对水不敏感,可在水溶液或醇中使用。

在反应中,金属氢化物能提供氢负离子,向羰基碳进攻(可看成 H^- 对羰基的亲核加成):

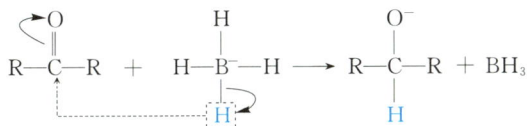

从理论上讲,1 mol $NaBH_4$ 就可以使 4 mol 一元醛、酮还原为醇。

氢化铝锂是强有力的还原剂,不仅能使醛、酮还原,而且能使羧酸、酯等还原,遇水和醇剧烈反应,通常只能在无水乙醚或 THF 中使用。

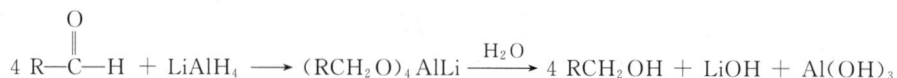

$$4 \ \underset{\substack{\| \\ O}}{R-C-H} \ + \ LiAlH_4 \ \longrightarrow \ (RCH_2O)_4AlLi \ \xrightarrow{H_2O} \ 4 \ RCH_2OH \ + \ LiOH \ + \ Al(OH)_3$$

为便于参考,现将各类官能团氢化反应的难易次序列于表 11-3 和表 11-4 中。

表 11-3　各类官能团对 LiAlH₄(醚)反应难易的一般顺序表

反应物	还原产物	反应难易的大致顺序
RCH=CHR′	—	不反应
ArNO₂	ArN=NAr	很难还原
RNO₂	RNH₂	
RCN	RCH₂NH₂	
RCONR₂	RCH₂NR₂	
RCOO⁻	RCH₂OH	
RCOOH	RCH₂OH	从难到易
RCOOR′	RCH₂OH+R′OH	
RCH—CHR′ (环氧O)	RCH₂CH(OH)R′	
内酯	二元醇	
RCOCl	RCH₂OH	
RCOR′	RCH(OH)R′	
RCHO	RCH₂OH	最易还原

表 11-4　各类官能团对催化氢化反应难易的一般顺序表

反应物	催化氢化物	反应难易的大致顺序
RCOO⁻	—	不反应
（苯）	（环己烷）	最困难
RCONHR′	RCH₂NHR′	
RCOOR	RCH₂OH+R′OH	
（萘）	（四氢萘）	
RCN	RCH₂NH₂	
ArCH₂OR′	ArCH₃+R′OH	从难到易
RCOR′	R′CH(OH)R	
RCH=CHR	RCH₂CH₂R	
RCHO	RCH₂OH	
RC≡CR	RCH=CHR	
RNO₂	RNH₂	
RCOCl	RCHO	最容易

3. 用乙硼烷还原

$$3\ \underset{\delta^+}{R}-\overset{\overset{\displaystyle O^{\delta-}}{\|}}{\underset{}{C}}-R' + \overset{\delta-}{H}-\overset{\delta+}{B}H_2 \longrightarrow (RR'CHO)_3B \xrightarrow{\ H_2O\ } 3\ RR'CHOH + H_3BO_3$$

有不饱和键也被还原：

$$\text{(反应式图)} \xrightarrow[\text{THF,0 ℃}]{B_2H_6} \text{(反应式图)} \xrightarrow[H_2O,\text{THF,25 ℃}]{B_2H_6\quad H_2O_2,OH^-} \text{(反应式图)}$$

4. 麦尔威因–庞多夫–维尔莱还原

例如，在异丙醇铝和异丙醇存在下，使醛或酮还原为醇：

$$CH_3CH(OH)CH_3 + RCOR' \underset{\quad}{\overset{(i-PrO)_3Al}{\rightleftharpoons}} RCH(OH)R' + CH_3COCH_3$$

这是一个可逆反应，通过增加异丙醇的用量或不断蒸出丙酮可使平衡向右移动，此反应的正向反应一般称为麦尔威因–庞多夫–维尔莱（Meerwein–Ponndorf–Verley）还原反应。逆反应一般称为奥本奥尔（Oppenaure）氧化反应。它的专一性很高，一般只使羰基与醇烃基互变而不影响其他基团，故为一级醇、二级醇与醛、酮互相转变的重要方法。

5. 直接还原成烃

（1）凯西纳–沃尔夫–黄鸣龙还原法　醛、酮和肼反应生成的腙在氢氧化钾或乙醇钠的作用下能分解释放出氮气而成烃：

$$\underset{\text{醛,酮}}{>\!\!=\!\!O} \xrightarrow[\text{加成,脱水}]{H_2N-NH_2} \underset{\text{腙}}{>\!\!=\!\!N-NH_2} \xrightarrow[\text{加热,加压}]{KOH\ 或\ C_2H_5ONa} \underset{\text{烃}}{>\!\!CH_2} + N_2\uparrow$$

此反应是凯西纳（Kishner N）和沃尔夫（Wolff L）分别于 1911 年、1912 年发现的，故称为凯西纳–沃尔夫反应。实例：

$$\text{(环结构图)} \xrightarrow[\text{200 ℃,加压}]{H_2NNH_2,\ C_2H_5ONa} \text{(环结构图)}$$

反应要求高温、高压及回流 100 h 以上，操作很不方便，产率也不高。这是因为生成腙时，同时生成了水，水的存在促进了逆反应的缘故。

$$>\!\!=\!\!O + H_2N-NH_2 \rightleftharpoons >\!\!C\!\!=\!\!N-NH_2 + H_2O$$

我国化学家黄鸣龙在 1946 年改进了这个方法，将醛或酮、氢氧化钠、肼的水溶液和高沸点的醇一起加热，使醛或酮成腙后，先将水和过量的肼蒸出，待温度达到腙的分解温度（195～200 ℃）时再回流 3～4 h，反应即告完成。这样，可在常压下进行反应，反应时间大为缩短，而且产率一般都很高。例如：

$$C_6H_5COC_2H_5 \xrightarrow[\text{二缩乙二醇醚}]{H_2NNH_2,NaOH} C_6H_5CH_2C_2H_5$$
$$82\%$$

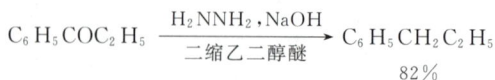

【科学家小传】
黄鸣龙

这种使 $\diagdown C=O$ 变为 $\diagdown CH_2$ 的方法叫凯西纳-沃尔夫-黄鸣龙还原法。该反应适用于对碱不敏感的醛、酮。

（2）克莱门森还原法　醛或酮和锌汞齐、浓盐酸一起加热，羰基即被还原为亚甲基，称为克莱门森（Clemmensen）还原法。例如：

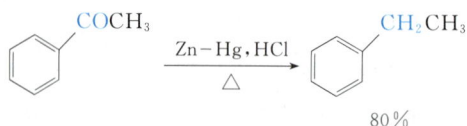

$$80\%$$

此法对芳香酮较好，对酸敏感的底物不能使用。若要还原对酸敏感的醛、酮，可用凯西纳-沃尔夫-黄鸣龙还原法。两种方法互为补充。

（3）用乙硫醇还原　既对酸又对碱敏感的醛、酮，可让其与乙硫醇反应形成缩硫醛（酮），再发生氢解，这样相应的羰基也可被还原为亚甲基。例如：

该反应与形成缩醛（酮）的反应类似。若需将缩硫醛（酮）恢复原来的羰基结构，可用下列方法：

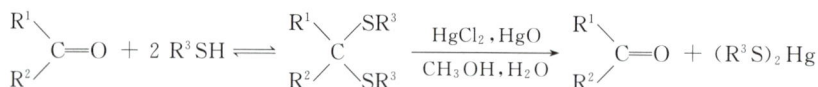

6. 醛、酮的双分子还原

活泼金属如钠、铝、镁在质子性溶剂如酸、水、醇的作用下，可将醛还原为一级醇，将酮还原为二级醇。但在非质子性溶剂中，发生双分子还原，生成频哪醇。例如：

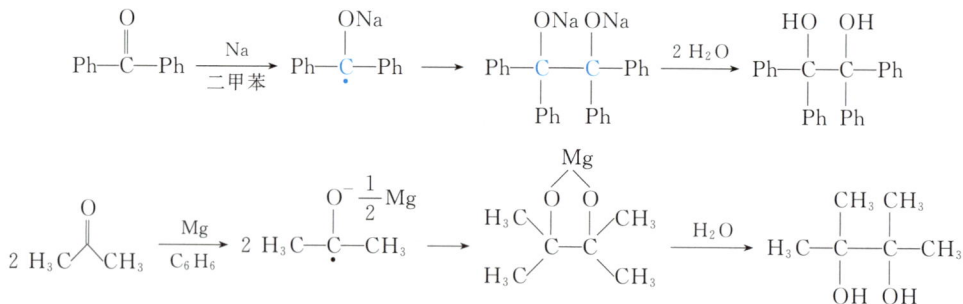

问题 11-8　完成下列反应方程式

（1）$CH_3CH=CHCOCH_3 \xrightarrow[\text{异丙醇}]{(i\text{-PrO})_3Al}$

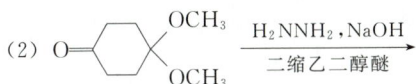

(2) $\xrightarrow[\text{二缩乙二醇醚}]{\text{H}_2\text{NNH}_2,\text{NaOH}}$

三、氧化反应

和酮相比,醛分子中有一个氢原子直接连在羰基上,所以醛很容易被氧化,即使是用托伦试剂[$Ag(NH_3)_2^+$]或斐林试剂(碱性铜配离子),这些温和的氧化剂也能将它氧化成同碳原子数的羧酸,可用这两种方法鉴别醛、酮。

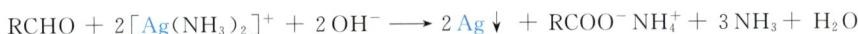

$$RCHO + 2[Ag(NH_3)_2]^+ + 2OH^- \longrightarrow 2Ag\downarrow + RCOO^-NH_4^+ + 3NH_3 + H_2O$$

$$RCHO + 2Cu^{2+} + 4OH^- \longrightarrow Cu_2O\downarrow + RCOOH + 2H_2O$$

醛易被空气中的氧气所氧化,工业上也有利用空气作为氧化剂生产某些羧酸。苯甲醛试剂瓶口的白色固体就是其被空气自动氧化成苯甲酸的结果。

强氧化剂如铬酸、高锰酸钾很容易将醛氧化为羧酸。例如:

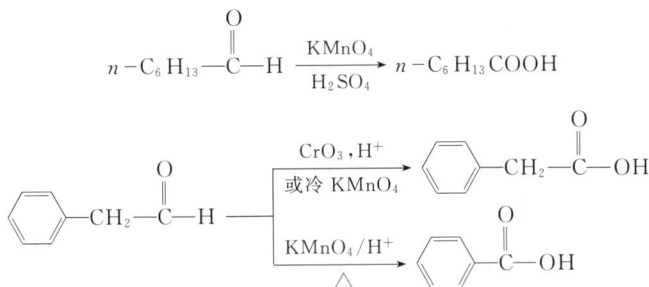

$$n-\text{C}_6\text{H}_{13}-\overset{\overset{\displaystyle O}{\|}}{C}-H \xrightarrow[\text{H}_2\text{SO}_4]{\text{KMnO}_4} n-\text{C}_6\text{H}_{13}\text{COOH}$$

酮在激烈的条件下也可被氧化,但伴随有碳链的断裂,产物很复杂,只有个别实例,如环己酮氧化成己二酸等才具有合成意义。

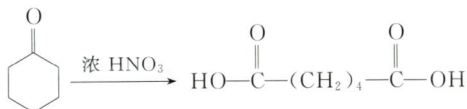

酮可被过氧酸氧化成酯,其碳架不受影响,这个反应称为贝耶尔-维林格(Baeyer-Villiger)反应,具有合成价值,其反应机理见第十四章。

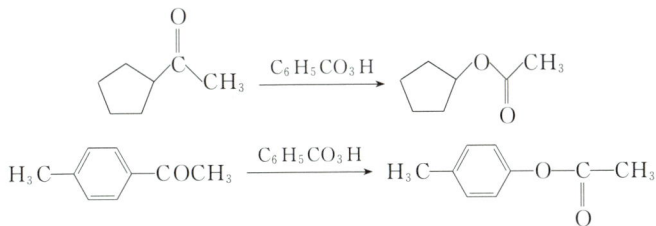

四、歧化反应

没有 α-氢原子的醛与强碱共热时,则其一个分子作为氢的供体,另一个分子作为氢的受体,前者被氧化,后者被还原,发生了分子间的氧化还原反应生成等量的酸和醇。这个反应叫康尼扎罗反应。例如：

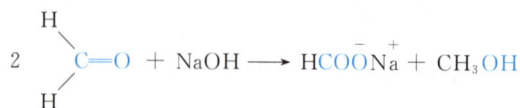

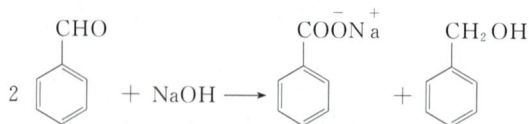

$$2 \ \underset{H}{\overset{H}{C}}\!\!=\!\!O \ + \ NaOH \longrightarrow \ HCOO^-Na^+ \ + \ CH_3OH$$

$$2 \ \text{C}_6\text{H}_5\text{CHO} \ + \ NaOH \longrightarrow \ \text{C}_6\text{H}_5\text{COO}^-\text{Na}^+ \ + \ \text{C}_6\text{H}_5\text{CH}_2\text{OH}$$

甲醛与另一种无 α-氢原子的醛在强碱催化下共热，甲醛被氧化成酸而另一种醛被还原成醇：

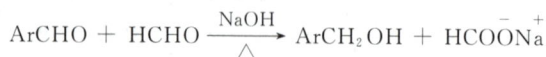

$$\text{ArCHO} + \text{HCHO} \xrightarrow[\triangle]{\text{NaOH}} \text{ArCH}_2\text{OH} + \text{HCOO}^-\text{Na}^+$$

这类反应称为"交错"的康尼扎罗反应，是制备 ArCH_2OH 型醇的有效手段。

五、α-H 的酸性

醛、酮分子中的 α-H 具有酸性，其主要原因有两个：一是羰基的极化；二是羰基能使共轭碱的负电荷离域化，实际上生成了烯醇负离子：

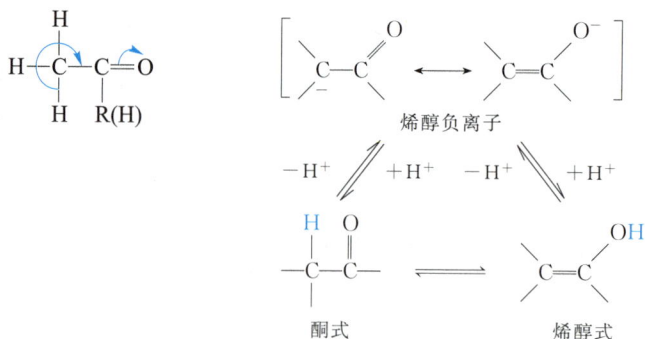

由于 α-H 的酸性，使带有 α-H 的醛、酮具有如下性质：

1. 互变异构

在溶液中，有 α-H 的醛、酮是以酮式和烯醇式平衡而存在的。简单的脂肪醛在平衡体系中烯醇式的含量极少，但对于酮或二酮，烯醇式双键能与其他不饱和基团共轭而稳定化，在平衡体系中，烯醇式的含量会增多。例如，2,4-戊二酮在气相时烯醇式约占 76%，纯液体 25 ℃时约占 80%（见表 11-5）。

表 11-5　一些羰基化合物的互变异构常数

酮式		烯醇式	$K_T = \dfrac{[\text{烯醇式}]}{[\text{酮式}]}$
CH_3COCH_3	$\longleftrightarrow$	$H_2C\!=\!\underset{OH}{C}\!\!-\!\!CH_3$	2.5×10^{-6}（水）
环己酮	$\longleftrightarrow$	1-环己烯醇	2.0×10^{-4}（水）

续表

酮式	烯醇式	$K_T=\dfrac{[烯醇式]}{[酮式]}$
$CH_3COCH_2COOC_2H_5$ ⟷		6.2×10^{-2}（纯液体）
$CH_3COCH_2COCH_3$ ⟷		3.6（纯液体）
⟷		极大

　　烯醇式是醛、酮的一种存在形式，与酮式组成平衡体系而存在，是可以测定的。例如，烯醇式中存在着 C=C 双键，可用溴滴定其含量。用光谱方法，特别是利用 ^1H 和 ^{17}O 的核磁共振可在 5%～95%范围内测定烯醇的含量。

　　不对称酮应有两种 α-H，因而有两种烯醇式和两种烯醇负离子，烯醇式的总含量主要取决于酮的结构和所用的溶剂。

　　2. 卤化反应

　　醛、酮的 α-H 易被卤素（常用溴、碘）取代，特别在碱性溶液中，反应进行得很顺利。其反应机理是碱先夺取 α-H，生成烯醇负离子，卤素再与 C=C 双键反应生成 α-卤代醛、酮。

烯醇负离子

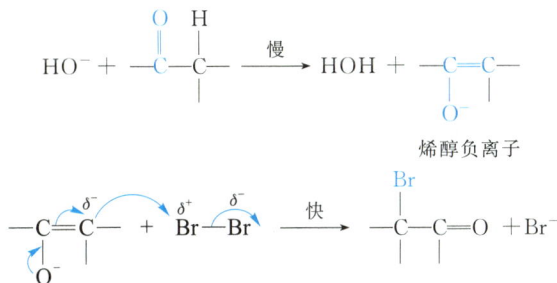

　　若醛或酮分子中有多个 α-H，则这些 α-H 都可以被卤素取代，生成各种多卤代物。如果 α-碳原子上连有三个氢，则可卤化生成三卤衍生物：

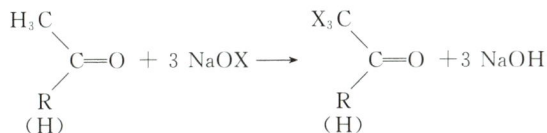

所生成的三卤代物在碱性溶液中易分解为三卤甲烷（俗称卤仿）：

$$X_3C \overset{\overset{O}{\|}}{\underset{}{C}} R \ (H) + NaOH \longrightarrow \underset{卤仿}{CHX_3} + \underset{(H)}{RCOO^- Na^+}$$

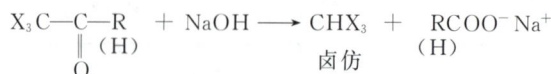

这就是卤仿反应。若使用的卤素是碘,则称为碘仿反应(iodoform reaction)。

在上述反应过程中,由于次卤酸钠是一种强氧化剂,故能被次卤酸钠氧化而生成 $H_3C \overset{\overset{O}{\|}}{\underset{}{C}}$ 结构的一些有机化合物也能发生卤仿反应。在单官能团有机化合物中,含有 $H_3C \overset{\overset{O}{\|}}{\underset{}{C}}$ 结构的醛(酮)及含有 $H_3C \overset{\overset{OH}{|}}{\underset{}{CH}}$ 结构的醇可以发生卤仿反应。碘仿是黄色晶体,水溶性极小,易于析出且有特殊气味,反应现象很明显,故常用碘仿反应来鉴别单官能团化合物是否含有 $H_3C \overset{\overset{O}{\|}}{\underset{}{C}}$ 或 $H_3C \overset{\overset{OH}{|}}{\underset{}{CH}}$ 结构。而对于某些特殊的多官能团化合物,情况比较复杂,在此不做详细讨论。

问题 11-9 醛、酮 α-H 被卤素取代生成一卤代醛、酮后,其余 α-H 是否更容易被卤素所取代,试说明其理由。如用酸作催化剂呢?

---

3. 羟醛缩合反应

由于 α-H 的酸性,在碱的作用下形成 α-碳负离子(由于电荷的离域,实际为烯醇负离子),α-碳负离子进攻另一分子醛(酮)缺电子的羰基碳原子,从而生成 β-羟基醛、酮的反应,称羟醛缩合反应(aldol reaction)或叫醇醛缩合反应。

羟醛缩合反应的机理同时体现了羰基化合物的两大特性:α-H 的酸性和羰基的亲核加成。例如,乙醛发生羟醛缩合反应的机理是碱作为催化剂消除 α-H,生成碳负离子:

$$HO^- + H{-}CH_2CHO \rightleftharpoons HOH + \left[\bar{C}H_2CHO \longleftrightarrow CH_2{=}\overset{\overset{O^-}{|}}{CH} \right]$$

碳负离子作为亲核试剂进攻另一个分子的羰基碳原子生成的新的 C—C 键和碳氧负离子,然后夺取 H^+ 生成 β-羟基醛:

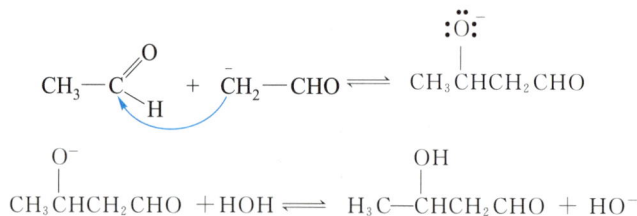

$$CH_3{-}\overset{\overset{O}{\|}}{\underset{H}{C}} + \bar{C}H_2{-}CHO \rightleftharpoons CH_3\overset{\overset{:\ddot{O}:^-}{|}}{CH}CH_2CHO$$

$$CH_3\overset{\overset{O^-}{|}}{CH}CH_2CHO + HOH \rightleftharpoons H_3C{-}\overset{\overset{OH}{|}}{CH}CH_2CHO + HO^-$$

产物稍受热即失去一分子水,变成 α,β-不饱和醛。

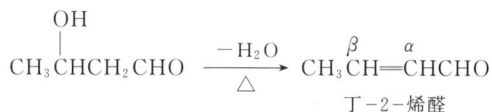

$$CH_3\overset{\overset{OH}{|}}{CH}CH_2CHO \xrightarrow[\triangle]{-H_2O} CH_3\overset{\beta}{CH}{=}\overset{\alpha}{CH}CHO$$

丁-2-烯醛

反应通式为

$$R^1CH_2-\overset{\overset{\displaystyle O}{\|}}{C}-R^2 \quad \underset{\Longleftarrow}{\overset{B^-}{\rightleftharpoons}} \quad \left[R^1\overset{-}{C}H-\overset{\overset{\displaystyle O}{\|}}{C}-R^2 \longleftrightarrow R^1CH=\overset{\overset{\displaystyle O^-}{|}}{C}-R^2 \right] \quad \xrightarrow{R^3-\overset{\overset{\displaystyle O}{\|}}{C}-R^4}$$

$$\underset{\underset{R^4}{|}}{\overset{\overset{\displaystyle O^-}{|}}{R^3-C}}-\underset{\underset{R^1}{|}}{\overset{\overset{\displaystyle H}{|}}{C}}-\overset{\overset{\displaystyle O}{\|}}{C}-R^2 \xrightarrow{HB} \underset{\underset{R^4}{|}}{\overset{\overset{\displaystyle HO}{|}}{R^3-C}}-\underset{\underset{R^1}{|}}{\overset{\overset{\displaystyle H}{|}}{C}}-\overset{\overset{\displaystyle O}{\|}}{C}-R^2 \xrightarrow[-H_2O]{\triangle} \underset{\underset{R^4}{|}}{R^3-C}=\underset{\underset{R^1}{|}}{C}-\overset{\overset{\displaystyle O}{\|}}{C}-R^2$$

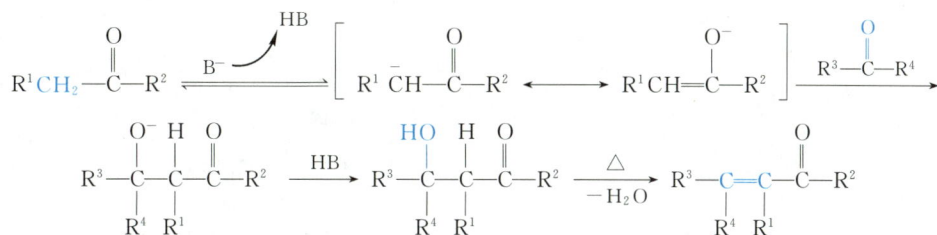

该反应可描述为，一分子醛（酮）的 α-碳原子形成负离子，进攻另一分子醛（酮）的羰基碳原子，被进攻的羰基氧原子变为羟基，受热容易失水形成 α,β-不饱和醛（酮）。

通过羟醛缩合反应能增长碳链，产生支链，产物含有两类活泼官能团，可以进行一系列的后续反应，生成各种化合物，所以在有机合成上是一个重要的反应。

如果使用两种不同的带 α-H 的醛进行羟醛缩合，则反应复杂化，至少生成四种产物。例如：

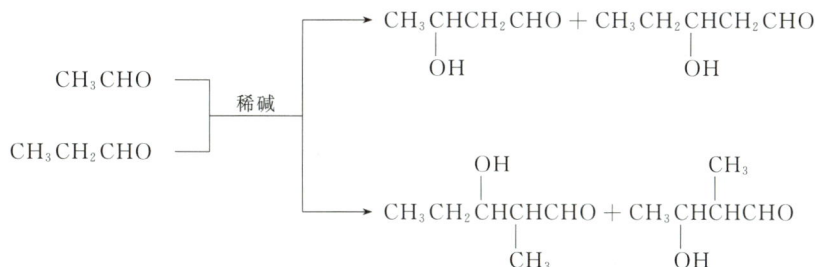

$$
\begin{array}{c}
CH_3CHO \\
\\
CH_3CH_2CHO
\end{array}
\underset{稀碱}{\Big\}}
\begin{cases}
CH_3\underset{\underset{OH}{|}}{C}HCH_2CHO + CH_3CH_2\underset{\underset{OH}{|}}{C}HCH_2CHO \\
\\
CH_3CH_2\underset{\underset{CH_3}{|}}{C}H\overset{\overset{OH}{|}}{C}HCHO + CH_3\overset{\overset{CH_3}{|}}{C}H\underset{\underset{OH}{|}}{C}HCHO
\end{cases}
$$

最后两种产物是由两种醛"交错"缩合的结果，这种反应叫作"交错"羟醛缩合反应。这样的反应，产物太复杂，在合成上的应用是有限的。但若选用一种无 α-H 的醛和另一种有 α-H 的醛进行"交错"缩合，则有合成价值。尤其是在碱催化下将具有 α-H 的醛缓慢滴加到无 α-H 的醛中，前者一生成烯醇离子即与无 α-H 的醛缩合。例如：

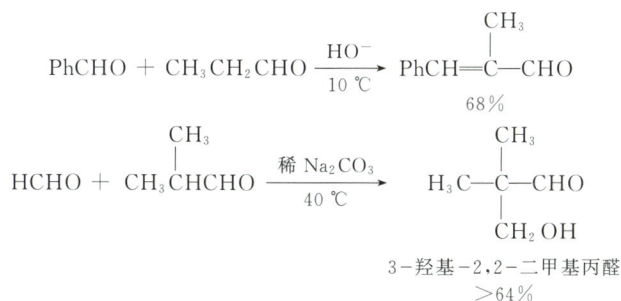

$$PhCHO + CH_3CH_2CHO \xrightarrow[10\ ℃]{HO^-} PhCH=\underset{\underset{68\%}{}}{\overset{\overset{CH_3}{|}}{C}}-CHO$$

$$HCHO + CH_3\overset{\overset{CH_3}{|}}{C}HCHO \xrightarrow[40\ ℃]{稀\ Na_2CO_3} H_3C-\underset{\underset{CH_2OH}{|}}{\overset{\overset{CH_3}{|}}{C}}-CHO$$

$$3-羟基-2,2-二甲基丙醛$$
$$>64\%$$

含有 α-H 的酮也可以发生类似的缩合反应，但通常较难。正因为酮自身缩合较慢，就可以利用酮作为"交错"缩合的一种反应物用于合成中。例如：

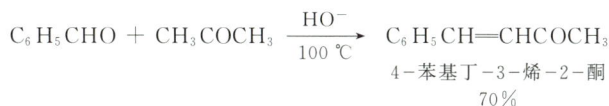

$$C_6H_5CHO + CH_3COCH_3 \xrightarrow[100\ ℃]{HO^-} C_6H_5CH=CHCOCH_3$$

$$4-苯基丁-3-烯-2-酮$$
$$70\%$$

$$C_6H_5CHO + CH_3COC_6H_5 \xrightarrow[20\ ℃]{HO^-} C_6H_5CH=CHCOC_6H_5$$
$$85\%$$

柠檬醛a   + CH₃COCH₃ $\xrightarrow[C_2H_5OH,\ -5\ ℃]{C_2H_5ONa}$ 假紫罗兰酮
49%

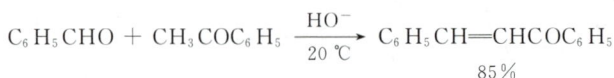

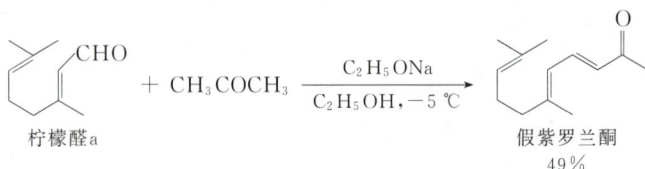

二酮化合物分子内羟酮缩合反应是目前合成环状化合物的一种方法。

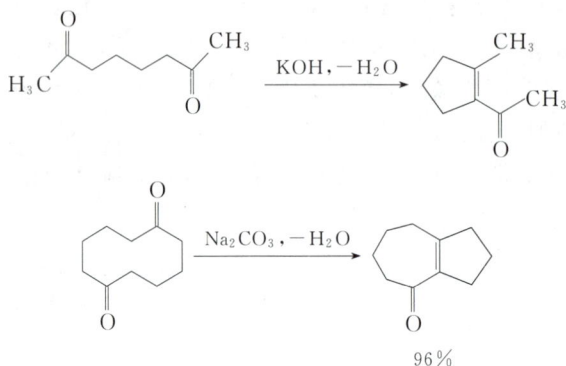

96%

羟醛缩合反应除了在碱催化的条件下进行,还可以在酸催化的条件下发生。例如:

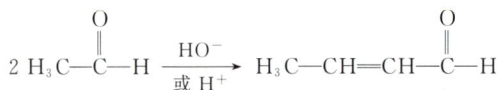

$$2\ H_3C-\overset{O}{\overset{\|}{C}}-H \xrightarrow[\text{或 }H^+]{HO^-} H_3C-CH=CH-\overset{O}{\overset{\|}{C}}-H$$

但酸催化下的羟醛缩合反应与碱催化的机理不同,其机理如下:

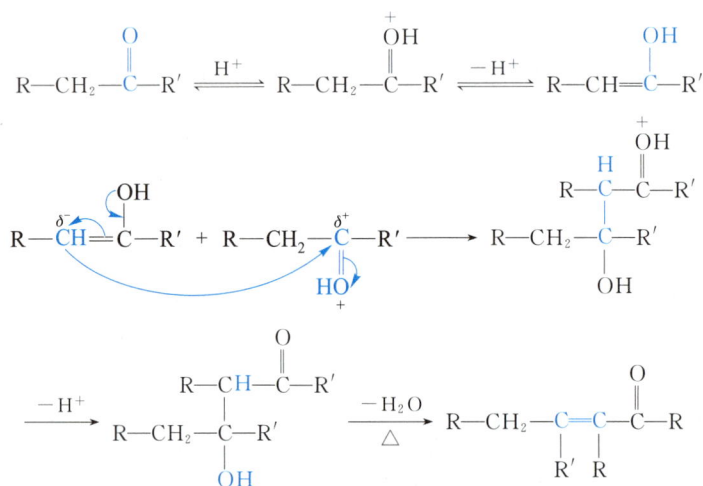

在上述机理中,含 $\alpha-H$ 的醛、酮在质子或路易斯酸的作用下形成锌盐,进而再脱去 $\alpha-H$ 形成烯醇式结构,然后烯醇式结构中带部分负电荷的 $\alpha-$碳原子进攻锌盐分子中带部分正电荷的羰基碳原子从而发生加成反应,再脱去质子、失水后最终生成 $\alpha,\beta-$不饱和

醛、酮。在反应中酸起三个作用：① 促进醛、酮形成烯醇式结构；② 提高羰基对亲核试剂的反应活性；③ 催化脱水反应的进行。

从羟醛缩合反应的酸碱催化机理可以看出，酸有助于羰基的活化，碱有助于产生亲核试剂，两者都可以加快反应速率；但两者的机理不同，在许多情况下两者的产物也可能不同。例如：

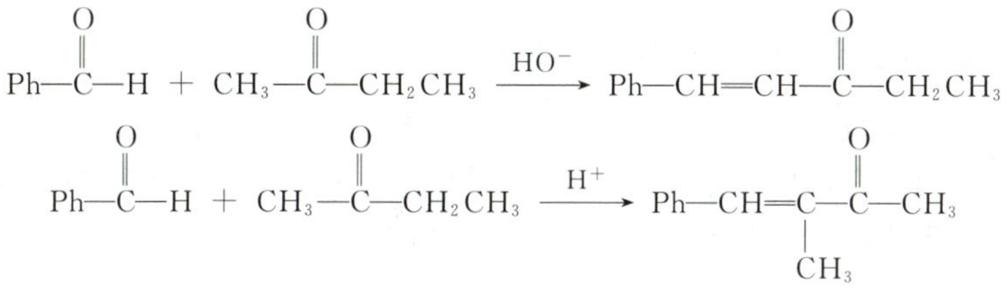

以上产物可以从两者的机理来解释：

碱催化机理：

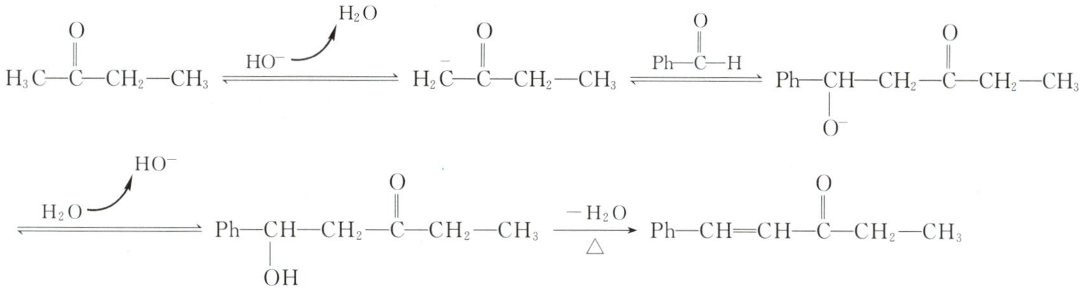

酸催化机理：

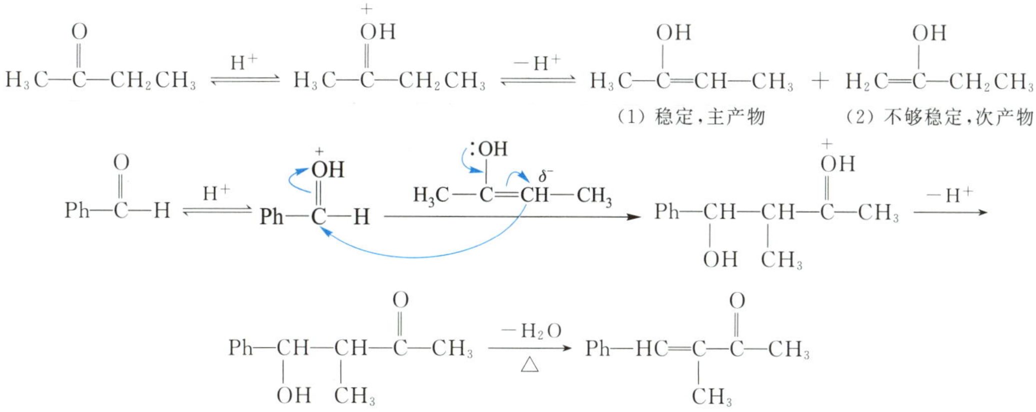

从共轭效应上看，(1)要比(2)稳定，故(1)为烯醇式结构的主产物。

一般地，对于不对称的甲基酮，碱催化有利于直链产物的生成，酸催化有利于支链产物的生成。

问题 11-10　用酸催化也可进行羟醛缩合反应。例如,丙酮被干燥的 HCl 催化,慢慢地生成下列产

物,写出反应机理。

$$(CH_3)_2C{=}CHCOCH_3 \quad 和 \quad (CH_3)_2C{=}CHCOCH{=}C(CH_3)_2$$

问题 11-11 具有工业价值的季戊四醇[C(CH₂OH)₄]可由甲醛和乙醛进行"交错"的羟醛缩合反应制得。试写出其有关的反应式和反应条件。

六、醛和酮的其他缩合反应

1. 珀金(Perkin)反应

芳醛和酸酐的缩合反应叫珀金反应。所用的催化剂一般是与酸酐对应的羧酸钠盐或钾盐,用 K_2CO_3 代替相应的羧酸钾有 CO_2 生成,有利于平衡右移,会缩短反应时间。脂肪族醛因其副反应太多而不宜进行珀金反应。

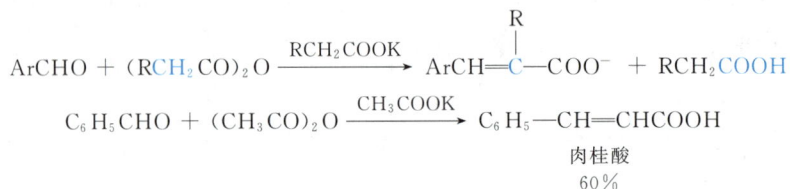

$$ArCHO + (RCH_2CO)_2O \xrightarrow{RCH_2COOK} ArCH{=}\overset{R}{C}{-}COO^- + RCH_2COOH$$

$$C_6H_5CHO + (CH_3CO)_2O \xrightarrow{CH_3COOK} C_6H_5{-}CH{=}CHCOOH$$

肉桂酸 60%

2. 安息香(benzoin)缩合反应

通常,芳醛在 KCN 或 NaCN 的催化下,自身缩合成 α-羟基芳酮的反应称为安息香缩合反应。

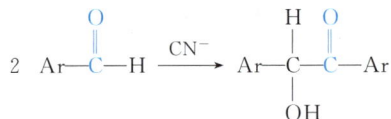

$$2\ Ar{-}\overset{O}{\overset{\|}{C}}{-}H \xrightarrow{CN^-} Ar{-}\overset{H}{\overset{|}{\underset{OH}{C}}}{-}\overset{O}{\overset{\|}{C}}{-}Ar$$

其反应机理为

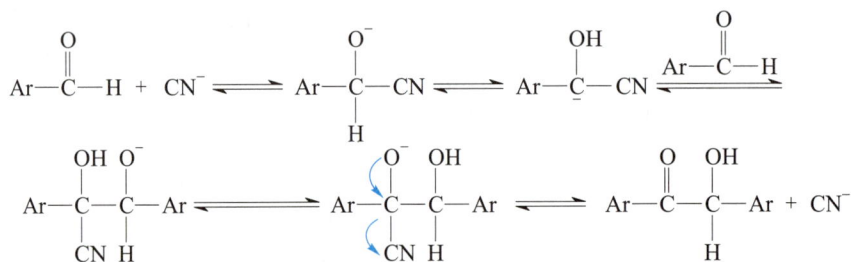

CN^- 在该反应中主要有三个作用:① 作为亲核试剂进攻醛基;② 氰基的吸电子性有利于碳负离子的生成;③ CN^- 在最后一步反应作为好的离去基团离去。实际上其他类似 CN^- 作用的试剂,如维生素 B₁(vitamin B₁)、噻唑的季铵盐等也可以催化此反应,这样就可以避免使用剧毒的氰化物。除了芳醛,某些脂肪醛在一定的条件下也可发生类似反应。

$$2\ Ph{-}\overset{O}{\overset{\|}{C}}{-}H \xrightarrow{维生素 B_1} Ph{-}\overset{HO}{\overset{|}{\underset{H}{C}}}{-}\overset{O}{\overset{\|}{C}}{-}Ph$$

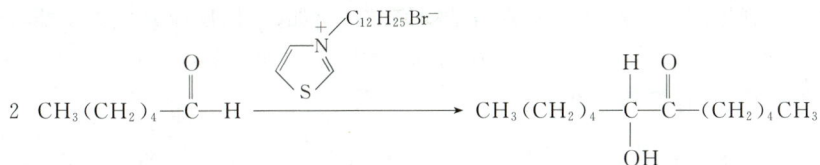

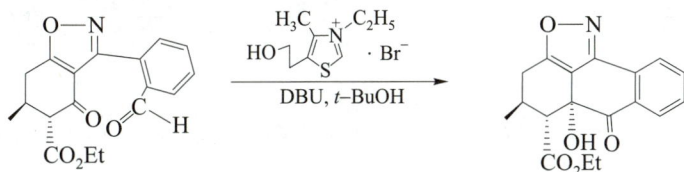

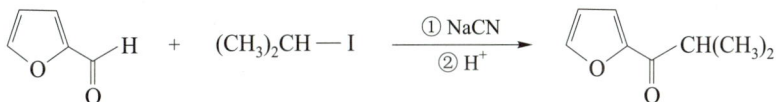

3. 克诺文盖尔(Knoevenagel)反应

醛、酮与含活泼亚甲基的化合物(如丙二酸酯、乙酰乙酸乙酯、氰乙酸酯等)在弱碱(吡啶、哌啶、二乙胺等有机碱)的催化下发生的缩合反应称为克诺文盖尔反应。反应通式为

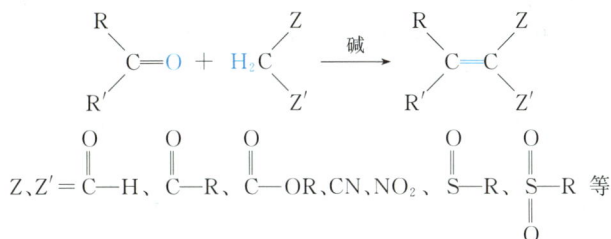

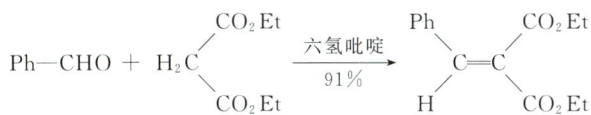

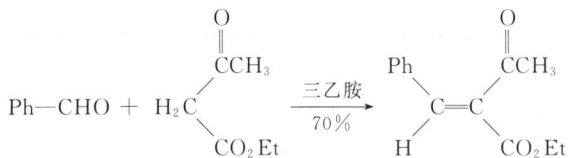

Z、$Z' = $ 等

4. 曼尼希(Mannich)反应

具有潜在烯醇化结构的化合物如醛、酮与甲醛、胺在酸性条件下发生缩合,生成氨甲基化合物(称为 Mannich 碱)的反应叫作曼尼希反应。例如:

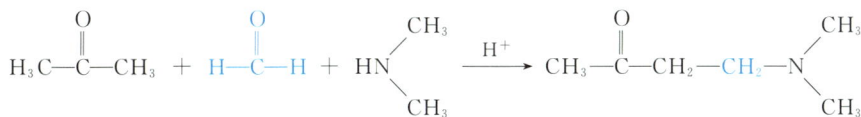

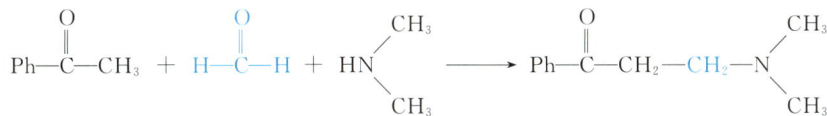

曼尼希反应常用于天然产物的合成与结构修饰。例如，用该反应合成颠茄酮（tropinone）仅用 3 步，总产率 90%；而在这之前，合成该化合物需要 21 步，收率只有 0.75%。颠茄酮是一种生物碱类药物，具有多种生物活性。

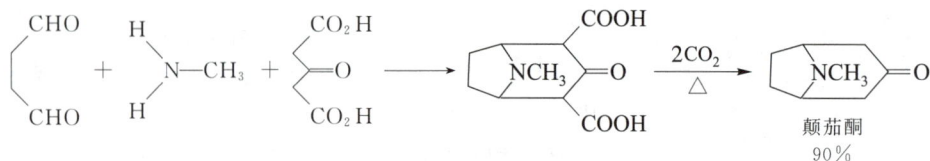

曼尼希碱受热易分解出氨或胺生成 α,β-不饱和醛、酮；此外，还易受 CN^- 的进攻生成氰化物。例如

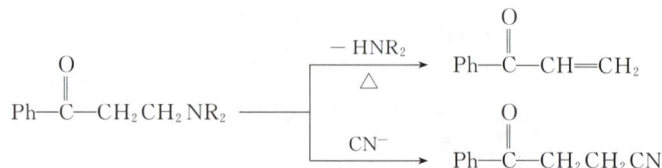

前面介绍了醛、酮在酸、碱催化下的各类缩合反应。在酸催化条件下，醛、酮容易形成烯醇式结构，然后烯醇式结构中带部分负电荷的碳原子再去进攻反应体系中电子云密度比较低的部位；而在碱催化条件下醛、酮的 α-H 首先被夺去，形成碳负离子，然后再进攻反应体系中电子云密度比较低的部位，从而得到产物。

现将一元醛、酮的主要化学性质对比列于表 11-6 中。

表 11-6　一元醛、酮的主要化学性质对比

对比项目		醛（醛基较活泼）	酮（羰基较不活泼）
羰基的亲核加成	加氢氰酸	α-羟基腈	α-羟基腈（脂肪族甲基酮和 8 个碳以下的环酮才有反应）
	加格氏试剂	二级醇（甲醛生成一级醇）	三级醇
	加亚硫酸氢钠	加成物	加成物（脂肪族甲基酮和 7 个碳以下的环酮才有反应）
	加醇（干 HCl）	半缩醛、缩醛	缩酮（一般较难）
	加氨及其衍生物	含氮化合物，如醛肟	含氮化合物，如酮肟
	加维蒂希试剂	烯烃	烯烃
	与西佛试剂反应	显紫色	一般不显色
还原反应	还原成烃	烃	烃
	还原成醇	一级醇	二级醇
	还原成胺	胺	胺
氧化反应	托伦试剂	金属银，羧酸	无反应（α-羰基酮除外）
	重铬酸和浓硫酸	同碳数的羧酸（甲醛生成 CO_3^{2-}）	碳链断裂
	过氧酸	羧酸	酯
歧化反应		生成等物质的量的醇和酸（限于无 α-H 的醛）	一般无反应

续表

对比项目		醛 （醛基较活泼）	酮 （羰基较不活泼）
α—H的活性	互变异构	酮式、烯醇式	酮式、烯醇式
	卤化	α—卤代醛 （只有 $CH_3\overset{O}{\overset{\|}{C}}-$ 和 $H_3C-\overset{OH}{\overset{\|}{\underset{H}{C}}}-$ 结构的醛、酮才有卤仿反应）	α—卤代酮
	羟醛（酮）缩合	正反应	正反应（但较难）
	其他缩合反应	视具体情况而定	

第四节　亲核加成反应的机理与立体化学

羰基的加成反应大致可分为两类，一类是醛、酮和氢氰酸、亚硫酸氢钠等的加成，称为简单的加成反应；另一类是醛、酮与氨及其衍生物等的加成反应，加成产物进一步脱水或发生其他变化，称为复杂的加成反应。分别讨论如下。

一、简单的亲核加成反应机理

以氢氰酸对醛、酮羰基的加成为代表进行分析。

实验表明，即使是微量的碱，对于 HCN 与羰基的反应都有极大的影响。例如，HCN 与丙酮反应，无碱存在时，3～4 h 内只有一半原料起反应；加入一滴 KOH 溶液，则 2 min 内可以完成反应。但加入酸却使反应速率减慢，加入大量的酸，放置几个星期，也觉察不出其反应。根据这些事实，现在一般认为 HCN 对醛、酮的加成反应是可逆反应，在碱催化下，氢氰酸对羰基的加成反应机理是

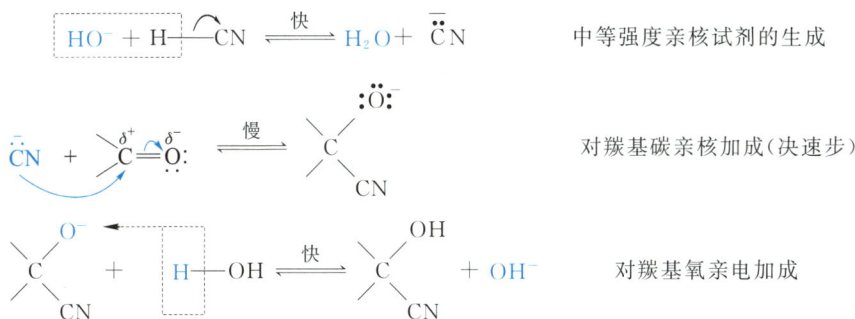

中等强度亲核试剂的生成

对羰基碳亲核加成（决速步）

对羰基氧亲电加成

1. 空间因素对亲核加成的影响

羰基碳原子周围空间位阻越大，亲核加成反应越困难。如 $(CH_3)_3CCOC(CH_3)_3$ 就很难发生亲核加成反应，一是羰基周围的位阻太大，二是叔丁基是个给电子基。

2. 电负性因素对亲核加成的影响

与羰基相连的烃基上连有吸电子基,亲核加成反应活性增加;反之,活性减小。

3. 试剂的亲核性对亲核加成的影响

试剂的亲核性越强,反应的平衡常数越大。常见的强亲核试剂有 $LiAlH_4$、$NaBH_4$;中等强度亲核试剂有 RLi,$RMgX$,CN^-;弱亲核试剂如 H_2O、ROH、RSH、RNH_2。

综上所述,对羰基的亲核加成反应,羰基碳原子上正电荷量越大,越容易发生亲核加成,反应速率越快;羰基碳周围位阻越小,反应速率越快。因此醛比酮容易发生亲核加成反应,而甲醛的活性又大于其他醛。

二、复杂的亲核加成反应机理

醛、酮和氨及其衍生物的加成反应,为加成-消除过程,即先发生加成反应,继而发生 β-消除反应。

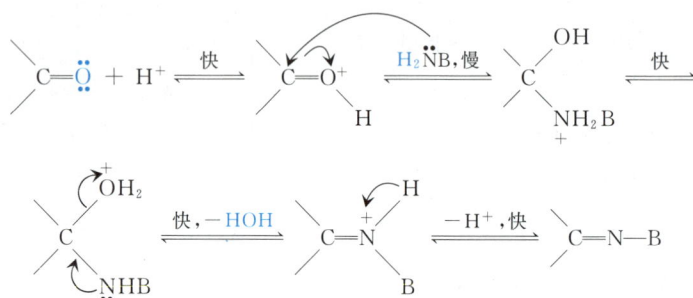

$$\text{C=\ddot{O}} + H^+ \underset{快}{\rightleftharpoons} \text{C=O}^+ \underset{H_2\ddot{N}B,慢}{\rightleftharpoons} \underset{NH_2B}{\overset{OH}{\underset{+}{C}}} \underset{快}{\rightleftharpoons}$$

$$\underset{NHB}{\overset{\overset{+}{O}H_2}{C}} \underset{快,-HOH}{\rightleftharpoons} \underset{B}{\overset{+}{C=N}}\text{—H} \underset{-H^+,快}{\rightleftharpoons} \text{C=N—B}$$

式中,B 可以是 H、R、Ar、OH、NH_2、NHR'、NHAr、$NHCONH_2$ 等。

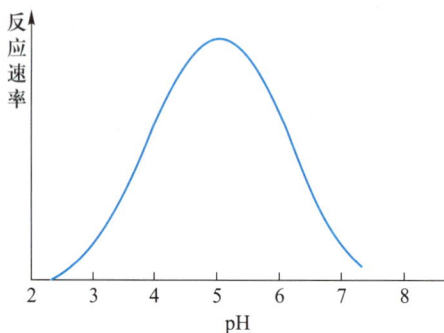

图 11-5 羟胺与丙酮反应图解

这些反应为 H^+ 所催化,H^+ 加在羰基氧原子上使羰基碳原子的亲电性能增强,有利于 Nu^- 的进攻。但 H^+ 还有另一方面的作用,即会使 H_2NB 失去亲核活性:

$$:NH_2B + H^+ \rightleftharpoons \overset{+}{N}H_3B$$

因此,在氨及其衍生物对醛、酮的加成反应中,有一个最合适的 pH:使相当一部分羰基化合物质子化,又使游离的含氮化合物保持一定的浓度,以有利于反应。例如,羟胺与丙酮的加成反应,pH=5 时,反应速率最大(见图 11-5)。

三、羰基加成反应的立体化学

1. 羰基平面两侧空间条件相同时的立体化学

若试剂从羰基平面的两侧进攻羰基碳原子的位阻相同,那么两者的概率均等,若此时生成新的手性中心,则产物为外消旋体。

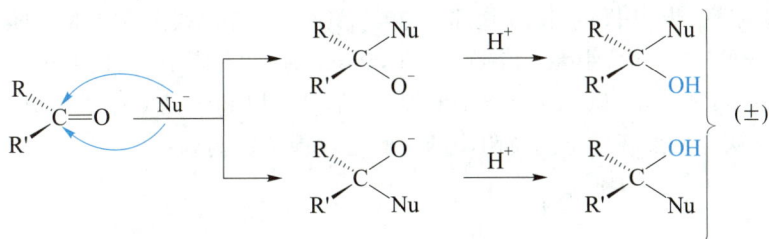

2. 羰基平面两侧空间条件不同时的立体化学

若亲核试剂从羰基平面的两侧进攻羰基碳原子的位阻不同,则会优先从位阻小的一侧进攻羰基,所得的产物为该反应的主产物,下面分几种情况进行讨论。

(1) 与手性脂肪酮的加成 亲核试剂与含手性 α-碳原子的羰基化合物(底物)发生加成时,遵循克拉姆(Cram)规则,即亲核试剂沿着底物优势构象位阻小的方向进攻羰基所得的产物为主产物。克拉姆规则包括以下几种模型。

开链式模型:羰基化合物 α-碳原子上连有大(L)、中(M)、小(S)三个不同的基团时,则其优势构象为羰基处于两个较小基团之间,这时亲核试剂沿着空间位阻较小的方向进攻羰基所得的产物为主产物。

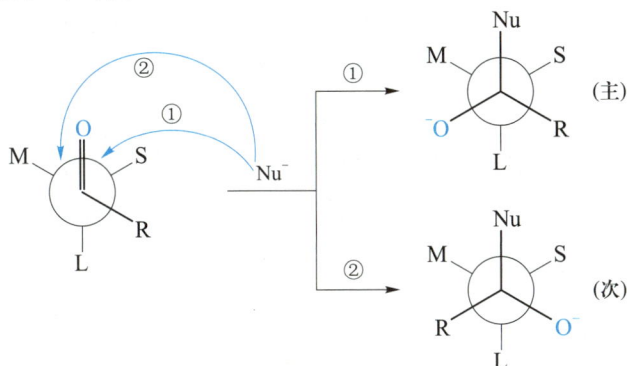

该模型适用于手性 α-碳原子上连接基团为烃基的化合物,对于催化剂作用下的催化还原以及 α-碳原子上连有羟基、氨基等能与试剂配位的基团的化合物不适用。例如:

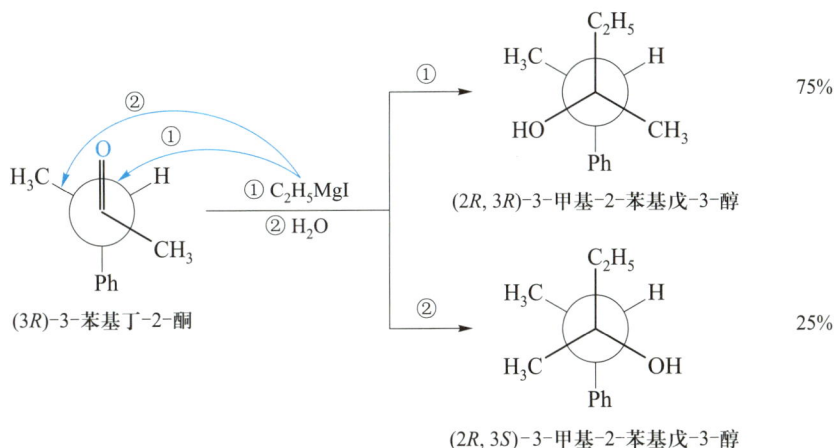

(3R)-3-苯基丁-2-酮

(2R, 3R)-3-甲基-2-苯基戊-3-醇 75%

(2R, 3S)-3-甲基-2-苯基戊-3-醇 25%

在上述反应的第一步,格氏试剂的金属部分与羰基氧原子配位,使之定位于 $M(CH_3)$ 与 $S(H)$ 之间,故上式反应物的构象为优势构象,接着在第二步,亲核试剂沿着位阻小的方向①进攻羰基得主产物。

环式模型:羰基 α-碳原子上连有羟基、氨基等可以和羰基氧原子形成氢键的基团时,亲核试剂将从含氢键环的空间位阻小的一侧进攻羰基。例如:

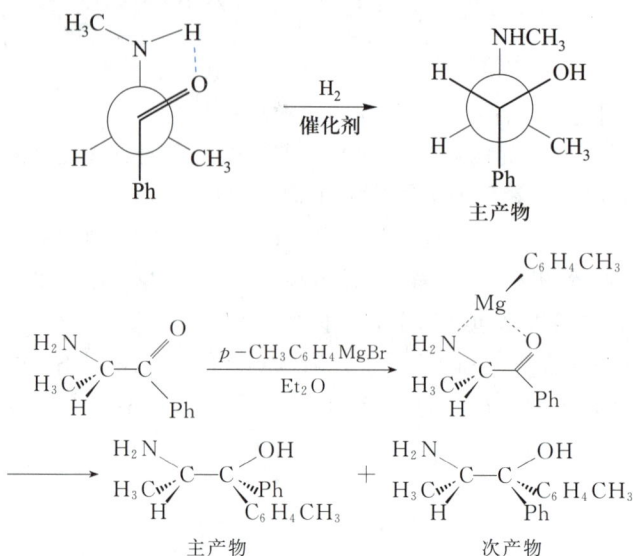

主产物

主产物 次产物

偶极模型,即康福思(Cornforth)规则:当羰基 α-碳原子上连有电负性很大的原子或基团时(如卤素等),由于羰基氧原子所带部分负电荷的排斥作用,这时该原子或基团与羰基氧处于对位交叉时为优势构象,亲核试剂从空间位阻较小的方向进攻羰基。

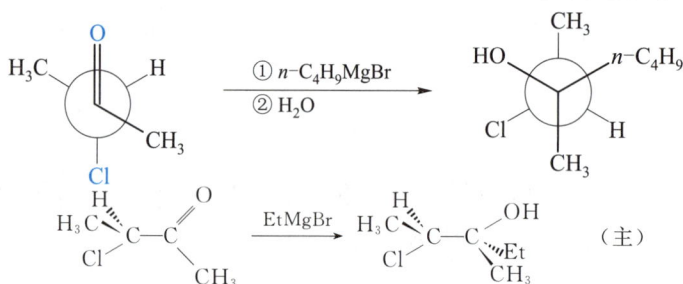

(主)

(2)反应物为脂环酮的加成　脂环酮的羰基嵌在环内,环上所连基团空间位阻的大小明显地影响着 Nu^- 的进攻方向。例如:

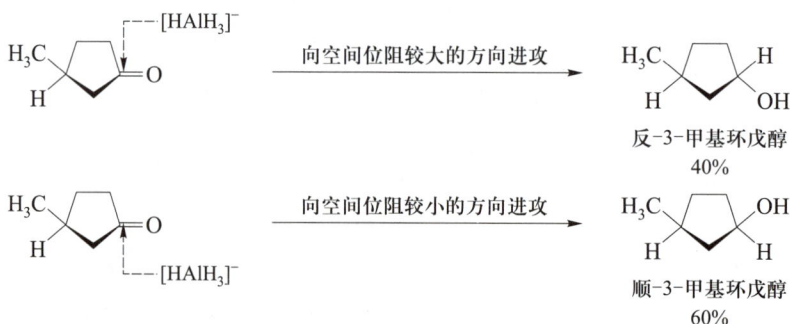

向空间位阻较大的方向进攻

反-3-甲基环戊醇
40%

向空间位阻较小的方向进攻

顺-3-甲基环戊醇
60%

（3）Nu 体积大小对加成方向的影响　对于同一反应物，所用 Nu 体积的大小也影响其进攻的方向。例如：

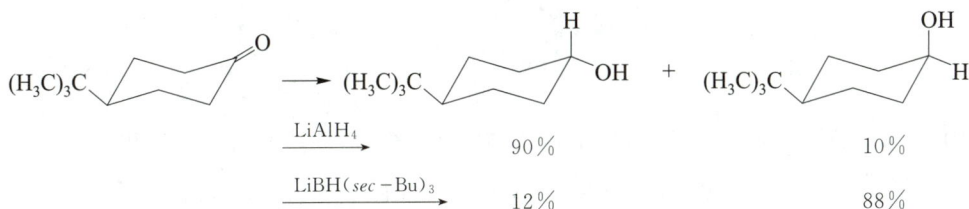

$$\xrightarrow[\text{LiBH}(sec-\text{Bu})_3]{\text{LiAlH}_4}$$

	90%	10%
	12%	88%

在上述反应中，LiAlH$_4$ 的体积较小，位阻对其影响不大，反应的主产物受制于产物的稳定性，故—OH 在 e 键的产物为主产物；而 LiBH(sec−Bu)$_3$ 体积大，反应主要受制于反应物的空间位阻，只能从位阻小的方向进攻羰基，故—OH 在 a 键的产物为主产物。

问题 11−12　在氢氰酸对乙醛的加成反应中，分别加入几滴 NaOH 或 HCl 溶液，反应速率有无变化？为什么？

问题 11−13　用 NaBH$_4$ 还原 3,3−二甲基环戊酮成醇，所得产物有无旋光性？为什么？

第五节　醛和酮的制法

醛、酮广泛存在于自然界中。许多醛是香料，如柠檬醛的两种异构体都存在于自然界，既是香料又是香料工业的原料。再如，水蒸气蒸馏樟树碎片而得的樟脑、从麝香中提取而得到的麝香酮都是脂环酮。

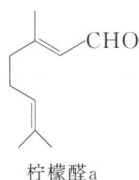

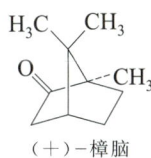

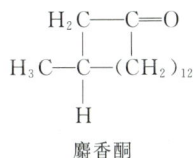

| 柠檬醛a | 柠檬醛b | （+）−樟脑 | 麝香酮 |

由于从动植物中提取醛、酮受到原料来源的限制，不能满足经济发展的需求，目前大多已改用人工合成品（如樟脑）或用人工合成的代用品（如麝香酮）。但天然产的较复杂的醛、酮，即使可以人工合成，也还是从动植物中提取较为容易，因此，从动植物中提取有机化合物仍是获得复杂有机化合物、特别是生理活性物质的重要途径。

醛、酮的制法很多，如烯烃的臭氧化、醇的氧化和炔烃的水化等。下面这些方法也常用于制备醛、酮。

一、氧化或脱氢法

从烃直接氧化制备醛、酮，是较理想的工业生产方法。但一般来说，烃的氧化都不易控制使它停留在醛的阶段。

由于苯环对氧化剂比较稳定，所以芳烃侧链的氧化比较容易控制。例如，甲苯可以控制氧化成苯甲醛：

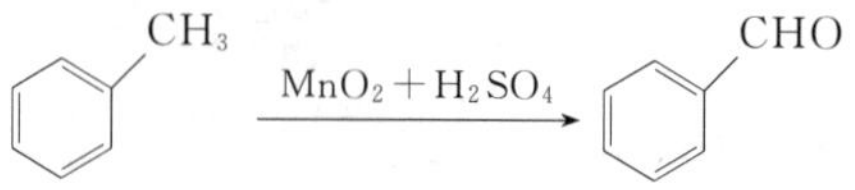

但醛类通常会进一步氧化成酸，可以加入乙酸酐保护醛基，防止其进一步氧化。

$$PhCHO + (CH_3CO)_2O \longrightarrow PhCH(OCOCH_3)_2$$
$$PhCH(OCOCH_3)_2 + H_2O \longrightarrow PhCHO + 2\ CH_3COOH$$

还可先经氯化而制备芳醛：

$$PhCH_3 \xrightarrow{Cl_2,光} PhCH_2Cl \xrightarrow{Cu,[O]} PhCHO$$
$$PhCH_3 \xrightarrow{Cl_2,光} PhCHCl_2 \xrightarrow[HOH]{Fe} PhCHO$$

类似的氧化法也可用于制备芳酮。例如，工业上利用乙苯制备苯乙酮：

$$C_6H_5CH_2CH_3 + O_2 \xrightarrow{Mn(OCOCH_3)_2,130\ ℃} C_6H_5COCH_3 + H_2O$$

凡邻位有 C═C、芳环或羰基等基团影响的 C—H 键都易被氧化。例如，用 CrO_3-吡啶直接氧化烯键邻位亚甲基成 α,β-不饱和酮；用 SeO_2 直接氧化羰基邻位甲基成醛或酮。

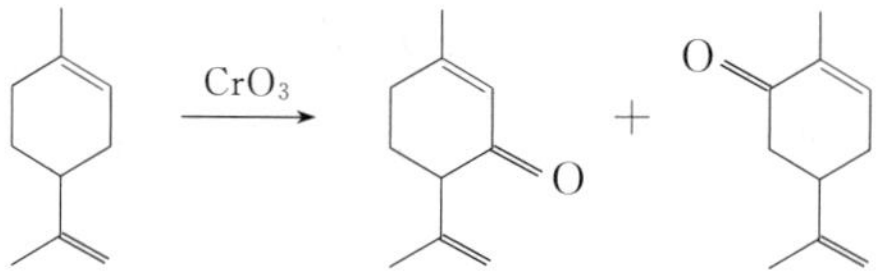

$$CH_3COCH_3 \xrightarrow{SeO_2} CH_3COCHO$$

$$PhCH{=}CHPh \xrightarrow{SeO_2} Ph{-}\overset{\overset{\large O}{\|}}{C}{-}\overset{\overset{\large O}{\|}}{C}{-}Ph$$

伯醇、仲醇可被氧化成醛、酮，但要控制好反应条件防止其被深度氧化。例如：

$$\underset{沸点\ \ 97\ ℃}{CH_3CH_2CH_2OH} \xrightarrow[25\ ℃]{Na_2Cr_2O_7,H_2SO_4,H_2O} \underset{沸点\ \ 49\ ℃,50\%}{CH_3CH_2\overset{\overset{\large O}{\|}}{C}{-}H}$$

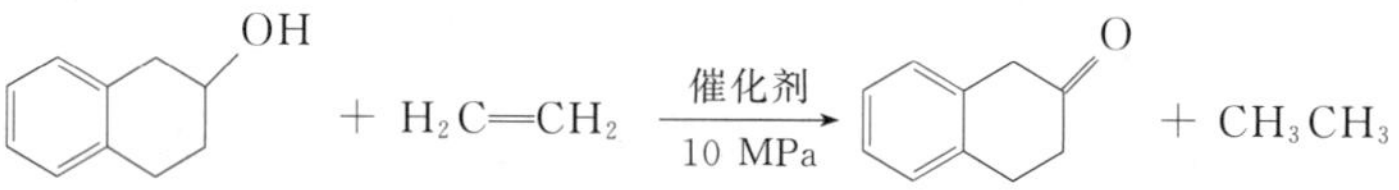

$$H_2C{=}CHCH_2OH \xrightarrow[25\ ℃]{MnO_2} H_2C{=}CH\overset{\overset{\large O}{\|}}{C}{-}H$$

如要制备醛，为防止其进一步被氧化，常采取边反应边蒸出的办法，但产率不高，因为总有部分醛被氧化为酸。对于酮，若氧化条件过于激烈，会引起碳链的断裂。

凡有 $\alpha-H$ 的卤代烃、硝基化合物、氨基化合物一般都能被氧化成醛、酮。

二、羧酸及其衍生物的还原法

1. 还原成醛

很多羧酸的衍生物如酰氯、腈、酯及酰胺可通过间接的方法还原成醛或酮,如罗森蒙德(Rosenmund)还原法,就是用毒化过的钯催化剂将酰氯还原为醛:

$$RCOCl \xrightarrow{Pd-BaSO_4,H_2} RCHO + HCl$$

一些还原剂如氢化铝锂的衍生物也可将多种羧酸衍生物还原为醛。例如:

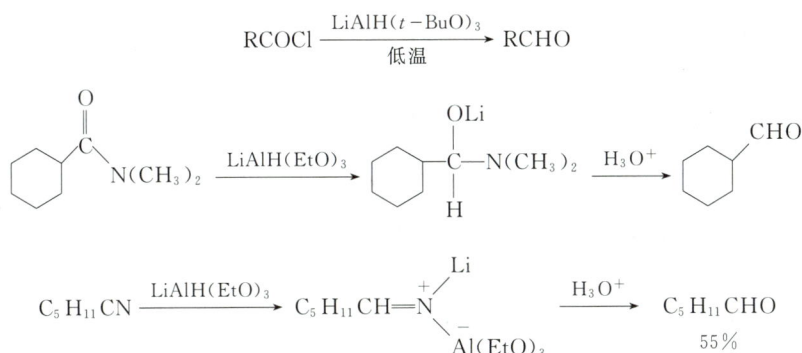

$$RCOCl \xrightarrow[低温]{LiAlH(t-BuO)_3} RCHO$$

$$C_5H_{11}CN \xrightarrow{LiAlH(EtO)_3} C_5H_{11}CH=\overset{\overset{Li}{\underset{\underset{Al(EtO)_3}{}}{|}}}{N} \xrightarrow{H_3O^+} \underset{55\%}{C_5H_{11}CHO}$$

烷氧基取代的氢化铝锂衍生物中,由于烷氧基大小不同及取代程度不同而降低了反应活性,可使还原反应停留在醛这一步。当然,试剂过量时,有可能会进一步还原为醇。

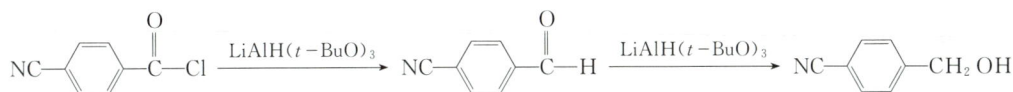

2. 还原成酮

格氏试剂与二氯化镉作用可得到活性较低的有机镉化合物,它与酰卤反应生成酮,当烃基是伯烷基或芳基时,产率较高。

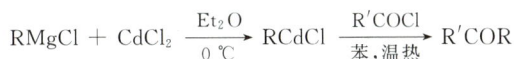

$$RMgCl + CdCl_2 \xrightarrow[0\ ℃]{Et_2O} RCdCl \xrightarrow[苯,温热]{R'COCl} R'COR$$

腈与格氏试剂反应生成亚胺,接着水解即生成酮:

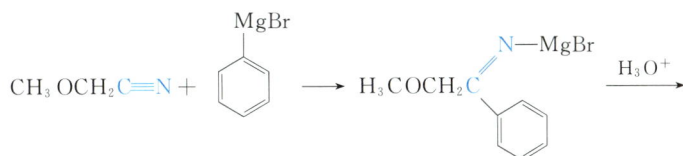

$$H_3COCH_2\overset{\overset{\displaystyle NH}{\|}}{C}\text{—} \xrightarrow{\ H_3O^+\ } H_3COCH_2\overset{\overset{\displaystyle O}{\|}}{C}\text{—}$$

亚胺

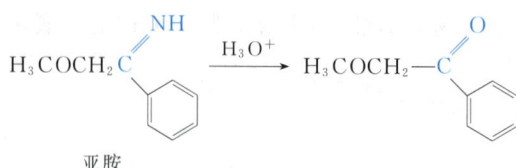

三、偕二卤代物水解法

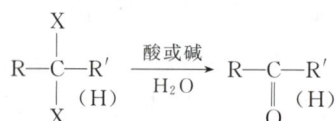

$$R\text{—}\underset{\underset{\displaystyle X}{|}}{\overset{\overset{\displaystyle X}{|}}{C}}\text{—}R'\ (H)\ \xrightarrow[\ H_2O\ ]{酸或碱} R\text{—}\underset{\underset{\displaystyle O}{\|}}{C}\text{—}R'\ (H)$$

通常把这一方法看成：先生成 R(OH)CXR′，然后脱去 HX 而生成醛或酮。这是制备芳醛的好方法；若用该反应来制备醛，则不宜被浓碱催化，以免发生羟醛缩合和歧化反应。

四、傅-克酰基化法

合成芳酮最常用的方法是芳烃的傅-克酰基化反应，其通式为

$$ArH + RCOCl \xrightarrow{\ 催化剂\ } ArCOR$$

此法应用范围很广，试剂并不局限于酰卤（酰卤的活性顺序：I＞Br＞Cl＞F），羧酸、酸酐、烯酮均可应用。R 可以是芳烃基或脂烃基，且在反应过程中不发生重排，引进 RCO 基后，钝化了芳环而使反应终止。常用的催化剂为 $AlCl_3$，其作用是增加羰基碳原子的正电性，以便于较弱的亲电试剂进攻芳环。强的路易斯酸如 $AlCl_3$、CF_3SO_3H 等都是生成酰基正离子的常用催化剂，反应产率一般均很高。

五、芳环甲酰基化法

设想用甲酰氯（HCOCl）进行傅-克酰基化反应可以得到芳醛。但甲酰氯很不稳定。用 CO 和干燥 HCl 为原料，在无水 $AlCl_3$ 的催化下，可在芳环上引进醛基。反应中 CO 及 HCl 可能先形成不稳定的甲酰氯，然后再反应。

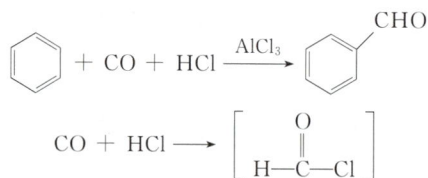

$$\text{⬡} + CO + HCl \xrightarrow{\ AlCl_3\ } \text{⬡—CHO}$$

$$CO + HCl \longrightarrow \left[\underset{H}{\overset{\overset{\displaystyle O}{\|}}{C}}\text{—}Cl\right]$$

这一反应称为加特曼-科特（Gattermann-Koch）醛合成法。此反应要在 10～25 MPa 下进行。如果加入氯化铜，反应可在常温下进行。这显然是 CO 与氯化铜配位结合，从而在一定的区域内提供了较浓的 CO 的缘故。

加特曼-科特醛合成法主要应用于苯环和烷基苯环的甲酰化，而对于酚类和具有间位定位基的芳环均不适用。要在这些芳环上引进醛基的话，常用的方法是维勒斯梅尔（Vilsmeier)反应。所谓的维勒斯梅尔反应(也称 Vilsmeier-Haack 反应),通常是应用 N,N-二取代甲酰胺和 $POCl_3$ 使芳环(主要是酚类和芳胺类)甲酰化的反应。

通式:

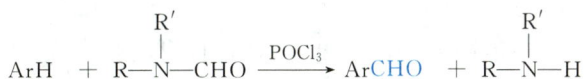

$$ArH + R-\underset{R'}{N}-CHO \xrightarrow{POCl_3} ArCHO + R-\underset{R'}{N}-H$$

实例:

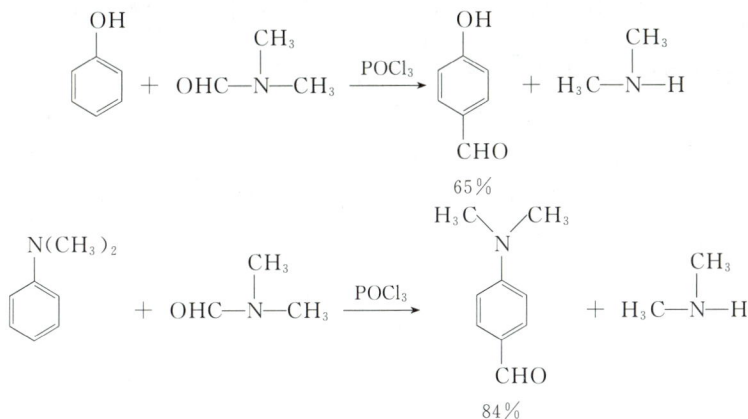

该法不仅对于芳环,对芳杂环、许多脂肪不饱和化合物也可以实现甲酰化。

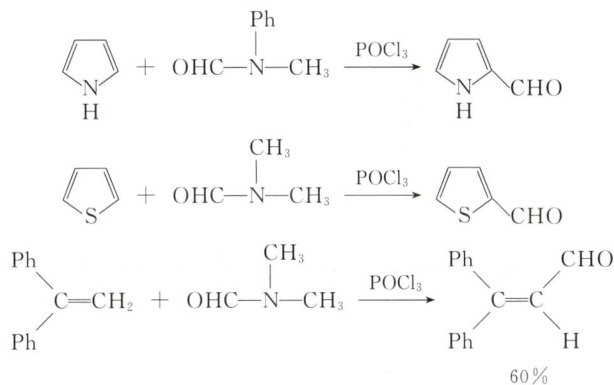

第六节　重要的醛、酮

一、甲醛

甲醛的沸点为 $-21\ ℃$,是具有难闻的刺激性气味的气体,易溶于水。40% 的甲醛水溶液(常杂有 8%~10%甲醇)叫福尔马林,在医药上和农业上广泛用作消毒剂。

工业上常通过甲醇的催化氧化制备甲醛:

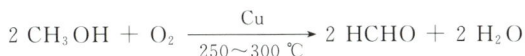

$$2\ CH_3OH + O_2 \xrightarrow[250～300\ ℃]{Cu} 2\ HCHO + 2\ H_2O$$

近年来以天然气为原料,用控制氧化法制甲醛。很多有机化合物在不完全燃烧时生成甲醛,就是由于燃烧时分解生成的甲烷部分氧化的结果。

因为甲醛结构上的特殊——羰基碳原子上连着两个氢原子,因而其化学性质上表现出一些特殊性。

甲醛非常容易聚合,在不同的条件下生成不同的聚合物。气体的甲醛在常温下能自动聚合为三聚体,三聚体也可由 60% 的甲醛溶液在少量 H_2SO_4 存在下煮沸得到,它具环状结构 ,是无色晶体,熔点 62 ℃,无还原性,加热时容易分解成甲醛。

将甲醛溶液蒸发时,还可得到一种叫多聚甲醛的多聚体。含有多于 100 个甲醛分子的多聚甲醛是无定形固体,不溶于水,于 $180\sim200$ ℃时又分解为甲醛。因此,多聚甲醛是气体甲醛的方便来源。严格地说,多聚甲醛的分子式并不是甲醛分子式的整数倍,它们可能是甲醛水合物的缩合产物。因为甲醛与其他醛相比,其加成性质更活泼些。在水溶液中,它与其水合产物成平衡状态而存在:

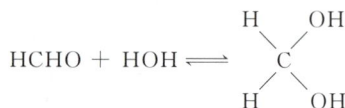

$$HCHO + HOH \rightleftharpoons$$

蒸发甲醛水溶液时,就在甲醛水合物分子间失去水分子而互相连接起来,生成多聚甲醛:

$$HOH_2C{-}OH + n\,H{-}OCH_2{-}OH + H{-}OCH_2OH \longrightarrow HOCH_2(OCH_2)_n OCH_2OH + (n+1)H_2O$$

甲醛分子中没有 α-氢原子,在浓碱作用下,它能发生康尼扎罗反应而不是树脂化。

甲醛与氨作用生成一种环状化合物,叫环六亚甲基四胺,因具有金刚烷的结构,又叫作四氮金刚烷。

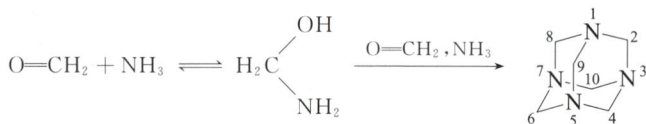

$$O{=}CH_2 + NH_3 \rightleftharpoons H_2C{\overset{OH}{\underset{NH_2}{<}}} \xrightarrow{O{=}CH_2,\,NH_3}$$

四氮金刚烷商品名叫乌洛托品,为无色晶形固体,熔点 263 ℃,易溶于水,有甜味,在医药上用作利尿剂。

甲醛是重要的化工原料,广泛应用于合成高分子工业中。如合成酚醛树脂和脲醛树脂需要大量的甲醛。另外,用极纯的甲醛作原料,在催化剂(如三正丁胺)作用下,得到线形的多聚甲醛 $[\mathrm{HO}{\overset{}{(}}\mathrm{CH_2O}{\overset{}{)_n}}\mathrm{CH_2OH},\,n>6\,000]$,它是一种新型塑料,具有较高的机械强度。

【知识拓展】
甲醛的毒性

二、乙醛

工业上,乙醛是由乙炔加水或乙烯、乙醇氧化制得的:

$$CH_2{=}CH_2 + \frac{1}{2}O_2 \xrightarrow{PdCl_2-CuCl_2} CH_3CHO$$

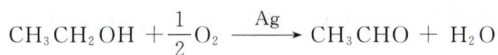

$$CH_3CH_2OH + \frac{1}{2}O_2 \xrightarrow{Ag} CH_3CHO + H_2O$$

乙醛的沸点 20.8 ℃，具刺激性臭味，能溶于水、乙醇和乙醚中。乙醛具有醛的典型性质。乙醛也很易聚合，生成三聚乙醛或四聚乙醛：

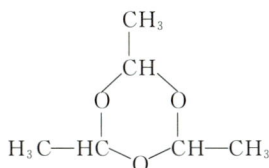

三聚乙醛

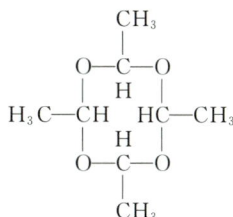

四聚乙醛

三聚乙醛是一种有香味的液体，沸点 124 ℃，难溶于水，加稀酸蒸馏时解聚为乙醛，因此，三聚乙醛是储存乙醛的一种方便的形态。四聚乙醛为白色固体，熔点 246 ℃，不溶于水，燃烧时无烟，可用作固体无烟燃料。

乙醛是重要的有机合成原料，可用于合成乙酸、乙酐、乙醇、季戊四醇和三氯乙醛等。

三、丙酮

丙酮是一种无色液体，沸点 56.2 ℃，相对密度 0.789 9，可与水、乙醇、乙醚等混溶，具有酮的典型性质。制备丙酮的方法有多种：① 丙烯水化成异丙醇，再将异丙醇氧化成丙酮；② 用特种微生物使淀粉发酵（丁醇-丙酮发酵）制取丙酮；③ 异丙苯氧化制苯酚的同时得到丙酮；④ 丙烯催化氧化。

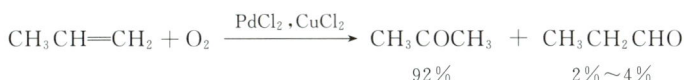

$$CH_3CH{=}CH_2 + O_2 \xrightarrow{PdCl_2,CuCl_2} \underset{92\%}{CH_3COCH_3} + \underset{2\%\sim4\%}{CH_3CH_2CHO}$$

丙酮是一种优良的溶剂，广泛用于无烟火药、人造纤维、油漆等工业中。丙酮是重要的化工原料，可用于合成有机玻璃、农药、抗生素、卤仿和乙烯酮等。

四、苯甲醛

苯甲醛是无色液体，沸点 179 ℃（0.1 MPa），有苦杏仁气味，俗称苦杏仁油。工业上用作制造染料及香料的原料。苯甲醛可从甲苯控制氧化，或先卤化再水解，也可由苯直接羰基化而得。

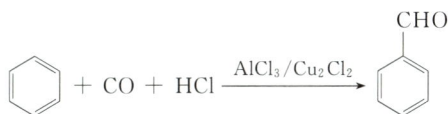

苯甲醛是芳醛的典型代表，它除了具有醛的一般化学性质如加成、还原和氧化等外，还有其特殊性质，表现为

1. 氧化反应

苯甲醛在空气中能自动氧化成苯甲酸，因此利用苯甲醛作合成原料时，一定要用新蒸

馏的苯甲醛;储存苯甲醛时,常加入很少量的对苯二酚或对叔丁基酚等抗氧剂以防止苯甲醛的自动氧化。

2. 歧化反应

苯甲醛没有 α-氢原子,在浓碱作用下发生分子间的氧化还原反应,生成苯甲醇和苯甲酸钠:

$$2 \langle \text{苯环} \rangle\text{—CHO} + \text{NaOH} \longrightarrow \langle \text{苯环} \rangle\text{—CH}_2\text{OH} + \langle \text{苯环} \rangle\text{—COONa}$$

3. 安息香缩合

见第三节醛、酮的化学性质。

五、环己酮

环己酮沸点为 156 ℃,相对密度为 0.942,可由环己醇氧化或脱氢制得,但更好的方法是用空气氧化环己烷制得,即

环己酮催化加氢得到环己醇,氧化生成己二酸:

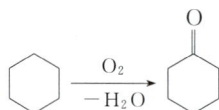

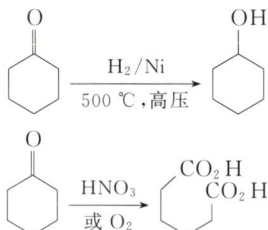

环己酮的羰基与羟胺作用生成环己酮肟,经分子重排后生成的己内酰胺是合成锦纶的单体(见第十四章)。

工业上,除了用于制备己二酸和己内酰胺外,环己酮还可用作溶剂。

第七节 不饱和羰基化合物

所谓不饱和羰基化合物是指除含有羰基之外,还含有不饱和烃基的化合物。如前面讨论醛、酮的化学性质时,羟醛缩合反应产物脱水后生成的 α,β-不饱和醛、酮就是其中的一类。根据双键和羰基的位置不同,可将不饱和醛、酮分为下列三类:

(1) 双键和羰基直接相连的化合物叫烯酮(ketene),如 $\text{CH}_2\!\!=\!\!\text{C}\!\!=\!\!\text{O}$、$\text{R}_2\text{C}\!\!=\!\!\text{C}\!\!=\!\!\text{O}$ 等,由于烯酮分子具有 $\diagdown\text{C}\!\!=\!\!\text{C}\!\!=\!\!\text{O}$ 结构,其性质与一般酮不同,非常活泼。

(2) 双键和羰基共轭的,如 $\text{R—CH}\!\!=\!\!\text{CH—C}\!\!=\!\!\text{O}$,通称 α,β-不饱和醛(或酮),其结构特
$\qquad\qquad\qquad\qquad\qquad\qquad\qquad\quad |$
$\qquad\qquad\qquad\qquad\qquad\qquad\qquad \text{H(R)}$

点是碳氧双键与碳碳双键共轭,性质比较特殊,为不饱和醛、酮中最重要者。

(3) 双键和羰基相隔较远的化合物,如 $RCH\!=\!CH(CH_2)_n CHO(n\!\geqslant\!1)$,兼有烯烃和羰基的性质。

第(1)类以乙烯酮 $CH_2\!=\!C\!=\!O$ 为代表,第(2)类以丙烯醛 $CH_2\!=\!CH\!-\!CH\!=\!O$ 为代表,分别简述如下。此外,醌类是一类特殊的环状 $\alpha,\beta-$不饱和二酮,也一同进行讨论。

一、乙烯酮

乙烯酮是最简单而且最重要的烯酮,常温下是无色气体,沸点$-56\ ℃$,具有特别难闻的气味,毒性很大。

用乙酸或丙酮为原料,直接热解得乙烯酮:

$$CH_3\!-\!\overset{\overset{\textstyle O}{\|}}{C}\!-\!OH \xrightarrow[\text{AlPO}_4]{700\ ℃} H_2C\!=\!C\!=\!O + H_2O$$

$$CH_3COCH_3 \xrightarrow[700\sim850\ ℃]{\text{钢管}} H_2C\!=\!C\!=\!O + CH_4$$

近来可利用 CO 与 H_2 在加热加压条件下催化合成乙烯酮:

$$3\ CO + H_2 \xrightarrow[200\sim300\ ℃加压]{\text{ZnO}} H_2C\!=\!C\!=\!O + CO_2$$

乙烯酮化学性质非常活泼,它与带有活泼氢的化合物发生加成反应,具有重要意义。由于电荷的作用,氢原子加在带部分负电荷的亚甲基上,阴离子部分加在带部分正电荷的羰基碳原子上。

$$\overset{\delta^-}{CH_2}\!=\!\overset{\delta^+}{C}\!=\!\overset{\delta^-}{O} + HG \longrightarrow H_3C\!-\!\overset{\overset{\textstyle O}{\|}}{C}\!-\!G$$

$$G\!=\!OH,OR,NH_2\ 等$$

例如:

$$CH_2\!=\!C\!=\!O \xrightarrow{\text{HNH}_2} CH_3CONH_2$$
乙酰胺

$$CH_2\!=\!C\!=\!O \xrightarrow{\text{HCl}} CH_3COCl$$
乙酰氯

$$CH_2\!=\!C\!=\!O \xrightarrow{\text{H}_2\text{O}} CH_3COOH$$
乙酸

$$CH_2\!=\!C\!=\!O \xrightarrow{\text{ROH}} CH_3COOR$$
乙酸酯

$$CH_2\!=\!C\!=\!O \xrightarrow{\text{CH}_3\text{COOH}} CH_3COOCOCH_3$$
乙酐

利用乙烯酮还可以制备甲基酮:

$$CH_2=C=O \xrightarrow{R-MgX} H_2C=C-OMgX \xrightarrow{H_2O} \left[CH_2=C-OH \right] \longrightarrow CH_3COR$$

$$\underset{R}{\quad} \qquad \underset{R}{\quad} \qquad 甲基酮$$

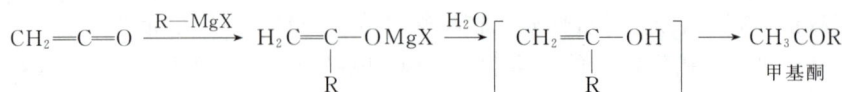

乙烯酮的这些性质广泛用于有机合成中。

乙烯酮非常不稳定，通常只能获得它的二聚体——二乙烯酮：

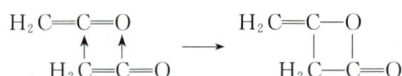

$$\begin{array}{c} H_2C=C=O \\ \uparrow \quad \uparrow \\ H_2C=C=O \end{array} \longrightarrow \begin{array}{c} H_2C=C-O \\ | \quad | \\ H_2C-C=O \end{array}$$

二乙烯酮沸点为 127 ℃，与水作用生成丁-3-酮酸，与醇作用生成丁-3-酮酸酯，与氨作用生成丁-3-酮酰胺：

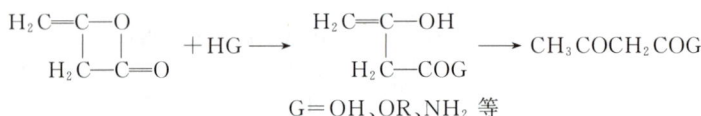

$$\begin{array}{c} H_2C=C-O \\ | \quad | \\ H_2C-C=O \end{array} + HG \longrightarrow \begin{array}{c} H_2C=C-OH \\ | \quad | \\ H_2C-COG \end{array} \longrightarrow CH_3COCH_2COG$$

$$G=OH、OR、NH_2 \ 等$$

二、α,β-不饱和醛、酮

α,β-不饱和醛、酮在结构上的特点是碳碳双键与羰基共轭，由于共轭的影响，α,β-不饱和羰基化合物除了可以发生 1,2-加成反应外，还可以发生 1,4-加成反应。

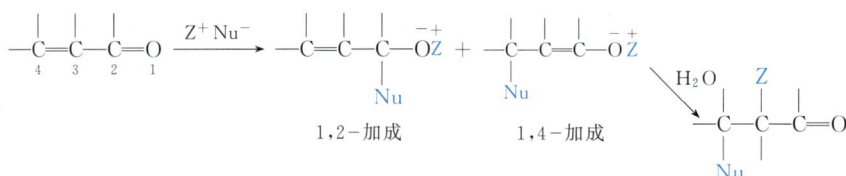

$$-\overset{|}{\underset{4}{C}}=\overset{|}{\underset{3}{C}}-\overset{|}{\underset{2}{C}}=\overset{|}{\underset{1}{O}} \xrightarrow{Z^+Nu^-} -\overset{|}{\underset{Nu}{C}}=\overset{|}{C}-\overset{|}{C}-\overset{-+}{O}Z \ + \ -\overset{|}{C}-\overset{|}{\underset{Nu}{C}}-\overset{|}{C}=\overset{-+}{O}Z$$

$$1,2-加成 \qquad\qquad 1,4-加成$$

式中，Nu^- 为亲核基团，Z^+ 为亲电基团。例如：

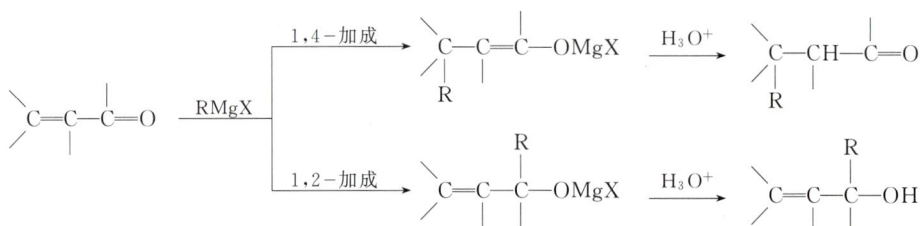

究竟什么条件下发生 1,2-加成反应？什么条件下发生 1,4-加成反应？这主要受空间位阻等因素的影响，具体情况视反应而定。如在下述反应中，由于 4 位上苯基的位阻影响比醛基上氢的位阻大得多，故生成 1,2-加成产物。

$$Ph-CH=CH-\overset{\overset{\displaystyle O}{\|}}{C}-H \xrightarrow{1,2-加成} \begin{cases} \xrightarrow{\text{① } C_6H_5MgBr \text{ ② } H_2O} Ph-CH=CH-\overset{\overset{\displaystyle OH}{|}}{C}H-Ph \quad 100\% \\[3mm] \xrightarrow{\text{① } C_2H_5MgBr \text{ ② } H_2O} Ph-CH=CH-\overset{\overset{\displaystyle OH}{|}}{C}H-C_2H_5 \quad 100\% \end{cases}$$

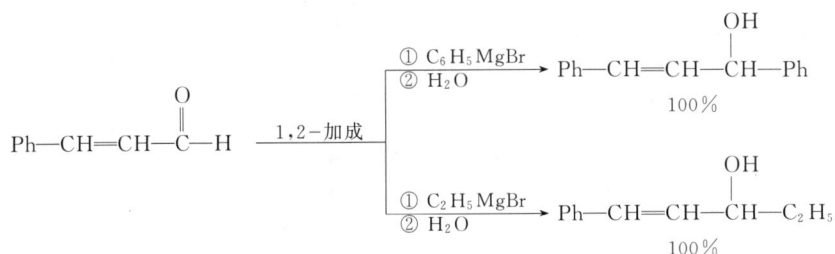

在下列反应中,也是由于 4 位上苯基的位阻影响比 2 位上甲基的影响大,故其与体积大的 C_6H_5MgBr 反应时,C_6H_5—尽量避免进攻 4 位,故主要生成 1,2-加成产物,而与体积相对小的 C_2H_5MgBr 反应时,1,4-加成产物要比 1,2-加成产物含量高。

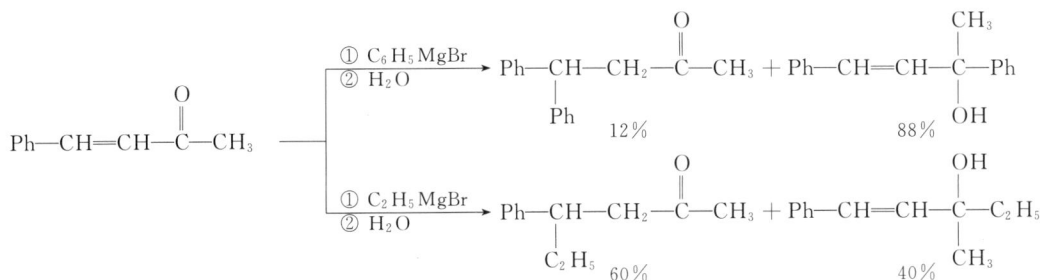

$$Ph-CH=CH-\overset{\overset{\displaystyle O}{\|}}{C}-CH_3 \begin{cases} \xrightarrow{\text{① } C_6H_5MgBr \text{ ② } H_2O} Ph-\underset{\underset{\displaystyle Ph}{|}}{C}H-CH_2-\overset{\overset{\displaystyle O}{\|}}{C}-CH_3 + Ph-CH=CH-\underset{\underset{\displaystyle OH}{|}}{\overset{\overset{\displaystyle CH_3}{|}}{C}}-Ph \\ \qquad\qquad\qquad\qquad 12\% \qquad\qquad\qquad\qquad\qquad 88\% \\[3mm] \xrightarrow{\text{① } C_2H_5MgBr \text{ ② } H_2O} Ph-\underset{\underset{\displaystyle C_2H_5}{|}}{C}H-CH_2-\overset{\overset{\displaystyle O}{\|}}{C}-CH_3 + Ph-CH=CH-\underset{\underset{\displaystyle CH_3}{|}}{\overset{\overset{\displaystyle OH}{|}}{C}}-C_2H_5 \\ \qquad\qquad\qquad\qquad 60\% \qquad\qquad\qquad\qquad\qquad 40\% \end{cases}$$

当与羰基碳原子相连的基团很大如叔丁基时,生成 1,4-加成产物。

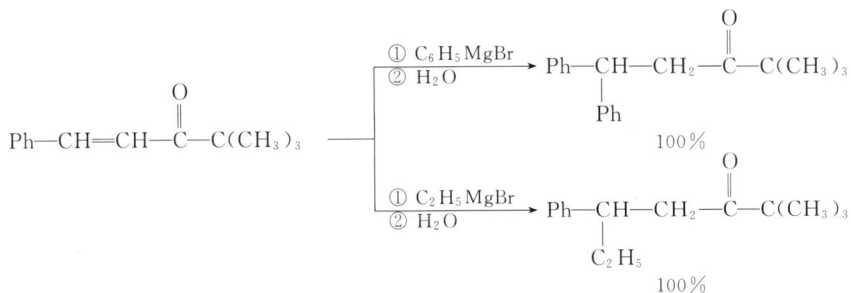

$$Ph-CH=CH-\overset{\overset{\displaystyle O}{\|}}{C}-C(CH_3)_3 \begin{cases} \xrightarrow{\text{① } C_6H_5MgBr \text{ ② } H_2O} Ph-\underset{\underset{\displaystyle Ph}{|}}{C}H-CH_2-\overset{\overset{\displaystyle O}{\|}}{C}-C(CH_3)_3 \quad 100\% \\[3mm] \xrightarrow{\text{① } C_2H_5MgBr \text{ ② } H_2O} Ph-\underset{\underset{\displaystyle C_2H_5}{|}}{C}H-CH_2-\overset{\overset{\displaystyle O}{\|}}{C}-C(CH_3)_3 \quad 100\% \end{cases}$$

一般地,Grignard 试剂与 α,β-不饱和羰基化合物反应常得到 1,2- 和 1,4-加成反应的混合物,但在少量一价铜盐的存在下,主要得到 1,4-加成反应的产物。例如:

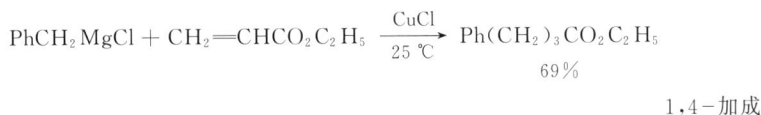

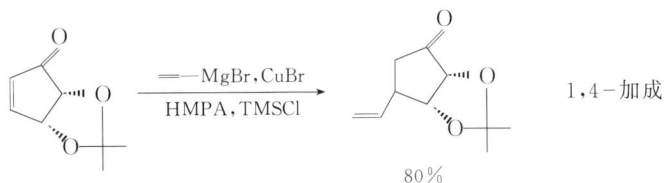

$$PhCH_2MgCl + CH_2=CHCO_2C_2H_5 \xrightarrow[25\ ℃]{CuCl} Ph(CH_2)_3CO_2C_2H_5$$
$$69\%$$

1,4-加成

1,4-加成

80%

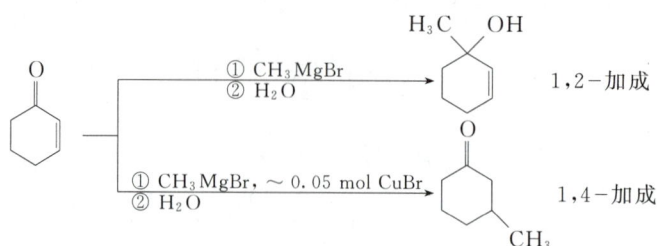

对于有机锂试剂,由于其不受位阻的影响,主要得到 1,2-加成反应的产物:

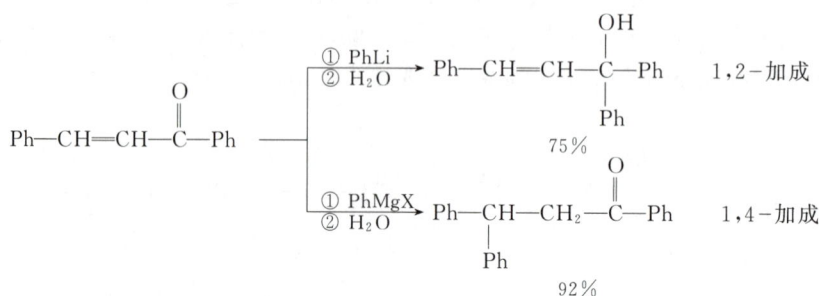

但对铜锂试剂,则得 1,4-加成反应产物。例如:

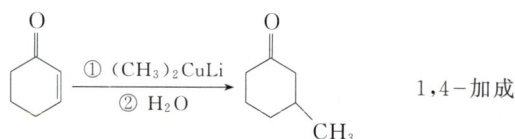

在 α,β-不饱和醛、酮的 1,4-加成反应中,从形式上看是对 C=C 的加成,而实际上是通过 1,4-加成反应后,再通过烯醇式与酮式互变而成的。除了 α,β-不饱和醛、酮外,其他的 α,β-不饱和羧酸酯、腈、硝基化合物等也能发生类似的 1,4-加成反应,统称为迈克尔(Michael)加成反应,通式为

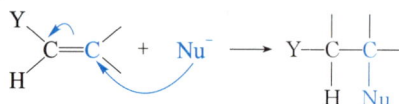

Y 代表能和 C=C 共轭的基团,Nu^- 是由格氏试剂、活泼亚甲基化合物、醛、酮、腈、硝基化合物等产生的亲核基团。例如:

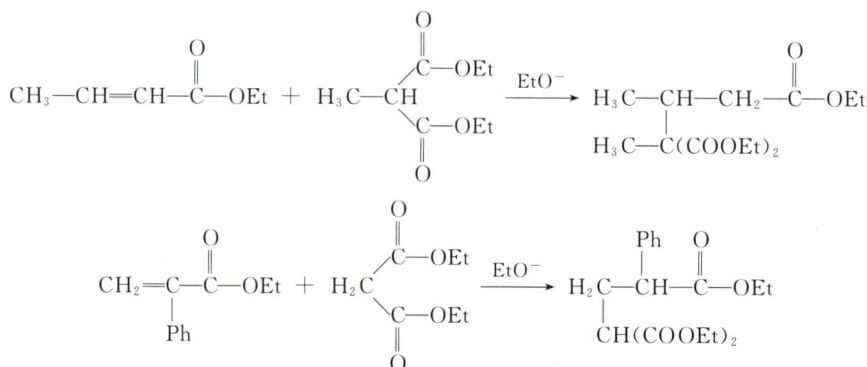

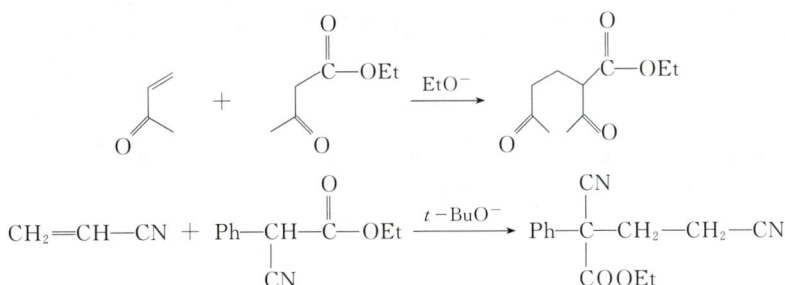

迈克尔加成反应常与分子内的羟醛缩合反应联合起来构建环,称为罗宾森(Robinson)环化反应。例如:

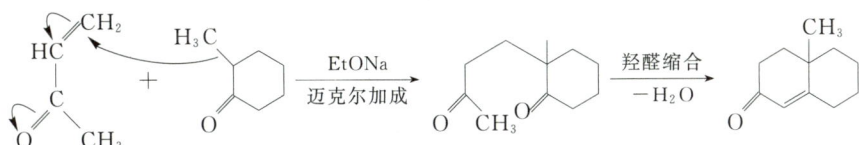

当亲核试剂的两个位置都可以和 α,β-不饱和羰基化合物发生迈克尔加成时,反应大多发生在取代基较多的碳原子上。

丙烯醛是一种 α,β-不饱和醛,沸点 $52\ ℃$,相对密度 0.841,常温下为无色液体,具强烈刺激味,微溶于水,其蒸气刺激人眼流泪。

工业上采用下列方法制丙烯醛:

(1) 甲醛和乙醛在酸催化下直接缩合:

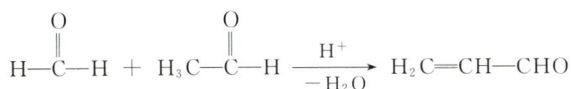

$$H-\overset{O}{\overset{\|}{C}}-H \ + \ H_3C-\overset{O}{\overset{\|}{C}}-H \ \xrightarrow[-H_2O]{H^+} \ H_2C{=}CH{-}CHO$$

(2) 丙烯的催化氧化:

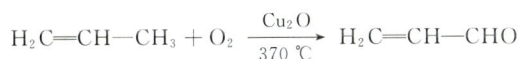

$$H_2C{=}CH{-}CH_3 + O_2 \ \xrightarrow[370\ ℃]{Cu_2O} \ H_2C{=}CH{-}CHO$$

(3) 丙三醇脱水生成丙烯醛:

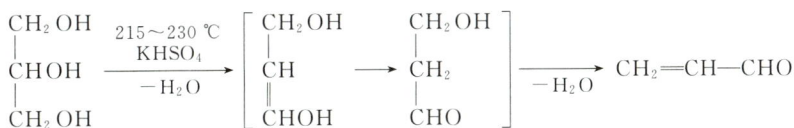

油脂烧焦时产生刺激性的气味,就是由于油脂分解出的甘油(丙三醇)脱水生成丙烯醛之故。

丙烯醛很容易聚合,生成聚丙烯树脂。由聚丙烯树脂还原,可得聚丙烯醇树脂,氧化则得聚丙烯酸树脂。聚丙烯酸树脂是一种水溶性的离子交换树脂。

三、醌

醌是一类含有环己二烯二酮结构的有色化合物。例如:

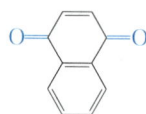

对苯醌(苯-1,4-醌)　　　　邻苯醌(苯-1,2-醌)　　　　α-萘醌(萘-1,4-醌)

熔点 112.9 ℃　　　　熔点 60~70 ℃(分解)　　　　熔点 128.5 ℃

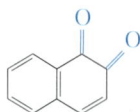 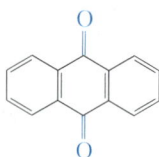 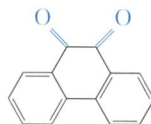

β-萘醌(萘-1,2-醌)　　　　蒽醌　　　　菲醌

熔点 146 ℃　　　　熔点 286 ℃　　　　熔点 205 ℃

　　许多动植物来源的有色物质属于醌类,如古老的红色染料茜素最早是从茜草中提取得到,当人们认识到它是蒽醌的衍生物后,就用煤焦油中存在的蒽来合成它。现在人们合成了一大批含有蒽醌结构的染料,色泽鲜艳,称之为蒽醌染料。

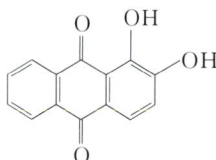 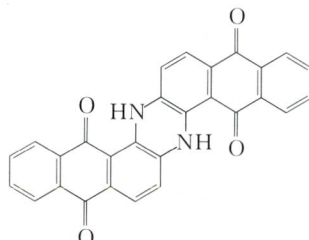

茜素　　　　　　阴丹士林(染棉布蓝染料)

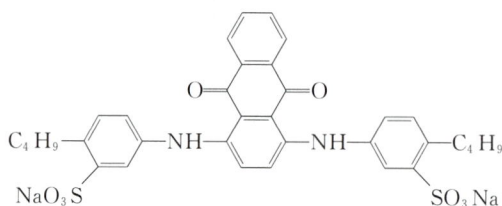

(染羊毛紫染料)

　　不少具有生理活性的物质,如维生素 K_1、维生素 K_2、大黄素和辅酶 Q_n 都是醌类化合物。

　　醌可以通过相应的酚或芳胺氧化制得。例如:

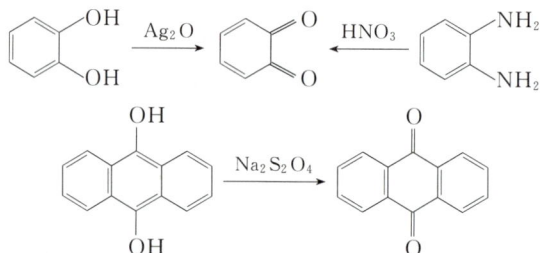

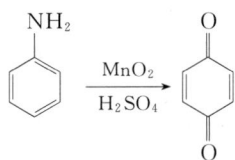

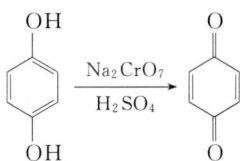

对苯醌和对苯二酚可以通过氢键形成分子化合物。由于生成的分子化合物有明显的颜色,故此反应可应用于分析检验。

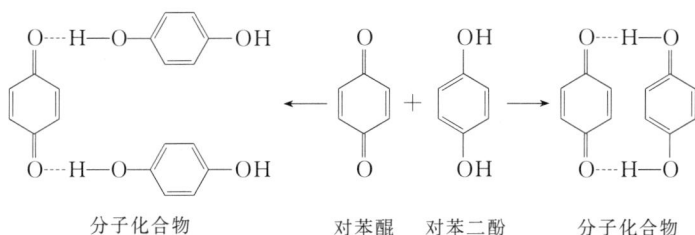

醌和相应的酚(氢醌)非常容易通过氧化还原反应相互转化,所以醌与相应的二酚组成氧化还原电对常用于电化学实验中:

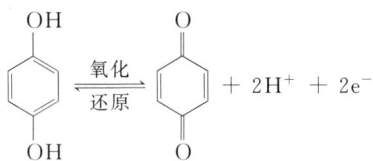

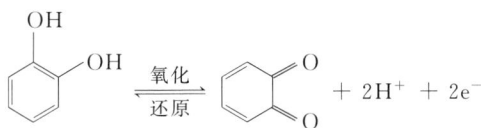

实际上,它们之间的相互转化是通过一种半醌的中间体实现的。

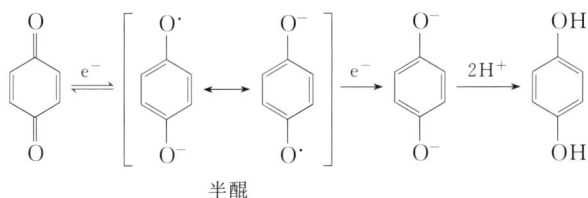

由于醌容易被氢化,在有机合成中常用作脱氢试剂。常用的脱氢试剂是二氯二氰醌(DDQ)和对氯醌。

DDQ   对氯醌

对苯醌中碳碳键的键长为 0.149 nm,0.132 nm,分别接近碳碳单键和碳碳双键的长度,说明苯醌中没有芳环。实际上,醌可看作 α,β-不饱和酮,它既可以发生 1,2-加成反应,又可以发生 1,4-加成反应。下面以对苯醌为代表进行说明。

对苯醌与羟胺发生亲核加成反应,可生成单肟和二肟,其中单肟可经互变异构生成对亚硝基苯酚。

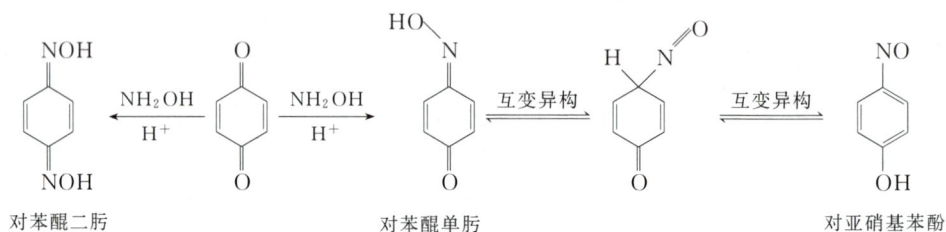

对苯醌二肟   对苯醌单肟   对亚硝基苯酚

对苯醌与 HCl 的反应为经典的 1,4-加成反应。

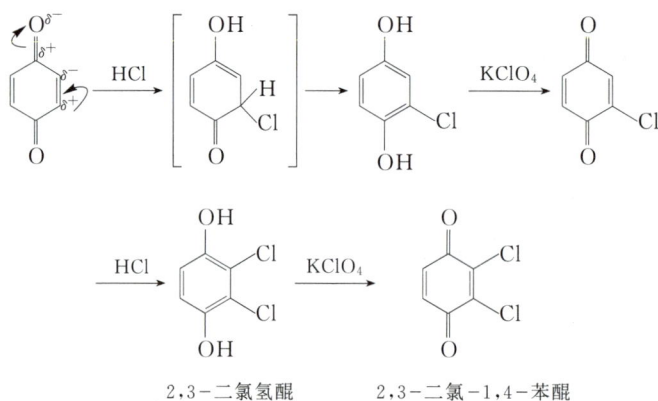

2,3-二氯氢醌   2,3-二氯-1,4-苯醌

醌有碳碳双键,可以发生亲电加成反应、狄尔斯-阿尔德(D-A)反应等。

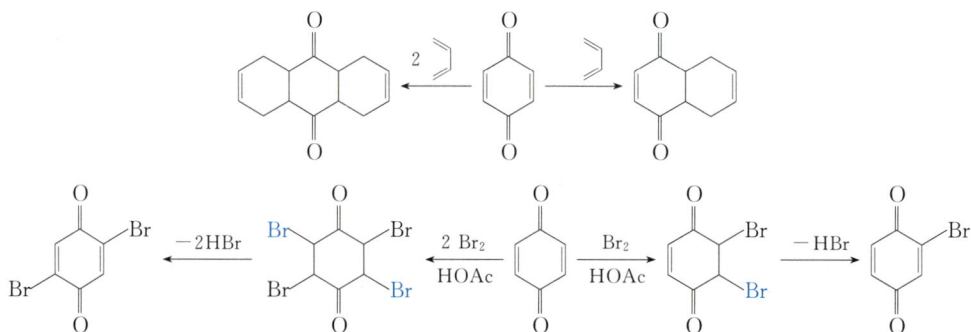

习　题

1. 用系统命名法命名下列醛、酮。

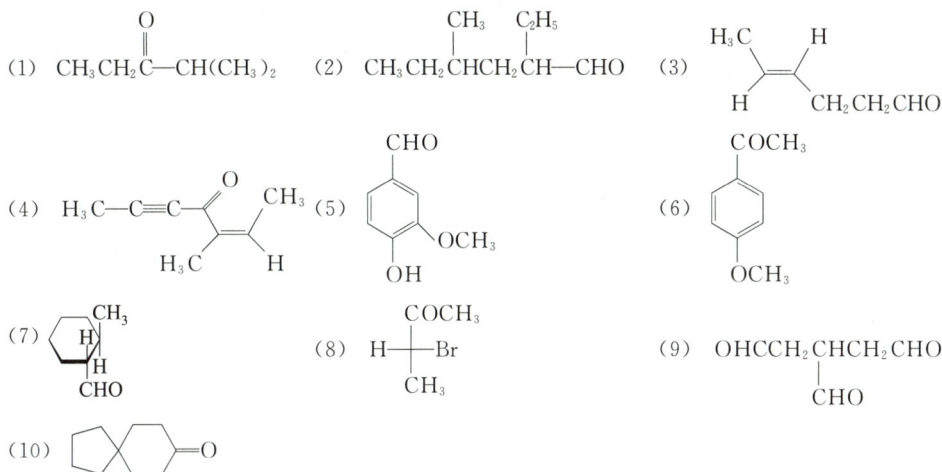

(1) $CH_3CH_2-CO-CH(CH_3)_2$

(2) $CH_3CH_2\overset{\underset{\displaystyle CH_3}{|}}{C}HCH_2\overset{\underset{\displaystyle C_2H_5}{|}}{C}H-CHO$

(3) 结构式

(4) $H_3C-C\equiv C-\overset{\underset{\displaystyle }{O}}{\underset{\displaystyle }{C}}$ 结构式

(5) 结构式

(6) 结构式

(7) 结构式

(8) $H-\overset{\underset{\displaystyle CH_3}{|}}{\overset{\displaystyle COCH_3}{|}}C-Br$

(9) $OHCCH_2\overset{\underset{\displaystyle CHO}{|}}{C}HCH_2CHO$

(10) 结构式

2. 比较下列羰基化合物与 HCN 加成时的平衡常数 K 值大小。

(1) ① Ph_2CO　　　② $PhCOCH_3$　　　③ Cl_3CCHO

(2) ① $ClCH_2CHO$　　② $PhCHO$　　　③ CH_3CHO

3. 将下列各组化合物按羰基活性排序。

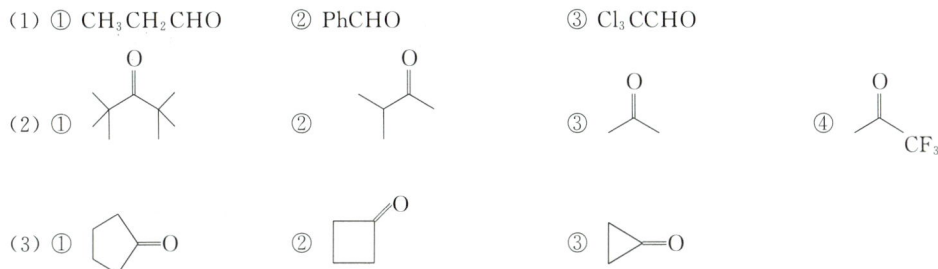

(1) ① CH_3CH_2CHO　　② $PhCHO$　　　③ Cl_3CCHO

(2) ① 结构式　② 结构式　③ 结构式　④ 结构式

(3) ① 结构式　② 结构式　③ 结构式

4. 在下列化合物中,将活性亚甲基的酸性由强到弱排列。

(1) $O_2NCH_2NO_2$　　　　　　　　　(2) $C_6H_5COCH_2COCH_3$

(3) $CH_3COCH_2COCH_3$　　　　　　 (4) $C_6H_5COCH_2COCF_3$

5. 下列羰基化合物都存在酮–烯醇式互变异构体,请按烯醇式含量大小排列。

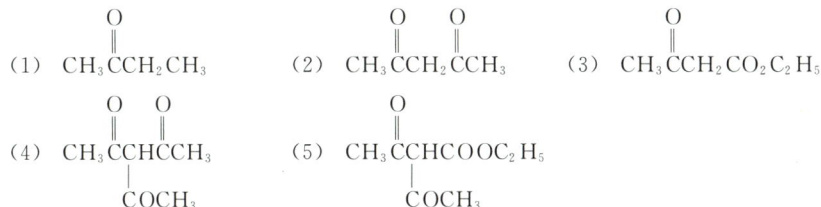

(1) $CH_3\overset{\underset{\displaystyle }{O}}{C}CH_2CH_3$

(2) $CH_3\overset{\underset{\displaystyle }{O}}{C}CH_2\overset{\underset{\displaystyle }{O}}{C}CH_3$

(3) $CH_3\overset{\underset{\displaystyle }{O}}{C}CH_2CO_2C_2H_5$

(4) $CH_3\overset{\underset{\displaystyle }{O}}{C}CH\overset{\underset{\displaystyle COCH_3}{|}}{C}CH_3$

(5) $CH_3\overset{\underset{\displaystyle }{O}}{C}CH\overset{\underset{\displaystyle COCH_3}{|}}{C}HCOOC_2H_5$

6. 完成下列反应式(对于有两种产物的请标明主、次产物)。

(1) 结构式 $-CHO + H_2N-$ 结构式 $\longrightarrow$

(2) $HC\equiv CH + 2CH_2O \longrightarrow$

(3)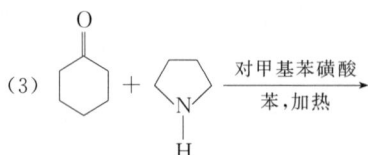

(4)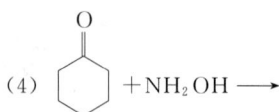

(5)

(6)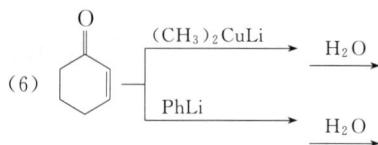

(7)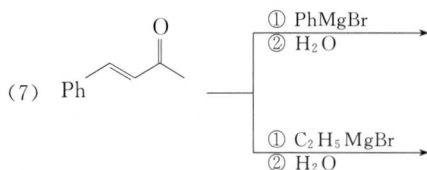

(8)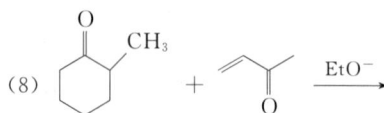

(9)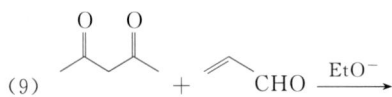

(10)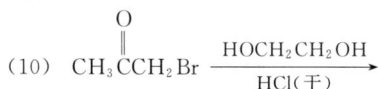

(11)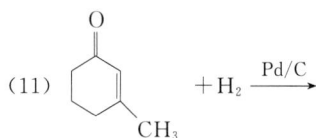

(12)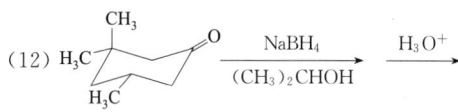

(13)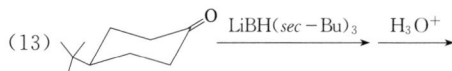

(14)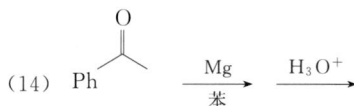

(15)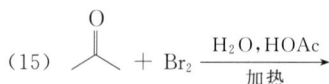

(16)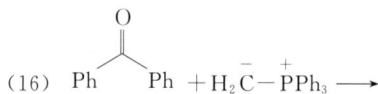

(17) $PhCHO + HCHO \xrightarrow{HO^-}$

(18)

7. 鉴别下列化合物。

(1) $CH_3CH_2COCH_2CH_3$ 与 $CH_3COCH_2CH_3$

(2) $PhCH_2CHO$ 与 $PhCOCH_3$

(3) ① CH_3CH_2CHO ② $H_3C-\overset{O}{\overset{\|}{C}}-CH_3$ ③ $H_3C-\overset{OH}{\overset{|}{C}}H-CH_3$ ④ CH_3CH_2Cl

8. 醛、酮与 $H_2NB(B=OH、NH_2、NHPh、NHCONH_2)$ 反应生成相应衍生物,反应通常在弱酸性条件下进行,强酸或强碱都对反应不利,试用反应机理解释。

9. 甲基酮在次卤酸钠(X_2+NaOH)作用下,发生碳碳键$\left(R-\overset{O}{\overset{\|}{C}}\overset{\{}{\underset{\}}{}}CX_3 \right)$断裂,生成卤仿和少一个碳原子的羧酸,其反应机理的最后一步是

$$RC\overset{\displaystyle O}{-}CX_3 \ + \ HO^- \ \Longleftrightarrow \ RC\overset{\displaystyle O^-}{\underset{\displaystyle OH}{-}}CX_3 \ \Longleftrightarrow \ RC\overset{\displaystyle O}{-}OH \ +\ ^-CX_3 \ \longrightarrow \ RC\overset{\displaystyle O}{-}O^- \ +CHX_3$$

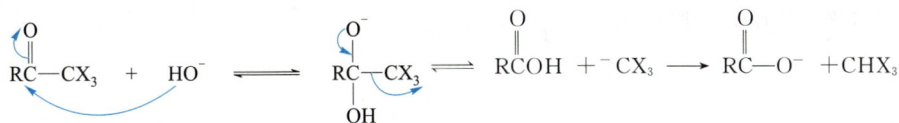

为什么在强碱作用下,$\alpha-$H 未被卤代的醛、酮不发生相应的碳碳键$\left(R\overset{\displaystyle O}{-}\underset{\displaystyle |}{C}-CH_3\right)$断裂?

10. 选择适当的还原剂,将下列化合物中的羰基还原成亚甲基。

(1) $BrCH_2CH_2CHO$ 　　　　(2) $(CH_3)_2CCH_2CH_2COCH_3$
　　　　　　　　　　　　　　　　　　　$\underset{\displaystyle OH}{|}$

(3) $PhCHCH_2CH_2COCH_2CH_3$
　　　$\underset{\displaystyle OH}{|}$

11. 试解释苯甲醛和 2－丁酮在酸和碱催化下生成不同的产物:

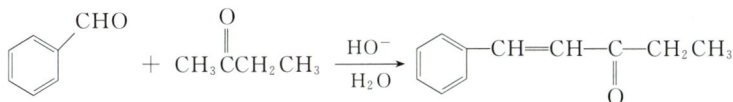

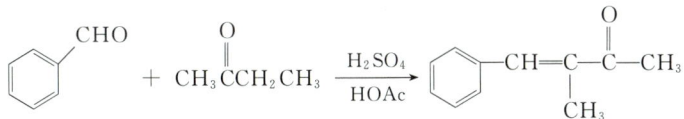

12. 如何实现下列转变?

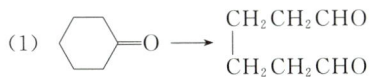

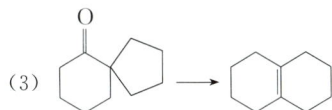

(1) 　　(2)

(3)

13. 以甲苯及必要的试剂合成下列化合物。

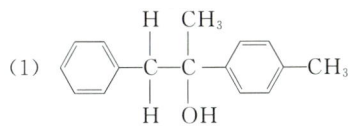

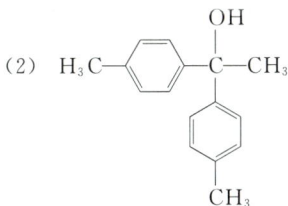

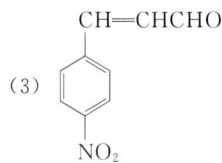

(1) 　　(2) 　　(3)

14. 以苯及不超过 2 个碳的有机物合成下列化合物。

(1) 　　(2)

15. 以环己酮及不超过 3 个碳的有机物合成 。

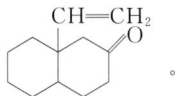

16. 以 2－甲基环己酮及不超过 3 个碳的有机物合成 。

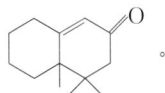

17. 对下列反应提出合理的反应机理。

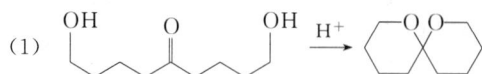

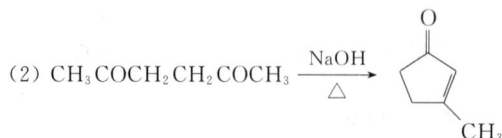

(1) $\xrightarrow{H^+}$

(2) $CH_3COCH_2CH_2COCH_3$ $\xrightarrow[\triangle]{NaOH}$

18. 化合物 F,分子式为 $C_{10}H_{16}O$,能发生银镜反应,F 对 220 nm 紫外线有强烈吸收,核磁共振数据表明 F 分子中有三个甲基,双键上的氢原子的核磁共振信号互相间无偶合作用,F 经臭氧化还原水解后得等物质的量的乙二醛、丙酮和化合物 G,G 分子式为 $C_5H_8O_2$,G 能发生银镜反应和碘仿反应。试推出化合物 F 和 G 的合理结构。

19. 化合物 A,分子式为 $C_6H_{12}O_3$ 其 IR 谱在 $1710\ cm^{-1}$ 有强吸收峰,当用 I_2-NaOH 处理时能生成黄色沉淀,但不能与托伦试剂生成银镜,然而,在先经稀硝酸处理后,再与托伦试剂作用下,有银镜生成。A 的 ^1H NMR 谱如下:$\delta2.1(s,3H)$,$\delta2.6(d,2H)$,$\delta3.2(s,6H)$,$\delta4.7(t,1H)$。试推测其结构。

20. 某化合物 A,分子式为 $C_5H_{12}O$,具有光学活性,当用 $K_2Cr_2O_7$ 氧化时得到没有旋光的 B,分子式为 $C_5H_{10}O$,B 与 $CH_3CH_2CH_2MgBr$ 作用后水解生成化合物 C,C 能被拆分为对映体。试推测 A、B、C 结构。

21. 请用概念图或思维导图的形式写出卤代烃、醇、酚、醚、醛和酮的性质和相互转化关系反应图。

郑重声明

高等教育出版社依法对本书享有专有出版权。任何未经许可的复制、销售行为均违反《中华人民共和国著作权法》,其行为人将承担相应的民事责任和行政责任;构成犯罪的,将被依法追究刑事责任。为了维护市场秩序,保护读者的合法权益,避免读者误用盗版书造成不良后果,我社将配合行政执法部门和司法机关对违法犯罪的单位和个人进行严厉打击。社会各界人士如发现上述侵权行为,希望及时举报,我社将奖励举报有功人员。

反盗版举报电话　(010)58581999　58582371

反盗版举报邮箱　dd@hep.com.cn

通信地址　北京市西城区德外大街4号
　　　　　高等教育出版社知识产权与法律事务部

邮政编码　100120

读者意见反馈

为收集对教材的意见建议,进一步完善教材编写并做好服务工作,读者可将对本教材的意见建议通过如下渠道反馈至我社。

咨询电话　400－810－0598

反馈邮箱　hepsci@pub.hep.cn

通信地址　北京市朝阳区惠新东街4号富盛大厦1座
　　　　　高等教育出版社理科事业部

邮政编码　100029

防伪查询说明

用户购书后刮开封底防伪涂层,使用手机微信等软件扫描二维码,会跳转至防伪查询网页,获得所购图书详细信息。

防伪客服电话　(010)58582300

数字课程账号使用说明

一、注册/登录

访问 https://abooks.hep.com.cn,点击"注册/登录",在注册页面可以通过邮箱注册或者短信验证码两种方式进行注册。已注册的用户直接输入用户名加密码或者手机号加验证码的方式登录。

二、课程绑定

登录之后,点击页面右上角的个人头像展开子菜单,进入"个人中心",点击"绑定防伪码"按钮,输入图书封底防伪码(20位密码,刮开涂层可见),完成课程绑定。

三、访问课程

在"个人中心"→"我的图书"中选择本书,开始学习。